干细胞生物学

高绍荣 主编

科学出版社

北 京

内 容 简 介

本书以干细胞概念的提出和特征的归纳为出发点，针对干细胞研究中各子领域研究历史和研究进展详细阐述，并重点介绍了干细胞研究密切相关的新兴技术和临床转化研究，是一部全面反映干细胞生物学基本概念、基础理论、研究技术、研究成果和发展动态的综合性教学用书和科研专著。

本书可作为干细胞或者发育生物学等相关专业的本科生和研究生的参考用书。内容严谨翔实，深入浅出，从研究历史到前沿热点，并与转化医学等临床实践密切联系，做到重点突出，简明易懂，因而也可以作为干细胞生物学爱好者的科普读物。

图书在版编目（CIP）数据

干细胞生物学/高绍荣主编. —北京：科学出版社，2020.6
ISBN 978-7-03-065450-2

Ⅰ. ①干…　Ⅱ. ①高…　Ⅲ. ①干细胞–细胞生物学　Ⅳ. ①Q24

中国版本图书馆 CIP 数据核字(2020)第 099060 号

责任编辑：罗　静　刘　晶 / 责任校对：严　娜
责任印制：吴兆东 / 封面设计：刘新新

科 学 出 版 社 出版
北京东黄城根北街 16 号
邮政编码：100717
http://www.sciencep.com

北京虎彩文化传播有限公司 印刷
科学出版社发行　各地新华书店经销
*
2020 年 6 月第 一 版　　开本：787×1092　1/16
2023 年 3 月第三次印刷　　印张：28 1/4
字数：664 000
定价：268.00 元
(如有印装质量问题，我社负责调换)

《干细胞生物学》
编写人员名单

主　编：高绍荣

编写人员（按姓氏汉语拼音排序）：

边　杉	同济大学
陈　婷	北京生命科学研究所
陈嘉瑜	同济大学
邓寒松	同济大学
高绍荣	同济大学
何志颖	同济大学
康　岚	同济大学
李维达	同济大学
陆建峰	同济大学
沈　沁	同济大学
汤　楠	北京生命科学研究所
王译萱	同济大学
魏　珂	同济大学
谢　敬	同济大学
杨　鹏	同济大学
尹晓磊	同济大学
余　勇	同济大学
岳　锐	同济大学

序

  干细胞是一类具有自我更新和分化潜能的细胞类型，能够大量增殖并分化为有功能活性的各种细胞，这就为无限获得组织器官供体提供了可能，也为再生医学展现了光明的前景，因而成为当前最热门的前沿学科之一。以干细胞为代表的细胞治疗的研究如火如荼，正成为继小分子药物和单克隆抗体之后的下一代新疗法，更是 21 世纪各国争先抢占的生物医学高地。

  干细胞根据其来源可以分为多能干细胞及组织特异性干细胞两种类型。前者以胚胎干细胞（ESC）和诱导多能干细胞（iPSC）为代表，后者以神经干细胞（NSC）、造血干细胞（HSC）和间充质干细胞（MSC）等为代表。其中，组织特异性干细胞是维持机体和组织器官正常生理功能最重要的细胞类型，而且在再生医学中的应用也已经有非常悠久的历史，如造血干细胞移植已经在过去几十年救治了无数患者。随着胚胎干细胞的建系成功，尤其是近年来诱导多能干细胞研究的重大突破，使得患者自体干细胞移植成为可能。

  我国高度重视和支持干细胞基础与转化研究，近年来，我国干细胞研究呈现出前所未有的快速发展，产生了一批具有重大国际影响的研究成果，如我国科学家在世界上首次证明了诱导产生的多能干细胞的真正多能性；产生了孤雄单倍体干细胞；成功利用小分子化合物诱导体细胞产生多能干细胞；以及成功利用核移植技术得到了世界上首例克隆猴等。这一系列开创性成果进一步把干细胞研究提升到了国家战略高度。

  干细胞的自我更新与分化调控是当今发育生物学、细胞生物学以及表观遗传学研究等的前沿，从而由此衍生出干细胞生物学这一交叉性学科。然而，目前国内还没有一本系统介绍干细胞生物学领域研究成果和发展动态并适用于本科生和研究生的参考用书。本书是国内从事干细胞研究的一批优秀青年学者综述当前国内外该领域的最新研究进展，并很好地结合他们自己的研究成果编写的一部全面反映干细胞生物学基本概念、基础理论、研究技术、研究成果和发展动态的综合性书籍。期望这本书的出版对我国干细胞基础与转化研究的发展起到推动作用，尤其为综合性大学本科生和研究生干细胞生物学的教学提供一本适用的参考书。

裴钢

中国科学院院士

2020 年 6 月

前　言

干细胞生物学是当今生物学研究的热点领域之一，干细胞基础与转化医学研究正在改变一些传统的知识体系和疾病治疗方法，成为国际生命科学研究与转化医学研究的最前沿。调研国内外干细胞相关教材的现状发现，目前国内仍缺乏与干细胞发展前沿密切匹配的相关书籍或教材，并多为国外相关书籍或教材的译本；而国外的参考书籍或教材大多也未囊括干细胞领域的前沿知识和当今的研究热点内容。此外，学生在使用国外参考书籍或教材时，普遍反映价格昂贵、英文晦涩难懂等。因此，建设囊括干细胞各重要领域内研究历史和进展的干细胞生物学参考书籍具有很强的必要性。

以建成具有国际"领跑者"地位的创新中心和人才摇篮为目的，结合同济大学生命科学与技术学院独具特色的干细胞研究背景，在学院积累干细胞生物学相关课程链教学实践经验的基础上，我们凝聚学院的人才储备力量，邀请学院多位国家级高层次人才教师，结合各自研究领域特色，编写了一本适用于生命科学相关专业本科生和研究生的干细胞生物学教材，以适应干细胞研究学科的发展。本书内容将针对干细胞各相关领域的研究历史、研究成果及研究热点进行全面归纳和总结，具有很强的实用性和前沿性。本书的参编教师主要为同济大学"细胞干性与命运编辑"前沿科学中心的干细胞研究领域优秀青年教师和国内从事干细胞研究的优秀青年人才，他们长期从事多能干细胞、组织干细胞及重编程等领域的相关研究，并常年活跃于教学和科研第一线，具有扎实的基础知识、敏锐的前沿观察力和丰富的教学经验。

本书以干细胞概念的提出和特征的归纳为出发点，分别针对干细胞研究中各子领域如生殖干细胞、胚胎干细胞、诱导多能干细胞、神经干细胞、造血干细胞、间充质干细胞、小肠干细胞、肝干细胞、肺干细胞、毛囊及皮肤干细胞等的研究历史和研究进展进行清晰而翔实的介绍，并重点阐述目前上述子领域的研究热点和关注的科学问题。此外，在介绍各种干细胞的特性知识及前沿进展的基础上进行拓展，本书将用几个章节的篇幅介绍与干细胞生物学研究密切相关的细胞重编程和转分化技术、干细胞表观遗传调控分子机制及干细胞基因编辑技术，并在基因编辑章节中将详细介绍新兴的 CRISPR 基因编辑系统。而针对干细胞生物学与医学研究的交叉领域，本书也将对干细胞临床转化研究的最新进展进行综述，对未来干细胞临床转化的研究热点进行展望。在内容丰富翔实的基础上，我们将更侧重创新性和前沿性的知识补充，使学生或科研工作者在学习和科研培训过程中，更高效地将理论知识和实验实践有机融合。同时，我们将聘请校内外知名专家作为编写顾问，对本书进行指导，以进一步提高编写质量，力图将本书打造成为干细胞生物学和发育生物学研究生和本科生的教学参考书、从事干细胞相关专业研究的医生或者科研工作者的入门参考书，以及具有一定专业深度的科普书，以飨读者。

王译萱　高绍荣

2020 年 6 月

目　　录

第1章 干细胞概论

1.1 干细胞广泛存在

在地球的生物进化史中，从单细胞到多细胞的演化可能是最重要的事件之一了。46 亿年前诞生的地球，在约 40 亿年前出现单细胞生物后，等了 20 多亿年才出现了多细胞生物。多细胞生物并不是由一个一个单细胞简单拼凑而成，而是具有不同类型细胞的有机组织，甚至大多数多细胞生物还涉及由生殖细胞实现繁衍，合子分化到所有细胞类型产生完整生物个体的问题。近期研究发现，即使是现存最古老的多细胞生物海绵也存在具有干性的原细胞，而这种以干细胞为基础的多细胞组织也成为了多细胞生物形成的一种可能的解释。虽然我们常说的干细胞更多地出现在高等动物研究中，但其存在范围实际上更为广泛，如涡虫被切断能分别形成新的涡虫、植物分生组织能长成新的植株、蝾螈断肢可以重新长出新的肢体，这些都与以干细胞为基础的再生密不可分。

哺乳动物的生命起始于受精，受精卵通过精确调控的分化过程，逐步发育成为成熟个体，具有全能性的受精卵逐步丧失其分化潜能。8 细胞胚胎的每个卵裂球已经不能单独发育到完整个体，变为多能性（pluripotency），而在经历原肠作用之后，三个胚层形成，胚胎细胞也丧失了多能性。部分细胞保留多能性（multipotency），成体组织中也存在具有多能性或单能性的成体干细胞，整个发育过程也是干细胞程序化分化和逐步限制分化潜能的过程，这里提到的各种类型的分化潜能将在本章稍后详细介绍。

成年人体约有 30 万亿个细胞，有的细胞几乎不进行更替（如神经元），而红细胞的寿命却只有 4 个月。各个组织不断进行着新陈代谢，人体每天有数百亿的细胞死亡，被组织中的新生细胞所替代。毛发不停生长、献血后能很快恢复、创伤后能愈合，这些同样离不开成体各个组织中存在的干细胞。

1.2 干细胞研究历程

干细胞研究最早开始于造血干细胞相关的应用。早在 20 世纪 50 年代，美国华盛顿大学医学院的 E. Donnall Thomas 成功地应用双胞胎间的骨髓移植治疗白血病。1963 年，Ernest A. McCulloch 和 James E. Till 提出骨髓中存在多能干细胞，也就是造血干细胞。1969 年，E. Donnall Thomas 经过组织配型和免疫抑制剂药物的作用，首次成功地进行了异体骨髓移植。由于其在骨髓移植治疗白血病上的卓越贡献，E. Donnall Thomas 与首例肾移植完成者 Joseph E. Murray 共享了 1990 年的诺贝尔生理学或医学奖。

20世纪50年代，Leroy Stevens首次发现了原始生殖细胞来源的畸胎瘤，并通过胚癌细胞和胚胎细胞的移植诱导产生畸胎瘤，预言了胚胎干细胞的存在，奠定了该领域的研究基础。1981年，英国剑桥大学Martin Evans爵士和Matthew Kaufman首次通过体外培养从囊胚期小鼠胚胎得到具有多能性的胚胎干细胞。1998年，美国威斯康星大学的James Thomson成功建立了人胚胎干细胞，使以细胞治疗为基础的再生医学得到更加广泛的关注。之后，成体各个组织干细胞的发现和各种干细胞的分化研究获得长足发展，使干细胞的临床应用具有了较强的理论基础。而Martin Evans爵士也因为与Mario Capecchi和Oliver Smithies共同利用胚胎干细胞成功构建基因打靶小鼠，共享了2007年的诺贝尔生理学或医学奖。

同样是在20世纪，胚胎生物学先驱、1935年的诺贝尔生理学或医学奖获得者Hans Spemann，使用头发丝对蝾螈的受精卵进行各种精细操作，证明早期胚胎的全能性，并开展了第一次核移植实验，这为1958年英国科学家John Gurdon爵士利用非洲爪蟾获得第一例体细胞核移植动物奠定了坚实的基础，之后1996年绵羊"多莉"的出生证明体细胞核移植技术在哺乳动物上是可行的，到2017年更是在灵长类动物上首次获得了成功。2006年，日本科学家Shinya Yamanaka成功利用四个关键转录因子Oct4、Sox2、Klf4、c-Myc将小鼠的胚胎成纤维细胞诱导为与胚胎干细胞十分相似的诱导多能干细胞，这一革命性的发现彻底打破了胚胎干细胞临床应用中的细胞来源和伦理问题，也极大地解决了干细胞治疗中的免疫排斥问题，开辟了重编程和再生医学的全新领域。Shinya Yamanaka与John Gurdon爵士也因为在重编程领域做出的突出贡献而一同获得2012年诺贝尔生理学或医学奖。

1.3　干细胞的基本性质和分类

干细胞（stem cell）是具有自我更新和分化潜能的一类特殊的细胞，它们在多细胞生物体的生长、发育和生命维持中都发挥着至关重要的作用。

自我更新（self-renewal）是指细胞能在维持自身性状特征的前提下分裂增殖，也就是说细胞经过分裂形成的两个细胞中至少有一个与母细胞的表型是一致的。正常的分化细胞在分裂一定代数后便会衰老并凋亡，而干细胞相对来说能维持更长时间。需要指出的是，这里说的分裂增殖并不一定是在体外条件下，许多成体干细胞并不能在体外单独培养，甚至包括全能干细胞也尚未实现体外维持。另外，简单地称为无限增殖也是不恰当的，即使是自我更新能力非常强的胚胎干细胞，在体外经过多代数增殖之后，其多能性也会受到一定影响，同样，受精卵的全能性在体内经过数次分裂便也丧失了。

分化潜能（potency）是指细胞分化到其他细胞类型的能力。干细胞在合适的环境或者合适的信号刺激下，能够分化为与自身不同的细胞类型，分化潜能越高的干细胞，能够分化的细胞类型越多。分化潜能基本可以分为全能性（totipotency）、多能性（pluripotency）、多能性（multipotency）和单能性（unipotency）几种类型。

全能性是指细胞能够分化为构成个体的所有细胞类型，包括胚外组织，从而具有形成完整个体的能力。受精卵是具有全能性的，而随着卵裂的进行，这种分化潜能也很快丧失，逐渐转变为多能性（pluripotency）。迄今为止，尚未有方法在体外获得真正意义上的全能性，也就是说，全能干细胞还不存在，甚至是否有存在的可能也未有定论。

多能性（pluripotency）是指细胞能够分化为构成个体的所有细胞类型，但不能直接在子宫中独立形成完整个体。最经典的多能干细胞（pluripotent stem cell，PSC）就是来源于囊胚内细胞团的胚胎干细胞（embryonic stem cell，ESC），这种细胞能在体外合适条件下维持自我更新并能分化为内、中、外三层胚胎细胞和组织，可与囊胚共同发育，从而贡献给成体各个组织器官，与内细胞团发育缺陷的四倍体胚胎共同发育更是能获得完全由 ESC 发育来的成体。诱导多能干细胞（induced pluripotent stem cell，iPSC）是现在唯一一种不需要经过胚胎阶段而建立的多能干细胞，它各方面的生物学性质与 ESC 非常相似，同样具有多能性。近几年，随着多能性相关研究的不断深入，使得人们对这种状态又有了更多的细分，例如，根据细胞所处的发育阶段、嵌合能力、基因表达谱及表观遗传修饰等生物学属性，将 PSC 又分为原始态（naive）和始发态（primed）；利用全新的培养体系，又建立出潜能扩展多能干细胞（extended pluripotent stem cell，EPSC），这种细胞具有在胚内和胚外的发育潜能，因此更加接近全能性。

多能性（multipotency）只是细胞能够分化为多种细胞类型的能力，但不能分化为构成个体的所有细胞类型。一般这种干细胞已经经历了谱系建立，只能正常分化为一种胚层来源的细胞类型。最典型的例子就是造血干细胞，它能分化为造血系统的所有细胞类型，甚至在个体造血系统被致死性破坏（放射性处理或药物处理）后仍能够将其重建。

单能性是指细胞只能分化为一种终末细胞的能力。例如，精原干细胞只能最终分化为精子，骨骼肌干细胞只能分化为横纹肌。

干细胞的自我更新和分化潜能这两个基本特征使其在再生医学上拥有巨大的应用潜力，使科研和临床工作者有希望以干细胞为种子获得迫切需要的细胞、组织甚至器官，用它们来替换因疾病、创伤和老化而失去功能的部分，从而实现再生医学的治疗目的。

干细胞的种类很多，分布也非常广泛。除了依据上述分化潜能分类之外，依据细胞来源不同，又可分为胚胎来源和成体组织来源，这两类也可以看成是依据发育阶段分类。过去胚胎来源的正常干细胞只有胚胎干细胞，后者也因此而得名，然而随着研究的逐渐深入，又新添了许多胚胎来源的干细胞，如上胚层干细胞（epiblast stem cell，EpiSC）、滋养层干细胞（trophoblast stem cell，TSC）等。成体干细胞（adult stem cell），顾名思义，是指存在于成体各种组织中的干细胞的统称，又依据干细胞所在组织器官而进一步细分，如造血干细胞、间充质干细胞、神经干细胞、小肠干细胞、皮肤干细胞、毛囊干细胞等，它们在维持组织稳态和自我更新上起到重要作用。就像胚胎来源的干细胞并不只有胚胎干细胞，各种成体干细胞也并不只存在于成体。

1.4　干细胞的临床应用

干细胞以其自我更新和分化潜能在临床上具有巨大的应用潜力，最直接的应用便是以细胞、组织、器官治疗为基础的再生医学。理论上，任何涉及丧失正常细胞的疾病，都可以通过移植由干细胞分化而来的特异组织细胞来治疗，如用神经细胞治疗神经退行性疾病（帕金森病、亨廷顿病、阿尔茨海默病等）、用胰岛细胞治疗糖尿病、用心肌细胞修复坏死的心肌等，尤其是 iPSC 的出现，更使个体化治疗成为可能。结合近几年高速发展的基因编辑技术，为单基因疾病甚至多基因疾病带来治愈的希望。现阶段，干细胞分化技术主要还是处在细胞和组织水平，尚需要更好地解决分化细胞纯度、功能、导入方式、移植整合效率等一系列问题，真正广泛用于临床治疗的只有造血干细胞移植，而最终在体外构建有功能的器官更是任重而道远。

细胞治疗在细胞质控和伦理上多受限制，但是干细胞却能在药理、病理上更早应用于个体化治疗。干细胞分化来源的细胞组织可以用于新药开发和初步筛选，而未来通过建立病人自体干细胞并由此分化得到的细胞组织更是对病人的个性化病理研究具有特殊意义，在此基础上进行药物毒性和药效的筛选对于精确用药有望起到重要作用。

1.5　干细胞伦理的思考

干细胞，尤其是胚胎干细胞，因其来源和应用的特殊性，在快速发展的同时带来了一次次伦理激辩。现阶段基于干细胞领域的技术发展，主要伦理问题集中在胚胎的使用和人兽嵌合两个方面。

个体生命是从受精卵开始的，那么对人胚胎的操作是否是对生命的亵渎，使用和消耗胚胎是否是杀死生命，在胚胎上做的基因操作是否相当于在做转基因人？但是，对胚胎的深入探索必然涉及胚胎的消耗，而卵子和受精卵仅仅是单细胞，在之后发育的很长一段时间内也只是有一定组织的细胞团，没有心跳、没有神经，更谈不上意识，直接把这种早期的胚胎作为人来看待似乎也过于严苛。基于胚胎发育的特征及当时的技术限制，原美国卫生、教育及福利部的伦理委员会在 1979 年发表了关于谨慎支持人类胚胎研究的报告，并提出人类胚胎不允许在体外培养超过受精后 14 天。1990 年，14 天原则也成了英国《人类受精和胚胎学法案》的一部分，之后各个国家陆续以不同方式实施了这一规则。

2003 年 12 月 24 日，中华人民共和国科技部和卫生部联合下发《人胚胎干细胞研究伦理指导原则》，明确规定了人胚胎干细胞的获得方式、研究行为规范等，并强调禁止进行生殖性克隆人的任何研究，禁止买卖人类配子、受精卵、胚胎或胎儿组织。这个原则也成为我国胚胎干细胞相关研究领域的研究底线。

嵌合体，尤其是实验动物的同种嵌合，作为细胞干性研究的一个基本手段，使用非常广泛。而在干细胞体外分化构建器官技术尚未成熟的今天，利用实验动物作为载体，获得人类细胞来源的器官，似乎成为解决器官移植来源短缺问题最有希望的途径。

然而，具有人类细胞的嵌合体生物又将被如何看待，尤其是当人类细胞在其中并不仅仅是肿瘤或者散在分布，而是组成了器官。

随着技术的不断革新，来自伦理的束缚受到很大冲击。一方面，胚胎的体外培养极限已经逼近 14 天原则，也因此该原则逐渐成为对胚胎发育研究的束缚；另一方面，沿着嵌合体的思路，日本科学家在猪身上正在获得越来越成熟的人类胰腺，这给糖尿病病人无限希望的同时，也带来了巨大的伦理冲突。对伦理问题的严格控制一边是对科研工作的捆绑，一边也是对伦理滑坡的防患于未然。如何更好地解决基础科研、临床应用和产业化应用中的伦理分级规范管理，对于基础科研及其临床转化都至关重要。

康　岚

附:《人胚胎干细胞研究伦理指导原则》

第一条 为了使我国生物医学领域人胚胎干细胞研究符合生命伦理规范,保证国际公认的生命伦理准则和我国的相关规定得到尊重和遵守,促进人胚胎干细胞研究的健康发展,制定本指导原则。

第二条 本指导原则所称的人胚胎干细胞包括人胚胎来源的干细胞、生殖细胞起源的干细胞和通过核移植所获得的干细胞。

第三条 凡在中华人民共和国境内从事涉及人胚胎干细胞的研究活动,必须遵守本指导原则。

第四条 禁止进行生殖性克隆人的任何研究。

第五条 用于研究的人胚胎干细胞只能通过下列方式获得:

(一)体外受精时多余的配子或囊胚;

(二)自然或自愿选择流产的胎儿细胞;

(三)体细胞核移植技术所获得的囊胚和单性分裂囊胚;

(四)自愿捐献的生殖细胞。

第六条 进行人胚胎干细胞研究,必须遵守以下行为规范:

(一)利用体外受精、体细胞核移植、单性复制技术或遗传修饰获得的囊胚,其体外培养期限自受精或核移植开始不得超过14天。

(二)不得将前款中获得的已用于研究的人囊胚植入人或任何其他动物的生殖系统。

(三)不得将人的生殖细胞与其他物种的生殖细胞结合。

第七条 禁止买卖人类配子、受精卵、胚胎或胎儿组织。

第八条 进行人胚胎干细胞研究,必须认真贯彻知情同意与知情选择原则,签署知情同意书,保护受试者的隐私。前款所指的知情同意和知情选择是指研究人员应当在实验前,用准确、清晰、通俗的语言向受试者如实告知有关实验的预期目的和可能产生的后果和风险,获得他们的同意并签署知情同意书。

第九条 从事人胚胎干细胞的研究单位应成立包括生物学、医学、法律或社会学等有关方面的研究和管理人员组成的伦理委员会,其职责是对人胚胎干细胞研究的伦理学及科学性进行综合审查、咨询与监督。

第十条 从事人胚胎干细胞的研究单位应根据本指导原则制定本单位相应的实施细则或管理规程。

第十一条 本指导原则由国务院科学技术行政主管部门、卫生行政主管部门负责解释。

第十二条 本指导原则自发布之日起施行。

第 2 章　多能干细胞

2.1　胚胎干细胞

2.1.1　胚胎干细胞概述

胚胎干细胞（embryonic stem cell，ESC）是胚胎发育早期着床前囊胚（blastocyst）的内细胞团（inner cell mass，ICM）在体外特定条件下得以建立并维持的具有自我更新（self-renewal）和多能性（pluripotency）的一类细胞。这类细胞可以在合适的体外培养体系中长期大量扩增，而同时保有其分化为机体内任何种类细胞的潜能，由于这些特性，使 ESC 在胚胎早期发育、基因生理功能等研究领域获得广泛应用。以人 ESC 分化产生特定细胞为基础的应用，在临床疾病的细胞治疗和药物毒性试验等方向上都让人充满期待。因此，越来越多的研究工作关注 ESC 自我更新和多能性的调控机制，并为人类发育相关疾病机制和 ESC 的临床应用奠定基础。

2.1.2　胚胎干细胞的特性

基于已有的研究成果，研究者们总结出了 ESC 应有的特殊属性，在 ESC 鉴定过程中，通常需要检测其形态学特点、自我更新能力、特异基因表达情况及多向分化潜能。

首先，ESC 具有其独特的形态及无限的自我更新能力。在体外培养时，小鼠 ESC 形成致密的克隆样集落，克隆边界明显、较为光滑，克隆内细胞排列紧密、界限不清晰，细胞体积小，细胞质较少，细胞核大而明显，核质比高（图 2-1）。人 ESC 的克隆内部相对疏松，克隆内细胞呈单层分布，细胞界限相对清楚。在正常培养条件下，ESC 能够不断地进行对称分裂，产生大量未分化的子代群体，即自我更新能力。这种能力与 ESC 的细胞周期特点相关：ESC 分裂快，G_1、G_2 期短，无明显的 G_1 期检查点（check point）并有较高的端粒酶活性。另外，ESC 的这种快速增殖能力也使其易于发生染色体变异，因此，正确的核型（karyotype）也是判断 ESC 质量的一个关键指标。

目前检测 ESC 自我更新能力，除连续传代外，常用的方法是克隆形成实验（colony forming assay）。先将 ESC 以较低的密度接种，经过培养后，具有自我更新能力的单个细胞能够通过不断地增殖形成独立的克隆，并且碱性磷酸酶（alkaline phosphatase，AP）染色呈强阳性。小鼠 ESC 的单细胞克隆形成能力很强，可达到 90% 以上；而单个人 ESC 形成克隆的能力非常低，约 0.1%。现在常用 ROCK 蛋白家族的小分子抑制剂（Y27632）来大幅提高人 ESC 的克隆形成能力。

其次，ESC 表达特有的标志性基因及细胞特异性表面抗原。在初步判断 ESC 的形态学特点后，还需利用定量 PCR 或免疫荧光染色对 ESC 进行特异性基因的检测，例如，

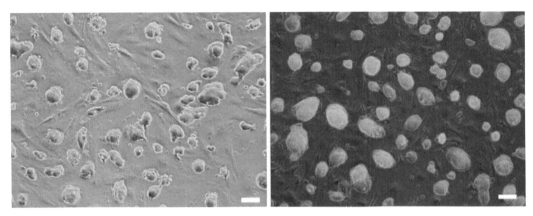

图 2-1　小鼠 ESC 的克隆形态（左）及小鼠 ESC 核心蛋白 Oct4 绿色荧光图（右）

Oct4、Sox2、Nanog 等转录因子及一些细胞表面标志物（如小鼠 ESC 表达 SSEA1、人 ESC 表达 SSEA3 和 SSEA4）（图 2-2）。

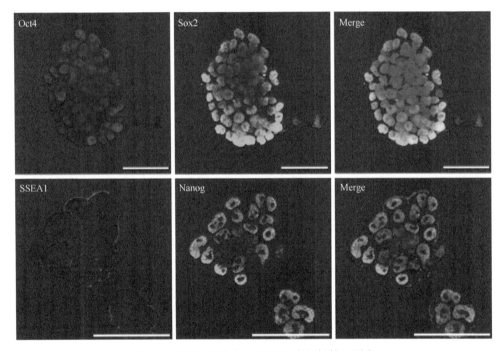

图 2-2　免疫荧光染色验证 ESC 多能性核心蛋白

Oct4、Sox2 和 Nanog 为小鼠 ESC 的核心标志蛋白，SSEA1 是小鼠 ESC 表面标志蛋白；Merge（组合图）是将左侧两种标志染色图与 DNA 染色图组合后的图像，可显示蛋白质与 DNA 的定位关系

　　ESC 理论上可以发育成任何组织或器官，正常 ESC 应拥有分化成各个胚层乃至完整个体的能力，因而鉴定其分化的多能性是 ESC 鉴定的核心之一。现阶段，鉴定 ESC 发育多能性主要通过体外（*in vitro*）实验及体内（*in vivo*）实验来完成。体外实验中最为经典的是拟胚体（embryoid body，EB）形成实验（图 2-3）。将 ESC 使用去掉关键抑制分化因子（小鼠 ESC 为 LIF，人 ESC 为 bFGF）的培养基进行悬浮培养时，ESC 会自发地集聚成团并分化成三胚层（内胚层、中胚层、外胚层）的拟胚体，以其过程在一定

程度上类似胚胎早期发育而得名。当把拟胚体接种在细胞培养皿上，其中的细胞会继续生长、分化和迁移，通过免疫染色可确定分化细胞的种类，或 PCR 检测其三胚层特异性基因的表达情况。如果检测表明 ESC 能够分化为三个胚层来源的细胞类型，或表达三个胚层各自的特异性基因，则说明被鉴定的 ESC 具有在体外培养条件下发育的多能性。体内实验中较为经典的是畸胎瘤（teratoma）形成实验。将适量 ESC 注入免疫缺陷小鼠或 ESC 同品系小鼠体内（皮下、肌肉内或肾包膜下等部位），待 ESC 在小鼠体内成瘤后，取出瘤体并进行组织切片及染色，具有发育多能性的 ESC 应在注射部位生长和分化，形成含有三个胚层来源的多种组织或细胞类型的畸胎瘤（图 2-4）。

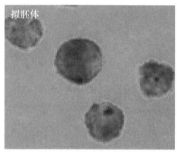

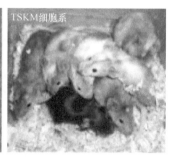

图 2-3　ESC 可分化形成拟胚体（左、中）并通过嵌合体实验产生嵌合体小鼠（右）

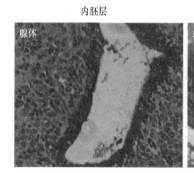
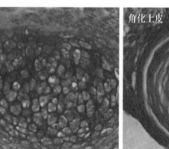
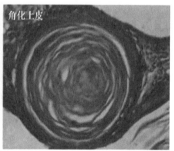

图 2-4　具有三胚层细胞结构的畸胎瘤可由 ESC 分化得到

　　受伦理限制，对于人 ESC 的分化多能性检测仅限于拟胚体形成实验及畸胎瘤形成实验。而对于小鼠、大鼠等非人 ESC 的多能性检测还包括嵌合体实验（chimera assay）、种系传递（germline transmission）及四倍体囊胚互补实验（tetraploid blastocyst complementary assay）。嵌合体实验是将 ESC 注射到受体囊胚并移植到假孕母鼠子宫后，具有多能性的 ESC 能够与囊胚的 ICM 共同参与胚胎的发育，形成包括生殖细胞在内的各种成体细胞，使得到的个体表现为嵌合体的形式，这种方式能真正体现 ESC 在体内环境中的多向分化能力。四倍体囊胚互补实验与嵌合体实验类似，唯一不同的地方是受体囊胚为通过细胞融合得到的四倍体囊胚，这种胚胎在后续的发育过程中只能发育形成胚外组织，不能形成正常个体，将待鉴定的 ESC 注射到这种囊胚后，胚胎个体完全由 ESC 分化发育获得，具有完全多能性的 ESC 将分化为个体所有的细胞、组织类型，形成各个器官和健康的个体。任何一种细胞的分化缺陷都将导致个体正常发育失败，因此，四倍体囊胚互补实验是唯一能充分证明 ESC 完全多能性的方法，也被称为检测 ESC 多能性的金标准。

2.1.3 胚胎干细胞的建立、培养及应用

ESC 的建系是从囊胚中分离 ICM 并建立细胞株的过程，成功建系后的 ESC 可以在体外长期扩增并维持未分化状态。囊胚期胚胎呈囊状球形，外侧为一层扁平的滋养层（trophectoderm，TE），TE 外侧被透明带（zona pellucida）包裹，囊胚中间为囊胚腔，ICM 位于腔内一侧，在未来的发育中，TE 将发育成为胎盘等胚外组织，而整个胚胎个体则来源于 ICM。

1. 小鼠 ESC 的分离培养

早在 20 世纪 80 年代初，英国科学家 Sir Martin John Evans 和 Matthew Kaufman 首次建立了小鼠的胚胎干细胞系[1,2]。小鼠 ESC 是从小鼠胚胎 3.5 天囊胚的内细胞团分离培养获得，小鼠 ICM 的分离可以直接用全胚培养法实现（图 2-5）。最初的小鼠 ESC 分离培养体系模拟了早期胚胎中内细胞团的生长环境，即利用了小鼠胚胎成纤维细胞（mouse embryonic fibroblast，MEF）构成的饲养层和含血清的培养基，来维持 ESC 的稳定未分化状态，其中 MEF 用丝裂霉素 C 或 γ 射线处理，使其在维持活力的前提下停止分裂。之后的研究表明，MEF 主要通过分泌白血病抑制因子（leukemia inhibitor factor，LIF）来起作用，LIF 也成为经典的小鼠 ESC 培养体系中的关键性细胞因子。而血清中维持 ESC 未分化状态的主要成分是骨形态发生蛋白（bone morphogenetic protein，BMP）。迄今为止，血清和 LIF 仍然是最经典的小鼠 ESC 培养体系，在此培养条件下，ESC 呈现椭圆团块状克隆生长，克隆圆润、边缘光滑，克隆内每个细胞紧密连接，边界不清，细胞核质比高，增殖速度快，每 2~3 天传代一次。

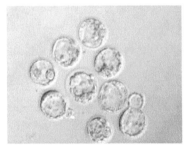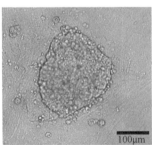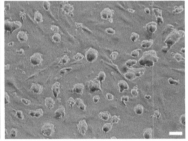

100μm

图 2-5　小鼠胚胎 3.5 天囊胚（左），其衍生的原代细胞团（中）及克隆样的小鼠 ESC 系（右）

基于前面对 ESC 培养体系的成分研究，Austin Smith 研究组成功实现了无血清 ESC 培养体系，即在含有 LIF 和 BMP 的培养条件下，可以不依赖饲养层细胞和血清，维持 ESC 的自我更新和多向分化能力[3]。之后，该研究组又创建了两种信号通路（Mek 和 GSK3β）抑制剂的 2i（Meki 和 GSK3βi）培养体系，即在没有饲养层细胞、血清、LIF 和 BMP 的条件下，只在培养液中加入 2i 就能建立并维持小鼠 ESC 系[4]。2i 体系下的 ESC 集落形态更加圆润光滑，不易分化，细胞增殖速度相对慢。

2. 人 ESC 的分离培养

1998 年，美国科学家 James Thomson 从体外受精（*in vitro* fertilization，IVF）获得的胚胎中建立了首株人 ESC 系[5]。人胚来源是辅助生殖成功后病人捐赠的剩余胚胎。在 ESC 建系过程中，TE 的滋养层细胞会影响 ICM 的生长，因而需要将囊胚中的 TE 与 ICM 分离。分离 ICM 的方法主要有免疫外科法、全胚培养法、机械法和激光法。免疫外科法是最早提出的分离办法，1998 年 James Thomson 使用的就是这个方法，其原理是首先用链酶蛋白酶（pronase）消化透明带，随后用抗体和补体免疫溶解滋养层细胞，最后用机械的方法挑出 ICM。免疫外科法能够有效去除滋养层细胞，但操作烦琐，使用的抗体和补体会造成动物源性污染，因此已不被采用。全胚培养法是将消化透明带后的胚胎直接接种到培养皿中，该方法虽无潜在污染风险，但由于没有去除 TE，其建系效率及质量都较低。机械法是在显微镜下用玻璃针手工剥离 ICM 的方法，避免了免疫外科法中抗体补体的潜在污染，但操作过程中容易造成 ICM 的损伤，因此对操作技术要求较高。激光法是利用激光束精准灼烧滋养层细胞从而完整地分离 ICM 的方法，该法对 ICM 伤害小、作用时间短，但成本较高，对设备要求高。

最初的人 ESC 同样是在 MEF 上建立，MEF 作为饲养层细胞能较好地支持人 ESC 的培养。但是由于人 ESC 建系时间长，而 MEF 存在长时间培养状态下支持能力下降、动物源性污染的问题，研究者改用成年人包皮成纤维细胞、胎儿皮肤成纤维细胞等人源性细胞作为饲养层细胞来进行人 ESC 的建系和培养（图 2-6）。但为了简化人 ESC 的建系培养，无饲养层的方法是必要的。已经建立的无饲养层培养体系需要利用细胞外基质对培养皿进行包被，包括纤连蛋白、层粘连蛋白、Matrigel 等。胎牛血清作为经典的培养液添加剂，为 ESC 提供养分，但由于成分未知且不稳定，容易造成细胞分化，因此人 ESC 的培养中逐渐用血清替代物（serum replacement，SR）取代血清。不同于小鼠，人 ESC 培养中的关键性细胞因子是碱性成纤维生长因子（basic fibroblast growth factor，bFGF）。最初的无饲养层培养体系为了保证营养充分，使用条件培养基（conditional medium），即将含有 SR 的培养基先加到饲养层细胞上，一天后收获培养液，过滤死细胞后添加 bFGF，结合 Matrigel 等基质的使用，进行人 ESC 的正常培养。SR 虽然能很好地支持人 ESC 的建系培养，但是其成分中仍然含有动物源性成分，进一步的研究发现，无血清培养基 N2B27 再添加高浓度的 bFGF 就能维持人 ESC 的未分化状态。此后 James Thomson 实验室进一步开发了 mTeSR 与 Essential 8 人 ESC 无血清、无动物源成分的培养体系，相关产品已经商品化，极大程度上简化了人 ESC 的培养难度（图 2-7）。经典的人 ESC 呈单层克隆状生长，相较于小鼠 ESC 生长更为缓慢，其传代方式与小鼠 ESC 不同，胰酶消化导致的单细胞化过程使人 ESC 无法建立依赖 E-钙黏着蛋白（E-cadherin）的细胞间连接，引起细胞的应激反应，进而导致凋亡。因而人 ESC 对单细胞培养极其敏感，在传代时多采用机械法传代，这种方法能通过人工筛选最大限度地保持细胞的未分化状态，但同时也存在工作量大、难以大量扩增的问题。因此，胶原酶、中性蛋白酶等温和的酶消化法常被用来将人 ESC 分离成小团块进行扩增。在人 ESC 培养过程中也常采用机械法和酶消化法结合的方式进行传代。

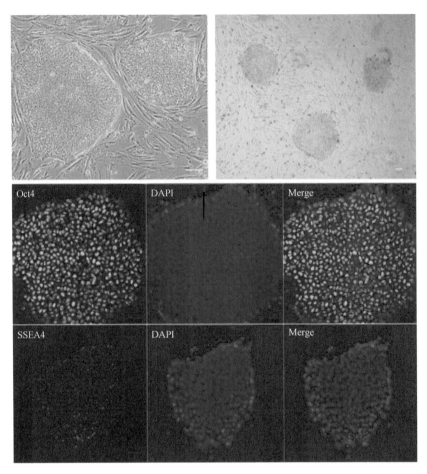

图 2-6　人 ESC 呈现扁平克隆形态（上），表达多能性核心标志蛋白（Oct4）和表面标志（SSEA4）蛋白（下）

Oct4 为人 ESC 的核心标志蛋白，SSEA4 是人胚胎干细胞表面标志蛋白；DAPI：4′,6-二脒基-2-苯基吲哚，是一种 DNA 染料；Merge：组合图

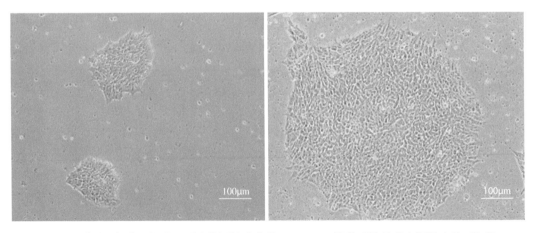

图 2-7　利用无饲养层细胞、无动物源性成分的 Essential 8 培养系统培养人胚胎多能干细胞

左侧为低倍镜视野，右侧为高倍镜视野

2.1.4　胚胎干细胞的多能性状态

随着对干细胞研究的不断深入，人们发现即使相同来源的灵长类 ESC 与啮齿类 ESC 在形态及分化能力上也存在着明显的差异，非人灵长类 ESC 并不具有啮齿类 ESC 形成嵌合体的能力，早期研究将其归结于物种差异，但随着来源于小鼠着床后胚胎的外胚层干细胞（epiblast stem cell，EpiSC）系的建立，研究者们逐步发现传统的灵长类 ESC 和啮齿类 ESC 代表着不同的发育阶段。EpiSC 与传统的灵长类 ESC 在诸多方面表现出了一致性，例如，其体外培养都依赖于细胞因子 Activin A 和（或）bFGF，都形成单层扁平克隆，增殖速度较啮齿类 ESC 要慢，对单细胞消化敏感，嵌合效率很低等。

基于以上研究，2009 年，Nichols 和 Smith 提出根据细胞所处的发育阶段、嵌合能力、基因表达谱及表观遗传修饰等生物学属性，将 ESC 分为原始态（naive）和始发态（primed）[6]。原始态和始发态 ESC 比较见表 2-1。

表 2-1　原始态和始发态 ESC 比较

特征	原始态 ESC	始发态 ESC
来源	早期胚胎	着床后胚胎
培养的干细胞类型	啮齿类 ESC	啮齿类 EpiSC 或灵长类 ESC
能否形成囊胚嵌合体	能	否
能否形成畸胎瘤	能	能
是否有分化偏差	无	有
多能性因子	Oct4，Nanog，Sox2，Klf2，Klf4	Oct4，Sox2，Nanog
原始态分子标记	Rex1，NrOb1，Fgf4	—
特有标记	—	Fgf5，T
基因组甲基化水平	很高	较高
对 Lif/Stat3 响应	自我更新	无反应
对 Fgf/Erk 响应	分化	自我更新
加入 2i 后	自我更新	分化或死亡
克隆形成能力	高	低
X 染色体状态	XaXa（双激活）	XaXi（单激活）
传代方式	单细胞传代	团块传代（机械传代）

在啮齿类动物中，始发态及原始态 ESC 能够在一定条件下相互转换。ESC 直接分化可以获得 EpiSC，而通过过表达 E-cadherin 则可使始发态的 EpiSC 重新获得原始态潜能[7]。而对于人类来说，获得原始态 ESC 的过程相对来说更加复杂，由于灵长类动物与啮齿类动物在胚胎早期发育阶段有较大不同，直接获取原始态 ESC 较为困难，早期研究主要集中于通过在始发态培养体系中添加诸多细胞因子（2i、LIF、bFGF、KSR）的方式将其诱导为原始态 ESC[8]。2015 年，Austin Smith 实验室通过将瞬时表达 Klf2 及 Nanog 的始发态人 ESC 培养在添加有 2i/LIF 及 PKC 抑制剂的培养基中，获得了基因表

达谱类似小鼠 ESC，且两条 X 染色体呈现活化状态的、具有原始态的人 ESC[9]（图 2-8）。2016 年，研究人员通过分离 6.5 天的人类囊胚内细胞团并用 Accutase 酶消化成单细胞，将其种植在饲养层细胞上并在添加 2i/LIF/GO6983 的培养条件下培养，首次直接获得了具有原始态的人 ESC[10]。

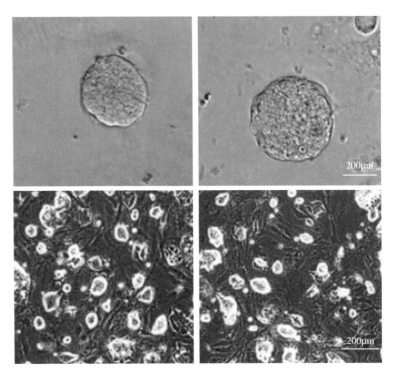

图 2-8　原始态的人胚胎干细胞克隆形态

其形态从扁平状（图 2-6）变为与小鼠胚胎干细胞相似的圆形突起克隆样[11]

2.2　滋养层干细胞

2.2.1　滋养层干细胞的定义及特性

处于第二次减数分裂中期的小鼠卵母细胞与精子相遇，完成受精之后形成受精卵，依次经历二细胞（2-cell）、四细胞（4-cell）、八细胞（8-cell）发育阶段，进一步发生致密化形成桑葚胚（morula），在第 3.5 天发育到囊胚阶段（blastocyst）。此时，胚胎形成内、外两种细胞群体，这一过程也被认为是小鼠胚胎发育中的第一次命运决定。其中，由非极性细胞组成的内细胞团（inner cell mass，ICM）位于胚胎内部的一端，由极性上皮样细胞组成的滋养外胚层（trophectoderm，TE）在胚胎外部紧密相连，中间是一个充满液体的空腔[12]。由胚胎的内细胞团可以建立胚胎干细胞，而滋养外胚层可建立滋养层干细胞。

在小鼠胚胎发育至 3.5 天后，囊胚体积逐渐扩大，被称为扩张囊胚（expanded blasto-cyst）。到 4.5 天时，ICM 会进一步分化成原始内胚层（primitive endoderm，PrE）和原始外胚层（primitive ectoderm），原始外胚层也被称为上胚层（epiblast），这是小鼠胚胎发育过程中细胞发生的第二次细胞命运决定的分化（图 2-9）。此后，原始内胚层能进一步分化成胚外卵黄囊的内胚层，而滋养外胚层会分化为胚外绒毛膜滋养层组织，二者共同构成了母体与胎儿之间进行营养交换的最基本结构[13]，通过接受母体的营养物质并将代谢废物排出，从而支持胚胎发育[14]。原始外胚层最终能够分化成胎儿的外胚层、内胚层和中胚层的全部组织，以及胎盘中的中胚层组织和胚外膜[15]。

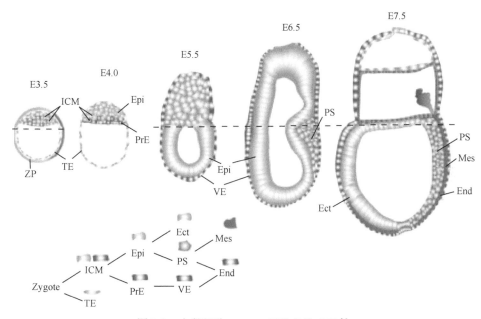

图 2-9　小鼠胚胎 3.5~7.5 天发育模式图[16]

E：胚胎发育天数；Zygote：受精卵；ICM：胚胎内细胞团；TE：胚胎滋养层细胞；ZP：透明带；Epi：上胚层；PrE：原始内胚层；PS：原条；VE：脏壁内胚层；Ect：外胚层；Mes：中胚层；End：内皮层

1. 滋养层干细胞定义

滋养层干细胞（trophoblast stem cell，TSC）是一类能够在体外稳定培养并保持未分化状态的、来源于胚胎滋养外胚层的多能性细胞群体。小鼠的滋养层干细胞于 1998 年首次在体外培养条件下获得并稳定维持[17]。小鼠滋养层干细胞可以通过培养胚胎发育不同时期的组织得到，包括第 3.5~4.5 天时期的滋养层、第 6.5 天时期的胚外外胚层及第 7.5~8.5 天时期的绒毛层[17]。当胚胎发育到第 8.5 天之后，滋养层细胞失去了多能性[18~20]。滋养层干细胞具有稳定的二倍体核型，但也可以发生多倍化。因此，如上所述，即使形成四倍体细胞，滋养层细胞依然可以进一步发育形成胎盘，并支持胎儿的发育。

2. 小鼠滋养层干细胞核心调控网络

小鼠滋养层干细胞的调控因子包括由 *Cdx2*、*Eomes* 和 *Elf5* 组成的核心调控网络，参与调控了下游 *Tcfap2c*、*Smarca4*、*Ets2* 和 *Fgfr2* 等重要基因的表达，而 *Tead4* 和 *Yap1* 在上游参与了对 *Cdx2* 表达的调控，它们共同维持了滋养层干细胞的自我更新与多能性状态（图 2-10）[21,22]。

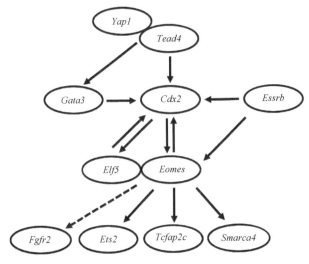

图 2-10　滋养层干细胞的核心调控网络

3. 滋养层干细胞特性

　　滋养层干细胞具有多能性（multipotency），能够发育为胎盘组织的各类组织细胞。但是，必须注意的是，这种多能性更类似于成体干细胞，这与胚胎干细胞（ESC）的多能性（pluripotency）是完全不同的概念，虽然中文翻译上均可称为"多能性"，但英文单词上表现的分化潜能程度是不同的。胚胎干细胞的多能性是指其可以分化为胎儿身体内的任意组织中的细胞，其至可以完全构成发育成熟的小鼠个体（说明：通过四倍体互补实验，由二细胞时期胚胎经过胚胎融合后可形成四倍体胚胎，此时该胚胎可发育形成胎盘组织，但不能形成可存活的小鼠。届时，用体外培养的胚胎干细胞替代胚胎原来的内细胞团细胞，如果该胚胎干细胞具有极好的多能性，则可形成一只全部由体外培养细胞发育而来的小鼠，而胎盘等胚外组织主要由原来的四倍体胚胎发育而来。这是检测胚胎干细胞多能性的金标准，前文已述）。

4. 滋养层干细胞形态

　　滋养层干细胞典型形态呈现为扁平、紧密的上皮样克隆（图 2-11）。滋养层干细胞能够分化形成滋养层来源的所有细胞类型，如合胞体滋养层细胞、海绵滋养层细胞及各种类型的滋养层巨细胞[23]。在体外培养过程中，小鼠滋养层细胞干性的维持需要细胞因子FGF4 和肝素，并且与胚胎干细胞一样需要饲养层细胞的支持[17]。小鼠滋养层干细胞在体外培养过程中，会有少量细胞发生自发的分化，一般分化为巨细胞（giant cell）。巨细胞是一种合胞体类型细胞，它的细胞核和细胞质远远大于一般细胞，表现为细胞分裂的停止，却伴随核内 DNA 复制的继续，从而成为多倍体细胞[22]。此外，体外培养的小鼠滋养层干细胞在撤除 FGF4、肝素及饲养层细胞条件性培养液的培养条件下会发生分化，并开始表达海绵滋养层细胞（spongiotrophoblast cell）、迷路细胞（labyrinth cell）和滋养层巨细胞等各种胎盘滋养层细胞的标志基因，这与滋养层干细胞在体内的分化方向是一致的。与胚胎干细胞类似，评价滋养层干细胞多能性最严格的标准是嵌合体实验，即将滋养层干细胞注入囊胚或者八细胞胚胎形成嵌合体胚胎。在嵌合体胚胎发育过程中，滋养层干细胞来源的细胞不会参与胎儿组织和卵黄囊的发育，只参与胚外组织的发育[24]。

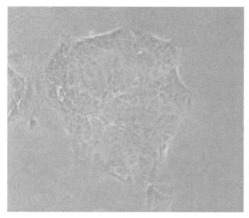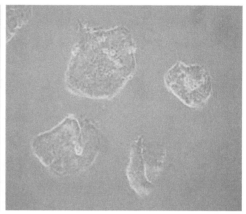

图 2-11　小鼠滋养层干细胞形态图
左：40×　右：10×

　　近年来，随着对滋养层干细胞调控机制研究的加深，小鼠滋养层干细胞的体外培养体系得到了进一步优化。在小鼠滋养层干细胞培养过程中，饲养层细胞的作用是通过分泌 TGF-β 或 Activin 来实现的[25]。由此，在培养基中添加 FGF4 和肝素两种细胞因子的基础上，通过应用 TGF-β 或 Activin A 代替传统培养液中来源于饲养层细胞的条件性培养成分、用血清替代物代替胎牛血清，可以在体外分离滋养层干细胞，并且维持滋养层干细胞的未分化状态[26]。此外，在基础培养基中添加 FGF-β、Activin A、小分子 Wnt 通路抑制剂及 ROCK 通路抑制剂，并在纤连蛋白的支持下，也能够在体外分离和维持小鼠滋养层干细胞[27]。

2.2.2　人滋养层干细胞简述

　　与小鼠滋养层干细胞于 1998 年就已成功建立所不同的是，人滋养层干细胞在这之后的近 20 年，始终不能成功建立并维持多能性。从人绒毛膜组织中仅能够建立滋养层细胞系，虽然其可以在体外长期培养，但不能够保持未分化状态[28]。此外，人滋养层细胞也可以通过人胚胎干细胞经特定信号通路诱导而来[29]。基于理论规范，科学家不能利用鉴定细胞多能性的黄金标准——嵌合体实验，来判断体外培养的人滋养层细胞的多能性，定义体外培养的滋养层细胞到底是什么细胞的问题亟待解决[30]。基于近几年深度发展的测序技术，科学家们在基因表达和表观修饰水平上定义了人滋养层细胞的标志性特征，包括：KRT7、GATA3、TFAP2C 的表达，ELF5 基因启动子区域的甲基化，C19MC 的 miRNA 表达，以及 HLA-Class I 分子的表达。这些特征也为进行体外分离与鉴定人滋养层干细胞提供了重要的理论依据[31]。

　　2018 年，人滋养层干细胞首次在体外成功分离并能够维持细胞多能性[32]。与小鼠滋养层干细胞的多能性维持机制略有不同的是，人滋养层干细胞通过激活 Wnt（Wingless/

Integrated）通路和 EGF 通路，抑制细胞因子 TGF-β 和组蛋白去乙酰酶的作用，抑制 ROCK（Rho 相关蛋白激酶）通路后，可长时间的在体外维持多能性状态，并且表现出人胚胎植入时滋养层细胞的功能[32]。人滋养层干细胞是研究人滋养层细胞发育、胎盘发育及相其关功能的重要系统工具，并将有利于促进由胎盘发育缺陷引起的疾病（如流产、子痫和胚胎宫内生长受限等）研究的展开。人滋养层干细胞的研究之路才刚刚开始。

2.2.3 人造胚胎（类囊胚）

在获得由胚胎内细胞团来源的胚胎干细胞与胚胎滋养外胚层来源的滋养层干细胞后，科学家就试图将两者在体外特定条件下共培养并进行重构，从而重新使其形成类囊胚的结构。经过多年的努力，目前，这种人造胚胎（类囊胚）已经通过多种方式重构成功，其与真正的囊胚类似，来源于胚胎干细胞的细胞占据内细胞团的位置，而滋养层干细胞占据滋养外胚层的位置。更为重要的是，这种人造胚胎已经可以支持胚胎植入后非常初期的胚胎发育，并且其形态结构及基因表达水平已经非常类似于正常的植入后胚胎。但是，目前这种人造胚胎仍然不能支持其自身发育到更远的阶段[33,34]。另外，有研究者加入了第三种类型细胞——胚内外胚层细胞，相比于前者，这种人造胚胎能够支持胚胎发育到相对稍远的阶段，且形态结构及基因表达与正常胚胎更为类似[35]。然而，这些研究还只是基于小鼠的培养体系，依然不能支持完整胎盘或胎儿的发育，人造胚胎的研究仍有巨大空间。

2.2.4 滋养层干细胞的建立及培养

在本节中，我们将着重介绍从小鼠囊胚建立滋养层干细胞的方法，并对使用的培养体系进行详细说明。需要注意的是，用于建立滋养层干细胞的小鼠品系有一定的限制。目前，公认能够相对高效率成功建立稳定滋养层干细胞的小鼠品系包括 129 系小鼠、ICR系小鼠、CD-1 系小鼠、PO 系小鼠，而 C57BL/6 品系小鼠的滋养层干细胞状态及稳定性相对最弱。此外，小鼠滋养层干细胞的培养一般需要饲养层细胞的存在，而饲养层细胞来源何种小鼠品系，无特定严格要求。但是，饲养层细胞的状态影响培养液中重要细胞因子的浓度。通常，获得稳定的小鼠滋养层干细胞系需要花费长达数月的时间，因此实验者应当合理安排实验流程，避免半途而废。

1. 饲养层细胞的制作

饲养层细胞培养液（feeder medium，FM）的配制见表 2-2。

表 2-2　FM 的配制

成分	存储浓度	工作浓度	体积（50 ml）
基础培养液（DMEM）	—	—	44 ml
胎牛血清	100%	10%	5 ml
青/链霉素	100×	1×	500 μl
L-谷氨酰胺	100×	1×	500 μl

取 6~8 周的 ICR 系母鼠与 8~10 周的 ICR 系公鼠合笼交配，次日早上将阴道见栓的雌性小鼠取出单独饲养，同时将这一天早晨计为胚胎第 0.5 天。准备好高压灭菌的剪刀和镊子，待第 12.5~13.5 天时，将孕鼠取出进行如下操作：①将孕鼠颈椎脱臼处死，经消毒后，打开腹腔，取出含有胚胎的双侧子宫，在超净工作台中进行接下来的实验；②在含有工作浓度的青/链霉素（P/S）DPBS 溶液中，将小鼠胚胎逐渐从子宫内剥离出来；③仅保留胎鼠躯干部分，剪碎后采用 0.05% 胰酶-EDTA 进行消化，中和后接种，计为 P_0 代；④传代原代成纤维细胞至 P_2，经工作浓度的丝裂霉素 C 处理 2.5~3 h 后，消化、分装、冻存。此时，饲养层细胞制作完成。

2. 滋养层干细胞基础培养液的配制

滋养层干细胞基础培养液（trophoblast stem cell medium，TSM）的配制见表 2-3。

表 2-3　TSM 的配制

成分	存储浓度	工作浓度	体积（50 ml）
基础培养液（RPMI 1640）	/	/	37.5 ml
干细胞用 FBS	100%	20%	10 ml
青/链霉素	100×	1×	500 μl
丙酮酸钠	100 mmol/L	1 mmol/L	500 μl
β-巯基乙醇	10 mmol/L	100 μmmol/L	500 μl
L-谷氨酰胺	200 mmol/L	2 mmol/L	500 μl
非必需氨基酸	100×	1×	500 μl

3. 饲养层细胞条件性培养液的制备

饲养层细胞条件性培养液（feeder conditional medium，FCM）的制备方法如下：解冻饲养层细胞，按照 2×10^5 个细胞/ml 的比例用 TSM 重悬饲养层细胞并种在 10 cm 细胞培养皿中，每皿含有 10 ml TSM 培养液。在细胞培养箱中培养 3 天后收集培养皿中的培养液，并换入新鲜的 TSM 继续培养。每 3 天收集一次培养液，连续收集 3 次（即共计培养 9 天），将 3 次获得的培养液混合，即为 FCM。3000 r/min 离心 10 min 去除细胞碎片，再用 0.45 μm 滤器进行过滤，分装后保存在 –20℃ 冰箱中。

4. 滋养层干细胞完全培养液的配制

小鼠滋养层干细胞（TSC）完全培养液包含 70% FCM、30% TSM、25 ng/ml 细胞因子 FGF4 和 1 μg/ml 肝素（F4H），其配制见表 2-4。

表 2-4　TSC 完全培养液的配制

成分	存储浓度	工作浓度	体积（50 ml）
FCM	100%	70%	35 ml
TSM	100%	30%	15 ml
FGF4	25 μg/ml	25 ng/ml	50 μl
肝素	1 mg/ml	1 μg/ml	50 μl

5. 通过小鼠囊胚建立小鼠滋养层干细胞

通过小鼠囊胚建立滋养层干细胞的实验操作，类似于建立小鼠胚胎干细胞的方法，但其所需的时间更长且效率较低。此外，小鼠滋养层干细胞的培养依赖 FGF4，而小鼠胚胎干细胞的培养则需要细胞因子 LIF。具体操作步骤如下。

（1）小鼠囊胚可以直接从见栓后第 3.5 天母鼠的子宫中直接获得；也可以从见栓当天（E0.5）的母鼠输卵管中获得受精卵，在体外培养后获得囊胚。

（2）在种植囊胚前至少 12 h，按照 5×10^4 个细胞/ml 的比例用 TSM+F4H 重悬饲养层细胞，在 4 孔板的每个孔中加入 500 μl 细胞悬液。

（3）将小鼠囊胚培养至形成扩张期囊胚后，移至铺好饲养层细胞的 4 孔板中（可提前用链蛋白酶消化并去除胚胎透明带），每个孔放置一个囊胚。将 4 孔板放入 37℃、5% CO_2 的培养箱中静置培养 3 天后取出观察，此后每隔一天换成新的 500 μl TSM + F4H 培养液来培养。

（4）当囊胚从透明带中孵化出来且附着于饲养层细胞上并长出直径为 100 μm 左右的生长体（outgrowth）时，即可进行第一次消化。一般情况下，这一过程需要 5~7 天左右（注意：生长体太大会影响滋养层干细胞的分离效率，所以选取最佳传代时间对建立滋养层干细胞系非常重要）。

（5）在消化前先吸出培养液，用 DPBS 洗一次，每孔加入 100 μl 0.05% TE 进行消化 5 min，待细胞松散并从皿底脱落后，每孔加入 400 μl 30% TSM + 70% FCM + 1.5×F4H（1.5 倍浓度的 F4H）中和 TE 并在原孔内吹打，放入 37℃、5% CO_2 的培养箱继续培养。此后，每隔一天每孔中换入 500 μl 新的 30% TSM + 70% FCM + 1.5×F4H 培养液。

（6）在 12~15 天左右，培养孔中将出现明显的滋养层干细胞样的克隆（见图 2-11）。

（7）在最初几代（P_2~P_5）细胞生长较为缓慢，一般传代比例为 1∶4~1∶8，培养液为 30% TSM + 70% FCM + 1.5×F4H。之后细胞生长速率逐渐变快，传代比例改为 1∶20~1∶40。保持每 3~4 天传一次代的频率，每隔 1 天换液一次，培养液可以换为 30% TSM + 70% FCM + F4H。

（8）当滋养层干细胞传至 6 cm 培养皿且稳定生长后（如图 2-11 右），即可进行冻存。

2.3 扩展多能干细胞

最新诱导出的扩展多能干细胞（extended pluripotent stem cell，EPSC）表现出了与 ESC 在功能和分子特征上的明显差异。2017 年，北京大学邓宏魁研究组通过化学小分子筛选，用一种全新的培养体系，建立了具有胚内和胚外发育潜能的小鼠及人干细胞系，也就是 EPSC。单个小鼠 EPSC 即可同时嵌合到小鼠不同发育时期的胚内和胚外组织中，并发育成各种胚内和胚外组织类型。人 EPSC 注射到早期小鼠胚胎后，也能够极大提高人鼠异种嵌合效率。

EPSC 是世界上首个同时具有胚内和胚外发育潜能的干细胞系，这种更加接近全能性的细胞为研究早期胚胎发育、胚外发育和全能性提供了一种新的工具。人 EPSC 的异种嵌合能力也为未来利用异种嵌合技术制备人体组织和器官奠定了基础，为干细胞技术治疗重大疾病提供了新的可能。

2.4　单倍体胚胎干细胞

2.4.1　单倍体胚胎干细胞概述

自然界中很少有单倍体动物，只在少数非脊椎动物中存在单倍体动物，如黄蜂[36]、雄蚁[37]、螨虫[38]等。所有哺乳动物的体细胞都具有来自双亲的两套基因组，只有一套染色体的单倍性只存在于配子（gamete）中，包括精子和卵母细胞，两者相遇发生受精后形成受精卵，从而在哺乳动物生命周期中产生二倍体基因组。从进化和环境适应等角度而言，由单倍体精子和卵融合产生的二倍体哺乳动物具有多种优势，相较于单倍体，它们不仅有效地维持了基因组的稳定性，而且避免了由不利的致死突变引起的生物死亡，甚至灭绝[39,40]。此外，这种获得二倍体的策略有效增加了遗传多样性，并可能通过杂交或种间杂交产生新物种。但是，利用二倍体细胞进行隐性基因和等位基因的功能研究、印迹基因调控方式的研究，以及构建二倍体细胞基因突变的研究等，相对于利用单倍体细胞而言更为复杂。近年来，虽然随着 CRISPR/Cas9 基因编辑系统的发展，基因编辑变得更加便捷，但是，依然很难产生具有完全相同等位基因的基因型修饰或敲除的细胞系[41-43]。举例来说，对于一个 A 基因敲除的二倍体细胞系而言，其总体基因型虽然表现为 A 基因敲除（A^{KO}），但实际上，其等位基因敲除形式不同，真正的基因型为 A^{KO1} A^{KO2}。此外，如果要制作多个连锁基因修饰或敲除的模式动物，则需要进行动物之间的杂交，这将更加耗时、耗力。相比之下，单倍体细胞在基因功能研究、表观遗传调控、配子发育和复杂基因修饰动物制作等方面具有明显的优势。

胚胎干细胞（ESC）可以从胚胎的内细胞团建立获得，其具有多能性，在体内外条件下表现出持续的自我更新能力和向三胚层分化的潜能[44-46]，成为基础研究和再生医学中强大的研究工具。与传统的二倍体 ESC（$2n$ ESC）相似，单倍体胚胎干细胞（haploid cell and haploid embryonic stem cell，haESC）也是从囊胚的内细胞团细胞建立的，但这种囊胚是特殊的单倍体囊胚。这种人工产生的单倍体囊胚仅包含一套从精子或卵母细胞遗传而来的基因组。其中，雄性单倍体胚胎可以通过从受精卵中取出雌性原核或将精子注入去核的成熟卵母细胞中发育产生[47,48]（图 2-12）；雌性单倍体胚胎可以通过人工激活成熟的卵母细胞后经过体外发育获得[49]。因此，根据单倍体基因组的起源，单倍体胚胎干细胞可以分为孤雄单倍体胚胎干细胞（androgenetic haESC，AG-haESC）和孤雌单倍体胚胎干细胞（parthenogenetic haESC，PG-haESC）。

图 2-12　孤雄单倍体胚胎干细胞系的建立过程[50]

定义：单倍体胚胎干细胞是指从单倍体囊胚建立的，仅含有一套从精子或卵母细胞遗传而来的基因组的胚胎干细胞系。

分类：根据其基因组来源，可分为孤雄单倍体胚胎干细胞与孤雌单倍体胚胎干细胞。

2.4.2　单倍体胚胎干细胞的特性

尽管单倍体细胞的 DNA 含量是二倍体细胞的一半[47,48,50,51]，但所获得的单倍体胚胎干细胞（包括小鼠、大鼠、猴和人）在建立及扩增过程中均能维持基因组的完整性，其基因拷贝数不会有较大变异，且很少出现异常的单核苷酸多态性（SNP）[47,50,52-54]。目前，绝大多数小鼠的孤雌单倍体胚胎干细胞，以及所有小鼠和大鼠的孤雄单倍体胚胎干细胞都需在饲养层上培养。此外，培养基中还添加了 2i[47-50,53,55,56]，这可能有助于维持啮齿动物的单倍体胚胎干细胞的多能性[6,57,58]。我们最近的研究也证明，2i 可以维持小鼠孤雄单倍体胚胎干细胞的单倍性和细胞增殖，而 2i 的去除会造成细胞加速发生二倍体化，并减慢细胞增殖速率[50]。值得注意的是，近年来所有可以用来制作半克隆小鼠的小鼠单倍体胚胎干细胞系，均是在 2i 体系下建立与培养的[47,48,50,55,56,59]。

有趣的是，只有具备 X 染色体的单倍体胚胎干细胞系，包括孤雌和孤雄单倍体胚胎干细胞系（注意，孤雌和孤雄是指其 DNA 来源，而非 X 和 Y 染色体），才能被成功建立，呈现典型的二倍体胚胎干细胞样的克隆形态，并可以在体外扩增 50 代以上[50,60]。迄今为止，尚未成功获得带有 Y 染色体的单倍体胚胎干细胞系[47,48,50]。此外，携带 Y 染色体的孤雄单倍体胚胎不能存活至四细胞以后的阶段[61]。

与二倍体胚胎干细胞相似，小鼠与大鼠的单倍体胚胎干细胞的分化潜能通过了嵌合体实验及畸胎瘤形成实验的验证。在嵌合体实验中，将单倍体细胞注入二倍体胚胎中，可以在发育至 6.5 天和 7.5 天的小鼠和大鼠嵌合体胚胎中检测到单倍体细胞，并产生具有毛色嵌合的嵌合体动物。对于嵌合体小鼠而言，其生殖器官中可以检测到部分由原来单倍体细胞分化而来的生殖细胞，该嵌合体小鼠可以进一步与公鼠交配后产生后代[47,49,53,60,62]。

单倍体胚胎干细胞具有细胞多能性，呈现 DNA 低甲基化状态，并易发生二倍体化。此外，单倍体胚胎发育率较低，单倍体胚胎干细胞建系效率远低于二倍体胚胎干细胞。其中，小鼠和大鼠的单倍体胚胎干细胞的多能性，表现为不仅能够产生相应的嵌合体动物及含有三胚层细胞的畸胎瘤，还可以产生半克隆（semi-clone）动物（图 2-13）。

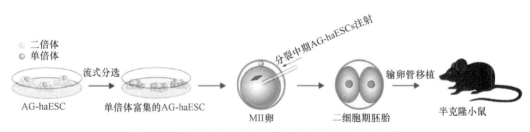

图 2-13　由孤雄单倍体胚胎干细胞获得半克隆小鼠[63]

1. 低胚胎发育率与建系率

产生孤雄和孤雌单倍体胚胎干细胞的前提是单倍体胚胎的构建。然而，数十年来，其效率一直很低。以小鼠为例，1977 年 Tarkowski 报道用玻璃针将小鼠原核阶段胚胎切成两半，每个半胚胎均含有一个原核，从而分别获得了一个孤雄和孤雌的单倍体胚胎。然而，这些单倍体胚胎的平均囊胚发育效率仅为 12.8%，其最高的发育率也不会超过 29.5%。此外，这种单倍体囊胚仅包含正常二倍体囊胚细胞数量的一半[61,64]，且发育也比二倍体胚胎慢得多。随着对早期胚胎发育调控、信号通路和微环境更全面的了解，近年来，人和小鼠胚胎体外培养相关的培养系统都得到了不断的改良和改进[65]。目前，小鼠受精卵胚胎体外发育的囊胚率已达到 90%~100%[66]。但是，产生小鼠孤雌单倍体胚胎的囊胚发育率仍为 10%~22%，并随不同的小鼠遗传背景而变化[49,56]。此外，在 2i（GSK3i：3 μmol/L CHIR99021 和 MEKi：1 μmol/L PD0325901）培养基中建立孤雌胚胎干细胞系的平均效率约为 40%[49,56,67]，低于正常二倍体胚胎干细胞系的建系效率[68,69]。一个更具挑战性的问题是，这些孤雌胚胎干细胞系中，只有 15%~30% 的细胞系保持了其单倍性，能够称之为真正的孤雌单倍体胚胎干细胞（表 2-5）。

表 2-5　单倍体胚胎发育率及单倍体胚胎干细胞建系效率[71]

细胞类型	基因背景	囊胚率（1 细胞胚胎）/%	胚胎干细胞建系效率（囊胚）/%	单倍体胚胎干细胞建系效率（胚胎干细胞系）/%	引用文献
PG-haESC	混合背景[a]	181/937（19.32）	76/181（42）	25/76（32.9）	49
PG-haESC	C57BL/6	40/86（46.5）[b]	13/40（32.5）	9/13（69.23）	67
	C57BL/6×CD1	14/30（46.6）[b]	6/14（42.86）	2/6（33.33）	67
PG-haESC	C57BL/6	79/590（13.39）	38/79（48.10）	6/38（15.79）	56
AG-haESC	C57（OG-2）	194/909（21.34）	34/194（17.53）	4/34（11.76）	48
AG-haESC	Actin-GFP	82/490（16.73）	5/82（6.1）	1/5（20）	48
AG-haESC	129sv	46/244（17.42）	7/46（15.22）	1/7（14.29）	50
AG-haESC	C57（OG-2）	110/466（23.60）	19/110（17.27）	5/19（26.32）	50

a. 小鼠背景来自于：B6CBAF1、129B6F1、129sv、转基因 ROSA26[nlsrtTA] LC1 Xist[2LOX] 和 ROSA26[nlsrtTA] tetOP[Xist] 等品系。
b. 数据来源于桑葚胚和囊胚。
注：PG-haESC：孤雌单倍体胚胎干细胞；AG-haESC：孤雄单倍体胚胎干细胞。

同样，孤雄单倍体胚胎的体外发育率（16%~23%）、孤雄胚胎干细胞系的建系效率（6%~17%），以及真正的孤雄单倍体胚胎干细胞系（孤雄胚胎干细胞系的 11%~26%）的建系效率也是远低于正常的二倍体胚胎和二倍体胚胎干细胞[48,50]（表 2-5）。近期的研究发现，P53 基因的敲除或抑制，可以显著提高单倍体胚胎的发育率和单倍体胚胎干细胞的建系效率，提示细胞凋亡可能在单倍型维持中扮演重要角色[70]。

2. 自发二倍体化

单倍体细胞的自发二倍体化是指单倍体细胞 DNA 复制后未发生细胞分裂，而形成二倍体的过程[62]。这种自发的二倍体化过程，在单倍体胚胎及单倍体胚胎干细胞中均可被检测到，并且发生频率非常高[49,60,62]。早在 1977 年，Tarkowski 通过对植入前的小鼠单倍体胚胎（包括分裂期的卵、桑葚胚和囊胚）进行核型分析，即发现在 51 个胚胎中，可以检测到有 10 个是单倍体/二倍体嵌合体胚胎[61]。在 1983 年，Kaufman 报道了对小鼠孤雌单倍体胚胎的染色体分析，发现卵裂球中约 80% 的细胞为单倍体，而其余的 20% 为单倍体-二倍体和二倍体。此外，核型分析显示，即使在孤雌胚胎干细胞系建立的早期传代中，所有的细胞系都可以检测到二倍体化的发生[72]。与小鼠单倍体胚胎相似，在人类孤雌单倍体胚胎的构建中，大约90%的重建胚胎在第一个细胞周期就经历了自发二倍体化[51]。因此，哺乳动物单倍体细胞的自发二倍体化，早在胚胎期就已发生，甚至在一细胞期的第一个有丝分裂期间就可以被检测到。在这一自发二倍体化高频率发生的背景下，在体内或体外条件下发育至囊胚阶段的单倍体胚胎中，只有少量的单倍体细胞保持了DNA的单倍性。然后，孤雌或孤雄单倍体胚胎干细胞系可以从这些保持了单倍性的内细胞团细胞中建立而来。

3. 全基因组低甲基化

DNA胞嘧啶甲基化（5mC）是基因组中最重要的表观遗传修饰之一，并且已被证明在各种细胞过程中都起着重要作用，包括基因印记、X染色体失活、逆转座子沉默和基因表达的调控等[73-75]。在哺乳动物中，胞嘧啶上的甲基化由DNA甲基转移酶（DNMT）催化，包括Dnmt1、Dnmt3a和Dnmt3b[76-78]。近期的一项研究对孤雄单倍体胚胎干细胞的甲基化水平进行了定量分析，证明了其处于全基因组低甲基化的状态[71]。具体而言，孤雄单倍体胚胎干细胞的基因组5mC含量不足雌性二倍体胚胎干细胞的1/4，不足雄性二倍体胚胎干细胞的1/6。这种DNA低甲基化，可能与Dnmt3b及其他甲基化相关基因的低表达相关。这一全基因组低甲基化状态进一步影响了基因组中重复序列的甲基化水平，包括LINE-1、IAP、微卫星重复区域及基因印记调控区域等[50]。与这些数据一致的是，全基因组DNA甲基化测序也表明了孤雌和孤雄单倍体胚胎干细胞呈现低甲基化，类似于胚胎原始生殖细胞的甲基化水平[79]。此外，研究发现单倍体胚胎干细胞的低甲基化不是简单地由培养基中的2i造成的，因为这些细胞在不含有2i的培养体系中培养后仍然呈现低甲基化状态[50]。

2.4.3 单倍体胚胎干细胞的建立及培养

哺乳动物中，通过激活成熟卵母细胞或者将精子注入去核卵母细胞中能够分别得到孤雌或者孤雄的单倍体胚胎[80,81]，然而小鼠单倍体胚胎发育到囊胚的效率较低，胚胎植入之后出现明显的发育缺陷，只能发育到卵圆柱期（egg cylinder stage）[82]。第一个稳定的单倍体细胞系（注意，不是单倍体胚胎干细胞）是在1970年利用玻璃针去除美洲豹蛙受精卵中的雌原核，产生的孤雄单倍体胚胎中建立起来的（表2-6）[83]。此后不久，单倍体细胞系在果蝇和人（近单倍体肿瘤细胞系-KBM7）中被成功建立[84-86]。

此后几十年，全球许多研究小组一直致力于建立可稳定维持的单倍体胚胎干细胞系。然而，无一例外的是，由于单倍体细胞频繁的自发二倍体化，单倍体胚胎干细胞最终未能成功建立。2009年，Meisheng Yi等首次获得了青鳉鱼的单倍体胚胎干细胞[87]。2011年，随着流式细胞分选技术（FACS）的发展，Elling和Leeb等研究小组同时报道了小鼠孤雌单倍体胚胎干细胞的建立和体外维持，并用于遗传筛选[49,60,88]。此后，通过结合精细的显微操作技术和FACS技术，我国李劲松和周琪课题组同时报道了两种建立

表 2-6　单倍体细胞系的建立及特性[71]

细胞系	物种	年份	多能性	单倍性	半克隆动物制作能力	引用文献
孤雄单倍体胚胎干细胞	蛙	1970	ND	稳定	ND	83
孤雌单倍体胚胎干细胞	黑腹果蝇	1978	ND	稳定	ND	84
近单倍体肿瘤细胞（KBM7）	人	1999	否	不稳定	No	86
孤雌单倍体胚胎干细胞	青鳉鱼	2009	是	稳定	Yes	87
孤雄单倍体胚胎干细胞	小鼠	2011, 2013, 2016	是	自发二倍化	Yes	49, 56, 60, 67
孤雄单倍体胚胎干细胞	小鼠	2012	是	自发二倍化	Yes	47, 48
孤雄单倍体胚胎干细胞	猕猴	2013	是	自发二倍化	ND	54
孤雄单倍体胚胎干细胞	大鼠	2014	是	自发二倍化	Yes	53
孤雌单倍体胚胎干细胞	大鼠	2017	是	自发二倍化	ND	91
孤雄单倍体胚胎干细胞	人	2016	是	自发二倍化	ND	51, 52
异源二倍体胚胎干细胞	小鼠与大鼠	2016	是	ND	ND	90

注：ND：未检测。

孤雄单倍体胚胎干细胞的方法，并突破性地将该孤雄单倍体胚胎干细胞注入成熟的卵母细胞，成功制作了可发育至成年并具有生殖系传递能力的半克隆小鼠[47,48]。此外，李劲松课题组还发现，同时敲除了 *H19* 和 *Gtl2* 的差异甲基化区域，可显著提高制作半克隆小鼠的效率。随后，李劲松和周琪课题组又分别成功建立了食蟹猴[54]和大鼠[53]的孤雄单倍体胚胎干细胞系。其中，对于大鼠而言，需要将重组的孤雄和孤雌单倍体胚胎转移到假孕大鼠体内，使其发育到囊胚阶段后，再从子宫中回收这些单倍体囊胚，用来进一步在体外建立大鼠孤雌或孤雄胚胎干细胞系。2016 年，人孤雄单倍体胚胎干细胞也终于被成功建立[51,89]，该类细胞显示出巨大的潜力来鉴定致病基因和进行药物筛选。此外，单倍体胚胎干细胞系中非常有趣的一个实验是，通过细胞融合技术，将来源于小鼠和大鼠的单倍体胚胎干细胞融合产生一个二倍体胚胎干细胞系，即为小鼠-大鼠异源二倍体胚胎干细胞[90]。据报道，这些异源二倍体胚胎干细胞也具有多能性，能够形成含有物种特异性等位基因的稳定二倍体基因组，可用于研究小鼠和大鼠之间基因调控的差异。此外，这一类型的细胞，也是进行 X 染色体失活及逃逸调控等分子机制的理想工具[90]。

　　在这一节中，我们以孤雄单倍体为例，简要介绍孤雄单倍体胚胎，以及孤雄单倍体胚胎干细胞的建立与维持方法。

1. 孤雄单倍体胚胎的制作与培养

　　（1）准备显微操作的针：固定针的外径 100~120 μm、内径 20~30 μm；去核针内径为 10~11 μm，精子头注射针为 8 μm。

　　（2）在含 5 μg/ml CB 的胚胎体外操作液中进行去核试验，去核针借助 Pizeo 破透明带和细胞膜后将纺锤体吸出。

（3）待所有卵母细胞去核完成之后，在 3% PVP 的滴中加入超声断尾后的精子头，在含 5 μg/ml CB 的操作滴中向已去核的卵母细胞中注入精子头并封口。

（4）孤雄单倍体胚胎激活：重构的胚胎放入活化液中清洗 3 遍后，在 37℃培养箱激活培养 4~6 h。

（5）将激活后的孤雄单倍体胚胎在胚胎操作液中清洗 3 遍后，充分去除活化成分。胚胎放入 G1 plus 中，37℃培养。体外培养 4.5~5.5 天，可获得发育至囊胚阶段的孤雄单倍体胚胎。

2. 孤雄单倍体胚胎干细胞的建系

（1）将体外培养 4.5~5.5 天的孤雄单倍体囊胚用蛋白酶 E 处理 3 min 去掉透明带后，在建系培养基中清洗 4 遍，放入铺好饲养层细胞的 96 孔板中，每孔放一个囊胚。

（2）所有囊胚分别放入 96 孔板的各孔后，将 96 孔板放回培养箱中，72 h 之内勿动，第 4 天开始半量换液，第 6 天进行第二次换液，第 7~8 天开始消化长出克隆的细胞孔，视其大小将其传代至 48 孔板或者 24 孔板中，使细胞扩增。

（3）待细胞稳定传至 3~5 代后，需进行流式分选获得真正的具有单倍型基因组的孤雄单倍体胚胎干细胞系，并进行扩增和冻存。

3. 孤雄单倍体胚胎干细胞的分选

由于孤雄单倍体胚胎干细胞会不断发生自发二倍体化，所以需要反复进行单倍体细胞的分选富集，20 代之前的细胞每隔 2~3 代就需流式分选一次。20 代之后的，可以每隔 5 代再分选一次。如果早期未能获得单倍体细胞，则不能建立单倍体胚胎干细胞系。具体分选方法如下。

（1）染液的配制：12 ml ESM+180 μl Hoechesst33342（1 mg/ml）+ 30 μl Verapamil（20 mmol/L）。其中，Hoechesst 33342 终浓度为 15 μg/ml，Verapamil 终浓度为 2.5 μmol/L。染液需要提前至少 24 h 配好再过滤，锡箔纸包裹避光，4℃保存。

（2）染色：消化细胞，按 1~1.5 ml 染液重悬一个 35 mm 培养皿的孤雄单倍体胚胎干细胞，37℃培养箱（或者水浴）放置 25~30 min。

（3）染色完成后，离心去上清，加入 700~800 μl 培养液重悬后，使用 40 μm 滤网过滤，置于冰上。

（4）以二倍体胚胎干细胞作为对照组，使用 BD FACS AriaII 分选富集单倍体细胞。

（5）分选结束后，需把收集获得的单倍体胚胎干细胞从冰上取下放置于水浴锅 5 min，让细胞稍微恢复后再离心，重悬接种于含有饲养层细胞的培养皿中。

2.4.4 单倍体胚胎干细胞的应用

单倍体胚胎干细胞相较于二倍体胚胎干细胞具有其独特的优势，本节将从基因功能的研究、基因筛选及半克隆模式动物的制作三个方面，简要介绍单倍体胚胎干细胞的应用。

1. 应用单倍体胚胎干细胞进行基因功能研究

第一，可以利用孤雄和孤雌单倍体胚胎干细胞，在体外或体内进行基因印记调控的研究，并可以用于发现新的基因印记或新的调控区域[50,59,79]。第二，可以利用单倍体胚胎干细胞，探索 X 连锁基因、致病基因或疾病相关隐性基因在自我更新，以及体内和体外分化中的功能，这一研究避免了二倍体细胞研究中等位基因表达的复杂性，使得基因功能的研究简单化、清晰化[90]。第三，可以在由单倍体胚胎干细胞分化而来的各种类型的单倍体细胞中，进行基因功能的研究，而这种单倍体体细胞几乎很难从其他任何方式获得[92]。第四，利用构建的野生型或基因突变型的单倍体胚胎干细胞系及对应的半克隆小鼠，可以研究父源基因或显性遗传基因等在早期胚胎发育及胚胎分化、个体成长等过程中的作用[55]。第五，可以更快地进行由致病基因导致疾病表型的研究，且研究周期缩短，表型更一致[93]。第六，单倍体胚胎干细胞、单倍体体细胞与 CRISPR/Cas9 基因编辑系统的结合，成为细胞及动物水平上进行基因功能研究非常强大和高效的工具[55,94]。

2. 应用单倍体胚胎干细胞进行全基因组基因筛选

由于单个等位基因的敲除就可以造成基因功能的丧失，因此单倍体胚胎干细胞可直接用于隐性基因功能筛选与表型分析。目前，多个脊椎动物的单倍体胚胎干细胞，已经通过多种方式在基因筛选中被应用。例如，青鳉鱼（medaka fish）单倍体胚胎干细胞是鉴定宿主因子遗传筛选的理想工具，因为它们易受鱼类病毒，包括新加坡石斑鱼虹膜病毒（Singapore grouper irido virus, SGIV）、鲤鱼春季病毒血症病毒（spring viremia of carp virus, SVCV）和红斑石斑鱼神经坏死病毒（red-spotted grouper nervous necrosis virus, RGNNV）等的感染[95]。此外，通过使用可逆的基因捕获系统，可轻松地对小鼠单倍体胚胎干细胞进行正向和反向遗传筛选[60]。在小鼠孤雌单倍体胚胎干细胞的单轮逆转录病毒感染实验中，研究者精确鉴定出了 176 178 个插入，其中约 51% 的插入发生在启动子区域或基因内区域，包含了 8203 个基因[60]。另外，由于编码序列的破坏造成的是纯合突变，因此可以用来分析隐性基因的功能。其中，*Rarg* 和 *Drosha* 基因突变的细胞系被成功建立，并进行了测序验证和功能分析。该方法还首次将 GPCR Gpr107（LUSTR1）鉴定为参与蓖麻毒素毒性应答的关键分子。此外，应用 sgRNA 库，与可控或不可控的 Cas9 过表达系统和小鼠单倍体胚胎干细胞结合，成功实现了体内、体外基因功能的筛选，并在单次世代中实现了模型动物的制作[55]。更有意思的是，全基因组筛选在单倍体干细胞分化而来的多种单倍体体细胞中也得以实现[92]。

3. 应用单倍体胚胎干细胞进行半克隆动物制作

克隆（cloning），也称为核移植（nuclear transfer, NT），是指将供体细胞核移入除去核的卵母细胞中，使细胞重获多能性的一种方法。因此，克隆动物除线粒体 DNA 以外，所有的遗传物质几乎完全来自供体细胞，而不是亲代卵母细胞。近年来，牛、小鼠、山羊、猪、猫、兔、大鼠、狗、雪貂、狼、骆驼和猴等多种哺乳动物，均已经成功被克隆。该技术对核质关系、细胞分化、细胞多能性、表观遗传学、发育生物学、生殖生物学等方面的研究，以及转化医学和遗传资源保存等方面做出了巨大的贡献[96,97]。相对于克隆而言，半克隆的动物来自半克隆的胚胎，其中仅一半的基因组是从供体细胞遗传而来，另一半是从亲代卵母细胞继承的[98]。

当前，半克隆胚胎主要可以通过下述三种方法获得。第一种方法，通过将成熟的卵母细胞与次级精母细胞受精，获得了半克隆胚胎。第二种方法，通过将二倍体体细胞核转移到完整的成熟卵母细胞中（注意，该步骤未将卵母细胞核去除）来产生半克隆胚胎，这与核移植程序略有不同。此后，在无细胞松弛素 B（CB）的条件下激活胚胎，用以排出第二极体（来自卵母细胞）和假极体（来自供体细胞）。第三种方法，用处于 G_0/G_1 或 M 期的单倍体胚胎干细胞与成熟卵母细胞结合，模拟受精过程获得半克隆胚胎。与前两种方法相比，利用单倍体胚胎干细胞制作半克隆动物的方式，是可以对细胞进行体外培养与基因编辑操作的。此外，这种方式获得的半克隆胚胎可以进一步发育形成足月的半克隆动物。近期，利用孤雄或孤雌单倍体胚胎干细胞已成功地产生了多种基因型的半克隆小鼠和大鼠[47,48,50,53,56]。

与利用传统二倍体胚胎干细胞进行小鼠模型构建所需的复杂步骤和长时间周期所不同的是，基于单倍体胚胎干细胞制作基因编辑的半克隆小鼠的周期非常短。单倍体胚胎干细胞在制作模式动物方面具有多项优势。第一，连锁基因或多基因编辑在单倍体胚胎干细胞中容易被实现，这些编辑不仅包括相对简单的基因敲除，还包括基因的突变、标记和融合等。然后，研究者可以轻松、快速地利用该单倍体胚胎干细胞系获得基因编辑小鼠，极大程度上省去了多个基因型小鼠之间杂交的时间。第二，可以在单倍体胚胎干细胞中进行 X 染色体相关的复杂型基因编辑，而在受精卵中直接利用 CRISPR / Cas9 介导的基因编辑，能高效产生 X 染色体相关基因敲除的小鼠。第三，常染色体上复杂的基因编辑，可以在单倍体胚胎干细胞中实施并获得相应小鼠，这些编辑包括大片段基因的插入、缺失、置换和融合等，以及条件性敲除（包括 Cre-LoxP、Dre-Rox、Flpe-Frt 或 Nigri-Nox 等）。而传统二倍体胚胎干细胞介导的过程至少需要一年才能产生小鼠，并且所得的嵌合小鼠及其后代可能没有统一的遗传背景，甚至有时候不能获得后代。第四，使用单倍体胚胎干细胞进行半克隆小鼠制作，可以进行致死性显性遗传基因的研究。而由于致死性，这些基因在胚胎发育过程中的作用机制多是未知的。第五，更有趣和更重要的是，经过基因改造的孤雄单倍体胚胎干细胞系，可以用作小鼠精子库。相比之下，传统的小鼠精子保存至少需要一只成年雄性小鼠，这是一个相对耗时且昂贵的过程。此外，这些储备的精子无法在体外进一步扩增。另外，如果经基因编辑的小鼠在精子发育上存在缺陷，该精子则不能通过这种传统方法得以保存。

参 考 文 献

1 Evans MJ & Kaufman MH. Establishment in culture of pluripotential cells from mouse embryos. Nature, 1981, **292(5819)**: 154-156.

2 Martin GR. Isolation of a pluripotent cell line from early mouse embryos cultured in medium conditioned by teratocarcinoma stem cells. Proc Natl Acad Sci U S A, 1981, **78(12)**: 7634-7638.

3 Ying QL, Nichols J, Chambers I et al. Bmp induction of id proteins suppresses differentiation and

sustains embryonic stem cell self-renewal in collaboration with stat3. Cell, 2003, **115(3)**: 281-292.

4　Ying QL, Wray J, Nichols J et al. The ground state of embryonic stem cell self-renewal. Nature, 2008, **453(7194)**: 519-U515.

5　Thomson JA, Itskovitz-Eldor J, Shapiro SS et al. Embryonic stem cell lines derived from human blastocysts. Science, 1998, **282(5391)**: 1145-1147.

6　Nichols J & Smith A. Naive and primed pluripotent states. Cell Stem Cell, 2009, **4(6)**: 487-492.

7　Ohtsuka S, Nishikawa-Torikai S & Niwa H. E-cadherin promotes incorporation of mouse epiblast stem cells into normal development. Plos One, 2012, **7(9)**: e45220.

8　Valamehr B, Robinson M, Abujarour R et al. Platform for induction and maintenance of transgene-free hipscs resembling ground state pluripotent stem cells. Stem Cell Reports, 2014, **2(3)**: 366-381.

9　Takashima Y, Guo G, Loos R et al. Resetting transcription factor control circuitry toward ground-state pluripotency in human. Cell, 2014, **158(6)**: 1254-1269.

10　Guo G, Von Meyenn F, Santos F et al. Naive pluripotent stem cells derived directly from isolated cells of the human inner cell mass. Stem Cell Reports, 2016, **6(4)**: 437-446.

11　Yang Y, Zhang X, Yi L et al. Naive induced pluripotent stem cells generated from beta-thalassemia fibroblasts allow efficient gene correction with CRISPR/CAS9. Stem Cells Transl Med, 2016, **5(2)**: 267.

12　Artus J & Hadjantonakis AK. Troika of the mouse blastocyst: Lineage segregation and stem cells. Curr Stem Cell Res Ther, 2012, **7(1)**: 78-91.

13　Gardner RL. Investigation of cell lineage and differentiation in the extra-embryonic endoderm of the mouse embryo. Journal of Embryology and Experimental Morphology, 1982, **68(4)**: 175-198.

14　Nagy A. *Manipulating the mouse embryo : A laboratory manual*. 3rd edition, (Cold Spring Harbor Laboratory Press, 2003).

15　Cockburn K & Rossant J. Making the blastocyst: Lessons from the mouse. J Clin Invest, 2010, **120(4)**: 995-1003.

16　Zhang Y, Xiang Y, Yin Q et al. Dynamic epigenomic landscapes during early lineage specification in mouse embryos. Nat Genet, 2018, **50(1)**: 96-105.

17　Tanaka S, Kunath T, Hadjantonakis AK et al. Promotion of trophoblast stem cell proliferation by fgf4. Science, 1998, **282(5396)**: 2072-2075.

18　Adamson SL, Lu Y, Whiteley KJ et al. Interactions between trophoblast cells and the maternal and fetal circulation in the mouse placenta. Developmental Biology, 2002, **250(2)**: 358-373.

19　Uy GD, Downs KM & Gardner RL. Inhibition of trophoblast stem cell potential in chorionic ectoderm coincides with occlusion of the ectoplacental cavity in the mouse. Development, 2002, **129(16)**: 3913-3924.

20　Simmons DG, Natale DRC, Begay V et al. Early patterning of the chorion leads to the trilaminar trophoblast cell structure in the placental labyrinth. Development, 2008, **135(12)**: 2083-2091.

21　Himeno E, Tanaka S & Kunath T. Isolation and manipulation of mouse trophoblast stem cells. Curr Protoc Stem Cell Biol, 2008, **Chapter 1**: Unit 1E 4.

22　Quinn J, Kunath T & Rossant J. Mouse trophoblast stem cells. Methods Mol Med, 2006, **121**: 125-148.

23　Latos PA & Hemberger M. From the stem of the placental tree: Trophoblast stem cells and their progeny. Development, 2016, **143(20)**: 3650-3660.

24　Hayakawa K, Himeno E, Tanaka S et al. Isolation and manipulation of mouse trophoblast stem cells. Curr Protoc Stem Cell Biol, 2015, **32**: 1E 41-32.

25　Erlebacher A, Price KA & Glimcher LH. Maintenance of mouse trophoblast stem cell proliferation by tgf-beta/activin. Developmental Biology, 2004, **275(1)**: 158-169.

26　Kubaczka C, Senner C, Arauzo-Bravo MJ et al. Derivation and maintenance of murine trophoblast stem cells under defined conditions. Stem Cell Reports, 2014, **2(2)**: 232-242.

27　Ohinata Y & Tsukiyama T. Establishment of trophoblast stem cells under defined culture conditions in mice. Plos One, 2015, **10(3)**: e0121167.

28　Genbacev O, Donne M, Kapidzic M et al. Establishment of human trophoblast progenitor cell lines from the chorion. Stem Cells, 2011, **29(9)**: 1427-1436.

29　Amita M, Adachi K, Alexenko AP et al. Complete and unidirectional conversion of human embryonic stem cells to trophoblast by bmp4. Proceedings of the National Academy of Sciences of the United States of America, 2013, **110(13)**: E1212-E1221.

30　Roberts RM, Loh KM, Amita M et al. Differentiation of trophoblast cells from human embryonic stem cells: To be or not to be? Reproduction, 2014, **147(5)**: D1-D12.

31　Lee CQE, Gardner L, Turco M et al. What is trophoblast? A combination of criteria define human first-trimester trophoblast. Stem Cell Reports, 2016, **6(2)**: 257-272.

32　Okae H, Toh H, Sato T et al. Derivation of human trophoblast stem cells. Cell Stem Cell, 2018, **22(1)**: 50.

33　Rivron NC, Frias-Aldeguer J, Vrij EJ et al. Blastocyst-like structures generated solely from stem cells. Nature, 2018, **557(7703)**: 106.

34　Harrison SE, Sozen B, Christodoulou N et al. Assembly of embryonic and extraembryonic stem cells to mimic embryogenesis *in vitro*. Science, 2017, **356(6334)**: eaal1810.

35　Self-assembly of embryonic and two extraembryonic stem cell types into gastrulating embryo-like structures. Obstetrical & Gynecological Survey, 2019, **74(1)**: 30-31.

36　Beukeboom LW, Kamping A, Louter M et al. Haploid females in the parasitic wasp nasonia vitripennis. Science, 2007, **315(5809)**: 206.

37　Glastad KM, Hunt BG, Yi SV et al. Epigenetic inheritance and genome regulation: Is DNA methylation linked to ploidy in haplodiploid insects? Proc Biol Sci, 2014, **281(1785)**: 20140411.

38　Weeks AR, Marec F & Breeuwer JA. A mite species that consists entirely of haploid females. Science, 2001, **292(5526)**: 2479-2482.

39　Wilkins JF & Haig D. What good is genomic imprinting: The function of parent-specific gene expression. Nature Reviews Genetics, 2003, **4**: 359.

40　Otto SP & Goldstein DB. Recombination and the evolution of diploidy. Genetics, 1992, **131(3)**: 745-751.

41　Jaenisch R & Mintz B. Simian virus 40 DNA sequences in DNA of healthy adult mice derived from preimplantation blastocysts injected with viral DNA. Proc Natl Acad Sci U S A, 1974, **71(4)**: 1250-1254.

42　Wang H, Yang H, Shivalila CS et al. One-step generation of mice carrying mutations in multiple genes by crispr/cas-mediated genome engineering. Cell, 2013, **153(4)**: 910-918.

43　Ventura A, Meissner A, Dillon CP et al. Cre-lox-regulated conditional RNA interference from transgenes. Proc Natl Acad Sci U S A, 2004, **101(28)**: 10380-10385.

44　Evans M & Kaufman M. Establishment in culture of pluripotential cells from mouse embryos. Nature, 1981, **292(5819)**: 154-156.

45　Thomson JA, Itskovitz-Eldor J, Shapiro SS et al. Embryonic stem cell lines derived from human blastocysts. Science, 1998, **282(5391)**: 1145-1147.

46　Niwa H. How is pluripotency determined and maintained? Development, 2007, **134(4)**: 635-646.

47　Li W, Shuai L, Wan H et al. Androgenetic haploid embryonic stem cells produce live transgenic mice. Nature, 2012, **490(7420)**: 407-411.

48　Yang H, Shi L, Wang BA et al. Generation of genetically modified mice by oocyte injection of androgenetic haploid embryonic stem cells. Cell, 2012, **149(3)**: 605-617.

49　Leeb M & Wutz A. Derivation of haploid embryonic stem cells from mouse embryos. Nature, 2011, **479(7371)**: 131-134.

50　He W, Zhang X, Zhang Y et al. Reduced self-diploidization and improved survival of semi-cloned mice produced from androgenetic haploid embryonic stem cells through overexpression of dnmt3b. Stem Cell Reports, 2018, **10(2)**: 477-493.

51　Sagi I, Chia G, Golan-Lev T et al. Derivation and differentiation of haploid human embryonic stem cells. Nature, 2016, **532(7597)**: 107-111.

52　Zhong C, Zhang M, Yin Q et al. Generation of human haploid embryonic stem cells from parthenogenetic embryos obtained by microsurgical removal of male pronucleus. Cell Res, 2016, **26(6)**:

743-746.

53　Li W, Li X, Li T et al. Genetic modification and screening in rat using haploid embryonic stem cells. Cell Stem Cell, 2014, **14(3)**: 404-414.

54　Yang H, Liu Z, Ma Y et al. Generation of haploid embryonic stem cells from macaca fascicularis monkey parthenotes. Cell Res, 2013, **23(10)**: 1187-1200.

55　Zhong C, Yin Q, Xie Z et al. Crispr-cas9-mediated genetic screening in mice with haploid embryonic stem cells carrying a guide RNA library. Cell Stem Cell, 2015, **17(2)**: 221-232.

56　Zhong C, Xie Z, Yin Q et al. Parthenogenetic haploid embryonic stem cells efficiently support mouse generation by oocyte injection. Cell Res, 2016, **26(1)**: 131-134.

57　Ying Q-L, Wray J, Nichols J et al. The ground state of embryonic stem cell self-renewal. Nature, 2008, **453(7194)**: 519-523.

58　Hackett JA & Surani MA. Regulatory principles of pluripotency: From the ground state up. Cell Stem Cell, 2014, **15(4)**: 416-430.

59　Li Z, Wan H, Feng G et al. Birth of fertile bimaternal offspring following intracytoplasmic injection of parthenogenetic haploid embryonic stem cells. Cell Res, 2016, **26(1)**: 135-138.

60　Elling U, Taubenschmid J, Wirnsberger G et al. Forward and reverse genetics through derivation of haploid mouse embryonic stem cells. Cell Stem Cell, 2011, **9(6)**: 563-574.

61　Tarkowski AK. *In vitro* development of haploid mouse embryos produced by bisection of one-cell fertilized eggs. Journal of Embryology and Experimental Morphology, 1977, **38(1)**: 187-202.

62　Leeb M, Walker R, Mansfield B et al. Germline potential of parthenogenetic haploid mouse embryonic stem cells. Development, 2012, **139(18)**: 3301-3305.

63　Kang L, Chen JY & Gao SR. Historical review of reprogramming and pluripotent stem cell research in China. Yi Chuan, 2018, **40(10)**: 825-840.

64　Liu L, Trimarchi JR & Keefe DL. Haploidy but not parthenogenetic activation leads to increased incidence of apoptosis in mouse embryos. Biol Reprod, 2002, **66(1)**: 204-210.

65　Simopoulou M, Sfakianoudis K, Rapani A et al. Considerations regarding embryo culture conditions: from media to epigenetics. In Vivo, 2018, **32(3)**: 451-460.

66　Wang C, Liu X, Gao Y et al. Reprogramming of h3k9me3-dependent heterochromatin during mammalian embryo development. Nat Cell Biol, 2018, **20(5)**: 620-631.

67　Wan H, He Z, Dong M et al. Parthenogenetic haploid embryonic stem cells produce fertile mice. Cell Res, 2013, **23(11)**: 1330-1333.

68　Yagi M, Kishigami S, Tanaka A et al. Derivation of ground-state female ES cells maintaining gamete-derived DNA methylation. Nature, 2017, **548(7666)**: 224-227.

69　Choi J, Huebner AJ, Clement K et al. Prolonged mek1/2 suppression impairs the developmental potential of embryonic stem cells. Nature, 2017, **548(7666)**: 219-223.

70　Olbrich T, Mayor-Ruiz C, Vega-Sendino M et al. A p53-dependent response limits the viability of mammalian haploid cells. Proc Natl Acad Sci U S A, 2017, **114(35)**: 9367-9372.

71　He W, Chen J & Gao S. Mammalian haploid stem cells: Establishment, engineering and applications. Cell Mol Life Sci, 2019, **76(12)**: 2349-2367.

72　Kaufman MH, Robertson EJ, Handyside AH et al. Establishment of pluripotential cell lines from haploid mouse embryos. Journal of Embryology and Experimental Morphology, 1983, **73(1)**: 249-261.

73　Bird A. DNA methylation patterns and epigenetic memory. Genes Dev, 2002, **16(1)**: 6-21.

74　Reik W, Dean W & Walter J. Epigenetic reprogramming in mammalian development. Science, 2001, **293(5532)**: 1089-1093.

75　Watanabe D, Suetake I, Tada T et al. Stage- and cell-specific expression of dnmt3a and dnmt3b during embryogenesis. Mech Dev, 2002, **118(1-2)**: 187-190.

76　Okano M, Bell DW, Haber DA et al. DNA methyltransferases dnmt3a and dnmt3b are essential for de novo methylation and mammalian development. Cell, 1999, **99(3)**: 247-257.

77　Hirasawa R, Chiba H, Kaneda M et al. Maternal and zygotic dnmt1 are necessary and sufficient for the maintenance of DNA methylation imprints during preimplantation development. Genes Dev, 2008,

22(12): 1607-1616.

78 Denis H, Ndlovu MN, Fuks F. Regulation of mammalian DNA methyltransferases: A route to new mechanisms. EMBO Rep, 2011, **12(7)**: 647-656.

79 Li ZK, Wang LY, Wang LB et al. Generation of bimaternal and bipaternal mice from hypomethylated haploid escs with imprinting region deletions. Cell Stem Cell, 2018, **23(5)**: 665-676.

80 Graham CF. The effect of cell size and DNA content on the cellular regulation of DNA synthesis in haploid and diploid embryos. Exp Cell Res, 1966, **43(1)**: 13-19.

81 Modlinski JA. Haploid mouse embryos obtained by microsurgical removal of one pronucleus. J Embryol Exp Morphol, 1975, **33(4)**: 897-905.

82 Kaufman MH. Chromosome analysis of early postimplantation presumptive haploid parthenogenetic mouse embryos. J Embryol Exp Morphol, 1978, **45**: 85-91.

83 Freed JJ & Mezger-Freed L. Stable haploid cultured cell lines from frog embryos. Proc Natl Acad Sci U S A, 1970, **65(2)**: 337-344.

84 Debec A. Haploid cell cultures of *Drosophila melanogaster*. Nature, 1978, **274(5668)**: 255-256.

85 Debec A. Evolution of karyotype in haploid cell lines of *Drosophila melanogaster*. Exp Cell Res, 1984, **151(1)**: 236-246.

86 Kotecki M, Reddy PS, Cochran BH. Isolation and characterization of a near-haploid human cell line. Exp Cell Res, 1999, **252(2)**: 273-280.

87 Yi M, Hong N, Hong Y. Generation of medaka fish haploid embryonic stem cells. Science, 2009, **326(5951)**: 430-433.

88 Schimenti J. Haploid embryonic stem cells and the dominance of recessive traits. Cell Stem Cell, 2011, **9(6)**: 488-489.

89 Zhong C, Zhang M, Yin Q et al. Generation of human haploid embryonic stem cells from parthenogenetic embryos obtained by microsurgical removal of male pronucleus. Cell Res, 2016.

90 Li X, Cui XL, Wang JQ et al. Generation and application of mouse-rat allodiploid embryonic stem cells. Cell, 2016, **164(1-2)**: 279-292.

91 Hirabayashi M, Hara H, Goto T et al. Haploid embryonic stem cell lines derived from androgenetic and parthenogenetic rat blastocysts. J Reprod Dev, 2017, **63(6)**: 611-616.

92 He ZQ, Xia BL, Wang YK et al. Generation of mouse haploid somatic cells by small molecules for genome-wide genetic screening. Cell Rep, 2017, **20(9)**: 2227-2237.

93 Elling U, Wimmer RA, Leibbrandt A et al. A reversible haploid mouse embryonic stem cell biobank resource for functional genomics. Nature, 2017, **550(7674)**: 114-118.

94 Forment JV, Herzog M, Coates J et al. Genome-wide genetic screening with chemically mutagenized haploid embryonic stem cells. Nat Chem Biol, 2017, **13(1)**: 12-14.

95 Yuan Y, Huang X, Zhang L et al. Medaka haploid embryonic stem cells are susceptible to singapore grouper iridovirus as well as to other viruses of aquaculture fish species. J Gen Virol, 2013, **94(Pt 10)**: 2352-2359.

96 Wilmut I, Schnieke AE, Mcwhir J et al. Viable offspring derived from fetal and adult mammalian cells. Nature, 1997, **385(6619)**: 810-813.

97 Wakayama T, Perry AC, Zuccotti M et al. Full-term development of mice from enucleated oocytes injected with cumulus cell nuclei. Nature, 1998, **394(6691)**: 369-374.

98 Lacham-Kaplan O, Daniels R & Trounson A. Fertilization of mouse oocytes using somatic cells as male germ cells. Reprod Biomed Online, 2001, **3(3)**: 205-211.

陈嘉瑜　康　岚

第3章　体细胞重编程与转分化

3.1　体细胞重编程

在近些年飞速发展并且极受关注的干细胞生命科学领域和以干细胞为基础的再生医学研究领域中，体细胞重编程一直是热点之一。体细胞重编程是指通过特殊的诱导体系，抹去成体分化的体细胞的分化记忆，使之回到类似于生命最开始的胚胎状态，让分化的体细胞重新获得全能性或者多能性的过程。通过重编程的技术可以克服当前生命科学和医学研究领域中胚胎来源稀少、个体差异性大、免疫排斥等困难，也避免了一系列使用和研究人胚胎的伦理学争议，因而在疾病模拟、药物筛选、个体化治疗及早期胚胎发育等热点研究上具有很大的潜力和广阔的应用前景。在重编程的科学研究和探索中，通过几代科学家们不懈的努力和前赴后继的发现，终于取得了一系列的重要研究突破，为生命科学与医学研究领域做出了巨大贡献。常用的体细胞重编程手段有三种：体细胞核移植（somatic cell nuclear transfer，SCNT）、诱导多能干细胞（induced pluripotent stem cell，iPSC）和细胞融合（cell fusion）。其中，细胞融合技术产生于 19 世纪 70 年代，该技术使用化学诱导或者电刺激诱导促使细胞融合的方法，在单克隆抗体制备和植物育种等方面有着重要意义。但是，利用细胞融合技术使体细胞与胚胎干细胞融合从而获得全能性的方法并未得到推广，因为得到的融合细胞是四倍体细胞，往往难以用于临床和科学研究。所以本文主要介绍体细胞核移植和诱导多能干细胞技术的研究进展，并着重阐述基于当前成熟的第二代测序平台，科学家们揭示的体细胞核移植和诱导多能干细胞技术的深层表观遗传修饰调控机制。

3.1.1　体细胞核移植

体细胞核移植是被人们所熟知的生物学克隆（cloning）方法，是指将供体细胞的细胞核注射进去核的卵母细胞中，在卵母细胞的诱导下，把供体细胞的细胞核重编程，使细胞回归到最开始的状态，重新获得全能性或者多能性的一种方法。目前科学研究认为细胞的全能性是指在胚胎发育初期，小鼠胚胎即受精卵和二细胞时期，此时每个细胞都可以单独发育成胚内和胚外组织，进而发育成一个完整的个体，这样的特性被定义为细胞的全能性[1,2]。而在小鼠胚胎发育后期的四细胞和八细胞时期，单个细胞就已经丧失了全能性，不能单独发育成一个完整的个体，只能发育成胚内组织[3]，这样的特性被定义为细胞的多能性。在正常受精发育过程中，哺乳动物的精子和卵子在输卵管中结合形成受精卵，随后受精卵经过多次卵裂、细胞多能性的逐渐丢失和细胞的逐级分化形成了多种多样类型的细胞，分别执行不同的功能，最终形成了一个完整的个体。而实际上，正常受精过程中，精子也是一个高度分化的细胞，在其进入卵母细胞完成受精之后，卵母细胞会将其重编程，最终成为一个具有全能性的受精卵。体细胞核移植也正是基于以上原理，利用卵母细胞中特有的重编程因子和微环境，将供体的细胞核重编程，重新获得全能性或者多能性。

从体细胞核移植的研究开始直到现在，科学家们通过不断的尝试和不懈的努力，先后在两栖类和鱼类、哺乳类和灵长类动物的核移植实验中都取得了重大成功和突破，并且在近几年快速发展的二代测序平台基础上，科学家们揭示了体细胞核移植深层的表观修饰调控机制，揭开了体细胞核移植"神秘的外衣"，让我们对它的认知达到了基因水平，从而更加方便科学家们了解核移植的调控机制以克服难题。本节主要介绍体细胞核移植过程中的研究历史和进展，并讨论近年来科学家们揭示的体细胞核移植过程中的表观调控机制。

1. 体细胞核移植的研究历史与进展

1960 年左右，植物细胞的全能性就已经得到了充分的论证，植物体的任意单个细胞或组织都具有能够发育成整个植物体的潜能。动物体细胞是不是也具有类似的发育潜能，则需要深入的科学研究来论证，然而动物细胞全能性研究由于其未知性、复杂性、重复性差及实验操作难度大等障碍进展较为缓慢。在科学家们前赴后继的科学探索下，动物细胞全能性研究及体细胞核移植已取得了重大突破。

1928 年，Spemann 在蝾螈胚胎上完成了人类史上第一次核移植实验。他将蝾螈的胚胎不完全结扎，使其一半含有原核，而另一半只包含胞质，待有原核的那一半发育至十六细胞时将结扎线去掉，然后再挤压一个卵裂球的细胞核进入另一半的胞质中，获得重组胚胎，最后将此胚胎分离出来，发现其可以发育成为一个个体。此次实验结果告诉我们，胚胎细胞核指导胚胎的发育过程，而非胞质。同时，此实验还启发我们，动物的细胞核在卵母细胞胞质的影响下可能会获得全能性，最终发育成为一个完整的个体。

1952 年，英国科学家 Robert Briggs 与 Thomas Joseph King 首次报道了以卵细胞为受体的核移植实验研究 [4]。他们在 Spemann 实验方法的基础上做了改进，发明了一种现在都还在使用的新的核移植方法，即先去除林蛙（*Rana pipiens*）卵母细胞的细胞核，再将分离的林蛙胚胎细胞核注射到去核卵细胞后获得重构胚胎，所产生的胚胎可以正常发育并孵化出蝌蚪，尽管效率很低，而且利用更晚期的胚胎细胞作为供体细胞时，效率会更低，甚至得不到正常发育的胚胎 [5]。该实验也表明，供体细胞核的差异会影响体细胞重编程的能力，早期胚胎或者分化程度低的细胞能够更有效地用于核移植。

1958 年，英国科学家 John Gurdon 在非洲爪蟾（*Xenopus laevis*）的胚胎上完成了第一例体细胞核移植实验 [6,7]。他将非洲爪蟾幼体的肠细胞核移植到去核卵细胞中，发现该胚胎也能够发育为一个个体，而此个体的基因组与供体细胞的一致。此次实验取得了里程碑式的结果，它告诉我们，一个分化的体细胞仍然还保留该物种全部遗传物质，并且在一定条件下还能够逆转分化特性重新获得全能性，最终发育成为一个完整的个体。该项研究也证明早期胚胎发育所需要的基因，即使在分化的细胞中也可以被再激活，并且启示我们卵母细胞中具有非常重要的重编程因子，能够诱导分化的体细胞核发生重编程。在此后几年的研究中，他们将更为分化的成体细胞（adult somatic cell）的细胞核进行核移植时，发现仅能够获得蝌蚪，却不能得到发育至性成熟时期的蛙[8,9]，这一点说明体细胞核的差异会影响体细胞重编程的能力，与先前的科学研究结论一致。

1962 年，我国著名生物学家、中国克隆之父童第周先生利用鲫和鲤的囊胚细胞核相互进行核移植实验，培育出了第一尾属间核质杂种鱼，开创了异种核移植的先河[10]。此次实验证明了脊椎动物远缘物种间细胞核和细胞质之间的可配合性，同时还发现杂种鱼中有些成体后的性状介于亲本之间，说明细胞质中存在可以影响胚胎命运的物质。

1975 年，英国牛津大学 Bromhall 教授在之前的体细胞核移植研究基础上，完成了第一例哺乳动物核移植胚胎实验尝试[11]。因为哺乳动物卵母细胞的直径小、取材困难且数量少，所以哺乳动物的核移植研究相对于两栖类和鱼类动物来说更为困难。Bromhall 教授将桑葚胚期细胞的细胞核移植入去核的兔卵母细胞中，证实了这些核移植后的胚胎可以发育至桑葚胚时期，预示了哺乳动物核移植获得个体的可能性。

1986 年，英国剑桥大学 AFRC 研究所 Willadsen 教授将发育至八细胞或十六细胞时期胚胎中的细胞与去核的羊卵母细胞融合后，成功得到了健康的克隆动物[12]。随后的几年中，以胚胎发育期的细胞为供核细胞的核移植实验，在兔[13]、猪[14]、小鼠[15]、牛[16]及猴[17]等动物上均取得了成功。然而，以终端高度分化的体细胞为供体细胞的核移植实验，一直难以获得存活的克隆动物。

直到 1997 年，核移植领域取得了重大的突破。英国科学家 Wilmut 将血清饥饿处理过的成年羊乳腺上皮细胞与去核的卵母细胞融合，获得了克隆动物明星"多莉"羊[18]，首次证明克隆技术可以真正应用于哺乳类动物并且可以获得成功。由此，以终末分化的体细胞为供体细胞的核移植研究迈入了一个新的篇章。随后，体细胞核移植先后在牛[19]、小鼠[20]、山羊[21]、猪[22,23]、猫[24]和兔[25]等多种动物中获得了成功。

1997 年，美国俄勒冈灵长类动物研究中心孟励博士在羊核移植的研究基础上，开展了对灵长类动物的核移植研究。他以恒河猴四细胞胚胎的卵裂球为供体细胞核，获得了第一只"克隆猴"[17]。这是第一例核移植灵长类动物，证明了在灵长类动物上进行核移植的可行性，为后续科学家们在灵长类动物上的核移植尝试和研究提供了基础。但是由于其利用的是早期胚胎作为供体细胞，并非真正意义上的体细胞核移植，并没有真正克服实际应用需求中胚胎来源稀少和一系列伦理争议等问题。

2018 年 1 月，中国科学院上海神经科学研究所孙强研究员领导的团队，通过 TSA 和 Kdm4d 的组合处理，首次真正意义上利用体细胞核移植技术完成了体细胞克隆猴（食蟹猴）的制作，获得了世界上第一例体细胞核移植灵长类动物[26]。他们研究团队利用猴胎儿皮肤成纤维细胞作为供体细胞来进行体细胞核移植，成功地获得了 2 只健康的克隆个体，命名为"中中"和"华华"。因非人灵长类动物被认为是研究人类疾病最好的模型，所以该项重要的研究成果毫无疑问将成为生命科学与再生医学领域里程碑式的重要科学发现。但是，利用更为终末分化的卵丘颗粒细胞作为供体时，克隆猴出生后却未能继续存活，提示非人灵长类的体细胞核移植技术仍然有待进一步改善，更提醒人们克隆人不仅仅是在伦理上不被允许进行尝试，在技术上也存在瓶颈。

这些重要的研究成果都证明，许多动物的体细胞甚至那些终末端分化的细胞在进行核移植时，细胞会通过重编程重新回归到最开始的全能性状态。它最终也可以表达正常发育所需的全部基因并产生存活的克隆动物。这些现象也说明在分化过程中，细胞在基因组上的选择性表达和发育限制是可逆的遗传学和表观遗传修饰变化，而卵母细胞中也一定含有某些重要的重编程因子能够有效地将终末分化的体细胞进行基因组重编程，从而抹去分化体细胞的分化记忆，最终使之回到类似胚胎细胞的状态。因此，体细胞核移植深层的表观修饰调控机制成为科学家们十分好奇和需要解决的问题。

2. 体细胞核移植的发育机制

为了充分理解体细胞核移植（SCNT）重编程过程的发育机制，克服 SCNT 中存在的表观修饰上的机制障碍，提高动物 SCNT 的克隆效率，科学家们利用最近几年飞速发展的测序技术，使得研究 SCNT 重编程期间胚胎转录组和表观遗传组的变化成为现实，也逐渐完善了核移植胚胎发育机制，为哺乳动物的克隆效率提升，包括克隆猴的出生提供了坚实有效的理论基础。

SCNT 的技术核心分为三个部分：去除卵母细胞的细胞核、注射供体细胞核构建重组胚胎、重组胚胎激活。供体细胞核在进入卵母细胞之后，核膜会迅速破裂，形成浓缩染色体，这个过程被称为早熟染色体浓缩（premature chromosome condensation，PCC），是由卵母细胞胞质中的 M 期促进因子（M-phase-promoting factor，MPF）介导的[27]。MPF 是卵母细胞中最重要的调控因子，是 SCNT 过程所必需的物质，缺乏它将会导致胚胎发育障碍[28]。MPF 在不同时期的卵母细胞中活性不一样，在卵母细胞减数分裂的 MI 期和 MII 期达到峰值，而原核期合子的 MPF 活性因受精或胚胎激活已经开始快速下降。所以在选择受体卵母细胞时，采用 MII 时期的卵母细胞比原核期的合子效果更好，因为高水平的 MPF 可以有效介导供体细胞核发生 PCC，从而更加有利于后续重编程的发生。供体细胞核发生 PCC 过程之后，就是重组胚胎的激活阶段。在正常受精过程中，精子所携带的磷脂酶 CZ1（phospholipase C zeta 1，PLCZ1）会通过引发卵母细胞胞质内的钙离子振荡，同时伴随 MPF 失活，使卵母细胞活化并起始后续发育[29]。而在 SCNT 过程中，却缺少这种激活物质来活化卵母细胞。目前激活小鼠 SCNT 重组胚胎最常用的方法是人工氯化锶处理，即在胚胎培养基中加入氯化锶以模拟受精信号，从而活化卵母细胞并起始后续发育。

正常受精情况下，精子进入卵母细胞之后，精子染色体在卵母细胞诱导下发生重塑时，卵母细胞中大量的非经典组蛋白变体会积极参与到染色体重塑的过程中，成为新的核小体组成的一部分，大大增加了核小体乃至染色体结构的多样性和复杂性。它们通过影响核小体的构象和改变染色体的疏松程度来调节基因组的表达，为后续基因组的重编程做准备。在 SCNT 重构胚胎中，也同样发生了大量母源组蛋白变体替换经典组蛋白的现象。例如，供体细胞来源的组蛋白变体 H3、H2A、H2A.Z 和 macroH2A 在核移植后会被快速消除，然后被母源的组蛋白变体 H3 和 H2A.X 迅速替换组成新的核小体，核小体中经典的连接组蛋白 H1 也被卵母细胞特异性组蛋白变体 H1FOO 全部替换[30-35]。也有相关研究发现，在 SCNT 之前敲降组蛋白变体 H3.3 会影响胚胎重编程时多能性基因的激活及后续发育[36,37]。这些都表明，母源组蛋白的大量替换掺入组成新的核小体，不管是对于正常受精还是 SCNT 重编程都十分必要，为后面基因组上的基因表达调节做准备。同时这也启示我们，研究清楚组蛋白变体的具体替换机制和功能，将有助于我们更好地完善早期胚胎发育和 SCNT 机制，提高 SCNT 效率和质量。

哺乳动物合子形成初期，合子基因组会先经过长达 6h 左右的 DNA 复制时期，储存大量的遗传信息，此时合子基因组的转录是抑制的[38]。随后，伴随着母源 RNA 的大量降解，合子开始大量转录合成 RNA 分子，启动基因表达，这个过程被定义为合子基因组激活（zygotic genome activation，ZGA）[39,40]。这一步是体细胞重编程过程中极其关键的一个步骤，SCNT 不同于正常受精过程，因为来自体细胞的诸多分化记忆和表观修饰，在重编程过程中可能无法被全部擦除干净，所以一些与早期胚胎发育相关的基因在 ZGA 时期，由于体细胞表观遗传修饰限制不能被正常激活，最终造成胚胎发育异常或失败[41]。供体细胞在转录组、染色质结构和表观遗传修饰上的诸多阻碍是造成 SCNT 效率低下的主要原因。所以在当前测序平台上，研究 SCNT 深层的转录组变化和表观遗传修饰调控尤为重要。

3. 体细胞核移植的表观修饰研究

在体细胞核移植过程中，供体细胞细胞核转录组的不充分重编程被认为是造成体细胞核移植效率低下、得到的胚胎质量低的主要原因。在重编程过程中，SCNT 的重构胚胎往往不能像正常的生理受精得到的胚胎一样，顺利地完成胚胎后发育得到一个完整的个体，而是存在着来自于供体细胞在基因组上的多种表观修饰限制，导致在重编程过程中，一些与胚胎发育极其相关的基因和一些重编程因子可能无法被正确地激活，而且在分化体细胞中残留的表观修饰记忆也有可能会导致一些不利于胚胎发育和细胞逆转分化特性回到胚胎状态的基因表达不能被及时关闭。这些都是供体细胞核转录组不充分重编程的重要原因。随着 21 世纪测序技术尤其是微量组学技术的发展，科学家们通过大量的实验揭示了这些不能被有效沉默或激活的重编程抵抗区域（基因）与表观遗传修饰异常密切相关，其中供体细胞核的 DNA 甲基化和组蛋白修饰的不完全重编程被认为是重编程过程中需要克服的主要壁垒。

DNA 甲基化是最早被发现、也是目前研究最深入的表观遗传调控机制之一，其作为一种相对稳定的表观修饰，能够在不改变 DNA 序列的前提下，通过改变 DNA 与蛋白质相互作用模式、DNA 稳定性和构象来调控基因的表达。广义上的 DNA 甲基化是指 DNA 序列上特定的碱基在 DNA 甲基转移酶（DNA methyltransferase，DNMT）的催化作用下获得一个甲基基团的化学修饰过程。一般认为，DNA 甲基转移酶分为两类：一类是维持 DNA 甲基化转移酶 Dnmt1，它可以依赖 DNA 复制，维持子代的 DNA 甲基化；另一类是不依赖 DNA 复制的从头（de novo）DNA 甲基化转移酶 Dnmt3a 和 Dnmt3b，可以在 DNA 特定位点进行从无到有的起始性甲基化，也是正常受精胚胎和 SCNT 重构胚胎在基因组上建立新的甲基化模式的主要功能蛋白。最近同济大学高绍荣课题组在与中国科学院生物物理研究所朱冰课题组合作研究卵子发生过程中 DNA 甲基化模式建立机制时，首次在体内（in vivo）证实了 Dnmt1 也可以作为 DNA 起始性从头甲基转移酶[42]。

一般研究中所涉及的 DNA 甲基化主要是指发生在基因组 CpG 岛中胞嘧啶上第 5 位碳原子的甲基化过程，其产物称为 5-甲基胞嘧啶（5-mC），是植物、动物等真核生物 DNA 甲基化的主要形式，也是目前发现的哺乳动物 DNA 甲基化的唯一形式。因为基因组上 CpG 岛主要位于基因的启动子区，而该位置上的高甲基化则会影响 RNA 聚合酶、多种转录因子及其他调节转录的蛋白质对启动子区的识别结合，改变启动子区的染色质构象，最终沉默下游基因的转录表达，这也是目前 DNA 甲基化研究的重点。

科学研究发现，在正常小鼠植入前胚胎发育过程中，胚胎会通过主动去甲基化和被动去甲基化两种模式来擦除掉基因组 DNA 的甲基化修饰，并最终随着胚胎分裂发育在囊胚时期使甲基化水平降到最低[43,44]。DNA 主动去甲基化即细胞在羟甲基化酶 Tet1/2/3 作用下，主动将 DNA 位点上的甲基团氧化，并联合胸腺嘧啶 DNA 糖基化酶 Tdg 及 DNA 碱基修复途径共同作用，去除 DNA 甲基化修饰[45]。DNA 被动去甲基化则是指由于维持 DNA 甲基化转移酶 Dnmt1 的表达缺失，导致基因组 DNA 甲基化水平不可避免地随着胚胎不断分裂而降低。而在 SCNT 重构胚胎中，英国剑桥大学 Babraham 研究所 Reik 教授领导的团队发现存在基因组甲基化水平异常的现象。此外，高绍荣课题组近期还发现，在 SCNT 胚胎早期发育过程中还存在着异常的 DNA 再甲基化（DNA re-methylation）现象[41]，这些结果进一步向我们揭示，SCNT 胚胎中 DNA 甲基化的异常包括再甲基化现象是导致合子基因和部分逆转座子不能被完全激活的关键原因。

科学家们在了解到 DNA 甲基化表观修饰对 SCNT 重编程过程中的重要影响之后，在体细胞核移植的 DNA 甲基化干预调节方面做了大量的实验，主要是抑制 DNA 甲基转移酶的活性，以及利用 DNA 主动和被动去甲基化途径来降低 SCNT 重构胚胎中的 DNA 甲基化水平，也很大程度上提高了体细胞核移植的效率和质量。5-杂胞苷（5-aza-2′-deoxycytidine，5-aza-dC）和 RG108 是两种常见的 DNA 甲基转移酶抑制剂，使用 5-aza-dC 或 RG108 处理可以通过抑制甲基转移酶的活性来降低基因组的 DNA 甲基化水平，最终提高 SCNT 胚胎的囊胚率和多能性基因的表达[46-48]。同时，使用 Dnmt1 杂合敲除的小鼠胚胎成纤维细胞作为供体细胞，也可以显著提高得到 SCNT 胚胎干细胞的效率[49]，这主要就是利用被动去甲基化来降低基因组的甲基化水平。高绍荣课题组研究还发现，在受精卵中，重编程因子主要集中在雄原核内，雄原核拥有更大程度的重编程能力[50]。其中，DNA 甲基氧化酶 Tet3 正是位于受精后的雄原核中，可以帮助重编程因子实现主动基因组去甲基化，SCNT 胚胎也同样如此[51,52]。这些说明 Tet3 介导的 DNA 去甲基化在 SCNT 胚胎的发育中发挥着重要作用。

SCNT 是否成功还取决于供体细胞的组蛋白修饰模式能否经历重编程回到类似于最开始受精卵的组蛋白修饰模式。组蛋白修饰在基因组中有很多修饰形式，主要发生在核小体的组蛋白八聚体上。一个核小体由两个 H2A、两个 H2B、两个 H3、两个 H4 组成的八聚体和 147 bp 缠绕在外面的 DNA 组成。组成核小体的组蛋白的核心部分状态大致是均一的，游离在外的 N 端则可以受到各种各样的修饰，包括组蛋白末端的甲基化、乙酰化、泛素化等，不同的修饰对基因表达调控起不同作用，也往往是通过影响这一块区域的染色质开放闭合程度，最终影响基因的转录表达水平。通常组蛋白被甲基化的位点是赖氨酸和精氨酸。赖氨酸可以分别被一、二、三甲基化，精氨酸只能被一、二甲基化。

在组蛋白 H3 上，共有 5 个赖氨酸位点可以被甲基化修饰。一般来说，组蛋白 H3K4 的甲基化主要聚集在活跃转录的启动子区域。组蛋白 H3K9 的甲基化同基因的转录抑制及异染色质有关。EZH2 可以甲基化 H3K27，导致相关基因的沉默，并且与 X 染色体失活（X-chromosome inactivation）相关。H3K36 的甲基化同基因转录激活相关。

2014 年，哈佛大学张毅课题组提出供体细胞基因组的 H3K9me3 修饰是 SCNT 高效重编程的主要障碍，并鉴定出重编程抵抗区域（reprogramming resistance region，RRR）[53]。体外表达 H3K9me3 去甲基化酶 Kdm4d 可以去除小鼠供体细胞中富集 H3K9me3 的 RRR，显著提高了 SCNT 的效率；此外，使用抑制 H3K9 甲基转移酶活性的供体细胞核也可以显著提高 SCNT 的效率。同济大学高绍荣课题组通过建立小鼠早期 SCNT 胚胎命运追溯系统，发现内源 H3K9me3 去甲基化酶相关基因 *Kdm4b* 的表达与 SCNT 胚胎的发育潜能也密切相关，进一步验证了 H3K9me3 是 SCNT 胚胎重编程的一个主要障碍[54]。最近的研究也同样表明，H3K9me3 去甲基化酶 Kdm4d 与 Kdm4e 在牛的 SCNT 胚胎重编程中也至关重要[55]。除了 H3K9me3 修饰，我们还发现，H3K4me3 也是 SCNT 胚胎重编程的一个障碍，H3K4me3 去甲基化酶 Kdm5b 的表达水平对于小鼠 SCNT 胚胎顺利渡过四细胞时期至关重要[54]。在非洲爪蟾的 SCNT 胚胎中也得到了类似的结果[56]，进一步证实 H3K4me3 也会阻碍重编程的发生，这可能是因为在 H3K4me3 存在下，供体细胞核一些不利于胚胎发育的基因的持续表达和不能被及时关闭所导致。

张毅课题组通过研究还发现一种与 H3K27me3 修饰相关的基因组印记机制。H3K27me3 广泛分布于母源基因组，在小鼠植入前胚胎中，它会抑制多个母源等位基因的表达[57]。但在 SCNT 胚胎的囊胚期，所有检测到的 H3K27me3 依赖的印记基因基本都失去这种修饰印记，表现为双等位基因异常表达，这种印记丢失被认为是供体细胞中 H3K27me3 修饰的缺失导致。由于 H3K27me3 抑制的部分印记基因对于植入后胚胎发育具有重要的作用，这些基因印记的丢失可能导致小鼠 SCNT 植入后胚胎的发育阻滞[58]。H3K27me3 修饰在 IVF 植入前胚胎的基因启动子区域是缺失的[59]，但在能发育到桑葚胚的 SCNT 胚胎的启动子区域也是如此。这些研究证明了 H3K27me3 修饰对印记基因的调控显著影响了 SCNT 重编程过程。

SCNT 胚胎与 X 染色体失活之间也存在着紧密的联系，X 染色体的异常失活也是 SCNT 胚胎发育不正常的一个重要原因。正常情况下，X 染色体失活是一种雌性特异的剂量补偿机制，通常以印记形式出现在植入前胚胎的父源 X 染色体上[60]。X 染色体失活是由 X 染色体连锁的父源等位基因非编码 RNA Xist 控制的，Xist 覆盖整条 X 染色体并介导建立抑制性组蛋白修饰 H3K27me3，进而使得整条 X 染色体异染色质化，沉默整条染色体的基因表达[61,62]。母源 X 染色体则不会发生类似的情况，从而使得在雌性（XX）和雄性（XY）细胞中 X 连锁基因的表达剂量相近。但是在一些发育异常的 SCNT 重组胚胎中，却检测到了 *Xist* 基因的异常活化，导致两条 X 染色体全部失活，胚胎发育异常。使用杂合敲除 *Xist* 的供体细胞进行 SCNT 可以克服这种异常的 X 染色体失活，使得 SCNT 克隆胚胎的出生率提高了 8~9 倍[63]。在一细胞时期的雄性 SCNT 胚胎中敲降 *Xist* 基因也可以大大提高 SCNT 胚胎的发育率[64]。这些研究也为进一步提高 SCNT 重编程效率提供了新的思路。

3.1.2　诱导多能干细胞

干细胞是一类具有自我更新和多向分化能力的细胞，这一"干性"使它们在组织器官发育、功能维持和损伤修复上具有巨大的应用潜力。干细胞在生物体内和发育过程中广泛存在，根据分化潜能可分为全能干细胞、多能干细胞和单能干细胞；根据发育阶段可分为胚胎干细胞和成体干细胞；根据其所在的组织和功能可分为造血干细胞、肌肉干细胞和神经干细胞等。

体细胞核移植技术可以使分化的体细胞核在卵母细胞的诱导下重编程，从而重新获得发育上的全能性。这启示我们卵母细胞里面必定含有十分重要的重编程因子来诱导供体细胞核发生重编程现象。诸多科学家们也对此科学问题展开了探究。2006 年是干细胞研究领域振奋人心的一年，日本京都大学 Shinya Yamanaka 实验室发现了 21 世纪干细胞领域最激动人心的研究之一——诱导多能干细胞（induced pluripotent stem cell，iPSC）技术[65]。他们基于对胚胎干细胞基因表达模式及其特异性基因的研究，筛选出了能够将体细胞诱导重编程到多能性状态的 24 个与干细胞或多能性相关的转录因子，通过排除法，他们从 24 个因子中找到了最为重要的 4 个因子：Oct4、Sox2、Klf4 和 c-Myc，即 OSKM。经过实验证明，利用这 4 个经典的 OSKM 诱导因子能够成功地将小鼠胚胎成纤维细胞或成年小鼠成纤维细胞诱导成为具有干细胞性质的多能性 iPSC，同样也可以获得人的 iPSC[66,67]，并且通过诱导而来的 iPSC 在形态、增殖能力、多能性基因表达、表观遗传修饰状态、类胚体和畸胎瘤生成能力及分化潜能方面都与胚胎干细胞（embryonic stem cell，ESC）相似，证明了通过 OSKM 的四因子诱导体细胞重编程获得全能性或多能性的可行性。随后，在 2009 年，同济大学高绍荣课题组和中国科学院动物研究所周琪课题组分别通过四倍体囊胚互补实验得到了完全由 iPSC 发育而来的小鼠（图 3-1），首次在世界上证明了 iPSC 的完全多能性，取得了在干细胞领域的重大突破[68,69]。iPSC 技术的建立，打破了干细胞研究领域对胚胎来源干细胞的依赖，为病人特异性干细胞的诱导和再生医学研究提供了重要的理论支持与技术保障。

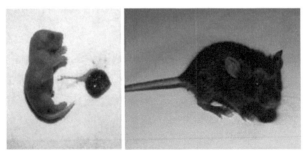

图 3-1　完全由 iPSC 发育而来的小鼠[68]

1. 经典的 iPSC 诱导体系的机制

经典的 OSKM 四因子能够将体细胞诱导重编程至具有完全多能性的 iPSC，那么这 4 个因子是通过什么样的机制擦除体细胞的分化记忆，又能同时开放多能性基因的表达呢？研究发现，OSKM 四个转录因子在基因组上有很多的结合位点，包括诸多多能性基因区域位点，但是在体细胞中，这些位点上的抑制性组蛋白修饰标记或者高甲基化使得核小体处于封闭状态，或者基因启动子区被各种抑制性的转录因子和蛋白复合物所覆盖，多能性基因的表达水平低甚至不表达[70]。在四因子诱导体系中，OSK 则能先结合到这些多能性因子封闭的结合位点上[71,72]，诱导这些区域的多能性基因开始表达，同时它们还可以结合在体细胞转录活性强的基因的增强子区域，或者通过激活 sap30 基因的表达招募组蛋白去乙酰化酶（HDAC），降低增强子区域的组蛋白乙酰化水平，沉默体细胞相关基因表达[73,74]。早期的研究表明，OSK 更倾向于结合在增强子区域，成功的重编程过程中体细胞相关基因增强子的失活与多能性相关基因增强子的激活是由 OSK 与诱导阶段特异性转录因子相互协作共同完成的[75-77]。在经典的 OSKM 四因子中，Oct4 是最关键的一个转录因子，它在基因组上的结合对重编程过程中多能性网络的有序建立发挥着至关重要的作用[78]。c-Myc 转录因子主要结合在基因的启动子区，它在重编程过程中发挥着促进细胞增殖和存活的作用，与 OSK 因子一起协同作用促进重编程过程的发生和 iPSC 克隆的产生[79,80]，其不具有类似于 OSK 因子诱导基因组重编程发生的作用，但却能大大提高重编程效率，在不含 c-Myc 转录因子的诱导重编程体系中，得到 iPSC 克隆的效率大大降低，周期也会大大延长[81,82]。在纤维细胞向多能干细胞克隆形态转变的过程中，由于成纤维细胞是间充质细胞，ESC 是上皮样细胞，所以在 iPSC 诱导过程中还发生了重要的间充质细胞向上皮细胞转变（mesenchymal-to-epithelial transition，MET）的重编程事件[83]。OSKM 直接参与了 MET 过程，OSM 三因子分别可以通过抑制 TGF-β 的信号转导，进而抑制上皮向间充质转变（epithelial-mesenchymal transition，EMT）的主要调节因子 Snail 的表达[84]，Klf4 则可以直接激活上皮细胞相关基因 Cdh1 的表达[83]。所以在经典的 OSKM 四因子诱导重编程体系中，它们协同作用，共同促进体细胞在形态、基因表达谱和表观遗传修饰上发生重编程，最终得到诱导多能干细胞。

2. 经典的 iPSC 诱导因子的替代体系及机制

在经典的 OSKM 四因子诱导体系中，我们发现得到的大部分 iPSC 多能性较差，且得到的 iPSC 小鼠及其子代小鼠更容易罹患肿瘤。现在认为，造成这一安全问题的主要原因在于导入的两个原癌基因 c-Myc 和 Klf4 在重编程完成后仍有少量表达所致。针对这一科学问题，科学家们开始研究怎样合理调整替换 iPSC 的诱导因子，在不影响甚至提高重编程效率的前提下，又能避免安全问题。研究发现，只尝试用 OSK 三种因子来诱导重编程的效率会很低，因为 c-Myc 会影响细胞的增殖和存活。然后科学家们又尝试放弃病毒载体，用非整合载体导入 OSKM 四因子等方法，这些研究都能提高 iPSC 的安全性，但是无法从根本上解决经典诱导体系得到的 iPSC 质量较差和安全隐患的问题。在科学家们的努力下，也终于研究出了新的体系来替换经典的 iPSC 诱导体系，可以提高iPSC 的质量并规避安全隐患。

首先，针对原癌基因 c-Myc 的研究发现，Myc 家族的成员 L-Myc 和 N-Myc 可以有效代替 c-Myc 协同 OSK 三因子完成重编程，诱导获得小鼠和人 iPSC。其中，L-Myc 不但可以提高 iPSC 形成具有生殖系传递嵌合小鼠的能力（即全能性的提高），而且所得到的小鼠没有出现肿瘤，避免了安全问题[85]。多能性相关因子 Glis1 也可以替代 c-Myc 完成重编程，其主要是通过促进多种重编程途径（例如，MET 过程，以及 *Nanog*、*Lin28*、*Wnt* 等多能性基因的表达）来促进 iPSC 诱导[86]。

然后，在针对 Klf4 的研究上，发现 Klf4 不仅可以被同家族的 Klf1、Klf2、Klf5 代替，也可以被孤核受体 Esrrb 替代和 OS 两因子一起实现 iPSC 的诱导，Esrrb 则主要是通过上调多能性基因来促进重编程[87]。骨形成蛋白 Bmp4 也可以替代 Klf4 促进重编程，其作用机制主要是促进 MET 过程[88]。Nanog 和 Lin28 可以替代 c-Myc 和 Klf4 获得人的 iPSC[89]，Nanog 是维持小鼠胚胎干细胞多能性的重要因子之一，与 Oct4 和 Sox2 等转录因子协同调节多能性网络，RNA 结合蛋白 Lin28 可以间接调节 c-Myc 的表达来帮助促进重编程。

同样，Sox2 可以被 Sox 家族的 Sox1、Sox3、Sox15 和 Sox18 替代[82]。高绍荣课题组早期的研究发现，Rcor2 在小鼠和人的 iPSC 诱导中都可以有效地取代外源 Sox2[90]。最近我们又发现，卵源因子 Obox1 也可以替代 Sox2 完成重编程，获得 iPSC。Obox1 则是通过调节细胞周期相关基因的表达，减缓重编程细胞的过度增殖，促进 MET 过程，从而促进体细胞重编程[91]。研究还发现，外胚层细胞谱系特化因子 GMNN 也可以替换 Sox2 完成重编程，得到人的 iPSC[92]。

对于 Oct4，其可以被具有同源 POU 结构域的转录因子 Brn4 替代完成重编程[93]。研究还发现孤核受体 Nr5a1 和 Nr5a2 分别可以替代 Oct4 进行 iPSC 的诱导，其机制是激活内源 Oct4 的表达[94]。Oct4 也可以被上皮细胞的主要调节因子（钙黏着蛋白 E-cadherin）替代，因为过表达 E-cadherin 会影响 β-catenin 的核定位，进而促进细胞核中多能性基因的稳定和表达[95]。在人的 iPSC 诱导中，多能性相关因子 TCL-1A 也可以替代 Oct4，并且和 OM 两因子就可以完成人成纤维细胞的重编程，所得到的 iPSC 在形态和转录组上都与人的 ESC 相似，并且具有分化为三胚层的能力[96]。高绍荣课题组还发现，Tet1 可以通过促进内源 Oct4 去甲基化和再活化，从而替代 Oct4 进行体细胞重编程，并且我们获得的 iPSC 能够高效地形成四倍体囊胚互补小鼠[97]，这表明这种因子组合大大提高了 iPSC 的多能性。进一步的研究还发现，仅利用 Oct4 和 Tet1 两个转录因子也能够使体细胞发生重编程，并且这种组合产生的 iPSC 具有非常高的四倍体囊胚互补小鼠的产生效率，且发育而来的后代小鼠肿瘤发生率极低[98]，表明这种 iPSC 的多能性及安全性较经典 Yamanaka 因子都有明显的提高，同时也印证了 DNA 的去甲基化与 iPSC 的质量具有很高的相关性。

北京大学邓宏魁课题组在研究 iPSC 过程中的机制时，提出了重编程过程中的"跷跷板"平衡模型。他认为细胞通过重编程重新获得多能性是各个分化谱系相关基因相互拮抗竞争，最终达到相对平衡的一个过程，最终得到的 iPSC 也具有多向分化的潜能。他们研究发现，GATA6、Sox7、PAX1、GATA4、CEBPa、HNF4a 和 GRB2 等促进细胞向中内胚层（mesendodermal，ME）分化的特化基因可以通过拮抗 Sox2 引起的外胚层（ectodermal，ECT）细胞谱系特化基因，从而取代 Oct4 完成重编程；同样他们也发现，ECT 特化基因 *GMNN* 可以通过拮抗由 Oct4 引起的 *ME* 基因而取代 Sox2 完成重编程；甚至同时使用 ME 和 ECT 细胞谱系特异基因可以完全替代核心诱导因子 Oct4 和 Sox2

通过拮抗平衡完成体细胞重编程，如四因子 GATA6、GMNN、Klf4 和 c-Myc 组成的诱导体系[92]。

随着对重编程机制及经典重编程四因子作用机制了解的深入，经典 OSKM 四因子被完全替代的诱导体系也逐渐出现，例如，裴端卿课题组筛选的完全替代 OSKM 的六因子诱导体系包括 Glis1、Sall4、Lrh1、Jdp2、Jhdm1b、Id1，可以较为高效地获得 iPSC。其中的核心因子是 Jdp2，Jdp2 是体细胞转录因子 c-Jun 的拮抗因子[99]。但是利用外源整合转录因子的方式来诱导体细胞重编程，无法避免其在基因组上随机整合的情况，则可能会存在基因的整合风险，依然存在安全隐患。于是在重编程机制研究基础上，通过化学小分子诱导得到多能干细胞的方法诞生了。

3. 化学小分子诱导 iPSC 的体系建立及机制

科学研究发现已经在经典的转录因子诱导重编程中取到了重大的突破和进展，并且也可以通过转录因子诱导的方法稳定高效地获得 iPSC。但是在外源转录因子随机整合到基因组后，可能会影响细胞基因组本身的结构和稳定性，造成一些无法预估的细胞基因表达上的紊乱和细胞之间的异质性，并且这种基因组的变化是永久遗传的。所以利用化学小分子代替外源转录因子来完成体细胞重编程的方法研究是优化 iPSC 诱导体系的主要研究方向之一。近年来，科学家们也已经建立起了完全小分子诱导体系，完全替代了转录因子来完成重编程。同时，完全使用化学小分子诱导体系也揭示了更多与诱导多能性相关的信号通路和表观遗传机制。

在转录因子诱导重编程的研究中，科学家们就已经发现添加一些化学小分子能够提高重编程的效率，甚至可以代替转录因子完成重编程，后续研究也发现，添加的这些化学小分子与重编程的相关多能性基因信号通路有关。例如，对胚胎干细胞的多能性维持具有重要作用的 Gsk3β 抑制剂 CHIR-99021、MEK 抑制剂 PD-0325901[100]、TGF-β 抑制剂[101,102]、周期蛋白激酶抑制剂 Kenpaullone[103] 和 mTOR 细胞信号通路抑制剂雷帕霉素[104]等都能提高重编程的效率。抑制 TGF-β 信号转导能够激活内源性 Nanog 的表达，从而替代 Sox2 和 c-Myc[101,102]，由于 TGF-β 的激活在 ME 分化过程中发挥着重要作用，所以抑制 TGF-β 可以代替 Sox2 的诱导体系也支持了 iPSC 重编程的"跷跷板"模型。同样，在表观遗传学修饰水平上，科学家们也同样筛选到了一些重要的小分子来提高重编程效率，例如，组蛋白去乙酰化酶（histone deacetylase，HDAC）抑制剂丙戊酸（valproic acid，VPA）、著名抗癌药物——辛二酰苯胺异羟肟酸（suberoyla nilide hydroxamic acid，SAHA）[105,106]、组蛋白去甲基化酶 LSD1 激活剂反苯环丙胺[107]等。

在这些关于化学小分子对重编程影响的研究基础上，北京大学邓宏魁教授成功建立了只添加 6 种小分子化合物的诱导体细胞重编程体系[108]，这一发现也被认为是重编程领域发展的里程碑事件。他首先得到了只转入 Oct4，同时添加丙戊酸、GSK3-β 信号通路抑制剂、TGF-β 信号通路抑制剂和 H3K4 的去甲基化抑制剂强内心百乐明（tranylcypromine）4 种小分子诱导出的 iPSC[109]。接下来，他利用转入 SKM 三因子的小鼠成纤维细胞在上万种小分子中筛选能够替代 Oct4 的小分子化合物，最终确定佛司可林（forskolin，FSK）、2-甲基-5-羟色胺（2-Me-5HT）和 D4476s 能作为 Oct4 的替代化合物。综合两个工作的成果，邓教授经过一系列试验得到 6 种小分子，分别为丙戊酸、Repsox、强内心百乐明、佛司可林、DZNep 和 CHIR-99021。利用这 6 种完全的化学小分子诱导得到的化学诱导 iPSC（chemically induced pluripotent stem cell，CiPSC）在转录组表达模式与 ESC 及 OSKM 转录因子诱导的 iPSC 类似，并且可以较高效率地产生嵌合体小鼠。进一步的研究表明，仅用其中的 4 种小分子 CHIR-99021、FSK、616452（即 Repsox）和 DZNep 就能完成体细胞重编程。其中，CHIR、FSK 和 Repsox 能够激活 Sall4、Sox2 的表达，而 DZNep 能激活 Oct4 的表达，从而使体细胞发生重编程（图 3-2）。但是通过这种完全的化学小分子诱导的方法重编程效率却比较低，诱导周期也长达 6 周，且没有获得人的 CiPSC，所以还需进一步优化化学小分子诱导重编程体系。

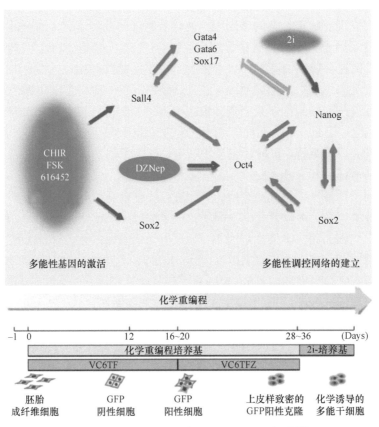

图 3-2　小分子化合物诱导小鼠 iPSC 示意图 [108]

图示代表的是化学小分子化合物诱导重编程（chemical reprogramming）得到小鼠 iPS 的调控机制及诱导过程。在小分子化合物组合的诱导下，会促进多能性基因的激活（pluripotency genes activation）和基因多能性网络的建立（pluripotency circuitry establishment），最终成功得到小鼠的 CiPSC

邓宏魁教授团队通过对 CiPSC 化学诱导过程的进一步研究发现 [110]，CiPSC 克隆几乎全部来自于诱导前期产生的上皮样细胞克隆，这些上皮样细胞表达胚外内胚层（extra-embryonic endoderm，XEN） 相关基因，使用视黄酸配体激动剂 AM580 和 H3K79 甲基转移酶 Doltl1 抑制剂 EPZ004777 或 SGC0946 可以显著增加 XEN 样细胞的产生，从而提高 CiPSC 的诱导效率，缩短诱导周期。最近他们还通过单细胞测序技术对整个化学诱导重编程过程进行了详细的分析，发现 CiPS 诱导过程中的细胞从 XEN 样状态到二细胞胚胎样状态的转变过程是化学重编程的关键，主要包括早期胚胎多能性相关转录组学特征和全基因组 DNA 去甲基化表观遗传特征的转变。VPA 可以激活很多二细胞胚胎相关基因的表达，通过调整化学分子 VPA 的处理方法可以促进二细胞胚胎样细胞的诱导来加速化学重编程过程，诱导时间缩短一半，新的系统可以在 20 天内获得稳定的 CiPSC[111]。裴端卿课题组也对化学诱导体系做出了优化[112]，他们采用化学成分确定的无血清诱导培养基 iCD1，并且在邓宏魁实验室发现的 6 个化学因子诱导体系之中添加了之前报道过的可以显著促进 iPSC 诱导的化学小分子维生素 C、Bmp4、BrdU、AM580 和可以促进 MET 过程的 Doltl1 抑制剂 EPZ5676 及 SGC0946，组成了新的化学诱导体系，发现这种体系可以缩短 CiPSC 的诱导周期并获得较高质量的 CiPSC。他们还利用 ATAC（assay for transposase-accessible chromatin）测序技术发现，BrdU 是此化学诱导体系下正常染色质动态变化的关键因子，可以促进体细胞相关基因 AP1 家族作用染色质区域的关闭及多能性相关基因染色质区域的开放。

邓宏魁课题组在筛选诱导多能性相关化学小分子的过程中发现[113]，当使用白细胞介素抑制因子 LIF、GSK3-β 抑制剂 CHIR99021、G 蛋白偶联受体抑制剂 DiM 和核糖转移酶 PARP1 抑制剂 MiH 四种化学小分子培养小鼠或人的成纤维细胞、ESC，甚至胚胎时，都可以得到一种新的多能干细胞，称为 EPS 细胞（extended pluripotent stem cell）。通过嵌合体实验和四倍体囊胚补偿实验证明，所得到的 EPS 细胞具有能够嵌合到胚内和胚外的能力，以及生殖系传递的能力，具有发育上的全能性。LIF 可以激活 JAK/STAT 信号通路进而维持干细胞的自我更新能力，抑制 GSK3-β 可以降低维持多能性重要蛋白 β-catenin 的降解。使用其他 G 蛋白偶联受体的抑制剂替代 DiM 以及使用其他 PARP1 的抑制剂替代 MiH 均可以得到具有胚内和胚外嵌合能力的小鼠或人的 EPSC，这表明抑制上述两个信号通路在维持 EPSC 的类全能性方面发挥着重要作用。

香港大学刘澎涛课题组[114]筛选到的小分子化合物组合也可以将小鼠 ESC、iPSC 或单个八细胞期胚胎卵裂球诱导为具有嵌合到胚内和胚外能力的 EPSC。他们的诱导体系包括白血病抑制因子 LIF 和 6 种信号通路小分子抑制剂（MEK 抑制剂 PD0325901、GSK3-β 抑制剂 CHIR99021、JNK 抑制剂 VIII、p38 抑制剂 SB203580、Src 激酶抑制剂 A-419259 和 Tnks1/2 抑制剂 XAV939）。这表明，MAPK、Src 和 Wnt 等信号通路在 EPS 细胞的诱导中也至关重要。但是在邓宏魁课题组和刘澎涛课题组分别得到的 EPSC 中，两种不同条件下的 EPSC 数据在全基因转录组方面并不相同，这表明使用不同化学小分子组合诱导重编程获得类全能性 EPSC 具有不同的潜在机制。

4. iPS 的信号通路与表观遗传机制研究

通过对 SCNT 体细胞重编程技术和 iPS 技术的机制研究，我们发现一些重要的信号通路的激活或者抑制，以及表观遗传修饰的擦除与重建对提高重编程的效率和质量都十分重要。

影响重编程的主要信号通路有 Wnt 信号通路、MAPK 和 GSK3 信号通路、TGF-β 信号通路和 p53 信号通路。研究发现激活 Wnt 信号通路可以促进 iPSC 的诱导。Wnt 信号通路激活后可以使 Oct4 和 Nanog 启动子区域去甲基化，显著提高重编程效率[115,116]。激活 Wnt 信号通路同时还能抑制 GSK3-β 蛋白对 β-catenin 的磷酸化作用，稳定细胞 β-catenin 蛋白的表达，最终促进多能性基因的表达，提高重编程效率[117]；抑制 MAPK 和 GSK3 信号通路可以促进 iPSC 的诱导。同时使用 MAPK 的激酶 MEK 的抑制剂 PD0325901 和 GSK3-β 的抑制剂 CHIR99021 这两个抑制剂（2i）能够有效提高 iPSC 诱导的同步性，抑制 iPSC 分化，并且能促进 iPSC 的增殖及中间产物最终形成 iPSC，因此 2i 常用于干细胞的体外培养体系[118,119]；抑制 TGF-β 信号通路可以促进 iPSC 的诱导。TGF-β 蛋白在细胞分化和细胞凋亡中起着重要的调控作用，TGF-β 的抑制剂可以替代 Sox2 进行 iPSC 的诱导。使用 TGF-β 的抑制剂 SB431542 和 MEK 的抑制剂 PD032590 可以显著提高人 iPSC 的诱导效率[120]；抑制 p53 信号通路可以促进 iPSC 的诱导。p53 信号通路的激活会导致细胞发生凋亡，因此降低 p53 或其靶基因 p21 的表达水平可以提高 iPSC 的诱导效率，在降低 p53 蛋白水平的情况下，仅用 Oct4 和 Sox2 便可获高质量的 iPSC[121]。维生素 C 提高 iPSC 诱导效率的机制之一便是降低了 p53 和 p21 的表达。

在表观遗传修饰的机制研究上，科学家们发现多能性相关基因启动子区域 DNA 的不完全去甲基化及基因组上的 H3K9 甲基化等，是造成 iPS 及 SCNT 重编程效率低下的主要障碍[122]。

高绍荣课题组发现敲降 Tet1 严重影响 iPSC 的诱导，过表达 Tet1 则可以促进 Oct4 的去甲基化和激活，进而显著促进 iPSC 的诱导；同样，Tet2 也可以在 iPSC 诱导的早期参与 DNA 的主动去甲基化，激活多能性基因的表达[123]。研究还发现，通过添加组蛋白甲基转移酶抑制剂来降低基因组上 K9 组蛋白修饰水平也可以提高 iPSC 的诱导效率，在重编程过程中下调 H3K9 甲基转移酶 Suv39h1 和 H3K79 甲基转移酶 Dot1l 的活性可以显著提高 iPSC 的诱导效率，在重编程早期抑制 Dot1l 还可以提高诱导因子 Nanog 和 Lin28 的表达[124]。维生素 C 也可以通过激活组蛋白去甲基化酶 Kdm3 和 Kdm4 去除 H3K9me3 这一关键的表观遗传障碍来提高重编程的效率[125]。

在 iPSC 技术高速发展的当下，只有不断加深对其内在机制的认识，才能更好地指导人们不断优化 iPSC 的诱导体系，相信在不久的将来，人们终将得到符合临床标准的 iPSC 诱导方式并尽快服务于临床诊断和治疗。

3.1.3 结语与展望

SCNT 和 iPSC 都能使分化体细胞经过重编程重新获得全能性或者多能性，但是两者重编程重新获得多能性的作用途径是不一样的。首先，SCNT 供体细胞发生重编程的速度比 iPSC 快。SCNT 完成重编程只需要数小时[126,127]，这可能与卵母细胞固有的微环境及母源组蛋白变体大量掺入替换到供体细胞核的核小体中有关，因为新形成的核小体结构可能更加有利于后续的多能性基因的表达上升，重编程需要克服的阻力小。而在

iPSC 技术中，细胞需要数天甚至数周才能完成重编程。在外源转录因子或者化学小分子诱导下，细胞要克服体细胞在多能性基因区域上形成的封闭构象及抑制性的组蛋白修饰，慢慢地促使多能性基因的表达上升和体细胞分化基因的下降，直到内源性 *Oct4* 和 *Nanog* 基因稳定表达才能表明重编程过程的完成[128,129]。其次，SCNT 和 iPSC 在重编程过程中的转录组和甲基化修饰的变化也有差异。SCNT 相比 iPSC 能够更加有效地擦除掉起始细胞的表观遗传修饰记忆及降低甲基化水平，对起始的重编程更加充分，这可能也是因为在卵母细胞固有的微环境中存在大量的重编程因子（如去甲基化酶等）所致[130]。iPSC 中残留的体细胞分化记忆则会影响其多能性和发育质量，这也是 iPSC 效率低、质量较差的重要原因。H3K9 抑制性组蛋白修饰是 SCNT 和 iPSC 两者的共同主要障碍，但这种障碍影响的关键基因是不同的，在 iPSC 中 H3K9me3 阻止了 Sox2 和 Nanog 的激活，但在 SCNT 过程中，H3K9me3 则抑制了 ZGA 的发生。因此，SCNT 和 iPSC 技术在重编程机制上是不同的。

综上所述，在过去的几十年里，科学家们针对 SCNT 和 iPSC 重编程的研究取得了辉煌的成就和重大突破，让我们对重编程及细胞命运改变的认识达到了一个更高的水平，这将对后面的生命科学领域研究和再生医学研究产生巨大的推动作用。然而，两者重编程过程的很多细节机制仍然不清楚。相信在不久的将来，随着高通量测序和化学小分子诱导等技术的不断优化和发展，人们将在重编程的机制研究和临床应用领域取得更为重要的突破。

3.2　转　分　化

前文介绍了传统的体细胞重编程方法，有关重编程的研究在干细胞科学和再生医学领域取得了极大了成就与突破，具有巨大的潜力与广阔的前景。但重编程过程中出现的安全性问题在一定程度上限制了其在临床实践中的应用。诱导多能干细胞（iPSC）所用的 OSKM 因子本身就是原癌基因，细胞重编程到 iPSCs 阶段的增殖方式也与癌基因类似，任何残留 iPSC 的组织或器官一直都存在较大的致癌风险。在此背景下，科学家提出了另一种方案，让已分化的细胞跳过中间诱导产生多能干细胞的步骤，直接分化成另一种所需的细胞类型，以解决致癌风险。该方案就是本书接下来要介绍的内容——转分化。

3.2.1　转分化的概念提出及研究概述

转分化是指从一种分化细胞直接转化为另一种分化细胞，不经过中间多能干细胞的状态。早在 1973 年，Eguchi 和 Okada 就提出了转分化这一概念[131]，但这两位科学家只是在鸡胚视网膜色素细胞实验中发现了存在转分化的现象，并未进行深入研究。1987 年，哈佛大学 Lassar 教授的研究团队发现，只转染表达一种 cDNA 就能将成纤维细胞转化为成肌细胞[132]。这是世界上第一篇有关转分化研究的文章报道。这是一项非常杰出的工作，但是受时代技术的局限性，在当时并没有引起相关研究的热潮。直到 2006 年，山中申弥的 iPSC 横空出世，使转化医学看到了新的曙光，各种细胞转分化实验研究才逐步登上历史的舞台。图 3-3[133] 较为清晰地展现了转分化与重编程的关系。

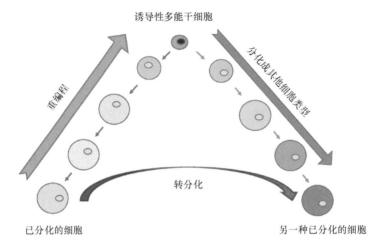

图 3-3　转分化和重编程的区别

左边箭头代表重编程（reprogramming）过程，将一种已分化的细胞诱导成为多能干细胞状态，再通过右边箭头代表的分化（differentiation）过程，变为另一种终末分化的细胞。而下面的箭头直接跳过 iPSC 阶段，从分化细胞直接转化为另一种分化细胞类型，这代表的是转分化过程

3.2.2　转录因子介导的转分化

与体细胞重编程类似，转分化也分为转录因子介导和化学小分子介导两种介导方式，前者得到了更为广泛而深入的研究。表 3-1 总结了 1987 年至 2011 年体外转录因子介导的转分化研究[133]。

表 3-1　体外转录因子介导的细胞转分化研究（按时间顺序）

转分化前细胞	转分化诱导因子	转分化后细胞	年份	参考文献
成纤维细胞	MyoD	成肌细胞	1987	132
胰腺导管细胞	PDX1	β 细胞	2003	134
B 细胞	C/EBPα，C/EBPβ	巨噬细胞	2004	135
星形胶质细胞	Pax6 neurogenin 2，Ascl1	神经元细胞	2007	136
胰腺外分泌细胞	Ngn3，Mafa，Pdx1	β 细胞	2008	137
肝细胞	Exendin-4，Pdx1	胰腺细胞	2009	138
T 细胞	Bcl11b deletion	自然杀伤细胞（NKC）	2010	139
成纤维细胞	Ascl1 （Mash1），Brn2，Myt1l	神经元细胞	2010	140
成纤维细胞	Tbx5，Mef2c，Gata-4，Mesp1	心肌细胞	2010	141
成纤维细胞	Oct4，Sox2，Klf4，c-Myc	心肌细胞	2011	142
成纤维细胞	Hnf4α，Foxa1，Foxa2，Foxa3	肝细胞	2011	143
成纤维细胞	miR-124，Brn2，Myt1l	神经元细胞	2011	144
成纤维细胞	Ascl1，Nurr1，Lmx1a	多巴胺神经元	2011	145
成纤维细胞	Ascl1，Brn2，Myt1l，Lmx1a，FoxA2	多巴胺神经元	2011	146

在众多繁杂的转分化类型当中，我们将重点介绍肝细胞、心肌细胞、胰岛细胞和神经细胞四种细胞类型的转分化。

1. 肝细胞转分化

肝是人体重要的代谢器官，也是人体中少数具有自我更新能力的器官，其重要性不言而喻。因此科学家对于肝细胞转分化也开展了广泛的研究，发现肝细胞既可以转分化为其他类型细胞（如胰腺内分泌细胞），也能够通过转录因子从其他类型细胞（如成纤维细胞）诱导而来（图 3-4）。

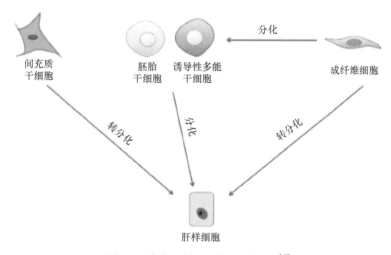

图 3-4　产生肝样细胞的三种方法[148]

肝样细胞的产生有如图所示三条途径：可以通过中间的胚胎干细胞（ESC）和诱导性多能干细胞（iPSC）分化途径；也可以通过左侧的间充质干细胞（MSC）转化来产生；最近的研究表明肝样细胞也可以通过右侧途径，即从成纤维细胞（fibroblast）转分化获得

2009 年，Ferber 团队发现，人成体肝细胞在胰腺调节因子 Pdx1 的表达诱导下，可以转分化为胰腺内分泌细胞；同时该研究也证明了胰高血糖素样肽-1（GLP-1）激动剂 exendin-4 的存在可以显著提高 PDX-1 介导转分化效率，促进转分化胰腺细胞的成熟[138]。

2011 年，两个实验室连续在 *Nature* 杂志上发表文章报道，分别利用不同转录因子成功将成纤维细胞转分化成肝细胞。Sekiya 和 Suzuki 的研究团队从 12 种候选因子中筛选出了 2 个转录因子的 3 种特定组合，分别为 Hnf4α 加 Foxa1、Foxa2 或 Foxa3[143]；而中国科学院的惠利健研究员团队则是通过转导 Gata4、Hnf1α、Foxa3 和 p19（Arf）这四种转录因子组合，利用筛选出的转录因子组合将小鼠的成纤维细胞在体外转分化为与肝细胞非常相似的诱导肝样细胞（iHep cell）[147]。这种细胞具有多种肝细胞的特异性特征，并且可以进行体内移植来修复受损的肝组织，在肝病治疗方面具有极为广阔的前景。

伊朗科学家 Baharvand 团队于 2006 年发现了另一种转录因子 Kdm2b，同样具有介导成纤维细胞转分化为诱导肝样细胞的能力。这一研究成果为诱导肝样细胞转分化确定了一个新的表观遗传因子，也为肝疾病的医学治疗提供了新的思路与途径。

2. 胰岛细胞转分化

胰岛是胰腺的内分泌部分，主要包括 α 细胞和 β 细胞两种细胞，占 90% 以上的比例。其中 α 细胞负责分泌胰高血糖素，β 细胞负责分泌胰岛素。胰岛细胞对人体糖代谢具有重要的作用，研究胰岛细胞的转分化在 1 型糖尿病临床治疗方面具有重要意义。

前文提到，Ferber 团队成功将肝细胞转分化为胰腺内分泌细胞。之所以选择肝作为源细胞，是因为肝和胰腺都起源于内胚层，在很多地方都有相似之处，如共同表达与葡萄糖调节有关、包括 PDX-1 在内的部分基因 [149]。另外，肝细胞也具有较强的增殖更新能力。因此，综合各方面因素，肝细胞是诱导转分化形成胰岛细胞的较为理想的源细胞。

此外，科学家早在 2003 年就已经成功将胰腺导管细胞转分化为胰岛 β 细胞，Noguchi 等人发现 PDX-1 蛋白在调节胰腺发育和胰岛素基因转录中起重要作用，转导进入胰腺导管细胞中的 PDX-1 可以诱导胰岛素基因表达，并促进胰腺导管祖细胞向胰岛 β 细胞的转分化 [134]。

2008 年，周琪等利用 Ngn3（Neurog3）、Pdx1 和 Mafa 三种转录因子的组合，在体内将成年小鼠中分化的胰腺外分泌细胞转分化为非常相似的胰腺内分泌 β 细胞，诱导产生的 β 细胞在大小、形状和结构上与内源性胰岛 β 细胞非常相似 [137]。这项发表在 *Nature* 杂志上的研究成果提供了在体内利用确定因子介导直接转分化而不回到多能干细胞状态的先例。

胰岛中的两种分泌细胞都是终末分化形态，但研究发现，胰岛中 α 和 β 两种细胞之间也可以互相进行转分化，这有望成为糖尿病治疗的一种新方法 [150]。研究表明，过表达 ARX 可以使胰岛 β 细胞向 α 细胞转分化 [151,152]，而过表达 PAX4 可以使胰岛 α 细胞向 β 细胞转分化 [153]。这两种相互转分化的方式中，将 α 细胞转分化 β 细胞在临床应用中具有更大的意义。因为对于 1 型糖尿病病人来说，体内缺少胰岛 β 细胞，如果可以实现体内胰岛 α 细胞向 β 细胞转分化，既可以增加胰岛素的分泌量，同时也能够减少胰岛 α 细胞的数量，从而使胰岛素和胰高血糖素重新达到平衡。

3. 心肌细胞转分化

心脏病是世界上威胁人类生命健康的头号杀手之一。与肝不同，心脏损伤后几乎没有再生能力，因此对于心肌细胞转分化的研究显得尤为重要。心肌细胞又称心肌纤维，与心脏的发育息息相关。最近研究发现，心脏发育似乎受到转录因子（Gata4、Tbx5、Mef2c，以及 Nk2 和 Hand 家族转录因子）中一个高度保守的核心模式所控制，该模式调节着心脏的大小、形态及终末分化方向 [154,155]。

2009 年，Takeuchi 和 Bruneau 发现利用 Gata4、Tbx5 和 Baf60c（Smarcd3）介导小鼠中胚层细胞可以转分化为自发收缩跳动的心肌细胞。其中，Gaf4 与 Baf60c 的作用是启动异位心脏基因表达，而 Tbx5 则是诱导分化心肌细胞和抑制中胚层非心脏基因的表达 [156]。

2010 年，Ieda 等发现利用 Gata4、Mef2c 和 Tbx5 三种转录因子的组合能够快速有效地在体内将成纤维细胞直接转分化为心肌样细胞。而这种诱导的心肌细胞（iCM）也具有动作电位并能够自发收缩，在整体基因表达和表观遗传状态上也与心肌细胞类似 [141]。

2011 年，丁胜团队也报道了将成纤维细胞转分化为心肌细胞的研究成果[142]。该团队利用的是 OSKM 这四种经典的转录因子，但不重编程回到 iPS 状态，而是直接将成纤维细胞转分化为心肌细胞。

4. 神经细胞转分化

神经元细胞是一种高度分化的细胞类型，在人体内分布极广、数量极多，负责信息的接受、传导和输出，对于人体具有极为重要的功能。关于神经细胞转分化的研究成果对神经退行性疾病模型和神经发育的研究具有重要的意义。

2010 年，Marius Wernig 团队报道了神经细胞转分化的发现[140]。他们从 19 种转录因子候选基因库中筛选出了 Ascl1、Brn2（也称为 Pou3f2）和 Myt1l 的组合，能够在体外快速有效地将小鼠胚胎和出生后的成纤维细胞转分化为功能性神经元，中间不经过干细胞状态。这些诱导的神经元细胞可表达多种神经元特异性蛋白质，产生动作电位并形成功能性突触。

2011 年，该团队再次发表重磅发现，他们发现当 Ascl1、Brn2 和 Myt1l 与螺旋-环-螺旋转录因子 NeuroD1 组合时，这些因子可以将胎儿和出生后的人成纤维细胞转化为显示典型神经元形态和表达多种神经元标志物的诱导神经元细胞，并且其中绝大多数能够产生动作电位[157]。非神经人体细胞及多能干细胞可以通过转录因子直接转分化为神经元细胞，这个方法可以促进病人特异性神经元的稳健生成，用于体外疾病建模或再生医学中的未来应用。

丁胜团队发现利用 microRNA（miR-124）和两个转录因子（MYT1L 和 BRN2）的组合可以将人成纤维细胞转分化为功能性神经元。这些人类诱导神经元（hiN）表现出典型的神经元形态和标记基因表达，能够激发动作电位，并在彼此之间产生功能性突触[144]。

3.2.3　化学小分子介导的转分化

前文中我们介绍了各种细胞类型的转分化，可以看出，转录因子仍是转分化的主要介导模式，但是这种传统的诱导转分化方法主要依靠病毒介导的外源转录因子表达，在应用中存在安全性问题。

因此，与重编程类似，科学家们也提出了利用小分子介导细胞的转分化（图 3-5）。小分子介导不需要借助病毒作为载体，安全性强，且在时间和数量上便于控制。从另一个角度来讲，小分子本身被人们用作治疗疾病的药物就已经有数千年的历史，相比于病毒载体，更容易为大众所接受。

2014 年，裴端卿团队完成了第一例化学小分子介导转分化的实验研究。他们通过三种小分子 VPA（HDAC 抑制剂）、CHIR99021（GSK3 抑制剂）和 Repsox（TGFβ 抑制剂）的混合物介导，在生理缺氧培养条件下（5% O_2），不引入外源因子，成功利用小鼠成纤维细胞和人的尿液细胞产生了完整的化学诱导神经祖细胞（ciNPC）（图 3-5A）[159]。同时，他们还证明了具有 HDAC、GSK3 和 TGF-β 途径抑制剂的替代混合物（NaB、LiCl

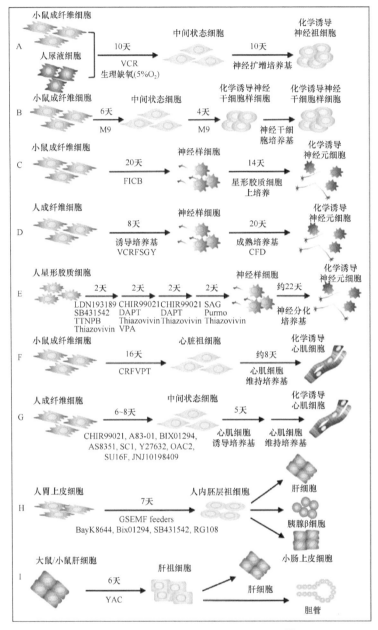

图 3-5 化学小分子介导转分化的方法 [158]

A. 用 VCR（VPA、CHIR99021、RepSox）诱导小鼠成纤维细胞和人尿液细胞，在生理性缺氧（5%O$_2$）的条件下培养至中间状态，然后转移至神经扩增培养基中培养获得化学诱导神经祖细胞（CiNPC）。B. 用 M9（CHIR99021、LDN193189、A83-01、Hh-Ag 1.5、视黄酸、RG108、Parnate、SMER28 和 bFGF）诱导小鼠成纤维细胞产生化学诱导神经干细胞样细胞（CiNSLC）。C. 用 FICB（Forskolin、ISX9、ChIR99021、I-BET151）诱导小鼠成纤维细胞产生未成熟的神经元，然后将其在星形胶质细胞上培养得到成熟的化学诱导神经元细胞（CiNC）。D. 用 VCRFSGY（VPA、CHIR99021、RepSox、Forskolin、SP600625、GO698、Y-27632）诱导人成纤维细胞产生神经样细胞，然后在含有 CFD（CHIR99021、Forskolin、Dorsomorphin）的培养基中培养成熟得到 CiNC。E. 从人星形胶质细胞逐步产生 CiNC。F. 用 CRFVPT（CHIR99021、RepSox、Forskolin、VPA、Parnate、TTNPB）诱导小鼠成纤维细胞产生心脏祖细胞，然后在心肌细胞维持培养基中培养得到化学诱导心肌细胞（CiCM）。G. 用 9 种化学物质诱导人成纤维细胞，然后用心肌细胞诱导培养基和心肌细胞维持培养基中培养处理得到 CiCM。H. 用化学小分子组合诱导人胃上皮细胞，产生诱导人内胚层祖细胞（hiEndoPC）。这些 hiEndoPC 可以分化为肝细胞、胰腺 β-细胞和肠上皮细胞。I. 用 YAC（Y-27632、A-83-01、CHIR99021）诱导大鼠和小鼠的肝祖细胞。这些肝祖细胞可以产生成熟的肝细胞和胆管

和 SB431542；或 TSA、Li_2CO_3 和 Tranilast）在 ciNPC 诱导中显示出相似的功效。这些 ciNSC 均表现出多能性，能够在体外和体内分化成所有神经细胞类型。

2016 年，丁胜团队报道了使用 9 种成分（M9）的"鸡尾酒"混合物将小鼠成纤维细胞转分化为诱导的神经干细胞样细胞（ciNSLC）的有效方法。他们从 3 种小分子（LDN193189、A83-01、CHIR99021）和 1 种生长因子（bFGF）的组合开始，筛选发现两种化学物质（Hh-Ag1.5 和视黄酸），然后将这两种化学物质加入基础条件中，并在 6 种组分的培养条件下再次筛选小分子。三种化学物质 RG108、Parnate 和 SMER28 进一步增强了 $Sox2^+$/ $Nestin^+$ 细胞的产生，因此建立了 M9 的 9 种化学小分子组合（图 3-5B）[160]。

2015 年，两个小组同时报告了使用全化学方法成功诱导人和小鼠成纤维细胞产生神经元。邓宏魁团队在使用 Ascl1（诱导神经元命运的主基因）介导神经转分化系统筛选小分子时，发现四种化合物（Forskolin、ISX9、CHIR99021 和 SB431542）中的每一种都能增强 Ascl1 介导的神经元命运诱导能力。而当四种化合物都存在时，这个组合足以在没有 Ascl1 的情况下诱导神经元转分化。然后以 FICS 化合物组合为基础，筛选出了另一种小分子 I-BET151，可以帮助显著提高重编程效率。后来，在研究中发现 SB431542 是可有可无的，因此最终的组合是 Forskolin、ISX9、CHIR99021 和 I-BET151（图 3-5C）[161]。

裴钢团队的研究基于他们之前发现的 VPA、CHIR99021 和 Repsox（VCR）可以诱导小鼠和人体细胞的 ciNPC[159]。他们假设 VCR 与已知促进 NPC 神经分化的化学物质组合可能促进人成纤维细胞转化为神经元细胞。有了这个假设，他们最初发现 Forskolin 可以用 VCR 诱导人成纤维细胞的部分神经重编程。在 VCR 和 Forskolin 的基础上，他们发现 SP600125、GO6983 和 Y-27632 可促进神经元转化，并导致 $Tuj1^+$ 细胞产生具有神经元样形态。这 7 种化学物质的组合产生了最佳的诱导效率，但还不足以促进神经元的存活和成熟。通过使用 CHIR99021、Forskolin、Dorsomorphin 和额外的神经营养因子（BDNF、GDNF 和 NT3）的组合，它们最终能够产生完全成熟和功能性的神经元（hciN）（图 3-5D）[162]。

2015 年，陈功团队找到了一种能够将人类星形胶质细胞重编程为神经元的"鸡尾酒"配方。他们从可抑制神经胶质信号通路、激活神经元信号通路、靶向表观遗传调节的 20 个小分子池开始，最后发现了 9 种小分子的化学混合物（LDN193189、SB431542、TTNPB、Thiazovivin、CHIR99021、VPA、DAPT、Smoothened 激动剂和 Purmorphamine），当以逐步方式添加时，其可以将人星形胶质细胞重编程为神经元（图 3-5E）[163]。这些化学转分化的神经元可以在体外培养条件下中存 5 个月以上并形成功能性突触网络，也可以在小鼠体内脑中存活 1 个多月并整合到局部神经环路中。

2015 年，谢欣团队实现了成纤维细胞向心肌细胞的完全化学诱导的转分化。在研究中，他们试图用化学混合物 CRFVPT（CHIR99021、RepSox、Forskolin、VPA、Parnate、TTNPB）从小鼠成纤维细胞产生 CiPSC，意外观察到自发收缩的、类似于心肌细胞（CiCM）的细胞。更意外的是，早在加入化学混合物 CRFVPT 后第 6~8 天就出现了搏动细胞，这比报道的 CiPSC 最早出现日期（第 20 天）早得多。之后他们对转分化方案进行了优化（图 3-5F）[164]，使用混合物 CRFVPT 启动诱导过程，然后加入含有 CHIR99021、

PD0325901、LIF 和胰岛素的心肌细胞维持培养基。通过优化的方案，发现 CRFV 对于 CiCM 的诱导是最关键的。

2016 年，丁胜团队在 *Science* 杂志发表文章报道，成功将人成纤维细胞转化为功能性心肌细胞（图 3-5G）[165]。他们使用 *αMHC-GFP* 报告基因转导的人成纤维细胞系，在含有 SB431542、CHIR99021、Parnate 和 Forskolin 的混合物体系中筛选出 89 种化合物的小型文库，并发现了 7C 组合（CHIR99021、A83-01、BIX01294、AS8351、SC1、Y27632、OAC2）足以有效诱导心脏重编程。在 7C 组合的基础上，他们筛选了更多的化合物并发现了 PDGF 途径的两种抑制剂——SU16F 和 JNJ10198409，增加了搏动细胞簇的数量。用 9 种化学物质和适当的培养条件处理的人成纤维细胞可以移植到梗死的小鼠心脏中并有效转化为心肌样细胞。

2016 年，裴雪涛团队研究证明多能内胚层祖细胞通过小分子（Bay-K-8644、Bix-01294、RG108 和 SB431542）介导，可以从人胃上皮细胞诱导得到（图 3-5H）[166]。这些诱导的内胚层祖细胞可以在不同的培养条件下分化成肝细胞、胰腺内分泌细胞和肠上皮细胞，且这些祖细胞在体内不形成畸胎瘤，可以作为细胞替代疗法的更安全来源。

2017 年，由 Katsuda 等人发表的一项研究描述了通过三种小分子（Y-27632、A-83-01 和 CHIR99021）将成熟肝细胞转化为增殖性双能肝祖细胞的方法。这些化学诱导的肝祖细胞可在体外产生肝细胞和胆管上皮细胞（图 3-5I）[167]，并在体内重新填充慢性损伤的肝组织。

结　　语

迄今为止，科学家通过利用小分子化合物从完全分化的细胞诱导产生许多其他类型的细胞，包括多能干细胞、神经祖细胞、神经元、心肌细胞等，并且已经以各种组合使用了几十种化合物来诱导体细胞重编程或转分化。尽管两种类型细胞之间特定转换的确切机制仍不清楚，但可以通过观察提出一些可能的推测。

大多数化合物可分为几类，包括表观遗传调节剂、MET（间充质至上皮转换）/EMT（上皮至间充质转换）调节剂、代谢调节剂、促进 ESC 自我更新的化合物和其他途径调节剂。用于化学重编程的典型混合物通常包含三个部分。第一，表观遗传调节剂。通常是 HDAC 抑制剂或 DNA/组蛋白甲基转移酶抑制剂，以克服不同类型细胞之间的表观遗传屏障。第二，抑制起始细胞特征的化合物。通常使用 Wnt 途径激活剂和 TGF-β 途径抑制剂。CHIR99021（通过阻断 GSK3 激活 Wnt 途径）是所有化学诱导系统中最常用的化合物。第三，诱导指定细胞特征的化合物。例如，对于 CiPSC 诱导，在后期总是需要 2i（CHIR99021，PD98059）培养基，因为已知这些化合物能够帮助细胞保持多能性；对于 CiN 诱导，则需要许多可以促进神经元成熟的化合物，如 ISX9 和 Dorsomorphin。在所有化学重编程系统中，有利于特定细胞存活和发挥功能的培养条件也是必需的。

另一个有趣的观察结果是，无论最终分化成的细胞是什么，对于特定的起始细胞类型可能存在重编程化学小分子的核心组合。一些研究表明，成纤维细胞可以重编程为多种细胞类型，在早期阶段具有非常相似的化学组合，在用于重编程的所有报道的化学物质中，最常用的是 VPA（HDAC 抑制剂）、CHIR99021（GSK3 抑制剂）和 RepSox（或 SB431542，或 A8301、TGF-β 途径抑制剂）。VPA 可以促进转录变化；CHIR99021 和 TGFβ 途径抑制剂可促进间充质至上皮细胞的转变。这些化合物形成成纤维细胞的核心重编程化学物质，并促进这些细胞的初始活化/转化。在有利的培养条件下，这些活化细胞可能被诱导为多潜能阶段或各种功能细胞，如诱导成纤维细胞成为 CiPSC、CiNPC、CiN 和 CiCM。迄今为止，成纤维细胞仍然是最常用的起始细胞类型。随着更多的新兴研究，可能会发现其他起始细胞的核心化学组合。

化学小分子介导重编程/转分化领域的快速进展为科学家提供了操纵人体细胞命运的新方法，希望在不久的将来，这可以成为再生医学细胞替代疗法的另一种选择。

参 考 文 献

1　Lu F & Zhang Y. Cell totipotency: Molecular features, induction, and maintenance. Natl Sci Rev, 2015, **2(2)**: 217-225.

2　Tarkowski AK. Experiments on the development of isolated blastomers of mouse eggs. Nature, 1959, **184**: 1286-1287.

3　Rossant J. Postimplantation development of blastomeres isolated from 4- and 8-cell mouse eggs. J Embryol Exp Morphol, 1976, **36(2)**: 283-290.

4　Briggs R & King TJ. Transplantation of living nuclei from blastula cells into enucleated frogs' eggs. Proc Natl Acad Sci U S A, 1952, **38(5)**: 455-463.

5　King TJ & Briggs R. Changes in the nuclei of differentiating gastrula cells, as demonstrated by nuclear transplantation. Proc Natl Acad Sci U S A, 1955, **41(5)**: 321-325.

6　Gurdon JB. The developmental capacity of nuclei taken from intestinal epithelium cells of feeding tadpoles. J Embryol Exp Morphol, 1962, **10**: 622-640.

7　Gurdon JB & Uehlinger V. "Fertile" intestine nuclei. Nature, 1966, **210(5042)**: 1240-1241.

8　Laskey RA & Gurdon JB. Genetic content of adult somatic cells tested by nuclear transplantation from cultured cells. Nature, 1970, **228(5278)**: 1332-1334.

9　Gurdon JB, Laskey RA & Reeves OR. The developmental capacity of nuclei transplanted from keratinized skin cells of adult frogs. J Embryol Exp Morphol, 1975, **34(1)**: 93-112.

10　Luh TY. Transplantation of nuclei between two subfamilies of teleosts (goldfish-domesticated carass1us auratus, and chinese bitterling-rhodeus sinensis). Acta Zoologica Sinica, 1973.

11　Bromhall JD. Nuclear transplantation in the rabbit egg. Nature, 1975, **258(5537)**: 719-722.

12　Willadsen SM. Nuclear transplantation in sheep embryos. Nature, 1986, **320(6057)**: 63-65.

13　Stice SL & Robl JM. Nuclear reprogramming in nuclear transplant rabbit embryos. Biol Reprod, 1988, **39(3)**: 657-664.

14　Prather RS, Sims MM & First NL. Nuclear transplantation in early pig embryos. Biol Reprod, 1989, **41(3)**: 414-418.

15　Cheong HT, Takahashi Y & Kanagawa H. Birth of mice after transplantation of early cell-cycle-stage embryonic nuclei into enucleated oocytes. Biol Reprod, 1993, **48(5)**: 958-963.

16　Sims M & First NL. Production of calves by transfer of nuclei from cultured inner cell mass cells. Proc Natl Acad Sci U S A, 1994, **91(13)**: 6143-6147.

17　Meng L, Ely JJ, Stouffer RL et al. Rhesus monkeys produced by nuclear transfer. Biol Reprod, 1997, **57(2)**: 454-459.

18　Wilmut I, Schnieke AE, Mcwhir J et al. Viable offspring derived from fetal and adult mammalian cells. Nature, 1997, **385(6619)**: 810-813.

19　Kato Y, Tani T, Sotomaru Y et al. Eight calves cloned from somatic cells of a single adult. Science,

1998, **282(5396)**: 2095-2098.

20 Wakayama T, Perry AC, Zuccotti M et al. Full-term development of mice from enucleated oocytes injected with cumulus cell nuclei. Nature, 1998, **394(6691)**: 369-374.

21 Baguisi A, Behboodi E, Melican DT et al. Production of goats by somatic cell nuclear transfer. Nat Biotechnol, 1999, **17(5)**: 456-461.

22 Polejaeva IA, Chen SH, Vaught TD et al. Cloned pigs produced by nuclear transfer from adult somatic cells. Nature, 2000, **407(6800)**: 86-90.

23 Onishi A, Iwamoto M, Akita T et al. Pig cloning by microinjection of fetal fibroblast nuclei. Science, 2000, **289(5482)**: 1188-1190.

24 Shin T, Kraemer D, Pryor J et al. A cat cloned by nuclear transplantation. Nature, 2002, **415(6874)**: 859.

25 Chesne P, Adenot PG, Viglietta C et al. Cloned rabbits produced by nuclear transfer from adult somatic cells. Nat Biotechnol, 2002, **20(4)**: 366-369.

26 Liu Z, Cai Y, Wang Y et al. Cloning of macaque monkeys by somatic cell nuclear transfer. Cell, 2018, **174(1)**: 245.

27 Campbell KH, Loi P, Otaegui PJ et al. Cell cycle co-ordination in embryo cloning by nuclear transfer. Rev Reprod, 1996, **1(1)**: 40-46.

28 Kim JM, Ogura A, Nagata M et al. Analysis of the mechanism for chromatin remodeling in embryos reconstructed by somatic nuclear transfer. Biol Reprod, 2002, **67(3)**: 760-766.

29 Saunders CM, Larman MG, Parrington J et al. Plc zeta: A sperm-specific trigger of Ca(2+) oscillations in eggs and embryo development. Development, 2002, **129(15)**: 3533-3544.

30 Akiyama T, Suzuki O, Matsuda J et al. Dynamic replacement of histone h3 variants reprograms epigenetic marks in early mouse embryos. PLoS Genet, 2011, **7(10)**: e1002279.

31 Inoue A & Zhang Y. Nucleosome assembly is required for nuclear pore complex assembly in mouse zygotes. Nat Struct Mol Biol, 2014, **21(7)**: 609-616.

32 Nashun B, Yukawa M, Liu H et al. Changes in the nuclear deposition of histone h2a variants during pre-implantation development in mice. Development, 2010, **137(22)**: 3785-3794.

33 Nashun B, Akiyama T, Suzuki MG et al. Dramatic replacement of histone variants during genome remodeling in nuclear-transferred embryos. Epigenetics, 2011, **6(12)**: 1489-1497.

34 Chang CC, Gao S, Sung LY et al. Rapid elimination of the histone variant macroh2a from somatic cell heterochromatin after nuclear transfer. Cell Reprogram, 2010, **12(1)**: 43-53.

35 Gao S, Chung YG, Parseghian MH et al. Rapid h1 linker histone transitions following fertilization or somatic cell nuclear transfer: Evidence for a uniform developmental program in mice. Dev Biol, 2004, **266(1)**: 62-75.

36 Wen D, Banaszynski LA, Liu Y et al. Histone variant h3.3 is an essential maternal factor for oocyte reprogramming. Proc Natl Acad Sci U S A, 2014, **111(20)**: 7325-7330.

37 Wen D, Banaszynski LA, Rosenwaks Z et al. H3.3 replacement facilitates epigenetic reprogramming of donor nuclei in somatic cell nuclear transfer embryos. Nucleus, 2014, **5(5)**: 369-375.

38 Yamauchi Y, Ward MA & Ward WS. Asynchronous DNA replication and origin licensing in the mouse one-cell embryo. J Cell Biochem, 2009, **107(2)**: 214-223.

39 Bouniol C, Nguyen E & Debey P. Endogenous transcription occurs at the 1-cell stage in the mouse embryo. Exp Cell Res, 1995, **218(1)**: 57-62.

40 Schultz RM. Regulation of zygotic gene activation in the mouse. Bioessays, 1993, **15(8)**: 531-538.

41 Gao R, Wang C, Gao Y et al. Inhibition of aberrant DNA re-methylation improves post-implantation development of somatic cell nuclear transfer embryos. Cell Stem Cell, 2018, **23(3)**: 426-435.e425.

42 Li Y, Zhang Z, Chen J et al. Stella safeguards the oocyte methylome by preventing de novo methylation mediated by DNMT1. Nature, 2018, **564(7734)**: 136-140.

43 Guo F, Li X, Liang D et al. Active and passive demethylation of male and female pronuclear DNA in the mammalian zygote. Cell Stem Cell, 2014, **15(4)**: 447-459.

44 Shen L, Inoue A, He J et al. Tet3 and DNA replication mediate demethylation of both the maternal and

paternal genomes in mouse zygotes. Cell Stem Cell, 2014, **15(4)**: 459-471.

45　Eckersley-Maslin MA, Alda-Catalinas C & Reik W. Dynamics of the epigenetic landscape during the maternal-to-zygotic transition. Nat Rev Mol Cell Biol, 2018, **19(7)**: 436-450.

46　Sun L, Wu KL, Zhang D et al. Increased cleavage rate of human nuclear transfer embryos after 5-aza-2'-deoxycytidine treatment. Reprod Biomed Online, 2012, **25(4)**: 425-433.

47　Huan YJ, Zhu J, Xie BT et al. Treating cloned embryos, but not donor cells, with 5-aza-2'-deoxycytidine enhances the developmental competence of porcine cloned embryos. J Reprod Dev, 2013, **59(5)**: 442-449.

48　Li C, Terashita Y, Tokoro M et al. Effect of DNA methyltransferase inhibitor, rg108, on *in vitro* development and ntes establishner rate in cloned mouse embryos. Reproduction fertility and development, 2011, **24**: 130.

49　Blelloch R, Wang Z, Meissner A et al. Reprogramming efficiency following somatic cell nuclear transfer is influenced by the differentiation and methylation state of the donor nucleus. Stem Cells, 2006, **24(9)**: 2007-2013.

50　Liu W, Yin J, Kou X et al. Asymmetric reprogramming capacity of parental pronuclei in mouse zygotes. Cell Rep, 2014, **6(6)**: 1008-1016.

51　Gu TP, Guo F, Yang H et al. The role of tet3 DNA dioxygenase in epigenetic reprogramming by oocytes. Nature, 2011, **477(7366)**: 606-610.

52　Iqbal K, Jin SG, Pfeifer GP et al. Reprogramming of the paternal genome upon fertilization involves genome-wide oxidation of 5-methylcytosine. Proc Natl Acad Sci U S A, 2011, **108(9)**: 3642-3647.

53　Matoba S, Liu Y, Lu F et al. Embryonic development following somatic cell nuclear transfer impeded by persisting histone methylation. Cell, 2014, **159(4)**: 884-895.

54　Liu W, Liu X, Wang C et al. Identification of key factors conquering developmental arrest of somatic cell cloned embryos by combining embryo biopsy and single-cell sequencing. Cell Discov, 2016, **2**: 16010.

55　Liu X, Wang Y, Gao Y et al. H3k9 demethylase kdm4e is an epigenetic regulator for bovine embryonic development and a defective factor for nuclear reprogramming. Development, 2018, **145(4)**: dev158261.

56　Hormanseder E, Simeone A, Allen GE et al. H3k4 methylation-dependent memory of somatic cell identity inhibits reprogramming and development of nuclear transfer embryos. Cell Stem Cell, 2017, **21(1)**: 135-143.e136.

57　Inoue A, Jiang L, Lu F et al. Maternal h3k27me3 controls DNA methylation-independent imprinting. Nature, 2017, **547(7664)**: 419-424.

58　Matoba S, Wang H, Jiang L et al. Loss of h3k27me3 imprinting in somatic cell nuclear transfer embryos disrupts post-implantation development. Cell Stem Cell, 2018, **23(3)**: 343-354.e345.

59　Zheng H, Huang B, Zhang B et al. Resetting epigenetic memory by reprogramming of histone modifications in mammals. Mol Cell, 2016, **63(6)**: 1066-1079.

60　Lee JT & Bartolomei MS. X-inactivation imprinting and long noncoding RNAs in health and disease. Cell, 2013, **152(6)**: 1308-1323.

61　Cao R, Wang L, Wang H et al. Role of histone h3 lysine 27 methylation in polycomb-group silencing. Science, 2002, **298(5595)**: 1039-1043.

62　Plath K, Fang J, Mlynarczyk-Evans SK et al. Role of histone h3 lysine 27 methylation in x inactivation. Science, 2003, **300(5616)**: 131-135.

63　Inoue K, Kohda T, Sugimoto M et al. Impeding xist expression from the active x chromosome improves mouse somatic cell nuclear transfer. Science, 2010, **330(6003)**: 496-499.

64　Matoba S, Inoue K, Kohda T et al. Rnai-mediated knockdown of xist can rescue the impaired postimplantation development of cloned mouse embryos. Proc Natl Acad Sci U S A, 2011, **108(51)**: 20621-20626.

65　Takahashi K & Yamanaka S. Induction of pluripotent stem cells from mouse embryonic and adult fibroblast cultures by defined factors. Cell, 2006, **126(4)**: 663-676.

66　Takahashi K, Okita K, Nakagawa M et al. Induction of pluripotent stem cells from fibroblast cultures.

Nat Protoc, 2007, **2(12)**: 3081-3089.

67 Lowry WE, Richter L, Yachechko R et al. Generation of human induced pluripotent stem cells from dermal fibroblasts. Proc Natl Acad Sci U S A, 2008, **105(8)**: 2883-2888.

68 Kang L, Wang J, Zhang Y et al. Ips cells can support full-term development of tetraploid blastocyst-complemented embryos. Cell Stem Cell, 2009, **5(2)**: 135-138.

69 Zhao XY, Li W, Lv Z et al. Ips cells produce viable mice through tetraploid complementation. Nature, 2009, **461(7260)**: 86-90.

70 Gorkin DU, Leung D & Ren B. The 3d genome in transcriptional regulation and pluripotency. Cell Stem Cell, 2014, **14(6)**: 762-775.

71 Soufi A, Garcia MF, Jaroszewicz A et al. Pioneer transcription factors target partial DNA motifs on nucleosomes to initiate reprogramming. Cell, 2015, **161(3)**: 555-568.

72 Sridharan R, Tchieu J, Mason MJ et al. Role of the murine reprogramming factors in the induction of pluripotency. Cell, 2009, **136(2)**: 364-377.

73 Chronis C, Fiziev P, Papp B et al. Cooperative binding of transcription factors orchestrates reprogramming. Cell, 2017, **168(3)**: 442-459.e420.

74 Li D, Liu J, Yang X et al. Chromatin accessibility dynamics during ipsc reprogramming. Cell Stem Cell, 2017, **21(6)**: 819-833.e816.

75 Knaupp AS, Buckberry S, Pflueger J et al. Transient and permanent reconfiguration of chromatin and transcription factor occupancy drive reprogramming. Cell Stem Cell, 2017, **21(6)**: 834-845.e836.

76 Chen X, Xu H, Yuan P et al. Integration of external signaling pathways with the core transcriptional network in embryonic stem cells. Cell, 2008, **133(6)**: 1106-1117.

77 Kim J, Chu J, Shen X et al. An extended transcriptional network for pluripotency of embryonic stem cells. Cell, 2008, **132(6)**: 1049-1061.

78 Chen J, Chen X, Li M et al. Hierarchical oct4 binding in concert with primed epigenetic rearrange-ments during somatic cell reprogramming. Cell Rep, 2016, **14(6)**: 1540-1554.

79 Soufi A, Donahue G & Zaret KS. Facilitators and impediments of the pluripotency reprogramming factors' initial engagement with the genome. Cell, 2012, **151(5)**: 994-1004.

80 Apostolou E & Hochedlinger K. Chromatin dynamics during cellular reprogramming. Nature, 2013, **502(7472)**: 462-471.

81 Wernig M, Meissner A, Cassady JP et al. C-myc is dispensable for direct reprogramming of mouse fibroblasts. Cell Stem Cell, 2008, **2(1)**: 10-12.

82 Nakagawa M, Koyanagi M, Tanabe K et al. Generation of induced pluripotent stem cells without myc from mouse and human fibroblasts. Nat Biotechnol, 2008, **26(1)**: 101-106.

83 Li R, Liang J, Ni S et al. A mesenchymal-to-epithelial transition initiates and is required for the nuclear reprogramming of mouse fibroblasts. Cell Stem Cell, 2010, **7(1)**: 51-63.

84 Ocana OH & Nieto MA. Epithelial plasticity, stemness and pluripotency. Cell Res, 2010, **20(10)**: 1086-1088.

85 Nakagawa M, Takizawa N, Narita M et al. Promotion of direct reprogramming by transformation-deficient myc. Proc Natl Acad Sci U S A, 2010, **107(32)**: 14152-14157.

86 Maekawa M, Yamaguchi K, Nakamura T et al. Direct reprogramming of somatic cells is promoted by maternal transcription factor glis1. Nature, 2011, **474(7350)**: 225-229.

87 Feng B, Jiang J, Kraus P et al. Reprogramming of fibroblasts into induced pluripotent stem cells with orphan nuclear receptor esrrb. Nat Cell Biol, 2009, **11(2)**: 197-203.

88 Chen J, Liu J, Yang J et al. Bmps functionally replace klf4 and support efficient reprogramming of mouse fibroblasts by oct4 alone. Cell Res, 2011, **21(1)**: 205-212.

89 Yu J, Vodyanik MA, Smuga-Otto K et al. Induced pluripotent stem cell lines derived from human somatic cells. Science, 2007, **318(5858)**: 1917-1920.

90 Yang P, Wang Y, Chen J et al. Rcor2 is a subunit of the lsd1 complex that regulates esc property and substitutes for sox2 in reprogramming somatic cells to pluripotency. Stem Cells, 2011, **29(5)**: 791-801.

91 Wu L, Wu Y, Peng B et al. Oocyte-specific homeobox 1, obox1, facilitates reprogramming by

promoting mesenchymal-to-epithelial transition and mitigating cell hyperproliferation. Stem Cell Reports, 2017, **9(5)**: 1692-1705.

92　Shu J, Wu C, Wu Y et al. Induction of pluripotency in mouse somatic cells with lineage specifiers. Cell, 2015, **161(5)**: 1229.

93　Bar-Nur O, Verheul C, Sommer AG et al. Lineage conversion induced by pluripotency factors involves transient passage through an ipsc stage. Nat Biotechnol, 2015, **33(7)**: 761-768.

94　Heng JC, Feng B, Han J et al. The nuclear receptor nr5a2 can replace oct4 in the reprogramming of murine somatic cells to pluripotent cells. Cell Stem Cell, 2010, **6(2)**: 167-174.

95　Redmer T, Diecke S, Grigoryan T et al. E-cadherin is crucial for embryonic stem cell pluripotency and can replace oct4 during somatic cell reprogramming. EMBO Rep, 2011, **12(7)**: 720-726.

96　Picanco-Castro V, Russo-Carbolante E, Reis LC et al. Pluripotent reprogramming of fibroblasts by lentiviral mediated insertion of sox2, c-myc, and tcl-1a. Stem Cells Dev, 2011, **20(1)**: 169-180.

97　Gao Y, Chen J, Li K et al. Replacement of oct4 by tet1 during ipsc induction reveals an important role of DNA methylation and hydroxymethylation in reprogramming. Cell Stem Cell, 2013, **12(4)**: 453-469.

98　Chen J, Gao Y, Huang H et al. The combination of tet1 with oct4 generates high-quality mouse-induced pluripotent stem cells. Stem Cells, 2015, **33(3)**: 686-698.

99　Liu J, Han Q, Peng T et al. The oncogene c-jun impedes somatic cell reprogramming. Nat Cell Biol, 2015, **17(7)**: 856-867.

100　Silva J, Barrandon O, Nichols J et al. Promotion of reprogramming to ground state pluripotency by signal inhibition. PLoS Biol, 2008, **6(10)**: e253.

101　Ichida JK, Blanchard J, Lam K et al. A small-molecule inhibitor of tgf-beta signaling replaces sox2 in reprogramming by inducing nanog. Cell Stem Cell, 2009, **5(5)**: 491-503.

102　Maherali N & Hochedlinger K. Tgfbeta signal inhibition cooperates in the induction of ipscs and replaces Sox2 and cmyc. Curr Biol, 2009, **19(20)**: 1718-1723.

103　Lyssiotis CA, Foreman RK, Staerk J et al. Reprogramming of murine fibroblasts to induced pluripotent stem cells with chemical complementation of klf4. Proc Natl Acad Sci U S A, 2009, **106(22)**: 8912-8917.

104　Chen T, Shen L, Yu J et al. Rapamycin and other longevity-promoting compounds enhance the generation of mouse induced pluripotent stem cells. Aging Cell, 2011, **10(5)**: 908-911.

105　Huangfu D, Maehr R, Guo W et al. Induction of pluripotent stem cells by defined factors is greatly improved by small-molecule compounds. Nat Biotechnol, 2008, **26(7)**: 795-797.

106　Huangfu D, Osafune K, Maehr R et al. Induction of pluripotent stem cells from primary human fibroblasts with only oct4 and sox2. Nat Biotechnol, 2008, **26(11)**: 1269-1275.

107　Li W, Zhou H, Abujarour R et al. Generation of human-induced pluripotent stem cells in the absence of exogenous sox2. Stem Cells, 2009, **27(12)**: 2992-3000.

108　Hou P, Li Y, Zhang X et al. Pluripotent stem cells induced from mouse somatic cells by small-molecule compounds. Science, 2013, **341(6146)**: 651-654.

109　Li Y, Zhang Q, Yin X et al. Generation of ipscs from mouse fibroblasts with a single gene, oct4, and small molecules. Cell Res, 2011, **21(1)**: 196-204.

110　Zhao Y, Zhao T, Guan J et al. A xen-like state bridges somatic cells to pluripotency during chemical reprogramming. Cell, 2015, **163(7)**: 1678-1691.

111　Zhao T, Fu Y, Zhu J et al. Singlecell RNAseq reveals dynamic early embryonic-like programs during chemical reprogramming. Cell Stem Cell, 2018, **23(1)**: 31-45.e37.

112　Cao S, Yu S, Li D et al. Chromatin accessibility dynamics during chemical induction of pluripotency. Cell Stem Cell, 2018, **22(4)**: 529-542.e525.

113　Yang Y, Liu B, Xu J et al. Derivation of pluripotent stem cells with *in vivo* embryonic and extraembryonic potency. Cell, 2017, **169(2)**: 243-257.e225.

114　Yang J, Ryan DJ, Wang W et al. Establishment of mouse expanded potential stem cells. Nature, 2017, **550(7676)**: 393-397.

115　Lluis F, Pedone E, Pepe S et al. Periodic activation of wnt/beta-catenin signaling enhances somatic cell reprogramming mediated by cell fusion. Cell Stem Cell, 2008, **3(5)**: 493-507.

116 Marson A, Foreman R, Chevalier B et al. Wnt signaling promotes reprogramming of somatic cells to pluripotency. Cell Stem Cell, 2008, **3(2)**: 132-135.

117 Grigoryan T, Wend P, Klaus A et al. Deciphering the function of canonical wnt signals in development and disease: Conditional loss- and gain-of-function mutations of beta-catenin in mice. Genes Dev, 2008, **22(17)**: 2308-2341.

118 Li W, Wei W, Zhu S et al. Generation of rat and human induced pluripotent stem cells by combining genetic reprogramming and chemical inhibitors. Cell Stem Cell, 2009, **4(1)**: 16-19.

119 Ying QL, Wray J, Nichols J et al. The ground state of embryonic stem cell self-renewal. Nature, 2008, **453(7194)**: 519-523.

120 Lin T, Ambasudhan R, Yuan X et al. A chemical platform for improved induction of human ipscs. Nat Methods, 2009, **6(11)**: 805-808.

121 Kawamura T, Suzuki J, Wang YV et al. Linking the p53 tumour suppressor pathway to somatic cell reprogramming. Nature, 2009, **460(7259)**: 1140-1144.

122 Popp C, Dean W, Feng S et al. Genome-wide erasure of DNA methylation in mouse primordial germ cells is affected by aid deficiency. Nature, 2010, **463(7284)**: 1101-1105.

123 Doege CA, Inoue K, Yamashita T et al. Early-stage epigenetic modification during somatic cell reprogramming by parp1 and tet2. Nature, 2012, **488(7413)**: 652-655.

124 Onder TT, Kara N, Cherry A et al. Chromatin-modifying enzymes as modulators of reprogramming. Nature, 2012, **483(7391)**: 598-602.

125 Chen J, Liu H, Liu J et al. H3k9 methylation is a barrier during somatic cell reprogramming into ipscs. Nat Genet, 2013, **45(1)**: 34-42.

126 Djekidel MN, Inoue A, Matoba S et al. Reprogramming of chromatin accessibility in somatic cell nuclear transfer is DNA replication independent. Cell Rep, 2018, **23(7)**: 1939-1947.

127 Egli D, Chen AE, Saphier G et al. Reprogramming within hours following nuclear transfer into mouse but not human zygotes. Nat Commun, 2011, **2**: 488.

128 Araki R, Jincho Y, Hoki Y et al. Conversion of ancestral fibroblasts to induced pluripotent stem cells. Stem Cells, 2010, **28(2)**: 213-220.

129 Brambrink T, Foreman R, Welstead GG et al. Sequential expression of pluripotency markers during direct reprogramming of mouse somatic cells. Cell Stem Cell, 2008, **2(2)**: 151-159.

130 Santos F, Hendrich B, Reik W et al. Dynamic reprogramming of DNA methylation in the early mouse embryo. Dev Biol, 2002, **241(1)**: 172-182.

131 Eguchi G & Okada TS. Differentiation of lens tissue from the progeny of chick retinal pigment cells cultured *in vitro*: A demonstration of a switch of cell types in clonal cell culture. Proc Natl Acad Sci U S A, 1973, **70(5)**: 1495-1499.

132 Davis RL, Weintraub H & Lassar AB. Expression of a single transfected cdna converts fibroblasts to myoblasts. Cell, 1987, **51(6)**: 987-1000.

133 Cieslar-Pobuda A, Knoflach V, Ringh MV et al. Transdifferentiation and reprogramming: Overview of the processes, their similarities and differences. Biochim Biophys Acta Mol Cell Res, 2017, **1864(7)**: 1359-1369.

134 Noguchi H, Kaneto H, Weir GC et al. Pdx-1 protein containing its own antennapedia-like protein transduction domain can transduce pancreatic duct and islet cells. Diabetes, 2003, **52(7)**: 1732-1737.

135 Xie H, Ye M, Feng R et al. Stepwise reprogramming of b cells into macrophages. Cell, 2004, **117(5)**: 663-676.

136 Berninger B, Costa MR, Koch U et al. Functional properties of neurons derived from *in vitro* reprogrammed postnatal astroglia. J Neurosci, 2007, **27(32)**: 8654-8664.

137 Zhou Q, Brown J, Kanarek A et al. *In vivo* reprogramming of adult pancreatic exocrine cells to beta-cells. Nature, 2008, **455(7213)**: 627-632.

138 Aviv V, Meivar-Levy I, Rachmut IH et al. Exendin-4 promotes liver cell proliferation and enhances the pdx-1-induced liver to pancreas transdifferentiation process. J Biol Chem, 2009, **284(48)**:

33509-33520.

139 Li P, Burke S, Wang J et al. Reprogramming of t cells to natural killer-like cells upon bcl11b deletion. Science, 2010, **329(5987)**: 85-89.

140 Vierbuchen T, Ostermeier A, Pang ZP et al. Direct conversion of fibroblasts to functional neurons by defined factors. Nature, 2010, **463(7284)**: 1035-1041.

141 Ieda M, Fu JD, Delgado-Olguin P et al. Direct reprogramming of fibroblasts into functional cardiomyocytes by defined factors. Cell, 2010, **142(3)**: 375-386.

142 Efe JA, Hilcove S, Kim J et al. Conversion of mouse fibroblasts into cardiomyocytes using a direct reprogramming strategy. Nat Cell Biol, 2011, **13(3)**: 215-222.

143 Sekiya S & Suzuki A. Direct conversion of mouse fibroblasts to hepatocyte-like cells by defined factors. Nature, 2011, **475(7356)**: 390-393.

144 Ambasudhan R, Talantova M, Coleman R et al. Direct reprogramming of adult human fibroblasts to functional neurons under defined conditions. Cell Stem Cell, 2011, **9(2)**: 113-118.

145 Caiazzo M, Dell'anno MT, Dvoretskova E et al. Direct generation of functional dopaminergic neurons from mouse and human fibroblasts. Nature, 2011, **476(7359)**: 224-227.

146 Pfisterer U, Kirkeby A, Torper O et al. Direct conversion of human fibroblasts to dopaminergic neurons. Proc Natl Acad Sci U S A, 2011, **108(25)**: 10343-10348.

147 Huang P, He Z, Ji S et al. Induction of functional hepatocyte-like cells from mouse fibroblasts by defined factors. Nature, 2011, **475(7356)**: 386-389.

148 Ji S, Zhang L & Hui L. Cell fate conversion: Direct induction of hepatocyte-like cells from fibroblasts. J Cell Biochem, 2013, **114(2)**: 256-265.

149 李艳琼, 张彦 & 崔照琼. Pdx1 诱导的肝细胞转分化研究进展. 国际遗传学杂志, 2009, **32(5)**: 360-362.

150 林泽明. 胰岛细胞转分化及相关转录因子的研究进展. 医学研究杂志, 2017, **46(3)**: 182-185.

151 Courtney M, Gjernes E, Druelle N et al. The inactivation of arx in pancreatic alpha-cells triggers their neogenesis and conversion into functional beta-like cells. PLoS Genet, 2013, **9(10)**: e1003934.

152 Spijker HS, Ravelli RB, Mommaas-Kienhuis AM et al. Conversion of mature human beta-cells into glucagon-producing alpha-cells. Diabetes, 2013, **62(7)**: 2471-2480.

153 Yang YP, Thorel F, Boyer DF et al. Context-specific alpha- to-beta-cell reprogramming by forced pdx1 expression. Genes Dev, 2011, **25(16)**: 1680-1685.

154 Olson EN. Gene regulatory networks in the evolution and development of the heart. Science, 2006, **313(5795)**: 1922-1927.

155 Srivastava D. Making or breaking the heart: From lineage determination to morphogenesis. Cell, 2006, **126(6)**: 1037-1048.

156 Takeuchi JK & Bruneau BG. Directed transdifferentiation of mouse mesoderm to heart tissue by defined factors. Nature, 2009, **459(7247)**: 708-711.

157 Pang ZP, Yang N, Vierbuchen T et al. Induction of human neuronal cells by defined transcription factors. Nature, 2011, **476(7359)**: 220-223.

158 Xie X, Fu Y & Liu J. Chemical reprogramming and transdifferentiation. Current Opinion in Genetics & Development, 2017, **46**: 104-113.

159 Cheng L, Hu W, Qiu B et al. Generation of neural progenitor cells by chemical cocktails and hypoxia. Cell Res, 2014, **24(6)**: 665-679.

160 Zhang M, Lin YH, Sun YJ et al. Pharmacological reprogramming of fibroblasts into neural stem cells by signaling-directed transcriptional activation. Cell Stem Cell, 2016, **18(5)**: 653-667.

161 Li X, Zuo X, Jing J et al. Small-molecule-driven direct reprogramming of mouse fibroblasts into functional neurons. Cell Stem Cell, 2015, **17(2)**: 195-203.

162 Hu W, Qiu B, Guan W et al. Direct conversion of normal and alzheimer's disease human fibroblasts into neuronal cells by small molecules. Cell Stem Cell, 2015, **17(2)**: 204-212.

163 Zhang L, Yin JC, Yeh H et al. Small molecules efficiently reprogram human astroglial cells into

functional neurons. Cell Stem Cell, 2015, **17(6)**: 735-747.

164　Fu Y, Huang C, Xu X et al. Direct reprogramming of mouse fibroblasts into cardiomyocytes with chemical cocktails. Cell Res, 2015, **25(9)**: 1013-1024.

165　Cao N, Huang Y, Zheng J et al. Conversion of human fibroblasts into functional cardiomyocytes by small molecules. Science, 2016, **352(6290)**: 1216-1220.

166　Wang Y, Qin J, Wang S et al. Conversion of human gastric epithelial cells to multipotent endodermal progenitors using defined small molecules. Cell Stem Cell, 2016, **19(4)**: 449-461.

167　Katsuda T, Kawamata M, Hagiwara K et al. Conversion of terminally committed hepatocytes to culturable bipotent progenitor cells with regenerative capacity. Cell Stem Cell, 2017, **20(1)**: 41-55.

王译萱　涂志奋　朱学昊

第4章　生殖干细胞

导言：通向多能性的道路——所有细胞都起源于生殖干细胞

生物个体在其生命周期中需要不断进行细胞的更新替代，而所有这些新生细胞都来自于生物体内的各种成体干细胞（adult stem cell）。干细胞拥有无限的自我更新能力，同时它们还能通过定向分化来替代丢失、老化或死亡的细胞，从而维持各种组织的正常功能，或者完成创伤的修复。这对于生物的发育、生长控制、生存及繁衍都至关重要。

在所有已知的成体干细胞中，生殖干细胞（germline stem cell，GSC）是一种最为独特的类型，因为它们所产生的子细胞将最终发育成为"配子"（精子或卵子），被用于产生下一代的生物个体。值得注意的是，在所有动物的自然生命周期内，其体内的"体细胞"（somatic cell）所携带的遗传信息（基因组）会随着生物个体的死亡而湮灭。但是，作为唯一有能力将自身的基因组传递给下一世代的细胞，GSC 实现了将生物个体的遗传信息隔代传递、无限延续的目的。也正是这种机制确保了物种的维持、繁衍与进化。从这个角度来说，生物体内所有种类的细胞，包括被认为具有发育全能性的胚胎干细胞（embryonic stem cell，ESC），追根溯源，都起源于上一世代生物体的 GSC。

与生物体中其他各种体细胞相比，GSC 及生殖细胞（germ cell）具有许多独特的属性：①GSC 分化所产生的生殖细胞是唯一能进行"减数分裂"（meiosis）的细胞；②不同物种的生殖细胞间具有很高的保守性，且展现多种同源基因的表达特征；③生殖细胞一般都经历过深度的表观遗传重编程；④生殖细胞具有独特的机制来维持其基因组的完整性，并防止自私基因元件（selfish genetic element）的整合。此外，一些体细胞系的肿瘤细胞通常会表达生殖细胞的特异性基因，而这被认为启动了特定类型细胞的癌化。

作为唯一能将遗传信息传递给下一代个体的细胞类型，许多生物都进化出了高度完善的流程和机制来单独调控 GSC 的维持及生殖细胞的发育。从胚胎发育的很早期开始，生殖细胞便与体细胞隔离开来，进行其独特的发育旅程。例如，哺乳动物中，随着具有发育全能性的受精卵发生卵裂，产生具有发育多能性的内细胞团（inner cell mass，ICM）。ICM 细胞随着发育进行，其衍生细胞互相之间差异度不断加大，分化程度也逐步增高；与此同时，这些细胞的可塑性逐步收窄，即丧失产生各种分化细胞的能力。在此过程中，ICM 中的一部分细胞将发育产生出胚胎的所有结构，进而形成完整的生物个体（其中部分会衍生为胚外细胞系，如滋养层细胞等，用以支撑胚胎着床后的发育）。而多能 ICM 中的另一些细胞则会发生自我隔离，成为生殖前体细胞群。这些生殖前体细胞将进一步特化并定植入发育中的生殖腺（gonad，维持 GSC 并支持生殖细胞分化为配子的器官）成为 GSC，在维持自我更新的同时产生配子，开启下一世代的生命周期，一遍又一遍地重复着生命的传递。

对于 GSC 的研究在诸多生物医学领域具有广泛、深远的影响，而这种影响力也势必外溢到经济、社会等其他诸多层面。GSC 的研究可以帮助人类克服自身的生育缺陷，治疗肿瘤，甚至是延长寿命；此外它在提高牲畜业产量，以及保存濒临灭绝的野生动物等方面也具有广阔的应用空间。近几十年来，生殖干细胞领域增添了大量惊人的新发现。随着实验技术的爆炸式发展，包括细胞纯化方案的改进、对生物体遗传学操作的日益便利、活细胞成像技术的优化及超高分辨率显微技术的实现等，在生物活体中鉴定并研究 GSC 及其衍生的生殖细胞系正变得比以往更可行且便利。

在本章中，我们将以线虫、果蝇和小鼠等模式动物的生殖系统为模型，具体从以下几个方面阐释当代 GSC 领域的发现与挑战：生殖腺如何形成及 GSC 的起源；干细胞微环境及生殖细胞与体细胞之间的密切互动；GSC 的非对称分裂及其调控机制；GSC 对于寿命调节的作用。重要的是，虽然这里的关注点是 GSC，但本章中介绍的许多干细胞行为（如非对称细胞分裂）及其分子调控机制（如干细胞微环境）等都能适用于其他不同类型的成体干细胞。希望能通过本章的内容为读者提供一些关于生殖干细胞生物学的基础认知，以及对于不同种类干细胞之间普遍共性的理解。这对于干细胞治疗和再生医学未来的研究与应用、人口政策的规划与制定、濒危物种的保存与繁衍等各种运用场景都具有重要借鉴及参考价值。

4.1 早期生殖细胞的特化与生殖腺的形成

如前所述，有性繁殖生物个体的发育都是由两个配子（一个卵子和一个精子）融合形成的受精卵开始的。而为了保证物种的繁衍，生物个体在早期胚胎发育以及成年期间，最重要的生命活动之一就是产生并维护生殖细胞，并由此分化形成新的配子。这些高度分化的配子包含了该物种向下一代传递的所有遗传信息，为物种的繁殖与进化提供了物质保障。卵子和精子这两种截然不同的终末分化细胞，以独特的方式将各自携带的基因组以重编程的方式进行基因组重建，融合产生一个具有发育全能性的受精卵，反过来创造一个新的生命。所以，从这个角度来说，生命是一个周而复始的奇特循环：受精卵发育形成生物个体；生物个体的生殖细胞经历高度分化，形成配子；两性配子发生融合及剧烈的重编程，成为具有发育全能性的受精卵，开启了下一代的生命周期。

尽管生物个体最终都将面临死亡，但其生殖细胞却有可能参与形成一个新的个体，从而将生命的脉络传递给下一代。由于生殖细胞承担了物种延续的关键角色，在有性繁殖生物中，生殖细胞的特化、生殖腺（gonad）的形成，以及配子的分化（卵子发生/精子发生），都遵循了类似的基本分子机制，具有高度的保守性。其中，原始生殖细胞（primordial germ cell，PGC）是所有生殖细胞的祖先，而且拥有独特的发育全能性。换言之，包括 GSC 在内的所有生殖细胞都源于 PGC。作为胚胎发育过程中最早特化形成的细胞之一，PGC 形成于生殖腺形成之前，并且参与了生殖腺的整个发育过程，最后迁入并定居其中。

生殖腺的形态发生、生殖细胞的发育及配子的形成，基本上每一步都涉及生殖细胞与特化的体细胞之间的相互作用。生殖细胞的形成发生在胚胎生成的早期。有意思的是，它们通常远离发育中的生殖腺。为了与构成生殖腺的体细胞接触，生殖细胞会穿越多个胚胎中的其他组织，向生殖腺进行定向迁移。一旦生殖细胞与生殖腺的体细胞相互接触、识别，则生殖腺的形成将正式启动，这一过程将伴随着生殖细胞及体细胞剧烈的形态变化。之后，在发育成熟的生殖腺中，PGC 转变为 GSC，并通过非对称细胞分裂（asymmetric cell division，ACD）维持自我更新及分化产生生殖祖细胞（精祖/卵祖细胞），后者则沿着分化的道路在生物体的整个生殖周期内持续地产生精子或卵子。如果生殖细胞-体细胞之间的这种相互作用受到破坏，将导致生物体繁殖力下降甚至不育。最近几十年的研究揭示了许多体细胞影响和调节生殖细胞正常发育的机制，反之亦然，一些生殖细胞亦会对相应的体细胞及其微环境产生反馈。

4.1.1　PGC 的命运特化

PGC 是生物生殖系统的源祖细胞，是从 GSC 到配子（精子/卵子）的共同起源，具有维持发育全能性的独特能力。PGC 的特化是胚胎发育过程中的关键节点。PGC 的特化发生在生殖腺外，并在早期胚胎发育过程中迁移到生殖腺中，是最早的、可识别的生殖前体细胞。在 20 世纪早期到中叶，胚胎学家基于形态特征识别 PGC，比如它们突出的核仁和较大的细胞体积。1954 年，Chiquoine 等首次使用 AP 染色来鉴定小鼠 PGC，这与先前使用的形态学标准比较起来有着显著进步，PGC 一个显著特征就是胞膜的碱性磷酸酶（alkaline phosphatase，AP）活性相比周边其他细胞明显较高[1]。尽管 PGC 中高 AP 活性的生物学意义仍不清楚，但它似乎是非常保守的现象，不仅标记了小鼠 PGC，包括大鼠[2]、绵羊[3]、奶牛[4]、猪[5]和人类[6]在内的多物种的 PGC 都有高 AP 活性（除了山羊 PGC 例外，其 AP 活性较低[7]）。

大部分低等生物的 PGC 都起源于一群含有"种质"（germ plasm 或 pole plasm）的特殊细胞群体，包括秀丽隐杆线虫（*Caenorhabditis elegans*）、果蝇（*Drosophila melanogaster*）、非洲爪蟾（*Xenopus laevis*）、斑马鱼（*Zebra danio*）等在内的各模式动物皆是如此[8~10]。种质被认为是一种含有"生殖细胞决定因子"（germ cell determinant）的特殊细胞质，其内容物是通过母源性细胞质遗传的方式获得的。以果蝇为例，其 PGC 源于极细胞（pole cell）。在卵子发生过程中，各种种质组分被合成并沉积在卵子的后极（posterior pole）区域。由于受精卵形成后最早期的几轮有丝分裂只进行细胞核的分裂，并不完成胞质分裂（cytokinesis）。因此，发育初期的胚胎是以"合胞体"（syncytium）的形式存在的。在这其中，有约 10 个细胞随着发育进程迁移到胚胎的后极，并将种质囊括到它们的质膜内。随后，合胞体胚胎发生第一次"细胞化"（cellularization）事件（即完成胞质分离），而种质也被这 10 个细胞独占，且形成一个完全独立于胚胎内的其他细胞的群体。随后，这些细胞将继续进行一次或两次有丝分裂，最后停滞在有丝分裂 G_2 期，使得胚胎后部形成一个约 40 个细胞的群体[11,12]。这群细胞即是极细胞，它们将进一步发育形成未来的 PGC。Illmensee 和 Mahowald 等人曾在 1974 年做过一个异位移植实验，他们将种质移植到了胚胎前部，由此产生了异位的"PGC"；而如果把这群异位细胞再次移植回生殖腺时，它们仍具有分化为生殖细胞的能力[13]，这证明种质的存在能决定细胞成为生殖细胞的命运。

1. 低等动物

作为一种独特的细胞质，果蝇的种质主要由线粒体聚集体、电子致密的纤维状 RNA/蛋白质聚集体，以及"极粒"（polar granules）构成。通过遗传缺失筛选，人们发现了种质的许多重要成员。其中有些成员的缺失会导致果蝇胚胎出现致死表型，这也充分说明了种质在 PGC 形成过程中的关键作用。研究证明，种质的各个组分对果蝇 PGC 形成和发育都至关重要，除少数例外，编码种质成分的基因的母源性纯合突变都会造成"无孙表型"（grandchild less phenotype），即它们的后代会出现生殖细胞形成障碍。其中，Vasa 和 Nanos 是种质的两种必需成分，它们的同源物存在于从线虫到哺乳动物的各种生殖细胞中[9]。Vasa 和 Nanos 两者都以生殖细胞特异性 RNA 的转录调控因子的方式发挥功能。尽管目前它们下游的具体靶点还不明确，但推测它们能帮助 PGC 创造其独有的发育"全能"状态。此外，Nanos 还被归类为一种必需的后部形态发生素（morphogen），它对于种质在胚胎后部的稳定定位至关重要。

种质的另一个核心组分——极性颗粒是一种富含核糖体的大型复合物，其内含有大量母源性合成的 RNA 和蛋白质[14,15]。极性颗粒会以不同的形式存在于整个生殖细胞分化和发育过程中，并且类似的结构存在于各类其他物种中，具有跨越物种的保守性，如在线虫中被称为"P 颗粒"（posterior granules）、在非洲爪蟾中被称为生殖粒（germinal granules）[9]。早在果蝇的卵子发生过程中（受精前），极性颗粒的各种组分就已经被合成储备了：通过一种叫环沟（ring canal）的细胞结构，发育中的卵子和营养细胞（nurse cell）的细胞质互相联通。而极性颗粒的主要成分就是由营养细胞生产，并经由环沟进入发育中的卵子。构成极性颗粒的各组分间存在某种组织有序的层级关系。在卵子发生过程中，它们中的许多成员都被输送到卵子的后极，并按照一定的顺序进行组装，形成极性颗粒。其中，Oskar（Osk）是极性颗粒形成的核心，它能进一步募集包括 Vasa 和 Tudor 等在内的其他成员，进而启动极性颗粒的装配[16]。实验发现，如果将 Oskar 异位移动到果蝇胚胎的前部，它能够招募胞质中其他的极性颗粒组分一起定位到胚胎前部，这说明 Oskar 对于极性颗粒的组装是充分且必要的。从功能上来讲，极性颗粒被认为参与了母源性 mRNA 的翻译调节，而这对于 PGC 的命运特化及早期生殖细胞的活动都是必需的。值得注意的是，极性颗粒与"核周粒"（perinuclear nuage，一种生殖细胞核孔附近特有的电子致密的核糖核蛋白）共享了一些组分（包括 Vasa 和 Aubergine 等）。这些核外细胞器是生殖细胞的共同特征，它们可能是生殖细胞特异性翻译调控及信使核糖核蛋白（messenger ribonucleoprotein，mRNP）合成的场所。

除上述之外，还有一类种质成员只对生殖细胞发育特异地产生影响，但不涉及对体细胞发育的影响。这包括了 gcl/pgc 等 RNA 以及 RNA 结合蛋白 Piwi（P-element induced wimpy testis）。它们主要通过 RNA 干扰方式使得特定基因的表达发生沉默，从而参与PGC 形成的调控[17,18]。如果减少母源性 Piwi 的含量，抑或是抑制细胞的 RNA 干扰（RNA interference）能力，如降低 RNA 诱导沉默复合物（RNA-induced silencing complex，RISC）成员 Dicer1 或是脆性 X 智力低下蛋白（Fragile X mental retardation protein，FMRP），会造成极细胞数量明显减少，但却不会影响胚胎后部区域其他体细胞的正常发育[18]。由此可见，种质中的 Piwi 及 microRNA 机器的其他成员可能通过 microRNA 介导的转录后调控机制来调节生殖系细胞的命运决定。此外，在日后的生物成体内，它们还参与了 GSC 自我更新、非对称分裂等细胞活动的调控[19-21]。

2. 高等哺乳动物

高等哺乳动物和果蝇在 PGC 特化过程中有许多相似之处，但又有着明显的不同。通过 AP 染色的方法，能从发育时期为胚龄（embryonic day，E）E6 的小鼠胚胎中鉴别出 PGC，并能够在原肠运动期间追踪它们位置的动态变化[22]。小鼠 PGC 发源于原肠胚形成期间的近端外胚层（或原肠胚）[22-24]。谱系追踪（lineage tracing）实验表明，近端外胚层细胞经由胚胎的后原条（primitive streak）迁移进入胚外中胚层（extraembryonic mesoderm）[25]。这种前体细胞群大约有 45 个细胞，而且其细胞命运并不局限于生殖系，因为这些细胞也可分化为尿囊及其他胚外中胚层的各种细胞。现代基因技术出现后，在 E6.25 的外胚层中可追溯到一些 Blimp1 阳性细胞，它们被认为是早期 PGC[26,27]。在发育阶段为中原条期的小鼠胚外中胚层里，可以观察到 PGC 位于原条的后部。此后，它们在发育中尿囊基部的胚外中胚层中发现，然后在发育中的后肠内胚层中发现[22]。从 E8 开始，它们出现在尿囊和卵黄囊中胚层及原条的尾端[1]，这与人类胚胎中 PGC 最早出现的位置相同。

哺乳动物（包括小鼠等大多数哺乳动物）生殖细胞需要细胞外信号参与生殖细胞特化。尽管果蝇种质中的 Vasa 和 Nanos 等蛋白质在小鼠中都具有同源物，而且它们也的确是生殖细胞分化所必需的，但在小鼠生殖细胞内至今还没有发现其继承了母源性种质的证据[28]。因为在生殖腺形成并定植前，小鼠的生殖细胞内并没有检测到 Vasa 和 Nanos 的表达，这说明它们不是 PGC 形成所必需的[29,30]。相反，小鼠 PGC 的发生过程更多地依赖于体细胞的参与，包括了诱导、调节等诸多环节。最近的谱系追踪实验表明，整个生殖细胞系的建立至少需要三个初始 PGC[31]。

小鼠 PGC 特化的一个关键因素是其与胚外外胚层（extraembryonic ectoderm，ExEE，一种直接与胚外中胚层区域相邻的组织）的接近程度。一般认为，生殖细胞的谱系决定首次发生于亲代交配后（days post coitum，dpc）的约 7.2 天。而在此之前，如果将这些近端外胚层细胞移植到更远端的胚胎区域，将使其向体细胞命运方向分化。此外，如果在 7 dpc 之前将通常会成为神经外胚层的远端外胚层细胞移植到近端的区域，它们则会分化成为生殖细胞。这些实验表明，来自周边体细胞组织的信号对于生殖细胞命运决定起了重大作用[24]。研究表明，ExEE 中的骨形态发生蛋白（bone morphogenetic protein，BMP）是调节生殖系形成所必需。作为 TGF-β 超家族的成员，BMP 以细胞间信号转导分子的方式参与了胚胎发生过程中的许多细胞命运决定过程。具体而言，在生殖细胞决定之前就有 Bmp4 在 ExEE 中表达，其可能与一种称为 Bmp8b 的配体一起作用，诱导了 PGC 命运决定的发生[32]。如果缺失 Bmp4 活性，则嵌合动物无法产生生殖细胞[33]。然而值得注意的是，只有一小部分外胚层细胞在暴露于来自 ExEE 的 BMP 信号时分化为生殖细胞，这表明：①BMP4/8b 信号只是使前体细胞群体敏感化；②需要有未知的其他信号一起参与，来共同诱导 PGC 的特化 [32]。

4.1.2 PGC 的迁移与生殖腺的形成

从线虫到人类的胚胎发育过程中，PGC 和由体细胞构成的生殖腺一般产生于胚胎的不同位置。因此，大多数物种的 PGC 都必须通过细胞迁移（cell migration）最终到达生殖腺，并最后定植于其中。上一节中讲到，虽然只有哺乳动物的 PGC 需要来自体细胞的胞外信号来帮助其完成特化，但是 PGC 迁移到生殖腺的过程需要体细胞的信号指导则是普遍现象。在其旅程的每个步骤，PGC 都会接收来自体细胞的指令。当然，这并不意味着可以忽略 PGC 自身在迁徙中的作用；它们积极主动地侵入不同体细胞组织，接收并响应其指导信号，并与沿途的其他支持单元互动。PGC 迁移到生殖腺的路径在果蝇和小鼠中非常相似，近年的研究揭示了一些 PGC 迁移所需的分子机制。

PGC 的迁移是由多种遗传调控机制控制，涉及多个不连续步骤的过程 [34-36]（图 4-1）。以果蝇为例，PGC 在胚胎的后极完成特化后（见 4.1.1 节 "1. 低等动物"），它们就会黏附在一群将发育为中肠的体细胞上。等到了原肠运动时期，原始中肠（primordial midgut，PMG）的间叶原基（anlagen）会在胚带（germband）扩展过程中内陷，PGC 也随之被卷到胚胎的内侧。一旦进入胚胎，PGC 开始主动迁移，展示出迁移细胞特征性的膜皱褶和丝状伪足。迁移的 PGC 使用伪足与基板接触，并保持彼此间的联系，同时用伪足对中肠上皮细胞间的缝隙进行试探。一旦发现细胞间的缝隙，PGC 就会奋力挤入，来到肠道的另一侧 [37,38]。虽然 PGC 自身具有完全自主的细胞迁移能力，但它们能否离开中肠受到邻近体细胞的调控。如果 PMG 因突变导致发育错误成为后肠，则会造成 PGC 在肠道中被困，尽管此时它们仍显示出迁移细胞所特有的形态特征 [39,40]。这说明来自 PMG 细胞的信号是 PGC 穿过 PMG 上皮细胞的前提条件。此外，PGC 自身也表达与邻近细胞进行信号转导的分子，如属于 G 蛋白偶联受体（G protein-coupled receptor，GPCR）家族的 tre 1（trapped in endoderm-1）是其迁移出肠道所必需的。作为对体细胞分泌信号的反应，tre1 可能通过 GTP 酶 Rho1 介导了 PGC 内细胞骨架发生形态变化，从而使其能够穿越中肠上皮细胞间的缝隙 [41]。tre-1 mRNA 来源于母源性胞质遗传，但是该受体的配体尚未确定。

经过中肠后，PGC 继续向胚胎背部移动，沿着肠道，朝向上腹侧的中胚层排列。这个过程需要来自 PMG 腹侧区域细胞所产生的两个高度同源的基因产物参与，它们是 wunen（wun）和 wunen-2（wun-2）。wun 和 wun-2 编码了两种具有相似功能的磷脂磷酸酶 2α（phosphatidic acid phosphatase 2α）及同源物，在 PGC 迁徙路线的侧翼共同表达。它们被认为是一种排斥性因子，即通过合成脂质驱逐剂或破坏脂质诱导剂的方式，驱动 PGC 向背侧中胚层移动。在 *wun* 突变体中，PGC 能够迁移出中肠，但它们会最终扩散到整个肠道的表面，而并不能使自己朝向正在发育的体细胞生殖腺方向迁移。如果在中胚层异位表达 WUN 蛋白，则可阻止 PGC 进入这个组织，暗示 WUN 抑制了中胚层对 PGC 的吸引信号 [10,42,43]。

完成沿肠道正确定向后，PGC 通过尾部脏壁中胚层（caudal visceral mesoderm，CVM）进入中胚层侧面。在这里，它们分成两组，各自横向移动并远离中线，朝着正在发育的生殖腺继续前进。其中 CVM 和外侧中胚层的正确发育是 PGC 进入中胚层的前提条件 [39,44-47]。

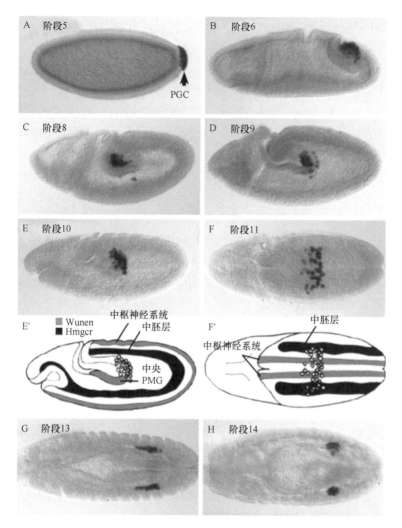

图 4-1 果蝇胚胎发育早期的 PGC 迁移过程

进入中胚层后，PGC 被进一步引导到起源于背侧中胚层的生殖腺前体细胞处（somatic gonadal precursors，SGP）。在此处，PGC 开始与 SGP 互动，并逐渐失去其迁移细胞的形态特征[37]，两者最终合并，在双侧形成小型细胞群，每个包括大约 12 个 PGC 和 30 个 SGP。这些小细胞群会进一步聚合，最终形成一个质密的球形生殖腺。SGP 的一个分子特征是表达 LacZ 或核蛋白 Eya（Eyes Absent）以及 Zfh-1。在 *eya* 或 *tinman*（*tin*）突变体内，由于 SGP 的形成有缺陷，PGC 会停止与生殖腺体细胞互动，导致 PGC 最终散布在整个中胚层中[45,48]。

除了上述 Wunen 所代表的驱离性信号外，SGP 会另外产生一些引导性信号来吸引 PGC 向其迁移，其中包括多种脂质代谢酶，如 3-羟基-3-甲基戊二酰辅酶 A 还原酶（HMG-CoA reductase，HMGCR）及 Hedgehog 信号通路（Hh）的分子成员。两者在 SGP 中都被高水平表达，其中 HMGCR 由 *columbus*（*clb*）基因编码，它的代谢产物类异戊二烯，能附着在各种蛋白质上，研究证实这种被脂质修饰的蛋白质是引导 PGC 迁移的重要诱剂[49]。

另一方面，Hh 信号也会被 HMGCR 产生的修饰强化，为 PGC 提供了一种特异性识别由 SGP 所产生的 Hh 的机制[50,51]。Hh 或 Hmgcr 的局部过表达足以改变 PGC 的迁移路径，如异位表达 clb 会导致 PGC 迁移到 SGP 以外的组织中，表明其对 PGC 强烈的引诱效果是至关重要的[52]。

与果蝇类似，小鼠 PGC 迁移在很大程度上取决于来自体细胞的指导性信号。小鼠 PGC 最初定位在胚胎外邻近内胚层的区域。到 8.5 dpc 时，内胚层开始内陷形成后肠，PGC 被动地卷入胚胎内部。然后它们迁移出后肠，并沿着背部肠系膜移动。一旦离开后肠，PGC 就会延伸向彼此，并在迁移时形成一个网络结构[53]。在大约 11.5 dpc，PGC 分裂成两组，侧向迁移进入发育中的生殖腺（或称生殖脊，genital ridge）。类似于果蝇生殖腺，生殖脊也会发出一些化学分子作为引诱物来引导 PGC 迁到生殖腺。如果将 PGC 与解剖出的生殖脊一起在体外培养，PGC 会趋向它们运动[54,55]。在整个迁移过程中，PGC 经历了不断地增殖，从大约 100 个细胞增加到 13.5 dpc 时的 25 000~30 000 个细胞[56]。

小鼠 PGC 迁移所需信号中最著名的是 c-kit 受体介导的酪氨酸激酶通路[57-59]。迁移中的 PGC 在其细胞表面表达 c-KIT 受体。而 PGC 迁移途径中的体细胞表达其配体——干细胞因子（stem cell factor，Sf）。实验发现发育中生殖腺的 Sf 的 RNA 丰度最高，说明 Sf 通过其蛋白浓度梯度将迁移中的 PGC 吸引到生殖脊[60]。另一方面，编码 c-KIT 或 Sf 的基因突变会导致胚胎的生殖腺内生殖细胞的显著减少。在这些突变体中，PGC 不会增殖，并过早出现在胚胎内异位部位且形成聚集[61]。另一个重要信号是由壁间质和生殖脊表达分泌的小鼠趋化因子同源物 SDF-1（stromal cell-derived factor 1）。其受体 CXCR4 是在 PGC 内表达的 G 蛋白偶联受体（与果蝇中的 tre1 同源）。与 tre1 不同的是，SDF-1/CXCR4 不是 PGC 迁移通过内胚层壁所必需的，而是引导了它们由肠系膜到生殖器脊的路程[62]。

除上述体细胞分泌的信号分子外，细胞黏附分子在其迁移中也发挥了重要作用。PGC 与 SGP 的交融过程，依赖于 E-钙黏着蛋白（E-cadherin）和 Fear-of-Intimacy（一种跨膜蛋白）介导的细胞黏附功能[63,64]。在此期间，PGC 已经失去伪足，变为一种圆形且缺乏细胞伸展能力的形态。相比之下，SGP 的细胞质向外延伸，与 PGC 和其他 SGP 进行接触。由 tj（traffic jam，也称为 dMaf）编码的 Maf 家族转录因子是生殖腺合并后调节形态发生运动的关键因子[65]。SGP 和与生殖细胞接触的体细胞（发育后期阶段）能特异性地表达 Tj 蛋白。在 tj 突变体中，SGP 能正常形成，但无法与 PGC 融合。这会导致形成小的、无序的生殖腺并造成不育。Tj 参与调节如 E-cadherin、Fasciclin 3（Fas3）和 Neurotactin 等多种细胞黏附分子的表达[65,66]。

值得注意的是，PGC 细胞内表达的黏附分子类型在其迁移的不同阶段都不尽相同[67,68]。例如，PGC 在离开后肠之后，开始表达 E-钙黏着蛋白。E-钙黏着蛋白能促进 PGC 之间的接触，而且在迁移过程中，这种同类接触是必需的[53]。同时，E-钙黏着蛋白也介导了生殖细胞-体细胞接触。如果阻断 E-钙黏着蛋白的功能，则会破坏 PGC 的迁移能力，最终造成到达生殖脊的 PGC 大幅减少。而且即便到达了生殖脊，它们也不能与生殖腺体细胞适当合并[68,69]。

此外，PGC 还表达一些整合素（integrin）用于附着细胞外基质（extracellular matrix，

ECM）蛋白，如 10~12.5dpc 的 PGC 表达 β1 整合素亚基，使其能与 ECM 中的层粘连蛋白（laminin）相互作用。在 β1 整合素的嵌合体突变中，PGC 的迁移被阻滞在肠内胚层，无法完成生殖脊定植，表明 β1 整合素在 PGC 通过 ECM 自主迁移的过程中是必需的[70]。有意思的是，体外实验发现 c-KIT/Sf 信号也能影响 PGC 与包括生殖腺体细胞在内的许多不同类型体细胞间的黏附，并抑制其发生凋亡[71,72]。可以推测，体内环境下，c-KIT/Sf 可能通过增强 PGC 与体细胞的黏附，促进两类细胞之间的信号转导，从而促进了体内 PGC 的存活和增殖。

综上所述，生殖腺的发育涉及两个不同谱系的前体细胞的互相协调，即来源于中胚层的 SGP 和从原始胚胎后极迁移而来的 PGC。例如，前述的小鼠 PGC 穿越了后肠及其肠系膜，沿着从卵黄囊到生殖脊进行了宏大的迁移。如同在高速公路上长途旅行的汽车，PGC 一路上不停地根据来自沿途体细胞提供的指导来切换行进路线：在 E8.5，PGC 进入发育中的后肠，并在那里停留到 E9、E10 时，它们进入生殖器脊，并且在 E11 完成迁移。到 E12.5，生殖腺特异性分子表达明显上升，这代表了生殖腺的发生基本完成[73]。PGC 经历迁移步骤并最终定植于生殖腺，一旦进入生殖腺，PGC 将从暂停的有丝分裂中被释放出来，再次进入细胞周期[12]。而这一群定植于生殖腺的 PGC 也由此转变为生殖干细胞——GSC，拉开了生产配子开启新生命旅程的序幕。

4.2 微环境对生殖干细胞命运的调控

上一节里，我们介绍了在胚胎发育期间，PGC 如何与体细胞相互识别，形成联系，并进一步协调产生功能性器官——生殖腺。接下来，在生物成体中，为达到既维持 GSC 总数的动态平衡，又能为产生配子提供细胞基础的目的，雄性和雌性生殖腺（睾丸和卵巢）中的 GSC 面临的两个最重要的任务就是自我更新（self-renewal）和分化（differentiation）。

本节的内容将聚焦在生殖腺干细胞微环境对于 GSC 种群的维持，以及指导其分化产生配子的重要调控作用。在此，我们主要以果蝇雄性和雌性生殖系统为模型，介绍生殖干细胞微环境在性腺中如何精确构成；GSC 与其干细胞微环境如何互动；经典的信号通路如何参与调节 GSC 自我更新和分化。需要注意的是，从这些模式动物中所得到的结论往往具有普遍意义，可以作为范例适用于不同物种的许多其他成体干细胞系统。

4.2.1 干细胞微环境假说

在生物的整个寿命期间，干细胞具有连续产生自我更新的独特能力。研究干细胞维持的调控机制是基础生物学和再生医学的核心课题之一，而在 20 世纪 70 年代后期提出的干细胞微环境假说，极大地促进了人们对此问题的理解。干细胞微环境的提出最早源于一种干细胞特有的细胞表型：许多成体干细胞[包括 GSC、造血干细胞（hematopoietic stem cell，HSC）、表皮、肠上皮及神经系统等]在离开其正常细胞环境后，失去了持续自我更新的能力；此外，不同的信号环境可以直接影响其子代细胞，使其产生不同的命运。人们将干细胞所处的特定微环境称为"干细胞微环境"，并认为干细胞微环境对维持干细胞总数的动态平衡起到了关键的调控作用。

根据现有发育生物学理论，主要有两种经典机制参与调控了干细胞的命运决定，使其能自我更新，或沿着不同方向进行分化，从而产生谱系（lineages）的多样性：①细胞分裂时，控制纺锤体赤道板平面的方向，使产生的两个子细胞分别置于不同的干细胞微环境（stem cell niche）中；②将母细胞内的细胞命运决定因子（cell fate determinants）进行非均质地分布，使得两个子细胞差异继承母细胞胞质内容物，从而走向不同的命运。其中，第一种策略依赖于来自干细胞所处细胞外微环境的信号，第二种策略则依赖于细胞内部信号的转导。需要指出的是，这两种机制并非是互斥的，其实在现实情况下，干细胞往往会同时使用这两种策略，以确保子细胞做出正确的命运决定。换言之，干细胞的自我更新和分化之间的平衡，是由细胞所处外部微环境的信号，以及细胞内在因素共同作用、协同调节的结果。

识别干细胞微环境的特征取决于我们在体内鉴定干细胞的能力。随着实验技术的发展，尤其是活体成像技术的完善，越来越多的成体干细胞及其微环境被人们所认知。通过对不同物种的不同成体干细胞系统的比较，包括生殖系统、造血系统等，越来越多的证据表明干细胞与其支持微环境之间相互作用的分子机制存在普遍的共同特征。干细胞微环境的概念有两个核心：①微环境的内部空间是有限的；②干细胞自我更新依赖由微环境产生的信号，且信号覆盖范围也是有限的。这样的话，如果干细胞分裂产生的子细胞处在微环境作用空间之外，由于缺乏自我更新的信号，它将进入分化。反之，如果微环境内的空间能容纳两个子细胞，则它们都可以保留干细胞身份（即自我更新）。由此，干细胞微环境的定义其实就是对干细胞及其周围支持细胞的空间位置的精确鉴定。

果蝇的雄性和雌性 GSC 系统为深入研究干细胞微环境如何调控干细胞行为提供了重要模型基础。构成果蝇雌性 GSC 微环境的第一个分子成员在 1998 年被确定。通过利用一个表型为 GSC 丢失率增加的果蝇突变系，Xie 和 Spradling 等人证明了生物体内功能性 GSC 微环境的存在。在该突变体的卵巢里，他们观察到干细胞微环境内因 GSC 丢失而空缺出的空间会被邻近的 GSC 通过对称分裂方式（GSC 一般只进行非对称分裂，产生一个新干细胞和一个分化细胞。下节详述）快速填充[74]。

从那时起，人们对微环境成员的鉴定、微环境如何维持干细胞的理解不断发展。此后，利用果蝇独特的克隆标记实验（clonal marking experiment），人们已经分别在果蝇雄性和雌性生殖腺[睾丸（testis）和卵巢（ovary）]中将 GSC 进行精确的原位鉴定。人们发现一旦干细胞微环境建立起来，它就会成为指导 GSC 维持自我更新的信号中心。在此基础上建立起来的模型使研究这些干细胞与其周围微环境之间的关系成为可能。目前关于干细胞微环境的知识很多都来自于对果蝇生殖干细胞模型的研究，从中总结出的一些分子机制同样适用于不同物种的许多其他成体干细胞系统。

4.2.2 生殖干细胞微环境的构成

果蝇生殖干细胞微环境位于其生殖腺（卵巢/睾丸）解剖结构的顶端。在此定植了一群体细胞（其中有多种已经脱离了细胞周期，停止分裂），却不断地合成并分泌 GSC 自我更新所必需的信号分子。微环境提供了干细胞充足的增殖和抗凋亡信号，同时又抑制了促分化因子对干细胞的影响。有意思的是，由这群体细胞分泌出的信号，一般只有一个细胞直径距离的有效范围。也就是说，GSC 本身是由"是否与微环境体细胞直接接触"来定义的，即自我更新信号辐射范围内的生殖细胞被称为 GSC，而其范围外的则是进入分化的精原母细胞 GB（gonialblast）。下面我们分别从雄性和雌性两个角度对果蝇 GSC 的微环境构成进行介绍。

1. 雄性性腺及干细胞微环境的构成

每只成年雄性果蝇有两个睾丸，每个睾丸都是一个细长、盘绕的管状结构。管腔内按照分化阶段依序填充着精子发生（spermatogenesis）过程中各时期的细胞。每只雄性果蝇在睾丸的顶端，聚集了一簇"中心细胞"（hub cell），而紧密围绕着它们并与其直接接触的是大约 9 个 GSC，呈现出环状排列[75]。如前所述，正常情况下 GSC 只进行非对称分裂，其有丝分裂纺锤体垂直于 GSC 与中心细胞的接触界面，产生一个新的 GSC 和一个进入分化的 GB 细胞，其中 GB 失去与中心细胞的直接接触，离开微环境并开始走向分化。GB 及其后代经历精准的四轮具有不完全胞质分裂的有丝分裂扩增，产生 16 个细胞质相互连通的精原细胞（spermatogonia）群，随后进入减数分裂，最终会分化成雄性配子——精子[76]（图 4-2）。其中，位于睾丸顶端的体细胞簇——"中心细胞"，是雄性 GSC 微环境的主要体细胞成员，此外包囊干细胞（cyst stem cell，CySC）也扮演了重要的调控角色。

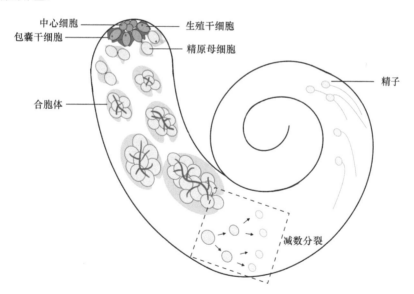

图 4-2 雄性性腺及干细胞微环境的构成

2. 雌性性腺及干细胞微环境的构成

每只成年雌性果蝇有两个卵巢，每个卵巢由 16~18 个卵巢管（ovariole）组成，每个卵巢管最前端都有一个特殊的结构，即生殖室（germarium），它是 GSC 不断分化形成卵子的所在[76]。每个生殖室的最前端有几种特殊细胞，包括被称为末端微丝（terminal filament)的长碟状细胞、帽细胞（cap cell）、内鞘细胞（inner germarial sheath cell）、CySC，以及 2~3 个 GSC[76-78]。在这里，它们一起构成了卵巢 GSC 的微环境（图 4-3），其中帽细胞直接与 GSC 接触，它和其他体细胞一起表达并分泌关键信号分子来调节 GSC 的行为。GSC 通过非对称分裂产生一个新的 GSC 及一个包囊细胞（cystoblast，CB）细胞。与雄性的 GB 细胞类似，CB 细胞经历另外四轮有丝分裂后，产生 16 个细胞质相互连通的 DC 细胞（developing cyst cell）。但所得到的这 16 个 DC 细胞中，只有一个将成为卵母细胞并经历减数分裂；其他的则成为营养细胞（nursing cell），支持正在发育的卵母细胞产生雌性配子——卵子。

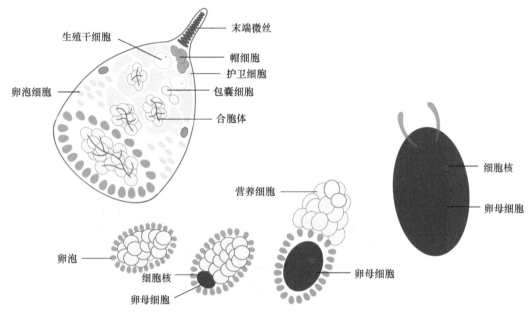

图 4-3　雌性性腺及干细胞微环境的构成

　　虽然雄性和雌性生殖腺及其干细胞微环境在结构上有很大差别，但是其中涉及的分子基础却是相互适用的。GSC 与其微环境中的体细胞之间形成直接的物理接触并协调互动对于 GSC 维持自我更新至关重要。其中细胞黏合连接（adherens junctions）及细胞黏附作用发挥了主要作用，构成了干细胞微环境的基础[79,80]。在雄性和雌性生殖腺中，GSC 都是与底层基底膜或支持细胞之间形成直接接触，将自身锚定在微环境中[其中睾丸内的 "中心细胞"（hub cell）和卵巢内的 "帽细胞"（cap cell）分别是睾丸与卵巢内 GSC 的锚定细胞]。周围起支持作用的体细胞则充当了控制干细胞行为的关键指导信号源，提供如细胞极化的线索（polarity cues），使其按固定的方向排列，并影响有丝分裂时纺锤体的组装，导致分裂后的一个子细胞被挤出微环境作用范围之外，进入有利于分化的环境。因此，根据干细胞微环境假说，微环境生产并传递干细胞自我更新所必需的信号，而干细胞的数量则受到其所在微环境容量的限制，不会无限增殖（防止肿瘤出现）。

　　在 GSC 和相邻的帽细胞/中心细胞之间能观察到细胞黏附连接簇。以雌性果蝇为例，免疫荧光显示，E-钙黏着蛋白的果蝇同源物 Shotgun（Shg）及 β-连环蛋白同源物 Armadillo

（Arm）高度集中在 GSC 和体细胞之间的界面上。这些 E-cad 家族的黏连分子从微环境形成的初始便在帽细胞与 PGC 之间积累，E-Cad 的局部高表达对招募微环境附近的 PGC 进入其中发挥了核心作用（见上一节）。一旦被招募，未分化状态的 PGC 就会由微环境信号继续维持，直到成体期成为 GSC。而其他没有接触到微环境信号的 PGC，则与新产生的 GSC 的子细胞一起，进入分化。如果将 shg 或 arm 从 GSC 中敲除，会导致 GSC 不能被有效募集到卵巢干细胞微环境中；而且即使到达，也无法维持。这表明 E-cadherin 介导的细胞黏附是将 GSC 招募和维持在干细胞微环境中所必需的[80,81]。

此外，介导细胞间小分子转移通讯的间隙连接（gap junctional）也在早期生殖细胞的存活和分化中扮演重要角色。例如，zpg（zero population growth）编码了生殖细胞特异的间隙连接蛋白。在发育中的卵巢里，ZPG 蛋白集中在生殖细胞——体细胞，以及相邻生殖细胞间的界面上。zpg 基因突变导致雄性和雌性早期生殖细胞的丢失[82]，表明通过间隙连接与周围的帽细胞/中心细胞交换信号小分子和营养物，是 GSC 存活并维持在其微环境中所必需的。

4.2.3 调控 GSC 与其微环境互动的经典信号通路

1. 雄性 GSC 微环境的经典信号（JAK-STAT）

在果蝇雄性生殖系统中，Janus 激酶-信号转导和转录激活信号（Janus kinase-signal transducer and activator of transcription，JAK-STAT）是维持 GSC 的主要调控通路。中心细胞表达 Upd（unpaired）蛋白，它是一种配体，作为一种短程信使，UPD 结合到相邻 GSC 表面受体并激活 JAK-STAT 级联信号的下游活动，促进 GSC 进行自我更新[83,84]。Janus 激酶的果蝇同源物由 hop（hopscotch）基因编码，其活动导致磷酸化转录因子 Stat92E（STAT）并转移到细胞核内，激活下游靶基因的转录[85]。携带 hop 或 Stat92E 突变的 GSC 由于 Upd 信号失活，导致其失去自我更新的能力，在第一轮分裂后即开始出现 GSC 的丢失；而且，如果在早期生殖细胞中异位过表达 Upd（Upd 仅在中心细胞中表达），其足以诱导 GSC 过量增殖，形成类似生殖腺肿瘤的表型（睾丸体积急剧扩大，其顶端充斥着数千个类 GSC 和类 GB 细胞）[83,84]。对 Stat92E 纯合突变体的 GSC 进行的嵌合分析（mosaic analysis）证明，Stat92E 的活性在 GSC 的自主更新过程中是不可或缺的。上述这些研究表明，中心细胞通过分泌 Upd 配体来行使微环境功能。UPD 通过激活 GSC 中的 JAK-STAT 信号来促进干细胞自我更新（图 4-4）。

值得注意的是，在雌性生殖腺中，JAK-STAT 对维持 GSC 自我更新的作用并不重要。在帽细胞和护卫细胞（escort cell）中过表达 UPD 虽能促进 GSC 的增殖，但对 GSC 的总体数量并不产生显著影响[86]。但是如果特异性地在 GSC 或护卫细胞中抑制 Stat92E 活性，则会影响卵巢管（ovarioles）前端的生殖室（germarium）的组织结构，导致 GSC 数量减少[86]。这些研究结果揭示了 GSC 微环境里信号网络的复杂性，即微环境的信号会同时影响 GSC 及其他支持性体细胞的行为，而这些支持细胞又会对干细胞增殖和分化施加影响。为进一步了解 JAK-STAT 调控雄性 GSC 命运的机制，需要更多实验来对其信号下游的相关靶基因进行逐一的功能鉴定。

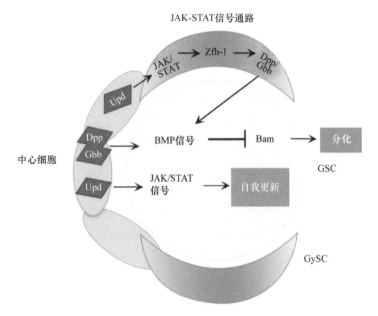

图 4-4　Janus 激酶-信号转导和转录激活信号（JAK-STAT）

2. 雌性 GSC 微环境的经典信号（Dpp & Notch）

在卵巢中，Dpp（decapentaplegic）信号是维持 GSC 自我更新的主要调控机制，其功能类似于雄性生殖腺中的 JAK-STAT 信号。Dpp 是脊椎动物中骨形态发生蛋白 2/4（bone morphogenetic protein 2/4，BMP2/4）的果蝇同源物，主要由帽细胞和内鞘细胞表达，用以激活邻近 GSC 内的 DPP 信号。DPP 能结合并磷酸化 II 型丝氨酸/苏氨酸激酶受体，从而增强 I 型和 II 型丝氨酸/苏氨酸激酶受体间的相互作用。II 型受体进一步激活 I 型受体，并逐级磷酸化其下游的介质（mediator）MAD（mothers against dpp）。MAD 的活化能促进转录因子 Medea（MED）从胞质进入细胞核，从而启动 DPP 信号靶基因的转录表达（图 4-5）。值得注意的是，DPP 信号还能抑制 bam（bag of marbles）的转录 [87,88]，而 Bam 是雌性 GSC 分化为包囊细胞 CB（cystoblast）的决定因子 [89,90]。MAD/MED 能结合在 bam 启动子的转录沉默子上抑制其表达 [87,88,91]。Dpp 信号转导缺陷的 GSC 里 bam 表达增加并导致向 CB 分化；相反，过量的 Dpp 信号可以阻止 bam 转录，阻断卵巢中 GSC 的分化。与雄性中 UPD 过量的表型类似，过表达 Dpp 会导致生殖室膨大并充满类 GSC 细胞 [87,91]。

此外，末端细丝和帽细胞表达的 Piwi 蛋白也在维持雌性 GSC 自我更新中发挥重要作用。在卵巢体细胞中过表达 piwi 会导致 GSC 的数量增加，表明其促进 GSC 自我更新的作用。同时，GSC 也表达 Piwi 蛋白，它似乎能控制其分裂的速率。尽管 Piwi 作用于 GSC 的机制尚未确定，但是 piwi 基因家族涉及 RNA 沉默和翻译调节，在许多生物的干细胞中起着至关重要的调控作用。在果蝇 piwi 突变体中，第三龄幼虫阶段（3rd instar larval stage）的卵巢含有正常数量的原始生殖细胞（PGC），但到了成虫阶段，卵巢中仅含有少数分化的生殖细胞。

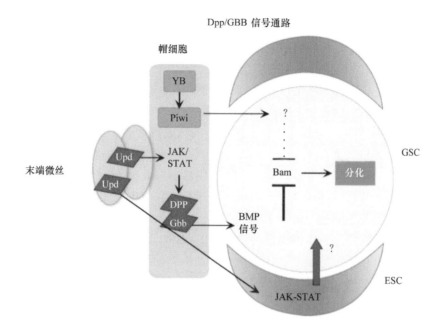

图 4-5 Dpp & Notch

　　有意思的是，除了微环境能指导 GSC 进行自我更新外，GSC 也会产生一些反馈信号来调节微环境细胞的活动。其中最有代表性的便是 Notch 信号。Notch 信号代表了一种雌性 GSC 负向调节其微环境内体细胞的反馈机制。Notch 及其配体 Delta 和 Serrate 都是具有细胞外 EGF 样重复序列的大跨膜蛋白[92]。与其他信号通路相比，Notch 的运作方式更为直接：被配体激活后，Notch 的胞内结构域会从膜上被释放入胞质，并进入细胞核。在细胞核中，它与 DNA 结合蛋白 Su（H）（suppressor of hairless）相互作用，以激活包括 E（spl）-C（enhancer of split complex C）在内的靶基因的表达。虽然 Notch 和 Su（H）不是 GSC 所必需的，但是带有 Notch 配体（Delta 或 Serrate）突变的 GSC 则不能在微环境中被长期维持。这表明 GSC 通过分泌 Notch 配体将信号反馈给微环境里的其他细胞，以此调控它们的行为，反过来再帮助 GSC 维持其干细胞命运[93]。例如，雌性 GSC 的 Delta 信号的目标之一就是帽细胞。在生殖细胞内过表达 Delta 能诱导生殖室前端的帽细胞数量增加近十倍[93]。反过来，帽细胞数量的上升又增加了干细胞微环境的容量，导致更多细胞出现了 GSC 特异的分子特征，如 pMAD 水平的增加。这些结果说明微环境和 GSC 之间的信息流不是单向的，从 GSC 发出的信号同样会影响其微环境内其他体细胞的行为。此外，护卫干细胞（escort stem cell）也可能是 GSC 的 Delta 信号的靶标，因此，为了描绘微环境和 GSC 之间更精细的细胞信号网络模型，需要更进一步的研究工作。

　　综上所述，干细胞微环境是调控存在其中的干细胞命运决定的关键，而对于每种类型的干细胞，其相应干细胞微环境内的具体信号可能是不同的。在果蝇睾丸和卵巢中，GSC 与周围的体细胞紧密接触，雄性中心细胞群和雌性帽细胞等各类体细胞在此充当了生殖干细胞的微环境实体。这些体细胞提供给 GSC 关键的维持信号或是自我更新信号，从而构成了 GSC 的微环境。来自微环境的短程信号通过维持 GSC 的未分化状态调控了干细胞的命运。基于细胞所处的空间位置，GSC 通过细胞间的紧密连接，与微环境体细胞黏着在一起；而微环境空间外的细胞由于没有接收到信号，将会进入分化。在雄性中，中心细胞表达细胞因子样配体 Upd，激活干细胞中 Janus 激酶信号通路，最终激活下游转录因子启动关键基因的表达（JAK-STAT 通路）；而在雌性中，干细胞的命运依赖于由帽细胞发出的 BMP 信号。虽然在干细胞微环境的构成及主要信号通路等方面各不相同，但是雄性和雌性 GSC 微环境具有许多共同的特征，包括各类细胞的排列模式、涉及的许多基因，以及如何维持干细胞命运的生物学逻辑等。鉴于异位激活微环境信号通路常会诱导产生"类干细胞"样肿瘤，干细胞的命运很大程度上依赖于来自微环境的信号，即构成干细胞微环境的细胞分泌因子起到指导干细胞命运决定的关键作用。

事实上，在果蝇生殖腺中偶尔能观察到 GB（GSC 的直接子细胞）反向"迂回"干细胞微环境，并重新获得 GSC 的特征[94]。例如，在果蝇卵巢中，如果在分化初期的子细胞（cystoblast，CB 细胞）中重新激活 Dpp 信号，它们已出现的有限分化可以被逆转，重新成为干细胞并回到微环境中。反之，Dpp 信号的丢失造成 GSC 向 CB 分化[95]。类似地，处于早期分化阶段的 GB 能够对 JAK-STAT 信号做出响应，重新返回微环境内与中心细胞发生直接接触并逆转回 GSC 状态[96]。在此情况下，GSC 的有丝分裂纺锤体会重新定向，使其平行于 GSC 与帽细胞的接触界面（正常情况下应垂直于该界面），并继续沿此方向分开，使产生的两个子细胞都能与帽细胞直接接触，且都保持干细胞特征。这些例子充分表明没有主导细胞固有的命运决定因素使 GB 成为 GB（或 GSC 和 GSC）。这说明 GSC 微环境可以将细胞命运编程，以确保其作用范围内的细胞维持干细胞命运。

尽管微环境起到了非常关键的调控作用，但在干细胞分裂期间，已经观察到许多细胞组分的不对称分配，如在果蝇 GSC、成神经细胞（neuroblast）及秀丽隐杆线虫的受精卵中观察到的那样[97,98]。这提示细胞内还有诸多重要但命运决定因子以不对称分配的方式参与干细胞本身命运（自我更新或分化）的调控。事实上，包括果蝇雄性和雌性 GSC 在内的多种干细胞都会以细胞命运意义上的"不对称"方式进行分裂，产生一个子代干细胞和一个进入分化的细胞（下一节详述）。而且恰好的是，干细胞的这种非对称分裂与其空间方位紧密关联，其中一个子细胞将留在干细胞微环境内部，维持干细胞特征；同时，另一个子细胞移到了干细胞微环境的外部，沿着分化之路前进。

4.3 生殖干细胞的非对称分裂

非对称细胞分裂（asymmetric cell division，ACD）是被胚胎干细胞及多种成体干细胞所广泛采用的一种特殊的细胞分裂形式。通过一次 ACD，干细胞将产生两个具有不同细胞命运的子细胞。其中，一个保留干细胞的特性，成为新一代干细胞，以维持干细胞总数的动态平衡；而另一个子细胞则会失去干细胞特性，进入定向分化，为组织的发育提供细胞的物质基础或取代组织中垂死的细胞，修复损伤。由此可见，干细胞通过 ACD 将分裂增殖与分化发育两大基本生理活动相互耦合在一个生物学过程中。需要指出的是，ACD 是一个必须受到极其严格调控的生物学过程（即控制两种不同类型子细胞之间的动态平衡至关重要），因为一旦失衡，就可能会出现干细胞过度增殖或者干细胞丢失两种相反的极端现象，从而会导致威胁人类健康的两类主要疾病：肿瘤发生和组织退化（图 4-6）。

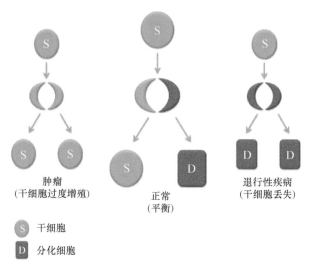

　　干细胞

　　分化细胞

图 4-6　干细胞非对称分裂与人类主要疾病的关系

　　尽管 ACD 在发育和组织稳态中具有绝对的重要性，但是 ACD 的过程及机制远未被完全理解。前文提到，通常情况下，雄性和雌性果蝇 GSC 都以 ACD 的方式进行分裂（图 4-2 和图 4-4），即每个睾丸顶端的 9 个 GSC，都通过 ACD 进行增殖。每次分裂产生一个自我更新的 GSC 和一个进入分化的 GB。同样，每个卵巢管前端的生殖室内，有 2~3 个 GSC 不对称地分裂为自我更新并产生分化的 CB 细胞（见 4.2.2 节 "生殖干细胞微环境的构成"）。在此，通过逐步观察 ACD 期间的分子事件，从外部因素、内在因素，以及表观遗传调控的角度来理解形成 ACD 的过程，以及 ACD 与细胞命运决定的关系。

4.3.1　生殖干细胞的非对称分裂的调控机制

　　上一节中，通过果蝇的 GSC 系统，我们详细介绍了来自干细胞微环境的信号如何指导并调控 GSC 的细胞行为。这些来自外部的信号往往带有同一个目的，即在 GSC 细胞内部产生极性，使其以 ACD 的方式沿确定的轴向进行分裂。所以，人们常以 "外部调控机制"（extrinsic regulation）来统称干细胞微环境对于干细胞 ACD 的影响。相对应的，干细胞内部有一套严密的机制来响应外部的指示，有序高效地在干细胞内部建立起所需的极性，而这套机制被统称为 "内部调控机制"（intrinsic regulation）。外部调控机制与内部调控机制互相呼应，共同协调，使得干细胞的 ACD 能够忠实、有效地被实现（图 4-7）。上节已经详述了主要由微环境主导的外部调控机制（见 4.2.3 节 "调控 GSC 与其微环境互动的经典信号通路"），这里我们把焦点放在内部调控机制上，阐述其如何控制 ACD 的运行。

A 胞外调节

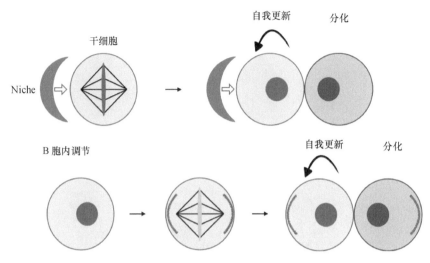

图 4-7 非对称分裂中的纺锤体极性

  对干细胞 ACD 内部调控机制的研究中，最著名且具有核心功能的则是纺锤体极性定向的发现，而这种特异性的极性定向源于中心体（centrosome）不对称遗传。中心体是动物细胞中的主要微管组织中心（microtubule organizing center，MTOC），其对于细胞分裂起到不可或缺的关键作用。在分裂过程中，中心体自组装并募集微管形成纺锤体，后者介导了姐妹染色体分离等细胞分裂的关键步骤。此外，中心体还参与了多种干细胞内部极性的建立。从本质上讲，细胞内的两个中心体是不对称的，这一点非常像 DNA 双链，因为它们的复制也具有半保守性[99]。每个中心体包含两个中心粒（centrioles）：一个"母中心粒"（mother centriole）和一个"子中心粒"（daughter centriole）。其中"母中心粒"是前一细胞周期中产生"子中心粒"的模板。当细胞进入有丝分裂，中心体启动复制，它的两个中心粒中的每一个都成为新的子中心粒的模板。复制完成后，每个细胞都有两个中心体：其中一个中心体的组成为一个最老中心粒（祖母中心粒）加一个新合成的中心粒；而另一个中心体则拥有一个"新"母中心粒加一个新合成的中心粒。由此，前者被称为母中心体（mother centrosome），后者被称为子中心体（daughter centrosome）。有意思的是，在多种进行 ACD 的干细胞系统中，都在其细胞分裂期间观察到了母中心体和子中心体非随机地分离现象。其中果蝇雄性 GSC、小鼠放射状神经胶质祖细胞（mouse radial glial progenitor cell）及被体外诱导进行 ACD 的胚胎干细胞（ESC），其自我更新的子代干细胞始终继承母中心体[100-102]；而在果蝇雌性 GSC 和成神经细胞中（neuroblast），其自我更新的子细胞始终继承子中心体[103-105]。

  以果蝇 GSC 为例，我们展开介绍 ACD 期间中心体非对称遗传，继而造成极性纺锤体的分子机制。雄性 GSC 中，母中心体的位置始终靠近中心细胞与 GSC 连接的界面处，而复制产生的子中心体会逐步迁移到中心细胞与 GSC 界面的远侧。这也直接造成了稍后组装的纺锤体由于中心体的定位而垂直于界面[80,102]。上一章提到过，GSC 与中心细胞通过 E-钙黏着蛋白介导的中间连接方式互相黏连，而这本身就可以作为一种信号使 GSC

沿接触面的垂直方向极化[106]。在此基础上，APC（adenomatous polyposis coli）蛋白及 Bazooka 3（Baz 3）等极性蛋白以 E-钙黏着蛋白依赖的方式被募集到中心细胞-GSC 界面连接处，APC 与 Baz 3 共定位并与母中心体结合，造成母中心体进一步趋向界面。最近的研究还表明，GSC 中的 APC 定位和由此产生的中心体定位依赖于硫酸乙酰肝素（heparan sulfate，一种翻译后糖胺聚糖链的修饰）[107]。中心细胞内的硫酸乙酰肝素缺失能导致微环境内 JAK/STAT 信号转导异常，并引发类"GSC"样肿瘤。然而，这种现象是否与中心体定向错误直接相关还需要进一步的研究来探索[108]。

此外，除了与中心细胞的物理连接，来自微环境的配体 Upd（见 4.23 节"雄性 GSC 微环境的经典信号"）激活了 GSC 上的受体 Dome（Domeless）。Dome 再进一步与微管结合蛋白 Eb1 发生物理性的相互作用。Upd/Dome 信号是必需的，直接参与了对 GSC 中心体和纺锤体取向的调控[109]。除了建立分裂的方向，微管在雄性 GSC 中发挥其他关键作用。例如，处于细胞周期间期（interphase）的 GSC 中，从母中心体发出的基于微管的结构——纳米管（nanotubes）可以突入到中心细胞中回收 Dpp 配体，以激活 BMP 信号转导途径[110]。这可以被认为是一种 GSC 从中心细胞上主动选择信号的机制。

与雄性类似，果蝇雌性 GSC 的中心体在 ACD 过程中沿帽细胞-GSC 连接界面做垂直定向。但与雄性 GSC 不同的是，雌性 GSC 采用了一套不一样的中心体定向机制。在雌性 GSC 中，中心体定向依赖于一种被称为"分光体"（spectrosome）的生殖细胞特异性细胞器，并呈现出细胞周期依赖性[105,111]。在间期的雌性 GSC 的分光体总是靠近帽细胞-GSC 连接界面顶端[112]，而其中心体就锚定在分光体上，造成了纺锤体的极性。与之不同，雄性 GSC 的分光体则在细胞间期时呈现出随机定位[80]。然而有趣的是，在中心体失活的突变体中，雄性 GSC 中的分光体却一致地定位在中心细胞附近，并锚定于纺锤体（与雌性 GSC 中类似），从而引导纺锤体的正确定向[113]。这表明分光体可以充当中心体的备用系统，两个平行机制共同确保纺锤体主轴的正确定向。

除来自干细胞微环境的信号外，GSC 内部还有一套监测机制进一步确认中心体正确定向是否得到履行，这被称为"中心体定向检查点"（centrosome orientation checkpoint，COC）。COC 在 GSC 进入有丝分裂之前主动监测中心体定向是否正确[114]。当检测到定向错误的中心体时，COC 会阻止雄性 GSC 进入细胞周期的 G_2 期[114-116]。近年来的研究鉴定出了一些 COC 的成员，其中包括 Cnn、Par-1 和 Baz 等。其中 Cnn 就定位在中心体旁，是 COC 的主要成员，并可能参与了 COC 其他成员定位到中心体的募集过程[106,116]。Baz 能在中心细胞-GSC 的界面处搭建一个专门的平台，并与进入有丝分裂之前的中心体密切互动。它可能被 GSC 用来当作中心体定向的感受器，得到正确信号后触发 GSC 进入有丝分裂[117]。Par-1 是一种激酶，它也通过磷酸化 Baz 参与 COC[117]。此外，Par-1 还能将细胞周期蛋白 A（cyclin A）隔离到分光体上，使得细胞周期蛋白 A 不能发挥促有丝分裂活性。这会一直持续到细胞通过 COC，被允许进入有丝分裂为止[113]。同样的，在雌性 GSC 中也观察到类似 COC 检查点的活动。在感知到中心体/纺锤体取向不正确时，GSC 会停滞在有丝分裂前[111]。

作为细胞分裂核心装置的纺锤体组织者，母/子中心体的这种内在的不对称性可以作为其他细胞内部成分不对称分离的平台，这反过来又有助于子细胞不同的命运决定。例如，果蝇雄性和雌性 GSC 均显示出以非对称的模式分配"中间体环"（midbody ring，MR），而这与中心体的非对称遗传密切相关[105]。MR 是胞质分裂期间形成的收缩环的残余，其与干细胞命运密切相关。MR 在干细胞中如何参与命运决定的机制目前还不清楚。但是，在以诱导多能干细胞（induced pluripotent stem，iPS）及癌细胞为模型的研究中观察到，MR 优先在 iPS 和癌症干细胞（cancer stem cell）中积累，暗示它可能携带有助于细胞命运决定的信息[118,119]。有意思的是，在雄性 GSC 的 ACD 过程中，MR 由分化 GB 所继承；而在雌性 GSC 中，MR 则由 GSC 遗传。换言之，继承 MR 的细胞是继承了子中心体的细胞[120]，但是在人胚胎干细胞（embryonic stem cell）和癌细胞系的报道中，MR 则是由继承了母体中心体的细胞所获得[119,121]。虽然人们对于 MR 的不对称遗传与细胞命运决定的理解还仅停留在相关性的水平，对于其生物学意义还不清楚，但是人们猜测 MR 直接或间接地影响了两个子细胞不对称细胞命运的发生。

4.3.2 生殖干细胞命运决定的表观遗传调控

除了来自微环境的信号转导及其与中心体/纺锤体等有丝分裂机器的互动之外，越来越多的证据表明，干细胞能否产生两个不同命运子细胞的过程还受到精密的表观遗传机制的调控，而这一层面的调控又与前述的微环境信号及极性的有丝分裂机器相互作用，成为调控网络中不可或缺的一部分。

表观遗传调控机制犹如为基因安装了一组复杂的开关，在不改变 DNA 序列的情况下，对基因的转录表达进行选择性激活或关闭。通过调节基因的差异表达，表观遗传机制能够在多细胞生物体中调控并引导具有相同基因组的细胞产生不同的细胞特征和类型[122,123]。需强调的是，有丝分裂或减数分裂后，这种基因表达状态的特征变化是可以被传递给子代细胞的。大量研究表明，表观遗传机制在维护干细胞群体数量及定向分化中发挥了非常重要的作用。对于产生同质子细胞的普通有丝分裂，忠实还原其母细胞的表观遗传特征并将其均匀分配给两个子细胞，对维护其细胞种群具有重要的生物学意义。但值得注意的是，ACD 产生的两个子细胞拥有完全相同的基因组，却走向不同的细胞命运。因此，当干细胞进行 ACD 时，必须打破表观遗传特征传递的对称性，以实现在不同子细胞内，将关键"干性/分化"基因的转录状态进行分别设定。所以，研究干细胞 ACD 过程中的表观遗传信息是如何差别传递给不同子细胞的机制，将帮助我们进一步理解组织发育过程中细胞命运决定的方式，从而为将来把干细胞转化运用于临床治疗提供重要的科学理论依据。最近研究发现，包括 PcG（polycomb group）、piRNA、microRNA 及新旧组蛋白分配等在内的多种表观遗传调控途径，在 GSC 的维持和分化过程中起到重要作用。需要强调的是，表观遗传调控是一个广泛的调控机制，既发生于微环境体细胞，也发生于 GSC 本身，共同引导细胞命运的决定。

第一个例子来自于对 PcG 的研究，包括两种对基因转录起抑制作用的蛋白复合物 PRC1 和 PRC2（polycomb resressive complex 1 和 2）。在果蝇雌性生殖腺内，如果选择性敲除护卫细胞的 *PRC1* 基因，将导致 BMP 信号过度活跃，其结果是以牺牲分化为代价，造成 GSC 自我更新的过度增强，并导致类 GSC 样肿瘤的形成。有趣的是，这种 PcG

的调节模式需要 Trithorax 家族（TrxG）的特定基因 *brahma* 的参与。Brahma 的活性可以抵消果蝇胚胎中的 PcG[124]。在这种情况下，因 *TrxG* 基因变化所引起的表型仅在 *PcG* 突变体背景中显现，表明胚胎与成体组织中 PcG 和 TrxG 拮抗的工作模式是不同的[125]。有意思的是，Piwi 似乎与 PcG 蛋白也有着意想不到的相互作用，而且这种互动与前文所提到的维持 GSC 自我更新的 piRNA 途径（见 4.2.3 节）并不相关。研究发现，Piwi 能够通过与 PRC2 的结合将细胞核中的 PRC2 隔离起来，从而负调控了 PcG 介导的转录抑制效应。这导致靶基因区域的组蛋白 H3 的第 27 位赖氨酸三甲基化（"H3-Lysine27 trimethylation"，H3K27me3）修饰程度下降，以及 RNA 聚合酶 II（RNA Pol II）结合水平的上升[126]。此外，Piwi 也活跃在 CySC 中，并通过其在 CySC 中的活性参与调节 GSC 的分化。

　　除 PcG 与 Piwi 的非经典互动之外，microRNA 也以降解关键微环境信号，或抑制关键靶基因表达的方式参与调节 GSC 的更新与分化。例如，最近报道的 microRNA miR-9a 在雄性 GSC 的维持中起关键作用。miR-9a 能直接下调 N-钙黏着蛋白的转录。鉴于钙黏着蛋白对于 GSC 自我更新的关键作用（见 4.2.2 节 "1. 雄性性腺及干细胞微环境的构成"），miR-9a 以负调控的方式调节 GSC 数量的动态平衡。有趣的是，在衰老过程中，miR-9a 水平显著升高，导致 N-钙黏着蛋白水平降低，从而使 GSC 的数量减少[127]。值得注意的是，在针对雄性 GSC 维持所需关键基因的 RNAi 筛选中，涉及最大的群体是参与 RNA 调节、蛋白质合成和蛋白质降解的基因类群[128]。

　　近年来，最引人注目的发现是果蝇雄性 GSC 有选择性继承先前存在的组蛋白，而新合成的组蛋白则是被富集到 GB 中[129-132]，这意味着不同表观遗传信息在 ACD 期间被不对称地分离，以赋予子细胞不同的命运。众所周知，由组蛋白修饰所介导的表观遗传机制对于细胞的生物特性及命运决定起到了关键的调控作用。但是，传统的组蛋白修饰的维持机制并不能完全解释两个子细胞在经过一个快速的细胞周期后，如何能迅速建立起不同的表观遗传环境，并走向不同的命运。因此，人们一直推测：组蛋白修饰的表观信息在 ACD 过程中被两个子细胞差异地继承，但是长期无法证实。通过开发了一个可切换的组蛋白双色标记系统，Tran 等实现在动物活体内精确地将已存在的（旧）和新合成的（新）组蛋白进行区分标记，他们发现在 GSC 的 ACD 过程中，富含表观遗传修饰的旧组蛋白 H3 被选择性地保留在新生 GSC 中；而新 H3 则主要被分化子细胞 GB 所获得。作为对照，以 DNA 复制非依赖（DNA replication independent）形式整合入染色体的组蛋白剪接异构体 H3.3 则没有类似的非对称分配模式[132]。这也与先前的质谱数据紧密联系并吻合：大多数 DNA 复制依赖性（DNA replication dependent）掺入的 H3.1-H4 四聚体在基因组复制过程中保持完好；而大量的 H3.3-H4 四聚体则在此过程中解聚[133]。更重要的是，这种非对称 H3 的分配模式只能在进行 ACD 的 GSC 中被特异性地观察到；而在进行对称分裂的 GB 细胞中，则观察不到[132]。这些实验结果证明基因组水平的组蛋白非对称分配模式同时具有分子特异性和细胞特异性（图 4-8）。

　　这种不对称性可能是 GSC 维持干细胞特性和 GB 进行分化的关键内在因素。基于上述发现，Xie 等提出了一个 "两步模型" 来解释这种非对称组蛋白继承模式的分子机制。首先，在生殖干细胞 DNA 复制过程中，旧的组蛋白被特异性地整合在一条姐妹染色单体上。同时，新合成的组蛋白则被掺入到另一条染色单体上。接着，当细胞进入有丝分裂后，纺锤体（spindle）通过某种识别机制将富集了旧组蛋白的染色单体分配到 GSC 中，而富集了新组蛋白的染色单体则被分配到 GB 细胞中[129]。

基于上述的双色组蛋白标记系统，Xie 等部分证实了上述"两步模型"的预期：在有丝分裂早期，他们观察到在一些染色体亚结构区域内，新旧组蛋白已经分离，表明在有丝分裂发生前，基因组水平上的组蛋白非对称掺入染色单体的过程已经完成[130,134,135]。那么纺锤体是通过何种机制识别整合了新旧组蛋白的染色单体呢？我们随后的工作进一步揭示了其潜在的分子机制和生物学意义，即组蛋白 H3 第三位苏氨酸（Thr 3）上的磷酸化修饰（H3T3Ph）可以在有丝分裂过程中帮助纺锤体区分携带新/旧组蛋白的姐妹染色单体（sister chromatids）；若通过定点突变干扰 H3T3Ph 信号，则会造成组蛋白非对称分配模式的消失。值得注意的是，H3T3Ph 信号在空间和时间上都被非常严格地调控。当通过基因突变将组蛋白 H3 上的第三位苏氨酸（Thr 3，T）位点突变为不可磷酸化的（unphosphorylatable）丙氨酸（Ala，A）或模拟持续磷酸化（phosphomimetic）的天冬氨酸（Asp，D）时，发现这两个不同功能的突变体都能破坏 H3T3Ph 信号的出现和持续时间。而对于 H3T3Ph 事件的时间顺序的干扰，则进一步造成了姐妹染色单体的分离模式由非对称分配转为随机分配。也就是说，荷载在染色单体上的组蛋白表观遗传修饰信息也被随机地分配到了两个子细胞中，进而影响子代细胞的命运，造成干细胞丢失或过度增殖等谱系发育缺陷表型，并最终导致生殖能力下降或生殖腺肿瘤等严重的病理变化[130,131]。

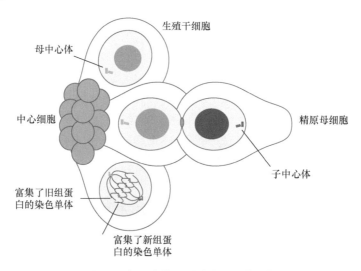

图 4-8　组蛋白的非对称分配及其调控

此外，组蛋白的非对称分配与 Klp10A（一种微管解聚因子）通过来自两个中心体的微管的聚合活性的差异参与调节了组蛋白的非对称分配。Klp10A 在 GSC 的 ACD 过程中选择性地作用于母中心体。当 Klp10A 失活时，母"中心体"变得细长和过度活跃[136]。即使具有野生型 Klp10A 活性，在 G_2 晚期阶段的两个中心体之间存在时间不对称性，其中增加的母"中心体"发散微管与核包膜朝向 GSC 侧更积极地相互作用。这种不对称微管活性亦与上述的不对称组蛋白遗传相关，因为它在着丝粒处识别不对称富集的着丝粒标识符（Cid）[135]。此外，雄性 GSC 和 ACD 过程中，其性染色体（X/Y 染色体）的 DNA 单链并非随机分配给两个子细胞。DNA 标记追踪实验显示，Watson/Crick 链在分配中呈现出明显的选择性。这些结果表明，除了定位分裂平面外，不对称微管活性可能对选择性分离染色质和表观遗传信息至关重要。

综上所述，成体组织中的干细胞或前体细胞具有独特的分裂能力，它们通过 ACD 产生两个不同命运的子细胞，即自我更新的干细胞和分化的子细胞，可以在维持干细胞种群数量的同时，产生进入分化的各种其他细胞类型子细胞。这种不对称结果对于维持组织稳态是至关重要的，并且当错误调节时可导致多种疾病，如癌症或变性和衰老。这一过程受到一系列复杂的外部和内部调节途径的严格监管。调控干细胞不对称分裂过程中的外部信号通常来自干细胞所在微环境的细胞群或特化的细胞外基质，而内部调控的核心则是以纺锤体为代表的细胞内有丝分裂机器极性的建立，而这本身又涉及细胞中差异合成或修饰的 RNA、蛋白质分子及细胞器等诸多因素。

作为最早被发现的成体干细胞，果蝇中的 GSC 系统为研究在体内环境下（in vivo）成体干细胞的命运决定是如何受到调控的提供了极具价值的研究模型。上文中，我们介绍了雄性与雌性 GSC 在 ACD 期间调节纺锤体定向的不同机制。这些实验结果表明，微环境外部信号结合干细胞自身的内部因素，直接影响了干细胞分裂轴的方向，配合众多蛋白质、RNA 的非对称分布及选择性降解[138]，使其能够根据干细胞自我更新和不对称分裂（分化）的不同需求，导致细胞分裂后的不同结果。有趣的是，这得到了果蝇雄性生殖细胞系中大规模 RNAi 筛选数据的支持，该筛选揭示了有丝分裂和胞质分裂相关因子对于 GSC 的命运决定至关重要[139]。

近年来更为引人注目的发现则是以组蛋白非对称分配为代表的表观遗传机制在 ACD 过程中的功能。组蛋白的翻译后修饰（post translational modification，PTM）被公认为是核小体编码的表观遗传信息的主要存在形式。从干细胞 ACD 过程中组蛋白非对称分配模式的发现，到揭示组蛋白 H3 第三位苏氨酸（Thr3）磷酸化修饰在 ACD 过程中对姐妹染色单体不对称分离的重要调控作用，这一系列的工作为"子代干细胞可以选择性地保留母代干细胞的表观遗传信息，以维持其干细胞身份"这个猜测提供了一个直接的实验证据，揭示了干细胞 ACD 过程中组蛋白分配的特殊模式及其对子细胞走向不同命运的重要调控作用，即通过对组蛋白 H3T3Ph 修饰的调控，子代干细胞可以选择性地保留其母代干细胞的表观遗传信息，以利于维持其干细胞的身份；同时另一个子细胞则失去了此信息，导致其染色体高级结构重置，为进一步分化做好准备。值得注意的是，组蛋白非对称分配模式与其所荷载的表观遗传修饰信息密切相关，并具有细胞种类和分子种类特异性。此外，母/子中心体的不对称性对于这种偏向的染色体分离至关重要，这也支持了中心体不对称可以承载其他细胞组件产生不对称性的观点。

不恰当的表观遗传信息继承会导致干细胞行为异常并破坏其更新、分化之间的平衡，最终造成了癌症（干细胞非正常分化）或组织退化（干细胞丢失）等疾病的发生。考虑到生殖细胞对于生物个体的存活是"非必需的"，GSC 可以将不对称推向一个极端，即在 GSC 群体状态不佳的情况下（衰老或恶劣环境等），通过 ACD 创造一个继承完整机能的"好"细胞和一个功能缺失的"坏"细胞。生殖系统利用资源创建两个子细胞，以牺牲其中一个为代价，确保另一个状态良好。所以，理论上来说，根据需要，经过多轮这样的 ACD 后，GSC 群的状态将得以恢复。在这方面，不以固定 ACD 为分裂模式的其他干细胞中，如哺乳动物精原干细胞和秀丽隐杆线虫的 GSC 偶尔发生 ACD，以使其自身恢复活力。这提示我们，在非绝对需要维持干细胞群并平衡自我更新和分化情况下，许多干细胞可能通过 ACD 恢复状态，而这种情况与细胞命运不对称的需要并无直接关联。令人惊奇的是，越来越多的实验证据显示，GSC 及生殖腺的确参与了从线虫到人类的衰老及寿命的调控。相关内容我们将在下一节展开介绍。

4.4　生殖干细胞在生物衰老及寿命调控中的作用

衰老是整个动物王国中时刻发生的一个基本生物过程。它是指器官、生理系统中正常功能的逐渐丧失，最终整个生物个体走向死亡的过程。对所有人来说，虽然这是生命中最熟悉的现象之一，但直到最近人们才开始意识到衰老不只是一个简单的磨损过程，而是在一系列复杂严密的监管机制控制下的有序过程。在过去的二十多年中，基于对各种模式生物的开创性研究，人们已经鉴定出许多调节生物体寿命的基因和信号通路，包括胰岛素/IGF-1 受体（insulin/IGF-1 receptor）、叉头转录因子（forkhead transcription factor）、TOR 激酶、AMP 激酶和 Sirtuin 等[140-142]。因此，衰老的发生在所有生物体中是一种源于基因的有序调控过程。有意思的是，人类在很长一段时间内认为长寿与生殖能力是呈现负相关性的。目前的研究发现，生物体寿命的延长确实可以通过几种机制的调节来实现，其中就包括来自 GSC 的信号。在本章中，我们将介绍生殖腺（尤其是 GSC）是如何调控有机体的衰老过程。

4.4.1　生殖缺陷与长寿：并非简单的妥协

如前所述，衰老过程受到各种调节机制的控制[140,142]。通过遗传或药理方法改变这些调控通路的活性可以有效地影响生物体的寿命。第一个也是最著名的该类调控途径是胰岛素/IGF-1 信号（insulin/IGF-1 signaling, IIS）。但是，当它在秀丽隐杆线虫（C. elegans）中被首次鉴定时，人们一度怀疑其寿命的延长是因其生育能力缺陷而衍生出的妥协产物，即因生殖能力的降低而节省出的能量被用于体细胞的维持。

实验发现，线虫 daf-2 或 age-1[胰岛素/IGF-1 受体或磷脂酰肌醇 3-激酶（PI3K）在线虫中的同源物]突变体都呈现出生殖缺陷的表型，但两者都使得成年线虫的寿命增加至两倍[143~147]。那么 age-1 和 daf-2 突变体是否有可能仅仅因为上述假设而活得更久？后续的证据并不同意这个假设。首先，通过物理去除整个生殖腺或使用引发生殖障碍的突变体都不足以保证长寿[148]。其次，通过表达 fer-15 将 age-1 突变体的生育能力恢复正常，但对寿命没有产生显著影响[149]。此外，在 15℃环境下，daf-2 突变体的生殖能力与野生型线虫相同，但突变体仍能保持长寿[150]。最后，在线虫成年期通过 RNAi 抑制 daf-2 表达可以延长其寿命，但不影响生殖能力，而在幼虫发育阶段使 daf-2 失活会降低其生育能力，但不延长寿命[151]。因此，*daf-2* 突变体生育能力下降可能是由于 *daf-2* 在发育过程中的功能引起的，而与它在成年期的长寿效应无关。

后续的研究发现，活化的 IIS 实际是通过了 PIP3 依赖性激酶（PIP3-dependent kinase 1，PDK-1）和 AKT1/2（AKT/protein kinase B）等途径的转导，抑制了 FoxO 叉头转录因子和 DAF-16 的转录活性。所以 *pdk-1* 或 *akt-1/2* 的功能缺失突变同样能延长线虫的寿命[152,153]，但是 *daf-16* 突变则抑制了上述 *daf-2* 或 *age-1* 突变体引起的寿命延长现象[154]。在线虫之后，IIS 途径已被证明参与调节包括酵母、果蝇和小鼠等物种的寿命[155]。在人类中，阿什肯纳兹犹太人（Ashkenazi Jewish）和日本人中的百岁老人比例很高，而这亦与几种胰岛素受体及 IGF-1 受体的变体相关[156,157]。此外，多个独立的遗传关联性研究揭示，一些 *AKT* 和 *FoxO3* 突变体也常被认为与人类的长寿相关[158~161]。迄今为止，IIS 通路已被公认为在多个物种内都非常保守地调节衰老的机制。

那么，既然生殖与长寿之间的关系不是简单的权衡与妥协，那是什么呢？现在的观点是生殖系统可以产生主动协调生物体代谢状态的调节信号，而这种代谢状态会对生殖或生存产生深远影响。在以下部分中，我们将进一步介绍生殖信号如何调节生物体寿命的机制细节。

4.4.2　GSC 的周期阻滞促进寿命的延长

生殖系统产生信号调节寿命的第一个证据来自 Kenyon 实验室的经典实验。通过激光显微手术去除 Z2/3 的 PGC 后，所产生的无生殖细胞的线虫比野生型的寿命长 60%。但是，如果再额外除去体细胞前体细胞（SGP），即消除了生殖腺周围支持生殖细胞的体细胞，寿命延长的表型则消失[162]。这表明由消融生殖细胞所产生的长寿效应并不是不育所赋予的简单结果，而是牵涉到某些调控信号，而且去除生殖腺里的体细胞可能会拮抗那些促进长寿的信号。此外，物理消融导致无生殖细胞线虫长寿的表型也能够在遗传突变的线虫中重现。例如，携带 *mes-1* 功能缺失突变的线虫没有生殖细胞，同样可以生存两倍的寿命；而 *glp-1* 突变体中的 GSC 的增殖受到阻滞，携带该突变的线虫也可以延长 1.5 倍的寿命[163]。值得注意的是，在 mes-1 和 glp-1 的研究中，生殖腺内体细胞的存在是产生长寿效应的必要条件。

在成虫的生殖细胞系中，包括了处于增殖和分化不同阶段的生殖细胞，即 GSC、有丝分裂扩增的生殖细胞、进入减数分裂的生殖细胞，以及终末分化的配子（精子和卵子）。那么具体是哪些特定的生殖细胞群参与了寿命的调控呢？令人惊讶的是，在几种不同的引发精子缺陷（fem-1、fog-1、fog-2 或 fog-3）或卵子缺陷（daz-1）的突变体中，并没有观察到寿命的延长[163]。这表明后期的配子发生过程并没有直接参与调节生物体的寿命。尤其是考虑到卵子发生期间生物体投入了巨大的能量，卵子发生缺陷的突变体并不能延长寿命的结果令人惊讶，这也进一步说明了寿命的延长并非是简单的由生殖细胞缺陷而造成能量再分配的被动结果。

另一方面，如上文所述，*glp-1* 功能缺失突变能造成 GSC 的周期阻滞，并促进长寿；

与之相反，组成性活化的 *glp-1* 功能获得突变（或 *gld-1* 功能缺失突变）会导致 GSC 过度增殖，并缩短线虫的寿命[163]。GLP-1/Notch 信号通路及 FBF-GLD 蛋白都是 GSC 维护和增殖所必需的，这些实验揭示了 GCS 在调节寿命方面的关键作用。此外，即使在温度敏感型 *glp-1* 缺失突变体的成虫期第一天（整个生殖腺发育已经完成），由温度变化所引发的 GSC 的周期阻滞也可能产生延长寿命的表型[163]。由此可见，GSC 的周期阻滞足以促进长寿，而 GSC 的存在与寿命调控信号可能直接关联，而这很可能涉及 GSC 对于生物整体代谢稳态的影响[164]。但是需要注意的是，GSC 调控生物体寿命的确切效果可能很复杂：虽然正常情况下消融生殖细胞延长了个体寿命（见 4.4.2 节 "GSC 的周期阻滞促进寿命的延长" 中 Kenyon 实验室的经典实验），但在节食条件（dietary restriction，DR）下，消融 GSC 对寿命可能产生积极或消极的后果，而这取决于个体的遗传背景[165]。在果蝇中，消融生殖细胞会引发胰岛素抗性的表型[166]，然而，这些表型又依赖于消融 GSC 的特定方法（见 4.4.2 节），这暗示了因 GSC 缺失导致寿命延长的表型还取决于复杂的变量，例如，丧失生殖细胞的时间、生殖腺中是否有体细胞的存在、个体的遗传背景，以及饮食状况等诸多因素[167]。

值得关注的是，GSC 的这种调节长寿的机制在进化上是保守的。在果蝇中，缺乏 GSC 的成虫比对照组寿命延长近 50%[166]。而在小鼠中，将年轻雌性的卵巢移植给老年雌性受体也会增加其寿命。虽然 GSC 在这种效应中的作用仍不清楚，但这些研究暗示了哺乳动物卵巢能产生未知的、增强寿命的内分泌信号[168,169]。

参 考 文 献

1　Chiquoine AD. The identification, origin, and migration of the primordial germ cells in the mouse embryo. Anat Rec, 1954, **118(2)**: 135-146.

2　Kemper CH & Peters PW. Migration and proliferation of primordial germ cells in the rat. Teratology, 1987, **36(1)**: 117-124.

3　Ledda S, Bogliolo L, Bebbere D et al. Characterization, isolation and culture of primordial germ cells in domestic animals: Recent progress and insights from the ovine species. Theriogenology, 2010, **74(4)**: 534-543.

4　Cherny RA, Stokes TM, Merei J et al. Strategies for the isolation and characterization of bovine embryonic stem cells. Reprod Fertil Dev, 1994, **6(5)**: 569-575.

5　Takagi Y, Talbot NC, Rexroad CE, Jr. et al. Identification of pig primordial germ cells by immunocytochemistry and lectin binding. Mol Reprod Dev, 1997, **46(4)**: 567-580.

6　Fujimoto T, Miyayama Y & Fuyuta M. The origin, migration and fine morphology of human primordial germ cells. Anat Rec, 1977, **188(3)**: 315-330.

7　Kuhholzer B, Baguisi A & Overstrom EW. Long-term culture and characterization of goat primordial germ cells. Theriogenology, 2000, **53(5)**: 1071-1079.

8　Saffman EE & Lasko P. Germline development in vertebrates and invertebrates. Cell Mol Life Sci, 1999, **55(8-9)**: 1141-1163.

9　Matova N & Cooley L. Comparative aspects of animal oogenesis. Dev Biol, 2001, **231(2)**: 291-320.

10　Starz-Gaiano M, Cho NK, Forbes A et al. Spatially restricted activity of a drosophila lipid phosphatase guides migrating germ cells. Development, 2001, **128(6)**: 983-991.

11　Su TT, Campbell SD & O'farrell PH. The cell cycle program in germ cells of the drosophila embryo. Dev Biol, 1998, **196(2)**: 160-170.

12　Sonnenblick BP. Germ cell movements and sex differentiation of the gonads in the drosophila embryo.

Proc Natl Acad Sci U S A, 1941, **27(10)**: 484-489.

13　Illmensee K & Mahowald AP. Transplantation of posterior polar plasm in drosophila. Induction of germ cells at the anterior pole of the egg. Proc Natl Acad Sci U S A, 1974, **71(4)**: 1016-1020.

14　Mahowald AP. Polar granules of drosophila. 3. The continuity of polar granules during the life cycle of drosophila. J Exp Zool, 1971, **176(3)**: 329-343.

15　Waring GL, Allis CD & Mahowald AP. Isolation of polar granules and the identification of polar granule-specific protein. Dev Biol, 1978, **66(1)**: 197-206.

16　Ephrussi A & Lehmann R. Induction of germ cell formation by oskar. Nature, 1992, **358(6385)**: 387-392.

17　Pal-Bhadra M, Bhadra U & Birchler JA. Rnai related mechanisms affect both transcriptional and posttranscriptional transgene silencing in drosophila. Mol Cell, 2002, **9(2)**: 315-327.

18　Megosh HB, Cox DN, Campbell C et al. The role of piwi and the mirna machinery in drosophila germline determination. Curr Biol, 2006, **16(19)**: 1884-1894.

19　Cox DN, Chao A, Baker J et al. A novel class of evolutionarily conserved genes defined by piwi are essential for stem cell self-renewal. Genes Dev, 1998, **12(23)**: 3715-3727.

20　Hatfield SD, Shcherbata HR, Fischer KA et al. Stem cell division is regulated by the microrna pathway. Nature, 2005, **435(7044)**: 974-978.

21　Forstemann K, Tomari Y, Du T et al. Normal microrna maturation and germ-line stem cell maintenance requires loquacious, a double-stranded RNA-binding domain protein. PLoS Biol, 2005, **3(7)**: e236.

22　Ginsburg M, Snow MH & Mclaren A. Primordial germ cells in the mouse embryo during gastrulation. Development, 1990, **110(2)**: 521-528.

23　Gardner RL & Rossant J. Investigation of the fate of 4-5 day post-coitum mouse inner cell mass cells by blastocyst injection. J Embryol Exp Morphol, 1979, **52**: 141-152.

24　Tam PP & Zhou SX. The allocation of epiblast cells to ectodermal and germ-line lineages is influenced by the position of the cells in the gastrulating mouse embryo. Dev Biol, 1996, **178(1)**: 124-132.

25　Lawson KA & Hage WJ. Clonal analysis of the origin of primordial germ cells in the mouse. Ciba Found Symp, 1994, **182**: 68-84; discussion 84-91.

26　De Sousa Lopes SM, Hayashi K & Surani MA. Proximal visceral endoderm and extraembryonic ectoderm regulate the formation of primordial germ cell precursors. BMC Dev Biol, 2007, **7**: 140.

27　Yabuta Y, Kurimoto K, Ohinata Y et al. Gene expression dynamics during germline specification in mice identified by quantitative single-cell gene expression profiling. Biol Reprod, 2006, **75(5)**: 705-716.

28　Ciemerych MA, Mesnard D & Zernicka-Goetz M. Animal and vegetal poles of the mouse egg predict the polarity of the embryonic axis, yet are nonessential for development. Development, 2000, **127(16)**: 3467-3474.

29　Toyooka Y, Tsunekawa N, Takahashi Y et al. Expression and intracellular localization of mouse vasa-homologue protein during germ cell development. Mech Dev, 2000, **93(1-2)**: 139-149.

30　Tanaka SS, Toyooka Y, Akasu R et al. The mouse homolog of drosophila vasa is required for the development of male germ cells. Genes Dev, 2000, **14(7)**: 841-853.

31　Ueno H, Turnbull BB & Weissman IL. Two-step oligoclonal development of male germ cells. Proc Natl Acad Sci U S A, 2009, **106(1)**: 175-180.

32　Ying Y, Liu XM, Marble A et al. Requirement of bmp8b for the generation of primordial germ cells in the mouse. Mol Endocrinol, 2000, **14(7)**: 1053-1063.

33　Lawson KA, Dunn NR, Roelen BA et al. Bmp4 is required for the generation of primordial germ cells in the mouse embryo. Genes Dev, 1999, **13(4)**: 424-436.

34　Muller HA. Germ cell migration: As slow as molasses. Curr Biol, 2002, **12(18)**: R612-614.

35　Santos AC & Lehmann R. Germ cell specification and migration in drosophila and beyond. Curr Biol, 2004, **14(14)**: R578-589.

36　Molyneaux K & Wylie C. Primordial germ cell migration. Int J Dev Biol, 2004, **48(5-6)**: 537-544.

37　Jaglarz MK & Howard KR. The active migration of drosophila primordial germ cells. Development,

1995, **121(11)**: 3495-3503.

38 Callaini G, Riparbelli MG & Dallai R. Pole cell migration through the gut wall of the drosophila embryo: Analysis of cell interactions. Dev Biol, 1995, **170(2)**: 365-375.

39 Piedrahita JA, Moore K, Oetama B et al. Generation of transgenic porcine chimeras using primordial germ cell-derived colonies. Biol Reprod, 1998, **58(5)**: 1321-1329.

40 Jaglarz MK & Howard KR. Primordial germ cell migration in *Drosophila melanogaster* is controlled by somatic tissue. Development, 1994, **120(1)**: 83-89.

41 Kunwar PS, Starz-Gaiano M, Bainton RJ et al. Tre1, a G protein-coupled receptor, directs transepithelial migration of drosophila germ cells. PLoS Biol, 2003, **1(3)**: E80.

42 Zhang N, Zhang J, Cheng Y et al. Identification and genetic analysis of wunen, a gene guiding *Drosophila melanogaster* germ cell migration. Genetics, 1996, **143(3)**: 1231-1241.

43 Zhang N, Zhang J, Purcell KJ et al. The drosophila protein wunen repels migrating germ cells. Nature, 1997, **385(6611)**: 64-67.

44 Azpiazu N & Frasch M. Tinman and bagpipe: Two homeo box genes that determine cell fates in the *Dorsal mesoderm* of drosophila. Genes Dev, 1993, **7(7B)**: 1325-1340.

45 Broihier HT, Moore LA, Van Doren M et al. Zfh-1 is required for germ cell migration and gonadal mesoderm development in drosophila. Development, 1998, **125(4)**: 655-666.

46 Kusch T & Reuter R. Functions for drosophila brachyenteron and forkhead in mesoderm specification and cell signalling. Development, 1999, **126(18)**: 3991-4003.

47 Moore LA, Broihier HT, Van Doren M et al. Gonadal mesoderm and fat body initially follow a common developmental path in drosophila. Development, 1998, **125(5)**: 837-844.

48 Boyle M, Bonini N & Dinardo S. Expression and function of clift in the development of somatic gonadal precursors within the drosophila mesoderm. Development, 1997, **124(5)**: 971-982.

49 Santos AC & Lehmann R. Isoprenoids control germ cell migration downstream of hmgcoa reductase. Dev Cell, 2004, **6(2)**: 283-293.

50 Deshpande G & Schedl P. Hmgcoa reductase potentiates hedgehog signaling in *Drosophila melanogaster*. Dev Cell, 2005, **9(5)**: 629-638.

51 Besse F, Busson D & Pret AM. Hedgehog signaling controls soma-germen interactions during drosophila ovarian morphogenesis. Dev Dyn, 2005, **234(2)**: 422-431.

52 Van Doren M, Broihier HT, Moore LA et al. Hmg-coa reductase guides migrating primordial germ cells. Nature, 1998, **396(6710)**: 466-469.

53 Gomperts M, Garcia-Castro M, Wylie C et al. Interactions between primordial germ cells play a role in their migration in mouse embryos. Development, 1994, **120(1)**: 135-141.

54 Rogulska T, Ozdzenski W & Komar A. Behaviour of mouse primordial germ cells in the chick embryo. J Embryol Exp Morphol, 1971, **25(2)**: 155-164.

55 Godin I, Wylie C & Heasman J. Genital ridges exert long-range effects on mouse primordial germ cell numbers and direction of migration in culture. Development, 1990, **108(2)**: 357-363.

56 Clark JM & Eddy EM. Fine structural observations on the origin and associations of primordial germ cells of the mouse. Dev Biol, 1975, **47(1)**: 136-155.

57 Matsui Y, Zsebo KM & Hogan BL. Embryonic expression of a haematopoietic growth factor encoded by the sl locus and the ligand for c-kit. Nature, 1990, **347(6294)**: 667-669.

58 Godin I, Deed R, Cooke J et al. Effects of the steel gene product on mouse primordial germ cells in culture. Nature, 1991, **352(6338)**: 807-809.

59 Buehr M, Gu S & Mclaren A. Mesonephric contribution to testis differentiation in the fetal mouse. Development, 1993, **117(1)**: 273-281.

60 Keshet E, Lyman SD, Williams DE et al. Embryonic RNA expression patterns of the c-kit receptor and its cognate ligand suggest multiple functional roles in mouse development. EMBO J, 1991, **10(9)**: 2425-2435.

61 Buehr M, Mclaren A, Bartley A et al. Proliferation and migration of primordial germ cells in we/we mouse embryos. Dev Dyn, 1993, **198(3)**: 182-189.

62 Molyneaux KA, Zinszner H, Kunwar PS et al. The chemokine sdf1/cxcl12 and its receptor cxcr4 regulate mouse germ cell migration and survival. Development, 2003, **130(18)**: 4279-4286.

63 Van Doren M, Mathews WR, Samuels M et al. Fear of intimacy encodes a novel transmembrane protein required for gonad morphogenesis in drosophila. Development, 2003, **130(11)**: 2355-2364.

64 Jenkins AB, Mccaffery JM & Van Doren M. Drosophila e-cadherin is essential for proper germ cell-soma interaction during gonad morphogenesis. Development, 2003, **130(18)**: 4417-4426.

65 Li MA, Alls JD, Avancini RM et al. The large maf factor traffic jam controls gonad morphogenesis in drosophila. Nat Cell Biol, 2003, **5(11)**: 994-1000.

66 Schupbach T & Wieschaus E. Female sterile mutations on the second chromosome of *Drosophila melanogaster*. Ii. Mutations blocking oogenesis or altering egg morphology. Genetics, 1991, **129(4)**: 1119-1136.

67 Anderson R, Schaible K, Heasman J et al. Expression of the homophilic adhesion molecule, ep-cam, in the mammalian germ line. J Reprod Fertil, 1999, **116(2)**: 379-384.

68 Bendel-Stenzel MR, Gomperts M, Anderson R et al. The role of cadherins during primordial germ cell migration and early gonad formation in the mouse. Mech Dev, 2000, **91(1-2)**: 143-152.

69 Di Carlo A & De Felici M. A role for e-cadherin in mouse primordial germ cell development. Dev Biol, 2000, **226(2)**: 209-219.

70 Anderson R, Fassler R, Georges-Labouesse E et al. Mouse primordial germ cells lacking beta1 integrins enter the germline but fail to migrate normally to the gonads. Development, 1999, **126(8)**: 1655-1664.

71 Pesce M, Farrace MG, Piacentini M et al. Stem cell factor and leukemia inhibitory factor promote primordial germ cell survival by suppressing programmed cell death (apoptosis). Development, 1993, **118(4)**: 1089-1094.

72 Pesce M, Di Carlo A & De Felici M. The c-kit receptor is involved in the adhesion of mouse primordial germ cells to somatic cells in culture. Mech Dev, 1997, **68(1-2)**: 37-44.

73 Sasaki H & Matsui Y. Epigenetic events in mammalian germ-cell development: Reprogramming and beyond. Nat Rev Genet, 2008, **9(2)**: 129-140.

74 Xie T & Spradling AC. Decapentaplegic is essential for the maintenance and division of germline stem cells in the drosophila ovary. Cell, 1998, **94(2)**: 251-260.

75 Hardy RW, Tokuyasu KT, Lindsley DL et al. The germinal proliferation center in the testis of drosophila melanogaster. J Ultrastruct Res, 1979, **69(2)**: 180-190.

76 Fuller MT & Spradling AC. Male and female drosophila germline stem cells: Two versions of immortality. Science, 2007, **316(5823)**: 402-404.

77 Margolis J & Spradling A. Identification and behavior of epithelial stem cells in the drosophila ovary. Development, 1995, **121(11)**: 3797-3807.

78 Forbes AJ, Spradling AC, Ingham PW et al. The role of segment polarity genes during early oogenesis in drosophila. Development, 1996, **122(10)**: 3283-3294.

79 Song X, Zhu CH, Doan C et al. Germline stem cells anchored by adherens junctions in the drosophila ovary niches. Science, 2002, **296(5574)**: 1855-1857.

80 Yamashita YM, Jones DL & Fuller MT. Orientation of asymmetric stem cell division by the apc tumor suppressor and centrosome. Science, 2003, **301(5639)**: 1547-1550.

81 Song X & Xie T. De-cadherin-mediated cell adhesion is essential for maintaining somatic stem cells in the drosophila ovary. Proc Natl Acad Sci U S A, 2002, **99(23)**: 14813-14818.

82 Tazuke SI, Schulz C, Gilboa L et al. A germline-specific gap junction protein required for survival of differentiating early germ cells. Development, 2002, **129(10)**: 2529-2539.

83 Kiger AA, Jones DL, Schulz C et al. Stem cell self-renewal specified by jak-stat activation in response to a support cell cue. Science, 2001, **294(5551)**: 2542-2545.

84 Tulina N & Matunis E. Control of stem cell self-renewal in drosophila spermatogenesis by jak-stat signaling. Science, 2001, **294(5551)**: 2546-2549.

85 Rawlings JS, Rosler KM & Harrison DA. The jak/stat signaling pathway. J Cell Sci, 2004, **117(Pt 8)**:

1281-1283.

86   Decotto E & Spradling AC. The drosophila ovarian and testis stem cell niches: Similar somatic stem cells and signals. Dev Cell, 2005, **9(4)**: 501-510.

87   Song X, Wong MD, Kawase E et al. Bmp signals from niche cells directly repress transcription of a differentiation-promoting gene, bag of marbles, in germline stem cells in the drosophila ovary. Development, 2004, **131(6)**: 1353-1364.

88   Chen D & Mckearin DM. A discrete transcriptional silencer in the bam gene determines asymmetric division of the drosophila germline stem cell. Development, 2003, **130(6)**: 1159-1170.

89   Mckearin D & Ohlstein B. A role for the drosophila bag-of-marbles protein in the differentiation of cystoblasts from germline stem cells. Development, 1995, **121(9)**: 2937-2947.

90   Ohlstein B & Mckearin D. Ectopic expression of the drosophila bam protein eliminates oogenic germline stem cells. Development, 1997, **124(18)**: 3651-3662.

91   Chen D & Mckearin D. Dpp signaling silences bam transcription directly to establish asymmetric divisions of germline stem cells. Curr Biol, 2003, **13(20)**: 1786-1791.

92   Artavanis-Tsakonas S, Matsuno K & Fortini ME. Notch signaling. Science, 1995, **268(5208)**: 225-232.

93   Ward EJ, Shcherbata HR, Reynolds SH et al. Stem cells signal to the niche through the notch pathway in the drosophila ovary. Curr Biol, 2006, **16(23)**: 2352-2358.

94   Sheng XR & Matunis E. Live imaging of the drosophila spermatogonial stem cell niche reveals novel mechanisms regulating germline stem cell output. Development, 2011, **138(16)**: 3367-3376.

95   Kai T & Spradling A. Differentiating germ cells can revert into functional stem cells in drosophila melanogaster ovaries. Nature, 2004, **428(6982)**: 564-569.

96   Brawley C & Matunis E. Regeneration of male germline stem cells by spermatogonial dedifferentiation *in vivo*. Science, 2004, **304(5675)**: 1331-1334.

97   Gonczy P. Mechanisms of asymmetric cell division: Flies and worms pave the way. Nat Rev Mol Cell Biol, 2008, **9(5)**: 355-366.

98   Knoblich JA. Mechanisms of asymmetric stem cell division. Cell, 2008, **132(4)**: 583-597.

99   Nigg EA & Stearns T. The centrosome cycle: Centriole biogenesis, duplication and inherent asymmetries. Nat Cell Biol, 2011, **13(10)**: 1154-1160.

100   Habib SJ, Chen BC, Tsai FC et al. A localized wnt signal orients asymmetric stem cell division *in vitro*. Science, 2013, **339(6126)**: 1445-1448.

101   Wang X, Tsai JW, Imai JH et al. Asymmetric centrosome inheritance maintains neural progenitors in the neocortex. Nature, 2009, **461(7266)**: 947-955.

102   Yamashita YM, Mahowald AP, Perlin JR et al. Asymmetric inheritance of mother versus daughter centrosome in stem cell division. Science, 2007, **315(5811)**: 518-521.

103   Conduit PT & Raff JW. Cnn dynamics drive centrosome size asymmetry to ensure daughter centriole retention in drosophila neuroblasts. Curr Biol, 2010, **20(24)**: 2187-2192.

104   Januschke J, Llamazares S, Reina J et al. Drosophila neuroblasts retain the daughter centrosome. Nat Commun, 2011, **2**: 243.

105   Salzmann V, Chen C, Chiang CY et al. Centrosome-dependent asymmetric inheritance of the midbody ring in drosophila germline stem cell division. Mol Biol Cell, 2014, **25(2)**: 267-275.

106   Inaba M, Yuan H, Salzmann V et al. E-cadherin is required for centrosome and spindle orientation in drosophila male germline stem cells. PLoS One, 2010, **5(8)**: e12473.

107   Levings DC, Arashiro T & Nakato H. Heparan sulfate regulates the number and centrosome positioning of drosophila male germline stem cells. Mol Biol Cell, 2016, **27(6)**: 888-896.

108   Levings DC & Nakato H. Loss of heparan sulfate in the niche leads to tumor-like germ cell growth in the drosophila testis. Glycobiology, 2018, **28(1)**: 32-41.

109   Chen C, Cummings R, Mordovanakis A et al. Cytokine receptor-eb1 interaction couples cell polarity and fate during asymmetric cell division. Elife, 2018, **7**: e33685.

110   Inaba M, Buszczak M & Yamashita YM. Nanotubes mediate niche-stem-cell signalling in the drosophila testis. Nature, 2015, **523(7560)**: 329-332.

111　Lu W, Casanueva MO, Mahowald AP et al. Niche-associated activation of rac promotes the asymmetric division of drosophila female germline stem cells. PLoS Biol, 2012, **10(7)**: e1001357.

112　Deng W & Lin H. Spectrosomes and fusomes anchor mitotic spindles during asymmetric germ cell divisions and facilitate the formation of a polarized microtubule array for oocyte specification in drosophila. Dev Biol, 1997, **189(1)**: 79-94.

113　Yuan H, Chiang CY, Cheng J et al. Regulation of cyclin a localization downstream of par-1 function is critical for the centrosome orientation checkpoint in drosophila male germline stem cells. Dev Biol, 2012, **361(1)**: 57-67.

114　Cheng J, Turkel N, Hemati N et al. Centrosome misorientation reduces stem cell division during ageing. Nature, 2008, **456(7222)**: 599-604.

115　Inaba K & Yamashita M. Time-of-flight imaging method to observe signatures of antiferro-magnetically ordered states of fermionic atoms in an optical lattice. Phys Rev Lett, 2010, **105(17)**: 173002.

116　Venkei ZG & Yamashita YM. The centrosome orientation checkpoint is germline stem cell specific and operates prior to the spindle assembly checkpoint in drosophila testis. Development, 2015, **142(1)**: 62-69.

117　Inaba M, Venkei ZG & Yamashita YM. The polarity protein baz forms a platform for the centrosome orientation during asymmetric stem cell division in the drosophila male germline. Elife, 2015, **4**: e04960.

118　Ettinger AW, Wilsch-Brauninger M, Marzesco AM et al. Proliferating versus differentiating stem and cancer cells exhibit distinct midbody-release behaviour. Nat Commun, 2011, **2**: 503.

119　Kuo TC, Chen CT, Baron D et al. Midbody accumulation through evasion of autophagy contributes to cellular reprogramming and tumorigenicity. Nat Cell Biol, 2011, **13(10)**: 1214-1223.

120　Spradling A, Fuller MT, Braun RE et al. Germline stem cells. Cold Spring Harb Perspect Biol, 2011, **3(11)**: a002642.

121　Dubreuil V, Marzesco AM, Corbeil D et al. Midbody and primary cilium of neural progenitors release extracellular membrane particles enriched in the stem cell marker prominin-1. J Cell Biol, 2007, **176(4)**: 483-495.

122　Bonasio R, Tu S & Reinberg D. Molecular signals of epigenetic states. Science, 2010, **330(6004)**: 612-616.

123　Martin GM. The genetics and epigenetics of altered proliferative homeostasis in ageing and cancer. Mech Ageing Dev, 2007, **128(1)**: 9-12.

124　Geisler SJ & Paro R. Trithorax and polycomb group-dependent regulation: A tale of opposing activities. Development, 2015, **142(17)**: 2876-2887.

125　Li X, Yang F, Chen H et al. Control of germline stem cell differentiation by polycomb and trithorax group genes in the niche microenvironment. Development, 2016, **143(19)**: 3449-3458.

126　Peng JC, Valouev A, Liu N et al. Piwi maintains germline stem cells and oogenesis in drosophila through negative regulation of polycomb group proteins. Nat Genet, 2016, **48(3)**: 283-291.

127　Epstein Y, Perry N, Volin M et al. Mir-9a modulates maintenance and ageing of drosophila germline stem cells by limiting n-cadherin expression. Nat Commun, 2017, **8(1)**: 600.

128　Yu J, Lan X, Chen X et al. Protein synthesis and degradation are essential to regulate germline stem cell homeostasis in drosophila testes. Development, 2016, **143(16)**: 2930-2945.

129　Xie J, Wooten M, Tran V et al. Breaking symmetry-asymmetric histone inheritance in stem cells. Trends Cell Biol, 2017, **27(7)**: 527-540.

130　Xie J, Wooten M, Tran V et al. Histone h3 threonine phosphorylation regulates asymmetric histone inheritance in the drosophila male germline. Cell, 2015, **163(4)**: 920-933.

131　Pirrotta V. Histone marks direct chromosome segregation. Cell, 2015, **163(4)**: 792-793.

132　Tran V, Lim C, Xie J et al. Asymmetric division of drosophila male germline stem cell shows asymmetric histone distribution. Science, 2012, **338(6107)**: 679-682.

133　Xu M, Long C, Chen X et al. Partitioning of histone h3-h4 tetramers during DNA replication-dependent chromatin assembly. Science, 2010, **328(5974)**: 94-98.

134 Wooten M, Snedeker J, Nizami ZF et al. Asymmetric histone inheritance via strand-specific incorporation and biased replication fork movement. Nat Struct Mol Biol, 2019, **26(8)**: 732-743.

135 Ranjan R, Snedeker J & Chen X. Asymmetric centromeres differentially coordinate with mitotic machinery to ensure biased sister chromatid segregation in germline stem cells. Cell Stem Cell, 2019, **25(5)**: 666-681.e665.

136 Chen C, Inaba M, Venkei ZG et al. Klp10a, a stem cell centrosome-enriched kinesin, balances asymmetries in drosophila male germline stem cell division. Elife, 2016, **5**: e20977.

137 Yadlapalli S & Yamashita YM. Chromosome-specific nonrandom sister chromatid segregation during stem-cell division. Nature, 2013, **498(7453)**: 251-254.

138 Fuentealba LC, Eivers E, Geissert D et al. Asymmetric mitosis: Unequal segregation of proteins destined for degradation. Proc Natl Acad Sci U S A, 2008, **105(22)**: 7732-7737.

139 Liu Y, Ge Q, Chan B et al. Whole-animal genome-wide RNAi screen identifies networks regulating male germline stem cells in drosophila. Nat Commun, 2016, **7**: 12149.

140 Blagosklonny MV. Calorie restriction: Decelerating mtor-driven aging from cells to organisms (including humans). Cell Cycle, 2010, **9(4)**: 683-688.

141 Kenyon CJ. The genetics of ageing. Nature, 2010, **464(7288)**: 504-512.

142 Kenyon C. A pathway that links reproductive status to lifespan in *Caenorhabditis elegans*. Ann N Y Acad Sci, 2010, **1204**: 156-162.

143 Friedman DB & Johnson TE. Three mutants that extend both mean and maximum life span of the nematode, caenorhabditis elegans, define the age-1 gene. J Gerontol, 1988, **43(4)**: B102-109.

144 Friedman DB & Johnson TE. A mutation in the age-1 gene in caenorhabditis elegans lengthens life and reduces hermaphrodite fertility. Genetics, 1988, **118(1)**: 75-86.

145 Kimura KD, Tissenbaum HA, Liu Y et al. Daf-2, an insulin receptor-like gene that regulates longevity and diapause in caenorhabditis elegans. Science, 1997, **277(5328)**: 942-946.

146 Samuelson AV, Klimczak RR, Thompson DB et al. Identification of *Caenorhabditis elegans* genes regulating longevity using enhanced RNAi-sensitive strains. Cold Spring Harb Symp Quant Biol, 2007, **72**: 489-497.

147 Samuelson AV, Carr CE & Ruvkun G. Gene activities that mediate increased life span of c. Elegans insulin-like signaling mutants. Genes Dev, 2007, **21(22)**: 2976-2994.

148 Kenyon C, Chang J, Gensch E et al. A C. *Elegans* mutant that lives twice as long as wild type. Nature, 1993, **366(6454)**: 461-464.

149 Johnson TE, Tedesco PM & Lithgow GJ. Comparing mutants, selective breeding, and transgenics in the dissection of aging processes of caenorhabditis elegans. Genetica, 1993, **91(1-3)**: 65-77.

150 Tissenbaum HA & Ruvkun G. An insulin-like signaling pathway affects both longevity and reproduction in caenorhabditis elegans. Genetics, 1998, **148(2)**: 703-717.

151 Dillin A, Crawford DK & Kenyon C. Timing requirements for insulin/igf-1 signaling in c. Elegans. Science, 2002, **298(5594)**: 830-834.

152 Paradis S & Ruvkun G. Caenorhabditis elegans akt/pkb transduces insulin receptor-like signals from age-1 pi3 kinase to the daf-16 transcription factor. Genes Dev, 1998, **12(16)**: 2488-2498.

153 Paradis S, Ailion M, Toker A et al. A pdk1 homolog is necessary and sufficient to transduce age-1 pi3 kinase signals that regulate diapause in caenorhabditis elegans. Genes Dev, 1999, **13(11)**: 1438-1452.

154 Ogg S, Paradis S, Gottlieb S et al. The fork head transcription factor daf-16 transduces insulin-like metabolic and longevity signals in c. Elegans. Nature, 1997, **389(6654)**: 994-999.

155 Longo VD, Mitteldorf J & Skulachev VP. Programmed and altruistic ageing. Nat Rev Genet, 2005, **6(11)**: 866-872.

156 Kojima T, Kamei H, Aizu T et al. Association analysis between longevity in the japanese population and polymorphic variants of genes involved in insulin and insulin-like growth factor 1 signaling pathways. Exp Gerontol, 2004, **39(11-12)**: 1595-1598.

157 Suh Y, Atzmon G, Cho MO et al. Functionally significant insulin-like growth factor i receptor mutations in centenarians. Proc Natl Acad Sci U S A, 2008, **105(9)**: 3438-3442.

158　Anselmi CV, Malovini A, Roncarati R et al. Association of the foxo3a locus with extreme longevity in a southern italian centenarian study. Rejuvenation Res, 2009, **12(2)**: 95-104.

159　Flachsbart F, Caliebe A, Kleindorp R et al. Association of foxo3a variation with human longevity confirmed in german centenarians. Proc Natl Acad Sci U S A, 2009, **106(8)**: 2700-2705.

160　Pawlikowska L, Hu D, Huntsman S et al. Association of common genetic variation in the insulin/igf1 signaling pathway with human longevity. Aging Cell, 2009, **8(4)**: 460-472.

161　Willcox BJ, Donlon TA, He Q et al. Foxo3a genotype is strongly associated with human longevity. Proc Natl Acad Sci U S A, 2008, **105(37)**: 13987-13992.

162　Hsin H & Kenyon C. Signals from the reproductive system regulate the lifespan of c. Elegans. Nature, 1999, **399(6734)**: 362-366.

163　Arantes-Oliveira N, Apfeld J, Dillin A et al. Regulation of life-span by germ-line stem cells in caenorhabditis elegans. Science, 2002, **295(5554)**: 502-505.

164　Wang XJ, Dong Z, Zhong XH et al. Transforming growth factor-beta1 enhanced vascular endothelial growth factor synthesis in mesenchymal stem cells. Biochem Biophys Res Commun, 2008, **365(3)**: 548-554.

165　Crawford D, Libina N & Kenyon C. Caenorhabditis elegans integrates food and reproductive signals in lifespan determination. Aging Cell, 2007, **6(5)**: 715-721.

166　Flatt T, Min KJ, D'alterio C et al. Drosophila germ-line modulation of insulin signaling and lifespan. Proc Natl Acad Sci U S A, 2008, **105(17)**: 6368-6373.

167　Barnes AI, Boone JM, Jacobson J et al. No extension of lifespan by ablation of germ line in drosophila. Proc Biol Sci, 2006, **273(1589)**: 939-947.

168　Cargill SL, Carey JR, Muller HG et al. Age of ovary determines remaining life expectancy in old ovariectomized mice. Aging Cell, 2003, **2(3)**: 185-190.

169　Mason JB, Cargill SL, Anderson GB et al. Transplantation of young ovaries to old mice increased life span in transplant recipients. J Gerontol A Biol Sci Med Sci, 2009, **64(12)**: 1207-1211.

谢　敬　王一惟　吴美贤

第5章　神经干细胞

　　神经干细胞（neural stem cell）是一类具有自我更新和分化产生不同类型神经细胞潜能的组织干细胞，在神经系统发育和损伤修复中发挥重要作用。神经干细胞起源于胚胎发育期神经管内的神经上皮（neuroepithelium），经过复杂的神经发生过程，产生构建神经系统所需的神经细胞类型，并在神经系统发育结束后，存在于神经系统的特定区域内，终身维持神经发生的能力。在神经干细胞的演化过程中，其发生、增殖、分化、静息和激活等生物学行为受到其所处微环境的严格调控。随着细胞定向分化技术的发展，目前已经能够在体外将神经干细胞诱导成为多种神经细胞类型，为深入理解神经干细胞的调控机制和推动神经干细胞的临床应用打下基础。

5.1　神经干细胞的研究历史

　　"神经干细胞"这一名词于 20 世纪 90 年代开始大量出现在文献中[1,2]，而早在 19 世纪，神经科学家们就已经开始探索一个非常重要的生物学问题：神经系统中复杂的神经元类型是如何产生的[3]。利用原始的组织胚胎学实验手段，瑞士神经胚胎学家 Wilhelm His 观察到神经管中存在放射柱状且形成多核体的海绵质细胞（spongioblasts）和位于脑室腔表面的圆形细胞，这些圆形细胞处于分裂状态，所产生的神经母细胞（neuroblast）由内向外迁移。据此，His 提出脑室表层的圆形细胞是神经元的生发细胞（germinal cell），而海绵质细胞产生神经胶质细胞，即大脑中神经元和神经胶质细胞分别由不同的前体细胞产生。1897 年，Schaper 提出不同的观念，他认为生发细胞和海绵质细胞是处在不同细胞周期的同一种细胞，暗示神经元和胶质细胞有着共同的前体细胞[4]。1935 年，Sauer 发现脑室表面的分裂细胞的细胞核能够随着细胞分裂周期沿径向来回迁移[5]。这一发现部分解决了关于神经上皮中的神经前体细胞的争议，支持了 Schaper 的观点，即圆形细胞和海绵质细胞是同一种生发细胞在分裂周期中因细胞核迁移所呈现出的两种位置和形态。

　　20 世纪中叶，随着 DNA 复制标志物氚代胸腺嘧啶标记和放射自显影技术的引入，生发细胞在胚胎大脑中的定位被确定，活跃增殖的脑室区和脑室下区（ventricular and subventricular zone）是中枢神经系统中所有神经元和大胶质细胞（macroglia）的来源[6]。

　　同样是在 19 世纪末，利用 Camillo Golgi 发明的银染法，神经科学家们先后在大脑中观察到一类分裂细胞，在当时被定名为胚胎胶质细胞（fetal glia）[8-11]。Magini 在对它们的首次描述中提到，"这是一类呈细圆柱形的表皮细胞，有着向大脑表层方向伸长的细长纤维，这些排布方向一致的纤维整体看起来就像是一个设计精巧的放射状皇冠"（图 5-1）[7]。Pasko Rakic 研究组利用电子显微镜成像结合胶质纤维酸性蛋白（glial fibrillary acidic protein,

GFAP）免疫组织化学检测证明这类细胞具有胶质细胞属性，又因其在脑室和软脑膜之间的辐射状排布，最终得名为放射状胶质细胞（redial glial cell，RGC）[12,13]。

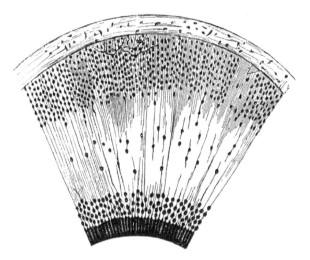

图 5-1　Magini 手绘经银染和苏木精复染制备的 4 月龄小牛胚胎大脑皮层冠状切片 [7]

　　Santiago Ramon y Cajal 通过研究胚胎大脑切片首先推断放射状胶质细胞是未成熟神经元的迁移支架，20 世纪 70 年代早期 Pasko Rakic 的研究证实了这一推测。Ramon y Cajal 还发现，在妊娠末期，放射状胶质细胞转移到了软脑膜表层并分化成星形胶质细胞。在一段时间里，放射状胶质细胞被认为只是神经胶质前体细胞（glial progenitor cell），在发育过程中为神经元迁移提供支架牵引作用。到 20 世纪 80 年代后期，多个研究组通过逆转录病毒活体标记的方式发现大脑皮层里的前体细胞大部分只产生了神经元或胶质细胞，但也有前体细胞既产生神经元又产生胶质细胞，表明脑内存在具有分化多能性的神经前体细胞 [14]。而后 Sally Temple 率先建立了胚胎神经前体细胞体外培养和谱系分析体系，进一步明确了胚胎神经组织中的神经前体细胞在体外培养体系中能够自我更新和分化为多种神经细胞类型，具有干细胞特性 [15,16]。21 世纪初，体外实验发现具有放射状胶质细胞特征的前体细胞（GFAP[+]，具有放射状纤维）能产生神经元和胶质细胞 [17]。随后胚胎小鼠大脑皮层活组织切片成像对这一点予以直接证明 [18,19]。这一具有开创性意义的研究通过荧光标志物对单个放射状胶质细胞进行标记，在体外培养的活组织脑切片上进行长达几十个小时的细胞行为延时拍摄录像，观测到脑室区的放射状胶质细胞在脑室表面分裂，产生了子代神经元。至此，放射状胶质细胞被认定为中枢神经系统发育阶段的主要神经干细胞和前体细胞。

　　成体神经干细胞的发现始于 20 世纪 60 年代，通过氚代胸腺嘧啶标记技术，Smart 和 Leblond 率先发现脑实质里面存在可分裂的胶质细胞 [20]。随后，Altman 用同样的方法在脑室下区发现可分裂细胞，并推测在成年大鼠和猫的海马区存在神经发生 [21,22]。在之后的研究中，Altman 和同事又发现出生后产生于脑室下区的细胞会迁移至嗅球（olfactory bulb）分化为成熟的神经元，并报道了存在于脑室下区和嗅球间的迁移路径，即喙端迁移流（rostral migratory stream，RMS）[23,24]。至 20 世纪 90 年代，Reynolds 和 Weiss 开创性地建立了神经球悬浮培养体系，能够体外分离、传代扩增和分化成体神经干细胞。这种悬浮培养方式也成为研究神经干细胞自我更新能力和分化多能性的常规研究手段，极大地推动了对神经干细胞的细胞生物学和分子生物学调控机制的研究 [25]。而行为学和药理学研究表明，外部刺激，包括认知、学习、运动状态、压力状态都会影响成体神经发生的强度 [26-30]。免疫组织化学技术和共聚焦显微成像系统的发展，以及携带荧光报告蛋白的转基因模式动物的开发，使鉴定成体神经干细胞身份并追踪其分裂产生的子代细胞命运成为可能。经过严格的谱系追踪和损伤重建实验，脑室下区中的 B 型细胞（type B cell）被鉴定为成体神经干细胞，持续保有产生嗅球中间神经元的能力 [31]，而海马区中的成体神经干细胞则是位于齿状回（dentate gyrus，DG）内颗粒细胞层（inner granule cell layer）和门区（hilus）之间的 1 型神经前体细胞（type 1 cell），通过分裂产生齿状回颗粒神经元 [32-34]。

目前关于哺乳类成体神经干细胞的研究多见于啮齿类动物，在成年人脑中是否具有神经干细胞尚且存在争议。利用脱氧核糖核酸类似物 BrdU 标记或通过检测大脑中 ^{14}C 信号得到的结果显示在成年人脑中发现有神经发生存在 [35,36]，但 Sorrells 等在成年人海马中却并未发现新生神经元的存在 [37]。然而另有两个研究组采用相似的方法，独立证明海马区终身具有神经元发生能力 [38,39]。这一问题的最终解决有待更为全面的细胞表型分析方法及更为量化的研究策略的应用 [40]。

根据严格的定义，组织干细胞特指具有自我更新能力，并且能够产生所在组织所有细胞类型的祖细胞，而前体细胞则指增殖和分化能力更为有限的细胞。随着近来对神经系统中干细胞、前体细胞及整个神经发育过程研究的深入，广义上的"神经干细胞"类群被发现存在显著的异质性。在单细胞水平上，不是所有"神经干细胞"都能产生所有神经细胞类型，且目前尚无足够特异的标志物能够将多能的"神经干细胞"和"神经前体细胞"明确区分。因此，神经干细胞和神经前体细胞也可被合称为"神经干细胞和前体细胞（neural stem and progenitor cell）" [41]。

5.2 神经组织来源的神经干细胞

哺乳动物体内，神经元存在于中枢神经系统的脑、视网膜和脊髓，以及散布在身体各处的外周神经系统中，包括感觉和自主神经节、耳上皮和嗅上皮。特定位置的神经干细胞产生不同的神经元类群。中枢神经系统的神经元来源于神经管的神经干细胞，而外周神经系统的神经元则由神经嵴（neural crest）和感官基板（sensory placodes）的神经干细胞产生 [42]。

5.2.1 胚胎期神经干细胞

1. 中枢神经系统神经干细胞

神经干细胞自胚胎神经发生开始出现，随着发育的进行，其自身也不断发生变化。神经发育早期的神经干细胞是神经上皮细胞（neuroepithelial cell），其不断自我更新并分化产生早期神经元。之后神经上皮细胞转化为放射状胶质细胞，后者作为神经干细胞继续承担胚胎神经组织发育和神经细胞发生的任务。

当胚胎发育进行至神经胚（neurulation）形成后，神经板中由单层细胞组成的神经上皮组织（neuroepithelium）卷起形成神经管（neural tube）。神经管发育膨大，前端空腔发育成包含四个脑室的脑室系统，即左、右侧脑室（lateral ventricles），以及第三、第四脑室，后端发育为脊髓。神经上皮逐步进行区域性特化，各个脑室区域和脊髓区域进一步细分为每个中枢神经系统区域的生发原基组织，后者产生该区域神经组织形成所需的神经元及胶质细胞的类型和数量。类似的区域化也存在于外周神经系统的发育过程中，如来自神经轴不同位置的神经嵴会发育成不同类型的子代细胞。脑室与脊髓中央管相连，管腔里流动着脑脊液（corticospinal fluid，CSF），沿着整条神经轴浸润着周围的神经上皮细胞。随着中枢神经系统的发育，紧邻神经管腔室的区域保留成为生发区，也称脑室区（ventricular zone，VZ），神经上皮细胞即是最为原始的神经干细胞[43]。

需要指出的是，中枢神经系统中不同区域的神经干细胞产生神经元的过程并不是同步的，不同的细胞类型和组织区域的发育有不同的时间与速度。例如，脊髓中的运动神经元是最早分化的中枢神经系统细胞类型之一，在小鼠胚胎第 8 天（E8）即产生，而脊髓背角神经元到 E17 时仍在产生。虽然大多数神经发生集中在出生之前，但有些区域直到出生后才完全形成。

在大脑中，到神经发生起始阶段，神经管增厚，部分神经上皮细胞转变成细长的放射状胶质细胞。放射状胶质细胞的细胞核滞留在脑室区，但它的顶端和基底纤维分别保持与脑室和软脑膜表面接触。在大脑皮层的发育过程中，这些细长的放射状纤维将继续伸长，正在进行分化的神经元利用这些纤维作为支架从脑室区向软脑膜表面迁移，使得大脑皮层逐步扩展增厚。早期的神经上皮细胞和随后出现的放射状胶质细胞都是脑室区的神经前体细胞，有着显而易见的顶端-基底端细胞极性，因此，它们又可以统称为顶端前体细胞（apical progenitor cell，APC）[41,44]。

大脑皮层神经干细胞产生不同类型的皮层神经元遵循严格的时序性。在皮层发育早期，神经干细胞最先产生构成前板（preplate，PP）的神经元，然后产生构成皮层板（cortical plate，CP）的 6 个层次的神经元。前板是一种发育过程中短暂存在的结构。皮层板神经元沿径向迁移到前板中，将其分裂成位于表层、包含 Cajal-Retzius 细胞的边缘区（marginal zone，MZ）和下方的基板（subplate，SP）。皮层板神经元按特定的次序，从深层（第 6 层）到浅层（第 2 层或第 3 层）以"由内而外"的方式产生[45]。大脑皮层神经发生在胚胎期基本完成，随后神经干细胞转化产生神经胶质细胞，这一过程主要在出生后的第一个月完成[6]。神经干细胞产生皮层不同层次神经元和胶质细胞的顺序反映了其在体内所具备的多能性的时序性变化，对神经干细胞中特定信号通路进行干预可以改变神经干细胞发育潜能，提示胚胎神经干细胞的分化多能性存在可塑性（图 5-2）[46]。

第一批神经元产生之后，第二个神经生发区域很快在脑室区上方形成，称为脑室下区（subventricular zone，SVZ）或室管膜下区（subependymal zone，SEZ）。当脑室区的增殖细胞数目在胚胎发育过程中逐渐减少时，脑室下区从妊娠中期到末期却迅速扩张，并在出生后早期阶段体积达到峰值[47]。脑室下区起初被认为几乎只产生胶质细胞，不过现在已被证实同样包含有能产生神经元的前体细胞。脑室下区所包含的前体细胞不同于

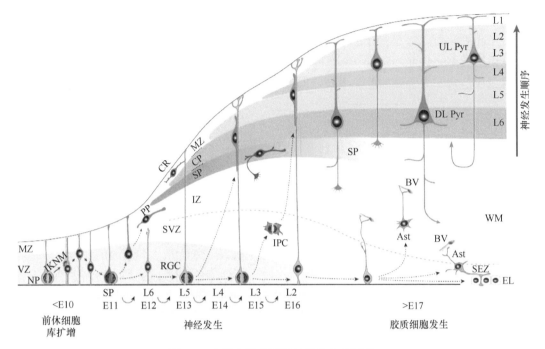

图 5-2　小鼠大脑皮层板神经发生和迁移

神经发生起始前，VZ 区的神经前体细胞（NP）对称分裂扩大前体细胞库。至 E11.5，NP 转化为 RGC，通过不对称分裂产生神经元，后者沿放射状纤维从神经发生区向外迁移。最早产生的神经元形成 PP，后形成的神经元将 PP 分为 MZ 和 SP。在神经发生过程中，NP 先产生定位于 MZ 和 SP 的神经元，然后是定位于深层（L6 和 L5）的神经元，进而是定位于浅层（L4、L3、L2）的神经元。新产生的神经元在迁移过程中越过较早产生的神经元，定位于 MZ 下方更靠近表层的位置。部分 NP 的子代细胞会变为 IPC，迁移出 VZ，至 SVZ 进行对称分裂产生神经元。这样的神经发生方式极大地增加了浅层神经元的数量。在神经发生结束时（E17.5 左右），RGC 的放射状纤维消失，产生胶质细胞和室管膜细胞（ependymal cell，EL）[45]

放射状胶质细胞，被称为中间前体细胞（intermediate progenitor cell，IPC）或基底前体细胞（basal progenitor cell，BPC），它们通常在远离脑室表面的区域进行细胞分裂（见图 5-2）。在发育过程中，脑室下区并非出现在神经系统的各个部分，例如，脊髓、脑干大部分区域和视网膜就没有脑室下区。脑室下区更多地与前脑区域相关，不过也有例外，例如，在海马区 CA1-CA3 区域下方的脑室区并不产生脑室下区，CA3 里所有的神经元都由脑室区产生。

　　灵长类的新皮层较小鼠的明显增大，且其表面形成沟回，用于容纳数目更为庞大的神经元。不同于小鼠，灵长类的脑室下区能够大体分成内、外两个区域。外围脑室下区（outer SVZ，oSVZ）至少包含两类前体细胞：一类是外围放射状胶质状细胞（outer radial glia-like cell，oRG），与脑室区放射状胶质细胞类似，其基底放射状突起与软脑膜表层接触，但不同的是这类细胞通常并不与脑室表面接触；另一类则是中间前体细胞[48-50]。这两类前体细胞都属于基底前体细胞。有趣的是，oSVZ 也出现在非灵长类动物雪貂中，它们的新皮层同样具有沟回结构，因而 oSVZ 被认为与大脑沟回的形成有关。

　　海马神经元来源于脑室区前体细胞。在妊娠末期，位于齿状回（dentate gyrus，DG）区域下方的脑室区逐渐消失，而位于发育中的颗粒细胞层下方的颗粒层下区（subgranular zone，SGZ）细胞形成一个能产生神经元和胶质细胞的新的增殖中心。这个后期形成的齿状回增殖中心也可看成一个位置异化的脑室下区 [42]。通过 *Hopx* 基因的表达进行标记和谱系追踪，发现海马区的神经干细胞可溯源到胚胎期 E11.5 天的齿状上皮（dentate neuroepithelium），之后产生可增殖的神经前体细胞，进而产生海马颗粒神经元 [51]。

2. 外周神经系统神经干细胞

脊椎动物的外周神经系统来源于两处仅存在于胚胎期的暂时生发组织：神经嵴（neural crest）和颅外胚层基板（cranial ectodermal placode）[42]。两者都是出自神经胚形成中即将形成的神经板与表皮交界的外胚层部分。当神经板折叠形成神经管时，神经管的边缘或嵴在背侧顶端与中枢神经系统分开。这些神经嵴前体细胞沿着特定的通路在胚胎内迁移，并产生了相当多的子代细胞类型，包括外周自主神经元、躯体感觉神经元、部分颅感觉神经元、全部的外周神经胶质细胞，以及许多非神经性的衍生物，诸如黑色素细胞、内分泌细胞、面部软骨、骨头、牙齿和平滑肌。

颅外胚层基板来源于神经板前端边缘的共同"前基板区域"。它们成对位于神经板前段，相互交叉的区域增厚，其内的神经前体细胞产生成对的外周感觉器官，包括嗅上皮、内耳、无羊膜动物的侧线系统、晶状体、绝大部分的颅感觉神经元和垂体前叶。神经嵴在除了喙端前脑以外的神经管上都有分布，而颅外胚层基板只出现在头部区域。

基板主要产生原初感觉神经元，但也产生晶状体。嗅基板是被研究得尤其深入的系统。嗅基板衍生的嗅上皮的基底位置存在着嗅上皮干/前体细胞，能够产生大量嗅感觉神经元（鱼类有 10^6 个，哺乳动物则是鱼类的 10~50 倍 [52]）。嗅感觉神经元投射到中枢神经系统的嗅球，与嗅球里的中间神经元连接，二者的分化时间一致，终身持续神经发生。如果把嗅基板或嗅感觉神经元的轴突与大脑分离开，嗅球就无法形成，这暗示着持续的神经发生是由这两个系统里细胞与细胞间信号传递来协调的。嗅基板还能产生神经内分泌细胞，即 GnRH 细胞，它们沿着视神经迁移到下丘脑和神经末梢。不过，鱼类的 GnRH 细胞可能来源于神经嵴和垂体前叶前体细胞 [53]。

5.2.2 成体神经干细胞

长期以来在 Santiago Ramon y Cajal 的观点的影响下，中枢神经系统被认为在发育结束后不具备再生能力，不再有新神经元的产生："Once development was ended…in the adult centers，the nerve paths are something fixed and immutable. Everything may die，nothing may be regenerated（一旦发育过程完成……在成体中，神经系统便固定下来，不可变更，其组分一旦出现损伤和死亡，便不可再生）" [55]。而 20 世纪 60 年代后的大量研究显示在啮齿动物大脑中，神经发生持续终身，只是成体神经干细胞的数量、活跃程度和分布范围与胚胎阶段相比都大幅下降。成体神经干细胞局限于两处神经发生区域：一处是沿着侧脑室，特别是沿着纹状体壁的脑室下区（SVZ），其与侧脑室间由室管膜细胞层（ependymal cell layer）隔开；另一处是位于海马齿状回的颗粒层下区（SGZ）（图 5-3）。

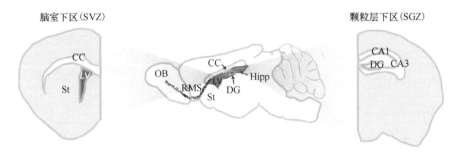

图 5-3　成年小鼠大脑矢状切面

SVZ 位于前脑侧脑室，SGZ 位于海马齿状回延颗粒细胞层的位置，紧邻门区 [54]

SVZ 的神经干细胞是 B 型细胞，它们一侧室管膜细胞层紧密接触，另一侧则紧挨着 SVZ 区的平面血管丛（planar SVZ vascular plexus）[56,57]。形态学上，它们具有星形胶质细胞和神经干细胞的共同特征 [58]。B 型细胞胞体位于室管膜细胞层下方，其顶端突起穿过室管膜细胞层与脑室直接接触，而基底突起则与 SVZ 的血管接触 [56,57]。B 型细胞的定位与胚胎期放射状胶质细胞相似，都紧邻侧脑室，且都存在极化的形态学特征，因此成年 SVZ 也被认为是胚胎期生发区的延续，被称为脑室-脑室下区（ventricular-subventricular zone，V-SVZ）[59]。B 型细胞起源于胚胎期的放射状胶质细胞。在胚胎发育早期，部分放射状胶质细胞不参与胚胎神经发生，转而进入静息状态。当胚胎神经发生结束后，大部分放射状胶质细胞直至出生后激活，转化成 B 型细胞行使神经干细胞的功能 [60,61]。激活后的 B 型细胞产生短暂增殖前体细胞（transient amplifying progenitors，type C cell）[31]。C 型细胞经过大约三轮细胞分裂后产生神经母细胞（neuroblast，type A cell）。神经母细胞随后汇入喙端迁移流向嗅球迁移，在此过程中再分裂 1~2 次 [62]。到达嗅球后，神经母细胞径向迁移，形成嗅球内不同的中间神经元（图 5-4）。

SGZ 区的神经干细胞是位于内颗粒细胞层和门区的边界 1 型神经细胞。激活后的 1 型神经前体细胞产生中间前体细胞（intermediate progenitor cell，IPC）。中间前体细胞通过有限的几次分裂后产生神经母细胞。神经母细胞先沿着 SGZ 切向迁移并发育成为未成熟神经元，后者再沿径向迁移入颗粒细胞层（granule cell layer）分化成为齿状回颗粒神经元（见图 5-4）[34]。

SVZ 区和 SGZ 区的神经干细胞也可产生胶质细胞，其中 SVZ 区的神经干细胞主要产生少突胶质细胞，而 SGZ 区的神经干细胞则产生星形胶质细胞 [54]。

5.2.3　神经干细胞微环境

神经干细胞微环境（neural stem cell niche）特指神经干细胞在组织中所栖息的复杂邻近环境。微环境中存在多种组分，包括与神经干细胞相互作用的各类细胞、胞外基质、信号分子和神经递质，如脑脊液、血管、神经末梢及其分泌的因子等。微环境参与调控神经干细胞的自我更新和分化潜能，在胚胎期和成年期既有相似之处，也各有不同，对于神经干细胞的发育和稳态的维持具有重要意义。

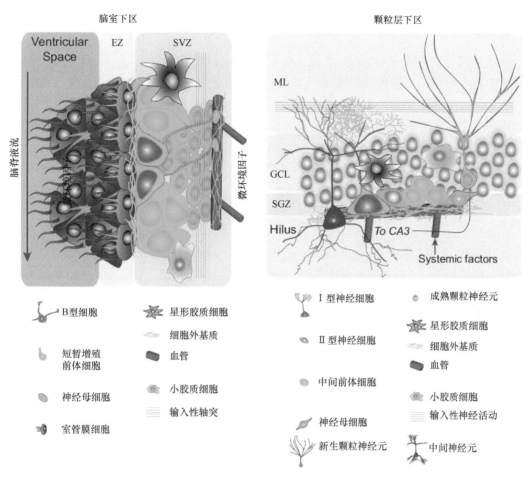

脑室下区　　　　　　　　　　　　　　　　颗粒层下区

图 5-4　SVZ 区和 SGZ 区结构

左侧为 SVZ 区结构。室管膜细胞沿侧脑室壁形成花环节状结构。B 型细胞在 SVZ 区沿室管膜细胞分布，并伸出放射状突起与血管接触，同时有单根纤毛与脑室中脑脊液接触。B 型细胞产生 C 型细胞，C 型细胞进而产生 A 型细胞。A 型细胞沿 RMS 迁移至嗅球分化产生嗅球神经元。右侧为 SGZ 区结构。1 型细胞的放射状突起穿过齿状回的颗粒细胞层（GCL）伸至分子层（ML）。1 型细胞产生 IPC，IPC 产生神经母细胞。这三类前体细胞都与血管位置接近。神经母细胞最后分化为齿状回颗粒细胞，后者迁移进入齿状回颗粒细胞层 [54]

1. 胚胎神经干细胞微环境

　　脑脊液是胚胎神经干细胞微环境的重要组成部分，富含各种离子、蛋白质、脂类、信号分子、激素及多种非细胞膜结构如中间体（midbody）等 [63]。在胚胎发育阶段，脑脊液的更新较慢，蛋白质含量丰富，其带来的流体静力（hydrostatic forces）有助于维持中枢神经系统的形态，并刺激神经干细胞的增殖，促进神经元的存活 [64]。在发育早期阶段，脑脊液的成分主要由神经上皮细胞和放射状胶质细胞提供，之后则主要由脉络丛（choroid plexus，ChP）分泌产生。脉络丛在 4 个脑室都有分布，是高度血管化的单层上皮组织，其上皮组分由神经上皮分化而来。目前已知的脉络丛向脑脊液分泌的重要生长因子包括 IGF、FGF，信号通路分子包括 BMP、WNT、SHH，趋化因子 SLIT2。同时，脉络丛还负责将血液系统中的因子向脑脊液中转运，如激素 T4。这些因子的受体往往表达在神经干细胞脑室端的细胞膜上，对神经干细胞的分裂和分化具有重要调控作用[65]。

在神经干细胞所处的 VZ/SVZ 区，有丰富的血管结构。血管和神经前体细胞在发育过程中相互影响。神经前体细胞表达 VEGF 和红细胞生成素（erythropoietin）促进血管的生长[66]；分泌视磺酸（retinoic acid，RA）促进血管间紧密连接的形成[67]；通过 TGF-β2 调控血管内皮细胞的分泌。反之，血管内皮细胞释放的可溶性因子能够促进神经干细胞的自我更新和神经发生[68]。血管内皮细胞高表达 NOTCH 信号通路配体分子 Jagged1、Jagged2 和 Dll4，作用于神经干细胞上的 NOTCH 受体，影响神经干细胞的增殖和多能性维持[69]。同时，血管内皮细胞分泌的 VEGF 也影响皮层神经元的发生、结构和轴突束形成[70]。

脑膜（meninges）对神经干细胞介导神经发生同样不可或缺，不仅作为中枢神经系统对外部环境的屏障，也分泌产生多种对神经发生十分重要的因子[71]。脑膜参与中枢神经系统基底膜（pial basement membrane）的形成，后者为神经干细胞的基底放射状突起提供附着位点。在发育早期破坏基底膜成分基底膜蛋白多糖（perlecan）和层粘连蛋白（laminin），会使得神经干细胞基底放射状突起从基底膜上脱落萎缩，引发皮层产生的神经元迁移异常。基膜细胞还分泌趋化因子 CXCL12，引导 Cajal-Retzius 细胞和中间神经元在皮层中的定位[72-74]。脑膜来源的视磺酸推动神经干细胞退出细胞周期，进而启动神经元分化[75]。

小胶质细胞（microglia）是中枢神经系统的免疫细胞。在胚胎发育阶段，小胶质细胞迁移进入大脑，并在脑内增殖。在此期间，大部分小胶质细胞都聚集于神经发生区域，直到大脑皮层发育结束[76,77]。小胶质细胞分泌多种生长因子和细胞因子影响神经发生，如 TGF-β[78]。体外实验表明，小胶质细胞能够促进神经干细胞的自我更新，并通过激活 JAK/STAT 信号通路促进神经干细胞分化为星型胶质细胞[79]。此外，小胶质细胞能够通过吞噬神经干细胞来控制神经干细胞的数量，进而调控大脑生长[76]。

2. 成体神经干细胞微环境

成体大脑中神经干细胞主要存在于侧脑室纹状体侧的脑室下区（SVZ）和海马齿状回的颗粒层下区（SGZ）。这两处微环境中各种组分与成体神经干细胞相互作用，严格调控成体神经发生和神经干细胞稳态。SVZ 和 SGZ 微环境有很多相似之处，都包含丰富的血管结构、胞外基质和多种细胞类型，对神经干细胞的调控方式也很类似[80]。

成体大脑 SVZ 区富含神经纤维。其中，由黑质（substantia nigra）和腹侧被盖区（ventral tegmental area）投射而来的多巴胺能神经纤维（dopaminergic projection）[81]，通过释放多巴胺影响微环境内神经前体细胞的增殖[82-85]。由中缝（raphe）投射来的 5-羟色胺能轴突（serotonergic axon）在 SVZ 表面扩展形成网络，与 B 型细胞和室管膜细胞直接接触，通过激活 B 型细胞上表达的 5-羟色胺受体促进神经干细胞的增殖[86]。SVZ 区的一类表达乙酰胆碱转移酶的神经元（choline acetyltransferase-positive neuron）能够以神经活性依赖的方式释放乙酰胆碱直接作用于神经前体细胞，调控其增殖[87]。此外，神经干细胞分化产生的神经元对神经干细胞的活性同样具有调控作用，它们能够表达一氧化氮合成酶，通过影响微环境内一氧化氮的浓度，调控神经干细胞的增殖[88]。

室管膜细胞是胚胎神经干细胞在神经发育后期分化产生的，能够表达多种分泌信号分子，包括 Noggin 和 PEDF，影响神经干细胞内的信号转导，进而调控其增殖和细胞命运决定[89,90]。此外，室管膜细胞含有微绒毛和活动性纤毛簇（tufts of motile cilia），能够调控脑脊液的流体动态状况，从而间接地调控神经干细胞与脑脊液中物质的接触，影响神经干细胞的活性[91]。

脑脊液也是成体神经干细胞的重要组成部分。在成体侧脑室中，脑脊液的流向与 SVZ 产生的神经母细胞向嗅球的迁移方向相同。当室管膜纤毛簇被破坏进而无法推动脑脊液的流向时，神经母细胞的迁移会受到影响[92]。脉络丛向脑脊液中持续分泌多种营养成分、生长因子，调节脑脊液中的成分[93]。和胚胎期相比，成体阶段脉络丛的分泌产物中富含生长因子和信号分子，调控神经发生及作为趋化信号调节神经母细胞迁移[94-96]。

成体 SVZ 区分裂活跃的前体细胞与血管内皮紧密相关。SVZ 区的血管结构能够持续产生种类丰富的分泌因子和代谢产物，促进神经干细胞的增殖、迁移，增强其神经发生能力[68,90,97-99]，并能够促进神经干细胞向血管的黏附，以及移植的神经管细胞向 SVZ 微环境归巢[100]。

5.3　人多能干细胞来源的神经干细胞

人胚胎干细胞（embryonic stem cell，ESC）和诱导多能干细胞（induced pluripotent stem cell，iPSC）合称为人多能干细胞（pluripotent stem cell，PSC）。人多能干细胞向神经干细胞的定向分化，为再生医学中神经损伤修复的应用提供了可能，也为应用人类细胞资源研究神经系统疾病提供了充足可取的细胞样品（图 5-5）。

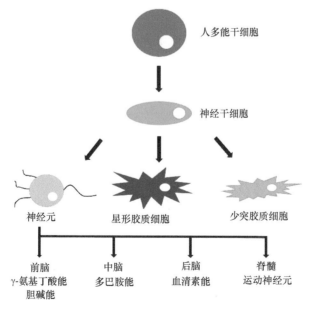

图 5-5　人多能干细胞向神经细胞的定向编程

应用人多能干细胞获得神经干细胞目前主要有如下三种方法。

1. 拟胚体法（embryoid body，EB）[101]

贴壁培养的人多能干细胞经分散酶处理分散为较大的块状组织，并悬浮培养于不含 FGF2 的干细胞培养液中 4 天形成拟胚体；继续在含有 FGF2 的化学成分确定的培养基（含有 DMEM/F12、insulin、transferrin、progesterone、putrescine、sodium selenite、heparin 等）中贴壁培养 4~6 天，诱导神经外胚层的发生；应用机械法或者分散酶，将培养皿中形成的花瓣状神经管样（neural tube-like rosettes）结构的神经干细胞（神经上皮细胞）挑出来，获得较高纯度的神经干细胞。

该方法应用发育生物学线索，经由具有多种分化潜能的人多能干细胞形成含有三个胚层组织的拟胚体，再从诱导得到的神经外胚层组织（花瓣状神经管样结构）分离出神经干细胞。然而，分化方案中步骤相对繁琐，分化前 4 天的培养基中含有不确定的成分，分离神经干细胞对操作的要求高，导致获得的神经干细胞纯度批次间差异较大。

2. 基质细胞共培养法（stromal cell co-culture）[102,103]

PA6 基质细胞（一种小鼠颅骨骨髓基质细胞）被应用于诱导小鼠的胚胎干细胞向中脑多巴胺能神经元分化，这一效应被称为基质细胞诱导活动（stromal cell-derived inducing activity，SDIA）。

MS5 基质细胞（另一种小鼠骨髓基质细胞）被应用于人多能干细胞的神经诱导中。人多能干细胞在无增殖能力的 MS5 细胞上生长 28 天，之后经机械法分离获得神经干细胞。

基质细胞共培养法涉及应用动物源性的基质细胞，分化机制也并不是十分清楚，操作也较为复杂，不适合大规模细胞培养，也限制了其在临床上应用的可能。

3. 信号通路阻断介导的单层培养法（monolayer culture）[104]

爪蟾实验显示 BMP（bone morphogenic protein）信号通路抑制剂（包括 chordin、follistatin 和 noggin）是 Spemann 组织中心重要的神经诱导因子。Spemann 组织中心是两栖类动物早期胚胎背侧胚孔背唇的一个信号传递中心；由此中心发出的信号组织了胚胎的前后轴和背腹轴。化合物 SB431542 通过阻断 ALK4、ALK5 和 ALK7 受体的磷酸化来抑制 Lefty/Activin/TGFbeta 信号通路。联合应用 noggin 和 SB431542 促进培养皿内单层培养的人多能干细胞向神经干细胞定向分化时，noggin 通过阻断 BMP 信号通路进而抑制细胞向滋养外胚层和非神经外胚层分化，SB431542 通过阻断 Activin 和 Nodal 信号通路进而抑制细胞向中内胚层分化。由此，noggin 和 SB431542 组成的对 SMAD 信号通路的双重抑制促使人多能干细胞向神经外胚层高效分化，缩短了时间，提高了纯度。这一分化方案中的 noggin 蛋白可以用 LSN 或者 DMH1 这些 BMP 信号通路的化合物抑制剂替代。

该单层培养法分化神经干细胞时，可以在没有动物源性的条件下实现大量培养，而且对实验操作者的技术要求不是太高，操作过程简单，是未来工业化生产神经干细胞的重要候选方案。

5.4　人神经干细胞的定向分化

5.4.1　向区域特异性神经元的定向分化

1. 向前脑神经元的定向分化

在发育早期，大量的细胞团块可见于侧脑室壁附近形成不同高度的凸起，这些凸起统称为神经节隆起（ganglionic eminences）。神经节隆起可以根据产生的前体细胞类型的不同划分为侧神经节隆起（lateral ganglionic eminence，LGE）、内侧神经节隆起（medial ganglionic eminence，MGE）和尾侧神经节隆起（caudal ganglionic eminence，CGE）。前脑腹侧的胚胎原基（primordium）区域包括内侧神经节隆起和视前区（preoptic area）两个区域，该区域前体细胞特异性表达 NKX2.1+，构成了初期腹侧增殖区，可以发育得到γ-氨基丁酸能投射神经元（GABAergic projection neuron）、皮质和纹状体γ-氨基丁酸能中间神经元（cortical and striatal GABAergic interneuron）、纹状体胆碱能中间神经元（striatal cholinergic interneuron）和基底前脑胆碱能投射神经元（basal forebrain cholinergic projection neuron）[105]。γ-氨基丁酸中间神经元在高阶脑功能中有重要作用，它的功能异常与发育和精神疾病相关；又因其能够迁移到皮层和海马区，故也与学习和记忆能力有关联。纹状体γ-氨基丁酸（GABA）神经元发育自 LGE 神经前体细胞，能够接收谷氨酸能和多巴胺能投射信号，并投射支配苍白球（globus pallidus）、丘脑（thalamus）和黑质区（substantia nigra）从而调控运动功能[106]。胆碱能神经元可以细分为 10 个子细胞群 Ch1~Ch10，其中基底前脑胆碱能投射神经元（basal forebrain cholinergic projection neuron）主要投射到大脑皮层和海马区，与学习记忆和空间认知能力有关，因其在阿尔茨海默病中的退行性病变而受到广泛关注和研究[107]。上述前脑神经元与多种高阶脑功能紧密相关，功能异常会引起一系列学习及运动失调的疾病，体外建立获得上述细胞的途径将成为研究与治疗相关疾病的重要突破口。

1）重要的信号通路对分化过程的调控

无论是 LGE 区和 MGE 区来源的γ-氨基丁酸神经元还是基底前脑胆碱能投射神经元，都需要经由胚胎干细胞先分化得到神经上皮细胞（neuroepithelial cell）后，精确激活 SHH 信号通路进行腹侧化。中等程度腹侧化得到的是纹状体区域的 GABA 神经前体，并进一步分化得到表达 DARPP32 的 GABA 能中棘神经元（GABA medium spiny neurons）[108]；胚胎干细胞向神经上皮细胞分化的第 10 天激活 SHH 信号通路，并更深程度地进行腹侧化，可以得到表达 NKX2.1 的前脑 GABA 能神经前体，并进一步分化得到 GABA 能中间神经元和基底前脑胆碱能投射神经元[109,110]。

2）人类前脑神经元的特征

（1）GABA 能神经元能够释放脑内的一种主要抑制性神经递质γ-氨基丁酸（GABA），调节脑内细胞状态。细胞去极化作用后，GABA 释放水平能够急剧升高。

（2）胆碱能神经元主要投射到海马区，能够释放乙酰胆碱。乙酰胆碱（acetylcholine）是自主神经系统（autonomous nervous system）副交感神经支（parasympathetic branch）的主要神经递质，可以作用到锥体神经元的近端树突和胞体，从而产生兴奋性和动作电位[111]。

（3）体内移植后的细胞特征：LGE 区前体细胞来源的 GABA 神经元移植到纹状体后，能够投射到黑质区，同时接受谷氨酸能和多巴胺能神经支配从而调节运动失调。移植物对纹状体结构没有产生明显的破坏作用[108]。MGE 区前体细胞来源的 GABA 中间神经元和前脑基底胆碱能神经元能够与移植宿主的海马区神经元形成突触连接，对学习记忆缺损有治疗作用[109]。

3）人类前脑神经元的应用价值

LGE 区来源的纹状体 GABA 神经元的退行性病变与亨廷顿病（Huntington's disease）的运动失调相关，MEG 区域来源的 GABA 中间神经元与学习和记忆相关疾病密切相关，体外分化得到的功能性神经元可以作为这些疾病机制研究的模型、相关药物的筛选模型和潜在的细胞治疗的供体细胞。

2. 向中脑多巴胺神经元的定向分化

多巴胺能（dopaminergic，DA）神经元能够释放多巴胺——一种儿茶酚胺类神经递质。DA 神经元的特征之一是表达合成儿茶酚胺的限速酶酪氨酸羟化酶（tyrosine hydroxylase，TH）。DA 神经元存在于哺乳动物的整个中枢神经系统。其中位于腹侧中脑的 DA 神经元主要分布于三个核团：黑质致密部（A9 群）、腹侧被盖区（A10 群）和 retrorubral 区（RrF，A8 群）。不同的中脑 DA 神经元投射到不同的地区，因此发挥的功能也不同。腹侧被盖区和 RrF 的 DA 神经元投射到腹侧正中的纹状体（伏核），属于边缘系统和前额皮质的一部分，形成中脑缘和中脑皮质系统。这部分的 DA 神经元调控情绪性行为、自然动机、奖赏和认知功能，与多种精神疾病都密切相关。黑质的 DA 神经元主要投射到纹状体的背外侧——尾壳核，形成黑质-纹状体通路。黑质-纹状体通路主要调节运动功能，例如，帕金森病（Parkinson's disease，PD）中黑质 DA 神经元的退行性病变导致该通路发生障碍，进而引起运动症状，是帕金森病的病理学基础，黑质 DA 神经元因此也是帕金森病治疗主要的靶点[112]。

1）重要信号通路对分化过程的调控

在神经发育的过程中，位于神经管腹侧中线的一个细胞群为底板（floor plate），中脑 DA 神经元由底板发育而来[113]，此过程主要受 Wnt 和 Shh 两个信号通路调控。中脑底板细胞表达的 Lmx1b 直接调控 Wnt1 和 Lmx1a 的表达，而 Wnt1 通过 β-catenin 调控 Lmx1a，Lmx1a 则直接调控 Wnt1，形成自我调节环路。Wnt1 通过 β-catenin 调控 Otx2 和 Lmx1a，而 Lmx1a/b 调控 Msx1，形成 Wnt1-Lmx1a/b-Msx1 网络。Foxa2 调控 Shh，Shh 通过 Gli 负反馈于 Foxa2，形成 Shh-Foxa2 网络。Foxa2 还可以直接调控 Lmx1a/b，协调中脑 DA 神经元的分化。Nkx2.2 与 Nkx6.1 在中脑底板中是被抑制的，由 Foxa2 与

Otx2 抑制 Nkx2.2，Msx1 抑制 Nkx6.1。在神经发生过程中，Wnt5a、Foxa2、Lmx1a/b 与 Lxrα/β 间接地调控 Ngn2 的表达，其中 Foxa2 通过 Ferd31 与 Hes1 进行调控，Lmx1a/b 通过 Msx1 进行调控。Wnt1/β-catenin 与 Otx2 调控 Ngn2 与 Mash1。在成神经细胞与神经细胞阶段，Lmx1a 直接调控 DA 神经元有丝分裂后的基因，如 Nurr1 与 Pitx3，这两者调控酪氨酸羟化酶，同时受 Fox2a、Ngn2、Wnt5a、Lxrα/β、Wnt1/bCat 和 Otx2 所调控[112]。

激活主要的信号通路（SHH、FGF8、NURR1）可以将人或鼠的神经干细胞、多能干细胞体外诱导分化为 DA 神经元。在人或鼠的成纤维细胞中表达 Lmx1a、Ascl1 和 Nurr1 可以直接重编程为 DA 神经元[114]。

2）多巴胺能神经元的特征

（1）电生理特征：体外分化成熟的 DA 神经元能够产生动作电位，河豚毒素可抑制其动作电位的产生。成熟的 DA 神经元在收到突触输入性刺激后可产生自发性突触后电流，而谷氨酸受体拮抗剂 MBQX 或 D-AP5 可以阻断该过程[115]；加入外源性多巴胺后，DA 神经元产生自发性动作电位减少[116]。

（2）神经递质的产生和释放：体外诱导分化的 DA 神经元可以合成并释放多巴胺，并在高钾刺激下促进释放多巴胺[115,116]。

（3）对神经毒素的反应性：化合物 6-OHDA 与 MPTP 对 DA 神经元具有选择性神经毒性，常用于建立帕金森病动物模型。

（4）体内移植后的细胞特征：体内移植的多巴胺能神经元表达其标志物 TH、AADC、VMAT2 和 DAT[114]。

3）多巴胺能神经元的应用价值

体外分化获得 DA 神经元是帕金森病细胞替代治疗的重要途径。从多能干细胞体外诱导分化成 DA 神经元的优点是节省时间与费用，而体细胞直接重编程因跳过非成熟细胞的增殖阶段而减少了过度生长和成瘤的风险。

帕金森病病人的诱导多能干细胞体外分化为 DA 神经元可以用于研究病人的遗传背景，例如，某些类型帕金森病相关的基因突变、多态性，通过基因编辑技术纠正或引入突变或将起到治疗作用；还能用于研究疾病早期情况，帮助早期诊断、阻止神经系统的进一步退行性病变。

3. 向后脑血清素神经元的定向分化

解剖上，后脑（hindbrain）位于中脑以后、脊髓之前，根据表达的分子标志不同，分为若干区段（r1-8）[117,118]。血清素神经元（serotonin neurons）是一群能够合成并分泌血清素（serotonin，又称 5-HT）神经递质的神经元。中枢神经系统的血清素神经元主要分布于后脑腹侧的中缝核（raphe nuclei）。该核团被 r4 区域截断，前侧核团主要位于后脑的 r1-3 区段，而后侧核团主要位于后脑的 r5-8 区段。位于 r1-3 区段的血清素神经元细胞群为 B4-9 群，主要向大脑区域投射；位于 r5-8 区段的血清素神经元细胞群为 B1-3 群，主要向脊髓区域投射[117]。因此，尽管人类血清素神经元在脑内仅有 30 万个[119]，由于其投射范围基本上涵盖了整个中枢神经系统，因此它的功能异常与多种神经精神疾病和疼痛密切相关；血清素神经元是药物筛选和疾病机制研究重要的靶标细胞[117,120]。获得人类血清素神经元将为相关研发提供重要的工具。

1）重要信号通路对分化过程的调控

FGF 信号通路（FGF2、FGF4 和 FGF8）在小鼠和猴子多能干细胞定向分化为血清素神经元的过程中起到了非常重要的作用[121-125]。然而，FGF 信号通路对于人多能干细胞向血清素神经元的定向分化作用甚微[126]，这可能和定向分化过程中信号通路时空调节的顺序有密切关系。通过依次激活细胞内的 WNT、SHH 和 FGF 信号通路，可以依次获得后脑神经干细胞、腹侧后脑神经干细胞和血清素神经前体，进而得到高丰度的血清素神经元[127]。很明显，血清素神经元定向分化的过程，是一个需要多种信号通路按时空要求精确调控的过程。通过一定强度的 WNT 信号通路调节，多能干细胞沿中枢神经系统前后轴分化为后脑神经干细胞；高强度的 SHH 信号通路激活，细胞被定向到最为腹侧的区域；FGF4 信号通路使得腹侧后脑的神经干细胞转变为血清素神经前体。获得的人类血清素神经前体在神经分化培养基中进一步分化成熟，获得表达特异性分子标志的血清素神经元。

2）人类血清素神经元的特征[127]

（1）电生理特征：成熟的人多能干细胞来源的血清素神经元，体外电生理手段检测[全细胞膜片钳记录（whole-cell patch-clamp recordings）]显示携带有亚阈值震荡电位的低频自发性动作电位（action potential）波动、大动作电位及大而长的超极化（hyperpolarization）过程。

（2）神经递质的产生和释放：定向分化得到的人类血清素神经元分化成熟后，可以合成并自发释放血清素神经递质；也可以在药物（如促血清素释放剂和选择性血清素重摄取抑制剂）的作用下向胞外释放血清素神经递质。

（3）对神经毒素的反应性：神经毒素（5,7-DHT）对人类血清素神经元具有特异性神经毒效应。

（4）细胞体内移植后的特征：体外定向分化得到的人类血清素神经前体经体内移植到免疫缺陷的实验动物体内后，可以分化为血清素神经元，并表达其特有的分子标志（如 TPH2 和 5-HT 等）。

3）人类血清素神经元的应用价值

（1）药物筛选：基于定向分化得到的人类血清素神经元能够合成并分泌血清素神经递质，且对治疗慢性疼痛和重症抑郁的药物存在剂量依赖性和时间依赖性的特点，该分化体系可以作为潜在的基于人类特定神经细胞的药物验证或筛选平台，以提高药物筛选效率、减少实验动物用量和较大程度反映药物在人类细胞上所起的作用[127]。

（2）疾病机制研究：已有很多报道称血清素系统（包括血清素神经元、血清素神经递质和相关受体）与多种精神类疾病有关，然而机制却并不十分明确。动物模型相对较难模拟精神类疾病是造成疾病机制难以阐释的重要原因之一。人类血清素神经元的获得，尤其是从病人获得，将有利于在体外环境下，在病人基因组信息完好的情况下，发现可能存在的疾病细胞病理表型或者功能障碍表型，进而为阐释相关精神类疾病的发生机制提供重要工具和途径。

4. 向脊髓运动神经元的定向分化

脊髓运动神经元（motor neuron）位于脊髓腹侧角（ventral horn），具有投射轴突到肌肉控制其运动的重要功能。由于脊髓运动神经元可以直接通过投射神经轴突到目标肌肉来控制肌肉运动，因此运动神经元的退行性病变会造成一系列以运动机能障碍表现为主的疾病，如脊髓性肌肉萎缩症（spinal muscular atrophy）、脊髓侧索硬化症（amyotrophic lateral sclerosis）等。由特定个体诱导多能干细胞体外分化得到的高度均一、功能完备的成熟运动神经元可以作为运动神经元退行性病变相关疾病的药物筛选平台，并有利于对疾病机制的研究，为临床精准治疗疾病提供有效工具。

1）重要信号通路对分化过程的调控

以调控脊髓运动神经元的相关信号通路为基础，可以通过组合使用一系列小分子化合物，在体外精确依次调控各个关键信号通路的开关，耗时少的同时，得到高度富集（>90%）功能性的成熟脊髓运动神经元。激活 WNT 信号通路，在提高向神经方向诱导的同时得到尾侧神经前体细胞；通过调控 SHH 信号通路，使尾侧神经前体细胞进一步腹侧化，结合 WNT 信号通路的调控，从而促进 OLIG2+运动神经前体细胞群体比例的上升、NKX2.2+群体的下降，BMP 信号通路抑制剂在这个阶段可以辅助激活 SHH 通路而抑制背侧化分子作用；Notch 信号通路可以在扩大运动神经元数量和促进成熟中发挥作用 [128]。

2）人类脊髓运动神经元的特征

（1）电生理特征：由于运动行为的复杂性，脊髓运动神经元无自发电活动，静息膜电位远低于动作电位（action potential）阈值。动作电位开始于轴突纤细无髓鞘的尖端，形成的动作电位具有非连续性顺行（orthodromic）和逆行（antidromic）兼具的特点 [129]，运动神经元的轴突尖端高度兴奋且具有极低的动作电位阈值。应对刺激，运动神经元去极化、发出重复动作电位（action potential）[130]。脊髓运动神经元的电生理研究，通过注入一定的长时间去极化恒流脉冲，以此模拟持续的突触去极化，运动神经元会产生重复 firing，这种运动神经元固有的 firing 模式也为寻找其机制解释提供了基础。

（2）移植胚胎后细胞特征：体外分化得到的人运动神经元移植入实验动物胚胎中，可以成功整合到脊髓腹角（ventral horn），并将神经轴突通过腹侧沿着周边神经投射到目标肌肉。

（3）脊髓运动神经元能够与来自小鼠 C2C12 细胞分化的肌小管（myotubes）共培养，可以形成神经肌肉连接。

3）人类脊髓运动神经元的应用价值

动物模型在疾病研究中具有一定的局限性，由于人和动物间不可避免的基因和解剖结构上的区别，基于动物模型的药物或是疾病机制研究常常难以走向临床。

（1）药物筛选：脊髓运动神经元可以直接通过投射神经轴突到目标肌肉，来控制肌肉运动，因此运动神经元的退行性病变会造成一系列运动机能障碍的疾病。使用完备的体外分化脊髓运动神经元技术可以为运动神经退行性疾病相关的药物筛选提供高纯度、具有功能的成熟种子细胞，可以对药物作用的精确细胞时期、位置、基因背景影响等提供更加深入研究的工具，并为治疗提供可能靶点。

（2）疾病机制研究：将病人来源的诱导多能干细胞体外分化并富集得到成熟的运动神经元具有疾病相关的表型，例如，研究脊髓侧索硬化症，可以利用诱导多能干细胞系 A4V SOD1 突变细胞和 D90A SOD1 突变细胞体外分化得到疾病运动神经元，细胞模型还可以通过基因编辑手段纠正突变得到同基因正常对照组[131]，在相同遗传背景上进行研究。基于分化得到的细胞模型具有人类基因背景，且具有精确到病人个体的研究价值，可以弥补现存动物模型的不足，促进疾病研究的临床化进展。

5.4.2 向星形胶质细胞的定向分化

星形胶质细胞是一类胶质细胞，是脊椎动物中枢神经系统中最丰富的细胞。与神经元类似，星形胶质细胞按照其定位、形态、基因表达谱和对环境信号的响应分为不同的亚型。星形胶质细胞保证了神经元之间精确的通信，因此其对维持健康大脑的稳态环境至关重要[132]。在病理状态下，星形胶质细胞能够防止进一步的损伤。星形胶质细胞的异常涉及多种疾病，包括胶质细胞瘤、癫痫、Alexander 病和神经变性疾病[132]。因此，体外获得人类星形胶质细胞，将有利于理解如何调节星形胶质细胞活性，有益于一系列神经损伤和神经疾病的治疗。

1）重要信号通路对分化过程的调控

首先，人多能干细胞定向分化为神经上皮细胞，在 FGF、RA 和 SHH 等信号通路的调节下，形成区域特异性神经前体细胞，进而产生不同区域的星形胶质细胞。激活 SHH 信号通路，细胞将会产生腹侧表型；而在不激活 SHH 信号通路的情况下，细胞将具有大脑皮层细胞的形态特征。通过 RA 诱导的星形胶质前体细胞表现出脊髓细胞的表型[132]。转录因子 NF1A 和 SOX9 的过表达能够抑制前体细胞向神经元分化而促进胶质细胞分化[133-135]。NFIA 是一种胶质细胞开关，通过快速触发神经上皮细胞的染色质达到类似于星形胶质细胞的染色质状态，从而诱导人多能干细胞快速分化为具有功能的星形胶质细胞[135]。

2）人类星形胶质细胞的特征

（1）电生理特征：与神经元相反，星形胶质细胞是被动细胞，因为它们不能产生动作电位，并且它们的电压门控电流在成熟期间减少。星形胶质细胞不存在或者存在很小的钠电流；在谷氨酸的诱导下会产生电流。

（2）神经递质的信号转导和缓冲：星形胶质细胞的一个关键功能是帮助神经元在激发期间释放的神经递质进行信号转导和缓冲。此过程中，星形胶质细胞对于谷氨酸的摄取率较高。可以通过检测功能性谷氨酸受体和转运蛋白来确定其是否为星形胶质细胞。

（3）产生钙波：在各种刺激的作用下，星形胶质细胞会产生钙波。钙波的传播在胶质细胞之间和神经元-胶质细胞的通讯中十分重要，并且钙波动力学在区域上不同的星形胶质细胞中是不同的。

（4）促进突触形成：星形胶质细胞的另一项功能，特别是未成熟的星形胶质细胞，能够促进突触形成。相较于神经前体细胞的单独培养分化成熟，神经前体细胞与星形胶质细胞共培养能够检测到突触数量的明显增多。

（5）移植后的特征：星形胶质细胞在移植到小鼠中枢神经系统后能够维持星形胶质细胞的表型。

3）人类星形胶质细胞的应用价值

（1）研究星形胶质细胞的区域特异性功能：成人中枢神经系统中，星形胶质细胞亚型的功能特性还存在很多未知。已经证明，区域特异性星形胶质细胞（如皮质或皮质下）选择性地促进来自相应区域的神经元的神经轴突生长[133]。海马和下丘脑星形胶质细胞的间隙连接耦合强度似乎高于大脑皮质和脑干[133]。从人多能干细胞产生成熟星形胶质细胞亚型的能力将有助于研究区域特异性星形胶质细胞的功能多样性。

（2）分析体内星形胶质细胞的行为：基于定向分化得到的星形胶质细胞具有星形胶质细胞的典型形态，表达星形胶质细胞的标志物，并在移植入小鼠脑后保持其特性。在功能上，它们与体内星形胶质细胞相似，能够产生钙波、摄取谷氨酸和支持神经元突触的生长。因此，基于定向分化得到的星形胶质细胞适用于研究人类星形胶质细胞在生理和病理条件下与周围神经元和神经胶质的相互作用。它们能够存活于小鼠大脑中，因此适用于分析星形胶质细胞的体内行为。

（3）建立神经疾病模型：通过体外分化快速有效地产生高度富集、成熟和真正的功能性的人类星形胶质细胞，可用于研究星形胶质细胞生物学和建立神经疾病模型，有利于相关疾病发病机制的研究。

5.4.3 向少突胶质细胞的定向分化

少突胶质细胞（oligodendrocytes）是中枢神经系统的髓鞘细胞，占神经胶质细胞总数的 5%~10%。这些细胞产生髓鞘，不仅对沿轴突快速有效传导电脉冲起重要作用，而且对于保持轴突完整性也是必不可少的[136]。脊髓中，运动神经元前体细胞区域中的神经前体细胞能够表达少突胶质细胞转录因子 OLIG2，并且以时间依赖性方式产生运动神经元或少突胶质前体细胞。在神经发生阶段，OLIG2+前体细胞共表达神经元生成转录因子，如神经生成素 2（NGN2），分化为运动神经元。此后，OLIG2+细胞通过关闭神经元生成转录因子并开启少突胶质细胞转录因子，如 NKX2.2 和 SOX10 等，而成为少突胶质前体细胞[137]。少突胶质细胞及其前体都易受到不良刺激的损伤,包括兴奋毒性损伤、氧化应激和炎症[136]。研究发现多种神经系统疾病与少突胶质细胞功能的损伤和神经发育过程中髓鞘形成的异常有关,如脑室周围白质软化、缺氧/缺血和高胆红素血症,这些疾病又可以促进神经性疾病的出现,如精神分裂症、多发性硬化症和阿尔茨海默病[136]。少突胶质细胞是药物筛选和疾病机制研究重要的靶标细胞,并且对于细胞治疗具有潜在的用途。因此,获得人类少突胶质细胞将为相关研究与应用提供重要的工具。

1)重要信号通路对分化过程的调控

人多能干细胞经诱导分化为神经上皮细胞,形成具有花瓣状的神经管样结构。通过RA 和 SHH 信号通路的转导,这些神经上皮细胞定向分化为腹侧脊髓前体细胞。FGF2 信号通路使得腹侧脊髓前体细胞转变为了表达 OLIG2 和 NKX2.2 的少突胶质前体细胞[137]。FGF2 通过抑制运动神经元分化而增加少突胶质细胞前体,但也抑制了少突胶质细胞前体中 OLIG2 和 NKX2.2 的 SHH 依赖性共表达,从而阻断了少突胶质细胞前体向少突胶质细胞的转变[138]。因此,FGF2 在分化到少突胶质细胞前体阶段后需要撤除,而 SHH 信号通路对于维持神经胶质前体细胞中的 OLIG2 和 NKX2.2 的共表达是必需的。最后,少突胶质细胞前体在神经胶质培养基中通过激活 SOX10 和血小板衍生生长因子受体 α(PDGFRα)而分化成少突胶质细胞。这些少突胶质细胞是双极或多极的,并且表达少突胶质细胞的其他标志物,如 SOX10、PDGFRα 和膜蛋白多糖 NG2[137]。

2)人类少突胶质细胞的特征

(1)体内移植后的细胞特征:体外定向分化得到的人类少突胶质细胞前体经体内移植到脱髓鞘的小鼠体内后,可以分化为少突胶质细胞,并能够在轴突周围产生髓磷脂鞘。

(2)特征性形态:少突胶质细胞前体可通过其在层粘连蛋白或鸟氨酸底物上的特征性两极形态来鉴定。这些底物非常适合少突胶质细胞的迁移和扩展。

(3)少突胶质细胞表达 PDGFRα 和膜蛋白多糖 NG2 等特征分子。

3)人类少突胶质细胞的应用价值

(1)发育调节研究:由于无法进行人类胚胎实验,因此需要一种替代的体外模型来直接研究人类细胞或组织。人多能干细胞的定向神经分化技术使得我们能够重新考量从脊椎动物研究中发现的早期神经发育的基本原理。基于人类少突胶质细胞定向分化的 SHH 依赖性调节转录网络与人类胚胎发育过程是相似的。少突胶质细胞生成的时间过程与人类胚胎发育过程也是一致的。因此,人多能干细胞分化体系为理解人类少突胶质细胞发育调节提供了有用工具。

(2)细胞治疗:基于定向分化得到的少突胶质前体细胞植入体内后,可以实现高效的体内少突胶质细胞分化和髓鞘的形成。并且,在移植 9 个月后,植入体内的神经胶质前体细胞没有形成肿瘤。与此同时,未发现有未分化的细胞残留在体内[139]。因此,由人多能干细胞衍生的少突胶质细胞在治疗获得性髓鞘疾病(如多发性硬化和创伤性脱髓鞘疾病等)和遗传性髓鞘疾病(如 Pelizaeus-Merzbacher 病等)中具有很大的治疗价值。

（3）疾病机制分析：已有很多报道称少突胶质细胞的病变与多种获得性髓鞘疾病有关，然而机制却并不十分明确。人类少突胶质细胞的获得，尤其是从病人处获得，将有利于在体外环境下，在病人基因组信息完好的情况下，发现可能存在的疾病细胞病理表型或者功能障碍表型，进而为阐释相关的获得性髓鞘疾病的疾病机制分析提供重要工具和途径。

（4）药物筛选：基于定向分化得到的人类少突胶质细胞能够产生髓磷脂鞘，并且具有一系列与体内少突胶质细胞相同的特征。从患有髓鞘相关疾病病人的 iPSC 分化得到的少突胶质细胞能够用于药物筛选，以提高药物筛选效率、减少实验动物用量，较大程度上反映药物在不同个体细胞上所起的作用。

参 考 文 献

1　Chu-Lagraff Q & Doe CQ. Neuroblast specification and formation regulated by wingless in the drosophila cns. Science, 1993, **261(5128)**: 1594-1597.

2　Mackay-Sim A & Kittel P. Cell dynamics in the adult mouse olfactory epithelium: A quantitative autoradiographic study. Journal of Neuroscience, 1991, **11(4)**: 979-984.

3　Breunig JJ, Haydar TF & Rakic P. Neural stem cells: Historical perspective and future prospects. Neuron, 2011, **70(4)**: 614-625.

4　Bentivoglio M & Mazzarello P. The history of radial glia. Brain research bulletin, 1999, **49(5)**: 305-315.

5　Sauer FC. Mitosis in the neural tube. Journal of Comparative Neurology, 1935, **62(2)**: 377-405.

6　Bystron I, Blakemore C & Rakic P. Development of the human cerebral cortex: Boulder committee revisited. Nature Reviews Neuroscience, 2008, **9(2)**: 110.

7　Magini G. Sur la neuroglie et les cellules nerveuses cerebrales chez les foetus. Arch Ital Biol, 1888, **9**: 59-60.

8　Ramón S. *Textura del sistema nervioso del hombre y de los vertebrados: Estudios sobre el plan estructural y composición histológica de los centros nerviosos adicionados de consideraciones fisiológicas fundadas en los nuevos descubrimientos.* Vol. 1 (Moya, 1899).

9　Golgi C. *Sulla fina anatomia degli organi centrali del sistema nervoso.*　(S. Calderini, 1885).

10　Kölliker A. *Entwicklungsgeschichte des menschen und der höheren thiere.*　(W. Engelmann, 1876).

11　Magini G. Ulteriori ricerche istologiche sul cervello fetale. Rendiconti della R. Accademia dei Lincei, 1888, **4**: 760-763.

12　Rakic P. Mode of cell migration to the superficial layers of fetal monkey neocortex. Journal of Comparative Neurology, 1972, **145(1)**: 61-83.

13　Schmechel DE & Rakic P. A golgi study of radial glial cells in developing monkey telencephalon: Morphogenesis and transformation into astrocytes. Anatomy and embryology, 1979, **156(2)**: 115-152.

14　Costa MR, Bucholz O, Schroeder T et al. Late origin of glia-restricted progenitors in the developing mouse cerebral cortex. Cerebral cortex, 2009, **19(suppl_1)**: i135-i143.

15　Temple S. Division and differentiation of isolated cns blast cells in microculture. Nature, 1989, **340(6233)**: 471-473.

16　Davis AA & Temple S. A self-renewing multipotential stem cell in embryonic rat cerebral cortex. Nature, 1994, **372(6503)**: 263-266.

17　Malatesta P, Hartfuss E & Gotz M. Isolation of radial glial cells by fluorescent-activated cell sorting reveals a neuronal lineage. Development, 2000, **127(24)**: 5253-5263.

18　Noctor SC, Flint AC, Weissman TA et al. Neurons derived from radial glial cells establish radial units in neocortex. Nature, 2001, **409(6821)**: 714-720.

19　Miyata T, Kawaguchi A, Okano H et al. Asymmetric inheritance of radial glial fibers by cortical neurons. Neuron, 2001, **31(5)**: 727-741.

20 Smart I & Leblond C. Evidence for division and transformations of neuroglia cells in the mouse brain, as derived from radioautography after injection of thymidine‑h3. Journal of Comparative Neurology, 1961, **116(3)**: 349-367.

21 Altman J. Are new neurons formed in the brains of adult mammals? Science, 1962, **135(3509)**: 1127-1128.

22 Altman J. Autoradiographic investigation of cell proliferation in the brains of rats and cats. The Anatomical Record, 1963, **145(4)**: 573-591.

23 Altman J & Das GD. Autoradiographic and histological evidence of postnatal hippocampal neurogenesis in rats. Journal of Comparative Neurology, 1965, **124(3)**: 319-335.

24 Altman J. Autoradiographic and histological studies of postnatal neurogenesis. Iv. Cell proliferation and migration in the anterior forebrain, with special reference to persisting neurogenesis in the olfactory bulb. Journal of Comparative Neurology, 1969, **137(4)**: 433-457.

25 Reynolds BA & Weiss S. Generation of neurons and astrocytes from isolated cells of the adult mammalian central nervous system. Science, 1992, **255(5052)**: 1707-1710.

26 Gould E, Cameron HA, Daniels DC et al. Adrenal hormones suppress cell division in the adult rat dentate gyrus. Journal of Neuroscience, 1992, **12(9)**: 3642-3650.

27 Gould E, Mcewen BS, Tanapat P et al. Neurogenesis in the dentate gyrus of the adult tree shrew is regulated by psychosocial stress and nmda receptor activation. Journal of Neuroscience, 1997, **17(7)**: 2492-2498.

28 Van Praag H, Kempermann G & Gage FH. Running increases cell proliferation and neurogenesis in the adult mouse dentate gyrus. Nature Neuroscience, 1999, **2(3)**: 266-270.

29 Malberg JE, Eisch AJ, Nestler EJ et al. Chronic antidepressant treatment increases neurogenesis in adult rat hippocampus. Journal of Neuroscience, 2000, **20(24)**: 9104-9110.

30 Döbrössy M, Drapeau E, Aurousseau C et al. Differential effects of learning on neurogenesis: Learning increases or decreases the number of newly born cells depending on their birth date. Molecular Psychiatry, 2003, **8(12)**: 974-982.

31 Doetsch F, Caille I, Lim DA et al. Subventricular zone astrocytes are neural stem cells in the adult mammalian brain. Cell, 1999, **97(6)**: 703-716.

32 Seri B, Garcıa-Verdugo JM, Mcewen BS et al. Astrocytes give rise to new neurons in the adult mammalian hippocampus. Journal of Neuroscience, 2001, **21(18)**: 7153-7160.

33 Berg DA, Yoon KJ, Will B et al. Tbr2-expressing intermediate progenitor cells in the adult mouse hippocampus are unipotent neuronal precursors with limited amplification capacity under homeostasis. Frontiers in Biology, 2015, **10(3)**: 262-271.

34 Sun GJ, Zhou Y, Stadel RP et al. Tangential migration of neuronal precursors of glutamatergic neurons in the adult mammalian brain. Proceedings of the National Academy of Sciences, 2015, **112(30)**: 9484-9489.

35 Eriksson PS, Perfilieva E, Björk-Eriksson T et al. Neurogenesis in the adult human hippocampus. Nature Medicine, 1998, **4(11)**: 1313-1317.

36 Spalding KL, Bergmann O, Alkass K et al. Dynamics of hippocampal neurogenesis in adult humans. Cell, 2013, **153(6)**: 1219-1227.

37 Sorrells SF, Paredes MF, Cebrian-Silla A et al. Human hippocampal neurogenesis drops sharply in children to undetectable levels in adults. Nature, 2018, **555(7696)**: 377-381.

38 Boldrini M, Fulmore CA, Tartt AN et al. Human hippocampal neurogenesis persists throughout aging. Cell Stem Cell, 2018, **22(4)**: 589-599. e585.

39 Tobin MK, Musaraca K, Disouky A et al. Human hippocampal neurogenesis persists in aged adults and alzheimer's disease patients. Cell Stem Cell, 2019, **24(6)**: 974-982. e973.

40 Kempermann G, Gage FH, Aigner L et al. Human adult neurogenesis: Evidence and remaining questions. Cell Stem Cell, 2018, **23(1)**: 25-30.

41 Taverna E, Götz M & Huttner WB. The cell biology of neurogenesis: Toward an understanding of the

development and evolution of the neocortex. Annual review of cell and developmental biology, 2014, **30**: 465-502.

42　Rao MS & Jacobson M. *Developmental neurobiology.* (Springer Science & Business Media, 2006).

43　Namba T & Huttner WB. Neural progenitor cells and their role in the development and evolutionary expansion of the neocortex. Wiley Interdisciplinary Reviews: Developmental Biology, 2017, **6(1)**: e256.

44　Farkas LM & Huttner WB. The cell biology of neural stem and progenitor cells and its significance for their proliferation versus differentiation during mammalian brain development. Current Opinion in Cell Biology, 2008, **20(6)**: 707-715.

45　Kwan KY, Šestan N & Anton E. Transcriptional co-regulation of neuronal migration and laminar identity in the neocortex. Development, 2012, **139(9)**: 1535-1546.

46　Oberst P, Fièvre S, Baumann N et al. Temporal plasticity of apical progenitors in the developing mouse neocortex. Nature, 2019, **573(7774)**: 370-374.

47　Bayer SA & Altman J. *Neocortical development.* Vol. 1 (Raven Press New York, 1991).

48　Hansen DV, Lui JH, Parker PR et al. Neurogenic radial glia in the outer subventricular zone of human neocortex. Nature, 2010, **464(7288)**: 554-561.

49　Fietz SA, Lachmann R, Brandl H et al. Transcriptomes of germinal zones of human and mouse fetal neocortex suggest a role of extracellular matrix in progenitor self-renewal. Proceedings of the National Academy of Sciences, 2012, **109(29)**: 11836-11841.

50　Betizeau M, Cortay V, Patti D et al. Precursor diversity and complexity of lineage relationships in the outer subventricular zone of the primate. Neuron, 2013, **80(2)**: 442-457.

51　Berg DA, Su Y, Jimenez-Cyrus D et al. A common embryonic origin of stem cells drives developmental and adult neurogenesis. Cell, 2019, **177(3)**: 654-668. e615.

52　Hildebrand JG & Shepherd GM. Mechanisms of olfactory discrimination: Converging evidence for common principles across phyla. Annual Review of Neuroscience, 1997, **20(1)**: 595-631.

53　Whitlock KE. Origin and development of gnrh neurons. Trends in Endocrinology & Metabolism, 2005, **16(4)**: 145-151.

54　Bond AM, Ming GL & Song H. Adult mammalian neural stem cells and neurogenesis: Five decades later. Cell Stem Cell, 2015, **17(4)**: 385-395.

55　Takagi Y. History of neural stem cell research and its clinical application. Neurologia Medicochirurgica, 2016, **56(3)**: 110-124.

56　Mirzadeh Z, Merkle FT, Soriano-Navarro M et al. Neural stem cells confer unique pinwheel architecture to the ventricular surface in neurogenic regions of the adult brain. Cell Stem Cell, 2008, **3(3)**: 265-278.

57　Shen Q, Wang Y, Kokovay E et al. Adult svz stem cells lie in a vascular niche: A quantitative analysis of niche cell-cell interactions. Cell Stem Cell, 2008, **3(3)**: 289-300.

58　Kriegstein A & Alvarez-Buylla A. The glial nature of embryonic and adult neural stem cells. Annual Review of Neuroscience, 2009, **32**: 149-184.

59　Alvarez-Buylla A & Lim DA. For the long run: Maintaining germinal niches in the adult brain. Neuron, 2004, **41(5)**: 683-686.

60　Fuentealba LC, Rompani SB, Parraguez JI et al. Embryonic origin of postnatal neural stem cells. Cell, 2015, **161(7)**: 1644-1655.

61　Furutachi S, Miya H, Watanabe T et al. Slowly dividing neural progenitors are an embryonic origin of adult neural stem cells. Nature Neuroscience, 2015, **18(5)**: 657.

62　Ponti G, Obernier K, Guinto C et al. Cell cycle and lineage progression of neural progenitors in the ventricular-subventricular zones of adult mice. Proceedings of the National Academy of Sciences, 2013, **110(11)**: E1045-E1054.

63　Lehtinen MK, Zappaterra MW, Chen X et al. The cerebrospinal fluid provides a proliferative niche for neural progenitor cells. Neuron, 2011, **69(5)**: 893-905.

64　Zappaterra MW & Lehtinen MK. The cerebrospinal fluid: Regulator of neurogenesis, behavior, and beyond. Cellular and Molecular Life Sciences, 2012, **69(17)**: 2863-2878.

65　Bjornsson CS, Apostolopoulou M, Tian Y et al. It takes a village: Constructing the neurogenic niche. Developmental cell, 2015, **32(4)**: 435-446.

66　Lee HS, Han J, Bai HJ et al. Brain angiogenesis in developmental and pathological processes: Regulation, molecular and cellular communication at the neurovascular interface. The FEBS Journal, 2009, **276(17)**: 4622-4635.

67　Mizee MR, Wooldrik D, Lakeman KA et al. Retinoic acid induces blood-brain barrier development. Journal of Neuroscience, 2013, **33(4)**: 1660-1671.

68　Shen Q, Goderie SK, Jin L et al. Endothelial cells stimulate self-renewal and expand neurogenesis of neural stem cells. Science, 2004, **304(5675)**: 1338-1340.

69　Thomas J-L, Baker K, Han J et al. Interactions between vegfr and notch signaling pathways in endothelial and neural cells. Cellular and Molecular Life Sciences, 2013, **70(10)**: 1779-1792.

70　Li S, Haigh K, Haigh JJ et al. Endothelial vegf sculpts cortical cytoarchitecture. Journal of Neuroscience, 2013, **33(37)**: 14809-14815.

71　Decimo I, Fumagalli G, Berton V et al. Meninges: From protective membrane to stem cell niche. American Journal of Stem Cells, 2012, **1(2)**: 92.

72　Borrell V & Marín O. Meninges control tangential migration of hem-derived cajal-retzius cells via cxcl12/cxcr4 signaling. Nature Neuroscience, 2006, **9(10)**: 1284-1293.

73　Paredes MF, Li G, Berger O et al. Stromal-derived factor-1 (cxcl12) regulates laminar position of cajal-retzius cells in normal and dysplastic brains. Journal of Neuroscience, 2006, **26(37)**: 9404-9412.

74　López-Bendito G, Sánchez-Alcaniz JA, Pla R et al. Chemokine signaling controls intracortical migration and final distribution of gabaergic interneurons. Journal of Neuroscience, 2008, **28(7)**: 1613-1624.

75　Siegenthaler JA, Ashique AM, Zarbalis K et al. Retinoic acid from the meninges regulates cortical neuron generation. Cell, 2009, **139(3)**: 597-609.

76　Cunningham CL, Martínez-Cerdeño V & Noctor SC. Microglia regulate the number of neural precursor cells in the developing cerebral cortex. Journal of Neuroscience, 2013, **33(10)**: 4216-4233.

77　Swinnen N, Smolders S, Avila A et al. Complex invasion pattern of the cerebral cortex bymicroglial cells during development of the mouse embryo. Glia, 2013, **61(2)**: 150-163.

78　Battista D, Ferrari CC, Gage FH et al. Neurogenic niche modulation by activated microglia: Transforming growth factor β increases neurogenesis in the adult dentate gyrus. European Journal of Neuroscience, 2006, **23(1)**: 83-93.

79　Zhu P, Hata R, Cao F et al. Ramified microglial cells promote astrogliogenesis and maintenance of neural stem cells through activation of stat3 function. The FASEB Journal, 2008, **22(11)**: 3866-3877.

80　Mosher KI & Schaffer DV. Influence of hippocampal niche signals on neural stem cell functions during aging. Cell and Tissue Research, 2018, **371(1)**: 115-124.

81　Baker SA, Baker KA & Hagg T. Dopaminergic nigrostriatal projections regulate neural precursor proliferation in the adult mouse subventricular zone. European Journal of Neuroscience, 2004, **20(2)**: 575-579.

82　Höglinger GU, Rizk P, Muriel MP et al. Dopamine depletion impairs precursor cell proliferation in parkinson disease. Nature Neuroscience, 2004, **7(7)**: 726-735.

83　Kippin TE, Kapur S & Van Der Kooy D. Dopamine specifically inhibits forebrain neural stem cell proliferation, suggesting a novel effect of antipsychotic drugs. Journal of Neuroscience, 2005, **25(24)**: 5815-5823.

84　Berg DA, Belnoue L, Song H et al. Neurotransmitter-mediated control of neurogenesis in the adult vertebrate brain. Development, 2013, **140(12)**: 2548-2561.

85　Yang P, Arnold SA, Habas A et al. Ciliary neurotrophic factor mediates dopamine d2 receptor-induced cns neurogenesis in adult mice. Journal of Neuroscience, 2008, **28(9)**: 2231-2241.

86　Tong CK, Chen J, Cebrián-Silla A et al. Axonal control of the adult neural stem cell niche. Cell Stem Cell, 2014, **14(4)**: 500-511.

87　Paez-Gonzalez P, Asrican B, Rodriguez E et al. Identification of distinct chat+ neurons and activity-dependent control of postnatal svz neurogenesis. Nature Neuroscience, 2014, **17(7)**: 934-942.

88　Romero-Grimaldi C, Moreno-López B & Estrada C. Age-dependent effect of nitric oxide on subventricular zone and olfactory bulb neural precursor proliferation. Journal of Comparative Neurology, 2008, **506(2)**: 339-346.

89　Lim DA, Tramontin AD, Trevejo JM et al. Noggin antagonizes bmp signaling to create a niche for adult neurogenesis. Neuron, 2000, **28(3)**: 713-726.

90　Ramírez-Castillejo C, Sánchez-Sánchez F, Andreu-Agulló C et al. Pigment epithelium－derived factor is a niche signal for neural stem cell renewal. Nature Neuroscience, 2006, **9(3)**: 331-339.

91　Spassky N, Merkle FT, Flames N et al. Adult ependymal cells are postmitotic and are derived from radial glial cells during embryogenesis. Journal of Neuroscience, 2005, **25(1)**: 10-18.

92　Sawamoto K, Wichterle H, Gonzalez-Perez O et al. New neurons follow the flow of cerebrospinal fluid in the adult brain. Science, 2006, **311(5761)**: 629-632.

93　Redzic ZB, Preston JE, Duncan JA et al. The choroid plexus-cerebrospinal fluid system: From development to aging. Current Topics in Developmental Biology, 2005, **71**: 1-52.

94　Marques F, Sousa JC, Coppola G et al. Transcriptome signature of the adult mouse choroid plexus. Fluids and Barriers of the CNS, 2011, **8(1)**: 10.

95　Liddelow SA, Temple S, Møllgård K et al. Molecular characterisation of transport mechanisms at the developing mouse blood-csf interface: A transcriptome approach. PLoS One, 2012, **7(3)**.

96　Nguyen-Ba-Charvet KT, Picard-Riera N, Tessier-Lavigne M et al. Multiple roles for slits in the control of cell migration in the rostral migratory stream. Journal of Neuroscience, 2004, **24(6)**: 1497-1506.

97　Palmer TD, Willhoite AR & Gage FH. Vascular niche for adult hippocampal neurogenesis. Journal of Comparative Neurology, 2000, **425(4)**: 479-494.

98　Gómez-Gaviro MV, Scott CE, Sesay AK et al. Betacellulin promotes cell proliferation in the neural stem cell niche and stimulates neurogenesis. Proceedings of the National Academy of Sciences, 2012, **109(4)**: 1317-1322.

99　Delgado AC, Ferrón SR, Vicente D et al. Endothelial nt-3 delivered by vasculature and csf promotes quiescence of subependymal neural stem cells through nitric oxide induction. Neuron, 2014, **83(3)**: 572-585.

100　Kokovay E, Wang Y, Kusek G et al. Vcam1 is essential to maintain the structure of the svz niche and acts as an environmental sensor to regulate svz lineage progression. Cell Stem Cell, 2012, **11(2)**: 220-230.

101　Zhang SC, Wernig M, Duncan ID et al. *In vitro* differentiation of transplantable neural precursors from human embryonic stem cells. Nature Biotechnology, 2001, **19(12)**: 1129-1133.

102　Lee H, Shamy GA, Elkabetz Y et al. Directed differentiation and transplantation of human embryonic stem cell-derived motoneurons. Stem Cells, 2007, **25(8)**: 1931-1939.

103　Kawasaki H, Mizuseki K, Nishikawa S et al. Induction of midbrain dopaminergic neurons from es cells by stromal cell-derived inducing activity. Neuron, 2000, **28(1)**: 31-40.

104　Chambers SM, Fasano CA, Papapetrou EP et al. Highly efficient neural conversion of human es and ips cells by dual inhibition of smad signaling. Nature Biotechnology, 2009, **27(3)**: 275.

105　Allaway KC & Machold R. Developmental specification of forebrain cholinergic neurons. Developmental Biology, 2017, **421(1)**: 1-7.

106　Wictorin K. Anatomy and connectivity of intrastriatal striatal transplants. Progress in Neurobiology, 1992, **38(6)**: 611-639.

107　Mesulam MM. The cholinergic innervation of the human cerebral cortex. Progress in Brain Research, 2004, **145**: 67-78.

108　Ma L, Hu B, Liu Y et al. Human embryonic stem cell-derived gaba neurons correct locomotion deficits in quinolinic acid-lesioned mice. Cell Stem Cell, 2012, **10(4)**: 455-464.

109　Liu Y, Weick JP, Liu H et al. Medial ganglionic eminence-like cells derived from human embryonic stem cells correct learning and memory deficits. Nature Biotechnology, 2013, **31(5)**: 440.

110　Liu Y, Liu H, Sauvey C et al. Directed differentiation of forebrain gaba interneurons from human pluripotent stem cells. Nature Protocols, 2013, **8(9)**: 1670.

111　Park J-Y & Spruston N. Synergistic actions of metabotropic acetylcholine and glutamate receptors on the excitability of hippocampal ca1 pyramidal neurons. Journal of Neuroscience, 2012, **32(18)**: 6081-6091.

112　Arenas E, Denham M & Villaescusa JC. How to make a midbrain dopaminergic neuron. Development, 2015, **142(11)**: 1918-1936.

113　Xi J, Liu Y, Liu H et al. Specification of midbrain dopamine neurons from primate pluripotent stem cells. Stem Cells, 2012, **30(8)**: 1655-1663.

114　Caiazzo M, Dell'anno MT, Dvoretskova E et al. Direct generation of functional dopaminergic neurons from mouse and human fibroblasts. Nature, 2011, **476(7359)**: 224-227.

115　Kirkeby A, Grealish S, Wolf DA et al. Generation of regionally specified neural progenitors and functional neurons from human embryonic stem cells under defined conditions. Cell Reports, 2012, **1(6)**: 703-714.

116　Sánchez-Danés A, Consiglio A, Richaud Y et al. Efficient generation of a9 midbrain dopaminergic neurons by lentiviral delivery of lmx1a in human embryonic stem cells and induced pluripotent stem cells. Human Gene Therapy, 2012, **23(1)**: 56-69.

117　Goridis C & Rohrer H. Specification of catecholaminergic and serotonergic neurons. Nature Reviews Neuroscience, 2002, **3(7)**: 531-541.

118　Guthrie S. Patterning and axon guidance of cranial motor neurons. Nature Reviews Neuroscience, 2007, **8(11)**: 859-871.

119　Chen J & Condron BG. Branch architecture of the fly larval abdominal serotonergic neurons. Developmental Biology, 2008, **320(1)**: 30-38.

120　Deneris ES & Wyler SC. Serotonergic transcriptional networks and potential importance to mental health. Nature Neuroscience, 2012, **15(4)**: 519.

121　Lee SH, Lumelsky N, Studer L et al. Efficient generation of midbrain and hindbrain neurons from mouse embryonic stem cells. Nature Biotechnology, 2000, **18(6)**: 675-679.

122　Barberi T, Klivenyi P, Calingasan NY et al. Neural subtype specification of fertilization and nuclear transfer embryonic stem cells and application in parkinsonian mice. Nature Biotechnology, 2003, **21(10)**: 1200-1207.

123　Kim J-H, Auerbach JM, Rodríguez-Gómez JA et al. Dopamine neurons derived from embryonic stem cells function in an animal model of parkinson's disease. Nature, 2002, **418(6893)**: 50-56.

124　Salli U, Reddy AP, Salli N et al. Serotonin neurons derived from rhesus monkey embryonic stem cells: Similarities to cns serotonin neurons. Experimental Neurology, 2004, **188(2)**: 351-364.

125　Tokuyama Y, Ingram SL, Woodward JS et al. Functional characterization of rhesus embryonic stem cell-derived serotonin neurons. Experimental Biology and Medicine, 2010, **235(5)**: 649-657.

126　Kumar M, Kaushalya SK, Gressens P et al. Optimized derivation and functional characterization of 5-ht neurons from human embryonic stem cells. Stem Cells and Development, 2009, **18(4)**: 615-628.

127　Lu J, Zhong X, Liu H et al. Generation of serotonin neurons from human pluripotent stem cells. Nature Biotechnology, 2016, **34(1)**: 89-94.

128　Du ZW, Chen H, Liu H et al. Generation and expansion of highly pure motor neuron progenitors from human pluripotent stem cells. Nature Communications, 2015, **6**: 6626.

129　Brock L, Coombs J & Eccles J. The recording of potentials from motoneurones with an intracellular electrode. The Journal of Physiology, 1952, **117(4)**: 431.

130　Barron DH & Matthews BH. The interpretation of potential changes in the spinal cord. The Journal of Physiology, 1938, **92(3)**: 276-321.

131　Chen H, Qian K, Du Z et al. Modeling als with ipscs reveals that mutant sod1 misregulates neurofilament balance in motor neurons. Cell Stem Cell, 2014, **14(6)**: 796-809.

132 Krencik R, Weick JP, Liu Y et al. Specification of transplantable astroglial subtypes from human pluripotent stem cells. Nature Biotechnology, 2011, **29(6)**: 528.

133 Li X, Tao Y, Bradley R et al. Fast generation of functional subtype astrocytes from human pluripotent stem cells. Stem Cell Reports, 2018, **11(4)**: 998-1008.

134 Canals I, Ginisty A, Quist E et al. Rapid and efficient induction of functional astrocytes from human pluripotent stem cells. Nature Methods, 2018, **15(9)**: 693-696.

135 Tchieu J, Calder EL, Guttikonda SR et al. Nfia is a gliogenic switch enabling rapid derivation of functional human astrocytes from pluripotent stem cells. Nature Biotechnology, 2019, 37(3): 267-275.

136 Barateiro A, Brites D & Fernandes A. Oligodendrocyte development and myelination in neurodevelopment: Molecular mechanisms in health and disease. Current Pharmaceutical Design, 2016, **22(6)**: 656-679.

137 Hu BY, Du ZW & Zhang SC. Differentiation of human oligodendrocytes from pluripotent stem cells. Nature Protocols, 2009, **4(11)**: 1614.

138 Hu BY, Du ZW, Li XJ et al. Human oligodendrocytes from embryonic stem cells: Conserved shh signaling networks and divergent fgf effects. Development, 2009, **136(9)**: 1443-1452.

139 Wang S, Bates J, Li X et al. Human ipsc-derived oligodendrocyte progenitor cells can myelinate and rescue a mouse model of congenital hypomyelination. Cell Stem Cell, 2013, **12(2)**: 252-264.

陆建峰 曹立宁 沈 沁 柏庆然

第6章 造血干细胞

6.1 造血干细胞的鉴定

6.1.1 造血干细胞的概念

在人的一生中，每秒钟都有数百万计的血细胞死亡并被新生的细胞替代，而这个强大的再生能力是由造血干细胞（hematopoietic stem cell，HSC）维持的。血液系统是具有强大再生能力的组织之一，成人骨髓中每天约有 10^{12} 个细胞生成。早期解剖学家检查骨髓时发现，不同谱系及分化阶段的细胞具有多种不同的细胞形态。为了解释这种多样性，俄罗斯生物学家 A. Maximow 假设由多种细胞组成的造血过程起源于一个共同的祖细胞，即 HSC。HSC 的研究起始于 1952 年，研究者发现致死剂量辐射导致机体骨髓严重衰竭，尾静脉移植健康脾或骨髓细胞可显著降低机体的死亡率[1]。尽管当时的研究确定了血液形成细胞的存在及其移植后对再生血液系统的重要作用，但仍无法证明是否存在单个的多能造血干细胞。1961 年，加拿大的两位科学家 Till 和 McCulloch 为致死辐射后的小鼠注射骨髓细胞，受体小鼠能够存活并逐渐恢复造血功能，移植后 8~12 天，脾脏中形成肉眼可见的结节。这些结节被称为脾集落形成单位（CFU-S），通常由分裂的细胞组成，这些细胞可分化成为红细胞、粒细胞及巨核细胞。该研究首次揭示了造血干细胞的自我更新与分化潜能[2]，从而奠定了 HSC 的研究基础。之后的研究通过辐射诱导染色体畸变的方法，证明每一个 CFU-S 是由单一细胞增殖分化而来的[3]。知道 HSC 的存在并不能帮助人们深入地分析其特征及功能，因此细胞表面标志物的确定对于鉴定 HSC 的特征及功能具有重要意义。1988 年，Weissman 等人首次通过表面标志物抗体与流式细胞术分选出小鼠 HSC，将其移植到去除造血系统的受体小鼠内，30 个这样的细胞足以拯救受到致死辐射的小鼠并重构所有血液细胞[4]。异种重组系统可以作为研究人造血细胞的模型，之后研究者分别用免疫缺陷小鼠（如裸鼠和 SCID 小鼠）来研究人类 HSC 的移植。1992 年，研究者分选出人 HSC，并在重度免疫缺陷的小鼠体内重构免疫细胞[5]。在 1996 年的一个里程碑式的研究中，Nakauchi 等人通过移植单个小鼠 CD34$^{low/-}$ HSC 在体内长期重建了造血系统[6]。2011 年，研究者分离出具有长期多分化潜能的单个人 HSC[7]。2013 年，单细胞水平揭示 HSC 异质性的研究为造血干细胞特性和功能的研究提供了新方向[8]。造血干细胞是目前发现最早、研究历史最长且临床应用最为广泛的成体干细胞，其研究过程也为其他干细胞的研究提供了参考（图 6-1）。

HSC 属于多能干细胞，是一类具有多向分化潜能与自我更新能力的细胞。多向分化是指 HSC 能够分化为所有的功能性血细胞；自我更新是指 HSC 能够分裂成相同的子代细胞，维持自身状态和功能的稳定及 HSC 池的大小[9]。根据 HSC 在血液细胞重建中的作用，可将其分为长期造血干细胞（long-term hematopoietic stem cell，LT-HSC）、中期

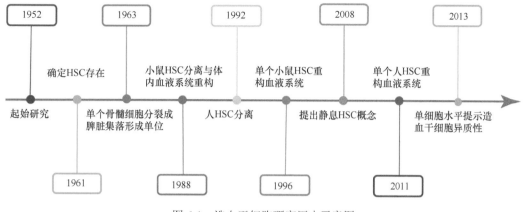

图 6-1 造血干细胞研究历史示意图

造血干细胞（intermediate-term hematopoietic stem cell，IT-HSC）和短期造血干细胞（short-term hematopoietic stem cell，ST-HSC）[10,11]。LT-HSC 具有较长的（约 10 个月）自我更新与多谱系重建能力，ST-HSC 在谱系重构与自我更新方面的能力则受到限制（4~6 周）。IT-HSC 的自我更新与分化能力介于 LT-HSC 与 ST-HSC 之间，存活时间为 3~6 个月[11]。

骨髓中 HSC 的比例为有核血液细胞的 0.005%~0.01%，尽管比例很低，但它们在生物体的一生中持续很久且不断更新造血系统。由于 HSC 在骨髓中的比例较低，因此鉴定 HSC 的表型对后续研究至关重要。小鼠 HSC 最早是通过 Lin⁻c-Kit⁺Sca-1⁺（LSK）分离出来的[4,12]，在这群细胞中，CD34⁻细胞具有较长时间的谱系重构及自我更新能力[6]。之后的研究发现，每两个或三个 CD34⁻LSK 细胞中就有一个是 CD150⁺CD48⁻表型，这些细胞具有 LT-HSC 的特征[6,13]。与小鼠 HSC 一样，人 HSC 的纯化也需要几个独立的表面标志物。CD34 是第一个发现的人 HSC 和祖细胞表面标志物[14]，随后研究发现 CD90 是人 HSC 的另一表面标志物[5]，而 CD45RA 和 CD38 在 HSC 中不表达，只在分化的祖细胞中表达[15,16]，因此很长一段时间，CD34⁺CD38⁻CD90⁺CD45RA⁻被作为人 HSC 的表面标志物。近年来体内移植研究发现，上述这群细胞中只有 CD49f⁺的细胞具有 HSC 活性[7]。Bonnet 等人研究发现，Lin⁻CD34⁻CD38⁻CD93ʰⁱ细胞不仅具有 HSC 功能，且位于 CD34⁺细胞的上游[17]。

6.1.2 造血干细胞的生物学特征

1. 造血干细胞的自我更新

骨髓造血干细胞对维持所有血液细胞的终身生产至关重要。尽管 HSC 很少分裂，但是研究认为整个 HSC 池每几周就要更新一次。最初的 BrdU 标记实验表明，小鼠 LT-HSC 每 30~50 天分裂一次，大约 5%的 LT-HSC 在细胞周期的 S/G2/M 期。后续的研究发现，在小鼠骨髓 Lin⁻Sca1⁺c-Kit⁺CD150⁺CD48⁻CD34⁻细胞中存在一类处于高度休眠状态的 HSC（dormant HSC，d-HSC）。通过计算模拟及功能分析，休眠的 HSC 大约每 145 天分裂一次，一生分裂约 5 次。这些 d-HSC 在骨髓损伤或粒细胞集落刺激因子

（G-CSF）刺激下会被迅速激活进行分裂，在机体恢复平衡后会回到休眠状态[18]。维生素A-维甲酸信号通路对于维持 HSC 的休眠状态十分重要[19]。

造血干细胞负责长期的血液生成，因此造血干细胞的分化与自我更新的平衡至关重要。自我更新是指产生两个或一个保持干细胞全部生物学特性不变的子代干细胞，它复制了包括表观遗传修饰在内的整个基因组。在细胞自我更新的分裂过程中，其自我更新能力与分化潜能都保持不变。

造血干细胞的分裂主要有以下三种方式：当造血干细胞分裂产生的两个子细胞都是干细胞时，这种分裂称为自我更新；当分裂产生的子代细胞中有一个是干细胞（它保持着干细胞全部的生物学特性不变）而另一个是失去自我更新能力的祖细胞时，这种分裂是不对称分裂；当两个子代细胞都是祖细胞的时候，这种分裂是对称分裂。HSC 只能通过体内功能分析检测，尽管标志它们的表面分子很多，但是目前还没有与 HSC 功能相关的特定表面标志物。因此，目前还无法绝对地确定骨髓中哪些细胞是 HSC[20]。

如何在分子水平上解释自我更新呢？首先，自我更新是一种细胞分裂，是 HSC 在各种因素影响下的自我选择；其次，尽管 HSC 的自我更新能力很强大，但这种能力不是无限的。细胞因子和各种元件在诱导与抑制 HSC 分裂过程中起着重要作用，之后的细胞内信号转导和转录激活在 HSC 命运决定方面也发挥着重要作用[20]。

2. 造血干细胞的分化

没有分裂的干细胞最不可能分化，分化是变成更专业、功能性更强的细胞。在实际过程中，分化是细胞分裂产生一个或两个具有自我更新潜能或者部分潜能丧失的子细胞。LT-HSC 在造血级联的顶端，具有维持长期自我更新及谱系重建能力，其下游的多能祖细胞（multipotent progenitor，MPP）保持多谱系分化潜能，但失去了自我更新能力。MPP 进一步分化为两种祖细胞：共同淋巴祖细胞（common lymphoid progenitor，CLP）和共同髓系祖细胞（common myeloid progenitor，CMP）。CLP 主要分化为 B 系祖细胞、T 系祖细胞和固有淋巴细胞祖细胞，进而分化为各系成熟的终末细胞。CMP 主要分化为巨核/红系祖细胞（megakaryocyte/erythrocyte progenitor，MEP）和粒细胞/巨噬细胞祖细胞（granulocyte/macrophage progenitor，GMP），进而分化为终末细胞[9]（图 6-2）。

3. 造血干细胞的异质性

尽管有很多富集 HSC 的方法，但我们目前对于健康和病变 HSC 的行为及分子机制的理解仍然有限。阻碍准确分析的主要障碍是 HSC 数量少，且已经获得的 HSC 细胞群存在异质性。结合表面标志物，可以从免疫水平上很好地定义 HSC，有助于研究 HSC 属性的逐步变化。这种方法认为所有的细胞类型都是均一的，因此会掩盖细胞间的异质性[21]。

当仅仅考虑移植实验结果时，能在体内分化产生成熟血液细胞的 HSC 在存活时间上存在着巨大的差异。通过细胞表面标志物与流式分析，可获得小鼠和人 LT-HSC、IT-HSC 和 ST-HSC。这有助于根据自我更新能力逐步划分 HSC 亚群。单细胞移植实验揭示了单个 HSC 在初次和二次移植时重构能力与自我更新能力方面有很大的差异[22-24]。这些结果与 HSC 亚群在功能上是均一的观点不同，表明每个 HSC 都具有不同的自我更新与重构能力。

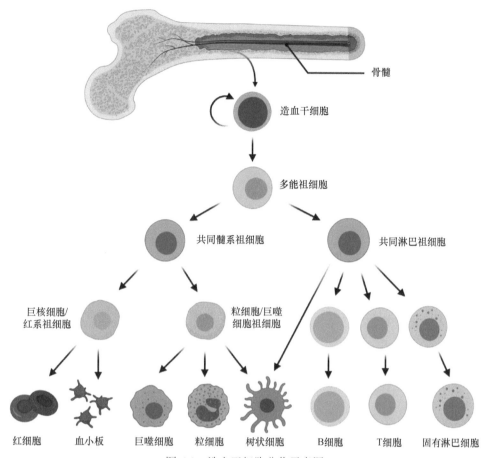

图 6-2　造血干细胞分化示意图

除了在自我更新能力方面的异质性外，HSC 亚群和单个细胞的移植实验显示，只有一小部分的小鼠 HSC 能够产生平衡的多谱系细胞[22-24]。经典的分化树模型认为，所有真正的 HSC 在移植后具有再生所有血液细胞的能力。事实上正相反，大部分的 HSC 都具有分化为某种谱系的偏向性。尽管起始研究都在细胞群水平分析 HSC 偏向髓系或淋系分化，但最近的研究已经量化了单个 HSC 移植后髓系细胞、淋巴细胞、红细胞和血小板等的动态生成情况[24-26]。这表明单个 HSC 在移植后的谱系重建方面具有不同的分化潜能，很少有两个 HSC 具有相同的分化模式。通过原位分析确认了这些谱系偏好性 HSC 的存在，表明这些谱系偏好性的 HSC 不仅与移植环境中紧急造血有关，而且是天然造血的一个特征。髓系和淋系偏好性的 HSC 对不同细胞因子如 IL-7、TGF-β 的反应性是不同的，这为 HSC 的谱系偏好性提供了理论基础[27,28]。

尽管 HSC 池的异质性特征已经相对明确，而对造成 HSC 异质性的原因了解仍然有限。HSC 分化为祖细胞过程中的多种因素在不同程度上导致了异质性，包括细胞外因素（如微环境）和细胞内因素（如 DNA 突变、染色体结构、细胞不对称分裂），以及随机效应[21]。HSC 异质性的剖析对于血液疾病的研究和治疗具有重要意义，更广泛地说，异质性 HSC 可能与多种疾病有关，骨髓衰竭或老化等多种疾病进程中 HSC 的功能会被限制。未来的研究会继续解释现在的这些争议，并更详细地揭示 HSC 异质性的原因及影响。

6.1.3 造血干细胞的分析方法

1. 造血干细胞的分离

造血干细胞在细胞大小、密度、对药物的敏感性及表面抗原表达等方面与其他细胞有所不同，因此我们可以运用物理化学和免疫学等方法对其进行分离与纯化。造血干细胞的分离通常包括多个步骤，但无论是以骨髓、脐带血还是动员的外周血作为细胞来源，首先都是分离出其中的单核细胞，然后再进一步纯化得到造血干细胞。

目前我们不能单纯地从形态学上来识别造血干细胞，大部分研究都是利用其表面标志物来进行分离纯化。常用于分离人造血干细胞表面标志物主要有 CD34、CD90、CD133 和 CD49f 等（表 6-1）。然而目前应用最广泛的人造血干细胞表面标志物仍然是 CD34。CD34 由美国科学家 Civin 等人于 1984 年首次在人白血病干细胞系 KG-1a 中发现[29]。一般认为人造血干细胞主要存在于 CD34 阳性细胞群中，目前在临床上或实验室研究中通常通过 CD34 阳性细胞群富集来纯化造血干细胞。大量的实验室研究和临床实践充分证明：在 CD34 阳性细胞群中含有可以长期重建血液系统的干细胞和祖细胞，因而 CD34 阳性细胞是理想的骨髓移植物。

表 6-1 人造血干细胞分离表面标志物

人	表面标志物
HSC，Weissman model 2007	$Lin^- CD34^+ CD38^- CD90^+ CD45RA^-$
HSC，Dick J model 2011	$Lin^- CD34^+ CD38^- CD90^- CD45RA^- CD49f^+$

1988 年，Weissman 等人利用表面标志物 $Lin^- Thy\text{-}1^{low} Sca\text{-}1^+$ 结合流式细胞术成功分离纯化出小鼠造血干细胞，30 个这种细胞就可以挽救 50% 受致死剂量辐照的小鼠[30]。1996 年，Osawa 等人首次报道了 CD34 阴性造血干细胞，随后 Morel 等人也发现在小鼠的骨髓中存在一群 $Lin^- Thy\text{-}1^+ Sca\text{-}1^+ CD34^-$ 细胞，比 $Lin^- Thy\text{-}1^+ Sca\text{-}1^+ CD34^+$ 细胞更具有长期重建造血的能力[31,32]。近年来各实验室常用于小鼠和人造血干细胞分离的表面标志物如表 6-1 和表 6-2 所示。

表 6-2 小鼠造血干细胞分离表面标志物

小鼠	表面标志物
LT-HSC，Weissman model	$LSK\ Flt3^- Thy1^{low}$
ST-HSC，Weissman model	$LSK\ Flt3^+ Thy1^{low}$
LT-HSC，Nakauchi/Jacobsen model	$LSK\ CD34^- Flt3^-$
LT-HSC Goodell model	$LSK\ SP\ CD150^+$
ST-HSC，Jacobsen model	$LSK\ CD34^+ Flt3^-$
LT-HSC，Morrison model 2005	$LSK\ CD150^+ CD48^-\ Flt3^-$
HSC，Morrison model 2013	$LSK\ CD150^+ CD48^{-/low} CD229^{-/low} CD244^-$
HSC-2，Morrison model 2013	$LSK\ CD150^+ CD48^{-/low} CD229^+ CD244^-$

2. 造血干细胞体内移植实验

骨髓或者脐带血移植可以用于治疗白血病和淋巴瘤。移植前通常以放疗和化疗的方式来消除功能紊乱或恶性血液细胞,以及抑制病人机体自身免疫系统。骨髓细胞或脐带血细胞通过静脉注射到病人体内时,将逐渐重建病人造血系统。造血系统的长期重建完全归功于移植的造血干细胞。在动物模型中,实验性骨髓移植与人类治疗性的骨髓移植理论基础基本相似。1961 年,两位加拿大科学家 Till 和 McCulloch 通过脾脏集落形成实验发现骨髓中存在造血干细胞(图 6-3)。脾脏集落形成实验是指供体小鼠的骨髓细胞一旦注射到受致死剂量辐照的受体小鼠中,就会保护受体小鼠免受辐射致死的伤害,还能逐渐恢复其造血功能,并在脾脏形成宏观集落[33-35]。通过随后的组织切片实验检测证实,脾上所形成的集落是由红细胞、粒细胞和巨核细胞组成的细胞集团。科学家收集受体小鼠脾脏的集落细胞,再次移植到受致死剂量辐照的小鼠中时,发现脾脏集落细胞仍然可以保护受体小鼠免受辐照致死,并逐渐恢复造血功能。通过该实验,人们对造血干细胞有了一个初步的认识,在此基础上科学家们对造血干细胞的移植和重建造血系统进行了更为深入的研究。

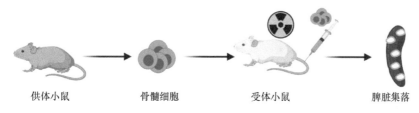

图 6-3 造血干细胞脾脏集落形成实验

供体小鼠　　　　骨髓细胞　　　　受体小鼠　　　　脾脏集落

体内长期重建多谱系造血是检测造血干细胞功能的黄金标准。在小鼠模型中,检测供体细胞中含有造血干细胞的方法是将其植入到受致死剂量辐照的小鼠体内来长期重建多谱系造血,从而推断供体细胞中是否含有造血干细胞[36]。竞争性重建实验(competitive repopulating unit assay)是 HSC 体外移植实验改进的版本,该实验既能保证受辐照致死的受体小鼠存活,同时也可以定量评估造血干细胞的重建能力[37]。该实验把供体小鼠的骨髓细胞与竞争细胞(通常是正常野生型小鼠的骨髓细胞)同时移植到致死剂量辐照的受体小鼠体内。在共同移植到受体小鼠体内之前,供体细胞和竞争细胞需要通过某些遗传标记来区分,通常使用 CD45.1 和 CD45.2 来标记供体细胞和竞争细胞。共同移植之后观察受体小鼠的存活状况和造血系统重建情况,并通过流式细胞术检测供体细胞和竞争细胞参与造血重建的比率。髓系细胞较容易在体内重建,而 B 淋巴细胞和 T 淋巴细胞重建需要较长时间,通常需要 3~4 个月时间。为了确认造血干细胞自我更新的潜力,还需要进行二次移植,即把首次移植的受体小鼠的骨髓细胞再次移植到另一只受致死剂量辐照的受体小鼠体内,当二次移植的小鼠中再次发生长期造血系统重建时,就认为造血干细胞具有自我更新的潜能。最近研究还发现有些造血干细胞在初次移植后 4 个月内显示出很低的造血重建活动,但是在二次移植后造血重建活动显著增强。所以要检测造血干细胞的活性,必须进行连续移植实验。

随着造血干细胞研究的发展，小鼠造血干细胞的纯化技术逐步提高，所分离出来的小鼠造血干细胞的纯度也越来越高。日本科学家 Nakauchi 等人分离出单个的 HSC 细胞并且进行细胞集落分析和单细胞移植实验。该实验对于造血干细胞的研究是至关重要的，该实验可以从单细胞水平上分析造血干细胞的分化和自我更新能力[38]，还能够直接观察单个造血干细胞的多谱系重建和再生[31,39]。

单细胞移植实验（图 6-4）是指先将供体小鼠的骨髓细胞进行抗体染色，再通过流式细胞术分选出单个的造血干细胞，将单个造血干细胞和竞争性细胞共同移植到受致死剂量辐照的小鼠体内。观察受体小鼠的生存情况并定期对小鼠的外周血进行分析，确认受体小鼠造血系统重建情况，并通过流式细胞术检测供体细胞参与造血重建的比率。在第一次移植成功后，需要进行二次移植实验来检测造血干细胞自我更新的能力。收集受体小鼠的骨髓细胞再次移植到另一只受致死剂量辐照的受体小鼠中，观察该小鼠的生存情况并定期对外周血进行分析，确认其造血系统重建情况。该实验可以从单细胞水平上检测造血干细胞的造血能力。

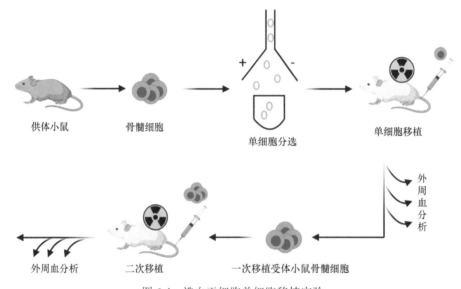

图 6-4 造血干细胞单细胞移植实验

3. 造血干细胞体外克隆形成实验

体外克隆形成实验是研究造血干细胞的经典实验（图 6-5）。该实验在 20 世纪 60 年代由以色列科学家 Pluznik 和 Sachs[40]、澳大利亚科学家 Bradley 和 Metcalf 发明[41]。他们发现小鼠骨髓细胞可以在半固体培养基（如琼脂和甲基纤维素）中生长，最终形成克隆。造血干细胞/祖细胞需要在具有细胞因子的条件下增殖分化，如干细胞因子（SCF）、血小板生成素（TPO）、白细胞介素-3（IL-3）和促红细胞生成素（EPO）等。迄今为止，人们已经至少发现了 20 种造血细胞因子。在体外克隆形成实验中，单个造血祖细胞可分化出多种类型的细胞，因此该实验可用于分析造血祖细胞的分化潜能。在发现许多刺激因子后，科学家们已经认识到该实验系统的重要性。

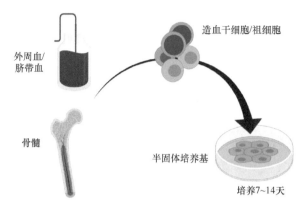

图 6-5　体外克隆形成实验

用高度纯化的细胞进行体外克隆实验，可以更好地检测哪些细胞因子直接作用于造血干细胞。但是目前造血干细胞的纯化水平尚未达到 100%，科学家们将继续努力分离出纯度更高的造血干细胞来进行深入研究。

6.2　造血干细胞的发育

6.2.1　胚胎造血

胚胎造血分为原始造血（primitive hematopoiesis）和定向造血（definitive hematopoiesis）两个阶段。原始造血发生在胚外卵黄囊（yolk sac）中，产生时间在小鼠胚胎发育第 7 天（E7）和人胚胎发育第 18~20 天，这个造血阶段的持续时间短暂，并且产生的血细胞种类也较少，只产生红细胞、巨噬细胞和巨核细胞[42]。另外，原始造血产生的红细胞、巨噬细胞和巨核细胞与定向造血阶段产生的同种细胞相比，功能差异较大[43]。短暂的原始造血很快就被定向造血所代替，在小鼠胚胎发育第 10 天时，第一个功能性造血干细胞的出现标志着定向造血的发生。定向造血起源于中胚层的主动脉-性腺-中肾（aorta-gonad-mesonephros，AGM）区域，在 AGM 区域中产生造血干细胞，随后造血干细胞迁移至胎肝，最后迁移并定植于骨髓（图 6-6）。

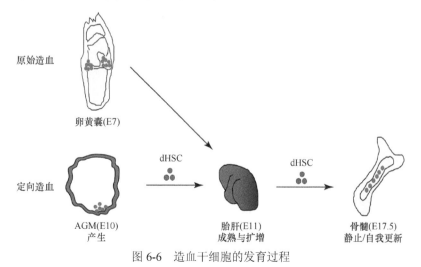

图 6-6　造血干细胞的发育过程

6.2.2　造血干细胞的发育

AGM 区域源自中胚层，包含了主动脉、性腺和中肾等区域。大多数的脾集落形成单位（CFU-S）聚集在 AGM，且 CFU-S 在 AGM 中出现的时间比在肝中出现的时间早。在小鼠 E10 晚期和 E11 早期时，第一个定向造血干细胞（definitive hematopoietic stem cell，dHSC）出现在 AGM 区域。在 E10 时，AGM 是唯一能够产生和扩增 dHSC 的区域，而在 E11 时，在肝和卵黄囊中，都出现了 HSC，但是在器官培养条件下，肝和卵黄囊中产生的 HSC 都不能扩增，只有在 AGM 区域中产生的 HSC 才能扩增。对背主动脉内皮细胞和卵黄囊中的细胞进行培养，并移植到免疫缺陷小鼠中，发现背主动脉内皮细胞可发育为淋系细胞和髓系细胞，而卵黄囊中的细胞只能发育为髓系细胞[44]。通过体外器官培养实验进一步证明了在胚胎发育 E10 阶段，AGM 区域的确能够自主产生 dHSC，并且也是产生 dHSC 的最主要来源[45]。除了在 AGM 区域，在胚胎发育 E10.5~11 的小鼠胎盘中，也发现了 HSC 的存在，而在 E15.5 时，胎盘中的 HSC 数量减少，移动至胎肝[46,47]，并且在小鼠胚胎发育至 E10.5 时，脐带血中也可检测到少量的 HSC[48]。

AGM 区域产生的 HSC 进入血液循环以后，在小鼠胚胎发育至 E11 时，HSC 迁移至胎肝中，并在胎肝中大量增殖[49]。研究者分别将 E11~E18 中 8 个不同时间点胎肝中的血细胞与骨髓细胞共同植入经辐照后的小鼠体内，发现在 E12 的胎肝中就已检测到能够重建多谱系的 HSC。而与 E12 相比，E14 和 E16 胎肝血细胞的重建造血能力分别增加了 10 倍和 33 倍[50]，并且胎肝中的 HSC 除了能够分化产生髓系细胞和红系细胞外，也能够分化成淋系细胞[51]。

HSC 在胎肝中大量扩增以后，在胚胎发育后期迁移至骨髓中。在 E17.5 时，骨髓中能够检测到 dHSC[52]。在出生 3 周内的小鼠中，骨髓 HSC 会大量增殖，随后转变成静息状态[53]。骨髓微环境不仅为 HSC 的存活提供了必要的因子，还在 HSC 的自我更新和分化中都扮演了重要的角色，从而维持血细胞数目的平衡。

6.2.3　造血干细胞的产生

19 世纪末期，胚胎学家们发现内皮细胞和造血系统之间有着紧密的联系。1917 年，Sabin 观察到鸡胚胎卵黄囊血管和红细胞出现的时间及发育部位非常接近[54]。1932 年，Murray 也观察到相同现象，并提出血液血管母细胞（hemangioblasts）这一概念。后续研究发现血管内皮细胞和血细胞共表达多种标志物，如 Flk1、Vegf、CD34、Scl、Gata2、Runx1 和 Pecam-1 等，支持了血液血管母细胞具有双向分化潜能这一设想，并且在胚胎中敲除 Flk1 会导致血细胞和血管内皮细胞同时缺失[55]，从而证实了血细胞和血管内皮细胞来源于共同的祖细胞——血液血管母细胞。

那么血液血管母细胞是如何产生造血干细胞的呢？2009 年，Christophe 等人发现血液血管母细胞通过生血内皮细胞（hemogenic endothelium，HE）发育成造血干细胞。报道显示，Flk1 阳性血液血管母细胞首先产生 HE，随后进一步分化产生造血干细胞。目前，在人类、小鼠和斑马鱼等多种生物中已鉴定出了血液血管母细胞。

　　而 HE 又是如何产生造血干细胞的呢？早期人们在鸡的背主动脉标记实验中发现造血细胞来源于动脉内皮[56]。基于主动脉细胞簇的形态学观察，发现造血细胞的确是由主动脉的内皮细胞系分化而来的[57]。Eilken 等在单细胞水平上观察到了小鼠中胚层向生血内皮细胞分化，继而产生了血液细胞和内皮细胞，由此发现 HE 可产生血液细胞[58]，并参与到定向造血中。HE 位于血管内皮细胞层，可通过内皮细胞的特有形态和表面分子来鉴别，其表达内皮细胞的表面分子（如 VE-cadherin、CD31、C-kit）及转录因子（Runx1 和 Gata2）等。通过斑马鱼活体成像，证实了斑马鱼的主动脉腹侧的 HE 通过内皮-造血转换（edothelial-hematopoietic transition，EHT）向造血干细胞转变的过程。在此转变过程中可观察到扁平的 HE 开始发生形态变化，逐渐转变成球形，凸起成芽状后，细胞脱离内皮产生造血干细胞（图 6-7），随后进入血管中参与血液循环[59]。在鸟类、两栖动物和哺乳动物的胚胎中产生造血干细胞的机制都是相同的，证明此产生造血干细胞的机制在脊椎动物的进化过程中高度保守。

生血内皮细胞

图 6-7　内皮-造血转换过程

6.2.4　造血发育的调控机制

　　在造血干细胞产生过程中，EHT 过程对于造血干细胞的形成非常重要。有一些重要的基因和信号通路直接参与到此过程中。Scl 基因是血液和血管前体细胞最早的标记基因之一。敲除 Scl 基因后，小鼠和斑马鱼均无法正常造血[60]。Runx1 是造血干细胞的关键标记基因，缺失 Runx1 的小鼠胚胎无法正常产生 dHSC，并且在 E12.5 时死亡[61,62]。通过过表达 Scl，缺失 Runx1 的 AGM 区域可被部分挽救[63]，这证明了 AGM 区域能不依赖于卵黄囊独立产生 dHSC。而且，Runx1 只影响造血干细胞的产生，并不影响造血干细胞的维持[64]。Gata2 也是造血干细胞（HSC）发育过程中的重要基因，缺失 Gata2 的小鼠在造血干细胞发生之前就已死亡。研究表明，Gata2 在 EHT 过程中扮演了非常重要的角色，对于造血干细胞的产生非常重要。而且 Gata2 不仅对 HSC 的产生非常关键，对于 HSC 的维持也极其重要[65]。

　　在 HSC 的发育过程中，Notch 信号通路、Wnt 信号通路、BMP 信号通路都很重要。缺乏 Notch1 的小鼠胚胎在 E10 阶段时死亡，而此时小鼠卵黄囊中的细胞能够正常发育，但是 AGM 区域中却没有造血发生，也未产生 HSC，而缺乏 Notch2 的小鼠胚胎没有造血缺陷[66]。AGM 区域表达 Notch1、Notch4，还有 Notch 的配体 Delta-like 4、Jagged 1、Jagged 2，因而 Notch 信号通路在 AGM 区域中被激活[67]。并且，在缺乏 Notch1 的小鼠中过表达 Runx1 可以恢复 AGM 区域的造血能力，说明 Notch 信号是通过调节 Runx1 来调控造血干细胞的产生[68]。

Wnt 信号通路对于 HSC 的自我更新及稳态的维持非常重要。在 HSC 的胚胎发育阶段，需要短暂的 Wnt/β-catenin 的活力，因为 Wnt 信号通路对 HSC 的调控作用是随着时间而动态变化的。在胚胎发育 E10.5 天时，HSC 的产生完全依赖于 β-catenin，然而在 E11.5 天，AGM 区域中已经产生 HSC 后，HSC 的产生便不依赖于 β-catenin[69]。卷曲的半胱氨酸富集区域 CRD 能够抑制 Wnt 蛋白与卷曲蛋白受体的结合，从而抑制 Wnt 信号通路。当 HSC 与 IgG-CRD 区域融合蛋白或对照组 IgG 共培养时，发现 CRD 的出现抑制了 HSC 的生长，这一结果直接揭示了 Wnt 信号通路对 HSC 的生长和增殖具有极大影响[70]。

BMP 信号通路能够调节多个阶段的造血发生。BMP4 最开始诱导腹侧-背侧中胚层的形成，并且还可诱导产生 Flk1 阳性血液血管母细胞，对于造血干细胞的产生具有重要作用[71]。BMP 信号还可诱导一些参与中胚层和血液发生过程中的基因表达，一些早期的造血细胞标记分子 Scl、Runx1 都依赖于 BMP 信号[72]。BMP 可通过其下游因子 Smad1 和 Smad5 起作用，在斑马鱼中敲除 Smad1 或者 Smad5 后，均不能产生造血祖细胞[73]。

6.2.5 人多能干细胞定向分化为造血干细胞

重编程产生的人诱导性多能干细胞（human induced pluripotent stem cell，hiPSC）的发现为血细胞的产生提供了新途径。虽然人多能干细胞（human pluripotent stem cell，hPSC）能够产生髓系细胞、T 淋巴细胞及可移植的血细胞，但是 hPSC 目前还不能产生像成人血液红细胞、巨核细胞、T 细胞和能够重构多谱系的 HSC 等成熟的造血细胞，在淋系-髓系祖细胞和 HSC 的发育过程中，将 HSC 与髓系祖细胞和初始造血发生区分开来的特定表面分子是未知的。通过研究鸟类、哺乳动物及斑马鱼的胚胎 HSC 发育过程，可得知 HE 是血液细胞的祖细胞，并且能够通过 EHT 过程来产生 HSC，而且只有在动脉内的 HE 才能够产生成熟的多谱系的造血祖细胞。这提示了动脉的定型与造血干细胞的产生密切相关，也为在 hPSC 培养中产生能够用于移植的 HSC 提供了解决思路。

CD43 是 hPSC 分化产生的所有血液细胞的早期表面分子[74]，CD43 的发现能够更好地将血液祖细胞从 VE-cadherin（VEC）⁺ HE 祖细胞中区分出来。研究表明，从 hPSC 分化产生的内皮细胞具有异质性，即 VEC⁺CD43⁻细胞中包含了能发育为生血内皮的细胞、无生血内皮潜能的细胞及 AHP（angiogenic hematopoietic progenitor）细胞（图 6-8）。HE 和非 HE 细胞虽然有很多形态与表面分子表达相似，但是 HE 细胞高表达 *CD226*、*RUNX1* 等基因[75]，不表达 *CD73*，所以能够在 hPSC 的分化过程中作为区分 HE 和非 HE 细胞的表面分子。HE 细胞也具有异质性，可分为有造血潜能的 HE 细胞和无造血潜能的 HE 细胞。在 hPSC 分化过程中，不同信号的刺激会促使其向不同的细胞谱系分化。TAL1/GATA2 转录因子会促使 hPSC 分化为红系-巨核细胞系，而 ETV2/GATA2 会促使 hPSC 分化为具有髓系潜能的细胞[76]。在 hPSC 培养过程中，一些明确的信号通路调控中胚层 HE 的原始造血潜能和次级造血潜能：hPSC 的原始造血需要 Nodal/activin 信号通路，并且同时需要抑制 WNT/β-catenin 信号通路；而其次级造血恰恰相反，需要 WNT/β-catenin 信号通路的激活，同时抑制 Nodal/activin 信号通路[77]。

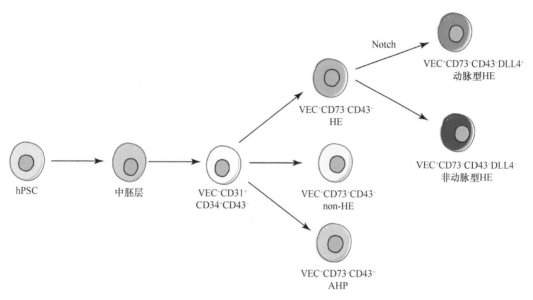

图 6-8　人多能干细胞分化为生血内皮细胞示意图

　　Notch 信号通路对脊椎动物的动脉定型至关重要，那么在 HE 的定型中是否也起到了同样关键的作用呢？研究表明，Notch 信号通路的激活会促使 DLL4 的表达[78]。不同于 DLL4⁻HE，DLL4⁺ HE 有动脉分子信号，并高表达 NOTCH1、NOTCH4、JAG2、HEY1等。而 Notch 信号的激活，以及 DLL4⁺HE 的形成和次级造血的联系是怎样的呢？研究者开发出报告系统，利用该系统发现 Notch 信号的激活使得 Runx1+23 报告信号增加，并且这种现象只在 DLL4⁺HE 中出现，这说明了 DLL4⁺ HE 的生血能力依赖于 Notch信号的激活。所以 Notch 信号介导的 HE 动脉化对于次级造血的发生来说是一个前提条件。

　　为了在 hPSC 培养中产生次级多谱系造血，可以从动脉定型的关键机制出发。在脊椎动物的胚胎中，动脉定型是由 DLL4 的表达诱导的，而在 hPSC 的培养中，在发育中的中胚层过表达 ETS1，能够增强表达 DLL4 和 CXCR4 的动脉型 HE 的形成，并且 ETS1大多是通过激活 Notch 信号来介导的。动脉定型过程同时也被 VEGF 信号通路的下游信号所控制，如 MAPK/ERK 信号。在 hPSC 的培养中，发现间接的 MAPK/ERK 激活促使了 DLL4⁺CXCR4⁺/⁻动脉型 HE 的形成，然而 MAPK/ERK 的抑制则会引起相反的变化。在 hPSC 的培养中，还可以在中胚层形成之后使用 TGF-β 抑制剂达到血管内皮细胞动脉定型的目的[79]。

　　尽管人们期望从 HE 的动脉定型出发来产生可用于移植的 HSC，但由于其中复杂的机制，还未实现这一设想。所以，目前在体外产生能够重构多谱系的造血干细胞仍然是一个巨大的挑战。有报道显示，在来源于 hPSC 的造血祖细胞中，*HOXA* 基因表达的缺失或者降低都会使细胞区别于胎肝或者 AGM 中的同类细胞。虽然在胎肝中敲低 *HOXA*基因使得它们更像来源于 hPSC 的造血祖细胞，但这些造血祖细胞却不能在 NSG 小鼠中重建造血系统[80]。在来源于 hPSC 中的 CD34⁺细胞中过表达 HOXA5 和 HOXA7，或是使用 TGF-β、Wnt 激活剂等都会使其失去移植的潜能。然而在过表达 HOXA5、HOXA7

及 HOXA9 的基础上，同时过表达 ERG、RUNX1、LCOR 及 SPI1 转录因子后，能够成功重建多谱系造血[81]。并且，在来源于 hiPSC 的祖细胞中过表达 MLL-AF4 淋巴细胞白血病的融合蛋白后，也可以在新生 NSG 小鼠中重建多谱系造血。但是上述这两种类型细胞和真正意义上的 HSC 在可移植性能、终端分化谱系和形成白血病的潜能之间的区别仍然是未知的。要想从 hPSC 分化产生能够重构所有谱系的造血干细胞仍然需要大量研究。

6.3　造血干细胞的体外培养与扩增

在生物体内，HSC 通过造血过程维持着血液系统的稳定，该过程是 HSC 通过自我更新并分化成所有成熟血液谱系的细胞而实现的[82]。在临床中，HSC 可以用于治疗造血系统疾病、自身免疫疾病、代谢性疾病、先天性缺陷疾病及肿瘤等。人类 HSC 是成人骨髓中的稀有细胞（0.01%），造血干细胞移植可以重塑受体体内功能性血液系统[31,82-84]。用于移植的 HSC 多来源于病人自身或与病人人类白细胞抗原（human leukocyte antigen，HLA）相匹配的供者[85,86]。用于造血干细胞移植的 HSC 主要有以下几个来源途径：骨髓或脐血的 HSC；通过粒细胞集落刺激因子（G-CSF）动员至血液的 HSC。

目前，同种异体造血干细胞移植是许多血液恶性肿瘤治疗的唯一方法。不幸的是，30%~40%的病人无法匹配到相同 HLA 的供体，因此无法接受造血干细胞移植，而脐带血移植可以减少对 HLA 匹配的需求，并且可以降低慢性移植物抗宿主病的风险[87]。然而，临床造血移植结果与输注的细胞数量密切相关，脐带血单元中少量的造血干细胞和祖细胞导致中性粒细胞植入延迟和死亡率增加，限制了脐带血在临床移植中的广泛应用[87,88]。通过体外扩增获得足够数量的可供移植的造血干细胞，可以为没有匹配供体的病人提供新的移植选择[89]。因此，如何在体外获得大量功能性 HSC 成为目前研究的一大热点。

生物体内 HSC 的自我更新受细胞自身调控（内源性调控）和其所处造血微环境中多种相互作用的调控（外源性调控）。了解 HSC 如何在体内进行自我更新和功能维持是体外成功扩增 HSC 的前提条件。内源性调控主要涉及转录因子、细胞周期状态和细胞代谢途径等；外源性调控因素为 HSC 在体内所处微环境中的各种调节成分。因此，HSC 的体外扩增研究应从多个方面入手，实现更高效的扩增效率。本书中，我们从以下几个方面概述目前对人和小鼠 HSC 体外扩增所取得的进展。

6.3.1　细胞因子与 HSC 的体外扩增

HSC 所处的造血微环境中存在多种细胞因子，这些细胞因子对 HSC 的生理特性具有一定的调控作用，截至目前，已有多种细胞因子被证明可以用于 HSC 的体外扩增。

1996 年，Holyoake 和 Freshney 提出，用干细胞因子（stem cell factor，SCF）和白细胞介素-11（interleukin-11，IL-11）在液体培养物中短期孵育未分级的骨髓细胞可以使克隆多能祖细胞（clonogenic multipotential progenitors，CFU-A）产生 50 倍的扩增效率[90]。

1997 年，Miller 和 Eaves 报道，在无血清培养基中添加 IL-11、FMS 样酪氨酸激酶 3 配体（FMS like tyrosine kinase 3 ligand，Flt3L）和 SCF 对小鼠造血干细胞进行联合培养，可使小鼠长期淋巴再生细胞的体外扩增效率增加 3 倍，且该体外扩增获得的 HSC 的体内再生潜能未受到损伤[91]。使用添加 SCF、G-CSF、IL-3、IL-6 的无血清培养基策略对人脐带血 CD34+CD38- 细胞进行培养，并结合免疫缺陷小鼠进行验证发现，培养至第 4 天时 SCID 重塑细胞（SCID-repopulating cell，SRC）数量增加 2~4 倍[92]。同样，使用包含 SCF、FLT3L、促血小板生成素（thrombopoietin，TPO）及 IL-6 和可溶性 IL-6 受体（IL-6/sIL-6R）混合物的无血清培养基培养人脐带血 CD34+ 细胞，其体内移植嵌合率为未培养细胞的 10 倍，通过有限稀释法估计细胞扩增率为 4.2 倍，培养至 4 天后 SRC 细胞数量增加 2~4 倍[93]。经体内和体外试验证明，多效生长因子（Pleiotrophin）能够促进小鼠 HSC 数目显著增加，且人脐带血 Lin-CD34+CD38- 细胞经 Pleiotrophin 处理后 SRC 细胞数目增加，表明多效生长因子可能是 HSC 的再生生长因子[94]。此外，Shi 等人建立了一套基于细胞因子和基质细胞的造血干细胞体外培养系统，将白血病抑制因子（leukemia inhibitory factor，LIF）加入到 CD34+Thy-1+ 细胞的 AC6.21 基质细胞培养体系中，并添加包含 IL-3、IL-6、GM-CSF 和 SCF 的细胞因子混合物，可使 CD34+Thy-1+ 细胞产生 150 倍的扩增[95]；同时，LIF 和 AC6.21 基质细胞上的 LIF 受体结合，导致 SCEPF 的上调和 SCEIF 的下调，从而促进人 CD34+Thy-1+ 的离体扩增，在体外培养 3 周时可达到 200 倍的扩增效率[89]。成纤维细胞生长因子 FGF-1 在造血干细胞稳态维持中起着重要作用，在干细胞定向分化期间，成纤维生长因子受体的表达量降低；且无血清培养基中补充 FGF-1 可引起多系的、可连续移植的、长期重建造血干细胞的快速扩增[96]。

血管生成素样蛋白（angiopoietin-like protein，Angptl）与血管生成素（angiopoietin）具有同源性，有利于 HSC 的扩增，其中 Angptl2 的卷曲螺旋结构域能够刺激 HSC 的扩增。当在 Angptl2 或 Angptl3 存在的情况下，通过重建分析培养 10 天的高度富集的 HSC 可以发现，长期造血干细胞（long-term repopulating HSC，LT-HSC）可达到 24/30 倍的净增长[97]。仅在 Angptl 与其他造血细胞因子（SCF、TPO 等）组合使用时才可以观察到显著的 HSC 扩增，因此，Angptl 可能通过激活不能被其他生长因子激活的信号转导途径来发挥促进 HSC 增殖的作用[98]。此外，IGFBP2 也可以提高小鼠 HSC 的离体扩增效率，在无血清培养基中联合使用 Angptl3 和 IGFBP2，并添加适当的 SCF、TPO 和 FGF-1，在培养至第 21 天时，扩增效率达到 48 倍[99]。添加 Angptl3 和 IGFBP2 的培养基可以支持小鼠 HSC 的体外扩增，同样，含有 SCF、TPO、FGF-1、Angptl5 和 IGFBP2 的无血清培养物可以促进人脐带血 HSC 的扩增，约有 20 倍的净扩增率[100]。

此外，一些外源添加物还可以通过活化或抑制信号通路来促进 HSC 的体外扩增。在含有纤连蛋白和造血生长因子的无血清培养基中，添加固定化的 Delta-1 可促进人 CD34+CD38- 脐血细胞显著扩增[101]。Wnt 信号通路对调节 HSC 的生理活性起着重要的作用，用激活 β-catenin 的 GSK-3β 抑制剂 BIO 对细胞进行短期预处理可以促进离体扩增的人脐带血 CD34+ 造血干细胞在小鼠异种移植模型中的植入[102]。在另一项研究中，将 GSK-3β 抑制剂 CHIR99021 与低浓度的细胞因子（SCF、THPO）和胰岛素（PI3K/Akt

途径的主要刺激物）结合使用，可以激活 HSC 中 Wnt/β-catenin 和 PI3K/Akt 的信号通路，从而增强了 HSC 的增殖能力 [103]。

目前，人 HSC 培养基中添加的三个基本细胞因子为 SCF、TPO、Flt3L，它们对 HSC 的维持起着重要作用。Flt3L 能够与酪氨酸激酶受体 3（FL3）结合，在体外培养 HSC 过程中阻止干细胞定向分化，从而促进 HSC 的体外扩增；SCF 通过酪氨酸激酶受体 c-Kit 发挥作用，促进造血祖细胞扩增，由 SCF 激活的 c-kit 可以通过 MEK/ERK、PI3K/Akt 等途径发挥作用，调控干细胞的自我更新及细胞周期进程；TPO 可维持 CD34⁺细胞长期生长和扩增。这三个细胞因子组合对维持干细胞干性非常重要。

6.3.2　基因过表达与 HSC 的体外扩增

在人/小鼠造血干祖细胞中，部分基因富集表达，这些基因对 HSC 生理活性的调控具有关键作用。同样，在体外培养过程中，这些基因也对造血干细胞的扩增起着重要的调控作用。

HOXB4 参与细胞命运决定，已成为原始造血细胞增殖和分化的重要调节因子，它是造血干细胞自我更新的强阳性调节因子 [104]。*HOXB4* 过表达的小鼠骨髓细胞具有较强的再生造血干细胞的能力，同时体外 HSC 净扩增率相比对照组可达 40 倍 [104]，并且在连续移植实验中，移植过表达 *HOXB4* 骨髓细胞的原发性和继发性受体中可移植的全能 HSC 数量相比对照组增加了 50 倍，可连续移植而不会导致恶性肿瘤或造血功能障碍 [105]。但是，由逆转录病毒介导的 *HOXB4* 基因过表达存在潜在的致癌风险。当利用可以分泌 HOXB4 融合蛋白的 MS-5 基质细胞培养人 HSC 时，其长期培养起始细胞（long-term culture-initiating cells，LTC-IC）和 SRC 细胞扩增效率分别可达 20 倍和 2.5 倍 [106]。Krosl 等人将携带 HIV 反式激活蛋白（TAT）转导结构域的重组人 TAT-HOXB4 蛋白添加到 HSC 培养体系中，在培养至第 4 天时扩增效率达到 4~6 倍，由 TAT-HOXB4 扩增的 HSC 群体保持其正常的体内分化和长期再增殖的潜力 [107]。HOXB4 亦可以作为外源蛋白添加至培养基中，但 HOXB4 蛋白半衰期较短（约为 1h），易降解，Lee 和 Shieh 等设计了一种抗降解的 HOXB4 蛋白，该蛋白质可以显著增强 HSC 在更原始状态下的维持 [108]。

Dppa5 蛋白是在未分化的多能干细胞中高表达的 RNA 结合蛋白，在 HSC 中高度富集。过表达 Dppa5 可以通过抑制内质网应激和细胞凋亡使小鼠 CD34⁻CD48⁻LSK 细胞在培养至第 14 天时重建能力显著增强 [109]。此外，另一个 RNA 结合蛋白 Musashi 蛋白同样可以调控造血干细胞的生理活性。Musashi 蛋白是转录调节因子，靶向参与发育和细胞周期调节的基因，其在 HSC 自我更新中也发挥着重要的作用。Rentas 和 Holzapfel 等发现 MSI2 在 HSC 中过表达可以诱导 HSC 的多种自我更新表型，包括短期重建细胞的 17 倍增长和体外培养长期重建细胞的 23 倍净增长，该基因是通过下调 HSC 中经典的 AHR（aryl hydrocarbon receptor）信号通路来调控人 HSC 的自我更新能力的 [110]。

Bmi1 是 polycomb 家族成员，Bmi1 的上调可以促进 HSC 的自我更新，该基因的表达可以增强 HSC 的对称细胞分裂，并通过细胞分裂介导更高的干性遗传概率，导致多能祖细胞离体扩增的显著增强和 HSC 体内重塑能力的显著增强 [111]。此外，锌指阻遏物

Gfi1 与 polycomb 家族成员 Bmi1 属于同一互补群，Gfi1 可以抑制 HSC 的增殖，缺乏 Gfi1 的 HSC 增殖速率显著增高，但在竞争性移植和连续移植检测中功能受损[112]。SALL4 是一种锌指转录因子，将从动员的外周血中获得的 HSC 转染 SALL4A 或 SALL4B 并添加适当的细胞因子，可以使 CD34$^+$CD38$^-$ 和 CD34$^+$CD38$^+$ 细胞的体外扩增效率超过 10 000 倍，且这些细胞保留了造血前体细胞免疫表型和形态，以及正常的体外或体内分化潜力；此外，在培养基中添加 TAT-SALL4B 融合物也可以迅速扩增 CD34$^+$ 细胞[113]。

造血干细胞在生物体内处于相对低氧的环境，低氧是 HSC 处于静止状态的主要因素，静止状态可以保护 HSC 免于分化或衰老来保持细胞干性。Fbxw7 可以通过介导泛素依赖性细胞周期激活因子和癌蛋白的降解来维持 HSC 的静息状态并抑制白血病的发生。在小鼠细胞中，Fbxw7 通过抑制 c-Myc、Notch-1 和 mTOR 途径来维持 HSC 静止，并支持离体 HSC 的移植能力[114]。

2019 年，Calvanese 等人发表于 *Nature* 的最新研究成果显示，HSC 的关键调控因子 MLLT3 在未分化的 HSC 中富集表达，而稳定表达 MLLT3 的 HSC 在体外扩增后使可移植的 HSC 扩增 12 倍以上[115]。

6.3.3 小分子化合物与 HSC 的体外扩增

Cooke 等人利用高通量技术筛选可以体外扩增人 HSC 的小分子化合物。添加 TPO、SCF、Flt3L、IL-6 的培养基可以使 HSC 在体外大量增殖，但在增殖的同时也伴随着分化，表现为细胞表面分子 CD34 和 CD133 表达的缺失。筛选发现嘌呤衍生物 Stem Regenin 1（SR1）作为芳烃受体的拮抗物，可以通过抑制 AHR 信号通路促进 CD34$^+$ 细胞的体外扩增，并可保留细胞的多潜能性。SR1 的添加可以使人脐带血来源的 CD34$^+$ 细胞具有高达 50 倍的体外扩增效率[116]。此外，Sauvageau 等人研究表明 UM171 以一种不依赖于 AHR 的方式促进 HSC 的自我更新和体外扩增，UM171 作用的靶细胞相对于 SR1 作用的靶细胞更为原始，UM171 和 SR1 联合使用可以抑制成熟细胞的产生，并促进前体细胞的体外扩增[87]。但是，SR1 和 UM171 仅可作为用于人 HSC 体外扩增的候选化合物，对小鼠 HSC 体外扩增没有显著作用。

6.3.4 代谢与 HSC 的体外扩增

造血干细胞在体内处于低氧环境，代谢调控在体内起着重要的作用，一些研究表明可以通过调控 HSC 的代谢提高 HSC 的离体培养效率。使用 Ptpmt1 抑制剂 Alexidine dihydrochloride（AD）处理离体培养的 HSC，可以通过 AMPK 将细胞代谢从线粒体有氧代谢重编为糖酵解。此外，二甲双胍对线粒体代谢的抑制也可以降低 HSC 的分化潜能并有助于干细胞的维持[117]。小鼠 LSK 细胞经丙酮酸脱氢酶抑制剂 1-AA 处理后，HSC 的代谢方式倾向于糖酵解，处理后的 LSK 细胞生长受到抑制，但在培养 4 周后保留的 LT-HSC 频率较高[118]。同样，PPAR-γ 信号的抑制剂 GW9662 可以通过下调 *FBP1* 基因的表达促进人 HSC 的扩增[119]。

6.3.5 其他因素与 HSC 的体外扩增

HSC 体内所处的微环境成分复杂，细胞-因子、细胞-细胞、细胞-基质间的相互作用都会影响 HSC 的生理活性。在骨髓微环境中，HSC 所处的黏附依赖性或非依赖性的生态位系统参与调节 HSC 的功能。αγβ3-整合素信号的激活依赖于 TPO，β3 亚基细胞质区域 Tyr747 的磷酸化对于 TPO 介导的长期重塑能力的活性是必不可少的，并同时伴随着 Vps72、Mll1 和 Runx1 这三个对 HSC 活性维持重要的因子的表达[120]。利用纤连蛋白结合的 3D 支架在无血清培养基中对造血干细胞体外培养 10 天后，人脐带血 CD34+ 细胞可达到 100 倍的扩增效率，LTC-IC 细胞扩增效率达到 47 倍，且细胞培养产物在 NOD/SCID 小鼠中具有造血重建功能[121]。

最新的一项研究证明，PVA 可以应用于小鼠 HSC 的离体培养。在高浓度的 SCF 培养条件下，SCF 的受体 c-kit 内在化严重，使其对 SCF 的敏感性降低。高浓度的 TPO、低浓度的 SCF 和黏附分子纤连蛋白共同使用，可以维持 HSC 较高的自我更新能力；此外，在小鼠 HSC 培养过程中，PVA 可以作为血清白蛋白的替代物起到载体分子的作用；在培养过程中给予 HSC 细胞培养基半换液，所扩增的 HSC 产物仅有短期重塑能力，而给予 HSC 细胞培养基全换液，扩增得到的 HSC 具有长期重塑能力。以上方法联合使用可以显著增强小鼠 HSC 的体外扩增效率，且能实现小鼠 HSC 非条件性移植，但这些 HSC 之间的自我更新能力存在较大的异质性[122]。

在过去十年中，对 HSC 离体培养的研究取得了一些进展（图 6-9 和表 6-3），这些都是基于对 HSC 调控机制的理解。虽然，这些研究表明，HSC 体外扩增是可行的，但仍需要我们对 HSC 的内源性调控方式，或对 HSC 自我更新和功能调控机制有更深入的理解。在不久的将来，HSC 的体外扩增将出现更多样化的模式，这些将进一步促进 HSC 的临床应用。

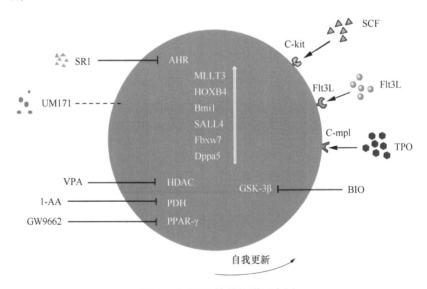

图 6-9 人 HSC 体外扩增示意图

表 **6-3**　造血干细胞体外扩增策略

	因子	细胞类型	其他添加因子	扩增倍数	参考文献
人	LIF	CD34$^+$Thy-1$^+$细胞	IL-3, IL-6, GM-CSF, SCF, LIF	150 倍扩增	95
	IL-6/sIL-6R	CD34$^+$细胞	SCF, Flk2/Flt3 受体（FL）, TPO, IL-6/sIL-6R	4.2 倍扩增 10 倍嵌合	93
	Delta1	CD34$^+$CD38$^-$脐带血细胞	SCF, TPO, FL, IL-6, IL-7, IL-3, GM-CSF, G-CSF, LDL, Delta1	100 倍 CD34 细胞	101
	HOXB4 同源异形蛋白	CD34$^+$CD38^{low}细胞	hIL-3, EPO, hSCF, G-CSF	20 倍 LTC-ICs 2.5 倍 SRCs	106
	MSI2 过表达	CD34$^+$细胞	IL-6, SCF, Flt3L, TPO	17 倍 ST 重塑细胞 23 倍 LT 重塑细胞	110
	SALL4	CD34$^+$细胞	Flt3L, TPO, SCF	>1000 倍扩增	113
	SR1	CD34$^+$细胞	TPO, IL6, Flt3L, SCF	50 倍 CD34$^+$细胞 17 倍嵌合	116
	UM171	CD34$^+$CD45RA$^-$细胞	SCF, Flt3L, TPO, 低密度脂蛋白	13 倍 LT-HSC	87
	MLLT3	胎肝/脐带血 CD34$^+$细胞	OP9 培养基, SCF, Flt3L, TPO（SR1, UM171）	可移植 HSC12 倍扩增	115
小鼠	HOXB4 过表达	骨髓细胞	hIL-6, mIL-3, mSF	40 倍净 HSC 增长	104
	Angptl2	骨髓 SP Sca-1$^+$CD45$^+$细胞	肝素, mSCF, mTPO, mIGF-2, hFGF-1	24/30 倍 LT-HSC	97
	IGFBP2	骨髓 SP Sca-1$^+$CD45$^+$细胞	肝素, mSCF, mTPO, mIGF-2, hFGF-1	48 倍 LT-HSC	99
	己联双辛胍二盐酸盐	LSK 细胞	TPO, Flt3L, SCF	35 倍干细胞	117

6.4　造血干细胞的临床应用

6.4.1　造血干细胞移植

1. 概述

造血干细胞移植是临床医学领域的新兴学科，虽然其发展历史只有短短几十年，但已经成为难治重症血液病等一些疾病有效乃至根治的方法。造血干细胞移植是将他人或自己的造血干细胞移植到体内，重建病人造血及免疫系统，从而治疗疾病的一种治疗方法。根据造血干细胞供体遗传学，造血干细胞移植可以被分为自体造血干细胞移植和异体造血干细胞移植，其中异体造血干细胞移植又可以被分为同型造血干细胞移植和异型造血干细胞移植。在异型造血干细胞移植中，由于供者基因型与受体不完全相同，为使移植成功，必须确保供者干细胞重建的免疫系统对病人不发生致命的移植物抗宿主病（graft-versus-host disease，GVHD），因此在选择供者时，明确供者免疫细胞对受者体内发生的免疫识别和免疫反应的本质，对于解决移植过程中的免疫问题至关重要[123]。1957 年 9 月 12 日，《新英格兰医学杂志》报道了第一例异型造血干细胞移植，从那时起，这一领域在世界范围内

不断发展和扩大 [124]。根据 75 个国家的 1516 个移植中心报道统计的案例显示，至 2012 年 11 月底，已经完成了 100 万例造血干细胞移植 [125]（表 6-4 和表 6-5）。造血干细胞移植已经从半个多世纪前的实验性骨髓移植发展成为一种公认的、成功的治疗方法。

表 6-4　全世界各地区异体移植数量

年份	1957~1970	1971~1985	1986~1991	1992~1995	1996~2005	2006~2012	1957~2012
全美洲	271	2 375	7 242	12 092	51 347	54 437	127 764
东南亚及西太平洋	0	450	2 508	5 061	30 340	44 607	82 966
东地中海和非洲	0	32	239	357	3 821	5 968	10 417
欧洲	4	4 165	10 570	12 869	68 970	82 576	179 154
总共	275	7 022	20 559	30 379	154 478	187 588	400 301

表 6-5　全世界各地区自体移植数量

年份	1971~1985	1986~1991	1992~1995	1996~2005	2006~2012	1971~2012
全美洲	47	7 733	21 642	74 865	64 703	168 990
东南亚及西太平洋	5	5 841	4 059	23 423	28 735	57 113
东地中海和非洲	1	61	84	1 283	3 657	5 086
欧洲	1 923	10 528	22 791	153 500	133 365	322 161
总共	2 026	19 217	48 567	253 071	230 460	553 350

2. 造血干细胞移植的供体来源

用于自体或异体移植的造血干细胞可从骨髓、外周血或脐带血中获得，同时诱导多能性干细胞也是造血干细胞的一种重要来源（图 6-10）。来源于骨髓的造血干细胞是在麻醉的情况下从髂后嵴中提取获得的，但其临床疗效尚待进一步证明。外周血干细胞（peripheral blood stem cell，PBSC）广泛应用于异型造血干细胞移植，外周血来源比骨髓来源的干细胞移植后造血和免疫系统重建更快，目前已取代骨髓成为自体造血干细胞移植的"宠儿"。异型造血干细胞可以常规地从外周血中收集，这避免了全身麻醉和其他常见的骨髓采集并发症，如背部疼痛、疲劳和采收部位出血等状况。外周血用于自体

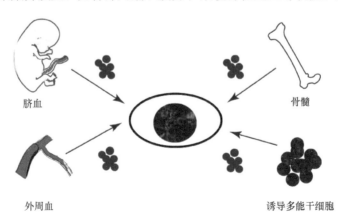

脐血　　　　　　　　　　　骨髓

外周血　　　　　　　　　诱导多能干细胞

图 6-10　造血干细胞来源

或异体移植的缺点在于需要多次采集且诱发体内免疫排斥反应的风险略高。造血干细胞移植的另外一种细胞来源是脐带血。脐带血具有安全性高、容易获得、病毒传播潜力小、免疫细胞相对完整等优点，大大降低了 GVHD 的发生率。脐带血中干细胞的富集程度高于骨髓或外周血，然而，脐带血中含有的细胞量比其他来源含有的细胞量更少，这延迟了血液免疫系统的恢复，提高了感染的风险，大大增加了移植后早期的死亡率。每根胎儿脐带可收集 40~70ml 胎儿脐带血[126]。诱导多能干细胞（induced pluripotent stem cell，iPSC）是造血干细胞移植的一种新型细胞来源。这些细胞可以无限繁殖，本质上可以分化为任何细胞类型[127]。同时，多能干细胞是由体细胞产生的，能避免各种伦理问题。

3. 造血干细胞移植相关并发症及其防治

造血干细胞移植后常常会伴随有一些并发症（表 6-6）[83]，其中最主要的就是移植物抗宿主病 GVHD。移植物抗宿主病的根源是 HLA 的不匹配，HLA 是人类主要组织相容性复合物（major histocompatibility complex，MHC），MHC 的基因产物是参与抗原提呈和 T 细胞激活的关键分子，在免疫应答的启动和调节过程中发挥重要作用。在免疫过程中，T 细胞特异性识别抗原提呈细胞（antigen-presenting cell，APC）所提呈的抗原肽-MHC 分子复合物，即外来抗原需要经过 APC 的处理并与"自我"的 MHC 分子结合后才能被 T 细胞识别，从而引发一系列免疫反应。MHC 在人群中存在高度多态性，MHC 的不匹配会引发严重的免疫反应，导致移植物抗宿主病[128]。

表 6-6　造血干细胞移植并发症

	癌症	其他疾病
自体移植	多发性骨髓瘤	自体免疫疾病
	非霍奇金淋巴瘤	淀粉样变性
	霍奇金病	
	急性髓性白血病	
	成神经细胞瘤	
	卵巢癌	
	生殖细胞性肿瘤	
异体移植	急性骨髓性白血病瘤	再生障碍性贫血
	急性淋巴性白血病	阵发性睡眠性血红蛋白尿症
	慢性骨髓白血病	Fanconi 贫血
	骨髓增生异常综合征	Blackfan-Diamond 贫血
	骨髓增殖性疾病	重型地中海贫血
	非霍奇金淋巴瘤	镰状细胞性贫血
	霍奇金病重症	综合性免疫缺陷
	慢性淋巴细胞白血病	Wiskott-Aldrich 氏症候群
	多发性骨髓瘤	先天性代谢缺陷

6.4.2　造血干细胞的基因治疗

1. 概述

基因治疗是近几十年来发展起来的新兴医疗技术，它是针对疾病的根源而不是表现的症状来进行治疗的一种新型治疗方法。研究认为，人类疾病的发生是人体细胞本身的基因异常改变，或由外源病原体的基因及其产物与人体相互作用的结果。基因治疗就是将具有治疗价值的基因，导入体内的靶细胞，使它与宿主细胞染色体整合成为宿主遗传物质的一部分，或不与染色体整合，但能在细胞中得到正确转录、表达，最终达到治疗疾病的目的。基因治疗遗传病的目标是实现治疗基因或转基因的持久表达，其表达水平足以改善或治愈不适症状，同时副作用小[129]。基因治疗的出现给对传统疗法无效的晚期肿瘤病人带来了曙光，至今已经有 6 个基因治疗产品获欧洲药品管理局（EMA）和美国食品药品监督管理局（FDA）批准上市。其中 2 个为嵌合抗原受体 T 细胞（Kymirah 和 Yescarta），用于治疗 B 细胞相关癌症；另外 4 个用于治疗严重的单基因疾病，包括 β-thalassemia（重型地中海贫血）、视力丧失、脊髓性肌肉萎缩症、原发性免疫缺陷。目前有超过 800 个细胞和基因治疗项目正在进行临床开发，其中包括以前无法治疗的疾病，如杜氏肌营养不良症和亨廷顿病等单基因疾病。

2. 靶向 BCL11A 治疗贫血病

重症地中海贫血（β-thalassemia）和镰状细胞贫血（SCD）是两种非常典型的单基因疾病。胎儿血红蛋白 HbF 由两个 α-珠蛋白多肽和两个胎儿 γ-珠蛋白多肽形成的四聚体组成。出生后，γ-珠蛋白被成人 β-珠蛋白所取代，这一过程被称为胎儿转变[130]，最后组装形成成人血红蛋白（HbA）。转录因子 BCL11A（B-cell lymphomal leulcemia 11A）在胎儿转变过程中会沉默胎儿血红蛋白中的 γ-珠蛋白的表达[131]，可见其在红细胞中的重要作用，靶向 BCL11A 是治疗此类疾病的重要方式。

镰状细胞贫血病是由于在胎儿转变过程中，编码 β 蛋白的基因 HBB 上发生了点突变，导致氨基酸发生了改变，正常的 β-珠蛋白被血红蛋白 S 所替代，导致无法形成成人血红蛋白 HbA，而 HbS 的存在使红细胞的形状从光滑的甜甜圈状变形为参差不齐的穗状花序，使其易碎并容易在毛细血管内破裂，从而引发病人不适。对于 β-地中海贫血病人而言，病人编码 β-珠蛋白的基因 HBB 发生了小片段的插入或者缺失，导致 β-珠蛋白无法正常产生，因而导致了疾病的发生。对于这两类单基因疾病而言，突变的 β-珠蛋白是导致病发的根本原因，因此我们只要能够减少突变的 β-珠蛋白的生成，便可从根本上治疗此类疾病。BCL11A 在胎儿转变过程中会抑制 γ-珠蛋白的表达，促进 β-珠蛋白的表达。因此我们可以通过阻断此过程，便可从根源上减少突变的 β-珠蛋白的产生，从而根治这两类疾病。利用基因编辑技术敲除 BCL11A 基因或者 BCL11A 的增强子，解除其对 γ-珠蛋白基因的沉默作用，恢复 γ 珠蛋白的表达达到根治这两类疾病的目的（图 6-11）。随着 CRISPR/Cas9 技术的发现，基因编辑技术变得更加容易，对 BCL11A 基因位点的编辑也更加易于实现，目前已经有很多例基因治疗成功的案例，这也给未来其他单基因疾病的治愈带来了新的希望。

3. 造血干细胞基因治疗存在的问题

造血干细胞基因治疗不但促进了干细胞生物学的发展，为基因治疗开辟了新领域，而且也扩大了造血干细胞移植的适应证范围，使整个血液学发展到一个新纪元。目前造

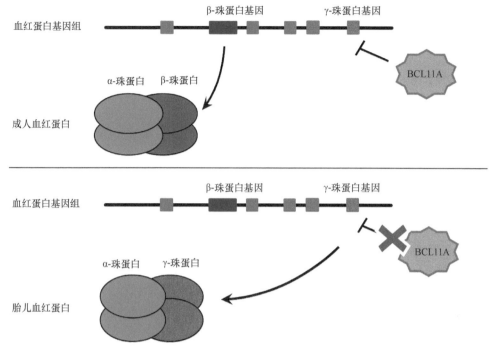

图 6-11　BCL11A 调控血红蛋白示意图

血干细胞的基因治疗技术也逐渐成熟且已应用于一些疾病的临床治疗，并获得初步成效。虽然造血干细胞的基因治疗存在着巨大的前景，仍有许多问题亟待解决，例如，造血干细胞基因治疗的安全性问题、转基因细胞数量不足，以及伦理问题等无一不使得造血干细胞基因治疗举步维艰。目前，基因治疗的技术还不够完善，干细胞基因治疗的广泛应用还有待于对基因治疗的基本原理及干细胞生物学特性的进一步深入研究。干细胞基因治疗作为一种新的治疗方式，虽然不可避免地也带来了一些伦理学上的争论，但更多的是给人类多种疾病的治疗带来了希望，它必将给医学带来革命性的变化。

6.4.3　白血病干细胞

1. 概述

　　癌症研究的一个基本问题是确定能够在体内启动和维持肿瘤克隆生长的细胞类型。解决这一谜题的关键在于确定肿瘤内的每个细胞是否都具有肿瘤启动能力，或者是否具有某种罕见的细胞子集，即所谓的癌症干细胞（cancer stem cell，CSC）负责肿瘤的维持。CSC 的概念最早是在 40 多年前提出的，为肿瘤内观察到的功能异质性提供了一种解释。支持 CSC 存在的最好证据来自对血液学恶性肿瘤的研究。白血病是一组正常造血过程中某一阶段细胞恶性扩增的单克隆性异质性疾病，是一种典型难治的血液学恶性肿瘤，维持这种肿瘤生长的细胞子集被称为白血病干细胞（leukemia stem cell，LSC）[132,133]。LSC 具有自我更新能力，能通过非对称分裂生成一个白血病干细胞和一个分化的白血病细胞。由于 LSC 的这种特点[134]，使我们当前所设计的许多化疗方案只能杀灭由 LSC 产生的白血病细胞克隆，产生骨髓中白血病细胞减少到"正常范围"而达到缓解的假象，实际上治标不治本，体内依然还残存白血病微小克隆,这也就是病人在化疗完全缓解后往往还会复发的根本原因[135]。

2. 白血病干细胞与造血干细胞的关系

在血液系统中,人们发现白血病干细胞和正常造血干细胞之间有着许多相似的性质,但也有着很多的不同点,其相似性主要表现在三个方面。第一个方面是白血病干细胞与造血干细胞都能够不断分裂并保持自我更新能力,在相应的培养情况下可以产生几十代子代细胞。不同的是,干细胞的增殖具有相对稳定性,其数目保持相对恒定,而肿瘤细胞群体虽可以无限增殖,但却失去了自我稳定的特点,其机制可能是由于基因突变或基因表达异常,或干细胞所处的微环境异常导致干细胞增殖分化机制失调[136]。第二个方面是相似的信号通路参与其自我更新。自我更新是干细胞重要的功能,机体必须平衡自我更新与分化的关系,保持内环境的稳定。二者平衡失调将导致肿瘤的发生,已有研究表明,很多信号通路都会参与到二者的自我更新调节,如 Notch 和 Wnt 信号通路等在调节干细胞自我更新的同时也在肿瘤中起作用。第三个方面是二者都具有端粒酶活性。端粒酶是含有一段 RNA 模板的反转录酶,研究发现,干细胞和大多数恶性肿瘤细胞中都有很高的端粒酶活性及扩增的端粒酶重复序列,而人类终末分化的体细胞不具有或具有很低的端粒酶活性。在人类干细胞的恶性转化实验中发现,端粒酶活性和附加的基因突变是正常干细胞恶性转化的两个重要条件。

3. 白血病干细胞与肿瘤的关系

肿瘤组织一般由三种细胞成分构成:具有无限增殖能力和形成新的肿瘤克隆的肿瘤细胞,即肿瘤干细胞(CSC);具有有限增殖能力但不能形成新肿瘤的肿瘤细胞;以上两种功能都丧失的肿瘤细胞[137]。其中,肿瘤干细胞在肿瘤中起着至关重要的作用,其通过目前还没有明确的机制不断分裂增殖,一方面进行自我更新,另一方面产生出具有有限分裂能力和分化能力的肿瘤细胞,推动了肿瘤的形成。由于 HSC 与 CSC 相似性很高,因此 LSC 表型鉴定极为重要,在治疗相关疾病过程中,如何能够有效去除 LSC 但又不损伤 HSC 是一个重要问题。当前,白血病诊断主要依据形态学和流式细胞术对细胞进行分析,但是,就 LSC 来说,这可能不足以正确评估疾病状态。如果能够找到 LSC 的特异性标志基因,利用流式细胞术便可以迅速鉴定出存在于骨髓和外围血中的 LSC,临床医师便能恰当地评估疾病状态并提供合适的治疗。同时,利用特异性基因可以将 LSC 分离纯化出来进行研究,是能力新药的研发以及新型疗法的开拓提供巨大的帮助。总之,LSC 的发现和特性分析对了解白血病发生的分子机制和寻找针对性更强的治疗策略都具有极为重要的意义,为难治且易复发的血液学疾病的治愈带来了新的曙光,相信在今后的研究中必然会有重大进展。

参 考 文 献

1 Lorenz E, Congdon C & Uphoff D. Modification of acute irradiation injury in mice and guinea-pigs by bone marrow injections. Radiology, 1952, **58(6)**: 863-877.
2 Till JE & Mcculloch EA. A direct measurement of the radiation sensitivity of normal mouse bone marrow cells. Radiation Research, 1961, **14(2)**: 213-222.

3　Becker AJ, Mcculloch EA & Till JE. Cytological demonstration of the clonal nature of spleen colonies derived from transplanted mouse marrow cells. Nature, 1963, **197(4866)**: 452-454.

4　Spangrude GJ, Heimfeld S, . & Weissman IL. Purification and characterization of mouse hematopoietic stem cells. Science, 1988, **241(4862)**: 58-62.

5　Baum CM, Weissman IL, Tsukamoto AS et al. Isolation of a candidate human hematopoietic stem-cell population. Proceedings of the National Academy of Sciences of the United States of America, 1992, **89(7)**: 2804-2808.

6　Osawa M, Hanada K, Hamada H et al. Long-term lymphohematopoietic reconstitution by a single cd34-low/negative hematopoietic stem cell. Science, 1996, **273(5272)**: 242-245.

7　Faiyaz N, Sergei D, Elisa L et al. Isolation of single human hematopoietic stem cells capable of long-term multilineage engraftment. Science, 2013, **333(6039)**: 218-221.

8　Yamamoto R, Morita Y, Ooehara J et al. Clonal analysis unveils self-renewing lineage-restricted progenitors generated directly from hematopoietic stem cells. Cell, 2013, **154(5)**: 1112-1126.

9　Jun Seita ILW. Hematopoietic stem cell: Self-renewal versus differentiation. Wiley Interdisciplinary Reviews Systems Biology & Medicine, 2010, **2(6)**: 640-653.

10　Morrison SJ & Weissman IL. The long-term repopulating subset of hematopoietic stem cells is deterministic and isolatable by phenotype. Immunity, 1994, **1(8)**: 661-673.

11　Benveniste P, Frelin C, Janmohamed S et al. Intermediate-term hematopoietic stem cells with extended but time-limited reconstitution potential. Cell Stem Cell, 2010, **6(1)**: 48-58.

12　Ikuta K & Weissman IL. Evidence that hematopoietic stem cells express mouse c-kit but do not depend on steel factor for their generation. Proceedings of the National Academy of Sciences of the United States of America, 1992, **89(4)**: 1502-1506.

13　Kiel MJ, Yilmaz ÖH, Iwashita T et al. Slam family receptors distinguish hematopoietic stem and progenitor cells and reveal endothelial niches for stem cells. Cell, 2005, **121(7)**: 1109-1121.

14　Civin CI, Strauss LC, Brovall C et al. Antigenic analysis of hematopoiesis. Iii. A hematopoietic progenitor cell surface antigen defined by a monoclonal antibody raised against kg-1a cells. Journal of Immunology, 1984, **133(1)**: 157-165.

15　Bhatia M, Wang JC, Kapp U et al. Purification of primitive human hematopoietic cells capable of repopulating immune-deficient mice. Proc Natl Acad Sci U S A, 1997, **94(10)**: 5320-5325.

16　Conneally E, Cashman J, Petzer A et al. Expansion *in vitro* of transplantable human cord blood stem cells demonstrated using a quantitative assay of their lympho-myeloid repopulating activity in nonobese diabetic-scid/scid mice. Proceedings of the National Academy of Sciences of the United States of America, 1997, **94(18)**: 9836-9841.

17　Anjos-Afonso F, Currie E, Palmer H et al. Cd34-cells at the apex of the human hematopoietic stem cell hierarchy have distinctive cellular and molecular signatures. Cell Stem Cell, 2013, 13(2): 161-174.

18　Anne W, Elisa L, Gabriela O et al. Hematopoietic stem cells reversibly switch from dormancy to self-renewal during homeostasis and repair. Cell, 2008, **135(6)**: 1118-1129.

19　Cabezas-Wallscheid N, Buettner F, Sommerkamp P et al. Vitamin a-retinoic acid signaling regulates hematopoietic stem cell dormancy. Cell, 2017, **169(5)**: 807-823.

20　Kondo M. Hematopoietic stem cell biology. Bone Marrow Transplantation, 2011, **46(3)**: 474.

21　Haas S, Trumpp A & Milsom MD. Causes and consequences of hematopoietic stem cell heterogeneity. Cell Stem Cell, 2018, **22(5)**: 627-638.

22　Dykstra B, Kent D, Bowie M et al. Long-term propagation of distinct hematopoietic differentiation programs *in vivo*. Cell Stem Cell, 2007, **1(2)**: 218-229.

23　Yohei M, Hideo E & Hiromitsu N. Heterogeneity and hierarchy within the most primitive hematopoietic stem cell compartment. Journal of Experimental Medicine, 2010, **207(6)**: 1173-1182.

24　Yamamoto R, Morita Y, Ooehara J et al. Clonal analysis unveils self-renewing lineage-restricted progenitors generated directly from hematopoietic stem cells. Cell, 2013, **154(5)**: 1112-1126.

25　Carrelha J, Meng Y, Kettyle LM et al. Hierarchically related lineage-restricted fates of multipotent haematopoietic stem cells. Nature, 2018, **554(7690)**: 106-111.

26   Alvaro S & Ido G. Genetic determinants and cellular constraints in noisy gene expression. Science, 2013, **342(6163)**: 1188-1193.

27   Challen GA, Boles NC, Chambers SM et al. Distinct hematopoietic stem cell subtypes are differentially regulated by tgf-β1. Cell Stem Cell, 2010, **6(3)**: 265-278.

28   Muller-Sieburg CE, Cho RH, Lars K et al. Myeloid-biased hematopoietic stem cells have extensive self-renewal capacity but generate diminished lymphoid progeny with impaired il-7 responsiveness. Blood, 2004, **103(11)**: 4111-4118.

29   Civin CI, Strauss LC, Brovall C et al. Antigenic analysis of hematopoiesis. Iii. A hematopoietic progenitor cell surface antigen defined by a monoclonal antibody raised against KG-1a cells. J Immunol, 1984, **133(1)**: 157-165.

30   Spangrude GJ, Heimfeld S & Weissman IL. Purification and characterization of mouse hematopoietic stem cells. Science, 1988, **241(4861)**: 58-62.

31   Osawa M, Hanada K, Hamada H et al. Long-term lymphohematopoietic reconstitution by a single cd34-low/negative hematopoietic stem cell. Science, 1996, **273(5272)**: 242-245.

32   Morel F, Szilvassy SJ, Travis M et al. Primitive hematopoietic cells in murine bone marrow express the cd34 antigen. Blood, 1996, **88(10)**: 3774-3784.

33   Till JE & Mc CE. A direct measurement of the radiation sensitivity of normal mouse bone marrow cells. Radiat Res, 1961, **14**: 213-222.

34   Till JE, Mcculloch EA & Siminovitch L. A stochastic model of stem cell proliferation, based on the growth of spleen colony-forming cells. Proc Natl Acad Sci U S A, 1964, **51**: 29-36.

35   Wu AM, Till JE, Siminovitch L et al. A cytological study of the capacity for differentiation of normal hemopoietic colony-forming cells. J Cell Physiol, 1967, **69(2)**: 177-184.

36   Harrison DE. Competitive repopulation: A new assay for long-term stem cell functional capacity. Blood, 1980, **55(1)**: 77-81.

37   Szilvassy SJ, Humphries RK, Lansdorp PM et al. Quantitative assay for totipotent reconstituting hematopoietic stem cells by a competitive repopulation strategy. Proc Natl Acad Sci U S A, 1990, **87(22)**: 8736-8740.

38   Ema H, Suda T, Miura Y et al. Colony formation of clone-sorted human hematopoietic progenitors. Blood, 1990, **75(10)**: 1941-1946.

39   Ema H, Sudo K, Seita J et al. Quantification of self-renewal capacity in single hematopoietic stem cells from normal and lnk-deficient mice. Dev Cell, 2005, **8(6)**: 907-914.

40   Pluznik DH & Sachs L. The cloning of normal "mast" cells in tissue culture. J Cell Physiol, 1965, **66(3)**: 319-324.

41   Bradley TR & Metcalf D. The growth of mouse bone marrow cells *in vitro*. Aust J Exp Biol Med Sci, 1966, **44(3)**: 287-299.

42   Palis J, Robertson S, Wall M et al. Development of erythroid and myeloid progenitors in the yolk sac and embryo proper of the mouse. Development, 1999, **126(22)**: 5073-5084.

43   Kumar A & D'souza SS. Understanding the journey of human hematopoietic stem cell development. Stem Cell International, **2019**: 2141475.

44   Kumaravelu P, Hook L, Morrison A et al. Quantitative developmental anatomy of definitive haematopoietic stem cells/long-term repopulating units (hsc/rus): Role of the aorta-gonad-mesonephros (agm) region and the yolk sac in colonisation of the mouse embryonic liver. Development, 2002, **129(21)**: 4891-4899.

45   Medvinsky A & Dzierzak E. Definitive hematopoiesis is autonomously initiated by the agm region. Cell, 1996, **86(6)**: 897-906.

46   Gekas C, Dieterlen-Lievre F, Orkin SH et al. The placenta is a niche for hematopoietic stem cells. Dev Cell, 2005, **8(3)**: 365-375.

47   Ottersbach K & Dzierzak E. The murine placenta contains hematopoietic stem cells within the vascular labyrinth region. Dev Cell, 2005, **8(3)**: 377-387.

48   De Bruijn MF, Speck NA, Peeters MC et al. Definitive hematopoietic stem cells first develop within

the major arterial regions of the mouse embryo. Embo J, 2000, **19(11)**: 2465-2474.

49　Gao X, Xu C, Asada N et al. The hematopoietic stem cell niche: From embryo to adult. Development, 2018, **145(2)**.

50　Ema H & Nakauchi H. Expansion of hematopoietic stem cells in the developing liver of a mouse embryo. Blood, 2000, **95(7)**: 2284-2288.

51　Crisan M & Dzierzak E. The many faces of hematopoietic stem cell heterogeneity. Development, 2016, **143(24)**: 4571-4581.

52　Christensen JL, Wright DE, Wagers AJ et al. Circulation and chemotaxis of fetal hematopoietic stem cells. PLoS Biol, 2004, **2(3)**: E75.

53　Bowie MB, Mcknight KD, Kent DG et al. Hematopoietic stem cells proliferate until after birth and show a reversible phase-specific engraftment defect. J Clin Invest, 2006, **116(10)**: 2808-2816.

54　Sabin FR. Preliminary note on the differentiation of angioblasts and the method by which they produce blood-vessels, blood-plasma and red blood-cells as seen in the living chick. 1917. J Hematother Stem Cell Res, 2002, **11(1)**: 5-7.

55　Zambidis ET, Park TS, Yu W et al. Expression of angiotensin-converting enzyme (cd143) identifies and regulates primitive hemangioblasts derived from human pluripotent stem cells. Blood, 2008, **112(9)**: 3601-3614.

56　Jaffredo T, Gautier R, Eichmann A et al. Intraaortic hemopoietic cells are derived from endothelial cells during ontogeny. Development, 1998, **125(22)**: 4575-4583.

57　Dieterlen-Lievre F, Pouget C, Bollerot K et al. Are intra-aortic hemopoietic cells derived from endothelial cells during ontogeny? Trends Cardiovasc Med, 2006, **16(4)**: 128-139.

58　Eilken HM, Nishikawa S & Schroeder T. Continuous single-cell imaging of blood generation from haemogenic endothelium. Nature, 2009, **457(7231)**: 896-900.

59　Bertrand JY, Chi NC, Santoso B et al. Haematopoietic stem cells derive directly from aortic endothelium during development. Nature, 2010, **464(7285)**: 108-111.

60　Robin C, Bollerot K, Mendes S et al. Human placenta is a potent hematopoietic niche containing hematopoietic stem and progenitor cells throughout development. Cell Stem Cell, 2009, **5(4)**: 385-395.

61　Okuda T, Van Deursen J, Hiebert SW et al. Aml1, the target of multiple chromosomal translocations in human leukemia, is essential for normal fetal liver hematopoiesis. Cell, 1996, **84(2)**: 321-330.

62　Yokomizo T, Hasegawa K, Ishitobi H et al. Runx1 is involved in primitive erythropoiesis in the mouse. Blood, 2008, **111(8)**: 4075-4080.

63　Goyama S, Yamaguchi Y, Imai Y et al. The transcriptionally active form of aml1 is required for hematopoietic rescue of the aml1-deficient embryonic para-aortic splanchnopleural (p-sp) region. Blood, 2004, **104(12)**: 3558-3564.

64　Chen MJ, Yokomizo T, Zeigler BM et al. Runx1 is required for the endothelial to haematopoietic cell transition but not thereafter. Nature, 2009, **457(7231)**: 887-891.

65　De Pater E, Kaimakis P, Vink CS et al. Gata2 is required for hsc generation and survival. J Exp Med, 2013, **210(13)**: 2843-2850.

66　Kumano K, Chiba S, Kunisato A et al. Notch1 but not notch2 is essential for generating hematopoietic stem cells from endothelial cells. Immunity, 2003, **18(5)**: 699-711.

67　Robert-Moreno A, Espinosa L, De La Pompa JL et al. Rbpjkappa-dependent notch function regulates gata2 and is essential for the formation of intra-embryonic hematopoietic cells. Development, 2005, **132(5)**: 1117-1126.

68　Nakagawa M, Ichikawa M, Kumano K et al. Aml1/runx1 rescues notch1-null mutation-induced deficiency of para-aortic splanchnopleural hematopoiesis. Blood, 2006, **108(10)**: 3329-3334.

69　Ruiz-Herguido C, Guiu J, D'altri T et al. Hematopoietic stem cell development requires transient wnt/beta-catenin activity. J Exp Med, 2012, **209(8)**: 1457-1468.

70　Reya T, Duncan AW, Ailles L et al. A role for wnt signalling in self-renewal of haematopoietic stem cells. Nature, 2003, **423(6938)**: 409-414.

71　Lengerke C, Schmitt S, Bowman TV et al. Bmp and wnt specify hematopoietic fate by activation of the cdx-hox pathway. Cell Stem Cell, 2008, **2(1)**: 72-82.

72   Sadlon TJ, Lewis ID & D'andrea RJ. Bmp4: Its role in development of the hematopoietic system and potential as a hematopoietic growth factor. Stem Cells, 2004, **22(4)**: 457-474.

73   Mcreynolds LJ, Gupta S, Figueroa ME et al. Smad1 and smad5 differentially regulate embryonic hematopoiesis. Blood, 2007, **110(12)**: 3881-3890.

74   Vodyanik MA, Thomson JA & Slukvin I. Leukosialin (cd43) defines hematopoietic progenitors in human embryonic stem cell differentiation cultures. Blood, 2006, **108(6)**: 2095-2105.

75   Choi KD, Vodyanik MA, Togarrati PP et al. Identification of the hemogenic endothelial progenitor and its direct precursor in human pluripotent stem cell differentiation cultures. Cell Rep, 2012, **2(3)**: 553-567.

76   Elcheva I, Brokvolchanskaya V, Kumar A et al. Direct induction of hematoendothelial programs in human pluripotent stem cells by transcriptional regulators. Nature Communications, 2014, **5(20)**: 4372.

77   Sturgeon CM, Ditadi A, Awong G et al. Wnt signaling controls the specification of definitive and primitive hematopoiesis from human pluripotent stem cells. Nat Biotechnol, 2014, **32(6)**: 554-561.

78   Chong DC, Koo Y, Xu K et al. Stepwise arteriovenous fate acquisition during mammalian vasculo-genesis. Dev Dyn, 2011, **240(9)**: 2153-2165.

79   Zhang J & Chu LF. Functional characterization of human pluripotent stem cell-derived arterial endothelial cells. Proceedings of the National Academy of Sciences of the United States of America, 2017, **114(30)**: E6072-E6078.

80   Dou DR, Calvanese V, Sierra MI et al. Medial HoxA genes demarcate haematopoietic stem cell fate during human development. Nature Cell Biology, 2016, 18(6): 595-606.

81   Sugimura R, Jha DK, Han A et al. Haematopoietic stem and progenitor cells from human pluripotent stem cells. Nature, 2017, **545(7655)**: 432-438.

82   Seita J & Weissman IL. Hematopoietic stem cell: Self-renewal versus differentiation. Wiley Interdiscip Rev Syst Biol Med, 2010, **2(6)**: 640-653.

83   Copelan EA. Hematopoietic stem-cell transplantation. N Engl J Med, 2006, **354(17)**: 1813-1826.

84   Notta F, Doulatov S, Laurenti E et al. Isolation of single human hematopoietic stem cells capable of long-term multilineage engraftment. Science, 2011, **333(6039)**: 218-221.

85   Brunstein CG, Gutman JA, Weisdorf DJ et al. Allogeneic hematopoietic cell transplantation for hematologic malignancy: Relative risks and benefits of double umbilical cord blood. Blood, 2010, **116(22)**: 4693-4699.

86   Al-Anazi KA. Autologous hematopoietic stem cell transplantation for multiple myeloma without cryopreservation. Bone Marrow Res, 2012, **2012**: 917361.

87   Fares I, Chagraoui J, Gareau Y et al. Cord blood expansion. Pyrimidoindole derivatives are agonists of human hematopoietic stem cell self-renewal. Science, 2014, **345(6203)**: 1509-1512.

88   Csaszar E, Kirouac DC, Yu M et al. Rapid expansion of human hematopoietic stem cells by automated control of inhibitory feedback signaling. Cell Stem Cell, 2012, **10(2)**: 218-229.

89   Shih CC, Hu MC & Hu J et al. A secreted and lif-mediated stromal cell-derived activity that promotes *ex vivo* expansion of human hematopoietic stem cells. Blood, 2000, **95(6)**: 1957-1966.

90   Holyoake TL, Freshney MG, Mcnair L et al. *Ex vivo* expansion with stem cell factor and interleukin-11 augments both short-term recovery posttransplant and the ability to serially transplant marrow. Blood, 1996, **87(11)**: 4589-4595.

91   Miller CL & Eaves CJ. Expansion *in vitro* of adult murine hematopoietic stem cells with transplantable lympho-myeloid reconstituting ability. Proc Natl Acad Sci U S A, 1997, **94(25)**: 13648-13653.

92   Bhatia M, Bonnet D, Kapp U et al. Quantitative analysis reveals expansion of human hematopoietic repopulating cells after short-term *ex vivo* culture. Journal of Experimental Medicine, 1997, **186(4)**: 619-624.

93   Ueda T, Tsuji K, Yoshino H et al. Expansion of human NOD/SCID-repopulating cells by stem cell factor, Flk2/Flt3 ligand, thrombopoietin, IL-6, and soluble IL-6 receptor. Journal of Clinical Investigation, 2000, **105(7)**: 1013-1021.

94   Himburg HA, Muramoto GG, Daher P et al. Pleiotrophin regulates the expansion and regeneration of

hematopoietic stem cells. Nat Med, 2010, **16(4)**: 475-482.

95　Shih CC, Hu MC, Hu J et al. Long-term *ex vivo* maintenance and expansion of transplantable human hematopoietic stem cells. Blood, 1999, **94(5)**: 1623-1636.

96　De Haan G, Weersing E, Dontje B et al. *In vitro* generation of long-term repopulating hematopoietic stem cells by fibroblast growth factor-1. Dev Cell, 2003, **4(2)**: 241-251.

97　Zhang CC, Kaba M, Ge G et al. Angiopoietin-like proteins stimulate *ex vivo* expansion of hematopoietic stem cells. Nat Med, 2006, **12(2)**: 240-245.

98　Takizawa H, Schanz U & Manz MG. *Ex vivo* expansion of hematopoietic stem cells: Mission accomplished? Swiss Med Wkly, 2011, **141**: w13316.

99　Huynh H, Iizuka S, Kaba M et al. Insulin-like growth factor-binding protein 2 secreted by a tumorigenic cell line supports *ex vivo* expansion of mouse hematopoietic stem cells. Stem Cells, 2008, **26(6)**: 1628-1635.

100　Zhang CC, Kaba M, Iizuka S et al. Angiopoietin-like 5 and igfbp2 stimulate *ex vivo* expansion of human cord blood hematopoietic stem cells as assayed by NOD/SCID transplantation. Blood, 2008, **111(7)**: 3415-3423.

101　Ohishi K, Varnum-Finney B & Bernstein ID. Delta-1 enhances marrow and thymus repopulating ability of human CD34(+)CD38(-) cord blood cells. Journal of Clinical Investigation, 2002, **110(8)**: 1165-1174.

102　Ko KH, Holmes T, Palladinetti P et al. Gsk-3 beta inhibition promotes engraftment of *ex vivo* expanded hematopoietic stem cells and modulates gene expression. Stem Cells, 2011, **29(1)**: 108-118.

103　Perry JM, He XC, Sugimura R et al. Cooperation between both wnt/beta-catenin and PTEN/PI3K/Akt signaling promotes primitive hematopoietic stem cell self-renewal and expansion. Genes Dev, 2011, **25(18)**: 1928-1942.

104　Antonchuk J, Sauvageau G & Humphries RK. HOXB4-induced expansion of adult hematopoietic stem cells *ex vivo*. Cell, 2002, **109(1)**: 39-45.

105　Sauvageau G, Thorsteinsdottir U, Eaves CJ et al. Overexpression of HOXB4 in hematopoietic cells causes the selective expansion of more primitive populations *in vitro* and *in vivo*. Genes Dev, 1995, **9(14)**: 1753-1765.

106　Amsellem S, Pflumio F, Bardinet D et al. *Ex vivo* expansion of human hematopoietic stem cells by direct delivery of the HOXB4 homeoprotein. Nat Med, 2003, **9(11)**: 1423-1427.

107　Krosl J, Austin P, Beslu N et al. *In vitro* expansion of hematopoietic stem cells by recombinant tat-hoxb4 protein. Nat Med, 2003, **9(11)**: 1428-1432.

108　Lee J, Shieh JH, Zhang J et al. Improved *ex vivo* expansion of adult hematopoietic stem cells by overcoming CUL4-mediated degradation of HOXB4. Blood, 2013, **121(20)**: 4082-4089.

109　Miharada K, Sigurdsson V & Karlsson S. Dppa5 improves hematopoietic stem cell activity by reducing endoplasmic reticulum stress. Cell Reports, 2014, **7(5)**: 1381-1392.

110　Rentas S, Holzapfel NT, Belew MS et al. Musashi-2 attenuates AHR signalling to expand human haematopoietic stem cells. Nature, 2016, **532(7600)**: 508-511.

111　Iwama A, Oguro H, Negishi M et al. Enhanced self-renewal of hematopoietic stem cells mediated by the polycomb gene product Bmi-1. Immunity, 2004, **21(6)**: 843-851.

112　Hock H, Hamblen MJ, Rooke HM et al. Gfi-1 restricts proliferation and preserves functional integrity of haematopoietic stem cells. Nature, 2004, **431(7011)**: 1002-1007.

113　Aguila JR, Liao WB, Yang JC et al. SALL4 is a robust stimulator for the expansion of hematopoietic stem cells. Blood, 2011, **118(3)**: 576-585.

114　Iriuchishima H, Takubo K, Matsuoka S et al. *Ex vivo* maintenance of hematopoietic stem cells by quiescence induction through Fbxw7α overexpression. Blood, 2011, **117(8)**: 2373-2377.

115　Calvanese V, Nguyen AT, Bolan TJ et al. MLLT3 governs human haematopoietic stem-cell self-renewal and engraftment. Nature, 2019, 576(7786): 281-286.

116　Boitano AE, Wang J, Romeo R et al. Aryl hydrocarbon receptor antagonists promote the expansion of human hematopoietic stem cells. Science, 2010, **329(5997)**: 1345-1348.

117　Liu X, Zheng H, Yu WM et al. Maintenance of mouse hematopoietic stem cells *ex vivo* by reprogramming cellular metabolism. Blood, 2015, **125(10)**: 1562-1565.

118　Takubo K, Nagamatsu G, Kobayashi CI et al. Regulation of glycolysis by pdk functions as a metabolic checkpoint for cell cycle quiescence in hematopoietic stem cells. Cell Stem Cell, 2013, **12(1)**: 49-61.

119　Guo B, Huang XX, Lee MR et al. Antagonism of PPAR-γ signaling expands human hematopoietic stem and progenitor cells by enhancing glycolysis. Nat Med, 2018, **24(3)**: 360-367.

120　Umemoto T, Yamato M, Ishihara J et al. Integrin-α β γ 3 regulates thrombopoietin-mediated maintenance of hematopoietic stem cells. Blood, 2012, **119(1)**: 83-94.

121　Feng Q, Chai C, Jiang XS et al. Expansion of engrafting human hematopoietic stem/progenitor cells in three-dimensional scaffolds with surface-immobilized fibronectin. Journal of Biomedical Materials Research Part A, 2006, **78(4)**: 781-791.

122　Wilkinson AC, Ishida R, Kikuchi M et al. Long-term *ex vivo* haematopoietic-stem-cell expansion allows nonconditioned transplantation. Nature, 2019, **571(7763)**: 117-121.

123　Singh AK & Mcguirk JP. Allogeneic stem cell transplantation: A historical and scientific overview. Cancer Res, 2016, **76(22)**: 6445-6451.

124　Thomas ED, Lochte HL, Lu WC et al. Intravenous infusion of bone marrow in patients receiving radiation and chemotherapy. The New England Journal of Medicine, 1957, 257: 491-496.

125　Gratwohl A, Pasquini MC, Aljurf M et al. One million haemopoietic stem-cell transplants: A retrospective observational study. The Lancet Haematology, 2015, **2(3)**: e91-e100.

126　Hatzimichael E & Tuthill M. Hematopoietic stem cell transplantation. Stem Cells Cloning, 2010, **3**: 105-117.

127　Yu J, Hu K, Smuga-Otto K et al. Human induced pluripotent stem cells free of vector and transgene sequences. Science, 2009, **324(5928)**: 797-801.

128　Zeiser R & Blazar BR. Acute graft-versus-host disease-biologic process, prevention, and therapy. N Engl J Med, 2017, **377(22)**: 2167-2179.

129　High KA & Roncarolo MG. Gene therapy. N Engl J Med, 2019, **381(5)**: 455-464.

130　Masuda T, Wang X, Maeda M et al. Transcription factors LRF and BCL11a independently repress expression of fetal hemoglobin. Science, 2016, **351(6270)**: 285-289.

131　Xu J, Peng C, Sankaran VG et al. Correction of sickle cell disease in adult mice by interference with fetal hemoglobin silencing. Science, 2011, **334(6058)**: 993-996.

132　Kreso A & Dick JE. Evolution of the cancer stem cell model. Cell Stem Cell, 2014, **14(3)**: 275-291.

133　Dick JE. Acute myeloid leukemia stem cells. Ann N Y Acad Sci, 2005, **1044**: 1-5.

134　Dick JE & Lapidot T. Biology of normal and acute myeloid leukemia stem cells. Int J Hematol, 2005, **82(5)**: 389-396.

135　Clarke MF. Clinical and therapeutic implications of cancer stem cells. N Engl J Med, 2019, **380(23)**: 2237-2245.

136　Shlush LI, Zandi S, Mitchell A et al. Identification of pre-leukaemic haematopoietic stem cells in acute leukaemia. Nature, 2014, **506(7488)**: 328-333.

137　Wang JC & Dick JE. Cancer stem cells: Lessons from leukemia. Trends Cell Biol, 2005, **15(9)**: 494-501.

余　勇　王　晶　张智为　罗　尧　李凯睿　刘星婕

第7章 间充质干细胞

7.1 间充质干细胞定义及研究历史

20 世纪 60 年代末，Friedenstein 等人将骨髓悬液接种到细胞培养板上之后，发现一类贴壁性较强的成纤维样细胞可形成克隆集落（colony-forming unit fibroblast，CFU-F）[1]。这些细胞不仅能够在体外增殖，而且还能在体外被诱导分化为成骨细胞、脂肪细胞和软骨细胞。当这群细胞被移植到体内之后能够形成含有髓腔的异位骨，其中的骨组织、脂肪组织和基质细胞来源于移植供体，而血细胞和血管内皮细胞则来源于受体。这一发现首次证明了血液系统和骨骼系统源自于不同种类的成体干细胞。更为重要的是，从单个 CFU-F 克隆集落扩增而来的细胞即具备多向分化能力（成骨细胞、脂肪细胞、软骨细胞和基质细胞），证明其为一种多能成体干细胞。这种细胞最早被命名为成骨干细胞和骨髓基质干细胞，后来 Caplan 等人将其称为间充质干细胞（mesenchymal stem cell，MSC）并被广泛使用。"间充质干细胞"这一称谓是否准确是一个相当有争议的话题。现在其广为接受的定义是：间充质干细胞是一种可在体外增殖并定向分化为成骨细胞、软骨细胞、脂肪细胞、肌细胞和其他谱系细胞的贴壁细胞群[2,3]。间充质干细胞可以增殖并产生具有相同基因型和表型的子代细胞，从而维持初始细胞干性。自我更新和分化能力是将间充质干细胞定义为真正干细胞的两个标准。国际细胞治疗组织（International Society for Cellular Therapy，ISCT）规定人源间充质干细胞必须满足以下条件：①在标准培养条件下，间充质干细胞具有良好的黏附贴壁特性，形成 CFU-F；②表达 CD105、CD73、CD90 等表面标志物，而不表达 CD45、CD34、CD14 或 CD11b、CD79α 或 CD19、HLA-DR 等造血细胞表面标志物；③骨髓间充质干细胞在体外培养中可分化为成骨细胞、软骨细胞和脂肪细胞（图 7-1）[4]。

由于骨髓间充质干细胞是从骨髓中分离出来的，因此有人认为这些细胞是骨髓基质（支持造血的高度分化组织）的祖细胞[5]。在 20 世纪 90 年代初，大多数使用间充质干细胞的临床前模型都是在骨科领域（骨骼、软骨、肌腱）。然而第一个关于间充质干细胞的临床试验是在血液肿瘤病中。20 世纪 90 年代初，科学家在骨髓移植的过程中补充扩增的人间充质干细胞以提高移植效率[6,7]。骨髓间充质干细胞和造血干细胞一样，在注入血液后会"归巢"到骨髓中。归巢之后，骨髓间充质干细胞将重建或增强骨髓支架，能够刺激骨髓造血系统的恢复。早期的临床证据也表明，添加间充质干细胞改善了骨髓移植病人血液系统的恢复。

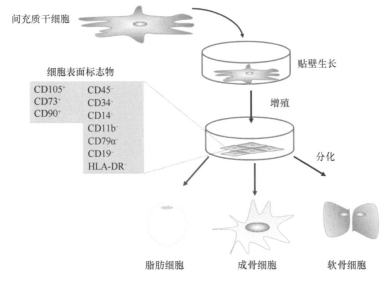

图 7-1 人源骨髓间充质干细胞的定义

7.2 间充质干细胞的定位

间充质干细胞的胚胎起源尚不清楚,但一些研究结果表明间充质干细胞可能起源于主动脉-性腺-中肾区背主动脉的支持层[8]。与这些发现一致的是,在早期人类血液中发现了类似 MSC 的细胞[9]。在成年人中,MSC 似乎是许多组织中的常驻间质细胞,它们在这些组织的正常周转中发挥作用。当需要组织修复时,MSC 被刺激发生增殖和分化。

骨髓间充质干细胞与内皮细胞和脂肪细胞共同构成骨髓的基质支持系统[10]。间充质干细胞群体也存在于颅面复合体的骨髓中[11]。许多研究表明,在脂肪组织[12,13]、真皮组织[14]、椎间盘[15]、羊水[16]、牙齿组织[17]、人胎盘[18]、脐带血[19]和外周血等组织中也存在间充质干细胞或类间充质干细胞,但后者的发现仍然存在争议[20]。脂肪来源的间充质干细胞在形态学和免疫表型上与骨髓来源的间充质干细胞非常相似,但在培养过程中,脂肪间充质干细胞会形成更多的 CFU-F[21]。对于再生医学来说,脂肪组织是间充质干细胞一个非常好的来源。因为相对容易获得,提取自体脂肪间充质干细胞只需要局部麻醉,相对更为安全[22]。

7.3 间充质干细胞的分离培养与诱导分化

7.3.1 MSC 的分离培养

MSC 可以从不同的物种和组织中分离,但最常见的分离对象是骨髓。20 世纪 80 年代,密度梯度离心技术已被应用于从骨髓中分离单核细胞(mononuclear cell,MNC)和红细胞[23]。收集这些单核细胞,将其以 $(10\sim15)\times10^5$ 个细胞/cm^2 的密度接种于含有 10%

胎牛血清（fetal bovine serum，FBS）的培养基中。培养 48 h 之后，贴壁的纺锤样细胞开始出现（图 7-2）。

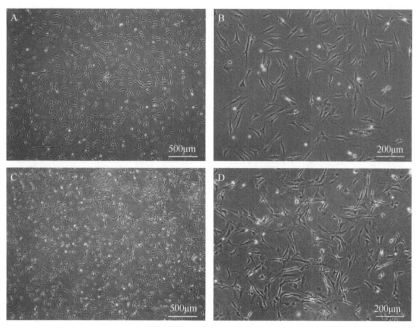

图 7-2　MSC 体外培养后的形态

A、B. 不同放大倍数下人源骨髓 MSC 形态；C、D. 不同放大倍数下鼠源骨髓 MSC 形态

脂肪组织经胶原酶处理后可分离得到脂肪组织源性干细胞（adipose-tissue-derived stem cell，ASC），同时也可得到与骨髓中单核细胞相对应的基质血管组分（stromal vascular fraction，SVF）。由于脂肪细胞含有大量的脂肪酸，在离心时漂浮在上层可被去除，SVF 离心下来被收集。SVF 中的贴壁细胞具备很强的体外扩增和分化为多种间充质谱系的能力。

以上两种方法的主要缺点是在培养的前几天内容易存在一些造血起源的贴壁细胞（巨噬细胞）的污染，以及需要进行一段时间的体外培养和扩增。为了避免以上问题，可以根据间充质干细胞的固有特性来分离细胞。免疫分离是一种基于细胞表面标记的非体外培养的分离方法。一些研究采用阳性筛选技术，用针对内皮素（CD105）[24]、Stro-1[25,26] 和 CD146[27] 等间充质干细胞标志物的抗体分离间充质干细胞。而阴性筛选技术是通过洗脱抗体标记的造血相关细胞来富集间充质干细胞[28]。Roda 及其同事最近开发了另一种非培养 MSC 分离技术，该技术不依赖于表面标志物，而是根据细胞在流体条件下悬浮时获得的生物物理特性来得到间充质干细胞[29,30]。

7.3.2　MSC 的诱导分化

下面以鼠源骨髓 MSC（BMSC）为例简要介绍一下 MSC 体外三向分化的具体方法和流程（图 7-3）。

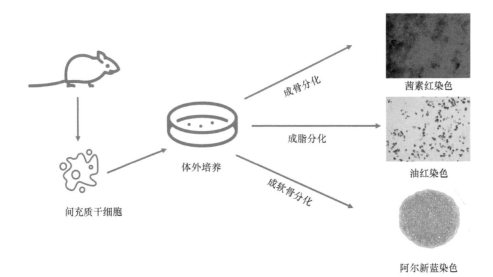

间充质干细胞　体外培养　成骨分化　茜素红染色　成脂分化　油红染色　成软骨分化　阿尔新蓝染色

图 7-3　体外诱导 MSC 定向分化

1. 成骨分化实验方案

（1）以 1×10^5 个细胞/cm² 的密度将 BMSC 铺在营养培养基中，该培养基补充有 10^{-4} mol/L L-抗坏血酸-2-磷酸、10^{-8} mol/L 地塞米松、1.8 mmol/L 磷酸钾和 2~10 mmol/L β-甘油磷酸。

（2）细胞连续培养三周，每三天更换一次培养基。

（3）钙化结节在视觉上较为明显，并可以通过两种不同的方法染色验证。

①茜素红 S（Alizarin red S）：在细胞中加入预冷的 70%乙醇在室温处理 1 h，用茜素红溶液（2%的水溶液，用氨水调 pH 至 4.1~4.3）处理 30 min，然后用纯水洗 4 次去浮色；或者通过使用不含 Ca^{2+}/Mg^{2+} 的磷酸盐缓冲液（PBS）洗涤培养物，并用 0.6 mol/L HCl 溶解，然后使用市售试剂盒使样品与邻甲酚酞络合物反应，将生成的颜色与标准曲线进行比较以进行定量，由此确定累积的钙量。

②冯科萨染色（von Kossa staining）：培养皿用 1%的硝酸银孵育，然后在自然光或者紫外光下照射 45 min，用蒸馏水充分洗涤后，在培养皿中加入 3%的硫代硫酸钠处理 5 min，然后用蒸馏水再次洗涤，钙沉积会显示棕色或者黑色。

2. 成脂分化实验方案

（1）以 4×10^3 个细胞/cm² 的密度将 BMSC 铺在营养培养基中。一旦细胞扩增生长至融合，就更换为以下几种诱导体外成脂分化培养基中的任意一种：①含有 0.5 mmol/L 的 3-异丁基-1-甲基黄嘌呤、0.5 μmol/L 皮质醇、60 μmol/L 吲哚美辛的营养培养基；②含有 10^{-4} mol/L L-抗坏血酸-2-磷酸、10^{-8}~10^{-7} mol/L 地塞米松的营养培养基；③含有谷氨酰胺和青霉素/链霉素的 α-MEM，以及 20%的批次选择的兔血清、10^{-4} mol/L L-抗坏血酸-2-磷酸和 10^{-8} mol/L 地塞米松的营养培养基；④含有 0.1~10 μmol/L 的 PPARγ 激动剂（罗格列酮）的营养培养基。

（2）细胞在 37℃、5%二氧化碳条件下培养 4 周，期间每三天换一次培养基。

（3）在倒置显微镜下可以明显看到脂滴积累。先用中性缓冲甲醛固定 1 h，然后用 60%的异丙醇处理 30 min，最后用油红 O（Oil Red）染色脂肪。将 0.5 g 油红 O 溶解在 100 ml 异丙醇中制备油红 O 储液，然后用 20 ml 蒸馏水稀释 30 ml 储液来制备新鲜工作液。

3. 软骨分化实验方案

（1）传代的 BMSC 换成 F12 培养基，其中包含 4×10^{-6} mol/L 牛胰岛素、8×10^{-8} mol/L 人脱铁运铁蛋白、8×10^{-8} mol/L 牛血清白蛋白、4×10^{-6} mol/L 亚油酸、10^{-3}mol/L 丙酮酸、10 ng/ml 重组人 TGF-β、10^{-7}mol/L 地塞米松和 2.5×10^{-4} mol/L 抗坏血酸。

（2）取 2.5×10^{5} 个细胞于 5 ml 培养基中，在 15 ml 管中以 500 g 的速度离心 5 min。

（3）试管与盖子部分拧开，在 37℃、5%二氧化碳环境中培养 3 周，培养基每周更换 2~3 次。

（4）收集沉淀后，用 10%福尔马林溶液固定，然后用阿尔新蓝（Alcain Blue）（1% 阿尔新蓝溶于 3%乙酸，pH2.5）或番红 O（0.1%水溶液）的标准程序染色。

7.4　间充质干细胞与组织工程

7.4.1　骨骼修复

骨折和轻微的骨损伤通常不需要手术干预就能再生和愈合。然而在骨组织大面积损失的情况下，完全自发愈合就很难达到。骨不连，以及其他可能发生在长骨、脊柱和颅骨的大面积缺损就是这种情况。此外，在某些情况下（如脊柱融合），需要在生理上不成骨的部位新形成骨。

许多研究都试图证明间充质干细胞介导骨再生的可行性。一般来说，骨髓间充质干细胞可以通过静脉注射或直接植入骨缺损部位进行全身给药。这种方法认为间充质干细胞具有穿透血管的能力，并以类似于白细胞向炎症部位迁移的方式归巢至受损组织。这种现象已经在不同的实验模型中得到了证明，包括心脏、大脑、肝和肺的损伤模型[30]。同种异体间充质干细胞治疗的几例成骨不全症病人的案例中发现，骨髓间充质干细胞最终迁移到骨折部位[31-34]或发育受损的骨骼中[35]。然而，尽管这种方法对临床应用很有吸引力，但仍不清楚注射的细胞中有多少最终会移植到受损组织。有研究表明，在静脉注射后不久，间充质干细胞就被滞留在肺部，并且在几天后进入血液循环[36]。因此，直接植入间充质干细胞能够在损伤部位富集大量间充质干细胞，从而避免细胞向体内其他部位迁移的风险。即使在骨缺损区域，未分化的间充质干细胞也容易形成非特异性结缔组织[37]。因此，需要在植入前在体外诱导细胞成骨分化，或将它们种植到骨诱导和骨传导支架上（通常由羟基磷灰石和 β-磷酸三钙组成）。装载间充质干细胞的骨诱导支架修复长骨节段缺损的能力已经在许多动物模型中得到了证实[38,39]。采用类似的方法，脊柱融合已经在包括兔子、绵羊和恒河猴在内的大型动物身上成功实现[40-42]。Quarto 等人尝试用这种组织工程方法治疗 3 名长骨 4~7 cm 骨丢失的病人[43]。术后 2 个月植入物的整合性良好。病人在术后 6~7 个月恢复了功能，在 6 年的随访期内没有发现任何特殊不良反应。从那时起，就有相关研究陆续用这种方法实现了不同部位的骨再生，包括颌骨[44]、脊柱[45]和股骨头[46]再生。

使用羟基磷灰石支架实现骨再生也有不可避免的缺点，其中一点就是这种支架在体内的吸收速度较慢，甚至在几年之后不吸收，从而阻止完整的骨再生[47]。另一种可选择的方法是将骨髓间充质干细胞与骨形成因子（如骨形态发生蛋白 BMP-2）组合使用。BMP-2 在制备过程中可以被植入支架，然后与间充质干细胞结合[48]。BMP-2 在植入后能够缓慢从支架中释放出来，其释放量与支架本身的降解速率有关。研究认为 BMP-2 可以诱导植入骨髓间充质干细胞和原位骨髓间充质干细胞的成骨分化，从而实现骨再生。该方法的缺点是 BMP 的半衰期较短[49]。另一种方法是使间充质干细胞在骨折部位持续分泌成骨蛋白，被称为基于间充质干细胞的基因治疗。这种方法需要对间充质干细胞进行基因修饰，使其过表达一种成骨基因。BMP-2[50,51]及 BMP 家族的其他成员（如BMP-4、BMP-6 和 BMP-9）已被广泛用于这一方法[52-54]。这种组织再生方法有几个优点。第一，植入的间充质干细胞可在一段时间内分泌大量的成骨因子。第二，间充质干细胞倾向于向断裂边缘迁移并诱导有组织的骨折修复模式[50]。第三，由于成骨因子的持续分泌，可诱导植入的间充质干细胞和周围组织内原有的干细胞成骨分化[37]。值得一提的是，当分析 BMP-2 工程化 MSC 产生的新骨的化学、结构和纳米生物力学特性时，发现其都与天然来源的骨相似[55,56]。

7.4.2 软骨修复

由于软骨修复的能力非常有限，关节软骨损伤后再生是骨科医学的一大挑战。成体间充质干细胞具有增殖分化为软骨细胞的潜能，因此成为软骨组织修复的理想选择，所以有不少临床试验在开展。第一次尝试是在 1994 年，研究者通过培养软骨缺陷病人的健康软骨细胞，并将其移植到自体缺损软骨中，经过一段时间，病人的关节疼痛有明显改善。然而，软骨细胞只能在再生软骨缺损方面取得有限的成功[57]。研究还发现，加载到聚合载体上的软骨细胞会发生凋亡，这限制了它们的治疗应用潜力[58]。这些结果促进了对具有软骨细胞分化能力的自体多能干细胞的研究。但是间充质干细胞能产生软骨再生的证据一直存在争议。有研究表明，间充质干细胞无法产生功能持久的软骨细胞从而无法达到完全修复软骨缺损的效果[59]。不过一些在羊、猪和兔子模型中的实验已经证明了使用生物可降解的支架植入间充质干细胞用于关节软骨修复的可行性[60]。

基因修饰的间充质干细胞也被用于软骨的形成。然而，只有少数基因被证明能诱导这些细胞的软骨分化。Kawamura 和 Palmer 等人的研究表明[61,62]，当感染转入腺病毒的TGF-β 而不是 IGF-1 时，间充质干细胞可在体外分化为软骨细胞。将 IGF-1 和 TGF-β 或BMP-2 共同转染至间充质干细胞中可进一步促进体外软骨形成，并伴随着肥大软骨的标志胶原蛋白 X 的表达[63]。在体内过表达 Brachyury 转录因子也可诱导 MSC 的软骨分化[64]。Brachyury 表达的 MSC 在体外和体内可分泌胶原蛋白 II，但不分泌胶原蛋白 X。

此外，异位植入这些细胞能够形成软骨细胞增殖活跃的软骨组织。有趣的是，体内生成的工程软骨组织对类风湿关节炎滑膜成纤维细胞的破坏作用具有一定的抵抗作用[65]。

7.4.3 骨髓造血微环境维持

干细胞微环境（stem cell niche）是指局部组织通过产生一些因子来维持干细胞的特性及调控干细胞功能[66]。在造血干细胞（hematopoietic stem cell，HSC）微环境的维持方面有许多的研究。造血维持需要持续产生血细胞和免疫细胞，包括红细胞、白细胞和血小板。为了产生这些下游血细胞，HSC 需先产生特定的前体细胞，特定的前体细胞进一步增殖和分化为成熟的血细胞。如果造血系统无法正常维持，人体将无法维持一定数量的血细胞，从而会在几周之内死于贫血（红细胞耗竭）、出血（血小板耗竭）和感染（髓系和淋巴系免疫细胞耗竭）。尽管在大部分稳态条件下的造血主要是由前体细胞来维持，但 HSC 必须不断地更新补充这些前体细胞，特别是在遇到严重感染和血液大量流失的情况下[67,68]。

HSC 微环境的概念是在 1978 年提出的，但在 25 年之后才有特定的工具和系统的方法去研究，目前主要运用流式细胞术来研究 HSC 及其下游细胞。SLAM 家族（signaling lymphocyte activation molecule family）表面标志物能够筛选到高纯度的 HSC（比如 CD150$^+$CD48$^-$CD41$^-$标记的 HSC）[69]。通过分析 HSC 在体内的细胞定位可知，HSC 主要位于骨髓和脾脏的静脉窦血管附近，因此有科学家认为静脉窦是 HSC 微环境的重要维持者。

骨髓间充质干细胞在发育过程中参与 HSC 微环境的调控，它们能够分泌 HSC 微环境调控因子[70-72]。首先被证明的是人体骨髓中分离的 CD146$^+$的 MSC 移植到免疫缺陷小鼠中能够形成骨膜并且支持造血。CD146$^+$MSC 位于静脉窦附近并且分泌造血维持因子，例如，在损伤之后调控造血重建的因子 Angiopoietin 1[73]。在小鼠中，高表达 *Nes*-GFP、*Scf* 和 *Cxcl12* 的 MSC 在体外能够分化成成骨细胞、软骨细胞和脂肪细胞。同时，表达瘦素受体（*LepR*）的 MSC 有较强的成克隆能力，能够在成体骨髓中产生大部分的成骨细胞和软骨细胞，并能够在骨折修复过程中产生软骨细胞[74]。然而 MSC 仍具有较强的异质性，其中仅有很少一部分是骨骼干细胞（详见 7.6 节）[75]。LepR 不仅是骨髓 MSC 的细胞标志物，还参与调控MSC 的自我更新与定向分化。在小鼠长骨中特异性敲除 LepR 会导致 BMSC 成骨分化增加和成脂分化减少。与之相反，给小鼠喂食高脂食物则会显著增加体内瘦素浓度，从而降低成骨分化并增加成脂分化。这一作用在 LepR 条件性敲除的小鼠中不可见。此外，LepR 条件性敲除小鼠能够在骨折及放射线照射后加速骨愈合。机制研究表明，LepR 能够激活下游 JAK2/STAT3 通路从而促进成脂分化并抑制成骨分化[76]（图 7-4）。Yue 等人发现了一个非常有意思的分泌蛋白 Clec11a（C-type lectin domain family 11 member A）在 LepR$^+$ BMSC 和成骨细胞中高表达。虽然 Clec11a 敲除小鼠的造血功能正常，但是其在衰老过程中却表现出显著的骨质疏松。与之相反，重组 Clec11a 蛋白不仅在体外促进 BMSC 成骨分化，而且在体内显著增加骨体积并能够预防和治疗骨质疏松[72]（图 7-4）。由此可见，在 LepR$^+$ BMSC 中深入探索新颖骨髓微环境因子，将对骨骼和造血系统的再生医学研究有着重要意义。

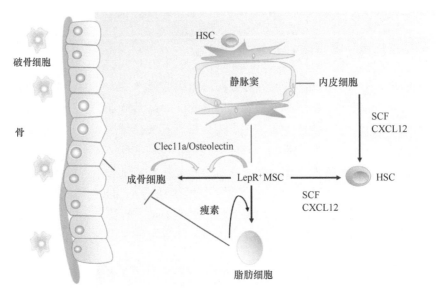

图 7-4　MSC 是骨髓造血微环境的重要维持者

　　骨髓间充质干细胞的组成随着出生至成年是动态变化的，不同阶段的 MSC 及其前体细胞占据了骨髓基质。在胚胎发育阶段，骨髓中的 MSC 主要表达 *Osx*[77]、*Col2a1* 及 *Sox9*[78] 这些因子来产生骨和基质细胞。然而成年以后，其中很大一部分 MSC 会被清除掉，这些标志物也不再标记成体骨髓中的 MSC[79]。神经嵴细胞来源的表达 *P0-Cre*、*Sox1-Cre* 或者 *Wnt1-Cre* 的细胞组成了新生骨髓基质，并且具有很活跃的克隆形成能力，但这些神经嵴来源的细胞在出生后也会被清除掉，并且被非神经嵴来源的基质细胞所替代[80-82]。与此一致的是，表达 *Nes-CreER* 的基质细胞在出生后的骨髓中促进成骨发生，但在成体骨髓中几乎不具备成骨的干细胞功能[83]。相反地，表达 *LepR* 的细胞在发育早期不具备成骨功能，但随着发育进程不断扩增，在成体骨髓中发挥着维持成骨细胞和脂肪细胞的作用[71]。

　　与这些在基质细胞中发生的变化一致，随着发育的进程，HSC 微环境的组成也在进一步发生变化。在小鼠胚胎发育 15.5 天时，用白喉毒素敲除 *Nes-CreER* 阳性的基质细胞减弱了胚胎发育中的造血。用 *Nes-CreER* 在小鼠出生 7 天后敲除造血维持因子 *Cxcl12*，破坏了正常的骨髓造血发育。然而在成体小鼠中，用 *Nes-CreER* 敲除 *Cxcl12* 或者 *Scf* 对骨髓中 HSC 数量没有任何影响。因此，*Nes-CreER* 阳性的基质细胞可能对于胚胎发育过程中的造血维持比较重要，但对成体造血维持没有影响[84]。骨髓血管和基质细胞在机体衰老过程中的改变能够有部分被内皮细胞中的 Notch 信号通路激活所逆转[85]。

7.4.4　肌腱修复

　　肌腱和韧带损伤（尤其是肌腱套、跟腱和髌腱缺损）是最常见的软组织损伤。修复这些损伤并不是一项简单的任务，而且现有的外科治疗方法也并不令人满意[86]。间充质干细胞体外分化为肌腱或韧带细胞的研究还很少，要么是通过在细胞生长的支架上施加外力[87]，或使用透明质酸制成的特定支架来诱导人间充质干细胞（hMSC）向韧带分化[88]。但是还没有证据表明，在体外分化成肌腱或韧带细胞的间充质干细胞在体内确实能够修复这些组织。

一种可能的体内肌腱修复治疗方法是将未分化的间充质干细胞植入各种生物可降解的支架上。但到目前为止，一直存在有争议。已有研究表明，与仅用水凝胶、支架或缝合线治疗的肌腱相比，在兔跟腱损伤中植入自体间充质干细胞可以显著改善受损肌腱的物理性能。然而，这种效果只能在术后几周内检测到[89]。Dressler 等人也观察到，从老年动物获得的间充质干细胞能够诱导年轻动物肌腱修复[90]。但最近发表的一篇文章表明，在肌腱套撕裂的大鼠中移植间充质干细胞并没有任何作用[91]。在这些研究中发现的一个副作用是植入的 MSC 会导致肌腱内异位骨的形成[92]。

通过基因修饰过表达 Smad8 和 BMP-2 的间充质干细胞可在体内、体外分化为类腱细胞。此外，给跟腱缺损 3mm 的大鼠植入这种基因修饰的间充质干细胞后，以双量子滤波磁共振和组织学检验证明跟腱实现了完全的再生[93]。到目前为止，这是唯一报道基因工程间充质干细胞用于肌腱或韧带再生的研究。

7.4.5 非骨骼相关组织的再生

在 20 世纪 90 年代中期，有两篇报道研究了间充质干细胞的非骨骼分化潜能[94,95]，这些研究也在几年后得到了证实[96-98]。此后，间充质干细胞被用于心脏、脂肪、骨骼肌、神经、肝、肾脏、肺和胰腺的再生。

利用多能干细胞再生受损的心脏组织是心脏病或严重心肌梗死继发性心力衰竭的新治疗方法。由间充质干细胞产生的心肌细胞在移植到成年鼠心脏后能够保持分化状态[99,100]。骨髓间充质干细胞移植到动物模型中可以改善心功能，可能是因为细胞提供了血管生成、抗凋亡和有丝分裂的因子，从而诱导心肌生成和血管生成[101-103]。Saito 等人首次证明同种的 MSC 能够注射到小鼠肌肉中来治疗肌肉萎缩症，治愈机制是 MSC 能够新合成抗肌萎缩蛋白来影响肌小管[104]。在该研究中，供体的 MSC 能够分化成骨骼肌细胞，与肌小管融合从而新合成抗肌萎缩蛋白。而且，标记的 MSC 注射到损伤的大鼠或者猪的心脏能够分化成心肌细胞[100]。

间充质干细胞能够诱导成为脂肪细胞并且能够大量富集脂滴[13,105-107]。尽管间充质干细胞成脂没有被广泛应用于组织工程学，但在一些整形手术中，使用自体脂肪的效果优于使用硅胶材料。

在创伤性脑损伤的动物模型中，间充质干细胞已被证明可以促进神经元的存活，并且减轻神经损伤的严重程度[108-111]。直接植入天然或基因工程修饰的骨髓间充质干细胞都能促进脊髓损伤后的功能恢复[112]。许多临床前动物研究结果显示间充质干细胞在大脑中具有迁移、分化和再生作用[113]。间充质干细胞也能够减轻神经性疼痛，在青光眼大鼠模型中赋予神经保护作用，在新生儿缺血性脑损伤后诱导神经元再生，并治疗抑郁症、帕金森病，其至癫痫。间充质干细胞的神经保护作用可能源于它们通过细胞分化取代患病或受损神经元的能力，以及诱导神经发生、血管生成、突触形成、内源性恢复过程的激活和炎症反应的调节[114]。尽管如此，很少有临床研究表明间充质干细胞具有安全性和再生作用。

糖尿病患病率不断增加，需要寻找新的治疗方法，间充质干细胞已被确定为主要候选者。通过改变细胞培养环境，研究者已经能够通过分化动物和人类的骨髓间充质干细胞获得胰岛样功能细胞[115]。最近，在胰腺组织培养中也发现了MSC[116]，事实上，MSC与胰岛移植联合植入可显著改善移植物的功能[117]。此外，间充质干细胞的系统和局部注射在多种病症中均显示有效，如降低高血糖、减少白蛋白尿，以及小鼠和大鼠糖尿病模型的β-胰岛再生，改善大鼠和小鼠的糖尿病性肾病，其至促进大鼠糖尿病多发性神经病变的改善。狗和猪等大型动物模型证实了基于间充质干细胞糖尿病治疗的可行性[118]。其在糖尿病模型中的治疗效果除了由于直接的细胞分化，也可能是由于它们的免疫调节能力和旁分泌活性[119]。

Schwartz及其同事首次报道了多能成体祖细胞可分化为功能性肝细胞样细胞[120]。从那时起，许多研究证明了MSC的肝分化及其在临床前模型中的应用，其至在Ⅰ期临床试验中的应用。

7.4.6 免疫调节功能

多项研究表明，骨髓间充质干细胞能够逃避免疫识别并抑制免疫反应[121]。这种免疫系统的调节作用在骨髓间充质干细胞和脂肪间充质干细胞中均有发现[122]。这一特性促进了间充质干细胞在各种再生医学方法（如肝移植）中的临床应用。

间充质干细胞能够抑制不同物种间的免疫排斥反应可能是由于MSC的免疫原性较弱，MSC干扰了树突状细胞的成熟和功能，抑制T细胞增殖，或与自然杀伤细胞发生相互作用。多项研究表明MSC不表达或低表达MHC II类蛋白[123]。虽然hMSC能够促进抗原诱导的T细胞活化，但是当在培养物中加入单核细胞或树突状细胞之类的抗原提呈细胞（antigen-presenting cell，APC）后，MSC能够以接触依赖的方式抑制T细胞的反应。共培养实验结果表明，MSC及其上清液干扰了树突状细胞的内吞作用并降低其分泌IL-12和激活同种异体反应性T细胞的能力[124]。在hMSC和树突状细胞共培养中发现，成熟Ⅰ型树突状细胞的肿瘤坏死因子分泌减少，IL-10分泌增加[125]。

许多研究者认为间充质干细胞和T细胞之间的直接相互作用是通过细胞接触或可溶性因子的释放来完成的。Rasmusson等人发现了在间充质干细胞和T细胞共培养过程中加入有丝分裂原和同种异体抗原对T细胞的特定影响。他们发现间充质干细胞可上调IL-2、IL-2可溶性受体及IL-10的水平，这些因子都不是骨髓间充质干细胞分泌的[126]。用植物凝集素（phytohemagglutinin，PHA）刺激外周血淋巴细胞，IL-2和IL-2可溶性受体水平下降，而IL-10水平未受影响。此外，添加前列腺素的抑制剂吲哚美辛，可以恢复PHA培养中由骨髓间充质干细胞引起的抑制作用。Di Nicola等利用中和单克隆抗体鉴定出 TGF-β1 和 HGF 是 MSC 影响 T 淋巴细胞抑制增殖的介导因子[127]。他们证明了细胞刺激和非特异性有丝分裂原是有效的，T 细胞抑制是通过可溶性因子进行的，避免了间充质干细胞和效应细胞之间的细胞间接触。

另外，Sotiropoulou 等人发现间充质干细胞可以改变 NK 细胞的表型，抑制增殖和细胞因子的分泌。其中一些效应是由可溶性因子 TGF-β1 和 PGE-2 介导的[128]。

7.5　间充质干细胞的临床前研究

FDA 通常要求用动物实验作为药物或设备使用的临床前概念验证。但必须指出的是，没有一种动物模型与人类疾病的情况完全相符。事实上，在大多数基于细胞治疗的动物模型中都优先使用自体细胞。之所以将这部分临床前研究包括在这里，是为了阐明人类间充质干细胞被用于动物模型治疗其疾病状态的独特例子。

7.5.1　多发性硬化症

自身免疫性脑脊髓炎模型是多发性硬化症动物模型中的一种，是指将具有免疫能力的动物暴露于髓磷脂分子中，并加入佐剂，使动物对这些分子产生免疫反应，进而引起一系列类似人类多发性硬化症的脱髓鞘事件。在严重单相型和复发缓和型这两种情况下，仅通过尾静脉注射 10^6 级别 hMSC 即可治愈动物的多发性硬化症[129]。hMSC 分泌的分子使中枢神经系统的神经干细胞分化为少突胶质细胞[130]。最终的结果是治愈的动物没有表现出多发性硬化症的迹象。

7.5.2　哮喘

哮喘的卵清白蛋白模型是将鸡卵清白蛋白和佐剂腹腔注射入小鼠体内，产生过敏反应。两周之后，每天或每两天给敏化的小鼠鼻腔雾化给予鸡卵清白蛋白，引起强烈的炎症反应。雾化给药的第 3 天、第 7 天或一周后，5~10 只小鼠尾静脉注射 10^6 级别 hMSC，对照组注射生理盐水。鸡卵清蛋白给药在注射 hMSC 后持续 4 天或 1 周。分别在首次鼻腔雾化给药的第 1、4、8、12 周分析小鼠。在注射生理盐水的哮喘小鼠中，肺组织严重发炎，在更长时间点的小鼠，瘢痕组织明显。在注射了 hMSC 的小鼠中，肺部看起来很正常，内皮衬里完整，没有炎症[131]。人类间充质干细胞有助于治疗这种类似哮喘的疾病。

7.5.3　炎症性肠病

硫酸葡聚糖钠（DDS）可以诱导产生严重的炎症性肠病。当使用细胞对接系统将 hMSC 靶向炎症部位时，80%~90%的动物可被治愈[131]。没有其他单一的方法可以完成这种治疗。虽然第一阶段和第二阶段的临床试验数据显示，克罗恩病的病人可以仅通过注射 hMSC 来治疗，但这需要相当高的剂量。

7.5.4 中风和急性心肌梗死

小鼠中风或急性心肌梗死的模型是通过结扎通向大脑或心脏的大动脉产生的。在产生这种缺血模型的 2~7 天后，hMSC 通过尾静脉注射到小鼠体内。对小鼠进行 5~10 周的监测，最终接受 hMSC 治疗的动物可恢复正常功能 [132]。那些位于血管损伤和炎症部位的 hMSC 的营养活性发挥了治疗作用。

7.5.5 败血症

败血症模型可由敲除一种氯离子通道蛋白——囊性纤维化跨膜调节因子，产生这种基因敲除小鼠的肺部对铜绿假单胞菌感染非常敏感。在暴露于铜绿假单胞菌 7 天后，这些基因敲除小鼠全部死亡，而野生型小鼠全部存活。在肺暴露后的第二天，通过给这些受感染的小鼠单次眶后注射 100 万 hMSC，最终使得超过 70%的受感染小鼠存活。hMSC 分泌一种叫做 LL37 的强效抗生素可以杀死感染的细菌。Krasnodembskaya[133,134] 等研究表明 hMSC 以细菌剂量依赖性方式分泌 LL37。此外，LL37 对革兰氏阳性和阴性细菌均有效，这提高了间充质干细胞用于克服败血症的可能性。LL37 是人类基因组编码的一类被称为防御素的抗菌分子中的一员，这些在人类口腔中有广泛的研究。

7.5.6 肿瘤代谢

由于间充质干细胞能够归巢或停留在血管不连续部位的特性，在实体肿瘤中移植充质干细胞后细胞的定位能够被研究者记录下来 [135]。此外，由于它们的免疫调节和营养分泌作用（特别是其刺激血管生成的能力），间充质干细胞已被证明可以刺激肿瘤生长。所以需将有肿瘤病史的病人排除在间充质干细胞相关治疗之外。

间充质干细胞与肿瘤的转移有密切关系。Arnold I. Caplan 认为间充质干细胞起源于血管周细胞。黑色素瘤和乳腺癌的首先转移部位之一都是骨，在骨转移过程中会引起疼痛的溶骨性病变。通过将黑色素瘤细胞注入小鼠的循环系统，可以发现几乎身体中的每一块骨都是黑色素瘤细胞入侵的目标。目前已经证实，循环的黑色素瘤细胞和乳腺癌细胞能与血小板结合，隐藏其抗原决定簇 [136]。血小板在癌细胞通过骨血管壁的过程中大量增加，释放出大量的 PDGF-BB，用于将周细胞释放出来并向血管周围迁移黏附。然后这些周细胞与入侵的癌细胞紧密结合，协助肿瘤在骨质基质中的入侵。而在 $Pdgfb^{ret/ret}$ 基因敲除小鼠中，大多数骨血管的基底膜上没有周细胞附着。在注射黑色素瘤细胞后，在骨头上只有几个黑点。很明显，迁移的癌细胞必须遇到周细胞或者间充质干细才能侵入到组织基质。这种与周细胞/间充质干细胞的物理、化学和功能相互作用为抗癌治疗提供了一个新的潜在靶点。

7.5.7 临床应用的局限性

在世界范围内，有许多不同的临床试验正在使用间充质干细胞治疗各种临床疾病，其中大多数是在美国之外进行的。事实上，自体和异体的骨髓间充质干细胞及其他组织来源的间充质干细胞，构成了加勒比、中南美洲和亚洲医疗市场不断扩大的一个领域。但大多数情况下 MSC 是在开放性试验、非随机、非安慰剂对照研究中应用的。尽管人们可以从这些研究中发现错误，但在间充质干细胞得到监管机构的正式批准使用之前，它们为病人提供了潜在的治疗方法。有许多药物被医生用于说明书标明以外的用途，自体 SVF 的使用也是如此。在这方面，大约有 3000~30 000 人接受了间充质干细胞各种制剂的注射，但还没有不良反应报告。当然，如果 100 万病人接受间充质干细胞注射，我们应该能想到会有一些不良反应发生。在这方面，无论是在批准的临床试验中，还是在其他情况下，医学界必须迅速和全面地了解所有不良事件，以便我们能够了解这些新疗法的问题和局限性。

MSC 移植是一种具有广泛应用前景的细胞疗法，到目前为止，已经在全世界范围内开展的临床实验研究已经达到 800 多项，然而并没有一种基于 MSC 的细胞疗法被 FDA 批准所推广。其中主要存在的问题是 MSC 的来源及功能不能完全保证统一，目前临床研究所使用的 MSC 是非克隆化培养而来，存在着很高的细胞异质性，没有经过特异性细胞表面标志物对其进行分离纯化。而且，MSC 的治疗方法也会对其治疗效果产生很大影响，例如，全身静脉注射 MSC 会导致大部分 MSC 栓塞在肺部毛细血管而无法到达靶器官[137]。因此，我们今后要开发更有效的治疗手法及更高纯度的 MSC 获取方法，才能将 MSC 治疗广泛推广。

7.6　骨骼干细胞

7.6.1　成体骨骼干细胞

间充质干细胞的体内移植实验证明，大约有 10% 的 CFU-F 具有产生包括骨髓基质在内的完整异位骨器官的能力[23,138,139]，这群多能性干细胞被称为成体骨骼干细胞。以这种方式产生的异位骨在受体动物的生命期间能够保持较好的活性，并且其中发育的基质细胞可用于连续再次移植，每一次都会有异位骨的重新生成。通过一系列体外培养和体内移植实验，可以获得一个自我维持的、有共同祖细胞的多骨骼组织在出生后骨髓中存在的证据。整个体内外的一系列实验完成了从供体骨组织中的单个骨髓基质细胞到有新生成的异位骨器官中的单个骨髓基质细胞的整个周期，只有通过连续再移植才能得到基质干细胞具有自我维持特性的确切证据。

不同 CFU-F 之间的生长多样性和分化潜能的不同引发了鉴定骨骼干细胞表面标志物的许多尝试[2,26,140-143]。然而，基于表面标志物的分选结果分离出一个在表型上是同类的细胞类群，并不意味着其在生物学性质方面是相同的。然而，克隆形成的总类群可以富集到纯度极高。已知的骨骼干细胞标志物包括 LepR、Stro-1、HOP-26/CD63、CD166（ALCAM）和 CD49a（α1 整合素亚基）等。克隆基质细胞对于造血标志物是阴性的，它表达可变水平的碱性磷酸酶（ALP）并合成骨中发现的大量胞外基质蛋白（骨连接蛋白、骨桥蛋白、I 型胶原），并且一般在体内前体成骨细胞中表达。此外，它们还表达了各种水平的脂肪细胞特征性的标记（如脂蛋白脂肪酶 LPL）[10,144]。

大多数内皮标志物（因子Ⅷ相关抗原、VE-Cadherin、CD31）在基质细胞上不表达。尽管如此，它们确实表达一些内皮细胞及其细胞中表达的标志物，如 CD146、VCAM-1（血管细胞黏附分子-1）和内皮因子。在动脉毛细血管的周细胞中特定表达的平滑肌肌动蛋白-α 在体外培养的基质细胞中有较高比例的表达 [10]。

7.6.2　骨骼干细胞与骨髓血管网络

骨髓中有非常丰富的血管网络，尤其是静脉窦。所有能在出生后骨髓原位识别的非造血、非内皮的基质细胞都可以被看成是多种特殊的血管周细胞（内皮下的细胞，共用一个内皮细胞基底膜 [145]）。根据不同的组织形态学理论，血管周细胞在表型上具有异质性 [146]，并且在起源上也可能存在异质性 [10]。有趣的是，非骨骼部位的血管周细胞在体内或体外也能够被诱导成为软骨 [147,148]。在骨髓中，动脉毛细血管和静脉窦周细胞在表型上是不同的，在发育的起源上也是不同的。虽然在血管生成过程中，动脉周细胞可能源于血管壁细胞（包括内皮细胞和内皮下细胞），但是在骨器官发育过程中，静脉周细胞（包括网状细胞和脂肪细胞）可能由成骨细胞募集而来 [10,149,150]。因此推测，这两个部位的周细胞可能具有明显不同的分化潜能。在体外，基质细胞表达周细胞特异性表达的一些标志物，如碱性磷酸酶（ALP）、平滑肌肌动蛋白 α 或 MUC18（CD146）[151]。CD146 主要在体内骨髓动脉毛细血管的周细胞中表达，在体外培养中约有 70% 的基质细胞表达。在 CD146 分选的基质细胞中约有 80% 的成克隆细胞恢复表达，并且 CD146 在 Stro-1 强阳性细胞中共表达。利用 CD146 分选的基质细胞在体内移植实验中能够形成异位骨 [152]，表明 CD146 是骨骼干细胞的一个表面标志物。少部分 CD146⁺基质细胞也表达早期内皮祖细胞的标志物 Flk-1（胎肝激酶-1）和血管内皮生长因子受体-2（VEGFR-2）。这部分 CD146⁺基质细胞与 Flk-1⁺内皮祖细胞共表达能够获得更纯的骨骼干细胞 [153]。因此，在出生后的骨髓基质中可能存在少部分的内皮细胞和骨骼细胞共同的祖细胞。

目前已经明确的是造血干细胞产生于主动脉的腹侧，在胚胎背侧主动脉-性腺-中肾（AGM）区域的主动脉壁中发现 [154]，骨骼和其他中胚层组织的 Flk-1 阳性（和 Flk-1 阴性）祖细胞，在移植后产生完全分化的软骨、骨骼和肌肉细胞 [155]。在该区域中，中胚层的空腔产生了近腔（外）细胞层，其被解释为最原始的造血基质。来自 AGM 区域的基质细胞系在体外有效地支持造血作用，出生后的基质细胞也是如此。

7.6.3　骨骼干细胞与骨骼疾病

骨骼干细胞及其衍生的谱系在许多方面影响着骨骼疾病 [156]。其中最直接的一个就是涉及为组织工程和骨骼重构制订策略的尝试 [157]。更大胆的治疗方法包括通过细胞治疗或基因治疗纠正遗传缺陷。在这方面需要考虑以下四点。第一，使用骨骼干细胞纠正基因缺陷需要使用更准确的单个细胞表型鉴定和培养条件。单个细胞必须具有完整的分化潜能和自我更新能力，培养条件要适合维持或扩增在基质细胞群中的干细胞亚群。虽然移植扩增的祖细胞数量可能足以修复骨骼的物理缺陷，但在骨骼生长和成年更替期间恢复正常的骨骼形成意味着需要完全的干细胞。第二，必须制订一系列适当的系统管理办法，包括获得在实验条件下成功归巢和移植 MSC 的动物模型的证据，探索采用的方法和剂量。第三，必须明确和测试 MSC 稳定转导的有效途径，作为纠正基因缺陷的先决条件。第四，必须考虑骨骼固有的生物力学特性及其周转率。因为造血细胞更新速度快，所以骨髓移植后造血重建速度快。与此相反，由于骨骼的缓慢周转率，需要通过更长时间来纠正和设计策略。

正如干细胞是骨骼发育和生长的单位，它们也是疾病的单位。因此，骨骼组织中的干细胞和谱系的概念可以使我们更好地理解疾病的发生机制，以及它们如何改变谱系的性质和发育规则。干细胞移植实验是更好地理解骨骼干细胞疾病发生机制的富有成效的应用 [156]。可以开展一些小规模的实验模型，例如，通过移植天然或者靶向突变的基质细胞系来确定特定的细胞自主性对基因缺陷的影响 [158]。此外，移植实验还能够用来探究间充质干细胞 CFU-F 的内在组分在疾病发生中是如何被改变的，以及如何转化为临床效益。

参 考 文 献

1　Friedenstein AJ, Chailakhyan RK & Gerasimov UV. Bone marrow osteogenic stem cells: *In vitro* cultivation and transplantation in diffusion chambers. Cell Tissue Kinet, 1987, **20(3)**: 263-272.

2　Pittenger MF, Mackay AM, Beck SC et al. Multilineage potential of adult human mesenchymal stem cells. Science, 1999, **284(5411)**: 143-147.

3　Javazon EH, Beggs KJ & Flake AW. Mesenchymal stem cells: Paradoxes of passaging. Exp Hematol, 2004, **32(5)**: 414-425.

4　Dominici M, Le Blanc K, Mueller I et al. Minimal criteria for defining multipotent mesenchymal stromal cells. The international society for cellular therapy position statement. Cytotherapy, 2006, **8(4)**: 315-317.

5　Reese JS, Koc ON & Gerson SL. Human mesenchymal stem cells provide stromal support for efficient cd34+ transduction. J Hematother Stem Cell Res, 1999, **8(5)**: 515-523.

6　Koc ON, Peters C, Aubourg P et al. Bone marrow-derived mesenchymal stem cells remain host-derived despite successful hematopoietic engraftment after allogeneic transplantation in patients with lysosomal and peroxisomal storage diseases. Exp Hematol, 1999, **27(11)**: 1675-1681.

7　Lazarus HM, Haynesworth SE, Gerson SL et al. *Ex vivo* expansion and subsequent infusion of human bone marrow-derived stromal progenitor cells (mesenchymal progenitor cells): Implications for therapeutic use. Bone Marrow Transplant, 1995, **16(4)**: 557-564.

8　Cortes F, Deschaseaux F, Uchida N et al. Hca, an immunoglobulin-like adhesion molecule present on the earliest human hematopoietic precursor cells, is also expressed by stromal cells in blood-forming tissues. Blood, 1999, **93(3)**: 826-837.

9　Campagnoli C, Roberts IA, Kumar S et al. Identification of mesenchymal stem/progenitor cells in human first-trimester fetal blood, liver, and bone marrow. Blood, 2001, **98(8)**: 2396-2402.

10　Bianco P, Riminucci M, Gronthos S et al. Bone marrow stromal stem cells: Nature, biology, and potential applications. Stem Cells, 2001, **19(3)**: 180-192.

11　Steinhardt Y, Aslan H, Regev E et al. Maxillofacial-derived stem cells regenerate critical mandibular bone defect. Tissue Eng Part A, 2008, **14(11)**: 1763-1773.

12　Zuk PA, Zhu M, Ashjian P et al. Human adipose tissue is a source of multipotent stem cells. Mol Biol Cell, 2002, **13(12)**: 4279-4295.

13　Zuk PA, Zhu M, Mizuno H et al. Multilineage cells from human adipose tissue: Implications for cell-based therapies. Tissue Eng, 2001, **7(2)**: 211-228.

14　Bartsch G, Yoo JJ, De Coppi P et al. Propagation, expansion, and multilineage differentiation of human somatic stem cells from dermal progenitors. Stem Cells Dev, 2005, **14(3)**: 337-348.

15 Risbud MV, Guttapalli A, Tsai TT et al. Evidence for skeletal progenitor cells in the degenerate human intervertebral disc. Spine (Phila Pa 1976), 2007, **32(23)**: 2537-2544.

16 De Coppi P, Bartsch G, Jr Siddiqui MM et al. Isolation of amniotic stem cell lines with potential for therapy. Nat Biotechnol, 2007, **25(1)**: 100-106.

17 Huang GT, Gronthos S & Shi S. Mesenchymal stem cells derived from dental tissues vs. Those from other sources: Their biology and role in regenerative medicine. J Dent Res, 2009, **88(9)**: 792-806.

18 Parolini O, Alviano F, Bagnara GP et al. Concise review: Isolation and characterization of cells from human term placenta: Outcome of the first international workshop on placenta derived stem cells. Stem Cells, 2008, **26(2)**: 300-311.

19 Hutson EL, Boyer S & Genever PG. Rapid isolation, expansion, and differentiation of osteoprogenitors from full-term umbilical cord blood. Tissue Eng, 2005, **11(9-10)**: 1407-1420.

20 Fernandez M, Simon V, Herrera G et al. Detection of stromal cells in peripheral blood progenitor cell collections from breast cancer patients. Bone Marrow Transplant, 1997, **20(4)**: 265-271.

21 Kern S, Eichler H, Stoeve J et al. Comparative analysis of mesenchymal stem cells from bone marrow, umbilical cord blood, or adipose tissue. Stem Cells, 2006, **24(5)**: 1294-1301.

22 Mizuno H & Hyakusoku H. Mesengenic potential and future clinical perspective of human processed lipoaspirate cells. J Nippon Med Sch, 2003, **70(4)**: 300-306.

23 Friedenstein AJ, Latzinik NW, Grosheva AG et al. Marrow microenvironment transfer by heterotopic transplantation of freshly isolated and cultured cells in porous sponges. Exp Hematol, 1982, **10(2)**: 217-227.

24 Aslan H, Zilberman Y, Kandel L et al. Osteogenic differentiation of noncultured immunoisolated bone marrow-derived cd105+ cells. Stem Cells, 2006, **24(7)**: 1728-1737.

25 Gronthos S & Simmons PJ. The growth factor requirements of stro-1-positive human bone marrow stromal precursors under serum-deprived conditions *in vitro*. Blood, 1995, **85(4)**: 929-940.

26 Gronthos S, Zannettino AC, Hay SJ et al. Molecular and cellular characterisation of highly purified stromal stem cells derived from human bone marrow. J Cell Sci, 2003, **116(Pt 9)**: 1827-1835.

27 Sorrentino A, Ferracin M, Castelli G et al. Isolation and characterization of cd146+ multipotent mesenchymal stromal cells. Exp Hematol, 2008, **36(8)**: 1035-1046.

28 Phinney DG. Isolation of mesenchymal stem cells from murine bone marrow by immunodepletion. Methods Mol Biol, 2008, **449**: 171-186.

29 Roda B, Reschiglian P, Zattoni A et al. A tag-less method of sorting stem cells from clinical specimens and separating mesenchymal from epithelial progenitor cells. Cytometry B Clin Cytom, 2009, **76(4)**: 285-290.

30 Chamberlain G, Fox J, Ashton B et al. Concise review: Mesenchymal stem cells: Their phenotype, differentiation capacity, immunological features, and potential for homing. Stem Cells, 2007, **25(11)**: 2739-2749.

31 Devine MJ, Mierisch CM, Jang E et al. Transplanted bone marrow cells localize to fracture callus in a mouse model. J Orthop Res, 2002, **20(6)**: 1232-1239.

32 Shirley D, Marsh D, Jordan G et al. Systemic recruitment of osteoblastic cells in fracture healing. J Orthop Res, 2005, **23(5)**: 1013-1021.

33 Kumar S & Ponnazhagan S. Bone homing of mesenchymal stem cells by ectopic alpha 4 integrin expression. FASEB J, 2007, **21(14)**: 3917-3927.

34 Kitaori T, Ito H, Schwarz EM et al. Stromal cell-derived factor 1/cxcr4 signaling is critical for the recruitment of mesenchymal stem cells to the fracture site during skeletal repair in a mouse model. Arthritis Rheum, 2009, **60(3)**: 813-823.

35 Horwitz EM, Gordon PL, Koo WK et al. Isolated allogeneic bone marrow-derived mesenchymal cells engraft and stimulate growth in children with osteogenesis imperfecta: Implications for cell therapy of bone. Proc Natl Acad Sci U S A, 2002, **99(13)**: 8932-8937.

36 Kumar S, Wan C, Ramaswamy G et al. Mesenchymal stem cells expressing osteogenic and angiogenic

factors synergistically enhance bone formation in a mouse model of segmental bone defect. Mol Ther, 2010, **18(5)**: 1026-1034.

37 Moutsatsos IK, Turgeman G, Zhou S et al. Exogenously regulated stem cell-mediated gene therapy for bone regeneration. Mol Ther, 2001, **3(4)**: 449-461.

38 Bruder SP, Kraus KH, Goldberg VM et al. The effect of implants loaded with autologous mesenchymal stem cells on the healing of canine segmental bone defects. J Bone Joint Surg Am, 1998, **80(7)**: 985-996.

39 Bruder SP, Kurth AA, Shea M et al. Bone regeneration by implantation of purified, culture-expanded human mesenchymal stem cells. J Orthop Res, 1998, **16(2)**: 155-162.

40 Arinzeh TL, Peter SJ, Archambault MP et al. Allogeneic mesenchymal stem cells regenerate bone in a critical-sized canine segmental defect. J Bone Joint Surg Am, 2003, **85(10)**: 1927-1935.

41 Kon E, Muraglia A, Corsi A et al. Autologous bone marrow stromal cells loaded onto porous hydroxyapatite ceramic accelerate bone repair in critical-size defects of sheep long bones. J Biomed Mater Res, 2000, **49(3)**: 328-337.

42 Cinotti G, Patti AM, Vulcano A et al. Experimental posterolateral spinal fusion with porous ceramics and mesenchymal stem cells. J Bone Joint Surg Br, 2004, **86(1)**: 135-142.

43 Quarto R, Mastrogiacomo M, Cancedda R et al. Repair of large bone defects with the use of autologous bone marrow stromal cells. N Engl J Med, 2001, **344(5)**: 385-386.

44 Shayesteh YS, Khojasteh A, Soleimani M et al. Sinus augmentation using human mesenchymal stem cells loaded into a beta-tricalcium phosphate/hydroxyapatite scaffold. Oral Surg Oral Med Oral Pathol Oral Radiol Endod, 2008, **106(2)**: 203-209.

45 Gan Y, Dai K, Zhang P et al. The clinical use of enriched bone marrow stem cells combined with porous beta-tricalcium phosphate in posterior spinal fusion. Biomaterials, 2008, **29(29)**: 3973-3982.

46 Kawate K, Yajima H, Ohgushi H et al. Tissue-engineered approach for the treatment of steroid-induced osteonecrosis of the femoral head: Transplantation of autologous mesenchymal stem cells cultured with beta-tricalcium phosphate ceramics and free vascularized fibula. Artif Organs, 2006, **30(12)**: 960-962.

47 Mastrogiacomo M, Muraglia A, Komlev V et al. Tissue engineering of bone: Search for a better scaffold. Orthod Craniofac Res, 2005, **8(4)**: 277-284.

48 Na K, Kim SW, Sun BK et al. Osteogenic differentiation of rabbit mesenchymal stem cells in thermo-reversible hydrogel constructs containing hydroxyapatite and bone morphogenic protein-2 (bmp-2). Biomaterials, 2007, **28(16)**: 2631-2637.

49 Johnson MR, Lee HJ, Bellamkonda RV et al. Sustained release of bmp-2 in a lipid-based microtube vehicle. Acta Biomater, 2009, **5(1)**: 23-28.

50 Gazit D, Turgeman G, Kelley P et al. Engineered pluripotent mesenchymal cells integrate and differentiate in regenerating bone: A novel cell-mediated gene therapy. J Gene Med, 1999, **1(2)**: 121-133.

51 Turgeman G, Pittman DD, Muller R et al. Engineered human mesenchymal stem cells: A novel platform for skeletal cell mediated gene therapy. J Gene Med, 2001, **3(3)**: 240-251.

52 Chen Y, Cheung KM, Kung HF et al. *In vivo* new bone formation by direct transfer of adenoviral-mediated bone morphogenetic protein-4 gene. Biochem Biophys Res Commun, 2002, **298(1)**: 121-127.

53 Gysin R, Wergedal JE, Sheng MH et al. *Ex vivo* gene therapy with stromal cells transduced with a retroviral vector containing the bmp4 gene completely heals critical size calvarial defect in rats. Gene Ther, 2002, **9(15)**: 991-999.

54 Wright V, Peng H, Usas A et al. Bmp4-expressing muscle-derived stem cells differentiate into osteogenic lineage and improve bone healing in immunocompetent mice. Mol Ther, 2002, **6(2)**: 169-178.

55 Pelled G, Tai K, Sheyn D et al. Structural and nanoindentation studies of stem cell-based tissue-engineered bone. J Biomech, 2007, **40(2)**: 399-411.

56 Tai K, Pelled G, Sheyn D et al. Nanobiomechanics of repair bone regenerated by genetically modified mesenchymal stem cells. Tissue Eng Part A, 2008, **14(10)**: 1709-1720.

57 Liu Y, Chen F, Liu W et al. Repairing large porcine full-thickness defects of articular cartilage using

autologous chondrocyte-engineered cartilage. Tissue Eng, 2002, **8(4)**: 709-721.

58　Caplan AI, Elyaderani M, Mochizuki Y et al. Principles of cartilage repair and regeneration. Clin Orthop Relat Res, 1997,**(342)**: 254-269.

59　Wakitani S, Imoto K, Yamamoto T et al. Human autologous culture expanded bone marrow mesenchymal cell transplantation for repair of cartilage defects in osteoarthritic knees. Osteoarthritis Cartilage, 2002, **10(3)**: 199-206.

60　Im GI, Kim DY, Shin JH et al. Repair of cartilage defect in the rabbit with cultured mesenchymal stem cells from bone marrow. J Bone Joint Surg Br, 2001, **83(2)**: 289-294.

61　Kawamura K, Chu CR, Sobajima S et al. Adenoviral-mediated transfer of tgf-beta1 but not igf-1 induces chondrogenic differentiation of human mesenchymal stem cells in pellet cultures. Exp Hematol, 2005, **33(8)**: 865-872.

62　Palmer GD, Steinert A, Pascher A et al. Gene-induced chondrogenesis of primary mesenchymal stem cells *in vitro*. Mol Ther, 2005, **12(2)**: 219-228.

63　Steinert AF, Palmer GD, Pilapil C et al. Enhanced *in vitro* chondrogenesis of primary mesenchymal stem cells by combined gene transfer. Tissue Eng Part A, 2009, **15(5)**: 1127-1139.

64　Hoffmann A, Czichos S, Kaps C et al. The t-box transcription factor brachyury mediates cartilage development in mesenchymal stem cell line c3h10t1/2. J Cell Sci, 2002, **115(Pt 4)**: 769-781.

65　Dinser R, Pelled G, Muller-Ladner U et al. Expression of brachyury in mesenchymal progenitor cells leads to cartilage-like tissue that is resistant to the destructive effect of rheumatoid arthritis synovial fibroblasts. J Tissue Eng Regen Med, 2009, **3(2)**: 124-128.

66　Busch K, Klapproth K, Barile M et al. Fundamental properties of unperturbed haematopoiesis from stem cells *in vivo*. Nature, 2015, **518(7540)**: 542-546.

67　Sun J, Ramos A, Chapman B et al. Clonal dynamics of native haematopoiesis. Nature, 2014, **514(7522)**: 322-327.

68　Morrison SJ & Spradling AC. Stem cells and niches: Mechanisms that promote stem cell maintenance throughout life. Cell, 2008, **132(4)**: 598-611.

69　Kiel MJ, Yilmaz OH, Iwashita T et al. Slam family receptors distinguish hematopoietic stem and progenitor cells and reveal endothelial niches for stem cells. Cell, 2005, **121(7)**: 1109-1121.

70　Ding L, Saunders TL, Enikolopov G et al. Endothelial and perivascular cells maintain haematopoietic stem cells. Nature, 2012, **481(7382)**: 457-462.

71　Zhou BO, Yue R, Murphy MM et al. Leptin-receptor-expressing mesenchymal stromal cells represent the main source of bone formed by adult bone marrow. Cell Stem Cell, 2014, **15(2)**: 154-168.

72　Yue R, Shen B & Morrison SJ. Clec11a/osteolectin is an osteogenic growth factor that promotes the maintenance of the adult skeleton. Elife, 2016, **5**.

73　Sacchetti B, Funari A, Michienzi S et al. Self-renewing osteoprogenitors in bone marrow sinusoids can organize a hematopoietic microenvironment. Cell, 2007, **131(2)**: 324-336.

74　Mendez-Ferrer S, Michurina TV, Ferraro F et al. Mesenchymal and haematopoietic stem cells form a unique bone marrow niche. Nature, 2010, **466(7308)**: 829-834.

75　Chan CK, Seo EY, Chen JY et al. Identification and specification of the mouse skeletal stem cell. Cell, 2015, **160(1-2)**: 285-298.

76　Yue R, Zhou BO, Shimada IS et al. Leptin receptor promotes adipogenesis and reduces osteogenesis by regulating mesenchymal stromal cells in adult bone marrow. Cell Stem Cell, 2016.

77　Mizoguchi T, Pinho S, Ahmed J et al. Osterix marks distinct waves of primitive and definitive stromal progenitors during bone marrow development. Dev Cell, 2014, **29(3)**: 340-349.

78　Ono N, Ono W, Nagasawa T et al. A subset of chondrogenic cells provides early mesenchymal progenitors in growing bones. Nat Cell Biol, 2014, **16(12)**: 1157-1167.

79　Park D, Spencer JA, Koh BI et al. Endogenous bone marrow mscs are dynamic, fate-restricted participants in bone maintenance and regeneration. Cell Stem Cell, 2012, **10(3)**: 259-272.

80　Komada Y, Yamane T, Kadota D et al. Origins and properties of dental, thymic, and bone marrow mesenchymal cells and their stem cells. PLoS One, 2012, **7(11)**: e46436.

81　Takashima Y, Era T, Nakao K et al. Neuroepithelial cells supply an initial transient wave of msc differentiation. Cell, 2007, **129(7)**: 1377-1388.

82　Isern J, Garcia-Garcia A, Martin AM et al. The neural crest is a source of mesenchymal stem cells with specialized hematopoietic stem cell niche function. Elife, 2014, **3**: e03696.

83　Ono N, Ono W, Mizoguchi T et al. Vasculature-associated cells expressing nestin in developing bones encompass early cells in the osteoblast and endothelial lineage. Dev Cell, 2014, **29(3)**: 330-339.

84　Ding L & Morrison SJ. Haematopoietic stem cells and early lymphoid progenitors occupy distinct bone marrow niches. Nature, 2013, **495(7440)**: 231-235.

85　Wright DE, Wagers AJ, Gulati AP et al. Physiological migration of hematopoietic stem and progenitor cells. Science, 2001, **294(5548)**: 1933-1936.

86　Wang QW, Chen ZL & Piao YJ. Mesenchymal stem cells differentiate into tenocytes by bone morphogenetic protein (bmp) 12 gene transfer. J Biosci Bioeng, 2005, **100(4)**: 418-422.

87　Altman GH, Horan RL, Martin I et al. Cell differentiation by mechanical stress. FASEB J, 2002, **16(2)**: 270-272.

88　Cristino S, Grassi F, Toneguzzi S et al. Analysis of mesenchymal stem cells grown on a three-dimensional hyaff 11-based prototype ligament scaffold. J Biomed Mater Res A, 2005, **73(3)**: 275-283.

89　Chong AK, Ang AD, Goh JC et al. Bone marrow-derived mesenchymal stem cells influence early tendon-healing in a rabbit achilles tendon model. J Bone Joint Surg Am, 2007, **89(1)**: 74-81.

90　Dressler MR, Butler DL & Boivin GP. Effects of age on the repair ability of mesenchymal stem cells in rabbit tendon. J Orthop Res, 2005, **23(2)**: 287-293.

91　Gulotta LV, Kovacevic D, Ehteshami JR et al. Application of bone marrow-derived mesenchymal stem cells in a rotator cuff repair model. Am J Sports Med, 2009, **37(11)**: 2126-2133.

92　Harris MT, Butler DL, Boivin GP et al. Mesenchymal stem cells used for rabbit tendon repair can form ectopic bone and express alkaline phosphatase activity in constructs. J Orthop Res, 2004, **22(5)**: 998-1003.

93　Hoffmann A, Pelled G, Turgeman G et al. Neotendon formation induced by manipulation of the smad8 signalling pathway in mesenchymal stem cells. J Clin Invest, 2006, **116(4)**: 940-952.

94　Okuyama R, Yanai N & Obinata M. Differentiation capacity toward mesenchymal cell lineages of bone marrow stromal cells established from temperature-sensitive sv40 t-antigen gene transgenic mouse. Exp Cell Res, 1995, **218(2)**: 424-429.

95　Wakitani S, Saito T & Caplan AI. Myogenic cells derived from rat bone marrow mesenchymal stem cells exposed to 5-azacytidine. Muscle Nerve, 1995, **18(12)**: 1417-1426.

96　Liechty KW, Mackenzie TC, Shaaban AF et al. Human mesenchymal stem cells engraft and demonstrate site-specific differentiation after in utero transplantation in sheep. Nat Med, 2000, **6(11)**: 1282-1286.

97　Fukuda K. Development of regenerative cardiomyocytes from mesenchymal stem cells for cardiovascular tissue engineering. Artif Organs, 2001, **25(3)**: 187-193.

98　Fukuda K. Molecular characterization of regenerated cardiomyocytes derived from adult mesenchymal stem cells. Congenit Anom (Kyoto), 2002, **42(1)**: 1-9.

99　Makino S, Fukuda K, Miyoshi S et al. Cardiomyocytes can be generated from marrow stromal cells *in vitro*. J Clin Invest, 1999, **103(5)**: 697-705.

100　Toma C, Pittenger MF, Cahill KS et al. Human mesenchymal stem cells differentiate to a cardiomyocyte phenotype in the adult murine heart. Circulation, 2002, **105(1)**: 93-98.

101　Nagaya N, Kangawa K, Itoh T et al. Transplantation of mesenchymal stem cells improves cardiac function in a rat model of dilated cardiomyopathy. Circulation, 2005, **112(8)**: 1128-1135.

102　Pons J, Huang Y, Takagawa J et al. Combining angiogenic gene and stem cell therapies for myocardial infarction. J Gene Med, 2009, **11(9)**: 743-753.

103　Zisa D, Shabbir A, Suzuki G et al. Vascular endothelial growth factor (vegf) as a key therapeutic trophic factor in bone marrow mesenchymal stem cell-mediated cardiac repair. Biochem Biophys Res Commun, 2009, **390(3)**: 834-838.

104　Saito T, Dennis JE, Lennon DP et al. Myogenic expression of mesenchymal stem cells within myotubes of mdx mice *in vitro* and *in vivo*. Tissue Eng, 1995, **1(4)**: 327-343.

105 Gimble JM, Robinson CE, Wu X et al. The function of adipocytes in the bone marrow stroma: An update. Bone, 1996, **19(5)**: 421-428.

106 Dennis JE & Caplan AI. Differentiation potential of conditionally immortalized mesenchymal progenitor cells from adult marrow of a h-2kb-tsa58 transgenic mouse. J Cell Physiol, 1996, **167(3)**: 523-538.

107 Dennis JE, Merriam A, Awadallah A et al. A quadripotential mesenchymal progenitor cell isolated from the marrow of an adult mouse. J Bone Miner Res, 1999, **14(5)**: 700-709.

108 Lu D, Mahmood A, Wang L et al. Adult bone marrow stromal cells administered intravenously to rats after traumatic brain injury migrate into brain and improve neurological outcome. Neuroreport, 2001, **12(3)**: 559-563.

109 Mahmood A, Lu D, Lu M et al. Treatment of traumatic brain injury in adult rats with intravenous administration of human bone marrow stromal cells. Neurosurgery, 2003, **53(3)**: 697-702; discussion 702-693.

110 Chen J, Li Y, Wang L et al. Therapeutic benefit of intracerebral transplantation of bone marrow stromal cells after cerebral ischemia in rats. J Neurol Sci, 2001, **189(1-2)**: 49-57.

111 Zhao LR, Duan WM, Reyes M et al. Human bone marrow stem cells exhibit neural phenotypes and ameliorate neurological deficits after grafting into the ischemic brain of rats. Exp Neurol, 2002, **174(1)**: 11-20.

112 Chopp M, Zhang XH, Li Y et al. Spinal cord injury in rat: Treatment with bone marrow stromal cell transplantation. Neuroreport, 2000, **11(13)**: 3001-3005.

113 Dharmasaroja P. Bone marrow-derived mesenchymal stem cells for the treatment of ischemic stroke. J Clin Neurosci, 2009, **16(1)**: 12-20.

114 Walker PA, Harting MT, Jimenez F et al. Direct intrathecal implantation of mesenchymal stromal cells leads to enhanced neuroprotection via an nfkappab-mediated increase in interleukin-6 production. Stem Cells Dev, 2010, **19(6)**: 867-876.

115 Chen LB, Jiang XB & Yang L. Differentiation of rat marrow mesenchymal stem cells into pancreatic islet beta-cells. World J Gastroenterol, 2004, **10(20)**: 3016-3020.

116 Sordi V, Melzi R, Mercalli A et al. Mesenchymal cells appearing in pancreatic tissue culture are bone marrow-derived stem cells with the capacity to improve transplanted islet function. Stem Cells, 2010, **28(1)**: 140-151.

117 Figliuzzi M, Cornolti R, Perico N et al. Bone marrow-derived mesenchymal stem cells improve islet graft function in diabetic rats. Transplant Proc, 2009, **41(5)**: 1797-1800.

118 Chang C, Niu D, Zhou H et al. Mesenchymal stroma cells improve hyperglycemia and insulin deficiency in the diabetic porcine pancreatic microenvironment. Cytotherapy, 2008, **10(8)**: 796-805.

119 Ding Y, Xu D, Feng G et al. Mesenchymal stem cells prevent the rejection of fully allogenic islet grafts by the immunosuppressive activity of matrix metalloproteinase-2 and-9. Diabetes, 2009, **58(8)**: 1797-1806.

120 Schwartz RE, Reyes M, Koodie L et al. Multipotent adult progenitor cells from bone marrow differentiate into functional hepatocyte-like cells. J Clin Invest, 2002, **109(10)**: 1291-1302.

121 Noel D, Djouad F, Bouffi C et al. Multipotent mesenchymal stromal cells and immune tolerance. Leuk Lymphoma, 2007, **48(7)**: 1283-1289.

122 Niemeyer P, Kornacker M, Mehlhorn A et al. Comparison of immunological properties of bone marrow stromal cells and adipose tissue-derived stem cells before and after osteogenic differentiation *in vitro*. Tissue Eng, 2007, **13(1)**: 111-121.

123 Majumdar MK, Keane-Moore M, Buyaner D et al. Characterization and functionality of cell surface molecules on human mesenchymal stem cells. J Biomed Sci, 2003, **10(2)**: 228-241.

124 Zhang W, Ge W, Li C et al. Effects of mesenchymal stem cells on differentiation, maturation, and function of human monocyte-derived dendritic cells. Stem Cells Dev, 2004, **13(3)**: 263-271.

125 Aggarwal S & Pittenger MF. Human mesenchymal stem cells modulate allogeneic immune cell responses. Blood, 2005, **105(4)**: 1815-1822.

126 Rasmusson I, Ringden O, Sundberg B et al. Mesenchymal stem cells inhibit lymphocyte proliferation by mitogens and alloantigens by different mechanisms. Exp Cell Res, 2005, **305(1)**: 33-41.

127 Di Nicola M, Carlo-Stella C, Magni M et al. Human bone marrow stromal cells suppress t-lymphocyte proliferation induced by cellular or nonspecific mitogenic stimuli. Blood, 2002, **99(10)**: 3838-3843.

128 Sotiropoulou PA, Perez SA, Gritzapis AD et al. Interactions between human mesenchymal stem cells and natural killer cells. Stem Cells, 2006, **24(1)**: 74-85.

129 Bai L, Lennon DP, Eaton V et al. Human bone marrow-derived mesenchymal stem cells induce th2-polarized immune response and promote endogenous repair in animal models of multiple sclerosis. Glia, 2009, **57(11)**: 1192-1203.

130 Bai L, Caplan A, Lennon D et al. Human mesenchymal stem cells signals regulate neural stem cell fate. Neurochem Res, 2007, **32(2)**: 353-362.

131 Bonfield TL, Koloze M, Lennon DP et al. Human mesenchymal stem cells suppress chronic airway inflammation in the murine ovalbumin asthma model. Am J Physiol Lung Cell Mol Physiol, 2010, **299(6)**: L760-770.

132 Li Y, Chen J, Chen XG et al. Human marrow stromal cell therapy for stroke in rat: Neurotrophins and functional recovery. Neurology, 2002, **59(4)**: 514-523.

133 Krasnodembskaya A, Song Y, Fang X et al. Antibacterial effect of human mesenchymal stem cells is mediated in part from secretion of the antimicrobial peptide ll-37. Stem Cells, 2010, **28(12)**: 2229-2238.

134 Mccormick TS & Weinberg A. Epithelial cell-derived antimicrobial peptides are multifunctional agents that bridge innate and adaptive immunity. Periodontol 2000, 2010, **54(1)**: 195-206.

135 Mishra PJ & Merlino G. A traitor in our midst: Mesenchymal stem cells contribute to tumor progression and metastasis. Future Oncol, 2008, **4(6)**: 745-749.

136 Bartolome RA, Galvez BG, Longo N et al. Stromal cell-derived factor-1alpha promotes melanoma cell invasion across basement membranes involving stimulation of membrane-type 1 matrix metalloproteinase and rho gtpase activities. Cancer Res, 2004, **64(7)**: 2534-2543.

137 Lee RH, Pulin AA, Seo MJ et al. Intravenous hmscs improve myocardial infarction in mice because cells embolized in lung are activated to secrete the anti-inflammatory protein tsg-6. Cell Stem Cell, 2009, **5(1)**: 54-63.

138 Friedenstein AJ, Petrakova KV, Kurolesova AI et al. Heterotopic of bone marrow. Analysis of precursor cells for osteogenic and hematopoietic tissues. Transplantation, 1968, **6(2)**: 230-247.

139 Friedenstein AJ. Stromal mechanisms of bone marrow: Cloning *in vitro* and retransplantation *in vivo*. Haematol Blood Transfus, 1980, **25**: 19-29.

140 Gronthos S, Graves SE, Ohta S et al. The stro-1+ fraction of adult human bone marrow contains the osteogenic precursors. Blood, 1994, **84(12)**: 4164-4173.

141 Gronthos S, Zannettino AC, Graves SE et al. Differential cell surface expression of the stro-1 and alkaline phosphatase antigens on discrete developmental stages in primary cultures of human bone cells. J Bone Miner Res, 1999, **14(1)**: 47-56.

142 Stewart K, Walsh S, Screen J et al. Further characterization of cells expressing stro-1 in cultures of adult human bone marrow stromal cells. J Bone Miner Res, 1999, **14(8)**: 1345-1356.

143 Walsh S, Jefferiss C, Stewart K et al. Expression of the developmental markers stro-1 and alkaline phosphatase in cultures of human marrow stromal cells: Regulation by fibroblast growth factor (fgf)-2 and relationship to the expression of fgf receptors 1-4. Bone, 2000, **27(2)**: 185-195.

144 Bianco P & Gehron Robey P. Marrow stromal stem cells. J Clin Invest, 2000, **105(12)**: 1663-1668.

145 Hirschi KK & D'amore PA. Pericytes in the microvasculature. Cardiovasc Res, 1996, **32(4)**: 687-698.

146 Nehls V & Drenckhahn D. The versatility of microvascular pericytes: From mesenchyme to smooth muscle? Histochemistry, 1993, **99(1)**: 1-12.

147 Doherty M, Boot-Handford RP, Grant ME et al. Identification of genes expressed during the osteogenic differentiation of vascular pericytes *in vitro*. Biochem Soc Trans, 1998, **26(1)**: S4.

148 Doherty MJ, Ashton BA, Walsh S et al. Vascular pericytes express osteogenic potential *in vitro* and *in vivo*. J Bone Miner Res, 1998, **13(5)**: 828-838.

149 Bianco P & Boyde A. Confocal images of marrow stromal (westen-bainton) cells. Histochemistry, 1993, **100(2)**: 93-99.

150 Bianco P, Costantini M, Dearden LC et al. Alkaline phosphatase positive precursors of adipocytes in the human bone marrow. Br J Haematol, 1988, **68(4)**: 401-403.

151 Filshie RJ, Zannettino AC, Makrynikola V et al. Muc18, a member of the immunoglobulin superfamily, is expressed on bone marrow fibroblasts and a subset of hematological malignancies. Leukemia, 1998, **12(3)**: 414-421.

152 Shi S & Gronthos S. Perivascular niche of postnatal mesenchymal stem cells in human bone marrow and dental pulp. J Bone Miner Res, 2003, **18(4)**: 696-704.

153 Hitchcock PF & Raymond PA. Retinal regeneration. Trends Neurosci, 1992, **15(3)**: 103-108.

154 Medvinsky A & Dzierzak E. Definitive hematopoiesis is autonomously initiated by the agm region. Cell, 1996, **86(6)**: 897-906.

155 Cossu G & Bianco P. Mesoangioblasts-vascular progenitors for extravascular mesodermal tissues. Curr Opin Genet Dev, 2003, **13(5)**: 537-542.

156 Bianco P & Robey P. Diseases of bone and the stromal cell lineage. J Bone Miner Res, 1999, **14(3)**: 336-341.

157 Bianco P & Robey PG. Stem cells in tissue engineering. Nature, 2001, **414(6859)**: 118-121.

158 Holmbeck K, Bianco P, Caterina J et al. Mt1-mmp-deficient mice develop dwarfism, osteopenia, arthritis, and connective tissue disease due to inadequate collagen turnover. Cell, 1999, **99(1)**: 81-92.

岳　锐　汪健芳　朱巧玲　秦佳辰　袁　旻

第8章 小肠干细胞

8.1 小肠干细胞简介

小肠的上皮细胞层是多任务的组织，除了消化食物（在从肝和胰腺释放出来的酶的帮助下），还针对可能的致死性微生物和肿瘤原的侵袭而维持有效的屏障功能。由于长期接触肠腔内容物导致了高水平的细胞死亡，人体每天大约有 10^{11} 个上皮细胞（约 200g）死亡[1]。肠道上皮是哺乳动物体内更新最快的组织，对各种不同的损伤具有很强的适应性。这种日常更新依赖于位于特化的微环境中的肠道干细胞。这些干细胞能够无限自我更新，同时产生新的功能性上皮组织，也让干细胞更容易累积促进癌症发生的突变，这些特征让干细胞成为再生医学和肿瘤治疗重要的靶点[2]。

本章聚焦肠道中干细胞驱动上皮细胞稳态和修复的模式，突出了 20 世纪 70 年代和 80 年代先驱性贡献，以及最近通过鉴定强有力的干细胞标志物和开发近生理状态的上皮培养体系的突破性进展。

8.1.1 小肠干细胞的细胞谱系

肠道是一个管状结构，其壁由三个以同心结构排列的组织层构成。外层由几层平滑肌组成，与壁内肠道神经系统一起，执行肠道的有节奏的蠕动。其间的外层肌肉和内上皮层之间的空隙充满许多的结缔组织（"基质"），包含许多血液和淋巴管、神经纤维和免疫系统的各种细胞。在里侧，管腔表面由一个简单的上皮组成——一个被称为黏膜的单细胞层。黏膜负责加工和营养吸收，以及用于粪便的压实。

肠道可在解剖学上分为两个定义明确的节段：小肠和大肠（或结肠）。小肠被细分为三个近端-远端节段：十二指肠、空肠和回肠。小肠的吸收表面积因大量指向内腔的指状突起，即所谓的绒毛，以及入侵黏膜下层被称为 Lieberkühn 的隐窝而显著增加。大肠的黏膜缺乏绒毛；隐窝内陷深陷于黏膜下层（图 8-1）。

在小鼠中，小肠上皮起源于极化的单层（pseudostratified）结构，位于胚胎期 9.5 天（E9.5）原生肠道的内表面[3]。在 E14.5，随着肠上皮的加厚，引发一个主要的重塑过程，导致扁平肠腔表面转变成多层绒毛。在出生期间，小鼠肠道上皮的增殖局限于绒毛之间的隐窝里。成体上皮的再生能力在大约 E16.5 天到出生后 7 天之间确立[4]。肠道上皮由被称为隐窝绒毛结构的模块组成。在此期间，窄的、口袋式的、位于胚胎微绒毛底部的增殖性细胞发育成为含有成体干细胞和前体细胞的成熟隐窝。如图 8-1 所示，绒毛是向肠腔表面延展的凸起，被不同的细胞类型覆盖。肠黏膜在吸收水分和营养的同时对肠腔内的有毒物质进行应答清理。肠上皮持续更新以使得细胞朝生命终点迁移至绒毛顶端

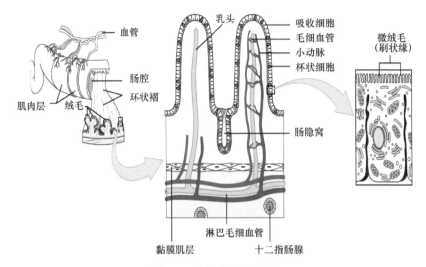

图 8-1 小肠的解剖结构

在圆形褶皱内是小的（0.5~1 mm 长）毛血管化突起，称为绒毛（villus）。每平方毫米有 20~40 个绒毛，极大地增加了上皮的表面积。除了支持其结构的肌肉和结缔组织之外，每个绒毛还包含由一个小动脉（artery）和一个小静脉（vein）组成的毛细血管床，以及称为乳头（lacteal）的淋巴毛细血管（lymphatic capillary）。微绒毛（microvilli）比绒毛小得多（1 μm），它们是黏膜上皮细胞质膜的圆柱形顶端表面延伸，并由这些细胞内的微丝支撑。外观呈现大量的刷毛，称为刷状缘（brush border）。固定在微绒毛膜表面的酶是完成消化碳水化合物和蛋白质的酶。每平方毫米小肠估计有 2 亿微绒毛，大大扩展了质膜的表面积，从而大大增强了吸收。图片来源：https://opentextbc.ca/anatomyandphysiology/chapter/23-5-the-small-and-large-intestines/

脱落，同时新产生的分化细胞朝上迁移重新形成肠道壁垒。这种循环过程可以通过位于隐窝基底的干细胞的对称分裂来维持。肠道的结构设计使得营养吸收的表面积最大化。结肠也折叠成隐窝形式，但是没有绒毛。干细胞存在于隐窝底部，能够产生整个隐窝-绒毛轴，产生所有对小肠生理作用所必需的各种分化细胞类型。

　　肠道上皮的结构代表了一种最剧烈自我更新的器官，大约 5 天左右，整个肠上皮就自我更新[5]。新生的细胞首先产生各种快速增殖的前体细胞，又叫瞬时增殖细胞（transit amplifying cell），占据隐窝，而且对于上皮的更新是必需的。它们朝上迁移同时分化为其中特化的上皮谱系。在分化的细胞类型中，营养吸收的肠上皮细胞是主要的分化细胞。其他主要的谱系包括分泌型的细胞类型，如 Goblet 细胞负责产生保护性的壁垒，肠道内分泌（enteroendocrine）细胞可以分泌各种荷尔蒙来应对局部或系统的调节效应。而且，特化的 Paneth 细胞能够逃离这种向上的细胞流，而是朝下迁移，在隐窝基底部形成 ISC 所需的微环境，分泌抗菌肽并提供维持干细胞所必需的因子[6,7]。最后，还有两个比较少有的细胞类型，包括分泌型的 Tuft 细胞作为肠腔内容物的感应器，以及引发应对 helminth 感染的 II 型免疫反应[8]。M 细胞存在于特化的上皮层，与 Peyer's 共同与肠道免疫系统进行信息交流[9]。隐窝细胞的持续增殖最终通过绒毛顶端的凋亡细胞脱落至肠腔而最终达到平衡（图 8-2）。

　　成体组织干细胞有两个关键特征。首先，组织干细胞应能长时间维持，通常是整个有机体的生命（"长寿"）。其次，这些长寿干细胞群应能够产生组织的分化细胞类型[10]。绝大多数成体干细胞可以产生多种细胞类型（"多能性"），但也存在仅产生单一谱系后代的例子。

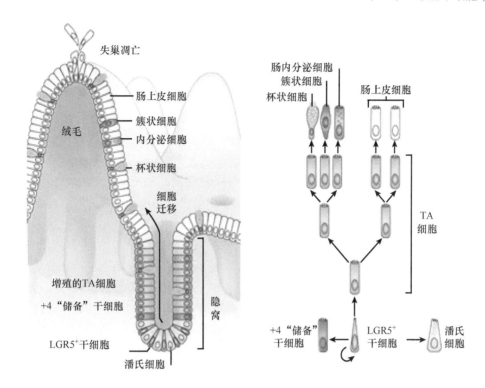

图 8-2　肠道上皮的自我更新

LGR5$^+$阳性隐窝基底细胞（crypt base columnar，CBC）干细胞在隐窝基部嵌入 Paneth 细胞。这些干细胞不断产生快速增殖的瞬时增殖（transit-amplifying，TA）细胞，占据隐窝的其余部分。TA 细胞分化为绒毛上的各种功能细胞[（肠上皮细胞（enterocytes）、簇状细胞（tuft cells）、杯状细胞（goblet cells）和肠内分泌细胞（enteroendocrine cells）]代替在绒毛尖端通过失巢凋亡丢失的上皮细胞。+4"储备"干细胞（从隐窝基底往上第四位置）可以在受伤后恢复 LGR5+ CBC 干细胞室。这个区分层次结构如右侧显示。上皮更新率每 3~5 天发生一次。新的 Paneth 细胞每 3~6 周从 TA 细胞产生

干细胞也具备另外两个特点。通常认为干细胞分裂很少（"静息"），当这种情况发生时，生成一个快速循环的子细胞，而另一个子代取代亲代干细胞（"不对称细胞分裂"）。快速循环的子细胞，又称为短暂扩充（transit-amplifying，TA）细胞，用于构建组织实体。TA 细胞通常经历数次细胞分裂之后而发生终端分化。虽然静息干细胞有很好的例子（如在毛囊隆起处的干细胞）[11]，但实际上干细胞并非必须保持静息。例如，果蝇的生殖干细胞和血液干细胞[12,13]，它们都是活性增殖的。而且，虽然干细胞群的大小应随着时间推移保持稳定，但没有证据表明这种群体恒定发生在干细胞个体水平，即强制性的不对称细胞分裂[14]。物理意义上定义的干细胞微环境（niche）可以维持稳定的干细胞群，同时允许个体干细胞采取任一细胞有丝分裂的三个过程：两个干细胞，两个子细胞，或一个干细胞和一个子细胞。值得注意的是，所有干细胞的始祖——胚胎干细胞（ES），是一种增殖非常快速的细胞，而且至少在适当的培养条件下从不经历不对称细胞分裂[10]。

8.1.2　小肠干细胞的发现和鉴定

通常，随机移植实验和遗传标记策略被用来验证候选的干细胞。移植策略利用分子标记来富集假定的干细胞群体，然后进行体外培养和（或）移植进入受体动物。这种方

法在鉴定来自骨髓的造血干细胞，以及最近的白血病中癌症干细胞和实体瘤等方面非常成功[12]。一个很有说服力的例子是 Visvader 和同事们从单个分离的干细胞中重新生成了整个乳腺[15]。同样的，克隆分析显示单个卵泡干细胞可以分化产生表皮、皮脂腺腺体和毛囊细胞[16,17]。需要注意的是，多能性只有在明确是单个细胞移植时才可以确切证明，这种情况其实很少。另一种策略是，候选干细胞被遗传性原位标记。之后引入的遗传标记使修饰的干细胞及其克隆的后代随着时间的推移可视化。例如，Cre 重组酶的雌激素反应元件在毛囊的凸起区域的细胞中通过含 Keratin-15 启动子的转基因而特异性表达[18]。他莫西芬（Tamoxifen）给药能够不可逆地激活 Cre 酶，从而在毛囊突起细胞中表达遗传标记 R26R-LacZ。经简单的 B-gal 染色显示 LacZ 的活性，进而表明在此过程中整个毛囊及其相关的毛发来源于被标记的凸起干细胞，从而证明其具有长寿和多能性。

遗传标记通常在技术上具有挑战性，因为需要能够对个体干细胞进行遗传修饰。有时两种方法被联合起来应用，特别是当单细胞移植或单个细胞原位杂交无法实现时。在这些情况下，可以在富含干细胞群的位置用遗传手段标记单个细胞，例如，通过逆转录病毒整合或先将假定的干细胞群经行梯度稀释，形成单个干细胞悬浮液再进行移植[19,20]。

许多组织并没有分离/移植或遗传标记成体干细胞的技术。在这种情况下，已知标识与干细胞无关的分子（如 CD34 或 cKit）可用作替代性的干细胞标志物[21]。很显然，采用这种方法必须非常谨慎。长期 DNA 滞留代表了另一种常用的干性替代标记。这种策略的一个精巧变体是使用 Histone-GFP 标记[11]。通常认为干细胞在保留 DNA 标记方面具有独特的能力，例如，在严重的组织损伤而有丝分裂活性被刺激的情况下，BrdU 能整合到基因组内。这是基于干细胞倾向于静息这一假设。而它们的直系子代，即剧烈增殖的 TA 细胞，能迅速稀释任何掺入的 DNA 标志物。

作为 DNA 标记滞留的替代机制，1975 年 John Cairns 提出了"不朽链假说"[22]：干细胞可选择性地保留它们旧的 DNA 链，同时将新合成的 DNA 链传递到它们的 TA 子代细胞身上。迄今为止，不朽链假说依然是个有争议的议题，很少有令人信服的报道，且其分子机制仍然不明。事实上，最近有证据表明，研究最透彻的造血干细胞并未不对称地分离其 DNA[14]。

重要的是要意识到 DNA 标记滞留只是一个干性的替代标记。使用时需要非常谨慎，因为终末分化细胞（如入侵淋巴细胞或组织巨噬细胞）甚至可以比干细胞更好地保留 DNA 标记，但根据定义，它们并不分裂。

1. 小肠干细胞的分离和鉴定

展现干细胞特性的增殖细胞存在于体外培养的 D14 胚胎期肠上皮。通过新生嵌合体小鼠遗传标志物表达谱分析表明，新生的隐窝是多克隆的，因为它们由来源于双亲的胚胎干细胞发育而来。在隐窝形态发生的最初 2 周，这些早期的干细胞群通过最初的对称分裂转变为不对称分裂模式而进行快速的扩展。通过这种方式建立有限的成体干细胞池以维持功能性的上皮组织。在此期间，单个的前体细胞通过一种类似于纯化的随机机制逐渐获得优势地位，从而使得在每个隐窝中的干细胞池保持克隆性[23-25]（图 8-3）。

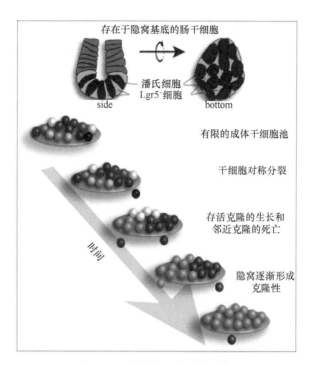

图 8-3 干细胞的克隆性增殖

以高 Lgr5（Lgr5^{hi}）表达为特征的肠干细胞存在于小肠隐窝基底的 Paneth 细胞之间并且每天都分裂。通过生成多色 Cre 报告基因来进行个体干细胞的命运映射。作为一个群体，Lgr5^{hi} 干细胞持续维持终生，但隐窝在 1~6 个月内逐渐趋向克隆均一化。数学模型揭示了大多数 Lgr5^{hi} 细胞分裂对称发生且不支持由 Lgr5^{hi} 细胞分裂产生的两个子细胞采用发散命运的模型[即产生一个 Lgr5^{hi} 细胞和一个瞬时扩增（TA）细胞]，而与驻留干细胞数量加倍并且随机采用干细胞或 TA 细胞命运的模型一致。定量分析显示干细胞更新遵循中性漂移（neutral drift）动力学模式

关于隐窝内存在自我更新的多能干细胞的最直接证据来自于用遗传标志物在隐窝细胞内低频率诱导体细胞的随机突变。这种方式导致少部分长寿命的、包含各种主要上皮细胞系的干细胞克隆产生。然而这种谱系追踪（lineage tracing）的方法不能揭示在隐窝中干细胞的位置和身份。20 世纪 70 年代，通过同位素和 BrdU 标记增殖中的肠道细胞，最先找到了干细胞所在位置的线索。上皮细胞的迁移模式表明这些细胞来源于隐窝底部 [22,26,27]。通过靶向辐射隐窝基底群细胞，能完全清除肠道上皮的自我更新，这与干细胞分布区域相吻合 [28]。虽然取得了这些进展，但成体干细胞的鉴定在之后的二十多年内还不是很清楚，仍然有很多争议。

在过去四十年内，有两种存在争论的干细胞身份模型。一是干细胞区模型，由 Leblond、Cheng 和 Bjerknes 提出 [5,29]，暗示在隐窝底部的柱状基底细胞（crypt base columnar，cells CBC）是干细胞。二是"+4"模型，由 Potten 提出，干细胞位于 Paneth 细胞上面的 16 个细胞 [30]。尽管最近发现了特异的标志物来标记这两类细胞，但很难确定哪种模型是正确的。另外，基于不同的干细胞池在上皮稳态和再生中的作用，提出存在一个可以整合这两个方面的模型 [2]。

2. 柱状基底细胞模型

柱状基底细胞（crypt base columnar cell，CBC 细胞）是活跃的吞噬性细胞，能帮助

死细胞从隐窝基底中清除[31]。利用这个特征，Cheng 发现氚化胸苷（tritiated thymidine）的渗透导致 CBC 细胞的死亡，进而导致被邻近存活的 CBC 细胞吞噬。因为这些 CBC 细胞含有同位素标记的吞噬体。最开始，只有 CBC 被标记，但是在随后的时间节点，隐窝内三个主要的上皮谱系来源的细胞都被同位素标记[31]。这些结果暗示 CBC 细胞是肠道上皮的共同祖先。然而，因为这三种被标记的上皮谱系位于不同的隐窝，而且没有发现肠道内分泌细胞，无法鉴定这些 CBC 细胞就是多能干细胞。

新的证据出现在二十年后。Bjerknes 和 Cheng 通过突变方式来诱导隐窝内的遗传性体细胞标志物[29]。小部分上皮细胞克隆最终组成了所有主要谱系并能长期维持，表明最初的突变来源于一个未被鉴定的自我更新的干细胞。这些持久的、多谱系的克隆，均含有一个 CBC 细胞，为 CBC 干细胞身份提供了强有力的证据。

这些结果促使 Bjerknes 和 Cheng 重新定义了原来的肠道干细胞起源单一理论，并于 1999 年发表了干细胞区的模型[32]。在这个模型中，CBC 细胞是位于隐窝基底部特化的微环境中的成体干细胞。这种特化的微环境叫干细胞默许区（stem cell permissive zone）。这些细胞增殖从而产生了代细胞离开微环境，进而在"分化共同起源"位于+5 的位置（从基底往上第 5 位）发生多谱系的分化。Paneth 细胞前体细胞在往下迁移到基底时成熟为功能性的分泌溶菌酶（lysozyme）的细胞，而大部分的非 Paneth 细胞谱系在朝上迁移到绒毛过程中成熟为功能性的上皮细胞。但需要着重指明的是，绒毛基底不完全是 Paneth 细胞和 CBC 细胞，也存在极少部分的肠道内分泌细胞和 Goblet 细胞，但是它们是后有丝分裂细胞，因而被认为不构成干细胞的微环境。尽管大量间接证据支持干细胞区的模型，直到 2007 年 CBC 细胞特异的标志物首先被鉴定出来时才被广泛接受[33]。这些标志物进行的体内谱系追踪实验及体外技术等为 CBC 干细胞在上皮稳态和疾病发生中的作用提供了更加直接的证据。

3. 正 4 位置模型（+4 model）

通过细胞追踪实验评估放射标记隐窝区不同位置的细胞，最先显示肠道上皮细胞可能位于位置+4（隐窝基底第 4 位），即在 Paneth 细胞区域立即上游第 4 位[26,27]。Potten 和同事随后发现干细胞也存在于类似的位置[34]。这些细胞分裂活跃（每 24 h 分裂一次），但是标记的同位素在隐窝新生过程中能滞留在 DNA 内。虽然这种标记滞留（labeling retaining）被广泛认为是一种细胞静息的特征，这种+4 标记滞留的细胞（label retaining cell，LRC）可以随后被 BrdU 标记，证明了它们的活性增殖状态[35]。这些相悖的现象归咎于在有丝分裂过程中+4 位选择性地标记模板 DNA 链，同时分离新合成的 DNA 链，这种情况可能有潜在危险的复制错误，在不对称分裂时产生短寿命的 TA 子代细胞。这种现象最初被描述成不死链假说（immortal strand hypothesis），据称可以限制长寿成体干细胞中 DNA 损伤的累积[22]。但是，这个模型对于+4 位细胞似乎不成立，因为不存在不对称分裂及姐妹染色单体之间的 DNA 交换（即在体细胞中常发生的模板 DNA 和新合成 DNA 之间的交换）；而且 "代理"干细胞（surrogate stem cell）应该对放射线高度敏感，因为确保长寿的干细胞如对 DNA 损伤耐受，将最终会导致突变在干细胞内的累积，并最终导致癌症。具有这种特征的细胞在大约+4 位被鉴定出来。然而，还没有正式证据表明标记滞留和放射敏感性+4 位置的细胞是同一类细胞。通过鉴定一些特异的+4 位干细胞标记基因来验证和确定+4 位内源性干细胞已经有一些报道。然而，这些结论与最初的+4 模型存在明显的差别[36]。

虽然这些研究揭示了肠上皮自我更新的重要方面，但由于缺乏独特的干细胞标志物，阻碍了肠干细胞的确定性鉴定。Musashi-1[37,38]和 β1-整合素[39]被认为可以标记干细胞。虽然这些基因的活性高表达于隐窝的底部 1/3 处，它们的表达谱过于宽泛而无法特异性地标记干细胞。已经鉴定了几种其他标志物来标记+4 细胞，即磷酸化-PTEN、磷酸化-AKT[40]、sFRP5[41]、Sox4[42]和 Dcamkl1[43]。所有这些标志物都特异性地在+4 细胞中表达。如上所讨论的，单凭位置信息不足以将分子标志物定义为干细胞。

综上，谱系追踪、基因表达等研究和分析干细胞活性如何被调控等一系列手段，已经被用来验证 CBC 作为干细胞的本质。

8.1.3 小肠干细胞的标志物

1. WNT 靶基因作为干细胞候选的标志物

最近的一系列研究表明 Wnt 信号通路在肠道（病理）生理学中具有独特的核心作用。肠上皮的隐窝基底产生多个分泌型的 Wnt 因子，可能沿着隐窝绒毛轴产生类似于形态发生素的 Wnt 梯度信号。一些体内证据表明隐窝 TA 细胞增殖严格依赖于 Wnt 途径的连续刺激。首先，位于隐窝底部的前体细胞积聚核 β-catenin，暗示这些细胞对 Wnt 刺激有应答[44]。其次，去除 Tcf4、β-catenin 或 Wnt 抑制剂 Dkk-1 的过表达，都会导致小肠干细胞增殖的完全丧失[45-47]。最后，Wnt 信号转导的负调节因子 APC 的突变，或致癌形式的 β-catenin 的表达，导致上皮细胞过度增殖[48-51]。值得注意的是，这些激活 Wnt 途径的突变是人结肠癌的发病原因[52,53]。

除了它们的促有丝分裂活性外，Wnt 信号在隐窝中执行至少其他两个功能。第一，隐窝底部终端分化的 Paneth 细胞矛盾性地需要 Wnt 信号。第二，Wnt 梯度驱动细胞分选受体 EphB2 和 EphB3 的分级表达[54]，后者又负责沿隐窝-绒毛轴细胞的分选。特别是 Wnt 驱动的 EphB3 表达能引导 Paneth 细胞在隐窝基底对抗朝上的上皮细胞流，这与"干细胞区"假设相吻合。

2. LGR5 阳性 CBC 干细胞的表达指征

为了确定 APC⁻/⁻突变的人结肠癌细胞中哪些程序被不适当激活，Hans Clevers 等人发现相同的遗传程序在健康隐窝的增殖细胞中生理性表达[44]。该程序包括约 80 个 Wnt 的核心靶基因[42]。作者进而推断其中的一些基因可能特异性地在隐窝干细胞中表达。为了识别这些标志物，他们对这 80 种靶基因进行了组织学表达分析。绝大多数基因在整个增殖性隐窝区室或成熟的 Paneth 细胞中表达，作者检测到了几个 Wnt 靶基因在隐窝内限制性的表达。其中，Lgr5/Gpr49 基因的表达谱很特别。Lgr5（Leu-rich repeat-containing G protein-coupled receptor 5）基因编码一个孤儿 G 蛋白偶联受体，其特征在于富含亮氨酸的胞外结构域。它与糖蛋白激素配体的受体密切相关，如 TSH、FSH 和 LH 受体。Lgr5

在另一种 Wnt 驱动、含自我更新干细胞的组织毛囊中高度表达[18]。小肠组织的原位杂交显示 Lgr5 在隐窝底部高度表达。这个表达谱与其他任何具有 Wnt 指征的 80 个基因明显不同。Lgr5 标记的细胞与 Leblond 及其同事描述的增殖中的 CBC 细胞类似[31]。

结合微芯片和蛋白质组学方法已经为 LGR5+ CBC 干细胞建立了精确的分子指征。通过 FACS 分离 LGR5+EGFP 报告小鼠的干细胞和子代细胞并进行比较，发现大约 500 个基因倾向于在干细胞内表达。与已知的关于 WNT 信号在肠道内干细胞驱动的上皮稳态中的作用一致，干细胞内存在很强的 WNT 指征，包括很多的 WNT 靶基因[45]，例如，Sox9、Ascl2（achaete-scute homologue 2）、EphB2、Troy（亦称 Tnfrsf19）和 Axin2（axis inhibition 2）。这个方法也揭示了 LGR5+ CBC 干细胞的新的标志物，包括 Olfm4（olfactomedin 4）、Smoc2（SPARC-related modular calcium-binding 2）和 Rnf43（ring finger 43）。令人吃惊的是，许多+4 位的干细胞标志物包括 Bmi1、Lrig1（Leu-rich repeats and immunoglobulin-like domains 1）、Tert（telomerase reverse transcriptase）和 Hopx（homeodomain-only），在 LGR5 阳性的干细胞内强烈表达，对这些细胞是否真的是独立的干细胞池提出了质疑。

3. 用 Lgr5 作为标志物进行体内谱系追踪

Lgr5 作为 WNT 的靶基因，选择性地在成体肠道隐窝的基底处表达。LGR5 在 CBC 中特异性的表达，可以通过 Lgr5-LacZ 和 Lgr5-EGFP 报告基因老鼠模型来验证。在这些老鼠体内，大约 14 个 LGR5 阳性（LGR5+）CBC 细胞出现，并在隐窝基底 1~4 位的 Paneth 细胞之间均匀分布。

LGR5 阳性 CBC 细胞的干细胞特征通过 Lgr5-EGFP-IRES-CreERT2/R26R-LacZ 老鼠模型用谱系跟踪实验得以证实[33]。LGR5+ CBC 细胞中 LacZ 报告基因低频率地随机激活导致克隆性 LacZ 快速出现于从隐窝基底到绒毛顶端的上皮组织中。人肠道隐窝基底含有 CBC 样的细胞，但是缺乏针对 LGR5 的抗体阻碍了关于其表达谱和干细胞身份的正式评估。然而，通过针对 Wnt 靶基因 EPHB2（Ephrin Type B Receptor 2）的抗体成功分离出了人结肠基底底部的上皮细胞。高水平表达这个基因（EPHB2hi）的细胞在体外培养的类器官中高表达 LGR5，暗示在老鼠和人中 LGR5 作为肠道干细胞标志物具有保守性。

与此同时，Hsueh 及其同事发表了 Lgr5-/-突变体表型[55]。舌和下颌发育异常导致新生鼠吞食大量空气，最终导致其产后死亡。通过敲入型等位基因，其中 LacZ 整合在 Lgr5 N 端的第一个跨膜结构域，证实了这种表型并通过详细表达分析得出以下结论：Lgr5 在胚胎发生过程中表现出复杂的表达模式，然而在大多数组织中的表达在出生时消退[33]；在成年小鼠中，在眼睛、脑嗅球、毛囊、乳房、腺体、肾上腺和胃上皮及肠道的多种组织中零散表达。重要的是，肠道中的 Lgr5 的表达局限于挤在 Paneth 细胞之间的 CBC 细胞内。通过形态学分析，细长的 Lgr5+ve CBC 胞质扁平稀少，且三角核很容易与相邻的 Paneth 细胞区分。CBC 细胞总是表达 Ki67 细胞周期标记，这为区分非增殖的 Paneth 细胞提供了一种简单的识别方法。BrdU 标记实验表明，CBC 细胞大约日均增殖一次，而不是静止的，而 TA 细胞每 12 h 循环一次[56]。在结肠中，Lgr5 表达发生在隐窝基底具有类似形状的细胞中。

4. 调节 CBC 干细胞活性和命运

对 LGR5⁺干细胞表达谱更进一步的分析有助于更深入地了解体内肠道干细胞活性和命运的机制。ASCL2 是一个促进神经母细胞分化的转录因子，被发现是肠道干细胞命运的一个关键调控因子。在肠道上皮中，条件性敲除 ASCL2 导致 LGR5 阳性细胞群的快速选择性缺失 [57]。LGR5 编码一个七次跨膜受体，本身与干细胞稳态相关，选择性地敲除 Lgr5 或者它的旁近同源物 Lgr4 导致 WNT 信号的抑制及干细胞的死亡。当 LGR5 被当作质膜上 WNT 信号的辅助性成分被鉴定出来时，LGR5 在肠道干细胞内调控 WNT 信号的直接作用就被进一步证实了 [58]。LGR5 募集分泌型的 WNT 激动剂 roof plate-specific spondin（R-spondin1~R-spondin4），因而放大了经典的 WNT 信号，同时确保体内干细胞稳态。另外，两个 WNT 靶基因 *Rnf43* 和 *Troy* 在干细胞内高表达，也调节内源性的 WNT 信号。RNF43 在干细胞内通过泛素化降解 Frizzled 受体来抑制 WNT 信号，而 TROY 通过降解低密度脂蛋白受体相关蛋白 6（LRP6）共受体蛋白（在被 LGR5 募集到 WNT 受体复合物后）而发挥抑制性功能 [59,60]。这些现象表明最适的 WNT 信号在体内维持干细胞稳态中的作用。含 LGR5、R-Spondin 和其他成分的 WNT 受体复合物的结构解析应可进一步增进关于 LGR5 在干细胞作用机制的认识。

5. CBC 干细胞驱动稳态的模型

多色谱系追踪技术揭示了活性增殖中的 LGR5⁺ CBC 平衡干细胞增殖和分化来维持体内上皮稳态的机制 [61]。这些克隆命运作图实验令人意外地揭示了单个 LGR5⁺隐窝细胞通过典型的对称分裂来产生相同命运的子代细胞（两个干细胞，或两个短暂增殖细胞），而不是如大多数成体干细胞进行不对称分裂。这种分裂模式暗示单个 LGR5⁺干细胞可能随机丢失，然而新生干细胞和 TA 细胞在群体水平上能平衡供应。经过一段时间，多色标记的 LGR5⁺干细胞群体通过一个叫做中性漂移（neutral drift）的随机筛选机制逐渐变成单色。这些观察表明 14 个对称分裂干细胞的中性竞争通过竞争隐窝基底的有限微环境空间维持上皮和干细胞群的稳态，且数学模型也为此提供了额外的证据 [62]。相反的，在 LGR5⁺干细胞分裂过程中，通过分析 LGR5⁺ 干细胞分裂中有丝分裂纺锤体导向和 DNA 分离情况，显示以不对称分裂为主，而且模板链在有丝分裂过程中优先分布在子代干细胞中 [63]。然而，这些结果随后受到挑战：分裂期的 LGR5⁺干细胞中的 DNA 标记分布动力学和隐窝基底细胞中的纺锤体定向分析，提示染色体是随机分布到子代细胞里 [64,65]。最近，高度灵敏的多同位素成像结合质谱分析并没有发现在隐窝细胞分裂过程中标记滞留的证据，验证了 DNA 链随机分离的模型，这与不死链假说不一致 [66]。

虽然 LGR5⁺CBC 干细胞群主要通过对称分裂进行增殖，但是子代细胞选择干细胞或短暂分裂细胞命运是否真的是随机的还不很清楚。可能的情况是，局部的微环境和生物机械因子能通过位置依赖的方式介导隐窝区 LGR5⁺干细胞有丝分裂后的命运选择。理论上，可通过多色谱系跟踪的方法来研究 LGR5 阳性细胞在不同隐窝位置的命运决定。或者，关于隐窝稳态强有力的可预测计算模型可以用来评估体内干细胞的行为 [67,68]。

最近的研究为体内 CBC 干细胞命运选择的机制提供了新的思路。令人吃惊的是，

DNA 甲基化的表观调控在干细胞命运决定过程中似乎并没有起到主要作用[69]。相反的，GTPase CDC42 和 RAB48A，以及内质网胁迫应答通路，似乎是干细胞分裂和分化的重要媒介[70,71]。

6. +4 位细胞是干细胞的验证

几个重要的基因已经被报道选择性地在候选的+4 干细胞中表达。虽然这些分子标志物已经通过体内谱系追踪进行验证，但它们似乎标记特征不同的上皮细胞群，这些细胞与 Potten 描述的那些来源于 LRC 群体的细胞不一样。这些确实反映了+4 位存在表型各异的干细胞群。然而很明显，一些小鼠模型也的确不能真实地反映这些干细胞标志物的内源表达谱，这导致了验证+4 位干细胞标志物的一些争论。在此，我们将通过体内谱系追踪的方法来讨论和评估这些相关的标志物。

1）*Bmi1* 基因

Bmi1 基因编码多梳抑制复合物（polycomb repressor complex）的一个成分，用来调节血液和神经干细胞的复制[72]。原位杂交分析表明，*Bmi1* 主要在小肠近端的+4 位表达。*Bmi1-EGFP* 报告小鼠也验证了此现象。Sangiorgio 和 Capecchi 利用 *Bmi-Cre-ER* 敲入等位基因进行了类似的谱系追踪实验[72]。实验表明，这些近端的 Bmi1⁺ 群体含有自我更新的多能干细胞，对长期的上皮稳态起重要作用。另外，分离 Bmi⁺ 细胞能在培养条件下产生类似于功能性的肠道组织的上皮类器官，同时体内特异性地清除这些 Bmi⁺细胞群，可以阻断上皮更新[73,74]。

Bmi1 群体相对静息，它们对放射线不敏感，不受 Wnt 信号调控，这些特征提示 Bmi 标记+4 位的储备干细胞群体，这与隐窝基底 LGR5⁺ 细胞群的特征不一样。然而，进一步的表达分析表明在隐窝的增殖区，包括在 LGR5⁺ CBC 群内，Bmi1 都高表达。而且，与以前谱系追踪实验显示 Bmi 主要在+4 位不一样，追踪实验表明克隆可以在隐窝随机的位置引发，包括在 CBC 区域[24,75-77]。随着时间推移，大部分的示踪事件都丢失，这可能与它们起始于短存活期的 TA 前体细胞有关。长时程的追踪实验推测是来自于表达 Lgr5 和 Bmi1 的 CBC 干细胞[75]。

Bmi 细胞是否与 Potten 观察到的+4 细胞是相同的细胞？如果是这样，它们应该能滞留 DNA 标记，并且对辐射敏感，两者都还未评估。或者，是否 Bmi 细胞和 CBC 细胞代表重叠，甚至相同的干细胞群？与 Lgr5 及 Paneth 标志物，以及+4 细胞的标志物相比，使 Bmi1 表达可视化，应该能解决这些差异。

综上所述，这些最新的研究与 Bmi1 作为小肠内+4 位的干细胞选择标志物并不吻合，用 Bmi 驱动的谱系追踪实验来研究+4 位干细胞在隐窝再生和疾病中作用的意义有待商榷。

2）*HOPX* 基因

该基因编码一个非典型的同源异型盒蛋白，如 *Hopx-LacZ* 报告小鼠所示（*LacZ* 插入到内源的 *HopX* 位点）[77]。HOPX 主要在整个肠道的+4 位表达。这些 Hopx 阳性细胞相对静息，对放射线也不敏感，而且对放射诱导的损伤能快速增殖。关于 Hopx⁺干细胞身份的正式描述来自于 *Hopx-ires-CreERT2* 小鼠模型。报告基因在+4 位置的激活，诱导整个肠道产生永久的多能干细胞指征示踪。激光显微解剖 Hopx⁺细胞和它们直接子代基底细胞的比较表达谱分析表明，Hopx 阳性细胞后代高水平表达 LGR5 和其他的 *CBC* 标记基因。相反的，类器官培养方法证明分离的 Lgr5⁺的 CBC 干细胞能在体外产生 Hopx⁺细胞。这些观察显示增殖中的 Lgr5⁺干细胞和静息的 Hopx⁺ 干细胞位于隐窝区的不同解剖学位置，在上皮稳态中可以有效地互相转换。这种+4 位和 CBC 细胞之间功能性的互作利于统一这两种肠道干细胞。然而，需要指出的是，另有文献报道了不同的 Hopx 表达谱，他们用单分子 RNA 原位杂交和 LGR5⁺CBC 表达谱分析检测发现，内源性的 Hopx 在整个隐窝表达，而且在隐窝基底的 LGR5⁺CBC 区域表达最高[75]。

3）*LRIG1* 基因

该基因编码一个单次跨膜受体，在许多成体组织中条件性抑制 ERB 蛋白的功能。其中一项研究中，用 *Lrig1-ires-CreERT2* 小鼠模型进行的体内谱系追踪实验，在整个小肠内产生了多能干细胞的谱系。虽然追踪实验也在瞬时激活区的低位部分被引发，报告基因大多出现在位置+2 到+5 之间，这与 *LRIG1* 在隐窝基底的梯度表达有关[77]。

Lrig1⁺细胞选择性地表达氧化损伤和负调控细胞增殖的基因。*Lrig1* 本身是一个肠道的肿瘤抑制子，遗传敲除 *Lrig1* 基因 6 个月后导致腺癌的发生。这些证据让人有理由推测 *LRIG1* 在肠道干细胞区域内通过调节 ERBB 信号来阻止干细胞的活性及癌症的发生。然而，另一项在小肠内的研究却得到了截然相反的结论。原位杂交和免疫组化实验证实 *LRIG1* 主要在小肠隐窝靠底部的 1/3 部分表达，但是 Lgr5 阳性干细胞转录谱显示在 CBC 群中 *LRIG1* 表达量显著富集。

单分子 mRNA FISH 也表明 *LRIG1* 表达呈一个宽阔的梯度，在 Lgr5⁺ CBC 干细胞里浓度最高[75]。通过独立的 *LRIG1* 特异抗体进行流式细胞分析，也验证了 Lrig1⁺ 和 Lgr5⁺ 细胞在隐窝群中广泛的交叉。Lrig1⁺在 Lgr5⁺干细胞中的作用通过 *Lrig1* 敲除小鼠肠道中的表型分析得到了一些线索。*LRIG1* 敲除小鼠肠道中隐窝在出生后呈现广泛的过度增殖，Lgr5⁺干细胞区域也有明显的扩充，这个现象与干细胞区域的 ERBB 下调直接相关（用 ERBB 抑制剂处理 *LRIG1* 敲除小鼠也能够恢复隐窝的组织稳态）。

总而言之，这些研究提示 *LRIG1* 在肠道干细胞中通过调节 ERBB 信号而防止疾病发生。然而，*LRIG1* 在小肠隐窝中的广谱表达，以及在 Lgr5⁺CBC 细胞储池中富集，使它作为肠道干细胞群的特异标志物似乎不合格。

4）TERT

TERT（telomerase reverse transcriptase）是端粒酶逆转录酶。端粒酶的表达升高被认为是干细胞特征之一，以防止因复制而导致的细胞衰老。用 *Tert-GFP* 报告小鼠发现极少量的静息 Tert 阳性细胞出现在+4 位[78]。随后的研究表明这些 *Tert*⁺细胞不依赖 LGR5⁺ CBC 干细胞和其他+4 位干细胞，而且对离子辐射不敏感[76]。体内谱系跟踪表明小部分的 TERT⁺ 隐窝细胞是活性增殖干细胞，并参与小肠和结肠中的上皮稳态维持。静息的

TERT[+] 细胞不参与日常的组织稳态，但参与损伤诱导的上皮再生。总之，这些观察支持 TERT[+] 可以作为一个独立的静息状态的干细胞池，但能被损伤诱导。然而，其他一些关于内源性隐窝区端粒酶表达和活性水平的研究得到相反的结论[65,76]。*TERT* mRNA 和端粒酶活性在隐窝区所有增殖细胞中显著表达，而在经 FACS 分选的 LGR5[+] CBC 干细胞中的含量最高。单分子的 mRNA FISH 分析也验证了在小肠近端的表达模式。端粒酶活性的提升可能使高增殖 LGR5[+]干细胞受益，但是对于静息状态的细胞群，这种端粒酶活性的益处并不是很清楚。

8.2　小肠干细胞的可塑性

8.2.1　隐窝基底柱状细胞的可塑性

迄今为止，根据标志物和隐窝区的位置，存在几个不同的 ISC 群体。在这些群体中，有被 LGR5 标记的快速增殖的隐窝基底干细胞。除此之外，慢速增殖的、保留型的干细胞群被鉴定出来了，如前文提及的+4 位或标记滞留细胞（label retaining cell，LRC）。

另外，几个分泌型的前体细胞群能去分化重获干细胞的能力，从而在组织大规模损伤时再生隐窝。其中包括 LRC，以及一系列前体细胞[包括表达 NOTCH 配体 DELTA-LIKE 1（DLL1）的前体，以及 Paneth 细胞]。除了分泌谱系的细胞，最近的研究表明吸收谱系大量的肠上皮前体细胞也能去分化，而且可以替代 Lgr5[+]细胞的缺失。

总而言之，隐窝细胞具有很强的可塑性，采用 CBC 干细胞进行常规的组织再生，而用保留干细胞来应对组织损伤。

1. 小肠干细胞对营养状态的应答

营养状态和炎症是肠道干细胞重要的上游调节因子。蛇类动物在长期饥饿期后进食会导致能量大量储存在肠道黏膜中，凸显了营养状态和肠道稳态之间的重要联系[79]。不同的胁迫因子，如饥饿、长时间的卡路里限制或营养缺陷，在哺乳动物肠道再生过程中的作用有最新的研究。长时程的饥饿导致大鼠肠道的退化，同时绒毛长度和数目也减少[80]。在重新喂养 3 天后，大鼠的肠道黏膜恢复，同时绒毛恢复到正常数目。长期的饥饿或卡路里限制可以直接调节 CBC 活性，同时间接影响 CBC 微环境。在卡路里限制的小鼠肠道内，绒毛变短且含有较少的肠细胞，同时总的肠道面积减少[81]。自相矛盾的是，CBC 的增殖和数目增加，而瞬时增殖细胞区域的细胞周期活性降低。Paneth 细胞的卡路里限制降低 mTOR 活性，这能增强 Paneth 细胞的数目，同时增强它们作为 CBC 微环境细胞的功能。后者推测可能是依赖于 Paneth 细胞分泌的旁分泌因子环腺嘌呤核苷酸（cyclic ADP-ribose）[81]。当来源于卡路里限制小鼠的 Paneth 细胞与来自于正常喂食小鼠的 CBC 相结合时，类器官能更有效地形成。这就暗示卡路里限制能增强 CBC 至少部分通过非细胞自主性的作用机制高度激活周围微环境而发挥作用。与此模型吻合，与对照相比，卡路里限制的小鼠能更容易抵制辐射[81]（图 8-4 A）。

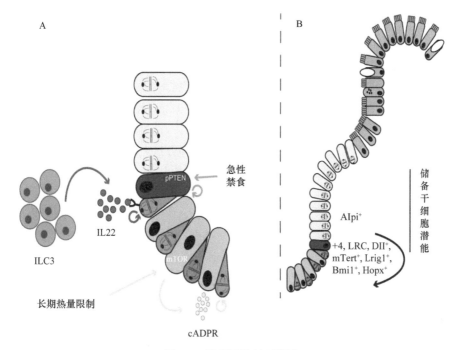

图 8-4　肠道再生的可塑性

隐窝基底柱状细胞（CBC，绿色）是小肠干细胞，产生多种肠道分化细胞，包括分泌细胞和肠细胞（橙色）。Paneth 细胞是分化谱系的例外，不向上迁移。有人提出将 Hopx、mTert、Bmi1 和 Lrig1 标记或标识为标记保留的+4 细胞（蓝色）作为第二干细胞群（虚线箭头）。右侧的双头箭头表示细胞沿隐窝-绒毛轴的相对位置。EEC，肠内分泌细胞。图片来源于文献 177

有趣的是，高脂喂养也能促进 ISC 活性。虽然 Paneth 细胞数目减少[82]，来源于高脂食物喂养小鼠的隐窝能更高效地引发类器官形成。WNT 活性在这种高脂喂养小鼠的 ISC 中依赖于核受体 PPARδ。而且，NOTCH 配体 Jag1 和 Jag2 出现在高脂喂养小鼠的 CBC 中[82]。可能 ISC 通过自身表达 Notch 配体变得不依赖微环境从而抵御 Paneth 细胞的减少。令人吃惊的是，高脂食物和低卡路里摄取似乎导致相似的表型。这些结果表明饮食组成能直接促进 CBC 活性。CBC 活性与脂肪食物高度摄取是否直接相关有待于进一步商榷。

急性饥饿可以增加 mTert 阳性细胞中非活 PTEN（pPTEN）的表达。mTert 的转录本也出现在 LGR5 阳性细胞中，mTert 可以作为保留干细胞的标志物[76]。mTert-GFP 阳性细胞的数目在饥饿状态下增加 4 倍。mTert-CreER 的谱系追踪实验表明再喂养的小鼠比对照小鼠也相应增加，说明这些细胞作为保守干细胞被激活，虽然被 mTert-CreER 标记的隐窝仍旧很少。有趣的是，LGR5[+]细胞的谱系追踪在再喂养之后减少，提示这些细胞失活或缺失。这与长期的卡路里限制导致的 CBC 增殖和数目的增加有很大不同[83]。PTEN 是 AKT/mTOR 信号的一个负调控因子。当小鼠经过 48 h 饥饿再喂养时，pPTEN 在隐窝细胞中表达，同时维持高水平活性的 pAKT 和 mTOR 靶基因 phosphor-S6[83]。进一步的研究将揭示增加 pAKT/mTOR 在再喂食过程中与隐窝恢复的相关性（图 8-4A）。

2. 小肠干细胞对炎症反应的应答

上面提到的调节 CBC 活性的因子主要来源于上皮和间充质细胞。然而，最近

Lindemans 和同事进行的一项重要研究显示炎症信号可以影响 CBC 行为 [84]。哺乳动物小肠含有三类固有淋巴细胞（group 3 innate lymphoid cell，ILC3）。这种淋巴谱系来源的细胞缺乏抗原受体。ILC3 紧贴着肠道隐窝，是 IL22 的强力诱导剂。之前研究表明 IL22 在损伤后上调，以维持随之而来的上皮再生 [85-87]。而且，在嫁接对比宿主的疾病模型中，IL22 能促进体内肠道的再生 [84]。在肠道类器官中，IL22 能增加 CBC 细胞中 STAT3 的磷酸化，从而促进其增殖，但是 Wnt、Notch 和 EGF 活性保持不变 [84]。事实上，IL22 引起的肠道恢复依赖于 CBC 的存在。当 Lgr5-DTR-EGFP 类器官中的 LGR5[+] 细胞通过白喉毒素进行清除后，IL22 不能增加放射线诱导的类器官大小。IL22 作为促炎症的信号也参与到癌症的发生 [88]，也能被滞留蛋白如 IL22 结合蛋白 IL-22BP 反作用 [89]。

另外一个最近的研究暗示炎症信号能够影响肠道干细胞的对称分裂以阻止在修复过程中过度的扩增 [90]。CBC 在竞争微环境空间时主要通过对称分裂，经过中性竞争（neutral competition）克隆，最终以随机的形式最终丢失或占据整个隐窝 [61]。但是，炎症信号可以增强 CBC 的不对称分裂。在 DSS 诱导的炎症中，不对称分裂的 LGR5[+] GFP 细胞数目比例从 2%增加到 13% [90]。Shen 和同事因此推断不对称分裂对阻止炎症诱导的干细胞数目的增加是必需的 [90]。

8.2.2 前体细胞的可塑性

LGR5-DTR-EGFP 小鼠中表达白喉毒素受体，导致 LGR5 阳性细胞被选择性清除。CBC 细胞的清除至少在一周内并不会破坏稳态，暗示存在着可替代的干细胞，或者存在可替代的非干细胞来源而具备干细胞潜能的细胞。前体细胞的可塑性为干细胞的潜能提供了很大的可替代源。

如上所述，Potten 及其同事所描述的+4 位被描绘为肠道内静息的保留干细胞。能产生分泌型前体细胞的保留干细胞可以通过 Dll1-GFP-IRES-CREERT2 敲入小鼠经行评估。DLL1 是在分泌型前体内特异表达的配体，追踪实验表明这些细胞确实能产生稳态时所有分泌型细胞。通过放射线破外这些 LGR5[+] 干细胞能诱导这些特化的分泌型前体细胞朝干细胞状态转变，导致整个肠道隐窝被 DLL1 所标记（图 8-4B）[91]。

Winton 和同事对非分裂细胞的保留干细胞能力有更广泛的研究。他们开发了一种可诱导的组蛋白 H2B-YFP 敲入小鼠 [92]。如预期所料，长寿的 Paneth 细胞能保留组蛋白标记直到 8 周。有趣的是，有第二个群体标记滞留的细胞表达肠道内分泌谱系的标志物，同时也表达CBC标志物Lgr5，以及预测的静息干细胞的标志物 Bmi1 和mTert（图 8-4B）。这些 LRC 因而同时具备肠道内分泌和干细胞的指征，主要定位于+4 位置。为了评估这些 LRC 在稳态和损伤状态下的命运，一个精巧的谱系追踪策略被用来追踪这些静息细胞：Cre 重组酶分成两个片段表达，一部分由 Rosa26 位点广谱表达，而另一部分与组蛋白 2B 融合并可诱导表达。这两部分的结合依赖于一个二聚体化的试剂 [93]。谱系追踪发现组蛋白标记能在这些细胞内滞留达两周，表明这些细胞能在损伤状态下转变为干细胞状态。而且，H2B-YFP 阳性细胞在分离的情况下用微环境信号 Wnt3 进行刺激时能形成类器官，进一步表明它们作为干细胞的能力。与这些发现一致，静息的低水平 Lgr5

细胞在 KI67-RFP 敲入小鼠模型中被鉴定为分泌性的前体细胞[33]。

综上，这些研究暗示 Potten 在+4 位观察到的非分裂细胞是分泌型细胞的前体，在损伤情况下保留兼性的干细胞潜能，可能排除真正的专门静息干细胞。当 CBC 丢失时，前体细胞逆向回转到干细胞微环境中，通过直接结合 Paneth 细胞而转变干性及潜在 Wnt 源的可获得性。在干细胞区的位置确实与干性密切相关，位于微环境边界的 Lgr5+CBC 干细胞与其他位于隐窝底部的 CBC 相比，生存方面具有劣势。

能保留干细胞潜能的分泌型前体只是一小部分特化的前体细胞群。大部分肠道上皮含有吸收性的肠上皮细胞，它们的隐窝前体细胞丰度很高，而且高度可增殖。如果这些细胞返回到微环境时能增殖，保留干细胞潜能的储池会变得很大。为了研究肠上皮细胞的前体是否也具有干细胞潜能，Hans Clevers 实验室制备了 Alpi-IRES-CreERT2 敲入小鼠[94]。Alpi 是一个肠道碱性磷酸酶，被广泛用作肠上皮细胞及其子代细胞的标志物。在生理状态下，Alpi+细胞来源的克隆确实只含有肠上皮细胞，在几天内会从绒毛顶端完全脱落。追踪 15 h 后，在离隐窝底物大约+8 位的最低位置能发现 Alpi 阳性细胞，而且不会共表达分泌型的标志物。然而在 Lgr5+ CBC 细胞清除状态下，Alpi+细胞出现在长期追踪的细胞谱系内，而且能产生所有的分化细胞类型，提示这些前体细胞与分泌性的前体细胞一样，能容易地重新获得干细胞潜能。值得注意的是，在标记 Alpi+细胞 2~3 天后清除 CBC 仍旧能导致少量的谱系追踪事件。这些最低位的 Alpi+细胞在这些时间点已经存在于隐窝中。很明显，这些细胞依然能作为干细胞，虽然稀少。一种可能的情况是，要让这些细胞回到干细胞微环境中，需要整个隐窝的坍塌。

这些底部隐窝细胞群在上皮再生过程中的可塑性可能依赖于从存活的干细胞微环境中散发的建设性信号。这些微环境来源的可塑性也可能存在于胃肠道肿瘤中，对靶向清除肿瘤干细胞群体具有重要的治疗潜力。肠道干细胞微环境不仅在上皮稳态，而且在组织损伤再生过程中也是关键的一环。

8.3　小肠干细胞的组织微环境及信号调控

8.3.1　小肠干细胞的组织微环境

干细胞微环境（niche）提供了营养和维持自我更新所需要的微环境。同时，微环境提供了分化子代细胞生产和定位所需要的局部信号事件。干细胞微环境有周围上皮层里的 Paneth 细胞，以及来源于隐窝基底层间充质层中的肌纤维、成纤维细胞、神经和平滑肌细胞。这些微环境细胞与干细胞的紧密联系和直接接触有利于提供干细胞维持和增殖所必需的因子。

皮下的间充质细胞产生 Wnts 和各种上皮生长因子。而且，这些细胞提供 R-spondins，它是 Wnt 信号强有力的激动剂，以及提供 Noggin gremlin1/2 和 chordin-like 1，它们是 BMP 信号的抑制子，用来抑制 BMP 介导的分化[95-99]。最近的研究表明，皮下的端粒细胞（telocytes）也是 Wnt 配体很重要的来源，因为阻断 Wnt 从这些稀少的大细胞中分泌，导致上皮自我更新受阻，同时破坏肠道的完整性[100,101]。与此类似，皮下

Gli1$^+$ 间充质细胞能提供 Wnts 的关键性来源,因为阻断 Wnt 从这些细胞的分泌也导致干细胞缺失,以及随后的结肠上皮的完整性缺失,最终导致上皮的死亡[102]。

除此之外,在上皮中,Paneth 细胞提供必要的生长信号,包含 Wnt3、EGF 及 Notch 配体。有趣的是,敲除 Paneth 细胞并不导致体内 ISC 的丢失,但是在体外培养的迷你肠[或称肠类器官(organoid)]中,由于缺乏间充质成分,Paneth 细胞产生的 Wnt3 对于干细胞维持和上皮再生就是必需的。综合这些结果表明,间充质细胞特别是端粒细胞和 Gli$^+$细胞,以及 Paneth 细胞,是重要的生长因子的来源,对维持组织再生发挥重要作用[7,103]。

因而,干细胞和子代细胞同时受到微环境中一系列信号的调节。这些上皮和间充质来源的信号在隐窝及隐窝绒毛轴中呈极化分布。新生细胞的产生与子代细胞功能的特化之间的平衡受各种信号的调控,以此来维持干细胞稳态及肠道结构。这些信号包括 Wnt/β-catenin、Notch、Hedgehog、BMP、EGF 和 Eph-ephrin 信号通路。下面,我们将讨论这些信号通路,以及它们在调控肠道稳态中的互作网络(图 8-5)。

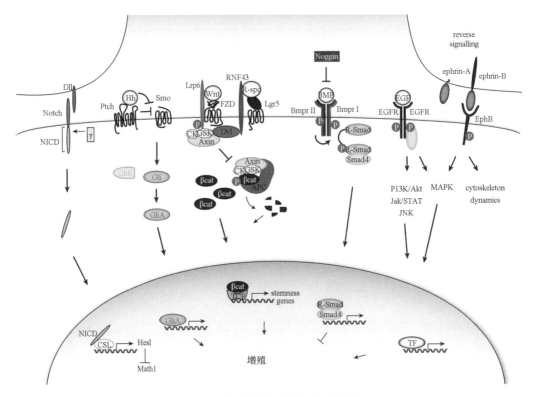

图 8-5　调节干细胞增殖的信号通路

多个关键信号传导途径控制肠内稳态。例如,Notch、Hedgehog(Hh)、Wnt、骨形态发生蛋白(BMP)、表皮生长因子(EGF)和 Eph-ephrin 的主要信号级联等,共同控制干细胞行为和肠内稳态,详见正文。Dll,δ 样配体;NICD,Notch 细胞内结构域;γ,γ-分泌酶;Hh,Hedgehog;Ptch,Patched;Smo,Smoothend;Gli,胶质母细胞瘤;GliR,Gli 阻抑者;GliA,Gli 活化剂;Lrp6,低密度脂蛋白受体相关蛋白 6;FZD,Frizzled;RNF43,RING 指蛋白 43;Lgr5(Leucine-rich repeat-containing G-protein coupled receptor 5);R-spo,R-spondin;CK,酪蛋白激酶;GSK3β,糖原合成酶激酶 β;p,磷酸基;APC,腺瘤性息肉病;βcat,β-连环蛋白;TCF,T 细胞特异性转录因子;BMP,骨形态发生蛋白;Bmpr I/II,BMP I 型或 II 型受体;EGF,表皮生长因子;EGFR,EGF 受体;PI3K,磷酸肌醇 3-激酶;Jak,Janus 激酶;STAT,信号转导和转录激活因子;JNK,c-Jun N 端激酶;MAPK,丝裂原活化蛋白激酶。图片来源于文献 178

8.3.2　小肠干细胞的信号调控

1. Wnt 信号调控小肠干细胞区的维持和大小

Wnt 信号通路决定了关键的发育途径，而且重要的是控制成体动物的组织稳态，在许多组织和器官干细胞区域的特化及维持中发挥至关重要的作用。在小肠中，Wnt 信号是隐窝增殖主要的驱动力。

Wnt 配体由 Paneth 细胞和周围的间充质细胞产生，能够与固有的受体 Frizzled 和低密度脂蛋白受体相关蛋白 LRP5/6 在邻近干细胞的表面结合[104]。随后 Wnt 经典通路的激活导致转录激活子 β-catenin 的聚集和核定位。Wnt 诱导的 β-catenin 的稳定涉及一个大的多蛋白复合体的失活。这个复合体包括骨架蛋白 Axin 和 APC，以及 GSK3β 和 CK1。在非刺激细胞中，这个降解复合物捕获 β-catenin 导致它通过可变 N 端的 S/T 磷酸化而降解。磷酸化的 β-catenin 被泛素连接酶 β-TrCP 识别，从而导致其被泛素介导的蛋白酶体快速降解[105]。

Wnt 在肠道中起关键作用的第一个线索源自小鼠遗传实验。TCF4 是 WNT 信号一个主要的下游效应器。TCF4 敲除的新生小鼠完全缺乏增殖性隐窝，说明 Wnt 信号对干细胞区室的建立和维持是必需的[45]。

成体隐窝增殖的维持也依赖于 Wnt 信号，因为成年小鼠中 TCF4 的条件性缺失也导致几乎所有增殖隐窝的丢失，与此同时，Wnt 靶基因的表达也发生进行性丧失。此外，条件性敲除 β-catenin 或者过表达可扩散的 Wnt 抑制剂 Dickkopf 1（Dkk1）导致成年小鼠肠道隐窝完全消融。而且，转基因表达 R-spondin 1（R-Spo1），一种作用于 Lgr4/5-Wnt 受体复合物的强效 Wnt 激动剂，导致肠隐窝大量过度增殖[106]。另外，同时敲除 Lgr4 和 Lgr5（R-Spo 的受体）导致隐窝的消失[58]。

核内 β-catenin 蛋白水平在隐窝基底处最高，然后沿隐窝-绒毛轴逐渐减少，这也说明 Wnt 信号在维持 ISC 干性中起着至关重要的作用。与此相吻合的是，各种 Wnt 配体（Wnt3、Wnt6 和 Wnt9b）以及它们的同源受体 FZD5/7 也在隐窝基底处表达最高[41,107]。Paneth 细胞产生的 Wnt 作用于高表达 FZD 受体的相邻干细胞的膜[108]。通过调整 FZD 更新及细胞分裂，隐窝底部的 Wnt 膜结合储池逐渐被稀释，塑造出沿着隐窝-绒毛轴的一个渐变的 Wnt 梯度。相应的，Wnt 靶基因也在隐窝基底处表达最高，然后沿着隐窝朝上而逐渐减少[51]。有趣的是，Paneth 细胞本身也依赖于 Wnt 信号，并且需要 Wnt 靶基因如 *sox9* 来维持其发育形成[109,110]。

2. Notch 信号调节隐窝内细胞命运决定和干性

Notch 信号通路是多细胞动物体内一种指导细胞命运决定的高度保守的细胞通信途径。哺乳动物 Notch 家族包括 4 个单次跨膜 Notch 受体（Notch1~4）和 5 个单次跨膜 Delta/Serrate/Lag2（DSL）配体[Jagged（Jag）1 和 2，Delta-like（Dll）1、3 和 4]。Notch 信号通过细胞与细胞间直接接触而触发，在并列的细胞膜上暴露的配体结合并且激活 Notch 受体。这种配体-受体配对引发调节 Notch 受体活性的几个蛋白水解步骤。最终，

Notch 胞内域（NICD）通过 γ 分泌蛋白酶活性释放 [111,112]。随后，NICD 转移到核内，在与转录因子 CSL（CBF1，LAG-1）结合时驱动基因表达。CSL 在未受刺激细胞内抑制靶基因的转录，在结合 NICD 后转变为转录激活因子。

在肠隐窝中，Notch 信号转导在调节吸收型和分泌型细胞命运决定中发挥关键作用。γ-分泌酶抑制剂阻断 Notch 受体信号并促使增殖细胞大量转化为分泌细胞 [113,114]。相反，通过肠道特异性表达 NICD，能特异性增强 Notch 信号，进而阻止细胞采取分泌型谱系命运 [115]。

两者之间的转换主要由两个碱性的螺旋-环-螺旋（helix-loop-helix，HLH）转录因子决定。Notch 信号诱导转录因子 Hes1 的表达，反过来拮抗转录因子 Math1[或 Atoh1（atonal homolog 1）][116]。Math1 是分泌谱系分化转录程序的关键调节因子，它的缺失导致 Goblet、Paneth 和肠的分泌功能在肠道中完全缺失。Math1 过表达促使祖细胞进入分泌谱系。Math1 表达仅限于分泌细胞，而 Hes1 在大多数增殖型的隐窝细胞中表达。在隐窝细胞中抑制 Notch 信号通路，迅速降低 Hes1 表达并导致 Math1 上调表达。相似的是，敲除 Hes1 与过量的分泌细胞及肠细胞的减少相关 [116]。值得注意的是，相似的表型也出现在同时缺失 Notch1 和 Notch2 基因及遗传敲除 CSL 的肠上皮中。总之，Notch 信号诱导 Hes1 来抑制 Math1 依赖性的分泌谱系的分化。

3. Hedgehog 信号调节肠道间充质

Hedgehog（Hh）分泌配体家族有三个小组：Desert Hedgehog（Dhh）、Indian Hedgehog（Ihh）和 Sonic Hedgehog（Shh）[117]。Hh 与 12 次跨膜受体 Patched 1 或 2（Ptch1/2 或 Ptc1-2）的结合激活信号级联，最终导致锌指转录因子（Gli，包括 Gli1、Gli2 和 Gli3）的激活，致使 Hh 特异性靶基因的表达。在 Hh 配体缺失情况下，Ptch 阻断了 7 次跨膜蛋白 Smoothened（Smo）的活性，全长的 Gli 蛋白经蛋白水解加工成 C 端截短 GliR（Gli 阻遏物），从而抑制部分 Hh 靶基因。Hh 与 Ptch 的结合导致 Ptch 活性丧失及随后 Smo 的活化，进而将 Hh 信号转导至细胞质，阻止 GliR 的产生并诱导 Gli 转变成转录激活子（GliA），从而诱导靶基因转录。Hh 靶基因包括用于反馈调节的 Ptch1/2、Gli1、Hedgehog 互作蛋白（Hhip）[117-120]，以及驱动增殖和生存的基因，如细胞周期蛋白 D1（cyclin D1）、myc 和 Bcl2[121]。

在小鼠肠道中，Indian Hedgehog（Ihh）是主要表达的 Hedgehog。低水平的 Shh 在小肠和结肠隐窝的基底处表达 [122-125]。Ihh 通过旁分泌的方式从上皮细胞作用于周围间充质细胞，包括平滑肌前体和肌成纤维细胞 [123,126]。另外，肠道巨噬细胞和树突状细胞可能直接对 Hedgehog 信号产生应答。由 TA 细胞分泌的 Ihh 和 Shh 配体与定位于间充质细胞的 Ptch 受体相互作用而诱导 BMP 产生。BMP 负调节肠上皮细胞增殖并限制隐窝中干细胞的数量。此外，Gli1 阳性间充质细胞分泌 Wnt 配体，这些配体对结肠内的干细胞更新是必需的，也可以作为小肠内 Wnt 信号的储备源 [102]。

Hh 信号转导的组成性激活，通过系统性敲除 Ptch 或通过在肠上皮细胞中选择性过表达 Ihh（Villin-Ihh 转基因小鼠），都会导致间充质细胞的积累 [127]。此外，成体小鼠肠道中条件性地缺失 Hh 信号的实验表明，Hh 不仅提供间充质扩展所必需的信号，也是维持平滑肌和肌成纤维细胞所必需的。此外，*Ihh* 突变小鼠的分析表明，Ihh 信号的缺失最终导致平滑肌前体细胞的丢失，以及绒毛核心支持结构的完全丧失。减少成体肠道中的 Hh 信号也被证明可以增强 Wnt 通路的活性，从而抑制分化和促进隐窝的高度增生 [124]。因此，在当前模型中，Hh 信号通过诱导抑制性 BMP 信号转导和调节邻近基质的支撑结构间接影响 ISC。

4. BMP 信号调节隐窝形成和终端分化

BMP 最初被发现具有诱导骨形成的能力，现被证明在器官发育和组织稳态中起至关重要的作用 [128]。BMP 属于转化生长因子-β（TGF-β）蛋白质超家族细胞外信号分子。BMP 通过经典的 Smad 依赖性通路，也可以诱导各种非经典的信号通路。在经典途径中，BMP 通过与 BMP I 型和 II 型受体（Bmpr1-2）异源四聚体结合而启动信号转导。BMP 受体是单次跨膜的蛋白质，其胞内结构域含丝氨酸/苏氨酸激酶活性。在与 BMP 结合时，组成性活化的 Bmpr2 使 Bmpr1 转磷酸化。随后，Bmpr1 磷酸化受体结合的 R-Smad1/5/8（受体调节的 Smad）。然后，磷酸化的 Smad1/5/8 与核心介导子 Smad4 结合，导致 Smad 复合物转移到细胞核并与之相关的共激活因子或辅阻遏物相互作用，调节基因表达模式 [129,130]。BMP 靶基因包括 *Msx* 同源框基因和原癌基因 *JunB*。通路活性受细胞外拮抗剂，如 Noggin、卵泡抑素或 gremlin 的调节，通过螯合 BMP 配体，从而阻断与 BMP 受体的相互作用 [131]。

在肠道中，BMP 途径对隐窝形成起负调节的作用，同时促使成熟肠道细胞的终端分化 [132-134]。间充质和上皮细胞均表达 BMP-2 和 BMP4 配体，主要作用于上皮细胞区含有表达 BMP 受体的分化细胞。间充质-上皮之间的 BMP 信号转导促进前体细胞分化，同时抑制细胞增殖。隐窝基底干细胞微环境中的 BMP 信号受 BMP 拮抗剂的精细调节，这些拮抗剂包括 gremlin1/2、chordin、Noggin 和 ANGPTL2，由隐窝周围的间充质表达。通过转基因表达 BMP 的抑制基因 *Noggin* 能抑制小鼠隐窝中的 BMP 信号转导，致使异常隐窝形成 [135,136]。同样的，条件性缺失 Bmp 受体 1A（Bmpr1A）导致隐窝过度增殖 [40]。BMP 抑制 Wnt 信号转导并以相反的梯度在隐窝-绒毛轴表达，其中肠腔表面细胞具有最高的 BMP 信号 [40]。

5. EGF 信号对小肠干细胞增殖是必需的

EGF 是一种细胞外配体，通过与其固有受体——表皮生长因子受体（EGFR）结合而刺激细胞生长、增殖和分化。EGFR 也被称为 ErbB1/HER1，是受体酪氨酸激酶 ErbB 家族的成员。经 EGF 结合而激活，EGFR 经历从无活性的单体形式转变为活性同型二聚体。EGFR 二聚化刺激其内在的细胞内蛋白酪氨酸激酶活性。结果，EGF 受体 C 端的几个酪氨酸残基发生自身磷酸化，促使下游通路激活。下游信号效应子与 EGF 受体中的磷酸化酪氨酸通过其 SH2 结构域相互作用并启动主要细胞促存活和增殖信号级联，包括有丝裂原活化蛋白激酶（MAPK）、磷脂酰肌醇 3-激酶（PI3K）/Akt、c-Jun N 端激酶（JNK）、Jak/STAT 和磷脂酶 C（PLC）途径 [137,138]。值得注意的是，小 GTP 酶 KRAS（Kirsten 大鼠肉瘤病毒致癌基因同源物）作为这些信号级联的一个重要中转，在结肠癌中常常发生

突变 [139,140]。

　　EGF 信号转导是 ISC 增殖和维持所必需的。EGF 信号是由周围 Paneth 细胞和上皮下间充质的微环境产生。反过来，EGFR 在 ISC 和瞬时增殖细胞中高表达。实际上，肠腔 EGF 强烈诱导大鼠小肠上皮细胞增殖。相比之下，在类器官中阻断 EGF 信号转导能将活性增殖中的 ISC 转变为静息的、表达各种 Wnt 靶基因的 Lgr5$^+$ 储备干细胞。显然，EGF 诱导的 ISC 增殖需严谨调控。为此，ISC 表达高水平的 EGFR/ErbB 抑制剂——Lrig1。Lrig1 是一种可诱导的 ErbB 受体家族负调节因子，介导经典 EGFR 的泛素化及随后的降解 [141]。相应的，Lrig1 在小鼠中的遗传清除导致 EGFR/ErbB 表达增强，以及肠道干细胞数目的增加和隐窝的显著性扩张。EGFR 信号在肠道维持中的活性在其他物种，如果蝇中也是高度保守的 [142,143]。

　　总之，Lrig1 的受控表达形成负反馈循环，允许干细胞微调它们对 EGF 配体介导的信号转导反应，确保适当的隐窝大小和组织稳态。值得注意的是，最近的一项研究表明 EGF 与肝细胞生长因子（HGF）在小肠中作用冗余。HGF 通过作用于它的受体 MET 来调节肠内稳态和再生，有趣的是，HGF/MET 信号在类器官培养时可以完全替代肠道中的 EGFR 信号 [144]。

6. Eph-ephrin 信号介导隐窝绒毛轴的正确位置

　　Eph-ephrin 信号通过细胞-细胞直接接触参与广泛的生物学过程，包括细胞定位的调节。Ephrin 配体根据其结构、与细胞膜（ephrin-A 和 ephrin-B）的连接方式可以分为两个亚类。Ephrin-A 蛋白质通过糖基磷脂酰肌醇（GPI）锚定在膜上，缺乏胞质结构域，而 ephrin-B 蛋白通过它们的单个跨膜结构域跨膜且含有一个短的胞质部分。Eph 受体构成最大的酪氨酸激酶受体家族，也可基于序列相似性、对 ephrin-A 和 ephrin-B 的亲和力而分为 EphA 和 EphB 亚类 [145]。

　　Eph-ephrin 信号转导的一个独特特征是受体和配体两者在结合时能够转导信号。这种双向信号的模式已成为 Eph 和 ephrin 控制细胞间通讯的重要机制。Eph 和 ephrin 介导的信号通常分别被称为正向和反向信号 [145]。实质上，Eph 信号通过修饰肌动蛋白细胞骨架和影响整合素活性及胞间黏附分子来控制细胞形态、黏附和迁移 [145,146]。Ephrin 配体与 Eph 受体胞外结构域结合后，Eph 受体胞内酪氨酸和丝氨酸残基自身磷酸化，使得胞质酪氨酸激酶随后被激活并调节下游信号级联，如 MAPK、Ras 和 ERK 信号转导 [141,146]。

　　尽管 Eph-ephrin 最初主要在发育背景下进行研究，它们在成体组织中的生理功能也陆续被揭示出来。在肠道中，高水平的 Wnt 信号转导诱导 EphB2 和 EphB3 在隐窝的下部表达，同时转录水平抑制其排斥性 ephrin-B1 配体。值得注意的是，Notch 信号转导在分化的肠细胞中激活 ephrin-B1 的表达。ISC 显示高水平的 EphB2 表达，而 Paneth 细胞不表达 EphB2 但表达 EphB3 [147]。Wnt 沿着隐窝-绒毛轴的降低导致排斥性的 ephrin-B1 配体的去抑制化。同时，EphB2 的表达在 TA 细胞朝上迁移过程中逐渐降低 [148,149]。排斥性的 EphB 2/3-ephrin-B1 梯度在隐窝-绒毛轴与向上移至绒毛顶部的分化细胞协调恰当的细胞位置。高表达 EphB3 的、分化的 Paneth 细胞逃避这种向上流动并向隐窝底部迁移。

实际上，在 EphB3 缺失小鼠中，Paneth 细胞并不局限于隐窝，而是沿着小肠绒毛随意分布[54]。

7. Hippo 信号通路

Hippo 信号是调节器官大小的关键因子，而且可以通过感知机械力传导信号[150]。最近的研究表明 Hippo 信号在肠道稳态和再生过程中发挥作用，虽然确切的功能还有争议[151]。在 Hippo 通路激活的情况下，含有 MST1/2 和 LAT1/2 的激酶级联通过细胞质的转运而磷酸化并失活 YAP 和 TAZ。YAP 和 TAZ 作为 TEAD 转录因子的共激活子，是通路最终的效应蛋白[152]。在稳态条件下，YAP 在整个肠道隐窝内表达[153]。在果蝇体内，遗传手段抑制 Hippo 通路能促进干细胞增殖。据 Imajo 及其同事报道，在小鼠肠道内激活 YAP，能产生相似的效应，而过表达 YAP-S127A——一种可以自由转运到核内的磷酸化缺陷的 YAP，可通过抑制 WNT 通路而降低干细胞增殖[154]。这些相矛盾的结果可以推测是由于 YAP/TAZ 在细胞质和细胞核内具有不同的功能。YAP/TAZ 在过表达体系里显示可以直接结合 Axin 从而抑制 WNT 信号。在这种情况下，YAP/TAZ 在 HEK 细胞中作为 β-catenin 降解复合物的一部分，介导 β-catenin E3 连接酶 β-TrCP 的募集及其降解。Wnt 和 Lrp6 能够让 YAP/TAZ 从降解复合物中分离出来，导致 YAP/TAZ 的核转运和 β-catenin 的稳定性。当 Wnt 处于失活状态时，YAP/TAZ 被降解复合物阻滞，通过募集 β-TrCP 形成降解复合物的一个活性部分。在 Apc 敲除小鼠里，由于 Wnt 通路的过度激活，导致隐窝畸形生长并产生腺癌。这种表型通过额外的 *Yap* 和 *Taz* 双突变而逆转，进而阻碍因 *Apc* 突变导致的死亡。这些现象与 Hippo 和 Wnt 协同互作、YAP/TAZ 组成 Wnt 反应的一部分这个模型相吻合。令人吃惊的是，与 APC 单一缺失的情况相比，Wnt 特征（Wnt 靶基因如 *Lef1* 和 *CD44* 的异常高表达）同样存在于 *APC/YAP/TAZ* 突变体内。在体内敲低 *YAP/TAZ* 同样不能影响 β-catenin/TCF4 基因指征。这些现象表明 *YAP/TAZ* 通过促进它们自己的转录谱，或者控制其他的通路而与 Wnt 转录靶点互补。事实上，YAP 被证实可以不依赖于与 Wnt 信号通路的相互作用而激活 EGF 信号，有大量的研究表明 Hippo 信号在再生中发挥重要的作用。在 DSS（dextran sodium sulfate）诱导产生的结肠炎中，YAP 最开始时下调表达。DSS 除去后，YAP 在再生期间显著增加。肠道中特异性敲除 YAP 在稳态时并没有表型，但是在 DSS 诱导的肠炎再生过程中发挥作用[153]。Gregorieff 及其同事报道，在放射线处理后，YAP 的核定位在 2 天后增加，但是在 4 天后恢复到主要在细胞质内定位。在 CBC 细胞内敲除 Yap 能导致放射线处理引发的细胞凋亡及再生应答的延迟[155]。

8. 控制隐窝绒毛稳态的信号通路的相互关联

放射线诱导的恢复促进隐窝细胞向 Paneth 细胞的转变，这是一个 Wnt 依赖的过程。类器官可以模拟再生过程的一些方面，YAP 缺失导致隐窝形成能力的急剧降低。下调 Wnt 活性能够逆转 Paneth 细胞的上调，恢复这些 YAP 缺陷类器官中的隐窝数目。相反的，过表达 YAP 能通过降低 Paneth 细胞数目和 Wnt 活性而影响隐窝的数目。这提示 YAP

有很窄的作用区间来维持 Wnt 活性在一个适当的范围。高 Wnt 活性能让 CBC 对 p53 诱导的凋亡更敏感，这就可以部分解释 YAP 缺失情况下放射性诱导的凋亡[156]。为了更进一步支持这个模型，在 YAP 敲除小鼠内注射 R-spondin 导致在肠道 Wnt 靶基因表达的增加，同时 CBC 细胞的数目也比野生型小鼠中更多[156]。在再生过程中，Ereg 是受 YAP 表达正向调控的基因之一，它是 EGFR 的一个配体。YAP 缺失的类器官的形成能力能够被外源的 Ereg 所拯救[155]。这种拯救能力与 Wnt 通路的抑制相类似。Hippo 信号因而能影响 EGF 和 Wnt 信号来控制放射线诱导的再生。

这种精巧但仍令人迷惑的 Hippo 和 Wnt 信号之间的相互联系可能部分是由于在隐窝基底 β-catenin 的高水平表达。YAP 在 Wnt 信号活性区域定位于细胞核内，而在 Wnt 失活的区域在细胞质内表达。基底隐窝的 3D 结构带有曲线性，具有独特的机械特征。结果是，YAP/TAZ 在隐窝基底的表达位于核内，而在隐窝上端及绒毛区 Hippo 是激活状态，而且 YAP/TAZ 定位于细胞质内。在这些区域，YAP/TAZ 能高效地阻碍 Wnt 信号。有趣的是，YAP/TAZ 也是 Wnt 的靶标[157]。因而，可以通过抑制 β-catenin 来负向反馈给 Wnt 信号。通过 E3 连接酶 RNF43 和 ZNRF3 下调 Frizzled 受体，提示也存在相类似的负向反馈环[158,159]。Wnt 信号的负向反馈机制是再生应答的重要关键部分，是防止过度激活的重要机制。

上述每个信号通路通过直接或间接调控干细胞行为来控制肠内稳态。ISC 解读这些来自组织微环境的信号，以确保细胞损失和细胞补充之间的平衡，从而保护组织稳态。信号通路的互连性进一步确保干细胞微环境中适当的信号强度和时间。Wnt 通路是肠上皮稳态主要作用力，其活性需严格控制，以防止 ISC 的过度增殖。干细胞调节性的 Wnt 配体的表达沿着隐窝-绒毛轴逐渐减小。在+4 位置，局部产生的 Wnt 拮抗剂，包括 Wnt 结合的分泌性 Frizzled 相关蛋白，可能使储备干细胞保持在该位置并处于静止状态。在隐窝中，Wnt 通路与 Notch 信号转导协同作用以维持隐窝中增殖性干细胞和祖细胞处于未分化的状态。此外，这两个通路对特定谱系分化至关重要，祖细胞沿着吸收（Notch）和分泌（Wnt）细胞分化。有趣的是，使用 Notch 阻断抗体抑制 Notch 信号转导，导致表达 Lgr5 的 ISC 转变为分泌型细胞及干细胞耗竭。这与 Wnt 通路上调及分泌细胞分化的增加一致。抑制经典的 Wnt 信号能拯救这种表型，表明反向作用的 Notch 和 Wnt 信号互作引导肠道稳态。

此外，Wnt 信号诱导隐窝特异性的 EphB2 和 EphB3 的高表达，而沿着隐窝-绒毛轴的 Wnt 梯度的减弱产生相反的 ephrin-B 配体的梯度，这有利于确保空间隔离和隐窝内不同细胞区室的精确定位。在隐窝的上半部分和绒毛内，Wnt 信号的输出受旁分泌的 Hedgehog 和 BMP 信号通路的协同调节。在前体细胞从隐窝底部朝上迁移的过程中，Hedgehog 诱导的间充质到上皮的 BMP 信号促进分化，同时限制细胞增殖。重要的是，在隐窝底部，BMP 信号通路的促分化活性被局部分泌的间充质来源的 BMP 拮抗剂抵消。此外，Paneth 细胞衍生的 EGF 在隐窝基底诱导有丝分裂信号通过表达 EGFR 抑制剂 Lrig1 来平衡。总的来说，相互关联的发育信号网络通过平衡细胞增殖和分化信号来维持肠道稳态。

8.4　果蝇中肠干细胞

8.4.1　果蝇中肠干细胞的发现和研究简述

在一些节肢动物肠道中存在再生细胞，这在一个多世纪以前就有报道，但直到最近才在果蝇体内发现肠道干细胞。在一系列开创性的工作中，Spradling 和 Perrimon 实验室描述了成年果蝇中肠干细胞（mgISC）的性质[160,161]。果蝇中肠的衬里（即相当于哺乳动物的小肠）是假复层的上皮，主要由大的、具有吸收功能的多倍体细胞[肠细胞或 EC（enterocytes）]组成。EC 细胞与不太丰富的二倍体细胞——肠内分泌（enteroendocrine，EE）细胞和 mgISC 交替出现。相对于其他上皮细胞类型，mgISC 位于靠基底位置，并显示出在某种程度上与小鼠 Lgr5$^+$细胞类似的楔形形态[160,162]。与哺乳动物不同，mgISC 是唯一已知的在后中肠中增殖的细胞类型，它们的后代不再进一步扩增。细胞分裂后，mgISC 的后代再生成为干细胞池和（或）静止祖细胞（称为 enteroblast 成肠细胞或 EB 细胞），最终分化为 EC 或 EE 细胞[160,161]。至今，仅中肠后部区域有详细的研究，一些区域的肠细胞的数量和性质可能与哺乳动物一样沿着肠的前后轴存在差异。

正如哺乳动物一样，果蝇中肠来自内胚层。然而，果蝇后肠——哺乳动物大肠的解剖学对等物，由外胚层成虫盘发育而来。在成年果蝇中，外胚层来源的组织，如外部结构的组织（角质层、翅膀、眼睛等）仍然是有丝分裂后的上皮细胞，而后肠上皮保持再生能力。与哺乳动物隐窝或果蝇中肠不同，后肠上皮更新不是从基底细胞层到内腔，而是沿着前后轴。后肠肠干细胞（hgISC）可以被 JAK/STAT 信号通路中的 GFP 报告基因特异性标记（图 8-6）。它们位于后肠-中肠周围的狭窄隔间内边界[梭形细胞区（SCZ）]，而它们的后代迁移到后端[163]。但其活性相对静息，除非遇到严重组织损伤时才会增殖[164]。

8.4.2　果蝇中肠干细胞增殖分化调控的信号通路

从果蝇的遗传分析可见，果蝇 ISC 类似于哺乳动物 ISC。mgISC 也会接收 Wg 信号，显然也是由上皮下紧连的肌肉细胞分泌[165]。阻止 Wg 分泌导致 mgISC 数目及增殖一致性的减少。事实上，在 mgISC 中抑制 Wg 信号下游的传导导致干细胞部分丢失、增殖减少和过早分化。作者观察到 mgISC 中 Wg 信号激活的两种结果取决于实验条件：一方面，GSK3β/shaggy 作为 Wg 的负调节因子，其在 mgISC 中的突变，能在促进 mgISC 增殖的同时不影响它们的分化；另一方面，过量表达 Wg 或组成型激活的 β-catenin/Armadillo 导致干细胞和前体细胞样细胞积累。因此，生理性的 Wg 信号转导有助于 mgISC 自我更新，但其对增殖和分化的影响则需要进一步分析。

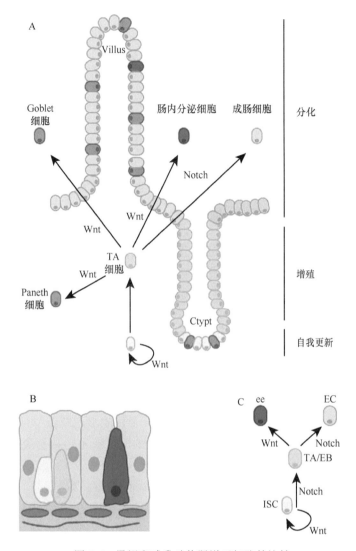

图 8-6 果蝇和哺乳动物肠道干细胞的比较

Wnt 和 Notch 相互作用控制肠道稳态。A. 哺乳动物肠道的示意图。肠干细胞（ISC）与 Paneth 细胞位于隐窝底部。干细胞自我更新与瞬时扩增细胞（TA）的产生保持平衡，后者向上移动到增殖区。TA 细胞产生吸收性肠细胞和分泌谱系，包括肠内分泌细胞、杯状细胞和潘氏细胞。B. 果蝇中肠的示意图，其遵循与哺乳动物模型相似但简略的模式。分裂后，干细胞可以产生中间非扩增前体成肠母细胞（EB-green），然后分化成吸收谱系（成肠细胞，EC）或分泌谱系（肠内分泌细胞，ee）。细胞包裹在肌肉纤维中，这是 Wnt 配体的来源。C. 该图显示了 ISC 中 Notch 和 Wnt 信号转导对 TA/eB 的产生的拮抗作用以及调控分泌与吸收谱系的选择。该模型适用于哺乳动物和果蝇模型。图片来源于文献 176

  果蝇肠道的发现为哺乳动物隐窝中的 Wnt 信号转导中几个悬而未决的问题提供了答案。第一，还不是很清楚生理性的 Wnt 信号是仅在 ISC 中，还是也在瞬时扩增前体细胞中表达。虽然核 β-catenin 蛋白的积累集中在隐窝的最低位置，在位于 ISC 上方的细胞核中也可以检测到较低水平的 β-连环蛋白[10]。而且沿着隐窝轴 β-catenin/Tcf 直接靶基因也显示出不同的表达模式，包括诸如 ISC 特异的（如 Lgr5）或存在于 ISC 及早期前体细胞中的（如 Myc），Paneth 细胞特异的（如 Cryptdins）等均沿着隐窝基底朝上呈梯度减少形式表达（如 Ephb2）[42]。第二，虽然进行了很多工作，但哺乳动物 ISC 维持所需配体的来源仍未知。几个 Wnt 家庭成员在隐窝上皮细胞中表达，提示存在自分泌或旁分泌信号，但没有揭示能影响自我更新的明确候选基因。这些缺失的信息对于理解 ISC 的位置如何确定以及干细胞微环境的机制是必不可少的。第三，特定干细胞特性如何由 β-catenin/Tcf 靶基因程序编码在很大程度上未知。Wnt 信号通过诱导 c-Myc 和其他介导因子的表达，促进 CBC 细胞的增殖和细胞分裂[44]。这个功能对于 ISC 和瞬时扩增前体细胞的永生化也是必不可少的。在隐窝中条件性地清除 Myc 导致前体细胞的数量减少。同样，缺乏 Apc 的突变细胞不能在小鼠内引发肠道肿瘤[166]。但是，目前还不清楚 Wnt 信号除了作为一个促有丝分裂原刺激 ISC 外，是否也在促进干性和长期再生潜能方面发挥作用（图 8.6）。

通过 Notch 信号使 ISC 子代多样化。在果蝇肠细胞中的 Notch 信号转导与哺乳动物中的相似，虽然有一些显著的差异。中肠 ISC、EB（enteroblast）和早期分化细胞全部表达 Notch 受体，但 Delta 作为 Notch 配体，仅存在于 mgISC 中[160,162]。mgISC 中缺乏 Delta 会导致 ISC 或 EE 细胞的肿瘤样扩增。另一方面，mgISC 中的组成型 Notch 激活导致干细胞增殖减少和过早分化成 EC 命运。这些现象表明 mgISC 中 Delta 表达诱导子细胞中的 Notch 信号转导，而子细胞反过来触发分化过程。因此，谱系选择和分化似乎不依赖于支撑细胞或周围组织。

8.4.3 果蝇中肠干细胞与组织稳态的维持

1. 果蝇中肠干细胞作为研究衰老和癌症的模型

在成年生物体中，组织稳态由成体干细胞维持去除死细胞和产生新细胞之间的平衡而形成。随着有机体的老化和（或）氧化应激等诱导组织损伤，干细胞群增殖和分化的严密控制丧失，产生有利于衰老相关疾病（如癌症等）的环境。成年干细胞如何应对衰老或损伤的反应仍不明确，但最近在果蝇中的研究获得了一些关于衰老或损伤对干细胞群影响的新启示。

衰老或组织损伤剂治疗会破坏肠道基底膜结构，同时诱导异常分化细胞簇在肠道内积累[167,168]。在老龄果蝇中，JNK 活性的显著增加诱导 mgISC 过度增殖，可能用于应对基底膜的损坏或补偿分化细胞的损失。同时，JNK 活性还会扰乱 Delta/Notch 表达，导致细胞保留 Delta 的同时表达 Notch 活性报告基因 Su(H)-lacZ[168]。显然，异常的 Delta/Notch 信号阻碍了 EB 向 EC 分化，导致呈现多倍体 EC 样而不表达 EC 标志物的细胞积累。有趣的是，在异常分化的细胞簇内只有一个细胞表达 Delta 但不表达 Su(H)-lacZ，因而保持正常的 ISC 身份[168]。但有几个问题需要进一步探讨。首先，尚不清楚 Delta 在 ISC 后代中的异常表达如何影响干细胞向 EC 谱系的分化，而 EE 细胞的数量在衰老果蝇中不受影响。其次，需要进行更深入的分析才能揭示在损坏时促进 ISC 分裂的信号。在这方面，Ip 实验室最近提供了一些证据：系统性胰岛素水平在正常情况和组织损伤情况下促进果蝇 mgISC 分裂[169]。遗憾的是，作者没有研究胰岛素信号是否受损伤调节，或损坏的肠道可能以某种方式促进脑细胞释放胰岛素样肽（DILP）。

癌症衰老模型提出肿瘤抑制因子携带抗癌功能的机制可能会无意中通过引起干细

胞损耗而促进衰老。在成年果蝇的肠道中，广泛 Notch 信号激活似乎对限制 ISC 由 JNK 引发的增殖很重要，但是这种限制是有代价的。异常 Delta/Notch 信号导致 EB 细胞的分化缺陷，从而导致肠道功能衰退[168]。在哺乳动物中，c-jun 和 TCF4/β-Catenin 似乎在体内以 JNK 依赖性方式相互作用，这种相互作用通过整合 JNK 和 APC/β-catenin 途径而调节肠道肿瘤发生[170]。在果蝇中，JNK 似乎与衰老和胁迫损伤反应有关。一个开放性问题是 JNK 是否也参与哺乳动物肠内稳态中的调控，更重要的是 JNK 与 Wg 之间的假定对话是否介导衰老与癌症之间的关系。利用新工具，这些有趣和相关的问题，现在可以在果蝇和老鼠中进行进一步深入研究。

2. 肠道干细胞与肿瘤

在隐窝中破坏增殖和分化之间的精妙平衡导致过度增殖，最终导致肿瘤发生。实际上，癌细胞通过获得信号通路一些关键成分的突变从而异常开启与自我更新和生存相关的基因簇。大多数结直肠肿瘤从良性肿瘤演变为恶性过程中获得一系列突变，从而导致腺瘤进展为癌。良性腺瘤的形成通过激活 Wnt 信号而引发。最常见的是通过灭活 APC 突变。随后 EGFR 通路的激活突变（KRAS 和 PIK3CA）、TGF-β/BMP 通路中的失活突变（SMAD4）或 p53（TP53）失活突变促使进展为侵入性和转移表型。这些基因的突变推测可以促进结肠直肠癌的发生，因为它们为突变体细胞提供了选择性生长优势，因而被称为"驱动"突变。每个人结肠直肠癌（colorectal cancer，CRC）被认为含有 3~6 次复发性驱动突变[171]。最近两项研究表明，使用 CRISPR-Cas9 工程化的类器官培养方法，至少需要 4 种这样的驱动突变使 ISC 从微环境因子中解放出来，使肠道类器官生长完全自给自足[172,173]。重要的是，这种突变体类器官在移植小鼠后形成肿瘤。因此，在类器官中引入驱动突变，完全复制 CRC 表型，这为关键信号通路的连续中断导致腺瘤-癌的进程提供了最后的证据。

激活 Wnt 和 EGFR 信号通过支持干性和增殖特征，代表了 CRC 引发和早期进展过程中的关键步骤。随后对 BMP/TGFβ 信号的阻断抑制分化并进一步推动癌细胞趋于增殖。最终，p53 的失活导致 DNA 损伤失控，更重要的是，允许 CRC 细胞逃避细胞凋亡。这些在一起建立了癌细胞生存和致癌的一个优化组合。

有趣的是，APC 和 p53 的联合缺失似乎已足以诱导广泛的非整倍性。非整倍性是肿瘤进展的标志。值得注意的是，CRC 中的驱动突变数量是可变的，只有小部分 CRC 仅携带单一通路的突变[174]。相反的，在这些情况下，获得微卫星和（或）染色体不稳定性以及表观遗传变化可能会改变驱动通路信号，促使肿瘤发生。

显然，驱动突变的依次积累促使肿瘤进展为 CRC，但最初的遗传改变对晚期肿瘤的进展是否也是必需的？这个问题最近由 Dow 等人使用条件性的短发夹 RNA 来控制小鼠中的 APC 在一部分 ISC 的表达给出了答案[175]。APC 水平的强烈减少引起肠道包括结肠的肿瘤形成。恢复 APC 表达后，肿瘤消退同时 CRC 细胞朝向正常肠细胞类型发生分化，从而恢复隐窝绒毛平衡。引人注目的是，侵入性的携带额外 KRAS 和 TP53 突变的肿瘤重新引入 APC 后也恢复成正常功能细胞。这说明了 APC 的丢失不仅对 CRC 发病至关重要，而且即使存在顺序性的驱动突变时，APC 突变对于 CRC 维护仍然至关重要。

结　语

随着特异性生物标志物的鉴定、内源性微环境更好的阐述，以及新的体内和体外模型的开发，肠道干细胞领域在过去十年内取得了令人瞩目的进展。在本章中，我们介绍了肠道干细胞的鉴定及其可塑性，阐述了干细胞信号调节通路以及在肿瘤和衰老过程中可能的作用。经过几年的广泛探讨，很明确的是，关于肠道干细胞的确切身份和功能还没有确切的答案。相对于依赖于单一的、固定身份的干细胞群来维持损伤后的上皮稳态，肠道似乎更依赖在隐窝低位区的几个高度可塑的储备干细胞群来维持组织再生。这种可塑性可能归功于在隐窝基底处特化的微环境。这种微环境为特化的前体细胞群转变为多能的成体干细胞提供了必要的信号源。

我们也总结了在隐窝稳态和再生过程中不同的信号通路，特别是关注了在肠道干细胞区域内细胞的动态调控。一个很重要的、悬而未决的问题是在损伤状态下这些信号通路的上游调控因子。损伤是如何被感知以及被翻译成为再生信号的？可以直接联系损伤和再生信号的一个模型已在淡水水螅中被描述。在该模型中，凋亡中的细胞能分泌 Wnt3 来促进邻近细胞的分裂。体外模型中类器官（organoid）提供了简单的模型来帮助解剖损伤情况下稳态的恢复，详见第 16 章节（图 8-7）。类器官可以通过化学或机械的方法被损伤，或者通过放射线来建立再生的模型。与免疫细胞或间充质细胞共培养的体系为鉴定对损伤产生适应性的非上皮来源的信号鉴定提供了重要价值。

图 8-7　小肠类器官培养体系

基于 Matrigel 的三维培养系统，在缺席微环境的情况下支持自我更新及肠上皮细胞的生长。在该系统中，将完整的肠隐窝或纯化的 LGR5$^+$ 的隐窝基底柱状（CBC）干细胞接种到富含层粘连蛋白的基质胶中，补充有生长因子混合物。内源性微环境因子，包括骨形态发生蛋白抑制剂 Noggin、WNT 激动剂 R-spondin1、表皮生长因子（EGF）和 Notch 配体。在此培养条件下，CBC 干细胞产生自我更新的上皮类器官，组织成离散的隐窝，在隐窝基部和相关的绒毛状区域包含镶嵌的干细胞和 Paneth 细胞，包括各种分化的细胞谱系。离体培养系统能够有效和安全地维持纯化后的干细胞的长期再生能力，对于实现成体干细胞的临床潜力至关重要。图片来自文献 2

参 考 文 献

1　Leblond CP & Walker BE. Renewal of cell populations. Physiol Rev, 1956, **36(2)**: 255-276.

2　Barker N. Adult intestinal stem cells: Critical drivers of epithelial homeostasis and regeneration. Nat Rev Mol Cell Biol, 2014, **15(1)**: 19-33.

3　Grosse AS, Pressprich MF, Curley LB et al. Cell dynamics in fetal intestinal epithelium: Implications for intestinal growth and morphogenesis. Development, 2011, **138(20)**: 4423-4432.

4　Gregorieff A & Clevers H. Wnt signaling in the intestinal epithelium: From endoderm to cancer. Genes Dev, 2005, **19(8)**: 877-890.

5　Stevens CE & Leblond CP. Rate of renewal of the cells of the intestinal epithelium in the rat. Anat Rec, 1947, **97(3)**: 373.

6　Ireland H, Houghton C, Howard L et al. Cellular inheritance of a cre-activated reporter gene to determine paneth cell longevity in the murine small intestine. Dev Dyn, 2005, **233(4)**: 1332-1336.

7　Sato T, Van Es JH, Snippert HJ et al. Paneth cells constitute the niche for lgr5 stem cells in intestinal crypts. Nature, 2011, **469(7330)**: 415-418.

8　Howitt MR, Lavoie S, Michaud M et al. Tuft cells, taste-chemosensory cells, orchestrate parasite type 2 immunity in the gut. Science, 2016, **351(6279)**: 1329-1333.

9　Gerbe F, Van Es JH, Makrini L et al. Distinct atoh1 and neurog3 requirements define tuft cells as a new secretory cell type in the intestinal epithelium. J Cell Biol, 2011, **192(5)**: 767-780.

10　Barker N, Van De Wetering M & Clevers H. The intestinal stem cell. Genes Dev, 2008, **22(14)**: 1856-1864.

11　Tumbar T, Guasch G, Greco V et al. Defining the epithelial stem cell niche in skin. Science, 2004, **303(5656)**: 359-363.

12　Spangrude GJ, Heimfeld S & Weissman IL. Purification and characterization of mouse hematopoietic stem cells. Science, 1988, **241(4861)**: 58-62.

13　Spradling A, Drummond-Barbosa D & Kai T. Stem cells find their niche. Nature, 2001, **414(6859)**: 98-104.

14　Kiel MJ, He S, Ashkenazi R et al. Haematopoietic stem cells do not asymmetrically segregate chromosomes or retain brdu. Nature, 2007, **449(7159)**: 238-242.

15　Shackleton M, Vaillant F, Simpson KJ et al. Generation of a functional mammary gland from a single stem cell. Nature, 2006, **439(7072)**: 84-88.

16　Blanpain C, Lowry WE, Geoghegan A et al. Self-renewal, multipotency, and the existence of two cell populations within an epithelial stem cell niche. Cell, 2004, **118(5)**: 635-648.

17　Claudinot S, Nicolas M, Oshima H et al. Long-term renewal of hair follicles from clonogenic multipotent stem cells. Proc Natl Acad Sci U S A, 2005, **102(41)**: 14677-14682.

18　Morris RJ, Liu Y, Marles L et al. Capturing and profiling adult hair follicle stem cells. Nat Biotechnol, 2004, **22(4)**: 411-417.

19　Jordan CT & Lemischka IR. Clonal and systemic analysis of long-term hematopoiesis in the mouse. Genes Dev, 1990, **4(2)**: 220-232.

20　Smith LG, Weissman IL & Heimfeld S. Clonal analysis of hematopoietic stem-cell differentiation *in vivo*. Proc Natl Acad Sci U S A, 1991, **88(7)**: 2788-2792.

21　Natarajan TG & Fitzgerald KT. Markers in normal and cancer stem cells. Cancer Biomark, 2007, **3(4-5)**: 211-231.

22　Cairns J. Mutation selection and the natural history of cancer. Nature, 1975, **255(5505)**: 197-200.

23　Mustata RC, Vasile G, Fernandez-Vallone V et al. Identification of lgr5-independent spheroid-generating progenitors of the mouse fetal intestinal epithelium. Cell Rep, 2013, **5(2)**: 421-432.

24　Itzkovitz S, Blat IC, Jacks T et al. Optimality in the development of intestinal crypts. Cell, 2012, **148(3)**: 608-619.

25　Fordham RP, Yui S, Hannan NR et al. Transplantation of expanded fetal intestinal progenitors contributes to colon regeneration after injury. Cell Stem Cell, 2013, **13(6)**: 734-744.

26　Cairnie AB, Lamerton LF & Steel GG. Cell proliferation studies in the intestinal epithelium of the rat. I. Determination of the kinetic parameters. Exp Cell Res, 1965, **39(2)**: 528-538.

27　Qiu JM, Roberts SA & Potten CS. Cell migration in the small and large bowel shows a strong circadian rhythm. Epithelial Cell Biol, 1994, **3(4)**: 137-148.

28　Potten CS, Booth C & Pritchard DM. The intestinal epithelial stem cell: The mucosal governor. Int J Exp Pathol, 1997, **78(4)**: 219-243.

29　Bjerknes M & Cheng H. The stem-cell zone of the small intestinal epithelium. Iii. Evidence from columnar, enteroendocrine, and mucous cells in the adult mouse. Am J Anat, 1981, **160(1)**: 77-91.

30　Potten CS, Kovacs L & Hamilton E. Continuous labelling studies on mouse skin and intestine. Cell Tissue Kinet, 1974, **7(3)**: 271-283.

31　Cheng H & Leblond CP. Origin, differentiation and renewal of the four main epithelial cell types in the mouse small intestine. V. Unitarian theory of the origin of the four epithelial cell types. Am J Anat, 1974, **141(4)**: 537-561.

32　Bjerknes M & Cheng H. Clonal analysis of mouse intestinal epithelial progenitors. Gastroenterology, 1999, **116(1)**: 7-14.

33　Barker N, Van Es JH, Kuipers J et al. Identification of stem cells in small intestine and colon by marker gene lgr5. Nature, 2007, **449(7165)**: 1003-1007.

34　Potten CS. Extreme sensitivity of some intestinal crypt cells to x and gamma irradiation. Nature, 1977, **269(5628)**: 518-521.

35　Potten CS, Gandara R, Mahida YR et al. The stem cells of small intestinal crypts: Where are they? Cell Prolif, 2009, **42(6)**: 731-750.

36　Lansdorp PM. Immortal strands? Give me a break. Cell, 2007, **129(7)**: 1244-1247.

37　Kayahara T, Sawada M, Takaishi S et al. Candidate markers for stem and early progenitor cells, musashi-1 and hes1, are expressed in crypt base columnar cells of mouse small intestine. FEBS Lett, 2003, **535(1-3)**: 131-135.

38　Potten CS, Booth C, Tudor GL et al. Identification of a putative intestinal stem cell and early lineage marker; musashi-1. Differentiation, 2003, **71(1)**: 28-41.

39　Fujimoto K, Beauchamp RD & Whitehead RH. Identification and isolation of candidate human colonic clonogenic cells based on cell surface integrin expression. Gastroenterology, 2002, **123(6)**: 1941-1948.

40　He XC, Zhang J, Tong WG et al. Bmp signaling inhibits intestinal stem cell self-renewal through suppression of wnt-beta-catenin signaling. Nat Genet, 2004, **36(10)**: 1117-1121.

41　Gregorieff A, Pinto D, Begthel H et al. Expression pattern of wnt signaling components in the adult intestine. Gastroenterology, 2005, **129(2)**: 626-638.

42　Van Der Flier LG, Sabates-Bellver J, Oving I et al. The intestinal wnt/tcf signature. Gastroenterology, 2007, **132(2)**: 628-632.

43　Giannakis M, Stappenbeck TS, Mills JC et al. Molecular properties of adult mouse gastric and intestinal epithelial progenitors in their niches. J Biol Chem, 2006, **281(16)**: 11292-11300.

44　Van De Wetering M, Sancho E, Verweij C et al. The beta-catenin/tcf-4 complex imposes a crypt progenitor phenotype on colorectal cancer cells. Cell, 2002, **111(2)**: 241-250.

45　Korinek V, Barker N, Moerer P et al. Depletion of epithelial stem-cell compartments in the small intestine of mice lacking tcf-4. Nat Genet, 1998, **19(4)**: 379-383.

46　Pinto D, Gregorieff A, Begthel H et al. Canonical wnt signals are essential for homeostasis of the intestinal epithelium. Genes Dev, 2003, **17(14)**: 1709-1713.

47　Kuhnert F, Davis CR, Wang HT et al. Essential requirement for wnt signaling in proliferation of adult small intestine and colon revealed by adenoviral expression of dickkopf-1. Proc Natl Acad Sci U S A, 2004, **101(1)**: 266-271.

48　Harada N, Tamai Y, Ishikawa T et al. Intestinal polyposis in mice with a dominant stable mutation of the beta-catenin gene. EMBO J, 1999, **18(21)**: 5931-5942.

49　Romagnolo B, Berrebi D, Saadi-Keddoucci S et al. Intestinal dysplasia and adenoma in transgenic mice after overexpression of an activated beta-catenin. Cancer Res, 1999, **59(16)**: 3875-3879.

50　Smits R, Kielman MF, Breukel C et al. Apc1638t: A mouse model delineating critical domains of the adenomatous polyposis coli protein involved in tumorigenesis and development. Genes Dev, 1999, **13(10)**: 1309-1321.

51　Andreu P, Colnot S, Godard C et al. Crypt-restricted proliferation and commitment to the paneth cell lineage following apc loss in the mouse intestine. Development, 2005, **132(6)**: 1443-1451.

52　Korinek V, Barker N, Morin PJ et al. Constitutive transcriptional activation by a beta-catenin-tcf complex in apc-/-colon carcinoma. Science, 1997, **275(5307)**: 1784-1787.

53　Morin PJ, Sparks AB, Korinek V et al. Activation of beta-catenin-tcf signaling in colon cancer by mutations in beta-catenin or apc. Science, 1997, **275(5307)**: 1787-1790.

54　Batlle E, Henderson JT, Beghtel H et al. Beta-catenin and tcf mediate cell positioning in the intestinal epithelium by controlling the expression of ephb/ephrinb. Cell, 2002, **111(2)**: 251-263.

55　Morita H, Mazerbourg S, Bouley DM et al. Neonatal lethality of lgr5 null mice is associated with ankyloglossia and gastrointestinal distension. Mol Cell Biol, 2004, **24(22)**: 9736-9743.

56　Marshman E, Booth C & Potten CS. The intestinal epithelial stem cell. Bioessays, 2002, **24(1)**: 91-98.

57　Van Der Flier LG, Van Gijn ME, Hatzis P et al. Transcription factor achaete scute-like 2 controls intestinal stem cell fate. Cell, 2009, **136(5)**: 903-912.

58　De Lau W, Barker N, Low TY et al. Lgr5 homologues associate with wnt receptors and mediate r-spondin signalling. Nature, 2011, **476(7360)**: 293-297.

59　Carmon KS, Gong X, Lin Q et al. R-spondins function as ligands of the orphan receptors lgr4 and lgr5 to regulate wnt/beta-catenin signaling. Proc Natl Acad Sci U S A, 2011, **108(28)**: 11452-11457.

60　Glinka A, Dolde C, Kirsch N et al. Lgr4 and lgr5 are r-spondin receptors mediating wnt/beta-catenin and wnt/pcp signalling. EMBO Rep, 2011, **12(10)**: 1055-1061.

61　Snippert HJ, Van Der Flier LG, Sato T et al. Intestinal crypt homeostasis results from neutral competition between symmetrically dividing lgr5 stem cells. Cell, 2010, **143(1)**: 134-144.

62　Lopez-Garcia C, Klein AM, Simons BD et al. Intestinal stem cell replacement follows a pattern of neutral drift. Science, 2010, **330(6005)**: 822-825.

63　Quyn AJ, Appleton PL, Carey FA et al. Spindle orientation bias in gut epithelial stem cell compartments is lost in precancerous tissue. Cell Stem Cell, 2010, **6(2)**: 175-181.

64　Escobar M, Nicolas P, Sangar F et al. Intestinal epithelial stem cells do not protect their genome by asymmetric chromosome segregation. Nat Commun, 2011, **2**: 258.

65　Schepers AG, Vries R, Van Den Born M et al. Lgr5 intestinal stem cells have high telomerase activity and randomly segregate their chromosomes. EMBO J, 2011, **30(6)**: 1104-1109.

66　Steinhauser ML, Bailey AP, Senyo SE et al. Multi-isotope imaging mass spectrometry quantifies stem cell division and metabolism. Nature, 2012, **481(7382)**: 516-519.

67　Buske P, Przybilla J, Loeffler M et al. On the biomechanics of stem cell niche formation in the gut--modelling growing organoids. FEBS J, 2012, **279(18)**: 3475-3487.

68　Buske P, Galle J, Barker N et al. A comprehensive model of the spatio-temporal stem cell and tissue organisation in the intestinal crypt. PLoS Comput Biol, 2011, **7(1)**: e1001045.

69　Kaaij LT, Van De Wetering M, Fang F et al. DNA methylation dynamics during intestinal stem cell differentiation reveals enhancers driving gene expression in the villus. Genome Biol, 2013, **14(5)**: R50.

70　Sakamori R, Das S, Yu S et al. Cdc42 and rab8a are critical for intestinal stem cell division, survival, and differentiation in mice. J Clin Invest, 2012, **122(3)**: 1052-1065.

71　Heijmans J, Van Lidth De Jeude JF, Koo BK et al. Er stress causes rapid loss of intestinal epithelial stemness through activation of the unfolded protein response. Cell Rep, 2013, **3(4)**: 1128-1139.

72　Sangiorgi E & Capecchi MR. Bmi1 is expressed *in vivo* in intestinal stem cells. Nat Genet, 2008, **40(7)**: 915-920.

73　Tian H, Biehs B, Chiu C et al. Opposing activities of notch and wnt signaling regulate intestinal stem cells and gut homeostasis. Cell Rep, 2015, **11(1)**: 33-42.

74　Yan KS, Chia LA, Li X et al. The intestinal stem cell markers bmi1 and lgr5 identify two functionally distinct populations. Proc Natl Acad Sci U S A, 2012, **109(2)**: 466-471.

75　Munoz J, Stange DE, Schepers AG et al. The lgr5 intestinal stem cell signature: Robust expression of proposed quiescent '+4' cell markers. EMBO J, 2012, **31(14)**: 3079-3091.

76　Montgomery RK, Carlone DL, Richmond CA et al. Mouse telomerase reverse transcriptase (mtert) expression marks slowly cycling intestinal stem cells. Proc Natl Acad Sci U S A, 2011, **108(1)**: 179-184.

77　Powell AE, Wang Y, Li Y et al. The pan-erbb negative regulator lrig1 is an intestinal stem cell marker that functions as a tumor suppressor. Cell, 2012, **149(1)**: 146-158.

78　Breault DT, Min IM, Carlone DL et al. Generation of mtert-gfp mice as a model to identify and study tissue progenitor cells. Proc Natl Acad Sci U S A, 2008, **105(30)**: 10420-10425.

79　Secor SM, Stein ED & Diamond J. Rapid upregulation of snake intestine in response to feeding: A new model of intestinal adaptation. Am J Physiol, 1994, **266(4 Pt 1)**: G695-705.

80　Dunel-Erb S, Chevalier C, Laurent P et al. Restoration of the jejunal mucosa in rats refed after prolonged fasting. Comp Biochem Physiol A Mol Integr Physiol, 2001, **129(4)**: 933-947.

81　Yilmaz OH, Katajisto P, Lamming DW et al. Mtorc1 in the paneth cell niche couples intestinal stem-cell function to calorie intake. Nature, 2012, **486(7404)**: 490-495.

82　Beyaz S, Mana MD, Roper J et al. High-fat diet enhances stemness and tumorigenicity of intestinal progenitors. Nature, 2016, **531(7592)**: 53-58.

83　Richmond CA, Shah MS, Deary LT et al. Dormant intestinal stem cells are regulated by pten and nutritional status. Cell Rep, 2015, **13(11)**: 2403-2411.

84　Lindemans CA, Calafiore M, Mertelsmann AM et al. Interleukin-22 promotes intestinal-stem-cell-mediated epithelial regeneration. Nature, 2015, **528(7583)**: 560-564.

85　Hanash AM, Dudakov JA, Hua G et al. Interleukin-22 protects intestinal stem cells from immune-mediated tissue damage and regulates sensitivity to graft versus host disease. Immunity, 2012, **37(2)**: 339-350.

86　Sonnenberg GF & Artis D. Innate lymphoid cells in the initiation, regulation and resolution of inflammation. Nat Med, 2015, **21(7)**: 698-708.

87　Zenewicz LA, Yancopoulos GD, Valenzuela DM et al. Interleukin-22 but not interleukin-17 provides protection to hepatocytes during acute liver inflammation. Immunity, 2007, **27(4)**: 647-659.

88　Kirchberger S, Royston DJ, Boulard O et al. Innate lymphoid cells sustain colon cancer through production of interleukin-22 in a mouse model. J Exp Med, 2013, **210(5)**: 917-931.

89　Huber S, Gagliani N, Zenewicz LA et al. Il-22bp is regulated by the inflammasome and modulates tumorigenesis in the intestine. Nature, 2012, **491(7423)**: 259-263.

90　Bu P, Wang L, Chen KY et al. A mir-34a-numb feedforward loop triggered by inflammation regulates asymmetric stem cell division in intestine and colon cancer. Cell Stem Cell, 2016, **18(2)**: 189-202.

91　Van Es JH, Sato T, Van De Wetering M et al. Dll1+ secretory progenitor cells revert to stem cells upon crypt damage. Nat Cell Biol, 2012, **14(10)**: 1099-1104.

92　Winton DJ, Blount MA & Ponder BA. A clonal marker induced by mutation in mouse intestinal epithelium. Nature, 1988, **333(6172)**: 463-466.

93　Buczacki SJ, Zecchini HI, Nicholson AM et al. Intestinal label-retaining cells are secretory precursors expressing lgr5. Nature, 2013, **495(7439)**: 65-69.

94　Tetteh PW, Basak O, Farin HF et al. Replacement of lost lgr5-positive stem cells through plasticity of their enterocyte-lineage daughters. Cell Stem Cell, 2016, **18(2)**: 203-213.

95　Kosinski C, Li VS, Chan AS et al. Gene expression patterns of human colon tops and basal crypts and bmp antagonists as intestinal stem cell niche factors. Proc Natl Acad Sci U S A, 2007, **104(39)**: 15418-15423.

96　Farin HF, Van Es JH & Clevers H. Redundant sources of wnt regulate intestinal stem cells and promote formation of paneth cells. Gastroenterology, 2012, **143(6)**: 1518-1529 e1517.

97　Worthley DL, Giraud AS & Wang TC. Stromal fibroblasts in digestive cancer. Cancer Microenviron, 2010, **3(1)**: 117-125.

98　Kabiri Z, Greicius G, Madan B et al. Stroma provides an intestinal stem cell niche in the absence of epithelial wnts. Development, 2014, **141(11)**: 2206-2215.

99　Stzepourginski I, Nigro G, Jacob JM et al. Cd34+ mesenchymal cells are a major component of the intestinal stem cells niche at homeostasis and after injury. Proc Natl Acad Sci U S A, 2017, **114(4)**: E506-E513.

100　Shoshkes-Carmel M, Wang YJ, Wangensteen KJ et al. Subepithelial telocytes are an important source of wnts that supports intestinal crypts. Nature, 2018, **557(7704)**: 242-246.

101　Aoki R, Shoshkes-Carmel M, Gao N et al. Foxl1-expressing mesenchymal cells constitute the intestinal stem cell niche. Cell Mol Gastroenterol Hepatol, 2016, **2(2)**: 175-188.

102　Degirmenci B, Valenta T, Dimitrieva S et al. Gli1-expressing mesenchymal cells form the essential wnt-secreting niche for colon stem cells. Nature, 2018, **558(7710)**: 449-453.

103　Sato T, Vries RG, Snippert HJ et al. Single lgr5 stem cells build crypt-villus structures *in vitro* without a mesenchymal niche. Nature, 2009, **459(7244)**: 262-265.

104　Clevers H. The intestinal crypt, a prototype stem cell compartment. Cell, 2013, **154(2)**: 274-284.

105　Aberle H, Bauer A, Stappert J et al. Beta-catenin is a target for the ubiquitin-proteasome pathway. EMBO J, 1997, **16(13)**: 3797-3804.

106 Kim KA, Kakitani M, Zhao J et al. Mitogenic influence of human r-spondin1 on the intestinal epithelium. Science, 2005, **309(5738)**: 1256-1259.

107 Van Es JH, Jay P, Gregorieff A et al. Wnt signalling induces maturation of paneth cells in intestinal crypts. Nat Cell Biol, 2005, **7(4)**: 381-386.

108 Farin HF, Jordens I, Mosa MH et al. Visualization of a short-range wnt gradient in the intestinal stem-cell niche. Nature, 2016, **530(7590)**: 340-343.

109 Bastide P, Darido C, Pannequin J et al. Sox9 regulates cell proliferation and is required for paneth cell differentiation in the intestinal epithelium. J Cell Biol, 2007, **178(4)**: 635-648.

110 Mori-Akiyama Y, Van Den Born M, Van Es JH et al. Sox9 is required for the differentiation of paneth cells in the intestinal epithelium. Gastroenterology, 2007, **133(2)**: 539-546.

111 Baron M. An overview of the notch signalling pathway. Semin Cell Dev Biol, 2003, **14(2)**: 113-119.

112 Guruharsha KG, Kankel MW & Artavanis-Tsakonas S. The notch signalling system: Recent insights into the complexity of a conserved pathway. Nat Rev Genet, 2012, **13(9)**: 654-666.

113 Milano J, Mckay J, Dagenais C et al. Modulation of notch processing by gamma-secretase inhibitors causes intestinal goblet cell metaplasia and induction of genes known to specify gut secretory lineage differentiation. Toxicol Sci, 2004, **82(1)**: 341-358.

114 Van Es JH, Van Gijn ME, Riccio O et al. Notch/gamma-secretase inhibition turns proliferative cells in intestinal crypts and adenomas into goblet cells. Nature, 2005, **435(7044)**: 959-963.

115 Fre S, Huyghe M, Mourikis P et al. Notch signals control the fate of immature progenitor cells in the intestine. Nature, 2005, **435(7044)**: 964-968.

116 Jensen J, Pedersen EE, Galante P et al. Control of endodermal endocrine development by hes-1. Nat Genet, 2000, **24(1)**: 36-44.

117 Ingham PW, Nakano Y & Seger C. Mechanisms and functions of hedgehog signalling across the metazoa. Nat Rev Genet, 2011, **12(6)**: 393-406.

118 Jiang J & Hui CC. Hedgehog signaling in development and cancer. Dev Cell, 2008, **15(6)**: 801-812.

119 Stone DM, Hynes M, Armanini M et al. The tumour-suppressor gene patched encodes a candidate receptor for sonic hedgehog. Nature, 1996, **384(6605)**: 129-134.

120 Taipale J, Cooper MK, Maiti T et al. Patched acts catalytically to suppress the activity of smoothened. Nature, 2002, **418(6900)**: 892-897.

121 Kasper M, Regl G, Frischauf AM et al. Gli transcription factors: Mediators of oncogenic hedgehog signalling. Eur J Cancer, 2006, **42(4)**: 437-445.

122 Van Dop WA, Heijmans J, Buller NV et al. Loss of indian hedgehog activates multiple aspects of a wound healing response in the mouse intestine. Gastroenterology, 2010, **139(5)**: 1665-1676, 1676 e1661-1610.

123 Buller NV, Rosekrans SL, Westerlund J et al. Hedgehog signaling and maintenance of homeostasis in the intestinal epithelium. Physiology (Bethesda), 2012, **27(3)**: 148-155.

124 Van Den Brink GR, Bleuming SA, Hardwick JC et al. Indian hedgehog is an antagonist of wnt signaling in colonic epithelial cell differentiation. Nat Genet, 2004, **36(3)**: 277-282.

125 Van Dop WA, Uhmann A, Wijgerde M et al. Depletion of the colonic epithelial precursor cell compartment upon conditional activation of the hedgehog pathway. Gastroenterology, 2009, **136(7)**: 2195-2203, e2191-2197.

126 Kolterud A, Grosse AS, Zacharias WJ et al. Paracrine hedgehog signaling in stomach and intestine: New roles for hedgehog in gastrointestinal patterning. Gastroenterology, 2009, **137(2)**: 618-628.

127 Zacharias WJ, Madison BB, Kretovich KE et al. Hedgehog signaling controls homeostasis of adult intestinal smooth muscle. Dev Biol, 2011, **355(1)**: 152-162.

128 Reddi AH. Bmps: From bone morphogenetic proteins to body morphogenetic proteins. Cytokine Growth Factor Rev, 2005, **16(3)**: 249-250.

129 Wang RN, Green J, Wang Z et al. Bone morphogenetic protein (bmp) signaling in development and human diseases. Genes Dis, 2014, **1(1)**: 87-105.

130 Heldin CH, Miyazono K & Ten Dijke P. Tgf-beta signalling from cell membrane to nucleus through smad proteins. Nature, 1997, **390(6659)**: 465-471.

131 Hardwick JC, Kodach LL, Offerhaus GJ et al. Bone morphogenetic protein signalling in colorectal cancer. Nat Rev Cancer, 2008, **8(10)**: 806-812.

132 Haramis AP, Begthel H, Van Den Born M et al. De novo crypt formation and juvenile polyposis on bmp inhibition in mouse intestine. Science, 2004, **303(5664)**: 1684-1686.

133 Auclair BA, Benoit YD, Rivard N et al. Bone morphogenetic protein signaling is essential for terminal differentiation of the intestinal secretory cell lineage. Gastroenterology, 2007, **133(3)**: 887-896.

134 Qi Z, Li Y, Zhao B et al. Bmp restricts stemness of intestinal lgr5(+) stem cells by directly suppressing their signature genes. Nat Commun, 2017, **8**: 13824.

135 Horiguchi H, Endo M, Kawane K et al. Angptl2 expression in the intestinal stem cell niche controls epithelial regeneration and homeostasis. EMBO J, 2017, **36(4)**: 409-424.

136 Sneddon JB, Zhen HH, Montgomery K et al. Bone morphogenetic protein antagonist gremlin 1 is widely expressed by cancer-associated stromal cells and can promote tumor cell proliferation. Proc Natl Acad Sci U S A, 2006, **103(40)**: 14842-14847.

137 Jorissen RN, Walker F, Pouliot N et al. Epidermal growth factor receptor: Mechanisms of activation and signalling. Exp Cell Res, 2003, **284(1)**: 31-53.

138 Oda K, Matsuoka Y, Funahashi A et al. A comprehensive pathway map of epidermal growth factor receptor signaling. Mol Syst Biol, 2005, **1**: 2005. 0010.

139 Malumbres M & Barbacid M. Ras oncogenes: The first 30 years. Nat Rev Cancer, 2003, **3(6)**: 459-465.

140 Forbes SA, Beare D, Gunasekaran P et al. Cosmic: Exploring the world's knowledge of somatic mutations in human cancer. Nucleic Acids Res, 2015, **43(Database issue)**: D805-811.

141 Laederich MB, Funes-Duran M, Yen L et al. The leucine-rich repeat protein lrig1 is a negative regulator of erbb family receptor tyrosine kinases. J Biol Chem, 2004, **279(45)**: 47050-47056.

142 Biteau B & Jasper H. Egf signaling regulates the proliferation of intestinal stem cells in drosophila. Development, 2011, **138(6)**: 1045-1055.

143 Jiang H, Grenley MO, Bravo MJ et al. Egfr/ras/mapk signaling mediates adult midgut epithelial homeostasis and regeneration in drosophila. Cell Stem Cell, 2011, **8(1)**: 84-95.

144 Joosten SPJ, Zeilstra J, Van Andel H et al. Met signaling mediates intestinal crypt-villus development, regeneration, and adenoma formation and is promoted by stem cell cd44 isoforms. Gastroenterology, 2017, **153(4)**: 1040-1053 e1044.

145 Kullander K & Klein R. Mechanisms and functions of eph and ephrin signalling. Nat Rev Mol Cell Biol, 2002, **3(7)**: 475-486.

146 Pasquale EB. Eph receptors and ephrins in cancer: Bidirectional signalling and beyond. Nat Rev Cancer, 2010, **10(3)**: 165-180.

147 Jung P, Sato T, Merlos-Suarez A et al. Isolation and *in vitro* expansion of human colonic stem cells. Nat Med, 2011, **17(10)**: 1225-1227.

148 Merlos-Suarez A, Barriga FM, Jung P et al. The intestinal stem cell signature identifies colorectal cancer stem cells and predicts disease relapse. Cell Stem Cell, 2011, **8(5)**: 511-524.

149 Solanas G, Cortina C, Sevillano M et al. Cleavage of e-cadherin by adam10 mediates epithelial cell sorting downstream of ephb signalling. Nat Cell Biol, 2011, **13(9)**: 1100-1107.

150 Varelas X. The hippo pathway effectors taz and yap in development, homeostasis and disease. Development, 2014, **141(8)**: 1614-1626.

151 Li VS & Clevers H. Intestinal regeneration: Yap-tumor suppressor and oncoprotein? Curr Biol, 2013, **23(3)**: R110-112.

152 Pan D. The hippo signaling pathway in development and cancer. Dev Cell, 2010, **19(4)**: 491-505.

153 Cai J, Zhang N, Zheng Y et al. The hippo signaling pathway restricts the oncogenic potential of an intestinal regeneration program. Genes Dev, 2010, **24(21)**: 2383-2388.

154 Imajo M, Ebisuya M & Nishida E. Dual role of yap and taz in renewal of the intestinal epithelium. Nat Cell Biol, 2015, **17(1)**: 7-19.

155 Gregorieff A, Liu Y, Inanlou MR et al. Yap-dependent reprogramming of lgr5(+) stem cells drives intestinal regeneration and cancer. Nature, 2015, **526(7575)**: 715-718.

156 Barry ER, Morikawa T, Butler BL et al. Restriction of intestinal stem cell expansion and the regenerative response by yap. Nature, 2013, **493(7430)**: 106-110.

157 Konsavage WM, Jr., Kyler SL, Rennoll SA et al. Wnt/beta-catenin signaling regulates yes-associated protein (yap) gene expression in colorectal carcinoma cells. J Biol Chem, 2012, **287(15)**: 11730-11739.

158 Hao HX, Xie Y, Zhang Y et al. Znrf3 promotes wnt receptor turnover in an r-spondin-sensitive manner. Nature, 2012, **485(7397)**: 195-200.

159 Koo BK, Spit M, Jordens I et al. Tumour suppressor rnf43 is a stem-cell e3 ligase that induces endocytosis of wnt receptors. Nature, 2012, **488(7413)**: 665-669.

160 Ohlstein B & Spradling A. The adult drosophila posterior midgut is maintained by pluripotent stem cells. Nature, 2006, **439(7075)**: 470-474.

161 Micchelli CA & Perrimon N. Evidence that stem cells reside in the adult drosophila midgut epithelium. Nature, 2006, **439(7075)**: 475-479.

162 Ohlstein B & Spradling A. Multipotent drosophila intestinal stem cells specify daughter cell fates by differential notch signaling. Science, 2007, **315(5814)**: 988-992.

163 Takashima S, Mkrtchyan M, Younossi-Hartenstein A et al. The behaviour of drosophila adult hindgut stem cells is controlled by wnt and hh signalling. Nature, 2008, **454(7204)**: 651-655.

164 Xie T. Stem cell in the adult drosophila hindgut: Just a sleeping beauty. Cell Stem Cell, 2009, **5(3)**: 227-228.

165 Lin G, Xu N & Xi R. Paracrine wingless signalling controls self-renewal of drosophila intestinal stem cells. Nature, 2008, **455(7216)**: 1119-1123.

166 Sansom OJ, Meniel VS, Muncan V et al. Myc deletion rescues apc deficiency in the small intestine. Nature, 2007, **446(7136)**: 676-679.

167 Choi NH, Kim JG, Yang DJ et al. Age-related changes in drosophila midgut are associated with pvf2, a pdgf/vegf-like growth factor. Aging Cell, 2008, **7(3)**: 318-334.

168 Biteau B, Hochmuth CE & Jasper H. Jnk activity in somatic stem cells causes loss of tissue homeostasis in the aging drosophila gut. Cell Stem Cell, 2008, **3(4)**: 442-455.

169 Amcheslavsky A, Jiang J & Ip YT. Tissue damage-induced intestinal stem cell division in drosophila. Cell Stem Cell, 2009, **4(1)**: 49-61.

170 Nateri AS, Spencer-Dene B & Behrens A. Interaction of phosphorylated c-jun with tcf4 regulates intestinal cancer development. Nature, 2005, **437(7056)**: 281-285.

171 Vogelstein B, Papadopoulos N, Velculescu VE et al. Cancer genome landscapes. Science, 2013, **339(6127)**: 1546-1558.

172 Drost J, Van Jaarsveld RH, Ponsioen B et al. Sequential cancer mutations in cultured human intestinal stem cells. Nature, 2015, **521(7550)**: 43-47.

173 Matano M, Date S, Shimokawa M et al. Modeling colorectal cancer using crispr-cas9-mediated engineering of human intestinal organoids. Nat Med, 2015, **21(3)**: 256-262.

174 Cancer Genome Atlas N. Comprehensive molecular characterization of human colon and rectal cancer. Nature, 2012, **487(7407)**: 330-337.

175 Dow LE, O'rourke KP, Simon J et al. Apc restoration promotes cellular differentiation and reestablishes crypt homeostasis in colorectal cancer. Cell, 2015, **161(7)**: 1539-1552.

176 Collu GM, Hidalgo-Sastre A & Brennan K. Wnt-notch signalling crosstalk in development and disease. Cell Mol Life Sci, 2014, **71(18)**: 3553-3567.

177 Beumer J, Clevers H. Regulation and plasticity of intestinal stem cells during homeostasis and regeneration. Development, 2016, **143(20)**: 3639-3649.

178 Spit M, Koo BK & Maurice MM. Tales from the crypt: intestinal niche signals in tissue renewal, plasticity and cancer. Open Biol, 2018, **8(9)**: 180120.

邓寒松　马　朋

第9章 肝干细胞和肝再生

9.1 概　述

肝是哺乳动物组织或器官中具有较强再生能力的组织之一。肝细胞在正常情况下很少分裂，而在物理、化学、感染或缺血性损伤下肝具有强大的再生能力。这种肝再生的现象早在古希腊"普罗米修斯盗火受噬肝之罚"的神话故事中就已被世人所熟悉。研究发现，任何哺乳动物即使切除 75%的肝后仍能存活。因此，开展肝再生研究通常采用 2/3 肝切术作为急性肝损伤模型，肝切后剩余的肝细胞迅速增殖并能在一周内恢复到原始数量，而肝组织也可在 2~3 周内恢复到原始重量，连续肝切后的肝还能继续完成数次增殖过程。基于肝的这种再生能力，人们普遍认为肝内存在着干细胞。然而，即使经过长期的研究，人们对肝干细胞的定义仍然没有统一的结论，不同类型的细胞都曾当作肝干细胞来研究 [1]。目前至少有 6 种类型的细胞被认为是可能的肝干细胞：①胚胎肝形成过程中能分化为肝细胞和胆管上皮细胞的胚胎肝干细胞；②成体肝内负责肝细胞和胆管上皮细胞正常更替的肝干细胞；③体外诱导后可分化为具有肝细胞和胆管上皮细胞表型的细胞；④急性肝损伤如肝切后完成肝再生的肝实质细胞；⑤肝内保留的肝再生相关前体细胞，如卵圆细胞；⑥移植后可实现肝再殖的各种细胞。虽然没有统一的定义，但在以往的研究中，这些关于肝干细胞的定义仍然适用于每个特定的实验条件。

随着肝干细胞临床应用研究的开展，这些细胞有望在将来成为治疗肝疾病和制备人工肝器官取之不尽的细胞资源。在一些肝疾病的治疗中，肝干细胞还有可能直接作为供体细胞进行移植。本章将介绍这些在再生医学中具有潜在应用价值的肝干细胞。因为肝干细胞的分化谱系决定还没有明确的限定，肝干细胞有时也被称为肝祖细胞或者肝前体细胞。另外，大家普遍讨论的肝干细胞主要是指存在于肝中两种上皮细胞即肝细胞和胆管上皮细胞的前体细胞。

另一方面，本章也将讨论两种不同概念的肝再生：急性和慢性肝再生。如上所述，动物模型经过标准肝切术导致急性损伤后，可发生肝的再生。然而，实际情况下病患的肝再生却是一个长期缓慢的过程，伴随着局部的细胞与细胞和细胞与病原体之间的相互作用、针对有毒化学物质引起细胞死亡的反应，以及肝组织微环境的免疫反应。对这种慢性肝再生的研究可能更适合于实际的临床应用。最后，本章还将结合体外获得的肝细胞如何开展体内功能分析和评价，讨论肝再殖的问题。

9.2　个体发育中的肝干细胞

同其他具有干性的细胞一样，肝干细胞也具有两个基本特性：自我更新的能力，以及分化为肝细胞或者胆管上皮细胞的能力。

9.2.1 胚胎时期的肝干细胞

在胚胎发育阶段，肝干细胞来源于内胚层干细胞。这些内胚层干细胞增殖迅速且可以分化为多种前体细胞，其中一些细胞逐步构建并参与肝组织的形成。他们被认为是内胚层中最原始的肝前体细胞。

小鼠实验胚胎学的研究表明，肝发育起始于胚胎第 8 天的腹侧前肠内胚层[2]。肝向分化的第一个信号是内胚层细胞中开始出现肝干细胞，它们不表达甲胎蛋白、不表达或低表达白蛋白[3]。在胚胎第 8.5 和 9.5 天之间，肝干细胞显著增殖。在第 9.5 天，这些细胞开始向位于横膈的心肌中胚层迁移[4]。受来自心肌中胚层的信号因子成纤维生长因子（fibroblast growth factor，FGF）家族及横膈间充质细胞分泌的骨形成蛋白（bone morphogenetic protein，BMP）的诱导，迁移细胞中白蛋白和甲胎蛋白的表达量增高，逐渐形成肝芽[5]。

至胚胎期第 10.5 天，随着肝细胞的大规模增殖，肝芽内开始形成血管。肝芽内的早期细胞大多数是白蛋白、甲胎蛋白及角蛋白 19（cytokerin-19，CK19）阳性的细胞，即肝祖细胞（Hepatoblast）。在妊娠中期，肝芽中出现进一步分化的肝细胞和胆管上皮细胞。虽然不同分化时期的肝干细胞谱系决定还没有研究透彻，但是普遍认为肝细胞和胆管细胞共同来源于肝祖细胞[2]。近期的研究也表明肝祖细胞可以保存下来存留在成体肝中，以备肝损伤后的修复。

通常可用细胞表面标志物来鉴定胎肝中的肝干细胞、祖细胞或肝前体细胞，例如，把表达神经细胞黏附分子（neuronal cell adhesion molecule，NCAM）、上皮细胞黏附分子（epithelial cell adhesion molecule，EpCAM）和封闭蛋白-3（claudin-3，CLDN-3）作为鉴定肝干细胞的关键标志物，这些标志物的组合可用来区分胎肝中的肝干细胞和肝前体细胞[6]。肝干细胞具有低表达或不表达白蛋白、不表达甲胎蛋白及成熟肝细胞特有蛋白的特性。同时，这个特性又有别于肝前体细胞和分化成熟的肝细胞。肝祖细胞被定义为部分分化的肝干细胞，它们高表达甲胎蛋白、白蛋白和 CK19，但是不表达肝成熟蛋白，也不表达 NCAM、CLDN-3。成熟肝细胞不表达 EpCAM、NCAM、CLDN-3、CK19 和甲胎蛋白，但是表达一些公认的成体特异性标志蛋白，如白蛋白、细胞色素 P4503A4、连接蛋白、磷酸烯醇或丙酮酸羧激酶及转铁蛋白。新近开展的单细胞 RNA 测序技术，也证实在胎儿和成体肝中都存在具有肝细胞和胆管细胞双向分化能力的肝干细胞群体[7]。

在一些研究中，利用 CD 家族的一些抗体结合流式细胞分选来鉴定肝干细胞，细胞分选后进一步在体外进行单细胞培养并开展细胞的鉴定。例如，在胚胎第 11.5 天，从小鼠胎肝分离表现为 $c\text{-}Met^+CD49f^{+/low}c\text{-}Kit^-CD45^-TER119^-$ 的肝干细胞[8]。也有报道将 $CD133^+$ 和 $Dlk\text{-}1^+$ 作为分离肝干细胞的标志物。无论是否采用 CD 家族作为分选标志，这些细胞都具有类似的特性，包括体外培养形成单克隆，以及培养后向肝内某些上皮样细胞、胰腺和胰岛细胞分化。

9.2.2　成体肝内的肝干细胞

　　早在 20 世纪初，就已经开始了关于成体肝干细胞的研究。曾经一度认为，成体肝内有一群干细胞或者肝前体细胞，它们可以分化为肝细胞和胆管上皮细胞，是参与急性肝损伤后肝修复的主要细胞来源。这些研究认为成体肝干细胞的候选细胞主要有两种：卵圆细胞和小肝实质细胞样前体细胞。这两种细胞可能都是肝干细胞的后代，并定位于肝板和胆管交界的 Hering 管（赫令管）的干细胞巢中（图 9-1）。然而，至今没有证据可以证明这些肝干细胞在急性肝损伤中被激活。主流观点认为，损伤后肝的再生是通过成熟肝细胞的增殖实现的 [9,10]。然而，一些实验表明在慢性肝损伤过程中确有肝干细胞的参与 [11-13]。

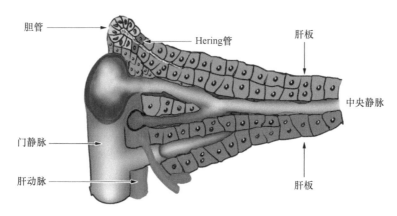

图 9-1　肝小叶窦状结构示意图

血流通过肝动脉分支和门静脉分支进入肝窦。肝板是门管区向中央静脉伸展的单层细胞。Hering 管（赫令管）是胆管上皮细胞与肝板延伸的最末端肝细胞的连接区域，被认为是肝干细胞巢和卵圆细胞起源的所在地

1. 卵圆细胞

　　卵圆细胞作为肝干细胞首先发现于用 2-乙酰氨基芴诱导的大鼠肝癌模型中 [14]。普遍认为卵圆细胞是一群小的上皮样细胞，它们可以大量增殖并参与肝损伤的修复。为了区别于其他成体肝细胞，根据这群细胞圆形的核及高核质比的特征，将它们命名为卵圆细胞。卵圆细胞的发现极大地推进了肝干细胞生物学及肝癌发生起源于肝干细胞的研究。目前已有多种研究卵圆细胞的动物模型（表 9-1）。通常采用化合物来诱导小鼠卵圆细胞，但小鼠和大鼠的卵圆细胞在形态上并不一致。小鼠的卵圆细胞没有圆形的核，它们有时也被称为非典型胆管增殖（atypical ductular proliferation，ADP）细胞 [16]。关于这群细胞出现在慢性肝损伤而非急性损伤中的机制也逐步明确。在化学诱导或病毒感染导致的慢性损伤中，成熟肝细胞发生死亡导致其增殖能力丧失，而成熟肝细胞的增殖在急性损伤如肝切后再生中发挥了巨大作用。胆管反应一般出现在这种诱导性慢性肝损伤中，卵圆细胞最初出现在 Hering 管。在这个特殊的区域，卵圆细胞靠近新生成的肝细胞和胆管上皮细胞。这就很容易理解，可能是卵圆细胞生成了这两种细胞。很多体外实验也证明了卵圆细胞可以向肝细胞和胆管细胞分化，表达它们特有的标志物 [17]。卵圆细胞也可能和

肝祖细胞有关，因为在卵圆细胞中表达很多肝祖细胞表达的特征蛋白，如肝细胞核因子（hepatocyte nuclear factor，HNF）、GATA 家族及 CAATP。与此同时，卵圆细胞也表达一些干细胞的标志物，如 c-Kit、CD34 及 Flt-3 受体。

表 9-1　大鼠和小鼠卵圆细胞的诱导模型

化学处理加实验手术的大鼠模型 [15]	化学处理加实验手术的小鼠模型 [16]
2-乙酰氨基芴（AAF）	双吖丙啶氧膦哌嗪
二乙基亚硝胺（DEN）	3,5-二乙氧甲酰-1,4-二氢三甲吡啶（DDC）
Solt-Farber 模型（DEN+AAF+肝切）	苯巴比妥+可卡因+肝切
改良 Solt-Farber 模型（AAF+肝切）	胆碱缺乏饮食+DL-乙硫氨酸
胆碱缺乏饮食+DL-乙硫氨酸	
D-氨基半乳糖+肝切	
毛果天芥菜碱+肝切	
倒千里光碱+肝切	

近几年随着对卵圆细胞关注度的提高，卵圆细胞的分选模型也逐渐成熟。卵圆细胞分选的方法目前主要有两大类 [18-23]：一类是直接利用表面标志物，如 OV6、CD133、EpCAM、MIC1-1C3 等；另一类就是应用转基因小鼠，应用干细胞标志基因（如 *Sox9*、*Foxl1*）并结合报告基因（*GFP* 或 *β-gal*）对细胞进行标记分选或开展细胞示踪技术。利用携带 Cre 重组酶和干细胞标志基因的转基因小鼠与携带报告基因的转基因小鼠杂交，Cre 酶诱导重组使表达干细胞标志基因的细胞同时携带报告基因，结合流式细胞术可分选出携带标志基因的卵圆细胞。例如，利用 Sox9 或 Foxl1 转录因子作为干细胞标志基因，分选的细胞通过体内和体外实验都证实了它们具有肝干细胞的特性，包括细胞发生在 Hering 管附近、具有较强的增殖能力、具有常用标志物的染色鉴定及分化能力等。这种以转基因小鼠为基础的示踪技术为成体肝干细胞的分选和鉴定提供了一个较好的研究方案，为将来深层次探索肝成体干细胞的发生打下了基础。然而，关于卵圆细胞的起源或者发生的研究仍然存在着许多难题，这是由于机体本身的复杂性或者模型缺乏等原因造成的。有一种观点认为可能由受损伤的肝细胞及星状细胞等产生的信号刺激了卵圆细胞的发生。

近年来的研究进展还包括肝细胞和胆管细胞之间的转换研究 [11-13]。例如，利用基因调控工具抑制小鼠肝细胞增殖的前提下，肝损伤过程中出现了来源于胆管上皮细胞（biliary epithelial cell，BEC）的肝干细胞样细胞，能分化为肝细胞从而参与损伤肝的再生。另一项研究发现在某种慢性损伤下成熟肝细胞发生"化生"现象，能去分化并获得胆管样肝前体细胞的特性，表达肝前体细胞和胆管相关的细胞表面标志物，具有分化为肝细胞修复损伤肝的能力。2018 年，国内谢渭芬实验室发现在特定慢性肝损伤过程中可出现少量来自胆管细胞并具有胆管细胞和肝细胞属性及形态特征的"双相细胞"（bi-phenotypic cell），这些胆管来源的"双相细胞"具有活跃的分裂增殖能力；进一步利用细胞谱系追踪技术证实胆管细胞在特定慢性损伤下可转分化为成熟的肝细胞。无独有偶，同期另一项研究也报道了在体内肝细胞可转分化为胆管细胞。

2. 小肝实质细胞样前体细胞

小肝实质细胞样前体细胞（small hepatocyte-like progenitor cell，SHLP）可能是肝前体细胞的另一个群体[24]。在倒千里光碱/肝切大鼠模型中，SHLP 的某些特征不同于其他模型诱导出的卵圆细胞。SHLP 同时表达胎肝细胞、成熟肝实质细胞和卵圆细胞的标志物。它们表达白蛋白和转铁蛋白，但却没有胆管的标志物，如谷胱甘肽转移酶和 BD.1（胆管上皮细胞膜蛋白），这说明它们只是肝实质细胞的前体细胞，而不是具有双分化潜能的肝前体细胞。SHLP 也有可能是慢性肝损伤中卵圆细胞的后代。

9.3 肝细胞的体外干细胞来源

从体外研究来看，目前存在着几种具有肝干细胞特征，即能形成肝细胞和胆管上皮细胞的干细胞类型。这些干细胞样细胞不仅可作为模型系统地研究肝干细胞的本质特性，还可用于研究肝向诱导分化的条件，从而为再生医学研究建立肝细胞获得的诱导方案（图 9-2）。

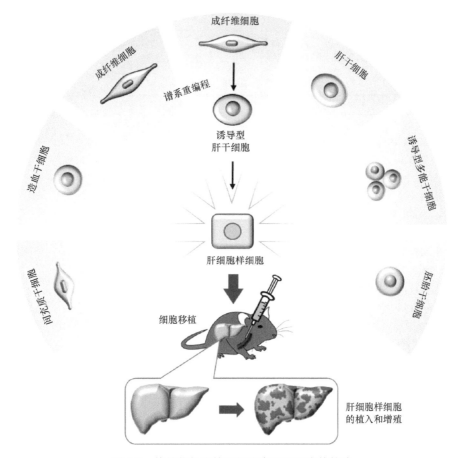

图 9-2　体外获得成熟肝细胞实现肝再生的策略

可实现肝再生的非供体肝细胞来源包括将胚胎干细胞、诱导性能干细胞、肝干细胞、造血干细胞、间充质干细胞等分化为肝细胞样细胞，或将成纤维细胞谱系重编程为肝细胞

9.3.1 胚胎干细胞和诱导性多能干细胞分化为肝细胞

哺乳动物的胚胎干细胞（embryonic stem cell，ESC）是源于囊胚期内细胞团的多能干细胞[25,26]。诱导性多能干细胞（induced pluripotent stem cell，iPS cell）最初是日本人山中申弥利用病毒载体将四个转录因子（Oct4、Sox2、Klf4 和 c-Myc）的组合转入分化的体细胞中，使其重编程而得到的类似胚胎干细胞的一种细胞类型。ESC 和 iPSC 在诱导条件下能够分化为包括生殖细胞在内的几乎所有细胞类型，包括肝细胞。

1. 小鼠 ESC 或 iPSC 分化为肝细胞

胚胎期肝的发育需要间充质细胞、内皮细胞等各种中胚层细胞分泌的细胞因子和信号转导，这种协同诱导方式在体外很难模拟，所以早期诱导 ESC 分化为肝细胞的研究都是从拟胚体（embryoid body，EB）开始[27-31]。拟胚体是在一定条件下胚胎干细胞自发形成的类似早期胚胎的球体，其三胚层的形成与分化基本模拟了体内胚胎早期发育中组织细胞分化的过程。随着培养时间的增加，具有内胚层和肝特性的细胞可在 EB 中发现，这些细胞表达定型内胚层或肝细胞的标志物[27-31]（表 9-2）。拟胚体的自分化可以启动 ESC 向肝细胞的分化，但由于自分化过程中掺杂着很多其他胚层的细胞，拟胚体分化为肝细胞的效率很低，且向肝细胞的分化也是不可控制的。

表 9-2 胚胎干细胞肝向分化指标

I. 胚胎干细胞肝向分化标志物	II. 干细胞诱导的肝细胞样细胞体外功能分析
1-抗胰蛋白酶（AAT）	尿素合成分析
甲胎蛋白（AFP）	7-苄氧基试卤灵分析
白蛋白（ALB）	α-低密度脂蛋白摄取
醛缩酶 B	过碘酸-希夫糖原染色分析
载脂蛋白 A1	吲哚菁绿摄取分析
载脂蛋白 A2	三酰甘油合成分析
载脂蛋白 E（ApoE）	葡萄糖-6-磷酸酶活性
唾液酸糖蛋白受体 1（Asgr1）	
细胞角蛋白 8（CK8）	
细胞角蛋白 18（CK18）	
细胞角蛋白 19（CK19）	
补体 C3（C3）	
细胞色素 P450（P450）	
氨甲酰磷酸合成酶 I（CPSase I）	
二肽基肽酶 IV（DPP IV）	
1-抗胰蛋白酶（AAT）	
葡萄糖-6-磷酸酶（G-6-P）	
谷胱甘肽 S-转移酶（GST）	
肝细胞核因子 3（HNF3）	
肝细胞核因子 3（HNF3）	
肝细胞核因子 3（HNF3）	

续表

I. 胚胎干细胞肝向分化标志物	II. 干细胞诱导的肝细胞样细胞体外功能分析
肝细胞核因子 4（HNF4）	
肝特异性有机阴离子转运载体 1（LST-1）	
N-系统氨基酸转运体（NAT）	
磷酸烯醇式丙酮酸羧激酶（PEPCK）	
过氧化物酶体膜蛋白 1 样蛋白（PXMPL-L）	
苯丙氨酸羟化酶（PAH）	
转录因子 Sox 17	
甲状腺素运载蛋白（TTR）	
转录因子 GATA 4	
酪氨酸转氨酶（TAT）	
色氨酸 2,3-二加氧酶（TDO）	
转铁蛋白（TFN）	

后续的研究考虑在 EB 形成后添加已知的肝细胞持续分化所需的生长因子，包括成纤维细胞生长因子 1（FGF-1）、成纤维细胞生长因子 2（FGF-2）、肝细胞生长因子（HGF）、抑瘤素 M 和胰岛素。2001 年首次有报道采取细胞因子分阶段加入的诱导方法，并与拟胚体自发分化相比较。将 EB 接种在铺有 I 型胶原包被的培养板上，陆续加入 FGF-1 为早期诱导因子、HGF 为中期诱导因子，以及 OSM、Dex、ITS 为晚期诱导因子。分析结果表明，不添加胶原和细胞因子的对照组未检测到葡萄糖-6-磷酸酶（glucose 6 phosphatase，G-6-P）和酪氨酸转氨酶（tyrosine aminotransferase，TAT）两种成熟肝细胞标志基因的表达，而实验组则恰恰相反，同时实验组中 Alb 的表达也明显提高，这说明肝细胞的成熟需要细胞因子的诱导。还有报道将 ESC 分化因子维甲酸用于 ESC 分化的早期阶段[32,33]。与其他方法诱导产生的白蛋白或甲胎蛋白阳性细胞相比，这种方法能诱导产生更多的白蛋白[33]或甲胎蛋白[32]阳性细胞。但是这些报道没有解释表达白蛋白和甲胎蛋白的细胞是否源于肝细胞或来自原始内胚层和内脏内胚层细胞，因为白蛋白和甲胎蛋白不是 ESC 诱导分化的早期肝细胞的特异性标志物。

接着，多篇文章报道 Activin A 可直接诱导小鼠或人 ESC 向定型内胚层分化，并且不需要 EB 的形成。Activin A 作为调控因子最早发现在非洲爪蟾胚胎发育中具有诱导定型内胚层的作用[34,35]。由此形成了另一种分化模式，即直接将 ESC 单层贴壁培养在基质胶上，加入各种生长因子或化合物促使 ESC 向肝细胞分化，简称单层培养法（monolayer）[36]。首先利用无血清和 Activin A 诱导方法，单层培养的 ESC 逐渐转变为上皮样细胞形态，同时表达 GSC、ECD 和 Sox17，确定为定型内胚层细胞，然后添加决定肝向发育的生长因子即可诱导内胚层细胞分化为肝细胞。这些研究表明 ESC 的肝向诱导分化是一个可控的过程，要么全程需要短期的 EB 形成，要么完全不需要 EB 形成。

2. 人 ESC 或 iPSC 分化为肝细胞

在人 ESC 肝向分化研究方面[37-42]，2006 年报道了由人胚胎干细胞分化为定型内胚层的方法。利用 Activin A 和低浓度血清培养单层贴壁的人 ESC，诱导分化得到 80% 的内胚层细胞，脏壁内胚层和中胚层特征基因的表达量很低，表明该方法可以高效诱导定型内胚层细胞。后续工作都利用了上述内胚层诱导的方法，并且进一步将内胚层分化为肝细胞。例如，在诱导获得内胚层细胞后，添加生长因子 FGF4 和 BMP4 诱导定型内胚层细胞分化为表达白蛋白的肝祖细胞，继续加入 HGF、OSM 和 Dex 诱导肝祖细胞分化为成熟肝细胞。获得的肝细胞具有储存糖原、吞噬靛青绿及分泌白蛋白等活性，并且可以整合在 CCl₄ 损伤小鼠肝肝板结构中。这些结果表明，人胚胎干细胞可以分化为功能性的肝细胞。

近年来，随着人 iPSC 系的建立，研究已经表明人 iPSC 具有与 ESC 相似的肝向分化潜能 [43-45]。基于 ESC 肝向分化研究的长期积累，以及 iPSC 来源广泛且具有无限的自我更新能力，经 iPSC 肝向分化为具有肝再殖能力的肝样细胞无疑将成为肝细胞移植最主要的细胞来源之一。然而，与 ESC 研究一样，如何高效地将 iPSC 诱导分化为肝细胞仍然是一个难点，分化不完全导致的成瘤风险是开展细胞治疗安全性评价首要解决的问题。

3. ESC 或 iPSC 肝向分化细胞的分选或富集

由于肝向诱导的复杂性和非同步性，ESC 肝向诱导分化的细胞是一个混合的细胞群体，其中既包括不同分化阶段的肝向细胞，如肝前体细胞、成熟的肝细胞等，也可能包括同胚层或不同胚层的其他方向的分化细胞，真正具有肝细胞功能的细胞可能只是其中一部分。无论是为了更好地研究肝向诱导细胞的特性及其体内功能，还是从将来的临床应用角度考虑，都有必要对这个混合群体的细胞进行鉴定分离。部分研究采用肝特异基因启动子驱动的报告基因来分离这群细胞，这些基因包括 *Afp*、*Foxa2*、*Alb*、*Ttr* 等。然而很多基因（如 *Alb*、*Foxa2*、*Ttr* 等）持续表达于肝发育的各个时期（胎肝期、新生期及成体肝等），利用它们分离的肝样细胞仍然是不均一的。另一方面，考虑到潜在的临床应用，这种分离方案显然不适用于分离未经遗传修饰的 ESC 或 iPSC 的肝向分化细胞。有报道利用去唾液酸糖蛋白受体（asialoglycoprotein receptor，ASGPR）分离野生型人 ESC 分化的肝样细胞，ASGPR 表达于成熟肝细胞的表面，因此可作为表面标志物分离肝向分化细胞中的成熟肝细胞 [46]。高绍荣课题组也开展了鉴定和分离野生型 ESC 分化为具有肝再殖能力的肝前体细胞的研究 [47]。以无血清单层培养系统为基础建立了一套优化的小鼠 ESC 肝向分化技术体系，发现肝向分化的 c-Kit⁻EpCAM⁺ 细胞具有与肝祖细胞相似的形态和特征基因的表达，经移植到肝损伤模型——延胡索酰乙酰乙酸水解酶（fumarylacetoacetate hydrolase，Fah）基因剔除小鼠肝后能够发生显著再殖且无肿瘤发生。从临床安全应用的角度来说，ESC 或 iPSC 向肝细胞的成熟诱导分化方案和肝向分化细胞的分选策略还需要进一步优化。

4. ESC 或 iPSC 肝向分化细胞的体外和体内功能

鉴定 ESC 或 iPSC 分化的肝细胞功能的体外方法，包括检测尿素 [27,48] 和三酰甘油 [48] 的合成能力、吲哚绿的摄入 [30]、葡萄糖储存、氨清除的代谢活性和药物代谢能力 [49] 等

（表 9-2）。体内功能的测试可通过将分化的肝细胞移植到肝损伤的肝模型进行。许多研究指出 ESC 诱导的肝细胞可植入到损伤小鼠的肝，然而植入细胞并无明显的增殖，导致肝的再殖效率较低（<10%），这一方面可能是由于移植的细胞是未经分离的混和群体，另一方面可能与所用实验动物模型本身不合适有关 [50,51]。在编者的一项工作中 [52]，利用白蛋白启动子驱动 GFP 报告基因的 ESC，应用上述肝向诱导方案，获得白蛋白表达阳性的肝向分化细胞，经移植肝损伤模型——*Fah* 基因剔除小鼠，结果表明肝再殖效率仍然低下，最高在 10% 左右。然而，将发生了肝再殖小鼠的肝细胞灌注分离（包含了 ESC 诱导的肝向分化细胞），再次移植 Fah 小鼠后肝的再殖程度明显增加，可达到 20%~30%，且移植小鼠的肝功能明显好转，小鼠得以存活。这一研究利用序列移植的方式首次在体内充分证明了 ESC 分化的肝细胞具有正常肝细胞的代谢功能，也进一步说明 ESC 分化的肝细胞包括不同分化阶段的肝向分化细胞，通过序列移植可能起到了富集那些真正具有肝再殖能力细胞的作用。

9.3.2　造血系统来源干细胞的肝向分化

1. 间充质干细胞分化的肝细胞

　　间充质干细胞（mesenchymal stem cell，MSC）来源于骨髓、脐带血和脂肪组织等，一般可以增殖分裂 15~50 次。在不同的诱导条件下，MSC 可以分化成多种三个胚层来源的细胞 [53]，包括肝细胞样细胞 [54]。MSC 来源的肝细胞样细胞具有部分的肝细胞表型，并表达肝细胞特征蛋白。然而，关于 MSC 移植后是否具有向肝细胞分化的能力，学界观点并不一致。一些研究认为 MSC 分化为肝细胞是疗效的关键。MSC 移植后能分化为肝细胞，从而改善急慢性肝衰竭动物的肝功能。MSC 和原代肝细胞共培养可以诱导 MSC 分化成肝细胞，移植后能减轻宿主的肝纤维化。但是，近年来大量研究指出 MSC 主要是通过调节免疫反应发挥作用。肝是一个免疫复杂的器官，炎症是不同肝病的最典型特征之一。研究表明，MSC 可以通过刺激免疫细胞来调节细胞因子分泌，从而调节固有免疫和适应性免疫应答。例如，MSC 来源的 IL-6 和 HGF 可抑制单核细胞向树突状细胞转化，从而抑制炎症反应。

2. 造血干细胞分化的肝细胞

　　当肝受损时，造血干细胞（hematopoietic stem cell，HSC）可被动员进入外周血循环。有报道指出，移植的 HSC 能在肝损伤动物模型中修复受损肝，HSC 可作为体外获得肝细胞的来源 [55,56]。然而，关于 HSC 转分化为肝细胞的潜力仍存争议。有研究指出，HSC 移植后产生的功能性肝细胞不是由 HSC 分化而来，而是由 HSC 与宿主肝细胞融合产生的 [57-59]。

9.3.3　成纤维细胞直接重编程为肝细胞

　　细胞的直接重编程是指将一种成熟分化的细胞不经过多能干细胞步骤和去分化、再分化等过程，直接转分化为另一种成熟分化的细胞。这种方式不涉及伦理和法律问题，也不需要经过将体细胞重编程为胚胎干细胞样细胞、再由胚胎干细胞样细胞分化为另一种成熟分化细胞的复杂环节,避免了细胞获得性免疫原性的问题。理论上来说,这种避免经过多能干细胞阶段、直接重编程而来的细胞可能为将来的移植治疗提供更为安全的细胞,也可以减少肿瘤形成的危险。

2011 年,惠利健实验室在 *Nature* 杂志发表研究成果[60],通过转导表达 Gata4、Hnf1a 和 Foxa3 三个转录因子并抑制细胞周期抑制因子 p19Arf 的活性,成功地将小鼠尾成纤维细胞直接重编程为功能性肝细胞(induced hepatocyte-like cell,iHep)。iHep 细胞具有和体内肝细胞类似的上皮细胞形态、基因表达谱,且获得了肝细胞的功能,如肝糖原积累、乙酰化低密度脂蛋白的转运、药物代谢和吲哚绿的吸收等。值得一提的是,将 iHep 细胞移植到模拟人类酪氨酸代谢缺陷疾病的小鼠(即 Fah⁻/⁻ 小鼠)后,iHep 细胞可像正常肝细胞一样,在移植的肝中增殖,重建受体小鼠的肝。小鼠的总胆红素、转氨酶、酪氨酸等肝功能指标出现明显好转,近半数的小鼠得以存活。2014 年该实验室又在 *Cell Stem Cell* 杂志发表研究成果[61],通过导入肝转录因子 FOXA3、HNF1A 和 HNF4A,实现了将人成纤维细胞谱系重编程为肝细胞。这种转化型肝细胞的获得具有开创性的意义,除了在肝细胞移植方面的临床应用前景外,转化型肝细胞在制药工业相关的药物代谢和药物毒理研究,以及肝疾病机制研究领域中也具有广泛的应用前景。另外,鉴于成熟肝细胞在体外难以扩增,而肝干细胞具有自我更新能力和分化为肝细胞及胆管细胞的双向分化潜能,能为肝细胞移植治疗提供理论上无限数目的供体细胞。2013 年,胡以平实验室在 *Cell Stem Cell* 杂志发表工作[62],证明通过导入肝转录因子 Hnf1β 和 Foxa3 可以实现小鼠成纤维细胞向肝干细胞分化的重编程,并证明通过这种重编程方法所产生的肝干细胞(induced hepatic stem cell,iHepSC)具有与活体内自然存在的肝干细胞相似的生物学特性,诱导的肝干细胞可以在体内、外分化为成熟的肝细胞和胆管上皮细胞(以上三项工作,编者均为主要完成人之一)。

谱系重编程不仅解决了肝细胞来源的问题,也避免了 ESC/iPSC 应用中的伦理问题、免疫排斥及致瘤风险。因此,通过谱系重编程获得肝细胞或肝干细胞是获得非供体肝细胞来源的一种很有前景的方案。

9.3.4 原代肝细胞的体外培养

肝是哺乳动物再生能力较强的器官之一,在编者实验室 2014 年发表的研究中,即使小鼠肝细胞经历 12 次以上的连续移植,原代肝细胞至少分裂 129 次,其增殖能力仍没有减低的现象,还能完全再殖受体肝[63]。成熟肝细胞表现的这种惊人的增殖能力,具备了"干细胞样"基本特征。细胞可塑性在肝再生中扮演着非常重要的作用。2015 年,Markus Grompe 实验室证明肝细胞在慢性损伤模型中可以发生"化生"(metaplasia)现象,也就是说在慢性损伤小鼠中,肝细胞能够被重编程,从而具有了"胆管样前体细胞"特征,这群细胞具有增殖能力及双向分化潜能等典型的肝前体细胞特性;同时它们表现为具有细胞"记忆",能更容易地分化为肝细胞[11]。在慢性肝病病人的肝中同样也存在类似状态的、具有肝前体细胞特征的肝细胞。因此,研究者们一直希望能够在体外利用肝细胞的这种可塑性获得大量有功能、具有扩增特性的人肝细胞，从而彻底解决人肝细胞来源短缺的问题。2017 年，相继有实验室报道了利用去分化为肝前体细胞状态的方法建立了体外培养大鼠和小鼠肝细胞的培养系统，并且证实了增殖的啮齿类肝细胞具有很好的肝整合能力 [64,65]。

2018 年，鄢和新/何志颖实验室实现了人原代肝细胞体外扩增培养 [66]。通过改良的小分子重编程培养体系可实现人类原代肝细胞向肝前体样细胞的转化和扩增，并且这种无任何外源基因导入的原代肝细胞来源的肝前体样细胞（hepatocyte-derived liver progenitor-like cell，HepLPC）能快速分化为功能性肝细胞，实现"hepatocyte-HepLPC"之间的可逆转化。几乎同时，惠利健实验室也发表论文 [67]，通过建立一套全新的人肝细胞体外培养系统，实现了人肝细胞的体外扩增，并证明了增殖的肝细胞，其体内功能与人原代肝细胞接近，从而有效地解决了人肝实质细胞的来源问题，将为体外肝疾病的模型构建和药物筛选提供理想的研究模型。

9.4　肝　再　生

目前对肝再生的认识包括三种类型：①正常条件下肝组织的再生与更新；②急性肝损伤后的肝再生；③慢性肝损伤下依赖前体细胞的肝再生。在所有这些肝再生过程中，关于肝干细胞如何参与其中尚未完全了解，对肝再生过程中肝干细胞的特性分析将有助于其在临床治疗上的应用。

9.4.1　正常条件下的肝组织更新

成体肝细胞的平均寿命是 200~300 天，随后被新的肝细胞所替代 [68]。曾经以经典的"肝流"模型作为描述正常肝组织更新的一种可能机制 [69]。采用 ^{3}H-TdR 对大鼠肝中肝细胞进行标记，通过肝组织切片放射自显影的方法，在标记后的不同时间点对标记细胞进行连续的动态分析，发现标记肝细胞最初出现在肝板的外周区域（Zone 1），到第 5 周时便可出现在肝板中靠近中央静脉的中心区域（Zone 3）。这种"流动"与肝中主要的血流一致，从门静脉到中央静脉。这一观点认为在门静脉附近出现的年轻肝细胞可能来自于干细胞，然后从门静脉到中央静脉在 Zone 1、2 中迁移，基因表达模式也支持这种肝中肝细胞的缓慢更新特性（图 9-3）。这种"流动"被认为是一种典型的成体肝谱系发育过程。同时，肝细胞的倍型和体积从门静脉到中央静脉的肝区域也表现出一定梯度：中央静脉区的肝细胞比门管区的体积要大，而且具有更多的倍型。

然而，近来的研究已经表明成体动物正常的肝更新是由原位的肝细胞分裂完成的，正常肝的更新与肝干细胞无关 [70,71]。上述 "流动"的细胞和相关的基因表达模式可能是因为肝中血液的流动导致。逆转录病毒标记的肝细胞实验结果支持这一理论，标记肝细胞形成的小克隆保持基本的一致性，并且向四周均匀分散而不是梯度分布 [71]。更为确定的是，Holger Willenbring 实验室证明了在生理状态和一些损伤情况下，肝的更新主要由肝细胞完成更替和修复。对肝细胞特异标记荧光或半乳糖苷酶

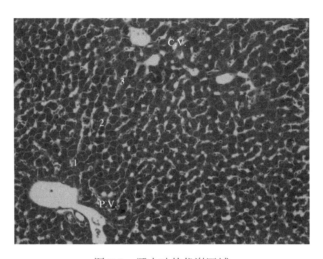

图 9-3　肝小叶的代谢区域

小鼠肝一个组织学区域的 HE 染色。血流从门静脉（p. v.）经过区域 1、2 和 3 到达中央静脉（c. v.）

（β-gal），然后分别在生理状态下的 24 周，以及急、慢性四氯化碳损伤、2/3 肝切、胆管结扎、DDC 饲喂后观察标记肝细胞的贡献。结果显示，无论是肝细胞的正常更替还是损伤修复，都主要由肝细胞自身完成。值得注意的是，在其中一些损伤模型中，有 1% 左右的肝细胞是没有被标记的，提示了有其他非肝细胞来源的细胞也参与了肝细胞的修复。无独有偶，Ben Stanger 实验室采用类似的方案，在 DDC、CDE、四氯化碳及 ANIT 损伤模型中也得到了类似的结论（肝细胞的正常更替和损伤修复主要来自肝细胞的分裂）。

9.4.2　急性肝损伤后的肝再生

肝在损伤后有很强的再生能力，研究肝再生的动物模型包括肝切和门管结扎在内的手术模型、使用不同肝毒性药物的药物模型，以及先天性肝损伤模型（如遗传型肝代谢或解剖学缺陷等）[72]。目前对急性损伤后肝再生的理解大部分来自于手术和药物模型，而先天性肝损伤模型提供了慢性损伤后肝再生的宝贵信息。

Higgins 和 Anderson 建立了经典的 2/3 大鼠肝切模型 [73]，描述了包括左叶和右叶在内的 70% 肝切除的大鼠在大约 3 天时间内恢复到原始的肝重。严格来讲，再生是一个生物学的误称，因为切除的肝叶并没有长回来，肝重量的恢复是通过剩余肝叶的代偿性增生来完成的。有意思的是，即使是重复肝切，当肝重量恢复到原始重量后就停止增长了，这明确表明肝再生是严格生物学控制下高度协调的过程。

肝切后的肝再生过程分为三个阶段：起始、增殖、终止。起始阶段发生在肝切后 4h 内，在消化道来源的细胞因子刺激下，损伤的肝实质细胞和非实质细胞释放 TNF-α、IL-6 和 NO，启动静息状态肝细胞的活化。活化的肝细胞表达一系列包括 c-fos、c-myc、c-jun、NF-κB、STAT3、AP-1 和 C/EBP 在内的早期基因 [27,68]。这些转录因子的表达又继续活化包括生长因子和受体基因在内的多个基因，使启动的肝细胞具有分裂复制的活性。在增殖阶段，启动肝细胞接受有丝分裂原（如 HGF、TGF-a、EGF），以及能激活细胞周期蛋白和细胞周期蛋白依赖激酶的辅助有丝分裂原（如去甲肾上腺素和胰岛素）的刺激而增殖扩增[68]。肝细胞 DNA 的合成在肝切 12~16 h 开始，在 24~48 h 达到高峰；有丝分裂在术后 6~8 h 开始，48 h 达到最大值[74]。尽管大量的生长因子参与肝再生的调控，但主要涉及两个受体-配体和生长因子信号系统：肝细胞生长因子及其受体（Met），表皮生长因子受体和它庞大的配体家族及其辅受体[75,76]。在终止阶段，停止信号使再生的肝保持在合适的、有功能的大小。对于肝重恢复后肝细胞增殖停止的机制，目前所知不多。尽管感知整体肝大小的外源因子（内分泌、旁分泌或自分泌）尚不了解，但发现了一些相关的细胞间信号[77,78]。例如，有证据表明，TNF-α 在肝再生的终止中起重要作用，TGF-β 可抑制再生肝细胞的 DNA 合成。也有研究提示，包括 FXR 在内的核受体可响应血胆汁酸水平变化从而调控肝的生长。另一方面，哺乳动物中类似于果蝇的 Hippo 激酶信号级联的基因也能控制肝细胞增殖，在果蝇的发育过程中 Hippo 激酶信号级联能调节翅膀的重量。哺乳动物中的 *YAP* 基因对应于果蝇 Hippo 激酶信号级联中最后一个基因——*Yorki*，当 *YAP* 基因在转基因小鼠模型中过表达时，肝细胞的增殖不受控制，从而产生过度的肝畸形增生或形成肝癌。当 *YAP* 基因过表达被关闭或阻遏，肝大小又恢复正常。因此，Hippo 激酶信号通路在控制肝大小方面起着决定性的作用，而这些细胞间信号是否与前体细胞依赖的肝再生或植入相关目前尚不清楚。新近的研究还显示，激活的肝星状细胞（hepatic stellate cell，HSC）分泌的细胞外基质和生长因子促进了肝实质细胞在肝再生中的快速分裂与增殖[79]。例如，HSC 表达的 TNF 受体超家族成员之一的神经营养因子受体 p75NTR 就是肝修复中的一个调节因子[80,81]。

需要提及的是，尽管手术后 3 天肝重恢复，但是此时的肝组织结构与正常肝有很大区别，表现为 12~15 个细胞的无窦状隙且胞外基质很少的肝细胞群，然后星状细胞开始迁移进入细胞群，新的窦状脉管系统开始形成。直到手术后 7~10 天，肝的正常组织结构才能重新建立[74,82]。

9.4.3 慢性损伤下依赖前体细胞的肝再生

在 Higgins 和 Anderson 的肝切模型中，肝再生的过程几乎完全依靠肝实质细胞。完全分化的肝细胞由于保留着多次分裂的能力而被认为是一种功能性的干细胞，即使这种能力会随着细胞的衰老而消退[83]。然而，肝细胞并不是唯一能进行肝再生的细胞类型，利用肝癌诱导剂 2-乙酰氨基芴（2-acetylaminofluorene，AAF）抑制肝细胞增殖的大鼠肝切模型就能很清楚地证明这一点[84]。在使用 AAF 的情况下，卵圆细胞替代肝细胞被激活并增殖[83]。也就是说，无论是温和的还是剧烈的肝损伤（如大鼠的 2/3 肝切术），分化的肝细胞都发挥了功能性肝干细胞的作用，而前体细胞（如卵圆细胞）则仅在肝细胞受到毒性物质（如 AAF）的抑制而不能增殖的时候才发挥作用。这两个独立的再生机制也可从其他的肝损伤模型及最近有关人的临床病理研究中得到印证。

与急性损伤相比，对长期慢性肝损伤中发生的肝再生的研究还很少。来自动物模型和人的研究提示，肝细胞与前体细胞都发挥作用。在慢性肝病中可见增殖分裂活跃的肝细胞数目有所增加[85,86]。同样的，也发现了与前体细胞活化和增殖相关的胆管反应[87]。

此外，前体细胞的反应与慢性肝损伤的强度具有紧密的联系[88]。有证据表明，在慢性损伤的肝中，肝再生的过程被延迟甚至是被抑制，这种延迟和抑制涉及细胞周期的阻滞[89]。慢性损伤中的肝再生往往也伴随着肝硬化和肝细胞癌[90]。这些过程中的分子机制仍在研究当中。

9.4.4　与临床密切相关的肝再生

以上关于肝再生基础研究的讨论，主要是在实验条件充分设定的理想前提下进行的，对慢性肝损伤下的肝再生只是进行了简单的推论性处理。

（1）认为实际体内慢性损伤产生的肝再生，是急性肝切除产生损伤的小规模反应的缩影，推论认为小规模肝损伤沿用 2/3 肝切除模型中的共同机制。例如，实际情况中没有达到 2/3 肝组织去除，小于 2/3 肝组织去除可以是 1/3，或 1/30、1/300、1/3000 等等。但是，实际情形下的肝慢性损伤，不能类比于将病人一块肝组织切除带来的损伤。因此，慢性损伤产生的肝再生是否完全等同于 2/3 肝切除模型中的情形，仍有待于研究。

（2）认为实际体内慢性损伤产生的肝再生，如果肝内肝实质细胞全部丧失增殖再生能力后，则全部由肝内的干细胞如卵圆细胞来承担，这种认识忽视了其他可能的机制。

（3）只有在与癌变有关的异常再生时，才提到炎症反应和免疫系统活动与肝再生的关系。事实上，任何肝再生过程都与炎症反应和免疫系统活动息息相关，微环境中细胞与细胞相互作用可能对肝再生起到更大的作用，这些作用都有待于在将来的研究中得以澄清阐明。

对于与临床直接相关的肝再生研究起步较晚，只有在肝再生基础理论知识不断积累的过程中，进一步认识临床相关的肝再生机制，才能在应用肝干细胞治疗临床肝再生相关疾病方面实现突破。

9.5　肝　再　殖

肝再殖是肝中肝细胞被显著替换的过程，是肝细胞在受体肝中的有意义植入的现象，即肝细胞及其所增殖的子代细胞能够稳定地参与肝板的结构组成，并能正常地发挥肝细胞的生理功能。肝再殖是以肝具有再生能力为前提的。再殖之所以能够发生是因为肝所具有的独特的再生功能，使无论是肝内源的得到基因修复的肝实质细胞，还是移植入肝的外源或异体肝实质细胞，在肝再生的激活状态下连续增殖、有序植入肝板的结构，相当于一种特殊的、以肝实质细胞为主的"再生"。当供体细胞通过门静脉或脾脏移植受体后，它们能随着门静脉的血流移行入肝。在特定的实验条件下，供体肝细胞最多能替换内源肝细胞的 90%（或超过 50% 的肝重量）[91]。在这种情况下，肝的再殖过程类似于接受致死放射剂量的受体进行骨髓移植、受体的造血系统被扩增后的供体骨髓所替换。然而，通常条件下细胞移植的再殖效率不到 1%。尽管移植的肝细胞能够植入受体肝，但是通过肝细胞移植来达到预期的治疗性肝再殖仍然难以实现。

肝再殖对于当前的再生医学有着特殊的重要性。原位肝移植是晚期肝病治疗唯一有效的治疗手段。然而，由于供体肝的缺乏，大部分晚期肝病病人等不到合适的供体。近20 年来，肝细胞移植被认为是替代全肝移植来治疗一些肝病的重要策略[92]，已经成功实施的部分案例更突出了其潜在的应用价值[92]。对家族性高胆固醇血症的体外基因治疗，是首次应用肝细胞移植治疗人类遗传性肝代谢紊乱性疾病的成功案例[93]。很多研究通过移植同基因型肝细胞来纠正一些代谢紊乱疾病如鸟氨酸转移酶（ornithine transcarbamylase，OTC）缺乏症、α1-抗胰蛋白酶缺乏症、Ia 型糖原贮积症、幼儿雷夫叙姆病及 I 型克纳综合征。不过，肝细胞移植目前还处于实验阶段，肝细胞移植后治疗性的肝再殖仍难以达到。总的来说，一方面是可用的供体肝细胞有限；另一方面是移植细胞难以在受体肝中扩增并达到治疗性肝再殖。发展促进移植细胞增殖的技术方案，才能使肝细胞移植真正达到临床应用的目标。

9.5.1　肝细胞移植分析的动物模型

通过对基因表达的特定改造或使用化学、手术等方法，已经建立一些能用于肝细胞移植和肝再殖研究的动物模型（表 9-3）。本文将讨论三种动物模型，由于较其他模型具有更好的实验操作性及对供体细胞有更强的选择压力，这三种模型比其他模型更为常用。

表 9-3　肝再殖的动物模型

基因修饰模型系统或条件处理模型系统[94-96]	选择性压力
白蛋白-尿激酶转基因小鼠	尿激酶介导的干细胞损伤
延胡索酰乙酰乙酸水解酶基因敲除小鼠	毒性的酪氨酸代谢产物累积
白蛋白-单纯疱疹病毒胸苷激酶转基因小鼠	单纯疱疹病毒胸苷激酶介导的更昔洛韦转化为毒性产物
Bcl2 表达的小鼠供体肝细胞	供体细胞抵抗 Fas 配体介导的凋亡
Cinnamon 大鼠（威尔逊病）	铜累积
倒千里光碱预处理大鼠/小鼠	倒千里光碱损伤受体肝细胞 DNA
射线照射大鼠	X 射线损伤受体肝细胞 DNA
野百合碱预处理大鼠/小鼠	野百合碱损伤受体肝细胞 DNA

1. 尿激酶纤维蛋白溶酶原激活剂转基因小鼠

白蛋白启动的尿激酶纤维蛋白溶酶原激活剂（albumin-urokinase plasminogen activator，Alb-uPA）转基因小鼠是第一种能实现肝再殖的动物模型[94]。在 uPA 转基因小鼠中，uPA 的表达受肝特异表达的白蛋白启动子的调控，肝细胞中 uPA 的表达会诱导细胞死亡。这种小鼠表现为肝细胞的急剧减少并伴随着肝坏死和炎症。大部分小鼠会死亡，但有一些则能存活，并有自体正常肝细胞增殖及形成的克隆样集落。这里的自体正常肝细胞是 uPA 转基因自发丢失的肝细胞，这些复原的肝细胞具有选择性生长优势，能在uPA 转基因小鼠肝中实现肝再殖。类似的，当从野生型小鼠肝中分离肝细胞移植入幼年uPA 小鼠时，这些供体细胞如内源恢复的肝细胞一样具有很强的选择性生长优势并再殖受体肝[97]。

2. 倒千里光碱处理的动物模型

通过使用与吡咯里西啶类生物碱结构相似的倒千里光碱可以阻断受体细胞的增殖能力[15]。倒千里光碱可被肝细胞选择性代谢为活化状态，并在肝细胞中将细胞 DNA 烷基化，导致肝细胞细胞周期阻滞在 G_2 期，从而停止增殖[98,99]。倒千里光碱处理的动物模型进行肝切后能诱导内源性小肝细胞样前体细胞的增殖[100]，通过移植供体细胞也能几乎完全再殖倒千里光碱处理加肝切的肝。将胆小管膜蛋白二肽肽酶 IV（dipeptidyl peptidase IV，DPP IV）表达阳性的大鼠肝细胞移植入不表达 DPP IV 酶活性的同品系突变大鼠脾脏。两个月内，在雌性受体大鼠中有 40%~60%肝细胞被移植细胞替换，而在雄鼠中受体的替换程度超过 95%。与大鼠实验中的发现相似，倒千里光碱处理加肝切的小鼠也表现出在肝再殖中具有对供体细胞的选择效果[96]。

3. 延胡索酰乙酰乙酸水解酶基因敲除小鼠

酪氨酸代谢酶延胡索酰乙酰乙酸水解酶基因敲除小鼠（Fah⁻/⁻小鼠）[1]是研究肝再殖的理想模型。人 *Fah* 基因缺失将导致肝肾性酪氨酸血症或 I 型遗传性高酪氨酸血症（hereditary tyrosinemia type 1，HT1）[101]。Fah⁻/⁻小鼠发展为严重的肝损伤，并导致小鼠死亡。这种由于 *Fah* 基因突变而导致的肝损伤，可通过使用 2-（2-硝基-4-三氟甲苯)-1，3 环己二酮[2-（2-nitro-4-trifluoro-methylbenzyol）-1，3 cyclohexanedione，NTBC]阻断酪氨酸代谢的下游途径而阻止[102]。在使用 NTBC 的前提下，Fah⁻/⁻小鼠能正常发育成熟并具有繁殖能力；停止使用 NTBC 后小鼠则发生肝衰竭，并在 4~6 周内死亡。当 Fah⁻/⁻小鼠接受同品系野生型小鼠肝细胞移植后，这些野生型细胞能迁移至肝并分裂增殖，直到超过 95%受体肝细胞被供体肝细胞替换[95]，再殖肝的小鼠恢复健康（图 9-4）。这些再殖的细胞还能通过序列移植的方式检测细胞的分裂能力，也能产生大量细胞用于遗传学和细胞学研究[57,86]。

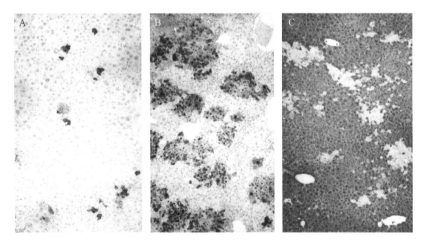

图 9-4　Fah⁻/⁻小鼠接受野生型肝细胞移植后的肝再殖[103]

野生型肝细胞植入受体肝并替换 95%的内源肝细胞。A. 肝细胞移植 2 天后 Fah⁻/⁻肝标本抗 Fah 抗体免疫组化染色。B. 肝细胞移植 3 周后 Fah⁻/⁻肝标本抗 Fah 抗体免疫组化染色。供体细胞增殖形成细胞团。C. 肝细胞移植 8 周后 Fah⁻/⁻肝标本抗 Fah 抗体免疫组化染色，肝再殖超过 95%

与其他模型相比，Fah$^{-/-}$小鼠模型在肝细胞移植和肝再殖研究中有一些优势。第一，Fah$^{-/-}$小鼠肝损伤的时间和程度都可以通过 NTBC 的给药或撤药来进行调控[102]。这样就能保持 Fah$^{-/-}$小鼠处于健康状态并饲养至成年，通过 NTBC 给药能有效繁育纯合的 Fah$^{-/-}$小鼠。根据小鼠的健康状况来停药或给药[57,103]，能实现 Fah$^{-/-}$小鼠在选择供体细胞时的可调控性和可重复性。第二，Fah$^{-/-}$小鼠中的损伤肝细胞不能逆转而恢复为正常肝细胞。Fah$^{-/-}$小鼠的肝再殖完全由供体细胞来完成，这就使得再殖肝细胞的序列移植成为可能[86]。第三，Fah 酶的表达是检测再殖细胞（Fah$^{+/+}$）的一个理想标志。以 Fah 作为标记，可以量化在 Fah 表达阴性的受体肝中供体细胞来源的 Fah 阳性表达的肝细胞。

除了使用具有供体细胞选择性的动物模型来研究肝再殖外，一些不具有供体细胞选择作用的模型如肝切模型也被用来研究肝再殖[104,105]。由于在肝切模型中没有选择压力，供体肝细胞很难完成肝再殖。根据这种特性，肝切模型可以用来研究具有较强增殖能力细胞的肝再殖能力，如胎肝前体细胞等[105]。另外，编者实验室通过基因修饰稳定表达细胞周期增强因子如 FoxM1 的肝细胞的肝再殖能力，FoxM1 修饰的肝细胞具有更强的增殖能力[106]。这种高表达细胞周期调控因子的肝细胞可以解决使用普通肝细胞时对肝切肝进行肝再殖的困难。

9.5.2　成熟肝细胞的肝再殖

成熟肝细胞具有干细胞样的细胞分裂能力，使用 Fah$^{-/-}$小鼠模型，野生型的肝细胞能以固定的细胞数量完成 12 次序列移植，每次都能达到肝完全再殖。经估算，在第 12 次移植受体中再殖的肝细胞至少经过了 130 次细胞分裂，这与造血干细胞序列移植中的发现相似[86]。在这个实验中唯一的供体来源的细胞只有肝细胞，由于没有发现来源于供体细胞的胆管上皮细胞或其他细胞类型，提示肝细胞是"单一潜能"的干细胞。在另一个报道中，通过三组实验探讨了究竟是完全分化的肝细胞还是推测中的干细胞完成了肝再殖[85]。首先，将灌注的细胞通过离心分离纯化为三组不同大小的肝细胞群体（细胞直径分别为 16 μm、21 μm 和 27 μm）。每个细胞群体都分别与带有基因标记的、未分离纯化的肝细胞进行竞争性移植实验。结果发现，占肝细胞总量 70% 的大的多倍体肝细胞完成主要的再殖。相比之下，小的二倍体肝细胞在竞争性再殖实验中要次于较大的细胞。然后，将已经完成 7 轮序列移植的肝细胞与普通的成体肝细胞进行竞争性再殖实验，发现反复的序列移植并没有改变肝细胞的再殖能力。更有可能的是，这个结果意味着实际上所有最初输入的细胞（大于 95% 的肝细胞）都有能力进行序列移植。第三组实验是在体内及体外通过逆转录病毒标记的供体肝细胞完成的。同样的，没有任何证据表明肝再殖是由数量稀少的干细胞来完成的。总而言之，这些实验有力地证明，占肝细胞大多数的完全分化的肝细胞是肝再殖的主要力量，并具有干细胞样的细胞分裂能力。

9.5.3　胎肝前体细胞的肝再殖

有报道推测，从大鼠或小鼠胎肝中分离的肝祖细胞移植后能在成体大鼠或小鼠肝中

分化成为肝细胞 [107-109]。与成体肝细胞不同，胎肝前体细胞不仅能在肝再殖过程中分化成为成熟的肝细胞，也能分化成为胆管上皮细胞从而重塑胆管系统 [109]。并且，与成熟肝细胞相比，在肝再殖过程中，胎肝前体细胞表现出更强的增殖能力，这暗示使用前体细胞来替代成熟肝细胞进行治疗性肝再殖具有优势。

在一篇早期应用倒千里光碱模型移植大鼠胎肝细胞的报道中，推测在胚胎期第12~14 天的成肝细胞（肝祖细胞）中至少有 3 个不同的亚群 [109]。一组表现为白蛋白和CK19 双阳性、具有双分化潜能的细胞，另两组则分别是肝细胞特异标志的白蛋白阳性或胆管上皮细胞特异的 CK19 阳性、具有单分化潜能的细胞。移植后，双分化潜能的细胞在倒千里光碱处理的受体中能够增殖，而单分化潜能的细胞在没有接受倒千里光碱处理的大鼠肝中也能增殖。然而这三群细胞都不能自发增殖，需通过肝切或甲状腺激素诱导刺激这些移植的细胞增殖。尽管如此，胎肝细胞比成熟细胞更容易增殖，移植的胎肝细胞既能形成成熟的肝板，也能形成成熟的胆管结构。这个结果提示由移植的胎肝细胞产生的肝细胞也能像成熟肝细胞一样进行肝再殖，而胎肝前体细胞在成体肝环境中进行肝向分化成为成熟肝细胞的机制和原理尚未阐明。肝祖细胞在受体肝中完成分化的能力使得将来直接使用它们来进行细胞移植治疗成为可能。

在相似的移植实验分析中，大鼠胎肝细胞作为供体细胞在细胞增殖和凋亡方面表现出了与内源性肝细胞的区别 [105]。在胎肝细胞肝再殖过程中，供体胎肝细胞与内源肝细胞之间表现为"细胞-细胞竞争"，胎肝细胞与其周围凋亡比例增加的宿主肝细胞相比具有更强的增殖能力，其子细胞凋亡更少，从而具备了肝再殖的能力。

9.5.4　各种肝前体细胞的肝再殖

1. 卵圆细胞的肝再殖

卵圆细胞被证实移植后具有再殖肝的能力 [107,110]。在大鼠模型研究中 [107]，通过缺铜饮食能诱导出大鼠胰脏中的卵圆细胞。使用 DPP IV 基因标记系统追踪移植后的卵圆细胞，这些胰腺来源的卵圆细胞在移植肝后分化成为肝细胞，表达肝特异的蛋白质并完全整合到肝实质结构。在另一项小鼠的研究中，通过 3,5-二乙氧甲酰-1,4-二氢三甲吡啶（DDC）处理成年小鼠肝，可诱导并分离出卵圆细胞 [111]。在 Fah$^{-/-}$ 小鼠移植实验中，肝来源的卵圆细胞至少和成熟肝细胞具有相当的肝再殖效率，并且确定卵圆细胞来自肝非实质细胞而不是肝细胞。这个发现支持肝内前体细胞能不可逆地进行肝向分化，以及卵圆细胞来源于肝本身而不是来自于骨髓。最重要的是，从大鼠和小鼠模型移植实验得到的结果指出卵圆细胞具有治疗性肝再殖的潜能。

2. ESC 肝向分化细胞的肝再殖

移植实验分析是证明 ESC 肝向分化细胞是否具备肝细胞功能的必需实验。小鼠 ESC 肝向分化细胞在肝切模型 [29]、肝切加四氯化碳注射模型 [27] 或二甲基亚硝胺注射模型（dimethylnitroamine，DMN）[33] 中发现了归巢的能力。进一步在选择性动物模型中发现小鼠 ESC 肝向分化细胞具有再殖肝的能力 [38,43]。例如，小鼠 ESC 首先转染白蛋白启动子/增强子调控的绿色荧光蛋白基因 [43]，然后这种基因修饰的 ESC 在没有外源生长因子或滋养层细胞的情况下，形成拟胚体并进行肝向自发分化。流式细胞术富集 GFP 阳性细胞并移植白蛋白-尿激酶转基因免疫缺陷小鼠。在没有细胞融合现象的情况下，移植细胞分化为有功能的肝细胞并参与了疾病肝的修复。对这些受体进行了四氯化碳诱导的肝损伤，ESC 来源的肝细胞具有正常的增殖调控反应并与宿主肝细胞具有相同的增殖比例。而且，这些移植的绿色荧光蛋白阳性细胞也能分化为胆管上皮细胞。在另一方案中，小鼠 ESC 在 Activin A 处理下诱导为定型内胚层细胞 [38]，表达 Brachyury、Foxa2 和 c-Kit或 c-Kit 和 CXCR4。进一步应用 BMP4、bFGF 和 Activin A 处理，定型内胚层细胞能诱导成为肝细胞，表达肝细胞标志蛋白、分泌白蛋白、储存糖原，以及表现出成熟肝细胞的超微结构。这些细胞移植 FAH$^{-/-}$小鼠后可见分化细胞的植入和增殖，实现程度较低的肝再殖。

结　　语

肝干细胞不仅为基础科学研究所关注，也为转换医学研究所重视。有关肝发育生物学和肝器官形成的研究，为阐明胚胎中肝干细胞的生物学特性提供了重要的背景知识，而实验条件下诱导的肝损伤也为理解特殊条件下成体肝干细胞的生物学行为提供了不同诱因信息。尽管还没有在体内和体外的研究中对肝干细胞形成统一的概念，其相互关系和机制也未得以充分解释清楚，但大量的证据表明有数种干细胞和干细胞样细胞能被用于产生肝细胞和胆管上皮细胞，图 9-2 描述了几种在体外获得有功能的成熟肝细胞的技术方案。这些细胞将成为肝再生医学研究宝贵的供体细胞来源，将来很可能用来产生肝组织或直接用来再殖肝，作为药理研究的筛选模型或开展肝疾病的细胞治疗。

参 考 文 献

1　Grompe M & Finegold MJ. Chapter 20: Liver stem cells, in stem cell biology. Cold Spring Harbor Laboratory Press: Cold Spring Harbor, 2001, **4**: 55-97.

2　Zaret KS. Liver specification and early morphogenesis. Mech Dev, 2000, **92(1)**: 83-88.

3　Gualdi R, Bossard P, Zheng M et al. Hepatic specification of the gut endoderm *in vitro*: Cell signaling and transcriptional control. Genes Dev, 1996, **10(13)**: 1670-1682.

4　Duncan SA. Mechanisms controlling early development of the liver. Mech Dev, 2003, **120(1)**: 19-33.

5　Jung J, Zheng M, Goldfarb M et al. Initiation of mammalian liver development from endoderm by fibroblast growth factors. Science, 1999, **284(5422)**: 1998-2003.

6　Schmelzer E, Wauthier E & Reid LM. The phenotypes of pluripotent human hepatic progenitors. Stem Cells, 2006, **24(8)**: 1852-1858.

7　Segal JM, Kent D, Wesche DJ et al. Single cell analysis of human foetal liver captures the transcriptional profile of hepatobiliary hybrid progenitors. Nat Commun, 2019, **10(1)**: 3350.

8　Zheng YW & Taniguchi H. Diversity of hepatic stem cells in the fetal and adult liver. Semin Liver Dis, 2003, **23(4)**: 337-348.

9　Kang LI, Mars WM & Michalopoulos GK. Signals and cells involved in regulating liver regeneration. Cells, 2012, **1(4)**: 1261-1292.

10 Yanger K, Knigin D, Zong Y et al. Adult hepatocytes are generated by self-duplication rather than stem cell differentiation. Cell Stem Cell, 2014, **15(3)**: 340-349.

11 Tarlow BD, Pelz C, Naugler WE et al. Bipotential adult liver progenitors are derived from chronically injured mature hepatocytes. Cell Stem Cell, 2014, **15(5)**: 605-618.

12 Deng X, Zhang X, Li W et al. Chronic liver injury induces conversion of biliary epithelial cells into hepatocytes. Cell Stem Cell, 2018, **23(1)**: 114-122.e113.

13 Raven A, Lu WY, Man TY et al. Corrigendum: Cholangiocytes act as facultative liver stem cells during impaired hepatocyte regeneration. Nature, 2018, **555(7696)**: 402.

14 Farber E. Similarities in the sequence of early histological changes induced in the liver of the rat by ethionine, 2-acetylamino-fluorene, and 3'-methyl-4-dimethylaminoazobenzene. Cancer Res, 1956, **16(2)**: 142-148.

15 Gordon GJ, Coleman WB, Hixson DC et al. Liver regeneration in rats with retrorsine-induced hepatocellular injury proceeds through a novel cellular response. Am J Pathol, 2000, **156(2)**: 607-619.

16 Preisegger KH, Factor VM, Fuchsbichler A et al. Atypical ductular proliferation and its inhibition by transforming growth factor beta1 in the 3,5-diethoxycarbonyl-1,4-dihydrocollidine mouse model for chronic alcoholic liver disease. Lab Invest, 1999, **79(2)**: 103-109.

17 Wilson JW & Leduc EH. Role of cholangioles in restoration of the liver of the mouse after dietary injury. J Pathol Bacteriol, 1958, **76(2)**: 441-449.

18 Erker L & Grompe M. Signaling networks in hepatic oval cell activation. Stem Cell Res, 2007, **1(2)**: 90-102.

19 Dorrell C, Erker L, Lanxon-Cookson KM et al. Surface markers for the murine oval cell response. Hepatology, 2008, **48(4)**: 1282-1291.

20 Okabe M, Tsukahara Y, Tanaka M et al. Potential hepatic stem cells reside in epcam+ cells of normal and injured mouse liver. Development, 2009, **136(11)**: 1951-1960.

21 Furuyama K, Kawaguchi Y, Akiyama H et al. Continuous cell supply from a sox9-expressing progenitor zone in adult liver, exocrine pancreas and intestine. Nat Genet, 2011, **43(1)**: 34-41.

22 Shin S, Walton G, Aoki R et al. Foxl1-cre-marked adult hepatic progenitors have clonogenic and bilineage differentiation potential. Genes Dev, 2011, **25(11)**: 1185-1192.

23 Dorrell C, Erker L, Schug J et al. Prospective isolation of a bipotential clonogenic liver progenitor cell in adult mice. Genes Dev, 2011, **25(11)**: 1193-1203.

24 Walkup MH & Gerber DA. Hepatic stem cells: In search of. Stem Cells, 2006, **24(8)**: 1833-1840.

25 Evans MJ & Kaufman MH. Establishment in culture of pluripotential cells from mouse embryos. Nature, 1981, **292(5819)**: 154-156.

26 Martin GR. Isolation of a pluripotent cell line from early mouse embryos cultured in medium conditioned by teratocarcinoma stem cells. Proc Natl Acad Sci U S A, 1981, **78(12)**: 7634-7638.

27 Chinzei R, Tanaka Y, Shimizu-Saito K et al. Embryoid-body cells derived from a mouse embryonic stem cell line show differentiation into functional hepatocytes. Hepatology, 2002, **36(1)**: 22-29.

28 Hamazaki T, Iiboshi Y, Oka M et al. Hepatic maturation in differentiating embryonic stem cells *in vitro*. FEBS Lett, 2001, **497(1)**: 15-19.

29 Yin Y, Lim YK, Salto-Tellez M et al. Afp(+), esc-derived cells engraft and differentiate into hepatocytes *in vivo*. Stem Cells, 2002, **20(4)**: 338-346.

30 Yamada T, Yoshikawa M, Kanda S et al. *In vitro* differentiation of embryonic stem cells into hepatocyte-like cells identified by cellular uptake of indocyanine green. Stem Cells, 2002, **20(2)**: 146-154.

31 Jones EA, Tosh D, Wilson DI et al. Hepatic differentiation of murine embryonic stem cells. Exp Cell Res, 2002, **272(1)**: 15-22.

32 Ishii T, Yasuchika K, Fujii H et al. *In vitro* differentiation and maturation of mouse embryonic stem cells into hepatocytes. Exp Cell Res, 2005, **309(1)**: 68-77.

33 Teratani T, Yamamoto H, Aoyagi K et al. Direct hepatic fate specification from mouse embryonic stem cells. Hepatology, 2005, **41(4)**: 836-846.

34　Kubo A, Shinozaki K, Shannon JM et al. Development of definitive endoderm from embryonic stem cells in culture. Development, 2004, **131(7)**: 1651-1662.

35　Keller G. Embryonic stem cell differentiation: Emergence of a new era in biology and medicine. Genes Dev, 2005, **19(10)**: 1129-1155.

36　Li F, He Z, Li Y et al. Combined activin a/licl/noggin treatment improves production of mouse embryonic stem cell-derived definitive endoderm cells. J Cell Biochem, 2011, **112(4)**: 1022-1034.

37　D'amour KA, Agulnick AD, Eliazer S et al. Efficient differentiation of human embryonic stem cells to definitive endoderm. Nat Biotechnol, 2005, **23(12)**: 1534-1541.

38　Gouon-Evans V, Boussemart L, Gadue P et al. Bmp-4 is required for hepatic specification of mouse embryonic stem cell-derived definitive endoderm. Nat Biotechnol, 2006, **24(11)**: 1402-1411.

39　Duan Y, Catana A, Meng Y et al. Differentiation and enrichment of hepatocyte-like cells from human embryonic stem cells *in vitro* and *in vivo*. Stem Cells, 2007, **25(12)**: 3058-3068.

40　Cai J, Zhao Y, Liu Y et al. Directed differentiation of human embryonic stem cells into functional hepatic cells. Hepatology, 2007, **45(5)**: 1229-1239.

41　Hay DC, Zhao D, Fletcher J et al. Efficient differentiation of hepatocytes from human embryonic stem cells exhibiting markers recapitulating liver development *in vivo*. Stem Cells, 2008, **26(4)**: 894-902.

42　Agarwal S, Holton KL & Lanza R. Efficient differentiation of functional hepatocytes from human embryonic stem cells. Stem Cells, 2008, **26(5)**: 1117-1127.

43　Liu H, Ye Z, Kim Y et al. Generation of endoderm-derived human induced pluripotent stem cells from primary hepatocytes. Hepatology, 2010, **51(5)**: 1810-1819.

44　Si-Tayeb K, Noto FK, Nagaoka M et al. Highly efficient generation of human hepatocyte-like cells from induced pluripotent stem cells. Hepatology, 2010, **51(1)**: 297-305.

45　Sullivan GJ, Hay DC, Park IH et al. Generation of functional human hepatic endoderm from human induced pluripotent stem cells. Hepatology, 2010, **51(1)**: 329-335.

46　Basma H, Soto-Gutierrez A, Yannam GR et al. Differentiation and transplantation of human embryonic stem cell-derived hepatocytes. Gastroenterology, 2009, **136(3)**: 990-999.

47　Li F, Liu P, Liu C et al. Hepatoblast-like progenitor cells derived from embryonic stem cells can repopulate livers of mice. Gastroenterology, 2010, **139(6)**: 2158-2169.e2158.

48　Ishizaka S, Shiroi A, Kanda S et al. Development of hepatocytes from es cells after transfection with the hnf-3beta gene. Faseb j, 2002, **16(11)**: 1444-1446.

49　Yamamoto H, Quinn G, Asari A et al. Differentiation of embryonic stem cells into hepatocytes: Biological functions and therapeutic application. Hepatology, 2003, **37(5)**: 983-993.

50　Heo J, Factor VM, Uren T et al. Hepatic precursors derived from murine embryonic stem cells contribute to regeneration of injured liver. Hepatology, 2006, **44(6)**: 1478-1486.

51　Soto-Gutierrez A, Kobayashi N, Rivas-Carrillo JD et al. Reversal of mouse hepatic failure using an implanted liver-assist device containing es cell-derived hepatocytes. Nat Biotechnol, 2006, **24(11)**: 1412-1419.

52　He ZY, Deng L, Li YF et al. Murine embryonic stem cell-derived hepatocytes correct metabolic liver disease after serial liver repopulation. Int J Biochem Cell Biol, 2012, **44(4)**: 648-658.

53　Pittenger MF, Mackay AM, Beck SC et al. Multilineage potential of adult human mesenchymal stem cells. Science, 1999, **284(5411)**: 143-147.

54　Lee KD, Kuo TK, Whang-Peng J et al. *In vitro* hepatic differentiation of human mesenchymal stem cells. Hepatology, 2004, **40(6)**: 1275-1284.

55　Schwartz RE, Reyes M, Koodie L et al. Multipotent adult progenitor cells from bone marrow differentiate into functional hepatocyte-like cells. J Clin Invest, 2002, **109(10)**: 1291-1302.

56　Zeng L, Rahrmann E, Hu Q et al. Multipotent adult progenitor cells from swine bone marrow. Stem Cells, 2006, **24(11)**: 2355-2366.

57　Wang X, Willenbring H, Akkari Y et al. Cell fusion is the principal source of bone-marrow-derived hepatocytes. Nature, 2003, **422(6934)**: 897-901.

58　Forbes SJ. Myelomonocytic cells are sufficient for therapeutic cell fusion in the liver. J Hepatol, 2005,

42(2): 285-286.

59   Harris RG, Herzog EL, Bruscia EM et al. Lack of a fusion requirement for development of bone marrow-derived epithelia. Science, 2004, **305(5680)**: 90-93.

60   Huang P, He Z, Ji S et al. Induction of functional hepatocyte-like cells from mouse fibroblasts by defined factors. Nature, 2011, **475(7356)**: 386-389.

61   Huang P, Zhang L, Gao Y et al. Direct reprogramming of human fibroblasts to functional and expandable hepatocytes. Cell Stem Cell, 2014, **14(3)**: 370-384.

62   Yu B, He ZY, You P et al. Reprogramming fibroblasts into bipotential hepatic stem cells by defined factors. Cell Stem Cell, 2013, **13(3)**: 328-340.

63   Wang MJ, Chen F, Li JX et al. Reversal of hepatocyte senescence after continuous *in vivo* cell proliferation. Hepatology, 2014, **60(1)**: 349-361.

64   Wu H, Zhou X, Fu GB et al. Reversible transition between hepatocytes and liver progenitors for *in vitro* hepatocyte expansion. Cell Res, 2017, **27(5)**: 709-712.

65   Katsuda T, Kawamata M, Hagiwara K et al. Conversion of terminally committed hepatocytes to culturable bipotent progenitor cells with regenerative capacity. Cell Stem Cell, 2017, **20(1)**: 41-55.

66   Fu GB, Huang WJ, Zeng M et al. Expansion and differentiation of human hepatocyte-derived liver progenitor-like cells and their use for the study of hepatotropic pathogens. Cell Research, 2019, **29(1)**: 8-22.

67   Zhang K, Zhang L, Liu W et al. *In vitro* expansion of primary human hepatocytes with efficient liver repopulation capacity. Cell Stem Cell, 2018, **23(6)**: 806-819.e804.

68   Fausto N, Campbell JS & Riehle KJ. Liver regeneration. Hepatology, 2006, **43(2 Suppl 1)**: S45-53.

69   Zajicek G, Oren R & Weinreb M, Jr. The streaming liver. Liver, 1985, **5(6)**: 293-300.

70   Kennedy S, Rettinger S, Flye MW et al. Experiments in transgenic mice show that hepatocytes are the source for postnatal liver growth and do not stream. Hepatology, 1995, **22(1)**: 160-168.

71   Bralet MP, Branchereau S, Brechot C et al. Cell lineage study in the liver using retroviral mediated gene transfer. Evidence against the streaming of hepatocytes in normal liver. Am J Pathol, 1994, **144(5)**: 896-905.

72   Palmes D & Spiegel HU. Animal models of liver regeneration. Biomaterials, 2004, **25(9)**: 1601-1611.

73   Sell S & Ilic Z. Liver stem cells. Medical intelligence unit. Austin New York: Landes Bioscience; Chapman & Hall, 1997, **349**.

74   Kountouras J, Boura P & Lygidakis NJ. Liver regeneration after hepatectomy. Hepatogastroenterology, 2001, **48(38)**: 556-562.

75   Pahlavan PS, Feldmann RE, Jr Zavos C et al. Prometheus' challenge: Molecular, cellular and systemic aspects of liver regeneration. J Surg Res, 2006, **134(2)**: 238-251.

76   Michalopoulos GK & Defrances MC. Liver regeneration. Science, 1997, **276(5309)**: 60-66.

77   Michalopoulos GK. Liver regeneration after partial hepatectomy: Critical analysis of mechanistic dilemmas. Am J Pathol, 2010, **176(1)**: 2-13.

78   Michalopoulos GK. Liver regeneration: Alternative epithelial pathways. Int J Biochem Cell Biol, 2011, **43(2)**: 173-179.

79   Sawitza I, Kordes C, Reister S et al. The niche of stellate cells within rat liver. Hepatology, 2009, **50(5)**: 1617-1624.

80   Passino MA, Adams RA, Sikorski SL et al. Regulation of hepatic stellate cell differentiation by the neurotrophin receptor p75ntr. Science, 2007, **315(5820)**: 1853-1856.

81   Asai K, Tamakawa S, Yamamoto M et al. Activated hepatic stellate cells overexpress p75ntr after partial hepatectomy and undergo apoptosis on nerve growth factor stimulation. Liver Int, 2006, **26(5)**: 595-603.

82   Court FG, Wemyss-Holden SA, Dennison AR et al. The mystery of liver regeneration. Br J Surg, 2002, **89(9)**: 1089-1095.

83   Alison M. Liver stem cells: A two compartment system. Curr Opin Cell Biol, 1998, **10(6)**: 710-715.

84   Alison M. Hepatic stem cells. Transplant Proc, 2002, **34(7)**: 2702-2705.

85   Overturf K, Al-Dhalimy M, Finegold M et al. The repopulation potential of hepatocyte populations

differing in size and prior mitotic expansion. Am J Pathol, 1999, **155(6)**: 2135-2143.

86　Overturf K, Al-Dhalimy M, Ou CN et al. Serial transplantation reveals the stem-cell-like regenerative potential of adult mouse hepatocytes. Am J Pathol, 1997, **151(5)**: 1273-1280.

87　Tan J, Hytiroglou P, Wieczorek R et al. Immunohistochemical evidence for hepatic progenitor cells in liver diseases. Liver, 2002, **22(5)**: 365-373.

88　Eleazar JA, Memeo L, Jhang JS et al. Progenitor cell expansion: An important source of hepatocyte regeneration in chronic hepatitis. J Hepatol, 2004, **41(6)**: 983-991.

89　Marshall A, Rushbrook S, Davies SE et al. Relation between hepatocyte g1 arrest, impaired hepatic regeneration, and fibrosis in chronic hepatitis c virus infection. Gastroenterology, 2005, **128(1)**: 33-42.

90　Bisgaard HC & Thorgeirsson SS. Hepatic regeneration. The role of regeneration in pathogenesis of chronic liver diseases. Clin Lab Med, 1996, **16(2)**: 325-339.

91　Grompe M, Laconi E & Shafritz DA. Principles of therapeutic liver repopulation. Semin Liver Dis, 1999, **19(1)**: 7-14.

92　Grompe M. Therapeutic liver repopulation for the treatment of metabolic liver diseases. Hum Cell, 1999, **12(4)**: 171-180.

93　Fox IJ & Chowdhury JR. Hepatocyte transplantation. Am J Transplant, 2004, **4 Suppl 6**: 7-13.

94　Rhim JA, Sandgren EP, Degen JL et al. Replacement of diseased mouse liver by hepatic cell transplantation. Science, 1994, **263(5150)**: 1149-1152.

95　Mattocks AR, Driver HE, Barbour RH et al. Metabolism and toxicity of synthetic analogues of macrocyclic diester pyrrolizidine alkaloids. Chem Biol Interact, 1986, **58(1)**: 95-108.

96　Overturf K, Al-Dhalimy M, Tanguay R et al. Hepatocytes corrected by gene therapy are selected *in vivo* in a murine model of hereditary tyrosinaemia type i. Nat Genet, 1996, **12(3)**: 266-273.

97　Sandgren EP, Palmiter RD, Heckel JL et al. Complete hepatic regeneration after somatic deletion of an albumin-plasminogen activator transgene. Cell, 1991, **66(2)**: 245-256.

98　Guo D, Fu T, Nelson JA et al. Liver repopulation after cell transplantation in mice treated with retrorsine and carbon tetrachloride. Transplantation, 2002, **73(11)**: 1818-1824.

99　Mitchell GA, Grompe M, Lambert M et al. Hypertyrosinemia, in the metabolic and molecular basis of inherited disease. MacGraw-Hill: New York, 2001: 1777-1805.

100　Grompe M, Lindstedt S, Al-Dhalimy M et al. Pharmacological correction of neonatal lethal hepatic dysfunction in a murine model of hereditary tyrosinaemia type i. Nat Genet, 1995, **10(4)**: 453-460.

101　Laconi E, Sarma DS & Pani P. Transplantation of normal hepatocytes modulates the development of chronic liver lesions induced by a pyrrolizidine alkaloid, lasiocarpine. Carcinogenesis, 1995, **16(1)**: 139-142.

102　Samuel A & Jago MV. Localization in the cell cycle of the antimitotic action of the pyrrolizidine alkaloid, lasiocarpine and of its metabolite, dehydroheliotridine. Chem Biol Interact, 1975, **10(3)**: 185-197.

103　Lagasse E, Connors H, Al-Dhalimy M et al. Purified hematopoietic stem cells can differentiate into hepatocytes *in vivo*. Nat Med, 2000, **6(11)**: 1229-1234.

104　Yuan RH, Ogawa A, Ogawa E et al. P27kip1 inactivation provides a proliferative advantage to transplanted hepatocytes in dppiv/rag2 double knockout mice after repeated host liver injury. Cell Transplant, 2003, **12(8)**: 907-919.

105　Sandhu JS, Petkov PM, Dabeva MD et al. Stem cell properties and repopulation of the rat liver by fetal liver epithelial progenitor cells. Am J Pathol, 2001, **159(4)**: 1323-1334.

106　Xiang D, Liu CC, Wang MJ et al. Non-viral foxm1 gene delivery to hepatocytes enhances liver repopulation. Cell Death Dis, 2014, **5**: e1252.

107　Oertel M, Menthena A, Dabeva MD et al. Cell competition leads to a high level of normal liver reconstitution by transplanted fetal liver stem/progenitor cells. Gastroenterology, 2006, **130(2)**: 507-520; quiz 590.

108　Dabeva MD, Hwang SG, Vasa SR et al. Differentiation of pancreatic epithelial progenitor cells into hepatocytes following transplantation into rat liver. Proc Natl Acad Sci U S A, 1997, **94(14)**: 7356-7361.

109 Nierhoff D, Ogawa A, Oertel M et al. Purification and characterization of mouse fetal liver epithelial cells with high *in vivo* repopulation capacity. Hepatology, 2005, **42(1)**: 130-139.

110 Dabeva MD, Petkov PM, Sandhu J et al. Proliferation and differentiation of fetal liver epithelial progenitor cells after transplantation into adult rat liver. Am J Pathol, 2000, **156(6)**: 2017-2031.

111 Wang X, Foster M, Al-Dhalimy M et al. The origin and liver repopulating capacity of murine oval cells. Proc Natl Acad Sci U S A, 2003, **100 Suppl 1**: 11881-11888.

何志颖

第10章 肺 干 细 胞

10.1 肺的生理结构与发育概述

10.1.1 肺的结构

肺是人和哺乳动物进行气体交换的场所。在胚胎期，机体的营养物质及气体交换经胎盘介导的母婴循环完成，因而在胚胎期机体并不直接与外界进行气体交换。一旦机体出生后，母婴循环终止，机体所需的氧气则完全由肺所介导的气体交换来完成。来自全身其他各个器官的静脉血进入右心房，再进入右心室并被右心室通过肺动脉泵入肺中。在肺中，血液流过肺泡中的毛细血管，经过气体交换，富含二氧化碳的静脉血转换成富含氧气的动脉血。随后动脉血通过肺静脉回流到左心房，并被心脏输送到全身其他器官。人类的肺叶为左侧 2 个肺叶、右侧 3 个肺叶，小鼠则为左侧 1 个肺叶、右侧 4 个肺叶。左、右肺叶分别位于心脏的两侧，由纵膈将心脏和肺叶分隔开。肺泡是肺行使气体交换功能的基本结构单位，气管则是气体进入肺泡的通道。

1. 气管的结构

气管的形态呈树状结构，上端连接着喉部，下端在隆突处分开形成左右主支气管。每个主支气管进一步分为次级支气管，随后继续分化成逐渐变窄的三级支气管，直到最小的细支气管连接到肺泡。在支气管处覆盖有透明软骨来维持其空腔的形态，从而保持呼吸道通畅，而细支气管被平滑肌包围。空气通过气管的空腔一直传输到肺泡，穿过肺泡上皮细胞和覆盖在其表面的细毛细血管壁从而实现气体交换。

在气管，左右主支气管和次级支气管处，主要存在着三种上皮细胞，分别是基底细胞（basal cell）、棒状细胞（club cell）和纤毛细胞（ciliated cell），同时有少量的神经内分泌细胞（neuroendocrine cell）、杯状细胞（goblet cell）、肺离子细胞（ionocyte）和簇状细胞（tuft cell）等（图 10-1）。其中，基底细胞位于上皮细胞最靠近基底一侧，同时也是这些气管上皮细胞的干细胞，当用 SO_2 和萘（naphthalin）特异杀死棒状细胞和纤毛细胞之后，基底细胞则会增殖分化成棒状细胞和纤毛细胞来重建这些部位的气管上皮结构。棒状细胞具有分泌黏液的功能，帮助清除进入气管的灰尘和病原菌，同时棒状细胞也能分化成纤毛细胞。另外，有研究表明，当在这些部位特异性杀死基底细胞而保留棒状细胞和纤毛细胞时，棒状细胞会重新去分化成基底细胞，新形成的基底细胞也能分化成纤毛细胞。纤毛细胞是气管中的终末分化细胞，在纤毛细胞顶端有大量的纤毛，这些纤毛不停地摆动，将进入气管的灰尘和病原菌清出体外。

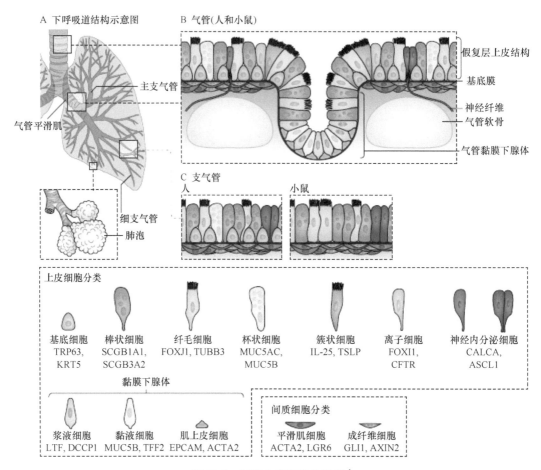

图 10-1　气管上皮细胞的类型 [1]

A. 气管为树状分支结构，其末端通过细支气管与肺泡连接。B. 人和小鼠的气管和主支气管都具有假复层上皮结构，并由多种类型的上皮细胞构成，包括基底细胞、纤毛细胞、棒状细胞、杯状细胞、神经内分泌细胞等。C. 人和小鼠的细气管含有纤毛细胞、棒状细胞、神经内分泌细胞等多种类型的上皮细胞。但与人不同的是，小鼠细支气管上皮中不含基底细胞和杯状细胞

与其他气管不同，在终末支气管处，上皮细胞中含有棒状细胞和纤毛细胞两种细胞及少量的杯状细胞。当上皮细胞受到损伤后，棒状细胞增殖和分化成纤毛细胞来修复受损伤的上皮细胞。

2. 肺泡的结构

肺泡位于终末支气管末端，是由肺泡上皮一型细胞和肺泡上皮二型细胞共同组成的囊泡状结构（图 10-2）。这些囊泡结构的内腔与终末支气管的内腔相通，从而使从气管中传来的氧气进入肺泡，同时将肺泡中的二氧化碳排入气管中从而排出体外。在这些囊泡结构的外侧则围绕着大量的毛细胞血管，经过气体交换，富含二氧化碳的静脉血转变成富含氧气的动脉血。成年人大约有 3 亿个肺泡，整个肺泡的表面积为 75~100m^2。巨大的肺泡表面积确保机体能获得足够的氧气及排出二氧化碳。肺泡中还含有肺泡巨噬细胞（alveolar macrophage），在表面活性物质稳态和肺泡免疫中具有重要功能。

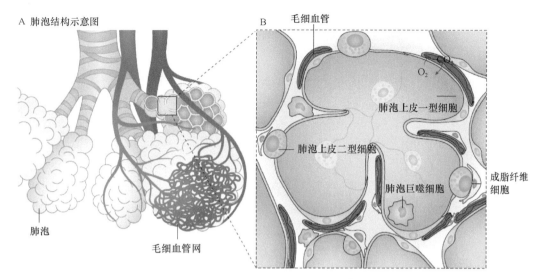

图 10-2　肺泡上皮细胞的类型 [1]

A. 肺泡为囊状空泡结构，外围有丰富的毛细血管网，有利于进行气体交换。B. 肺泡上皮主要由肺泡上皮一型细胞和肺泡
上皮二型细胞构成。肺泡上皮一型细胞呈扁平状，与毛细血管紧密接触，主要进行气体交换；肺泡上皮二型细胞呈立方状，
能够合成和分泌表面活性物质，用于防止肺泡坍缩。肺泡上皮二型细胞的大部分区域位于间质中，与旁边的成脂纤维细胞
紧密接触

　　肺泡上皮二型细胞是肺泡中的干细胞，呈立方体状，大约占整个肺泡表面积的 5%。在正常状态下，肺泡上皮二型细胞处于静止状态。当肺泡受到损伤（如病毒感染、部分肺切除等），肺泡上皮二型细胞则会进入分裂状态来维持肺泡上皮二型细胞的数目。同时，部分肺泡上皮二型细胞分化成肺泡上皮一型细胞来修复受损伤的肺泡，从而维持整个机体的肺泡数目。在肺泡上皮二型细胞内含有大量的板层小体（lamellar body），通过这些板层小体，肺泡上皮二型细胞向肺泡的囊泡腔内分泌大量的表面活性蛋白（surfactant protein）。这些表面活性蛋白覆盖整个肺泡的内表面，它们通过减小肺泡扩张时所受到的张力来帮助肺泡的扩张和收缩。在肺泡上皮二型细胞的基底侧，一些间质细胞如成脂纤维细胞（lipofibroblast）与其紧密接触构成维持肺泡上皮二型细胞干性的微环境。

　　肺泡上皮一型细胞呈巨大的扁平状结构，覆盖大约 95% 的肺泡表面积。在基底侧，肺泡上皮一型细胞直接与肺毛细血管接触，它们共同构成机体与外界进行气体交换的气血屏障。空气中的氧气穿过肺泡上皮一型细胞和血管内皮细胞进入血液，而机体产生的二氧化碳则穿过血管内皮细胞和肺泡上皮一型细胞进入空气。之前人们一直认为肺泡上皮一型细胞是终末分化细胞，其主要的功能就是进行气体交换，并不能增殖及分化成其他的细胞类型。然而，最新研究表明，在小鼠部分肺切除手术之后，部分表达 Hopx 的肺泡上皮一型细胞能够分化成肺泡上皮二型细胞从而促进肺泡修复 [2]。进一步研究表明，肺泡上皮一型细胞存在着不同的亚型，例如，部分肺泡上皮一型细胞表达 Igfbp2 而另一部分肺泡上皮一型细胞则不表达 Igfbp2，这些不表达 Igfbp2 的肺泡上皮一型细胞则可以分化成肺泡上皮二型细胞 [3]。

10.1.2　肺的发育过程

在小鼠中，肺的发育从 E9（embryonic day 9）开始，一直持续到出生后，人肺的发育则是从怀孕第 3 周开始持续到 3 岁 [4]。根据发育的阶段不同，可以将肺发育分为五个阶段，分别是：胚胎期（embryonic stage），假腺管期（pseudoglandular stage），微管期（canalicular stage），囊泡期（saccular stage），肺泡期（alveolar stage）[5]。胚胎期和假腺管期是肺分支发育阶段，微管期、囊泡期和肺泡期是肺泡发育阶段。

人胚胎期在受孕后 4~7 周，小鼠为 E9~E12。在肺发育的起始点，前肠最初由被中胚层包围着的单层上皮细胞组成。接着，在前肠靠近腹部的区域高表达 Nkx2-1，而在靠近背侧区域则高表达 Sox2。随后，前肠腹侧的上皮细胞开始突出并出现两个原始的肺芽，最终与发育成消化道的前肠分离开。Wnt 信号通路在这一过程中起到重要的作用，Wnt2 和 Wnt2b 表达在前侧板中胚层，通过活化 β-连环蛋白来调节 Nkx2-1 的表达 [6,7]。一旦原始的肺芽形成之后，上皮细胞就开始延伸进入到围绕它们的间质中，随后开始气管分支发育过程。从 E9 到 E16，原始的肺芽最终发育成复杂的树状结构。在这个树状结构中有数千个分支结构，令人惊讶的是，这些分支结构的发育过程是高度一致的，即在不同的胚胎肺发育过程中，只要两个胚胎的发育阶段一致，那么它们的肺分支结构发育就是基本一致的 [8]。肺的分支发育受成纤维细胞生长因子 10（fibroblast growth factor 10，Fgf10）信号通路调控。在这一过程中，围绕在肺上皮细胞周围的间质细胞表达并分泌成纤维细胞生长因子 10，成纤维细胞生长因子 10 与其位于上皮细胞膜上的受体 Fgfr2 结合，从而调控上皮细胞的增殖和迁移。因此，在肺气管分支发育过程中，那些表达成纤维细胞生长因子 10 的间质细胞附近，上皮细胞会形成新的分支结构；而在敲除成纤维细胞生长因子 10 的小鼠中，尽管原始的肺芽能够形成，但是肺气管分支发育被抑制。这些结果也提示在肺发育过程中，间质细胞表达成纤维细胞生长因子 10 的时机和位置也是受到精细调控的 [9-11]。上皮细胞分泌的 Shh（sonic hedgehog）也可以反过来调控间质细胞中成纤维细胞生长因子 10 的表达 [12]。

在肺分支发育过程中，分支的生长过程中涉及分支的伸长和分支的变粗两个过程。研究发现，肺上皮细胞在分裂过程中存在两种不同的细胞分裂方向：一种分裂方向与分支长轴的方向相一致，这种细胞分裂会导致分支延长；另一种分裂方向是分支长轴呈现一定的角度甚至垂直于分支长轴，这种细胞分裂主要会导致分支变粗。通过纺锤体标记和实时动态成像技术直接观察肺上皮细胞在分裂过程中存在的两种不同的细胞分裂方式。一部分细胞进入分裂中期之后，纺锤体会固定在与细胞长轴相一致的方向上。然而，另一部分细胞进入分裂中期之后，纺锤体一直处于旋转的状态，并且最终分裂方向是随机的。通过对两种不同分裂模式的细胞纵横比进行测量发现，纺锤体方向固定的细胞的纵横比要大于纺锤体旋转的细胞，并且固定纺锤体的方向与细胞长轴的方向是一致的。通过牵拉 E11.5 的肺气管发现，当肺被拉长后，固定纺锤体方向的细胞增多 [13]。当持续性激活成纤维细胞生长因子 10 下游的 Kras 之后，纺锤体旋转的上皮细胞增多，从而导致肺分支增粗 [14]。

在胚胎发育过程中，胚胎一直处于羊水中。这些羊水一部分来源于肾脏，另一部分来源于胚胎肺上皮细胞的分泌。在肺分支发育过程中，肺气管内部一直充满羊水，肺上皮细胞同时在往外分泌羊水。这些羊水通过气管流出，一部分被吞咽进消化道，另一部分则进入羊膜腔中。因此，这些羊水在分泌及排出气管的过程中会对肺上皮细胞产生机械力。当用烧灼技术将 E12.5 的胚胎肺主气管封闭，由于肺上皮细胞仍在持续分泌羊水，这种方法会导致肺气管内部的羊水增加，从而增大羊水对肺上皮细胞的机械力。在体外培养两天之后，肺的分支明显增多，通过遗传学手段研究表明，增加机械力促进肺分支发育依赖于 Fgf10/Fgfr2/Sprouty2 信号通路[15]。最近，在体外培养的肺中模拟羊水对肺上皮细胞产生的机械力实验中，通过调节不同的机械力大小发现，增大的机械力会促进肺气管表面平滑肌的收缩，而平滑肌的收缩则会促进肺分支发育[16]。

假腺管期发生在怀孕后 5~17 周，小鼠为 E12~E15。在此期间，肺继续进行分支发育，气管处开始分化形成软骨，并出现平滑肌和分泌黏液。对小鼠的研究表明，在这个阶段，气管的分支发育是固定的，而人肺的分支发育则存在相对更多的差异[8,17]。血管发育与上皮分支发育同时发生，并且血管沿着气道延伸，但分支过程要慢于气管的分支发育[18]。

在小鼠中，近端气管上皮细胞表达 Sox2，而远端气管上皮细胞则表达 Sox9。与小鼠不同，人肺的远端气管上皮细胞中共同表达 Sox2 和 Sox9。气管上皮细胞的分化从 E9.5 至 E16.5。在假腺管期结束时，气管树的完整结构已经完全形成[19]，气管上皮细胞的分化则仍在进行中[20]。不同的上皮细胞出现的时间不一致。在 E10.5，表达转化相关蛋白 63（transformation related protein，Trp63）的基底细胞开始出现，而表达 Scgb3a2 的棒状细胞则在 E11.5 开始出现[21-23]。以 Foxj1 和 β-微管蛋白为标记的纤毛细胞则要在 E14.5 才能被检测到[24]。这些分化途径受多条信号通路调控。敲除 Sox2 后会显著抑制棒状细胞和纤毛细胞的分化[25]。Notch 则在调控肺气管上皮细胞的分化中起重要作用：高 Notch 信号促进气管上皮细胞向棒状细胞方向分化，低 Notch 信号则促进气管上皮细胞向纤毛细胞分化[26]。Stk11 能通过磷酸化 Mark3 来保证气管上皮细胞向纤毛细胞的分化[27]。

微管期从怀孕后 16 周至 26 周，小鼠为 E15~E17。据估计，在该阶段，上皮进行三轮分支发育，从而形成未来发育成肺泡的区域。并且，气道粗细持续增大，最远端的上皮细胞即将来分化成肺泡的祖细胞持续扩增，围绕在上皮细胞周围的间质变薄。毛细血管网持续延伸至末端上皮细胞[18]。肺泡上皮细胞分化的第一个形态学特征——上皮细胞的柱状高度降低开始出现。

囊泡期从怀孕后 24 周至出生前，小鼠从 E17 至出生前。在微管期，气管末端形成许多由单层上皮细胞整齐排列的树枝状终末支气管，这些终末支气管的空腔是闭合的。在囊泡期，这些闭合的终末支气管的空腔逐渐打开，部分上皮细胞的形态由立方体转变成扁平状，最终这些立方体的上皮细胞和扁平的上皮细胞共同形成囊泡状的肺泡。

在囊泡期，肺泡的发育是从近端向远端逐渐进行的。在未分化之前，所有的肺泡上皮细胞均为肺泡祖细胞，表达 Sox9 和 Id2 两种祖细胞特异标记蛋白，并且肺泡祖细胞同时表达肺泡上皮二型细胞标记蛋白 Prospc，以及肺泡上皮一型细胞标记蛋白 Pdpn 和 Ager[28]。这些肺泡祖细胞持续分裂形成新的终末支气管并扩大肺泡祖细胞的数量。伴随着肺泡的发育，部分立方体状的肺泡祖细胞最终分化成两种肺泡上皮细胞：一种是立方体状的肺泡上皮二型细胞，另一种是扁平的肺泡上皮一型细胞。用 *Id2*-CreER 在 E16.5 标记肺泡祖细胞后，在 E18.5 会发现肺泡上皮一型细胞和肺泡上皮二型细胞均带有标记[29]。因此，在肺泡发育过程中，肺泡祖细胞会同时分化形成肺泡上皮二型细胞和肺泡上皮一型细胞。肺泡祖细胞的分化方向受到细胞生长因子和机械力的共同调控。在肺泡祖细胞开始分化之前，部分肺泡祖细胞会在间质细胞表达的成纤维细胞生长因子 10 的诱导下，向基底侧伸出由肌球蛋白构成的伪足。随后这部分祖细胞的细胞体迁移到终末气管基底侧。随着胚胎的发育，肺的呼吸运动开始增强，羊水被吸入到终末气管中。这种呼吸运动对肺泡祖细胞产生机械力，从而导致没有迁移的那部分肺泡祖细胞被拉伸成扁平状并最终分化成肺泡上皮一型细胞。而迁移的那部分肺泡祖细胞则因为其顶端（apical side）表面积的减小，以及顶端处富集肌动蛋白，从而可以抵抗胚胎呼吸运动产生的机械力，并维持了这些细胞的立方体细胞形态，最终这部分肺泡祖细胞分化成肺泡上皮二型细胞[30]（图 10-3）。

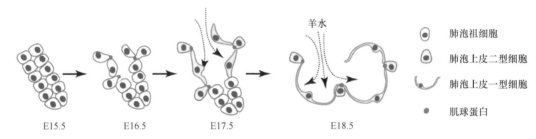

图 10-3　肺泡的发育过程[30]

肺泡上皮细胞的分化受到了趋化因子诱导的细胞迁移和由吸入羊水而产生的机械力的调控。在 E16.5，此时吸入的羊水还没到达气道远端，一部分肺泡祖细胞由于受到间质细胞分泌的趋化因子 Fgf10 的吸引，开始向基底侧的间质中迁移。这些迁移的祖细胞顶端表面积会逐渐减少并有顶端肌球蛋白的积累。在 E17.5，吸入羊水产生的机械力会作用于未迁移的细胞，导致这些细胞逐步分化为肺泡上皮一型细胞。迁移的肺泡上皮祖细胞保持其立方形状并分化为肺泡上皮二型细胞

　　肺泡阶段是指肺泡成熟的过程，发生在出生后。在囊泡状肺泡上皮细胞中，出现向内生长的类似脊线或者山峰的结构，这些结构被称为次级间隔。这些次级间隔将肺泡的囊泡进一步分隔成更小的囊泡，从而增加气体交换表面积来提高气体交换效率。这些次级间隔的顶部沉积大量的弹性蛋白，随着次级间隔的形成，成肌纤维细胞和血管内皮细胞也迁移到次级间隔内部。在此期间，肺泡上皮二型细胞继续分裂来增加肺泡上皮二型细胞的数目，同时，微血管发育成熟，每个毛细管都被气体交换表面包围[31]。次级间隔的形成受许多信号因子的调控，例如，成肌纤维细胞的分化及弹性蛋白的分泌受 Pdgfrα 调控，敲除 *Efnb2*（Ephrin B2）则会抑制正常次级间隔的形成并干扰基质蛋白的沉积。

10.2　肺干细胞的类型与功能

10.2.1　气管上皮干细胞

　　肺脏从气管延伸到细支气管的上皮为假复层上皮结构，主要由基底细胞、棒状细胞、

纤毛细胞、神经内分泌细胞等多种类型的上皮细胞构成。目前普遍认为基底细胞是气管上皮细胞的干细胞[32]。基底细胞是一群紧密附着在气道基底层并特异性表达 Trp63、角蛋白 5（Keratin 5，Krt5）、神经生长因子受体（Nerve growth factor receptor，Ngfr）的细胞。人肺脏基底细胞从主气管到末端的细支气管都有分布，而小鼠的基底细胞则主要分布在主气管和近端气管中。成年个体气管的上皮细胞的更新速率通常很低，但在气管上皮损伤后，基底细胞能够快速增殖和分化以参与组织的损伤后修复过程。通过体外气管小体培养、体外气管移植软骨再生和体内谱系追踪的研究，现已广泛证实了基底细胞具有分化为气管中主要上皮细胞类型的能力，包括棒状细胞、纤毛细胞、杯状细胞、神经内分泌细胞、肺离子细胞、簇状细胞等，对气管的稳态维持和损伤后修复具有重要作用。

10.2.2　肺泡上皮干细胞

肺泡上皮二型细胞是肺泡干细胞，在肺泡损伤后能增殖并分化成肺泡上皮一型细胞，从而参与肺泡损伤修复过程。肺泡上皮二型细胞只覆盖了大约 5% 的肺泡表面积，但是其细胞数目大约占肺总细胞数目的 15%。在正常的生理过程中，肺泡上皮二型细胞的功能主要是分泌表面活性物质。表面活性物质是由脂质分子和蛋白质形成的混合物，具有减少呼吸过程中的肺泡张力从而辅助吸气过程中肺泡打开的作用。表面活性物质中，以磷脂分子为主的脂质分子占 85%~90%，表面活性蛋白占 10% 左右。表面活性蛋白有 4 种亚型，分别是表面活性蛋白 A~D。肺泡表面活性蛋白首先在肺泡上皮二型细胞的内质网中合成和组装，随后转移到高尔基体中，接着被转运到板层小体中，并最终分泌到肺泡空腔中。糖皮质激素、肾上腺素、cAMP、雌激素和甲状腺激素均能促进表面活性蛋白的合成。其次，肺泡上皮二型细胞也参与到肺泡的免疫过程中。表面活性物质覆盖在肺泡表面，从而具有阻挡侵入的微生物和黏附在肺泡表面微生物的作用。体外研究表明，表面活性蛋白 A 能够通过唾液酸残基结合到甲型流感病毒上，从而中和流感病毒。同时，表面活性物质还能促进肺泡巨噬细胞对金黄色葡萄球菌的吞噬和细胞内杀伤作用，以及对 1 型单纯疱疹病毒的吞噬作用。除此之外，肺泡上皮二型细胞也可参与主动免疫过程。肺泡上皮二型细胞表达许多表面蛋白，如黏附分子 ICAM-1、整合素等，这些表面蛋白可以直接介导肺泡上皮二型细胞与白细胞之间的细胞间相互作用。最后，肺泡上皮二型细胞也能分泌细胞因子。大鼠的肺泡上皮二型细胞内表达有表皮生长因子（epidermal growth factor，EGF）的 mRNA 和蛋白质。干扰素和白细胞介素-1β 诱导肺泡上皮二型细胞产生一氧化氮，一氧化氮参与宿主对病原物的抵抗及组织损伤所导致的炎症反应过程。

10.2.3　气管肺泡干细胞和谱系不明祖细胞

之前，人们曾经认为气管上皮细胞不能参与肺泡损伤后的再生过程。2005 年，通过免疫荧光染色的办法，人们发现在气管和肺泡交界的区域（bronchoalveolar duct junction，BADJ），存在一群既表达棒状细胞标记蛋白 Scgb1a1，又表达肺泡上皮二型细胞标记蛋白 Prospc 的细胞[33]。在正常情况下这群细胞不参与气管和肺泡上皮细胞的更新过程。关于这群细胞是否存在及其功能一直存在着争议。最近，两个独立的课题组采用不同的谱系追踪实验方法证明在肺中确实存在一群这样的细胞。当用博来霉素和流感病毒诱导肺泡损伤之后，这群细胞能够进入与气管和肺泡交界区域相邻的肺泡中，并在这些肺泡中产生新的肺泡上皮二型细胞和肺泡上皮一型细胞。而在用萘诱导的气管损伤模型中，这些细胞又能够产生新的棒状细胞和纤毛细胞来参与气管损伤后的修复过程[34,35]。由于这群细胞既能分化成气管上皮细胞，又能分化成肺泡上皮细胞，因此这群细胞被命名为气管肺泡干细胞（bronchioalveolar stem cell，BASC）。

在严重的流感病毒感染和博来霉素诱导的肺损伤模型中，小鼠肺泡区域出现了一群基底样细胞，这些细胞表达基底细胞的标记蛋白——角蛋白 5 和转化相关蛋白 63[36]。这群细胞被命名为谱系不明祖细胞（lineage-negative epithelial progenitor，LNEP）。谱系追踪结果表明，这群肺泡中的基底样细胞能够被 Sox2 和 Trp63 标记，但是不能被 Krt5 标记，这就提示这群细胞是在肺泡损伤后才开始表达 Krt5 的，并且这群细胞中表达 Trp63 和 Krt5 需要 Notch 的激活[37]。尽管这群细胞覆盖在肺泡的损伤区域，但是它们并不能直接转化成正常的肺泡上皮细胞。当敲除 NICD 之后，这群细胞才能转化成肺泡上皮二型细胞[36]。在这些细胞中敲除缺氧诱导因子 1α（hypoxia-inducible factor 1-alpha，$Hif1\alpha$）或者持续激活 Wnt 信号通路，也可以诱导这些细胞向肺泡上皮细胞分化[38]。

10.3 肺上皮干细胞与疾病

10.3.1 气管损伤与再生

气管的损伤与再生主要通过基底细胞和棒状细胞来实现。最近研究利用单细胞测序技术对 Krt5-CreER 标记的肺基底细胞及其子细胞进行了不同时间点的谱系追踪和细胞类群鉴定[39]。通过对各类型上皮细胞出现的先后顺序进行分析，发现在正常成年小鼠中，基底细胞优先分化成棒状细胞，然后由棒状细胞逐步分化成纤毛细胞和杯状细胞；而神经内分泌细胞、肺离子细胞、簇状细胞则主要由基底细胞相对较缓慢地直接分化而来。在气管的稳态下，基底细胞处于极低的速率进行自我更新和分化；但在气管上皮损伤后，基底细胞会快速增殖和分化，参与气管的损伤后修复。其中一个损伤模型是通过 SO_2 对气管通气处理。SO_2 能够导致除基底细胞外的大部分其他类型气管上皮细胞的死亡，从而引发气管的损伤修复。传统模型中，稳态下的大多数小鼠气管基底细胞特异性地表达 Krt5。然而，在 SO_2 诱导的损伤后修复过程中，气管基底细胞会大量分化产生同时表达 Krt5 和 Krt8 的基底细胞或中间体细胞，然后这些中间体细胞会在短时间内大量分化成棒状细胞和纤毛细胞，完成气管的损伤后修复。最新提出的模型对这一过程进行了补充和修正。这个模型认为表达 Krt5 或 Krt5+的气管基底细胞在大量增殖后，会产生两个不能相互转化的亚群：一群细胞表达 N2ICD、Krt5 和 Trp63，另一群细胞表达 c-Myb、Krt5 和 Trp63。随后，这两个亚群分别分化成表达 N2ICD、Krt5、Trp63 和 Krt8 的中间体细胞，以及表达 c-Myb、Krt5、Trp63 和 Krt8 的中间体细胞。这两种中间体细胞最后通过逐步丢失基底细胞标志物 Trp63、Krt5 和中间体细胞标志物 Krt8，分别分化成为成熟的棒状细胞和纤毛细胞[40,41]。

另外，小鼠细支气管则是由棒状细胞作为干细胞参与气管的稳态维持和损伤后修复。通过 Scgb1a1-CreER 小鼠品系对棒状细胞进行谱系追踪，气管处分布的棒状细胞能够增殖并分化成纤毛细胞，但不能分化成基底细胞。随着时间的推移，基底细胞及其分化的子代细胞会逐步取代这些被标记的棒状细胞[42]。这表明在正常条件下，在含有基底细胞的气管上皮细胞中，棒状细胞具有有限的增殖和分化能力，不作为干细胞参与气管上皮的稳态和损伤后修复。然而，当在气管内的基底细胞中特异性表达白喉毒素诱导基底细胞的大量凋亡后，气管内的棒状细胞则会分化成基底细胞[43]。在体外 3D 培养实验中，棒状细胞与基底细胞共培养时，棒状细胞不能分化成基底细胞，而单独进行棒状细胞的培养时，棒状细胞能够大量分化产生基底细胞。这些实验表明气管内的棒状细胞具有分化成基底细胞的能力，但受到基底细胞的抑制。在缺乏基底细胞的细支气管内，Scgb1a1-CreER 所标记的棒状细胞能够长期进行自我更新，并且在受到损伤后能够快速增殖和分化产生其他类型的上皮细胞。在对有毒化合物萘诱导的气道损伤模型的研究中，发现棒状细胞存在不同的亚群。萘处理会导致气管内大部分棒状细胞被特异性地清除，而在神经内分泌细胞及其附近的棒状细胞却能够存活。这些存活的棒状细胞的特征是缺乏细胞色素 P450 和 Cyp2f2 的表达。萘处理后，这些存活的棒状细胞亚群能够快速进入细胞周期，并分化产生包括基底细胞在内的各种类型气管上皮细胞。总之，这些损伤后修复研究已经揭示了气管上皮细胞利用基底细胞和棒状细胞作为干细胞，以相对灵活的方式实现对气管上皮细胞的结构与功能的维护。

基底细胞在气管的稳态维持和损伤后修复中会受到多种信号通路的调节。在稳态下，基底细胞主要受到成纤维细胞生长因子和 Hippo 信号通路的调控。多项研究表明，由气管周围的间质细胞分泌的成纤维细胞生长因子 10 能够促进基底细胞的增殖。在成年小鼠气管中过表达成纤维细胞生长因子 10 会导致基底细胞的大量扩增，而在成年小鼠的棒状细胞中过表达成纤维细胞生长因子 10 则会导致棒状细胞和基底细胞增生[44]。同样的，当气管基底细胞缺失成纤维细胞生长因子 10 的受体 Fgfr2b 时，则会导致几乎全部基底细胞的丢失，甚至 Fgfr2b 基因一个拷贝的敲除也足以显著降低基底细胞的自我更新[45]。这些证据表明 Fgf10-Fgfr2b-ERK 信号通路对于维持基底细胞的稳态具有关键作用。另外，在成年小鼠基底细胞中特异性地敲除 Fgfr1 或 Spry2 可以导致 ERK/AKT 信号通路的激活，从而促进基底细胞的扩增[46]。进一步研究表明 Fgfr1-Spry2 信号通路可能起到拮抗 Fgf10-Fgfr2b 信号转导的作用，两者的平衡维持了基底细胞的稳态。除了 Fgf 信号通路，Hippo-Yap 也参与了对基底细胞增殖的调控。从基底细胞敲除 Yap 后，成年小鼠基底细胞不能维持基底细胞的细胞命运而全部分化，导致假复层上皮细胞变为柱状上皮细胞。相反地，当在基底细胞中过表达 Yap，基底细胞的增殖会显著增强，同时分化会被显著抑制，从而导致气管上皮细胞发生增生和分层。由此说明 Yap 对气管上皮干细胞的自我更新和命运决定起到重要的作用[47]。

基底细胞的分化则主要受到 Notch 信号通路的调节。Notch 信号通路并不直接参与调控基底细胞的自我更新，但对于基底细胞向棒状细胞、杯状细胞、神经内分泌细胞等分泌细胞谱系分化是必需的 [40,48]。经典的 Notch 信号通路主要由相邻细胞所表达的跨膜配体通过胞外段与细胞的跨膜受体 Notch 的相互结合来激活下游信号转导。哺乳动物中，细胞共有 Notch1~4 四种受体，以及 Dll1、Dll3、Dll4、Jag1 和 Jag2 五种主要的配体类型。在成年小鼠气管上皮细胞中，基底细胞主要高表达受体 Notch1 及配体 Dll1 和 Jag2，棒状细胞主要高表达受体 Notch2 和 Notch3，纤毛细胞主要表达配体 Jag1。在基底细胞向棒状细胞分化过程中，Notch 信号通路会在部分基底细胞和中间前体细胞中激活，并会持续在棒状细胞中激活。当从棒状细胞中特异性敲除受体 Notch2 或 Notch 信号通路下游的核心转录因子 Rbpj 后，棒状细胞几乎全部向纤毛细胞分化。同样地，从成年小鼠基底细胞中特异性敲除 Notch2 或 Rbpj 后，基底细胞也不能分化成棒状细胞等所有的分泌细胞，而全部分化成纤毛细胞。这些证据表明 Notch 信号通路对于基底细胞向棒状细胞的分化，以及维持棒状细胞的细胞命运是必需的。棒状细胞 Notch 信号通路的激活依赖于基底细胞所表达的配体 Jag2。从基底细胞中特异性敲除配体 Jag2 或配体转运所必需的 Mib1，基底细胞也不能分化成棒状细胞，同时导致邻近的棒状细胞分化成为纤毛细胞。总之，基底细胞的配体 Jag2 和棒状细胞的 Notch 受体介导的 Notch 信号通路的激活促进了基底细胞向棒状细胞的命运决定和棒状细胞命运的维持。

　　气管周围的间质细胞提供的微环境在维持稳态和气管上皮的再生中也发挥着重要的调控作用。两者间的动态相互作用和密切调控有效地促进了气管的损伤后修复。最近的一项研究证明，在成年小鼠气管中的棒状细胞等上皮细胞来源的 Shh 具有维持间质细胞静息状态的作用 [49]。当从气管上皮细胞中特异性地敲除 Shh 后，气管周围的间质细胞（主要是成纤维细胞）的增殖显著增加。同样地，从间质细胞中阻断 Shh 信号通路的激活也能诱导间质细胞的增殖。而在萘诱导的气管上皮损伤中，由于大量气管上皮细胞的死亡，间质细胞不能被 Shh 信号通路激活，从而导致间质细胞由静息状态转为快速增殖。同时，这些间质细胞静息状态的改变也伴随着气管干细胞的增殖。而在萘诱导气管损伤的同时特异地激活间质细胞的 Shh 信号通路，则能够显著抑制棒状细胞的增殖。这些实验表明气管上皮干细胞和间质细胞通过 Shh 信号通路形成的反馈机制调控了气管的稳态和损伤后修复。另一个重要的调控方式是，在萘诱导成年小鼠气管损伤后，气管周围的平滑肌细胞所表达的 Fgf10 会促进棒状细胞的增殖，而气管基底细胞和棒状细胞可以通过 Hippo-Yap 信号通路来调节 Fgf10 的分泌。当气管上皮受到损伤后，气管上皮干细胞激活的 Yap 会导致上皮细胞中 Wnt7b 的表达增加，而增加的 Wnt7b 以旁分泌的方式促进相邻平滑肌中的 Fgf10 表达，从而促进上皮细胞的损伤后修复。另一项研究表明，表达 Lgr6 的平滑肌细胞能够表达 Fgf10。当将这些表达 Lgr6 的间质细胞去除后，萘诱导的损伤后修复过程中，棒状细胞在气管中的扩散和上皮细胞修复则会明显受到影响 [50]。这些数据证实了气管上皮干细胞和间质细胞之间通过有机的相互作用共同维持气管的稳态并促进损伤后再生。

10.3.2　肺泡损伤与再生

　　与暴露于外部环境的其他屏障组织如胃肠道和皮肤相比，肺的气管和肺泡区域的细胞处于相对静止状态，在正常状态下表现出较低速率的细胞增殖和分化。在很长一段时间内，大家都认为人的肺泡不能再生。2012 年，《新英格兰医学报》报道，一位 33 岁的妇女因为肺腺癌切除了右肺，15 年后，该病人的用力肺活量相对于刚做完手术的时候明显增大，同时肺泡的数目也显著增加，从而首次证明在肺切除后，肺泡能够再生并产生新的气体交换面积[51]。

作为肺进行气体交换的场所，肺泡对于陆地动物是必不可少的。肺泡的气体交换界面主要由非常扁平的肺泡上皮一型细胞、肺毛细血管内皮细胞及间质细胞组成。为了更好地行使气体交换功能，肺泡和血管间的屏障厚度只有 0.2~2.5 μm。正是由于肺泡的结构特性，使得肺泡极易受到空气中的污染物、病原体等物质造成的损伤。在损伤后，肺泡中的干细胞被激活，进行自我更新和分化，形成相应的细胞类型，从而在几个星期之内就可以对损伤部位进行修复。

谱系追踪研究表明，在博来霉素诱导肺损伤后，肺泡上皮二型细胞能够增殖并分化成肺泡上皮一型细胞[52]。用白喉毒素特异地将部分肺泡上皮二型细胞消除后，剩余的肺泡上皮二型细胞能够从静止状态进入分裂状态，并恢复肺泡中肺泡上皮二型细胞的数目[53]。最近，两个独立的课题组研究表明，对细胞外 Wnt 信号响应的肺泡上皮二型细胞不仅参与了肺泡发育过程，也对肺泡损伤后的再生具有重要作用[54,55]。在流感病毒诱导的肺损伤模型中，这些对 Wnt 信号响应的肺泡上皮二型细胞围绕在损伤最严重的区域，并在这些损伤最严重的区域附近进行增殖。同时，在损伤后，这些响应 Wnt 的肺泡上皮二型细胞能够进一步产生大量的肺泡上皮一型细胞。进一步研究表明，在流感病毒造成的肺泡损伤模型中，几乎所有增殖的肺泡上皮二型细胞均是能够响应 Wnt 信号的肺泡上皮二型细胞。表达 Wnt 信号通路下游的 β-连环蛋白（β-catenin）的肺泡上皮二型细胞在博来霉素诱导的肺纤维化模型中更容易存活，随后这些肺泡上皮二型细胞通过增殖和分化成肺泡上皮一型细胞参与到肺泡损伤修复中。抑制 Wnt 的受体 Fzd4 降低肺泡上皮二型细胞的增殖能力并促进肺泡上皮二型细胞向肺泡上皮一型细胞分化，过表达 Fzd4 则会促进肺泡上皮二型细胞的增殖。

肺泡干细胞维持其干细胞的特性，损伤后被激活进行增殖并分化成肺泡上皮一型细胞，这些行为均离不开围绕在肺泡上皮二型细胞周围的细胞所构成的微环境。在小鼠中，用 Pdgfrα 启动子表达定位于细胞核的绿色荧光蛋白，发现这些表达绿色荧光蛋白的间质细胞与肺泡上皮二型细胞紧密接触[53]。这些间质细胞内含有脂滴，因此又被称为成脂纤维细胞。体外肺泡小体的培养结果表明，这些成脂纤维细胞对于肺泡小体的形成是必需的。谱系追踪、单细胞测序等实验结果表明，肺间质细胞的分布是不均一的。这些表达 Pdgfrα 的成脂纤维细胞具有两个明显不同的亚群，其中一群 Pdgfrα 的成脂纤维细胞能够响应 Wnt 信号，而另一群 Pdgfrα 的成脂纤维细胞则能够表达 Wnt2[56]。这些响应 Wnt 的成脂纤维细胞内表达调控细胞外基质的基因以及 FGF7、IL-6 和 BMP 拮抗剂如 NBL1、GREM2 等信号分子。肺泡上皮二型细胞和间质细胞分泌的 BMP 能够抑制肺泡上皮二型细胞的自我更新[57]。此外，在肺切除模型中，这些成脂纤维细胞中拮抗 BMP 信号的 FSTL1 的表达上调。在肺泡上皮二型细胞中表达有 FGF7 和 IL-6 的同源受体。在体外肺泡小体培养中，只有响应 Wnt 的成脂纤维细胞而不是表达 Wnt2 的成脂纤维细胞能够促

进肺泡上皮二型细胞的增殖及分化成肺泡上皮一型细胞。外源加入 FGF7、IL-6 和
GREM2 均能促进肺泡小体的形成（图 10-4）。

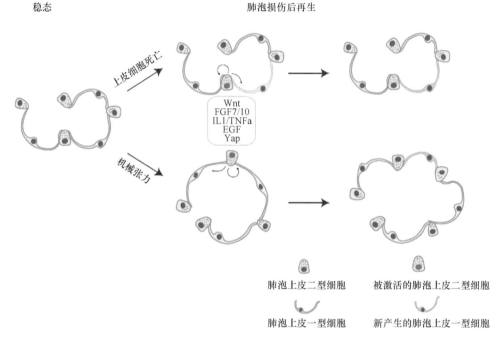

稳态　　　　　　　　　　　　　　　　肺泡损伤后再生

上皮细胞死亡

Wnt
FGF7/10
IL1/TNFa
EGF
Yap

机械张力

肺泡上皮二型细胞　　　　被激活的肺泡上皮二型细胞

肺泡上皮一型细胞　　　　新产生的肺泡上皮一型细胞

图 10-4　肺泡的损伤和再生过程

成年小鼠肺泡上皮细胞更新速率极低，而在损伤修复后，肺泡上皮二型细胞作为肺泡干细胞会快速增殖和分化产生新的肺泡。病毒或细菌感染、博来霉素或高氧处理等都会诱导肺泡上皮一型细胞的大量死亡，从而激活肺泡上皮二型细胞的增殖并分化产生新的肺泡上皮一型细胞。而肺叶切除导致增加的机械力也能够激活肺泡上皮二型细胞的增殖和分化，从而形成新的肺泡。在肺泡损伤修复过程中，肺泡上皮二型细胞的增殖和分化受到包括 Wnt、Fgf7/10、IL1/TNFa、Egf、Hippo-Yap 等多种信号通路的调控

在肺泡中，肺泡上皮一型细胞和肺毛细血管的血管内皮细胞紧密接触。当肺泡受到损伤后，肺泡上皮一型细胞和肺毛细血管的这种紧密接触的特征需要尽快建立来进行气体交换。因此，在肺切除手术后，不仅肺泡上皮二型细胞在进行增殖，血管内皮细胞的增殖也显著增加。敲除血管内皮细胞中的 *Vegfr2* 和 *Fgfr1* 这两个调节其分裂的基因，不但能够降低血管内皮细胞的增殖，而且能够降低肺泡上皮二型细胞的增殖。血管内皮细胞分泌金属基质蛋白酶 14（matrix metalloproteinase 14，MMP14），从而将肺泡细胞外基质中的生长因子释放出来，促进肺泡上皮二型细胞的增殖[58]。然而，通过气管多次注射博来霉素诱导的慢性损伤中，血管内皮细胞能够激活间质细胞的 Notch 信号通路，从而抑制了肺再生并促进了肺纤维化的进展[59]。因此，血管内皮细胞在肺再生中的作用需要进一步的研究证明。

肺泡的再生同时也受到组织损伤后导致的免疫反应的影响。急性肺损伤后的细胞坏死或者病毒感染会释放损伤和病原体相关的分子模式（damage-and pathogen associated molecular pattern，DAMP 和 PAMP），从而激活肺中的免疫细胞，如二型固有淋巴细胞和肺泡巨噬细胞等。在流感病毒感染后，上皮细胞分泌产生白细胞介素-33（IL-33），从

而刺激固有淋巴细胞分泌表皮生长因子家族成员之一的双调蛋白（amphiregulin），调节肺泡上皮细胞的功能[60]。此外，在肺切除模型中，肺泡上皮二型细胞分泌 CCL2，从而招募单核细胞进入肺泡中。当单核细胞进入肺泡后，在固有淋巴细胞分泌的白细胞介素-13 作用下产生 M2 巨噬细胞，M2 巨噬细胞则能够进一步促进肺泡上皮二型细胞的增殖[61]。

此外，机械力也具有调控肺泡干细胞增殖和分化的能力。由于呼吸作用，肺泡不停地扩张和收缩。当肺泡扩张的时候，空气进入肺泡中，从而对肺泡上皮细胞产生机械力。在肺切除模型中，由于部分肺被移除，剩余肺泡在每次呼吸过程中都容纳了更多的空气，从而使肺上皮细胞感受到的机械力增大。这些增大的机械力促使肺泡上皮二型细胞增强细胞骨架中的肌动蛋白，随后肌动蛋白激活肺泡上皮二型细胞中的小 G 蛋白 Cdc42，活化的 Cdc42 进一步促进 Yap 的去磷酸化，导致 Yap 进入细胞核中进行下游基因的转录，从而调控肺泡上皮二型细胞的增殖和分化。并且，体外研究表明，将肺泡上皮二型细胞培养在软的基质上，肺泡上皮二型细胞能够维持在肺泡上皮二型细胞的状态；但是将肺泡上皮二型细胞培养在硬的基质上，肺泡上皮二型细胞的形态则会变成扁平状并分化成肺泡上皮一型细胞[62]。

10.3.3 干细胞与肺疾病

近年来，越来越多的证据表明，包括慢性阻塞性肺疾病、肺纤维化和肺癌等在内的多种呼吸道疾病的发生和发展与肺脏干细胞有直接关系。这些疾病往往伴随着肺脏干细胞功能的紊乱和肺脏上皮细胞组成及生理功能的病理性变化。

慢性阻塞性肺疾病是一种以气流受限为特征的呼吸系统疾病，其通常是由于显著暴露于有害颗粒或气体引起的气道和肺泡异常导致的。患有慢性阻塞性肺疾病的病人的气道明显狭窄，基底细胞和杯状细胞会发生明显增生。基底细胞增生常常表现为鳞状化增生，有时伴有发育的异常。在鳞状化增生中，基底细胞会改变其行为，使具有增殖能力的 Krt5 和 Krt14 双阳性的基底细胞大量增生并分层，上层分化为角质化鳞状细胞。由于上皮细胞的增生，气管变得更加狭窄，同时杯状细胞大量分泌黏液，直接严重影响了肺脏的通气能力，导致疾病的恶化。

早期研究发现，肺泡二型上皮细胞特异性表达的表面活性蛋白 C（surfactant protein C，SFTPC）所编码的基因在家族性特发性肺纤维化（idiopathic pulmonary fibrosis，IPF）中有多个位点存在突变[63]。这让人们怀疑肺纤维化可能与肺泡上皮二型细胞的功能紊乱存在联系。现在多项研究表明在小鼠肺泡上皮二型细胞中特异性表达这些突变的表面活性蛋白 C 后，小鼠的肺脏会自发地出现肺纤维化。进一步研究表明，表面活性蛋白 C 的这些突变会导致表面活性蛋白的错误折叠和积累，从而激活未折叠的蛋白质反应（unfolded protein response），诱发细胞内质网应激，最终导致肺纤维化的发生[64]。家族性 IPF 中另一个常见的突变发生在端粒酶基因上[65]。当从小鼠肺泡上皮二型细胞中特异性敲除端粒酶后，肺脏也会自发地出现肺纤维化，而这些小鼠的肺泡二型上皮细胞的增殖和分化能力则会显著降低。这些研究有力地证明了肺泡上皮二型细胞功能的失调与特发性肺纤维的发生和发展有直接关系。

肺癌作为人类最常见的致死病因之一，与肺脏上皮干细胞也有密切联系。在人类呼吸道中，存在着近端至远端的癌症发生模式，其中，在气管和上呼吸道中鳞状细胞癌较为常见，在远端支气管和肺泡区域肺腺癌较为常见。肺癌亚型常常与参与每个区域修复的干细胞群具有一些相同的特征。浸润前的肺鳞状细胞癌常常仍然具有基底细胞的形态特征，并且持续表达 KRT5 的肺鳞状细胞癌也通常位于黏膜下腺导管连接处或软骨内边界，而这些区域也是基底细胞密集分布的区域，这提示肺鳞状细胞癌可能是由基底细胞起源的。人类腺癌经常共表达标志蛋白 SCGB1A1 和 SFTPC，表明可能起源于棒状细胞或肺泡上皮二型细胞。据统计显示，25%~50%的肺腺癌具有 *KRAS* 突变。当利用转基因小鼠模型在肺泡上皮二型细胞中表达持续性激活的 Kras（G12D）时，会强烈地诱导肺泡上皮二型细胞增殖，形成腺癌[28,53]。而利用 *Scga1b1*-CreER 在小鼠的所有棒状细胞中表达持续性激活 Kras（G12D）时，则仅在远端气管区域才会出现肺腺癌[66]。这些实验表明，肺泡上皮二型细胞或远端气管区域的部分棒状细胞很有可能是肺腺癌的起源。

10.4　人多能干细胞定向分化成肺上皮干细胞

10.4.1　人多能干细胞的定向分化

为了能够在体外研究人的肺脏干细胞和建立肺脏疾病相关模型，近年来通过对人的多能干细胞（human pluripotent stem cell，hPSC），包括胚胎干细胞（embryonic stem cell，ESC）和诱导多能干细胞（induced pluripotent stem cell，iPSC），定向诱导分化成肺脏干细胞成为了热门研究领域。定向分化是在体外培养体系中通过模拟胚胎干细胞分化成肺脏上皮干细胞的生长和发育过程中的相关信号通路，逐步控制 hPSC 分化成不同类型的肺脏干细胞。现在大量的实验已经成功实现 hPSC 向肺脏干细胞的定向分化。虽然存在略微不同的方法，但大多数将 hPSC 定向分化为肺谱系的研究具有基本相同的实验框架。

体外诱导定向分化的第一个主要步骤是形成内胚层。通过添加激活素 A（activin A）模拟原来在体内发育的关键信号通路，使得成功诱导 iPSC 或 ESC 分化成高度富集的内胚层细胞群，并表达经典的内胚层标志物（包括 FOXA2 和 SOX17）。这一步为后续诱导 hPSC 分化成包括肺、肝、胰腺和肠道等在内的所有内胚层来源的器官或组织提供了基础。下一个重要的步骤是将内胚层细胞（FOXA2⁺）诱导成前肠（FOXA2⁺/SOX2⁺）。这一步类似于内胚层的原始肠管中前-后轴的发育步骤。目前对于这一步骤，来自不同研究组的公开方案对于在不同阶段所使用的生长因子和抑制剂的时间与组合方面有着显著的不同。其中一种方法是，对诱导产生的内胚层使用 BMP 和 TGF-β 信号通路抑制剂能够有效地维持 FOXA2 的表达，同时实现诱导前肠标志物 SOX2 的表达和抑制后肠标志物 CDX2 的表达[67,68]。另一种可替代的方法是通过同时添加 FGF2 和 SHH，也能诱导内胚层向前肠命运的转化[69]。接下来的重要步骤是要把前肠内胚层命运的细胞诱导成肺内胚层细胞（NKX2-1⁺）。通过一系列的筛选已经表明 WNT[通过重组 WNT3a 或糖原合成酶激酶 3（GSK3）抑制剂]，BMP4 和视黄酸信号通路的激活是诱导向肺内胚层细胞分化所必需的[70~72]。也有人通过使用 BMP 和 TGF-β 抑制剂，结合 SHH 和 WNT 的组合成功诱导向肺内胚层细胞的分化[73]。最后一步则是通过模拟不同的信号通路诱导肺内胚层细胞分化产生不同类型的肺上皮细胞。为了增加诱导效率和细胞纯度，许多方案通过分选富集表达 NKX2-1 的祖细胞进行长期培养来完成后续步骤。与其他器官的发育情况类似，WNT 信号通路在诱导祖细胞向不同类型肺上皮细胞分化的过程中起着关键的作用。通过对 NKX2-1 阳性祖细胞的单细胞测序（scRNA-Seq）发现，高活性的 WNT 信号通路与 SFTPC+肺泡上皮二型细胞的分化相关。后续通过激活 NKX2-1 祖细胞中经典 WNT 信号通路能够有效地诱导产生 SFTPC+的肺泡上皮二型细胞。这些肺泡上皮二型细胞具有干细胞的特性——可以连续传代，并能够分化成肺泡上皮一型细胞。而且这些 hPSC 衍生的肺泡上皮二型细胞内含有成熟的肺泡上皮二型细胞所特有的细胞器——板层小体，并在功能上具有将 proSFTPB 进行加工和分泌的能力。虽然 WNT 信号通路是形成 NKX2-1 祖细胞和远端肺上皮细胞所必需的，但去除 WNT 信号通路则可以促进 NKX2-1 祖细胞向近端气道上皮细胞分化，包括基底细胞和棒状细胞[74,75]。

肺定向分化领域已经从产生相对不成熟的肺上皮细胞发展到产生相对成熟和功能性的肺上皮细胞，目前也正在应用于肺上皮细胞相关疾病建模和药物筛选。通过使用 hPSC 定向分化为肺上皮干细胞来模拟人类肺部发育和肺相关疾病，能够有效地克服人体肺组织的可用性、供体异质性和组织质量障碍所带来的局限，同时也可以建立病人特异性的模型，在个性化医疗和实验研究上具有巨大的潜力。最近多个研究成功使用囊性肺纤维化病人体细胞衍生的肺气管上皮细胞来进行疾病建模，并通过基因工程的方法对这些细胞的 CFTR 基因进行校正。理想的干细胞衍生系统需要具有强大的可重复性，从而用于细胞治疗或大型药物筛选。尽管许多研究采用了类似的策略来诱导 hPSC 向肺上皮干细胞的分化，但是对于标准化的方法尚未达成共识。因此，仍然存在由于使用的生长因子的细微差异导致实验结果急剧变化的问题。另外，hPSC 衍生的组织倾向于保持未成熟，在转录组水平上通常更类似于胎儿组织。因此，未来需要做更多的工作来了解如何诱导产生成熟的肺上皮细胞，并明确证明 hPSC 衍生的肺上皮细胞具有相同的形态结构和生理功能。

10.4.2 类器官模型的构建

类器官或器官小体的培养是通过将组织内的干细胞体外培养在 3D 基质中，使得干细胞逐步扩增并分化成在天然组织中观察到的多种细胞类型的技术。这种体外培养系统能够在体外构建干细胞自我更新和分化过程，形成与对应的器官类似的组织结构，并能够重现对应器官的部分功能，从而提供一个高度生理相关体外培养系统。因此，这种技术也被寄予厚望，应用在人体器官发生和各种人类疾病建模中。通过改变类器官的培养条件，可用于测试不同生长因子或信号调节因子和不同种类的支持细胞在调节上皮干细胞的增殖与分化中的作用。该技术还可以使用来自病人的细胞，用于预测药物使用后的个性反应，从而为精准医疗和基因治疗提供一个有效的研究平台。

1. 气管类器官

从人或小鼠气管中分离的基底细胞或棒状细胞通过体外 3D 培养形成的类器官称为气管类器官。气管类器官具有气管上皮细胞的假复层结构，并且能够观测到纤毛细胞的纤毛运动和棒状细胞的分泌行为[32]。这些体外培养的基底细胞可以长期维持自我更新能力，并传代至少两次。另外，基底细胞可以在不需要间充质细胞支持的条件下形成类器官。所以气管类器官提供了一个简单的平台来探索不同生长因子对基底细胞的增殖和分化作用。近年，多项研究成功地应用气管类器官系统研究了成年基底细胞中 Notch、BMP 和 IL6 信号转导的作用。此外，气管类器官也已经被用于研究细胞-细胞间的相互作用。结合体内谱系追踪的研究，利用类器官培养系统把基底细胞和棒状细胞共培养，证明了基底细胞能够抑制棒状细胞的去分化和形成类器官的能力。

气管类器官的培养方式最初是依据气液界面的 2D 培养系统下使用的培养条件进行优化改进而来。最近，一些在 2D 培养系统中对基底细胞生长条件的改进可能以后也能用于类器官培养条件的改进。一种方法是利用成纤维细胞系和基底细胞进行共培养来促进细胞的扩增。另一种方法是抑制 SMAD 信号通路，这能够显著促进基底细胞扩增并抑制基底细胞的分化能力[76]。

2. 肺泡类器官

肺泡上皮干细胞主要为肺泡上皮二型细胞。分离鼠肺泡上皮二型细胞用于体外培养通常采用两种方法。一种方法是使用谱系追踪荧光报告基因系统，结合了 Sftpc-CreER 和荧光报告基因小鼠品系，使肺泡上皮二型细胞特异性表达荧光蛋白，然后通过流式细胞仪进行分选。通过这种方法分选的肺泡上皮二型细胞可以在体外进行谱系追踪，并用于区分未标记的支持细胞或污染的其他上皮细胞。另一种方法是使用特异性抗体进行活细胞染色来分选肺泡上皮二型细胞。人肺泡上皮二型细胞通常需要使用特异性识别人肺泡上皮二型细胞表面标志物（HTII280）的单克隆抗体染色进行分选。在流式分选中，人肺泡上皮二型细胞被定义为碘化丙锭染色（PI⁻、CD31⁻、CD45⁻、EPCAM⁺、HTII280⁺）。

迄今为止，肺泡类器官的培养都需要某种支持细胞的共培养。通常需要将分选出来的肺泡上皮二型细胞与间充质支持细胞按一定比例混合后才能形成肺泡类器官[53]。目前几种不同类型的支持细胞已经被验证可以与小鼠肺泡上皮二型细胞一起培养构建肺泡类器官，其中包括 Pdgfra⁺成纤维细胞、EpCAM-Sca1⁺的原发性肺间充质细胞、MLg 细胞系、肺内皮细胞和肺泡巨噬细胞等。当使用添加了多种生长因子和辅助因子的培养基后，肺泡上皮二型细胞通过增殖和分化形成具有一定三维结构的类器官，其中包含 Ager⁺、Pdpn⁺、Hopx⁺肺泡上皮一型细胞和 Sftpc⁺肺泡上皮二型细胞。每个类器官都是由单个肺泡上皮二型细胞扩增形成的克隆。这些体外培养肺泡上皮二型细胞能够长期保持自我更新的能力（图 10-5）。另外，人的肺泡类器官需要将人肺泡上皮二型细胞与人胚胎肺成纤维细胞系 MRC5 共培养，但其中只含有肺泡上皮二型细胞，并不能分化成肺泡上皮一型细胞。

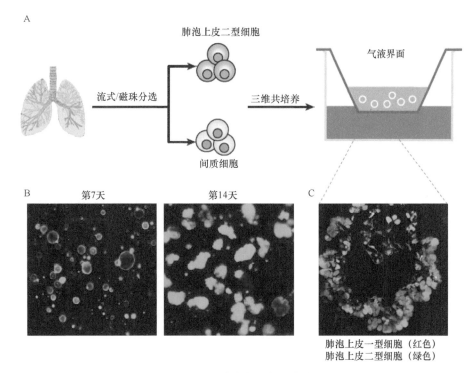

图 10-5　肺泡类器官的培养

A. 肺泡类器官的培养需要通过流式或磁珠分选获取肺泡上皮二型细胞和间质细胞后，将两种细胞于 Matrigel 中按一定比例混合，并接种到 Transwell 里培养在气液界面。B. 对绿色荧光蛋白标记的肺泡上皮二型细胞进行类器官培养 7 天后，由于细胞的快速增殖能够形成大量的空泡结构。而在培养 14 天后，随着肺泡上皮二型细胞的分化，类器官形态发生明显改变。C. 培养 14 天后的肺泡类器官中形成了扁平的肺泡上皮一型细胞（红色）

参 考 文 献

1　Zepp JA & Morrisey EE. Cellular crosstalk in the development and regeneration of the respiratory system. Nat Rev Mol Cell Biol, 2019, **20(9)**: 551-566.

2　Jain R, Barkauskas CE, Takeda N et al. Plasticity of hopx(+) type i alveolar cells to regenerate type ii cells in the lung. Nat Commun, 2015, **6**: 6727.

3　Wang Y, Tang Z, Huang H et al. Pulmonary alveolar type i cell population consists of two distinct subtypes that differ in cell fate. Proc Natl Acad Sci U S A, 2018, **115(10)**: 2407-2412.

4　Morrisey EE & Hogan BL. Preparing for the first breath: Genetic and cellular mechanisms in lung development. Dev Cell, 2010, **18(1)**: 8-23.

5　Rackley CR & Stripp BR. Building and maintaining the epithelium of the lung. J Clin Invest, 2012, **122(8)**: 2724-2730.

6　Goss AM, Tian Y, Tsukiyama T et al. Wnt2/2b and beta-catenin signaling are necessary and sufficient to specify lung progenitors in the foregut. Dev Cell, 2009, **17(2)**: 290-298.

7　Harris-Johnson KS, Domyan ET, Vezina CM et al. Beta-catenin promotes respiratory progenitor identity in mouse foregut. Proc Natl Acad Sci U S A, 2009, **106(38)**: 16287-16292.

8　Metzger RJ, Klein OD, Martin GR et al. The branching programme of mouse lung development. Nature, 2008, **453(7196)**: 745-750.

9　Bellusci S, Grindley J, Emoto H et al. Fibroblast growth factor 10 (fgf10) and branching morphogenesis in the embryonic mouse lung. Development, 1997, **124(23)**: 4867-4878.

10　Ohuchi H, Hori Y, Yamasaki M et al. Fgf10 acts as a major ligand for fgf receptor 2 iiib in mouse multi-organ development. Biochem Biophys Res Commun, 2000, **277(3)**: 643-649.

11 Sekine K, Ohuchi H, Fujiwara M et al. Fgf10 is essential for limb and lung formation. Nat Genet, 1999, **21(1)**: 138-141.

12 Herriges JC, Verheyden JM, Zhang Z et al. Fgf-regulated etv transcription factors control fgf-shh feedback loop in lung branching. Dev Cell, 2015, **35(3)**: 322-332.

13 Tang Z, Hu Y, Wang Z et al. Mechanical forces program the orientation of cell division during airway tube morphogenesis. Dev Cell, 2018, **44(3)**: 313-325 e315.

14 Tang N, Marshall WF, Mcmahon M et al. Control of mitotic spindle angle by the ras-regulated erk1/2 pathway determines lung tube shape. Science, 2011, **333(6040)**: 342-345.

15 Unbekandt M, Del Moral PM, Sala FG et al. Tracheal occlusion increases the rate of epithelial branching of embryonic mouse lung via the fgf10-fgfr2b-sprouty2 pathway. Mech Dev, 2008, **125(3-4)**: 314-324.

16 Nelson CM, Gleghorn JP, Pang MF et al. Microfluidic chest cavities reveal that transmural pressure controls the rate of lung development. Development, 2017, **144(23)**: 4328-4335.

17 Smith BM, Traboulsi H, Austin JHM et al. Human airway branch variation and chronic obstructive pulmonary disease. Proc Natl Acad Sci U S A, 2018, **115(5)**: E974-E981.

18 Demello DE & Reid LM. Embryonic and early fetal development of human lung vasculature and its functional implications. Pediatr Dev Pathol, 2000, **3(5)**: 439-449.

19 Kitaoka H, Burri PH & Weibel ER. Development of the human fetal airway tree: Analysis of the numerical density of airway endtips. Anat Rec, 1996, **244(2)**: 207-213.

20 Khoor A, Gray ME, Singh G et al. Ontogeny of clara cell-specific protein and its mRNA: Their association with neuroepithelial bodies in human fetal lung and in bronchopulmonary dysplasia. J Histochem Cytochem, 1996, **44(12)**: 1429-1438.

21 Yang Y, Riccio P, Schotsaert M et al. Spatial-temporal lineage restrictions of embryonic p63(+) progenitors establish distinct stem cell pools in adult airways. Dev Cell, 2018, **44(6)**: 752-761 e754.

22 Guha A, Vasconcelos M, Cai Y et al. Neuroepithelial body microenvironment is a niche for a distinct subset of clara-like precursors in the developing airways. Proc Natl Acad Sci U S A, 2012, **109(31)**: 12592-12597.

23 Kurotani R, Tomita T, Yang Q et al. Role of secretoglobin 3a2 in lung development. Am J Respir Crit Care Med, 2008, **178(4)**: 389-398.

24 Rawlins EL, Ostrowski LE, Randell SH et al. Lung development and repair: Contribution of the ciliated lineage. Proc Natl Acad Sci U S A, 2007, **104(2)**: 410-417.

25 Que J, Luo X, Schwartz RJ et al. Multiple roles for sox2 in the developing and adult mouse trachea. Development, 2009, **136(11)**: 1899-1907.

26 Tsao PN, Vasconcelos M, Izvolsky KI et al. Notch signaling controls the balance of ciliated and secretory cell fates in developing airways. Development, 2009, **136(13)**: 2297-2307.

27 Chu Q, Yao C, Qi X et al. Stk11 is required for the normal program of ciliated cell differentiation in airways. Cell Discov, 2019, **5**: 36.

28 Desai TJ, Brownfield DG & Krasnow MA. Alveolar progenitor and stem cells in lung development, renewal and cancer. Nature, 2014, **507(7491)**: 190-194.

29 Rawlins EL, Clark CP, Xue Y et al. The id2+ distal tip lung epithelium contains individual multipotent embryonic progenitor cells. Development, 2009, **136(22)**: 3741-3745.

30 Li J, Wang Z, Chu Q et al. The strength of mechanical forces determines the differentiation of alveolar epithelial cells. Dev Cell, 2018, **44(3)**: 297-312 e295.

31 Schittny JC. Development of the lung. Cell Tissue Res, 2017, **367(3)**: 427-444.

32 Rock JR, Onaitis MW, Rawlins EL et al. Basal cells as stem cells of the mouse trachea and human airway epithelium. Proc Natl Acad Sci U S A, 2009, **106(31)**: 12771-12775.

33 Kim CF, Jackson EL, Woolfenden AE et al. Identification of bronchioalveolar stem cells in normal lung and lung cancer. Cell, 2005, **121(6)**: 823-835.

34 Liu Q, Liu K, Cui G et al. Lung regeneration by multipotent stem cells residing at the bronchioalveolar-duct junction. Nat Genet, 2019, **51(4)**: 728-738.

35　Salwig I, Spitznagel B, Vazquez-Armendariz AI et al. Bronchioalveolar stem cells are a main source for regeneration of distal lung epithelia *in vivo*. EMBO J, 2019, **38(12)**.

36　Vaughan AE, Brumwell AN, Xi Y et al. Lineage-negative progenitors mobilize to regenerate lung epithelium after major injury. Nature, 2015, **517(7536)**: 621-625.

37　Ray S, Chiba N, Yao C et al. Rare sox2(+) airway progenitor cells generate krt5(+) cells that repopulate damaged alveolar parenchyma following influenza virus infection. Stem Cell Reports, 2016, **7(5)**: 817-825.

38　Xi Y, Kim T, Brumwell AN et al. Local lung hypoxia determines epithelial fate decisions during alveolar regeneration. Nat Cell Biol, 2017, **19(8)**: 904-914.

39　Montoro DT, Haber AL, Biton M et al. A revised airway epithelial hierarchy includes cftr-expressing ionocytes. Nature, 2018, **560(7718)**: 319-324.

40　Rock JR, Gao X, Xue Y et al. Notch-dependent differentiation of adult airway basal stem cells. Cell Stem Cell, 2011, **8(6)**: 639-648.

41　Pardo-Saganta A, Law BM, Tata PR et al. Injury induces direct lineage segregation of functionally distinct airway basal stem/progenitor cell subpopulations. Cell Stem Cell, 2015, **16(2)**: 184-197.

42　Rawlins EL, Okubo T, Xue Y et al. The role of scgb1a1+ clara cells in the long-term maintenance and repair of lung airway, but not alveolar, epithelium. Cell Stem Cell, 2009, **4(6)**: 525-534.

43　Tata PR, Mou H, Pardo-Saganta A et al. Dedifferentiation of committed epithelial cells into stem cells *in vivo*. Nature, 2013, **503(7475)**: 218-223.

44　Volckaert T, Yuan T, Chao CM et al. Fgf10-hippo epithelial-mesenchymal crosstalk maintains and recruits lung basal stem cells. Dev Cell, 2017, **43(1)**: 48-59 e45.

45　Balasooriya GI, Goschorska M, Piddini E et al. Fgfr2 is required for airway basal cell self-renewal and terminal differentiation. Development, 2017, **144(9)**: 1600-1606.

46　Balasooriya GI, Johnson JA, Basson MA et al. An fgfr1-spry2 signaling axis limits basal cell proliferation in the steady-state airway epithelium. Dev Cell, 2016, **37(1)**: 85-97.

47　Zhao R, Fallon TR, Saladi SV et al. Yap tunes airway epithelial size and architecture by regulating the identity, maintenance, and self-renewal of stem cells. Dev Cell, 2014, **30(2)**: 151-165.

48　Pardo-Saganta A, Tata PR, Law BM et al. Parent stem cells can serve as niches for their daughter cells. Nature, 2015, **523(7562)**: 597-601.

49　Peng T, Frank DB, Kadzik RS et al. Hedgehog actively maintains adult lung quiescence and regulates repair and regeneration. Nature, 2015, **526(7574)**: 578-582.

50　Lee JH, Tammela T, Hofree M et al. Anatomically and functionally distinct lung mesenchymal populations marked by lgr5 and lgr6. Cell, 2017, **170(6)**: 1149-1163 e1112.

51　Butler JP, Loring SH, Patz S et al. Evidence for adult lung growth in humans. N Engl J Med, 2012, **367(3)**: 244-247.

52　Rock JR, Barkauskas CE, Cronce MJ et al. Multiple stromal populations contribute to pulmonary fibrosis without evidence for epithelial to mesenchymal transition. Proc Natl Acad Sci USA, 2011, **108(52)**: E1475-1483.

53　Barkauskas CE, Cronce MJ, Rackley CR et al. Type 2 alveolar cells are stem cells in adult lung. J Clin Invest, 2013, **123(7)**: 3025-3036.

54　Nabhan AN, Brownfield DG, Harbury PB et al. Single-cell wnt signaling niches maintain stemness of alveolar type 2 cells. Science, 2018, **359(6380)**: 1118-1123.

55　Zacharias WJ, Frank DB, Zepp JA et al. Regeneration of the lung alveolus by an evolutionarily conserved epithelial progenitor. Nature, 2018, **555(7695)**: 251-255.

56　Zepp JA, Zacharias WJ, Frank DB et al. Distinct mesenchymal lineages and niches promote epithelial self-renewal and myofibrogenesis in the lung. Cell, 2017, **170(6)**: 1134-1148 e1110.

57　Chung MI, Bujnis M, Barkauskas CE et al. Niche-mediated bmp/smad signaling regulates lung alveolar stem cell proliferation and differentiation. Development, 2018, **145(9)**.

58　Ding BS, Nolan DJ, Guo P et al. Endothelial-derived angiocrine signals induce and sustain regenerative lung alveolarization. Cell, 2011, **147(3)**: 539-553.

59 Cao Z, Lis R, Ginsberg M et al. Targeting of the pulmonary capillary vascular niche promotes lung alveolar repair and ameliorates fibrosis. Nat Med, 2016, **22(2)**: 154-162.

60 Monticelli LA, Sonnenberg GF, Abt MC et al. Innate lymphoid cells promote lung-tissue homeostasis after infection with influenza virus. Nat Immunol, 2011, **12(11)**: 1045-1054.

61 Lechner AJ, Driver IH, Lee J et al. Recruited monocytes and type 2 immunity promote lung regeneration following pneumonectomy. Cell Stem Cell, 2017, **21(1)**: 120-134 e127.

62 Liu Z, Wu H, Jiang K et al. Mapk-mediated yap activation controls mechanical-tension-induced pulmonary alveolar regeneration. Cell Rep, 2016, **16(7)**: 1810-1819.

63 Thomas AQ, Lane K, Phillips J 3rd et al. Heterozygosity for a surfactant protein c gene mutation associated with usual interstitial pneumonitis and cellular nonspecific interstitial pneumonitis in one kindred. Am J Respir Crit Care Med, 2002, **165(9)**: 1322-1328.

64 Noble PW, Barkauskas CE & Jiang D. Pulmonary fibrosis: Patterns and perpetrators. J Clin Invest, 2012, **122(8)**: 2756-2762.

65 Carloni A, Poletti V, Fermo L et al. Heterogeneous distribution of mechanical stress in human lung: A mathematical approach to evaluate abnormal remodeling in ipf. J Theor Biol, 2013, **332**: 136-140.

66 Xu X, Rock JR, Lu Y et al. Evidence for type ii cells as cells of origin of k-ras-induced distal lung adenocarcinoma. Proc Natl Acad Sci U S A, 2012, **109(13)**: 4910-4915.

67 Longmire TA, Ikonomou L, Hawkins F et al. Efficient derivation of purified lung and thyroid progenitors from embryonic stem cells. Cell Stem Cell, 2012, **10(4)**: 398-411.

68 Mou H, Zhao R, Sherwood R et al. Generation of multipotent lung and airway progenitors from mouse escs and patient-specific cystic fibrosis ipscs. Cell Stem Cell, 2012, **10(4)**: 385-397.

69 Wong AP, Bear CE, Chin S et al. Directed differentiation of human pluripotent stem cells into mature airway epithelia expressing functional cftr protein. Nat Biotechnol, 2012, **30(9)**: 876-882.

70 Gotoh S, Ito I, Nagasaki T et al. Generation of alveolar epithelial spheroids via isolated progenitor cells from human pluripotent stem cells. Stem Cell Reports, 2014, **3(3)**: 394-403.

71 Huang SX, Islam MN, O'neill J et al. Efficient generation of lung and airway epithelial cells from human pluripotent stem cells. Nat Biotechnol, 2014, **32(1)**: 84-91.

72 Hawkins F, Kramer P, Jacob A et al. Prospective isolation of nkx2-1-expressing human lung progenitors derived from pluripotent stem cells. J Clin Invest, 2017, **127(6)**: 2277-2294.

73 Dye BR, Hill DR, Ferguson MA et al. *In vitro* generation of human pluripotent stem cell derived lung organoids. Elife, 2015, **4**.

74 Jacob A, Morley M, Hawkins F et al. Differentiation of human pluripotent stem cells into functional lung alveolar epithelial cells. Cell Stem Cell, 2017, **21(4)**: 472-488 e410.

75 Mccauley KB, Hawkins F, Serra M et al. Efficient derivation of functional human airway epithelium from pluripotent stem cells via temporal regulation of wnt signaling. Cell Stem Cell, 2017, **20(6)**: 844-857 e846.

76 Mou H, Vinarsky V, Tata PR et al. Dual smad signaling inhibition enables long-term expansion of diverse epithelial basal cells. Cell Stem Cell, 2016, **19(2)**: 217-231.

汤 楠 李 蛟 王 诤

第11章 皮肤干细胞

皮肤覆盖于生物体表面，是由多类型细胞组成的生物体最大的器官。皮肤终其一生都要面对外界对生物体的磨损与消耗，因而具有巨大的再生能力，这种能力源自于皮肤里几种不同类型的成体干细胞。在本章中，我们将重点放在出生后小鼠皮肤上皮干细胞上。非人类动物模型能提供高度灵活性的研究方法与实验手段，并且受伦理问题的限制较少，因此可以帮助我们深入了解调控干细胞再生能力的生物学原理与规律。

11.1 小鼠皮肤组织概述

构建生物体表面保护性覆盖物——皮肤的复杂过程始于小鼠胚胎发育的第 9 天（E9）。通过外胚层和中胚层之间的一系列信号交换，胚胎最表面出现了高度结构化的组织，其功能旨在密封和保护动物的身体以抵抗各种各样的环境攻击。表皮的屏障功能使得动物体相对外部环境具有密封性，这对于动物的存活至关重要，并且在小鼠出生前一天的胚胎期发育的第18天（E18）完全完成。小鼠背部毛囊形态发生始于E13左右，前后一共有三个阶段，在出生时完成[1]。

成熟皮肤由两个主要组织组成：①表皮及其附属物，主要由特化的上皮细胞（或称为角质形成细胞）组成；②真皮，主要由间充质细胞组成。表皮的最基底层由表达特征性角蛋白K5和K14，并且有丝分裂活跃的角质形成细胞组成（图11-1）。当这些细胞退出细胞周期并启动终末分化程序时，它们保持转录活性，同时向上朝皮肤表面移动，当它们进入棘层时，将K5和K14的表达转换成了K1和K10[2]。K1和K10形成角蛋白丝，能为细胞提供强大的内部强度。接着，棘层的细胞继续往上迁移进入颗粒层，它们开始产生脂质并将脂质包装成层状颗粒（lamella body）[3]。同时它们产生丝聚蛋白（filaggrin），进一步将角蛋白丝束成形成类似电缆结构。接下来颗粒层细胞合成一系列蛋白质并堆积于质膜下面，这些蛋白质包括Involucrin、Loricrin、SPRR等[4]。当细胞完成这些任务时，钙的流入激活转谷氨酰胺酶，这导致堆积于质膜下的外皮蛋白及其缔合物交联成角质化的、类似信封结构的包裹细胞，细胞内的脂质则被分泌到细胞外，填充细胞间隙。然后这些角质层代谢惰性的细胞经历类似细胞程序性凋亡的过程，失去细胞核与细胞器，导致细胞扁平化，形成死亡的鳞屑，最终在体表脱落。这些高度角质化的细胞为身体表面提供了密封，脱落的细胞则由不断向外迁移的细胞取而代之。表皮每隔几周就会自我再生，并具有显著的愈合能力，可以根据环境因素进行愈合、扩张或收缩。

表皮附属物主要包括毛囊、皮脂腺和汗腺（图11-2），它们都深入真皮层。毛囊是由至少8种不同类型细胞组成的复杂结构，甚至可以被认为是皮肤里的一类小型器官[5]。毛干位于毛囊的中间并向上生长，冲出皮肤表面后在体外可见。围绕以毛干为轴心的同心细胞层形成外根鞘和内根鞘。毛囊的外根鞘细胞与表皮的基底层细胞相连，这两类

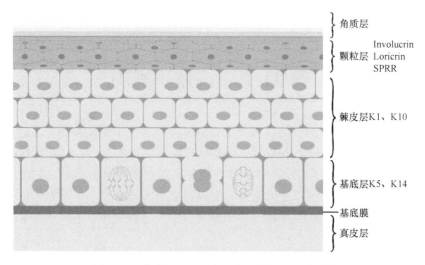

图 11-1　表皮细胞层及各层主要表达蛋白类型

表皮细胞层从上到下依次为角质层、颗粒层、棘皮层、基底层和真皮层，基底层和真皮层通过基底膜相连。颗粒层细胞表达特异性蛋白 Involucrin、Loricrin 和 SPRR。棘皮层表达特异性 K1 和 K10。基底层表达特异性蛋白 K5 和 K14

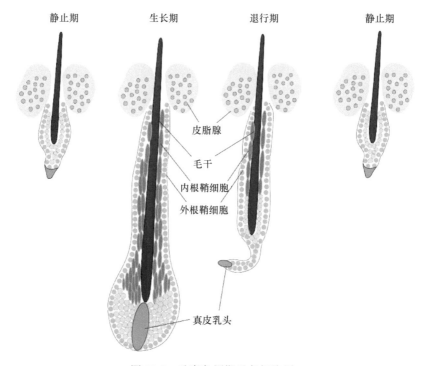

图 11-2　毛囊各周期及各细胞层

毛囊的一个周期包括生长期、退行期和静止期。生长期的毛囊结构包括：皮脂腺，位于毛囊凸起上方；毛干及包裹毛干的内根鞘细胞和外根鞘细胞；被球茎状基质结构包裹的真皮乳头

细胞共享许多常见的特征性蛋白，包括 K5、K14 和 α6β4 Integrin，它们同样也是有丝分裂活跃的细胞。但是毛囊里有丝分裂最旺盛的细胞位于生长期毛囊底部的球茎状基质结构中，英文称为 matrix。由基质细胞分裂分化产生毛囊的内根鞘细胞及毛干，基质细胞表达许多涉及毛囊分化的转录因子（如 Lef1 和 Msx-2）。基质细胞围绕着专门的间充质

细胞，即真皮乳头（dermal papilla），这是毛发生长必需要的微环境细胞，具有重要的毛发生长诱导性 [6]。毛囊的内根鞘细胞紧贴毛干，在毛囊的上部退化，释放毛干。在某种程度上，毛囊的内根鞘细胞类似于表皮颗粒层细胞，但它们的颗粒独特地由 trichohyalin 组成。毛干细胞与表皮角质层更相似，因为它们都是终末分化的细胞并具有代谢惰性；不同的是，毛干细胞表达了一组独特的头发特异性角蛋白。皮脂腺位于毛囊的上部，正好在立毛肌上方，由含脂肪的细胞组成，这些细胞将其脂质成分释放到毛发管中，有助于毛干突破皮肤表面。皮脂腺的有丝分裂活跃细胞与毛囊的外根鞘细胞和表皮的基底层细胞相连，而且也表达 K5 和 K14。人的汗腺虽然数目众多且遍布全身，但是小鼠的汗腺仅位于前后掌的掌心部位。汗腺独立于毛囊和皮脂腺组织结构，它通过分泌水溶液来调节皮肤和全身的温度 [7]。汗腺包含导管细胞、肌上皮细胞和管腔祖细胞（后两类细胞在卷绕的腺体部位）。在胚胎发育晚期，小鼠的掌心部位出现汗腺萌芽，继而向下生长产生腺体的导管和卷绕的腺体部分。与毛囊不同，汗腺在成年期间几乎不会更新。

出生时，小鼠背部毛囊的形态起始发生已全部完成，毛囊的数目不会再增加。在出生后第 7 天，小鼠皮肤中所有的毛囊都已达到成熟，毛发开始出现在皮肤表面。在出生后第 4 天左右，毛囊的外根鞘位于皮脂腺下方的一侧扩大一点，形成毛囊凸起。这个特殊区域是毛囊干细胞所在的位置，英文称为 bulge。像表皮一样，出生后毛囊处于不断变化的状态，经历周期性的生长期、退行期和静止期（图 11-2）[8]。早期小鼠背部毛发周期相对同步，从出生后小鼠毛囊维持在生长期，形成浓密的毛发层覆盖小鼠主要体干部分。在出生后大约 17 天，小鼠背部毛发生长停止，毛囊开始进入退行期，毛囊细胞从底部开始死亡，往上收缩，最终毛囊凸起区域下方几乎所有的细胞都将消失。真皮乳头跟随分离毛囊和间充质细胞的收缩基底膜而向上移动，当真皮乳头到达毛囊凸起下方时，退行期完成，毛囊进入静止期。新的毛发生长期开始的时间根据小鼠品系、性别及年龄有很大差异，来自周围环境和真皮乳头的信号被认为是重新激活毛囊干细胞以重新启动生长期所必需的。

11.2 毛囊干细胞概述

毛发生长可以持续相当长的时间，例如，小鼠背部毛发生长持续 3 周，在人类中可持续数月至数年，而对于一些动物物种（如安哥拉兔和莫雷诺羊）更加可认为是无限期。对于这种成体中不多见的、可以持续生长并且能周期性再生的器官，是什么细胞在支持与驱动这种长期再生能力，显然是一个很受关注的科学问题，也是一个对临床转化很有意义的问题。位于生长期毛囊底部的基质细胞通过分裂与分化产生毛干，而且这群细胞接近间充质细胞，可以直接接受真皮乳头细胞分泌的促进毛发生长的信号，这些理由以及其他的一些观察，导致曾经有推测认为这些基质细胞是毛囊里的干细胞群。但是这个理论有明显的问题，比如在毛囊从生长期进入退行期时，绝大部分的基质细胞会死亡消失，如果这些是毛囊干细胞，那么下一轮的毛发再生又是由哪些细胞来驱动的呢？如下所述，关于毛囊干细胞的具体身份虽然曾经存在一些争议，但是现在非常清楚的是，毛囊干细胞位于皮脂腺下面的毛囊凸起。这个部位是毛囊外根鞘中的一个小凸起，因此这些细胞通常被称为"凸起细胞"，英文称为 bulge cell[9,10]。一系列极其优雅但复杂的实验表明，这些凸起细胞可以产生毛囊中所有分化的细胞类型，而且在损伤条件下，还能往上迁移帮助表皮的再生。

11.2.1 毛囊干细胞的发现过程与标记方法

干细胞的概念在早期被提出来的时候，就干细胞应该如何定义有很多指标，其中一项就认为：作为成体器官中需要长期存在，并且能够不断进行分裂分化，以支持相应器官终其一生细胞更新的成体干细胞来说，一个很重要的特性应该是这群细胞具有保护其DNA 免受复制错误累积的特殊机制，否则它们就可能成为导致组织癌变的源头，因为在这群细胞里发生的复制错误与突变会有足够的时间进行累计，而不会像它们的子代细胞那样就算发生了突变也很可能随着这些细胞的消失而不会产生癌变的后果。就这一特殊机制的猜想也有很多，其中被广泛关注的途径有两个：减少干细胞细胞分裂的次数；不对称地将新合成的 DNA 分离成非干细胞后代（永生 DNA 链假设）。迄今为止，这些假设能减少干细胞 DNA 错误积累的有效性仍然缺乏直接证据，但是毛囊中不同的细胞分裂频率有很大差别确实是一个不争的事实。通过标记皮肤中正在复制的 DNA，并追踪在接下来一段时间内不同细胞通过持续的细胞分裂将 DNA 标志物稀释的这一实验手段，即英文中所谓的 pulse-chase experiment，研究者发现在皮肤上皮中就能检测到慢循环和（或）不对称分裂细胞群。George Cotsarelis 在 1990 年发表的文章中报道，通过给小鼠幼崽在出生后到 7 天中间连续注射放射性氚标记的胸腺嘧啶核苷（[3H] TdR），能够标记毛囊、皮脂腺、成纤维细胞和内皮细胞中几乎 100%的细胞核[9]。接下来对标记的细胞进行 4 周的追踪，发现位于生长期毛囊底部的基质细胞因为参与快速增殖并稀释标记 DNA，没有任何细胞仍然保留标记，反而是小鼠毛囊凸起区域细胞成为毛囊里唯一一群由于细胞分裂缓慢而保留标记的细胞，也就是英文里常称为的"label retaining cell"。虽然它们通常相对细胞分裂少，但可以通过 TPA 刺激瞬时增殖。毛囊凸起区域中的角质形成细胞在超微结构上相对未分化，再加上这群细胞位于毛囊"永久"部分，退行期进行到毛囊凸起部位就会停止，因此这群细胞不会像位于生长期毛囊底部的基质细胞那样周期性的死亡。这些证据第一次直接指出这群分裂缓慢的毛囊凸起处细胞才应该是毛囊干细胞。

使用放射性氚标记的胸腺嘧啶核苷来找到毛囊里循环缓慢的细胞只能在组织切片上标记这些细胞的位置，但是无法让研究者分离得到这群细胞进行进一步的分析。接下来 Elaine Fuchs 实验室开发了一种全新的荧光标记方法解决了这一问题[10]。该方法基于细胞类型特异性启动子和四环素调节的双驱动方式来调控绿色荧光蛋白融合的组蛋白H2B（H2B-GFP）的表达，在没有四环素的情况下，表达 K5 的细胞都表达 H2B-GFP，因此所有上皮细胞都带有明显的细胞核绿色荧光标记，加入四环素后，所有细胞都停止表达这一核小体蛋白。在接下来的细胞分裂中，H2B-GFP 的蛋白量被不断稀释，导致细胞荧光标记逐渐减弱，由此能从荧光强度上区分在相同时间内分裂频率快与慢的细胞。这种荧光标记法不但能够指示分裂缓慢的细胞在毛囊中所在位置，而且可以通过流式分选的方法使研究者借助绿色荧光蛋白荧光获得这群细胞,进行一系列的深入研究。这一荧光标记方法比起使用[³H] TdR 或者 BrdU 作为标记手段还有一个很大的优势,那就是[³H]TdR 或者 BrdU 都只能短时间给小鼠注射,否则就会带来细胞毒性,如果实验想要标记循环缓慢的细胞,在这一短暂的标记时期内刚好没有进入细胞周期并复制DNA,那么分裂最缓慢的细胞从一开始就不会有标记,在接下来的追踪期就有可能导致假阴性的结果。而使用 H2B-GFP 进行标记的方法可以长时间的在体内进行标记,比如一个月以上,这就可以确保感兴趣的组织内几乎所有的细胞从一开始都带有相同的荧光标记,当 H2B-GFP 表达被关闭时,所有的细胞都在同一起跑线上,通过细胞分裂稀释标志物,从而使得不经常循环的细胞成为仅留下明亮标记的细胞而脱颖而出。这一方法被成功用于皮肤检测,并且明确指出毛囊凸起中的细胞是分裂缓慢的毛囊干细胞,在正常毛发生长期这群细胞可以分裂并沿毛囊的外根鞘向下迁移,而在表皮损伤的情况下可以往表皮方向迁移。同时,这种 GFP 荧光标记使得分离毛囊中不经常循环的干细胞成为可能,带来了一系列新的发现。

现在成体干细胞的定义只有两个指标,代表两种能力:长期自我更新能力和多能性。前一条是指干细胞在分裂时产生的子代细胞中至少有一个能维持干细胞非分化的特性,而且这种自我更新能力必须长期保存;后一条是指干细胞要有能分化产生所在器官中所有细胞类型的潜能。上面发现毛囊凸起细胞分裂缓慢的特性很明显与这两条干细胞定义都没有关系,只是一种细胞特性。所以接下来又有不同的实验方法来探寻毛囊凸起细胞到底是不是在功能上符合干细胞的定义。

接下来我们就将介绍早期在功能学上鉴定毛囊干细胞的另一种方法——通过体外细胞培养克隆性分析及移植实验来确定单个细胞的多能性。在还没有方法特异性标记凸起细胞并且将其进行流式分选的时候,大鼠触须毛囊因其体型大、显微操作性强,提供了一个很好的实验材料。将显微切割下来的大鼠触须凸起区域移植到免疫缺陷型裸鼠背部的皮肤中,可产生整个毛囊、皮脂腺和表皮,这可以说在功能学上证明了这群细胞的多能性。当将大鼠触须凸起细胞和基质细胞分别显微切割分离下来置于组织培养体系中时,凸起细胞表现出最高的成克隆能力(克隆是指单个细胞扩增形成的细胞群)[11]。这些早期发现虽然很有意思,但是缺乏严谨性,显微切割获得的组织块所包含的细胞类型不明确,因此能得到的明确结论也有限。在接下来用流式分选获得的小鼠背部毛囊单个凸起细胞体外培养和移植实验中,得到了与上述实验类似的结果:与其他非凸起区域的细胞相比,凸起细胞在体外培养体系中是唯一能长期传代并且维持成克隆能力的细胞[12]。而将体外克隆扩增获得的凸起细胞与真皮间充质细胞混合移植到裸鼠背部,就能产生整个毛囊、皮脂腺和表皮。这些体外细胞培养和移植实验在功能学上证明了毛囊凸起细胞在体外的长期自我更新能力和多能性。

毛囊凸起细胞在体内缓慢循环与它们在体外培养体系中迅速扩增形成大克隆的能力之间似乎存在矛盾,这里就引出了体外培养实验体系与体内微环境的差异性。毛囊凸起细胞在体内与基底膜和其他细胞都保持紧密的粘连,这是通过一系列的整联蛋白来实现的,通常认为整联蛋白在皮肤中起重要的作用,可以调节干细胞表皮黏附、生长和分化[13]。而流式分选细胞的第一步就是打断这些细胞间及细胞与基底层的连接,并将这些细胞以单细胞的形式在二维体系中培养。不仅如此，毛囊细胞体外培养基和血清中还含有优化后所需的各种成分，以确保细胞的活性和分裂能力。所以凸起细胞在体内面临的环境，无论是在物理、化学，还是生物特性上都与体外细胞培养环境非常不同，所以研究者在把体外观察到的规律与体内生物学现象作对比时需要意识到这两者的区别。体外实验因其可操作性强、实验设计灵活，可以帮助我们揭示很多体内实验无法发现的新的生物学机制，但是这些发现是否能用来解释我们感兴趣的体内生物学现象，还需要进一步的验证。后期的实验确实证明细胞移植实验也有其局限性。大鼠的胸腺上皮细胞可以在体外培养扩增，当把这些胸腺上皮细胞与小鼠背部皮肤的真皮间充质细胞混合移植到裸鼠背部时，胸腺上皮细胞居然能被诱导分化形成毛囊、皮脂腺与表皮，而且这些被诱导分化的细胞在重新分离出来后第二次移植依然能够形成以上所有结构，也就是说在这个移植实验中，胸腺上皮细胞展示出了皮肤干细胞才应该有的长期自我更新能力及多能性[14]。这一非常有意思的实验结果揭示了皮肤间充质细胞的强大诱导能力，我们会在下面章节详细介绍这些细胞提供的信号分子。同时这一实验也证明了这种移植实验其实是一个诱导实验，细胞在移植实验中的行为和能力并不能代表它们在体内具有相同的行为和能力，例如，我们不会因为胸腺上皮细胞在这种特定微环境下展示出来的分化潜能把它们也定义为皮肤干细胞。所以要证明一群细胞是不是一个组织内的成体干细胞，最好的方法是在体内原始的环境内来探究这群细胞是否具有长期自我更新能力及多能性，下面要介绍的谱系追踪方法就能很好地回答这个问题。

谱系追踪是对单个细胞的所有后代的鉴定。这种方法的起源可追溯到 19 世纪无脊椎动物的发育生物学，现在谱系追踪是研究成年哺乳动物组织中干细胞特性的重要工具[15]。谱系追踪提供了理解组织发育和疾病的有力手段，特别是当它与调节细胞命运的信号在功能实验中相结合时，为干细胞生物学提供了前所未有的见解。小鼠中的遗传谱系追踪通常使用 Cre-loxP 系统进行[16]（图 11-3）。Cre 重组酶在一个小鼠品系中通过组织或细胞特异性启动子的控制表达，该品系与第二个带报告基因的小鼠品系杂交，一般报告基因与一个广谱启动子之间隔着一段 loxP-STOP-loxP 序列。在同时表达 Cre 和报告基因的动物中，Cre 通过切割重组 STOP 序列两边的 loxP 序列从而在基因组水平上切除 STOP，这将导致报告基因在表达 Cre 的细胞以及它的所有子代细胞中表达，从而实现通过报告基因的表达来追踪和鉴定一个或一类细胞及其后代的命运。普遍表达的报告基因通常构建在 Rosa26 基因座上，因为 Rosa26 的启动子在体内所有细胞中都是激活的，不会因为报告基因的表达被沉默而带来假阴性结果[17]。第一个报告基因是 β-半乳糖苷酶，当组织得到很好的保存时，可以通过特殊显色反应观察到它的表达，所以无法在活体组织中直接进行观察。第一个荧光报告基因小鼠表达增强的 GFP（EGFP），现在已经有许多其他荧光团可用，例如，亮度很高的红色荧光蛋白（Tomato）和增强的膜绿色荧光蛋白（membrane GFP）等。控制 Cre 表达的启动子通常是一类细胞特异表达的特征性基因的启动子，但是体内很多基因在发育的不同阶段有动态表达的特点，例如，有的特征性基因发育早期在一大类细胞中表达，但在成体中只在一类特定的细胞中表达，所以要做到精确的细胞命运追踪，需要在时间和空间上双重控制 Cre 活性。要实现时间上的诱导性重组，通常的方法是把 Cre 重组酶与人雌激素受体（ER）融合，在没有配体的情况下，如雌激素 17b-雌二醇、抗雌激素他莫昔芬或其活性代谢产物 4-羟基-他莫昔芬（4-OHT），Cre 重组酶-ER 融合蛋白（CreER）与热休克蛋白（Hsp）结合后保留在细胞质中无法入核进行重组切割[18]。在需要进行细胞标记的时候，给小鼠体内加入配体，配体扩散到细胞质中并与 ER 结合使其构象变化，从 Hsp 伴侣上释放，激活的 CreER 转移到细胞核重组 loxP 位点，启动报告基因的表达。组织或细胞特异性启动子控制下表达的 CreER，在特定时间通过配体的激活就能做到时空特异地对一类细胞进行标记及谱系追踪，这种策略已被多次应用于表皮组织中。使用由角蛋白 15 启动子（K15-CrePR1）驱动的 CrePR1，Cotsarelis 及其同事表明，毛囊凸起细胞能被特异性标记，而且静止期对凸起细胞标记后，在正常的毛囊循环过程中，这群细胞的子代细胞能物化产生毛囊中的所有细胞类型，并且这群被标记的凸起细胞能长期在毛囊中存在，这就给这群细胞在体内的长期自我更新能力和多能性提供了直接的证据[12]。在接下来更多的谱系追踪实验中，通过使用不同的细胞特异性启动子，毛囊不同部位的细胞都被进行了标记追踪，总的结论是凸起细胞确实是功能学上的毛囊干细胞。

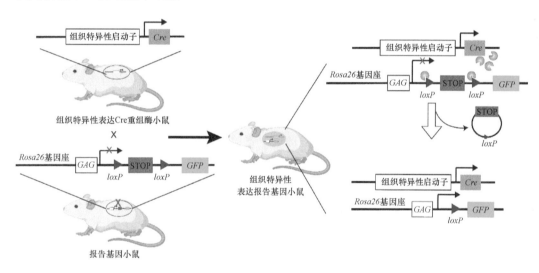

图 11-3　谱系追踪

在一个小鼠品系中，Cre 重组酶由组织特异性基因启动子控制表达。在第二个小鼠品系中，报告基因 GFP 构建在 *Rosa26* 基因座上，并且报告基因与一个广谱启动子之间隔着一段 loxP-STOP-loxP 序列。两种品系小鼠杂交，在同时表达 Cre 和报告基因的动物中，Cre 通过切割重组 STOP 序列两边的 loxP 序列从而在基因组水平上切除 STOP，这将导致报告基因在表达 Cre 的细胞及它的所有子代细胞中表达

11.2.2　毛囊干细胞的微环境

　　什么诱导皮肤上皮细胞成为毛囊而不是表皮，这是皮肤领域最令人着迷的问题之一。许多问题仍未解决，但过去十几年的研究已经明确指出：在胚胎发育过程中，上皮细胞和间充质细胞之间的信号沟通是决定毛囊命运的关键。有趣的是，类似的信号相互作用似乎不仅用于决定头发，还包括指甲、乳腺和牙齿。

　　毛囊的发育起始表现为表皮基底层细胞局部增厚，即形成基板（placode），小鼠背部皮肤中最早在胚胎第 13.5 天（E13.5）可观察到[19]。不久之后，基板下面真皮里的成

纤维细胞局部聚集，形成英文称之为真皮浓缩物（dermal condensate）的结构[20]。基板的上皮细胞与真皮聚集结构里的成纤维细胞进行信号沟通，导致上皮细胞进一步增殖，向下伸展并在末端扩张成球茎状结构包裹住真皮聚集结构，这时真皮聚集结构进一步收缩成熟变为真皮乳头。然后真皮乳头指示周围的上皮细胞（现在称为基质细胞）增殖并向上分化迁移形成发干及其周围的内根鞘。早期的组织重组实验表明小鼠真皮含有必需的诱导毛囊形成活性，早在 E12.5，真皮聚集结构还未出现之前，来自皮肤毛发形成区域的真皮可以诱导原本不具有毛发部位的上皮形成毛囊。有几种信号通路在这个过程中起到了重要的作用，Wnt 信号是最早和最重要的一个，在表皮细胞中敲除负责分泌或传递 Wnt 信号通路的蛋白质能完全抑制基板的形成，反之，如果在表皮细胞中人为激活 Wnt 信号通路，就能诱导额外的毛囊形成，甚至在原本不具有毛发部位的上皮直接诱导毛囊形成。

那么毛囊干细胞是怎么出现的呢？ 成体干细胞的定义是它们能够产生所在器官中所有下游谱系的细胞，并且能在生物体的整个生命周期中自我再生。尽管胚胎前体细胞能产生所形成器官中所有下游谱系的细胞，但它们并不是干细胞，因为胚胎前体细胞的命运随着发育的进行而不断变化，而胚胎前体细胞转变为所在器官里的成体干细胞的机制仍然很大程度上未知。目前已知的是在胚胎发育过程中，毛囊干细胞命运是由微环境诱导而成，不是由特定胚胎前体细胞内在本能决定的。陈婷实验室利用多种启动子对早期毛囊发育不同时期的几类胚胎细胞进行了谱系追踪，确定了毛囊干细胞出现的时间和位置[21]。有意思的是，当使用双光子在活体中将这些已经出现的早期毛囊干细胞去除后，其他胚胎细胞将迁入空出来的干细胞微环境位置并被诱导成功能正常的毛囊干细胞。这揭示了微环境信号的重要性，它基本上可以将任何胚胎细胞转化为成体干细胞命运。研究进一步发现 Wnt 信号的动态变化与干细胞诱导微环境位置有独特的相关性，Wnt 信号抑制了关键毛囊干细胞转录因子 Sox9，因此接收了高 Wnt 信号的胚胎细胞倾向于分化和耗竭，只有处在低 Wnt 信号的微环境里的胚胎细胞能表达抑制分化的转录因子，从而形成毛囊干细胞并具有长期潜力。既然毛囊起始阶段上皮细胞里的高 Wnt 信号对毛囊的形成是必需的，那么在接下来的生长过程中毛囊中特定区域出现的低 Wnt 信号的区域是如何来的呢？目前这个问题的答案还不清楚，有待进一步研究。

干细胞微环境既然是如此的重要，那么到底是什么细胞构成了毛囊干细胞的微环境呢？虽然皮肤里很多细胞都参与了对毛囊生长的调控，如终末分化的一种内根鞘细胞、真皮里的脂肪细胞、免疫细胞、立毛肌细胞等，但是对毛囊干细胞而言，最重要的微环境细胞当属与毛囊底部紧密相连的真皮乳头。毛囊进行周期性的生长、退行和静止都依赖于来自真皮乳头的信号调控，就连身体不同部位生长出的形态各异的毛发都源自真皮乳头的位置效应。经典皮肤重组实验发现将真皮乳头异位移植，能诱导出与原来位置同一类型的毛发，所以真皮乳头具有内源性的位置信息，不但能诱导新的毛囊形成，而且它分泌的信号分子决定了毛囊的形态与生长特性，也决定了新形成的毛囊干细胞的再生能力[22]。那么这种位置信息的分子基础是什么呢？在这个问题上，陈婷实验室在小鼠中使用遗传学研究表明 Hox 转录因子的表达编码了真皮乳头的区域特异性，并且通过调控 Wnt 信号水平来控制区域性毛囊生长[23]。*Hox* 基因首先在果蝇中被发现是调控体节发育的关键转录因子。在脊椎动物中，*Hox* 基因分为四个基因组簇，每簇含有 9~13 个同源性很高的 *Hox* 基因，这些基因在表达方式上有空间共线性，也就是说排列靠前的基因在身体靠前端的区域表达，而排列靠后的基因在身体靠后端的区域表达。小鼠中的 *Hox* 基因突变常导致同源异型椎骨的转变，表明这些基因具有控制身体前后轴发育的保守功能。转录组筛选显示多个 *Hoxc* 基因在再生皮肤区域内的真皮乳头中表达，但不在休眠的皮肤区域中表达。这种区域特异性 *Hoxc* 基因的表达模式是通过 PcG 依赖的表观遗传抑制来稳定维持的。当 *Hoxc* 基因的区域特异性表达被打乱，比如通过丧失 Bmi1 介导的表观调控抑制或 *Hoxc* 基因座的异位相互作用所导致的 *Hoxc* 基因表达增加，就能导致异位毛发再生。不但如此，因为 *Hoxc* 基因的高度相似性，它们冗余地促进区域毛囊再生，并且有明显的剂量效应：在一个区域中表达的 *Hoxc* 基因的数量和强度决定了最终的毛发长度（图 11-4）。通过体内细胞类型特异性过表达实验发现，*Hoxc* 基因只有在真皮乳头里才能起作用，单个 *Hoxc* 基因能够将休眠状态的真皮乳头转变为具有能够驱动组织再生能力的微环境细胞。

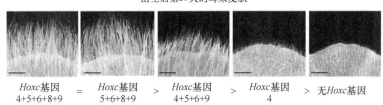

出生后第39天的耳朵皮肤

| *Hoxc*基因 4+5+6+8+9 | = | *Hoxc*基因 5+6+8+9 | > | *Hoxc*基因 4+5+6+9 | > | *Hoxc*基因 4 | > | 无*Hoxc*基因 |

图 11-4　*Hoxc* 基因剂量控制毛发再生

因为 *Hoxc* 基因的高度相似性，它们冗余地促进区域毛囊再生，并且有明显的剂量效应：在一个区域中表达的 *Hoxc* 基因的数量和强度决定了最终的毛发长度。高表达 *Hoxc* 基因 4+5+6+8+9 小鼠耳朵的毛发长度等于高表达 *Hoxc* 基因 5+6+8+9 小鼠耳朵的毛发长度，大于高表达 *Hoxc* 基因 4+5+6+9 小鼠耳朵的毛发长度，大于高表达 *Hoxc* 基因 4 小鼠耳朵的毛发长度，大于无 *Hoxc* 基因高表达的小鼠耳朵的毛发长度

虽然很多证据表明真皮乳头对毛囊干细胞的命运决定、再生能力调控、位置效应、病变机制都有重要的作用，但是对于真皮乳头的研究还远不如毛囊干细胞的研究广泛而深入，主要限制因素是相关的实验工具和研究方法还不够多，这种情况正在改善，所以可以预见的是还有更多重要的关于微环境细胞的发现会在不远的将来出现。在这里我们可以列举一些重要的但是还未被解答的问题。①是什么机制让毛囊从生长期进入退行期现在还完全不知道。毛囊生长期的天数在不同物种，或者同一物种的不同身体部位有着非常大的差异，这种在进化上出现的多样性，同时在特定物种内发育又非常保守的表型背后的分子基础到底是什么？来自真皮乳头的信号是促进生长期的主要推动力，不知道在这种重要的微环境细胞里是不是有类似控制生物钟节律的计时分子机制，让毛囊在生长了一定的时间后就会停止转而进入退行期。从生长期转入退行期，真皮乳头细胞的形态、表达谱、分泌蛋白类型及代谢水平都有非常大的变化，所以这种计时机制下游应该能够调控细胞内广谱的生物学通路，这将会是一个非常吸引人的发现。②真皮乳头形成的机制是什么？ 经典的重组实验证明分离出来的真皮乳头移植后就能诱导新的毛囊的形成，这对组织再生学是非常重要的信息，如果能够直接诱导真皮乳头形成，就应该能

够促进新的毛囊及毛囊干细胞的形成。要解答这个问题，必须在细胞和分子机制上都进行研究，到底是什么真皮成纤维细胞形成了真皮乳头，是什么细胞内的变化将成纤维细胞聚拢成真皮聚集结构，然后又进一步变成真皮乳头。现在常用的实验方法如单细胞测序、活体成像、体外类器官培养等诸多强大的研究手段，都让回答这一问题能成为可能。③相对于毛囊干细胞，真皮乳头这种微环境细胞不会频繁地自我更新及进一步分化为其他细胞，但是这类细胞却与毛囊干细胞一样需要长期存在于生物体内，因为一旦缺乏真皮乳头，毛囊就不可能再生，而毛囊干细胞也就没有了用武之地。那么真皮乳头细胞是如何做到在胚胎发育早期形成之后不死亡也不消失，而是能在生物体内终其一生的保持激活—沉默—激活的周期呢？大部分与衰老相关的毛发疾病目前都认为是真皮乳头的数目减少或者活性降低导致的，但是真正的细胞与分子机制却完全不清楚。如果能真正了解在衰老与病变情况下，真皮乳头是否发生了变化，后面的分子机制又是什么，才能真正对疾病有了解并提供治疗或干预手段。

11.2.3 毛囊干细胞自我更新与激活的调控分子机制

毛囊干细胞位于毛囊凸起处，只有在静止期才与真皮乳头比较接近。在毛囊的退行期，本来位于毛囊底部与基质细胞接触的真皮乳头跟随向上收缩的基底膜而向上移动，当真皮乳头到达毛囊凸起下方时，退行期完成，毛囊进入静止期。下一次生长期的开始依赖于真皮乳头的信号，如果真皮乳头缺失或者主要信号通路被阻断，毛囊就不会再次进入生长期，毛囊干细胞也会一直处于静止状态，不会进行分裂、迁移或分化[24]。当毛囊进入新的一轮生长期时，毛囊干细胞并不直接参与分裂及向下生长，毛囊凸起下方与真皮乳头直接接触的一小群细胞，英文称为"secondary hair germ"细胞，接收到来源于真皮乳头的信号进行分裂，向下生长与分化，然后毛囊干细胞才会进行有限的几次分裂，一部分细胞向下迁移，由外根鞘向下直到基质部分，在经过几轮有限的分裂之后毛囊干细胞又会回到静止状态，在接下来的退行期到来时外根鞘靠上部分的细胞变成了新的次级毛芽，为下一轮生长期作准备[25]。所以毛囊干细胞并不直接参与生长期毛囊的形成，而是通过两步激活法，先通过有限的几次分裂产生激活的前体细胞（位于次级毛芽内），然后再由这些前体细胞进行大量的分裂与分化，这也解释了在体内分裂次数很少从而能被标记滞留方法标记的毛囊干细胞是如何提供生长期毛囊所需的大量细胞的原因。

毛囊干细胞的分离和转录分析表明，许多信号通路影响干细胞活化和下游谱系分化，这些途径中最主要的是 Wnt 信号通路。Wnt 作为配体与受体结合后，Wnt/β-catenin信号通路激活，导致受体的聚合，从而抑制下游信号传递导致 β-catenin 在细胞质内的降解，导致其聚集并入核，β-catenin 并不具备结合 DNA 的能力，所以它在核内与 HMG DNA结合蛋白的 Lef/Tcf 家族成员形成复合物，来影响下游靶基因的转录表达[26]。已知毛囊干细胞表达几种 Wnt 受体蛋白，以及 Tcf3 和 Tcf4（四个关键传导 Wnt 信号效应子中的两个）。静止期的毛囊干细胞通常处于抑制 Wnt 信号的状态，证据在于它们缺乏 β-catenin核定位，并且 Wnt 报告基因 TOPGAL 的表达是阴性的。在没有 Wnt 激活 β-catenin 入核的情况下，Tcf3 起转录抑制因子的作用，与此符合的是，如果用转基因小鼠在表皮细胞里过表达 Tcf3，就会抑制所有皮肤谱系的分化和诱导的毛囊干细胞特征性表达谱的异位表达，表明 Tcf3 通过阻止分化来维持毛囊干细胞的命运[27]。如果在毛囊干细胞内表达稳定不能被降解的 β-catenin，引发的基因表达变化就会模拟 Wnt 信号通路升高，并导致细胞增殖增加，以及过早进入毛发周期的生长期[28]。与 Wnt 信号起到激活干细胞的作用相一致，当自然发生的毛发生长期开始时，次级毛芽开始增殖和分化的时候，细胞内明显出现 β-catenin 核定位，并且 Wnt 报告基因 TOPGAL 的表达也呈阳性。如果在毛囊干细胞内敲除 β-catenin，毛发就会一直停留在静止期，无法进行再生。因此这种周期性的 Wnt 信号上升是激活毛囊干细胞、促进毛发再生的必需调控元件。与 Tcf3 相反，Lef1 在基质中表达，并且在要终末分化成为毛干的前体细胞（precortex）核中积聚更强[29]。毛干的前体细胞表达一组毛发特异性角蛋白基因，这些基因启动子中具有 Lef1 结合位点。毛干的前体细胞也显示明显的 β-catenin 核信号，同时表达 Wnt 报告基因 TOPGAL。如果在这些接收到 Wnt 信号的细胞里敲除 β-catenin，会导致毛发分化丧失转而产生表皮谱系的细胞，由此可见 Wnt 信号通路在不同的细胞内结合的效应蛋白不同，可以起到不同的生物学功能。

与促进毛发再生激活毛囊干细胞的 Wnt 信号相反，BMP 信号起到维持毛囊干细胞静止状态的重要功能。当 BMP 受体 1A 基因在毛囊干细胞中被条件性敲除后，静止的毛囊干细胞开始出现迅速增殖，毛囊凸起部位显著增大，并且细胞开始表达早期毛囊下游谱系标记，如 Sox4 和 Shh[30]。但是，这些异常活化的干细胞再往下的终末分化阶段没法进行，因为它们无法再接收内根鞘细胞和发干形成所需的 BMP 信号。静止期的毛囊干细胞内能检测到指示活性 BMP 信号的磷酸化-SMAD-1,5,8，这种特别性表达在毛发生长初期之前很快消失。真皮乳头细胞表达许多 BMP 信号通路的抑制性蛋白，它们的动态变化与毛发周期有对应性，指示着调控 Wnt/BMP 的水平是调控毛发再生和毛囊干细胞激活的关键。

虽然大量的遗传学实验和发育学研究表明 Wnt/BMP 的动态变化与毛发静止期到生长期的转变有着直接的因果关系，也有很多研究尝试解释了这些信号通路的下游作用机制是什么，如它们如何调控细胞周期、分化基因表达等，但是鲜有研究来阐明这些信号分子动态变化的上游机制是什么。打个比方，Wnt/BMP 分别代表调节毛发再生的油门和刹车，那是谁来决定什么时候踩油门，什么时候踩刹车呢？这个问题明显很重要，但是势必非常难解答。要证明一个信号通路是否重要、起到什么样的作用，通常的实验方法是调节这条通路上某个唯一而关键的信号转导分子，对 Wnt 信号通路而言是 β-catenin，对 BMP 信号通路而言是 BMP 受体 1A。但是信号通路的动态变化一般是通过调控其配体及抑制性蛋白的动态表达来实现的，而这些都是数目众多且功能冗余的蛋白家系，很少有关键而唯一的主要分子。这也可以理解，因为 Wnt/BMP 这样重要的信号途径在发育各个阶段不同组织中都被运用，来调控不同的生物学功能，而要满足这样的多样性功能，复杂的配体/受体/抑制性蛋白是必需的。所以对调控毛囊干细胞激活的分子机制研究目前还只停留在比较基础的阶段，在这里我们可以列举一些重要的但是还未被解答的问题。①来自真皮乳头的 Wnt/BMP 信号调控蛋白是促进生长期的主要推动力，那么在从毛发静止期到生长期的转变过程中，是什么机制在调控这些信号分子的动态表达变化呢？虽然在真皮里很多细胞类型都能表达 Wnt/BMP 信号分子，并呈现出一定的动态变化，但是最终没有真皮乳头的中转，毛发生长期的启动依然是实现不了的，因此应该把研究的重点专注在一种关键的细胞类型里。Wnt/BMP 信号调控蛋白种类很多，是什么分子机制导致了它们的协调与合作？这些都是非常有意思而重要的问题。②毛发的生长表现出多样而保守的区域特异性，不同部位毛发的生长阶段与该部位内Wnt/BMP 信号的动态变化有明显的相关性，那么在这些不同的身体部位，强度不同的Wnt/BMP 信号又是怎样被调控的呢？之前的研究表明 *Hoxc* 基因能通过调控 Wnt 通路来控制区域性毛发生长，但是具体的分子机制仍然不清楚，有待进一步研究。

11.3　表皮干细胞概述

皮肤的表皮是由多层细胞组成，持续自我更新的组织，人体皮肤每 30~60 天更换一次。小鼠表皮内所有增殖活性都局限于基底层，因此表皮干细胞应该位于基底层内。基底层细胞生长能力的异质性首次报道于 1987 年；研究人员使用体外细胞培养和克隆形成能力分析发现，有分裂能力的表皮细胞在体外形成的克隆形态以及长期传代能力有很大差异，在体外培养表皮细胞产生三种类型的细胞集落：holoclones，paraclones 和meroclones[31]。Holoclones 是由未分化细胞组成的增殖性群落，具有自我更新能力；paraclones 主要是由具有很小更新能力的分化细胞组成；meroclones 介于两者之间。其中，能产生未分化细胞为主的克隆被称为全能性克隆，因为这些细胞有长期传代能力，研究者提出全能性克隆应来源于干细胞。随后的工作确定细胞表面标志物，特别是β1-integrin，可用于区分基底层细胞内表皮干细胞，证据是 β1 亮的细胞比 β1 暗的细胞体外增殖及形成全能性克隆能力强[32]。如前所述，体外实验体系因其与体内细胞所面对的环境差别很大，这些发现是否能被用于定义体内的表皮干细胞还不确定。

11.3.1　表皮干细胞的研究进展

早期在体内寻找表皮干细胞的方法主要依靠组织形态学研究及相关性分析。首先，前面提到的脉冲追踪实验揭示了表皮基底层细胞在分裂频率上确实有非常大的异质性，用 BrdU 来标记所有进行分裂的细胞然后再追踪 140 天，会发现在表皮中虽然绝大多数细胞都经过几轮的细胞分裂，完全稀释并丢失了 BrdU 的信号，但是有很少量的基底层细胞仍然保留 BrdU，证明分裂不频繁、相对比较沉默的细胞也存在于表皮内[33]。类似于当初定义毛囊干细胞的原理和方法，曾经一度认为这些分裂不频繁的细胞可能是表皮里的干细胞。接下来对表皮形态学的研究提出，表皮是由一个个的表皮增殖单位（epidermal proliferation unit，EPU）组成的，每个 EPU 的基底层有一个集中放置的自我更新和长期维持的干细胞，旁边围绕着 9~10 个短暂性快速分裂细胞（transit-amplifying cell）[34]。这些快速分裂的细胞增殖并往上迁移分化产生表皮谱系里所有的细胞类型，形态上组成堆积成柱状的皮肤单元结构，最后在体表呈现为小的、扁平的区块状角质化细胞。这似乎就能解释相对静止的表皮干细胞是如何满足表皮不断更新需要大量细胞的疑问。这种 EPU 组织在小鼠身体的皮肤表皮及耳朵表面可清楚识别，但是关于这个概念是否适用于人类表皮仍存在争论。

谱系追踪是在体内原始的环境中用来发现和定义一个组织成体干细胞的最佳方法，这个实验方法通常是使用一个在一类细胞里特异性表达的基因启动子来驱动 Cre 表达而实现的，到目前为止并没有发现分裂缓慢或者 EPU 结构中间表皮细胞表达的特征性基因，那么怎么办呢？替代方法是随机标记细胞群中单个细胞并进行追踪，然后根据群体统计学来分析，在这些随机标记的细胞内是不是有行为不同的细胞，又是否有细胞符合干细胞的定义，即具有长期自我更新能力和多能性。首先使用这种方法的是 Phil Jones 实验室，他们采用转基因小鼠品系 AhCreER，一个理论上来说在所有细胞内都表达 CreER 的品系来无偏倚地克隆谱系追踪表皮细胞，其中 CreER 在极低药物活化的情况下随机标记单个细胞，然后在接下来长达一年的追踪后发现，绝大部分被标记的单个标记细胞很快就消失，但有一些比例非常低的表皮基底层细胞会不断分裂增殖在基底层中扩张，同时也会产生往上迁移的细胞进行分化，但是这些不断扩大的克隆在基底层不会只局限于一定的空间内，而是不断的变大，因此这一观察并不符合"特定的干细胞产生一定数目快速分裂但仅仅短暂存在的细胞"这种两步激活的概念[35]。通过对这些实验获得的数据进行统计分析表明，在小鼠表皮内随机命运决定和克隆漂移是维持组织生长更新的方法，而并不是依赖于某些特定的表皮干细胞来维持组织再生的稳态。也就是说，表皮基底层内所有的细胞都有可能通过分裂产生两个分化的细胞、两个具有分裂能力的细胞，或者一个分化的细胞和一个继续分裂的细胞，到底做哪种选择是随机的，但是就整体基底层细胞而言，总的基底层细胞数不会变化。这个结论当然是非常具有颠覆性的，这与之前体外细胞培养及克隆性分析的结果完全相悖，因此接下来对表皮干细胞的争论就开始了。

随机标记方法一个重要的前提假设就是所使用的工具确实有可能标记所有的细胞，尤其在使用低剂量激活来随机标记单细胞的情况下，不会有一类细胞被遗漏掉或者从一开始就没有被标记上，那就很容易得到假阴性的结果。使用 AhCreER 来做随机单细胞谱系追踪所得到的结果就受到了这方面的质疑，因为接下来其他课题组使用 K14-CreER 小鼠做同样的实验时，就获得了不同的结果[36]。同样是使用极低浓度药物活化 CreER 来随机标记表皮基底层的单个细胞，然而在接下来长达一年的追踪后发现，表皮内确实有不断扩大的克隆，但同时也出现了在基底层只局限于一定空间内、并没有不断扩张的克隆，这些形态的克隆完全符合特定的干细胞产生一定数目的快速分裂细胞，然后再由这些细胞分化消失的假设。目前对于表皮内到底是否有特定的表皮干细胞仍然具有争议，不同实验室获得的完全不同的实验结果被归结于实验工具、小鼠表皮位置等各种差异，同时在小鼠里的发现是否能适用于人的皮肤也有疑问。

表皮到底有没有特定的表皮干细胞确实是个重要的问题，但并不是唯一的问题，下面我们列举一些同样重要但是更缺乏了解的问题。①表皮基底层细胞是表皮内唯一有增殖能力的细胞，它们的分裂频率是受什么调控并不完全清楚，许多皮肤免疫相关性疾病就会导致基底层细胞异常增殖、表皮急剧增厚的表型。不论表皮基底层到底是不是有特定的干细胞，但确实存在能在基底层大量扩增形成大克隆的细胞，所以到底这些细胞在正常情况和病变条件下分裂频率及命运选择是如何被调控的呢？是由细胞间的接触抑制来决定的吗？具体的分子机制又是什么呢？细胞膜上是什么受体感受基底层细胞间的接触，从而调控了细胞分裂频率呢？又或许是基底层有异质性，导致粘连蛋白传递的不同信号来调控局部分裂频率？基底层细胞分化的第一步是脱离基底层往上迁移，对旁边的细胞而言，这种刚进入分化程序的细胞是否会回过头来调控分裂频率呢？探讨以上这些种种可能性不能仅局限于细胞行为水平的描述，必须深入到分子机制才能真正了解调控表皮基底层细胞命运选择的原理。②表皮细胞分化的分子机制还有待阐明。基底层细胞向上迁移经过棘层、颗粒层表达一系列细胞骨架蛋白和分化蛋白，最后钙的流入激活转谷氨酰胺酶，交联堆积于质膜下的蛋白质形成角质化的、类似信封结构的包裹细胞。然后这些角质层代谢惰性的细胞经历类似细胞程序性凋亡的过程失去细胞核与细胞器，导致细胞扁平化，形成死亡的鳞屑，最终在体表脱落。这里面有一个关键的步骤就是钙内流，启动了表皮细胞终末分化的程序，但是具体是什么离子通道、通过什么样的激活方式导致的钙内流并不清楚。同样，这也涉及疾病的表型，如不完全的表皮终末分化及不完整的角质层形成能带来皮肤屏障功能的障碍，引起进一步的皮肤病变。真正在分子机制上了解调控最终钙内流的机制是了解正常皮肤终末分化及病变情况下异常分化的前提。

11.3.2　表皮干细胞与皮肤移植

表皮干细胞负责表皮在正常情况下和创伤性皮肤损伤中行使再生功能，如烧伤和皮肤溃疡。1985 年，一项估计美国伤病终身费用的研究将火灾和烧伤列为终身经济损失的第四大原因，损失为 38 亿美元。在发展中国家，烧伤也是造成伤害的重要原因，其中常见原因为传统的照明和烹饪方法，如油灯和明火，仍然是司空见惯的。皮肤溃疡可能由几种病理过程引起，包括感染、创伤、糖尿病和静脉溃疡病。慢性静脉溃疡是皮肤溃疡的常见原因，估计患病率为 1%~1.3%。皮肤溃疡也难以管理，因为它们的愈合速度慢，并且需要昂贵且特定的医用敷料方案。功能完全的皮肤主要由表皮角质形成细胞组成，但也包括朗格汉斯细胞、黑素细胞和默克尔细胞；真皮则含有神经和血管网络，以及有重要功能的成纤维细胞、肥大细胞、巨噬细胞和淋巴细胞等。早期治疗皮肤创伤使用的自体移植材料是全层皮肤移植物（包括所有表皮和真皮），这种方法虽然能提供完整修复效果，但受供体部位可以移植区域的限制性，并不能广泛使用。为了克服这个问题，开发了自体皮肤分裂移植方法，从供体部位剥去表皮和下面的真皮以提供移植物，供体部位剩下的毛囊能向上迁移分化为表皮细胞，修复剥去的表皮。这种方法是目前临床皮肤移植中普遍使用的方法，但是总的来说，皮肤移植技术的局限性是它们可以覆盖的领域有限，由于缺乏移植物导致伤口覆盖延迟，可导致高发病率和死亡率。

在 20 世纪 70 年代中期，开发了可以连续培养表皮细胞的技术，使其产生比初始活组织大 1000~10 000 倍的可用表皮面积，然后将这些表皮片移植到清洁的伤口床上，就能辅助表皮伤口愈合，但这种移植片对细菌感染和起泡的损失很敏感。这些培养的表皮自体移植物可以形成永久性覆盖物，表明最初培养然后移植的细胞层内保持了干细胞特性。培养表皮是一项耗费时间和劳动力的操作，估计每 1%的体表面积（取决于成功服用的移植物的比例）需要花费 600~13 000 美元；关键是如果真皮也被损伤，则表皮移植片成功的概率会大大降低,所以这种方法并不能被广泛用于伤口治疗。目前在这一移植方法的基础上加入了基因修复,给遗传性皮肤疾病治疗带来了突破性研究进展。

大疱性表皮松解症是一种基因突变导致的遗传性疾病,突变的基因有很多类,可能包括细胞外基质结构蛋白、细胞粘连蛋白、表皮细胞骨架蛋白等。皮肤由表皮组成,是抵抗外部环境的屏障,表皮牢固地黏附在真皮上面,后者赋予皮肤弹性和机械抵抗力。大疱性表皮松解症的基因突变可阻止正常的表皮粘连或锚定,使皮肤脆弱,机械力和轻微创伤就能引起真皮表皮碎裂或脱离,引起皮肤起泡和溃疡。这会产生慢性、疼痛和无法治愈的伤口,并最终导致皮肤癌和感染,有时甚至死亡。一名 7 岁儿童患有由粘连蛋白 LAMB3 的基因突变引起极度严重的大疱性表皮松解症,在危及生命的情况下住院,几乎失去了整个皮肤。Michael De Luca 团队从这名病人未受影响的皮肤部位进行了 4 cm^2 的活检,使用携带 LAMB3 的逆转录病毒载体表达功能正常的蛋白质进行基因修复,然后将校正的细胞群培养获得 0.85 m^2 的转基因表皮移植物[37]。他们在三次独立手术中用移植物取代了病人 80% 的皮肤。经过 21 个月的随访,孩子似乎完全康复,没有起泡,他的皮肤能抵抗压力并有正常愈合能力。基因治疗的一个可能的并发症是载体在宿主基因组中随机位点整合,可能破坏必需基因或触发控制肿瘤发展基因的过表达。为了研究这种可能性,研究者对病人基因修复的皮肤进行了 DNA 测序。测序显示大多数整合发生在非蛋白质编码序列中。有意思的是,这个移植手术提供了一个罕见机会来回答表皮内到底是不是有一群特异的表皮干细胞用来维持人表皮的自我更新,还是说表皮内细胞根据随机命运决定和克隆漂移来维持组织生长更新。首先研究人员在体外将全基因组中病毒整合位点进行了测序与统计,然后他们将移植后 4 个月和 8 个月保留在儿童皮肤细胞中的整合位点进行了同样的测序统计,与初始的病毒整合位点比较,在 4 个月时采集的活检细胞中的不同整合位点比在初始培养中少得多,8 个月的样本保留的插入位点多样性更少。这些数据表明,初始培养中存在的大多数细胞在前 4 个月中丢失,只有少数细胞能够长期保持下来,行使干细胞的功能,长期维持表皮。

大疱性表皮松解症可由不同基因的突变引起,并非所有基因都可以使用过表达来纠正。而且这种将基因修复与皮肤移植结合的方法只能产生带有表皮的皮肤,缺乏皮肤附属物如毛发、皮脂腺和汗腺,同时表皮内有重要功能的黑素细胞和默克尔细胞也没有,因此最理想的情况是在病变的皮肤里,对表皮干细胞使用 CRISPR-Cas9 基因编辑技术来纠正一些突变,下面我们就讨论一下这方面的最新进展。

11.4 皮肤干细胞与基因治疗

CRISPR/Cas9 介导的基因组编辑最近已成为基因组工程的强大工具,并被用作治疗遗传性疾病的潜在方法[38]。通过导向 sgRNA 与目标序列的结合,并招募具有 DNA 剪切功能的 Cas9 蛋白,就能实现序列特异性的基因剪切、敲除或敲入。较以前几代序列特异性 DNA 剪切体系而言,CRISPR/Cas9 需要设计的只有 sgRNA,具有操作简单、普适性高、费用低等本质上的优势,所以在发现后马上被广泛使用。迄今为止,CRISPR/Cas9 介导的大部分小鼠器官的成体细胞基因编辑,包括肺、肝、脑、胰腺和肌肉等,都依赖于病毒介导的过表达系统。这种方法虽然有效，但是同时也有潜在的危险，如病毒 DNA 可能整合到宿主基因组中诱导致癌基因的表达，同时由于基因组编辑复合物 CRISPR/Cas9 的长期大量表达有可能带来脱靶效应，以及病毒触发的宿主免疫系统的激活。另外，对大多数实体组织来说，在体内有效地把 CRISPR/Cas9 体系引入到细胞内，尤其是经常处于沉默状态的成体干细胞内，仍然是这种体内基因组编辑方法的瓶颈。

在健康的皮肤中，表皮角质形成细胞和真皮成纤维细胞分泌 VII 型胶原蛋白，它又形成稳定的同源三聚体以组装成锚定纤维网络，位于表皮和真皮之间的基底膜区内，在那里参与稳定表皮与下面真皮的粘连[39]。在隐性营养不良性大疱性表皮松解症（recessive dystrophic epidermolysis bullosa，RDEB）病人中，*Col7a1* 基因突变导致缺失或功能失调的 VII 型胶原蛋白产生，从而使表皮与真皮的粘连不稳固。隐性营养不良性大疱性表皮松解症的主要临床表现包括：慢性和严重的皮肤水疱，特别是手和脚；内部上皮损伤，如口腔、食道和肛门结构；发展为侵袭性鳞状细胞癌的风险增加；总体预期寿命缩短[40]。因为这种遗传性疾病的症状影响了表皮和内消化道管腔上皮，前面提到的皮肤移植就不能解决根本问题。而其他正在开发的隐性营养不良性大疱性表皮松解症病人治疗方法，如蛋白质注射、同种异体真皮成纤维细胞移植或者骨髓移植等，都是想引入能够产生正常 VII 型胶原蛋白的供体细胞对疾病进行治疗，效果都很有限，而且都只是在症状上进行缓解，没有一种是 RDEB 的根本治疗方法。针对这一问题，陈婷实验室首次开发出使用 Cas9/sgRNA 核糖核蛋白复合物在体内介导 RDEB 小鼠皮肤干细胞中的基因校正方法[41]（图 11-5）。首先，基于病人特异性点突变生成的 RDEB 小鼠模型能够完全

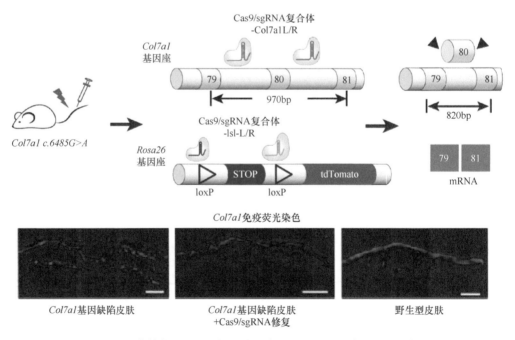

图 11-5　Cas9/sgRNA 核糖核蛋白复合物在体内介导 RDEB 小鼠皮肤干细胞中的基因校正

通过电击能够有效地将 Cas9/sgRNA 核糖核蛋白复合物导入表皮干细胞内，并介导基因编辑有效地切除出生后皮肤干细胞中的靶向基因组 DNA。使用这种方法在完整的皮肤细胞内准确切割掉含有 *Col7a1* 基因点突变的外显子，能恢复出生后 RDEB 小鼠中的 VII 型胶原蛋白功能，纠正了表皮-真皮黏附缺陷，从真正意义上对 RDEB 进行体内治疗

体现上面描述的主要临床表现。然后，研究人员通过小鼠遗传学方法检验了外显子跳跃作为基因校正方法的效率和安全性：遗漏了含有 *Col7a1* 基因点突变的外显子的小鼠表现出完全正常的表型。为了在完整的出生后皮肤中应用 Cas9/sgRNA 基因校正系统，研究人员开发了一种在体内递送不可复制的蛋白质/RNA 复合物的方法，通过电击能够有效地将 Cas9/sgRNA 核糖核蛋白复合物导入表皮干细胞内，并介导基因编辑有效地切除出生后皮肤干细胞中的靶向基因组 DNA。使用这种方法在完整的皮肤细胞内准确切割掉含有 *Col7a1* 基因点突变的外显子，能恢复出生后 RDEB 小鼠中的 VII 型胶原蛋白功能，纠正了表皮-真皮黏附缺陷，从真正意义上对 RDEB 进行体内治疗。

这里开发的基于 Cas9/sgRNA 核糖核蛋白的基因疗法与传统的基因/细胞疗法和基于病毒的 CRISPR 基因编辑系统相比具有几个优点。首先，Cas9/sgRNA 核糖核蛋白的基因治疗在体内干细胞的基因组水平上起作用，这意味着恢复缺陷基因的长期有效性，并且应该避免随着时间的推移重复治疗的需要。而且，因为该疗法在体内完整的体细胞组织中起作用，所以保持了组织的复杂性和全部功能。这些优点将显著降低与隐性营养不良性大疱性表皮松解症的传统基因或细胞疗法相关的成本和并发症。其次，使用不可重复的蛋白质/RNA 复合物作为体内基因编辑系统避免了与前面描述的基于病毒的递送系统相关的多个缺点。但同时这个体内基因编辑系统仍然存在几个有待解决的问题。电穿孔系统只能应用于局部皮肤区域，单次治疗后靶细胞的百分比仍需要提高，这种方法对消化道内腔上皮不能使用。所以虽然在概念上 Cas9/sgRNA 体系被证明了可以用于体内皮肤干细胞的基因编辑并用来进行基因治疗，但是这种方法临床应用的最大障碍是仍缺乏有效的体内导入方法。成功的导入方法应该符合以下几个标准：①能把 Cas9/sgRNA 体系成功导入到皮肤和消化道内腔上皮里的干细胞内；②能在>50%的皮肤和消化道内腔上皮面积起作用。只有这两点都符合，才有可能在组织水平恢复正确的 VII 型胶原蛋白定位，改善处理区域中的皮肤黏附性，带来临床影响。基因修复另外一个主要的也是普遍存在的问题是脱靶效应。如果第一个问题能得到有效解决，那么是不是存在脱靶非特异性的基因组编辑就是一个更加重要的问题。目前对 Cas9/sgRNA 体系的研究确实能发现低概率的脱靶现象，对大部分实验体系来说这并不会造成影响，但如果是在人体使用并且会对大概率的成体干细胞进行基因编辑，那么即便是小概率的脱靶现象也可能带来严重的后果，如癌变，所以在这方面的研究也必须严谨。

遗传性皮肤疾病的种类非常多，而且绝大部分带来的是严重影响生活质量的后果，给病人个人、家庭及社会都带来沉重的精神、医疗和经济负担。除了遗传性的单基因皮肤疾病，还有上千种非遗传性常见皮肤疾病都有报道的遗传倾向性，也就是说，发病机制包含一系列易感基因和环境因素的共同作用。所以，如果能开发出有效而安全的体内基因编辑方法，则能够为很多病人带来根本性的治疗，造福人类和社会。

参 考 文 献

1　Levy V, Lindon C, Harfe BD et al. Distinct stem cell populations regenerate the follicle and interfollicular epidermis. Dev Cell, 2005, **9(6)**: 855-861.

2　Fuchs E & Green H. Changes in keratin gene expression during terminal differentiation of the keratinocyte. Cell, 1980, **19(4)**: 1033-1042.

3　Wertz PW. Lipids and barrier function of the skin. Acta Dermato-Venereologica, 1999, **208:** 7-11.

4　Byrne C, Tainsky M & Fuchs E. Programming gene expression in developing epidermis. Development, 1994, **120(9)**: 2369-2383.

5　Hsu YC, Pasolli HA & Fuchs E. Dynamics between stem cells, niche, and progeny in the hair follicle. Cell, 2011, **144(1)**: 92-105.

6　Morgan BA. The dermal papilla: An instructive niche for epithelial stem and progenitor cells in development and regeneration of the hair follicle. Cold Spring Harb Perspect Med, 2014, **4(7)**: a015180.

7　Lu CP, Polak L, Rocha AS et al. Identification of stem cell populations in sweat glands and ducts reveals roles in homeostasis and wound repair. Cell, 2012, **150(1)**: 136-150.

8　Muller-Rover S, Handjiski B, Van Der Veen C et al. A comprehensive guide for the accurate classification of murine hair follicles in distinct hair cycle stages. J Invest Dermatol, 2001, **117(1)**: 3-15.

9　Cotsarelis G, Sun TT & Lavker RM. Label-retaining cells reside in the bulge area of pilosebaceous unit: Implications for follicular stem cells, hair cycle, and skin carcinogenesis. Cell, 1990, **61(7)**: 1329-1337.

10　Tumbar T, Guasch G, Greco V et al. Defining the epithelial stem cell niche in skin. Science, 2004, **303(5656)**: 359-363.

11　Kobayashi K, Rochat A & Barrandon Y. Segregation of keratinocyte colony-forming cells in the bulge of the rat vibrissa. Proceedings of the National Academy of Sciences, 1993, **90(15)**: 7391-7395.

12　Morris RJ, Liu Y, Marles L et al. Capturing and profiling adult hair follicle stem cells. Nat Biotechnol, 2004, **22(4)**: 411-417.

13　Watt FM. Role of integrins in regulating epidermal adhesion, growth and differentiation. EMBO J, 2002, **21(15)**: 3919-3926.

14　Bonfanti P, Claudinot S, Amici AW et al. Microenvironmental reprogramming of thymic epithelial cells to skin multipotent stem cells. Nature, 2010, **466(7309)**: 978.

15　Conklin EG. *The organization and cell-lineage of the ascidian egg*. Vol. 13 (1905).

16　Sternberg N & Hamilton D. Bacteriophage p1 site-specific recombination: I. Recombination between loxp sites. Journal of molecular biology, 1981, **150(4)**: 467-486.

17　Soriano P. Generalized lacz expression with the rosa26 cre reporter strain. Nat Genet, 1999, **21(1)**: 70-71.

18　Metzger D, Ali S, Bornert JM et al. Characterization of the amino-terminal transcriptional activation function of the human estrogen receptor in animal and yeast cells. Journal of Biological Chemistry, 1995, **270(16)**: 9535-9542.

19　Hardy MH. The secret life of the hair follicle. Trends Genet, 1992, **8(2)**: 55-61.

20　Millar SE. Molecular mechanisms regulating hair follicle development. J Invest Dermatol, 2002, **118(2)**: 216-225.

21　Xu Z, Wang W, Jiang K et al. Embryonic attenuated wnt/beta-catenin signaling defines niche location and long-term stem cell fate in hair follicle. Elife, 2015, **4**: e10567.

22　Kollar EJ. The induction of hair follicles by embryonic dermal papillae. J Invest Dermatol, 1970, **55(6)**: 374-378.

23　Yu Z, Jiang K, Xu Z et al. Hoxc-dependent mesenchymal niche heterogeneity drives regional hair follicle regeneration. Cell Stem Cell, 2018, **23(4)**: 487-500 e486.

24　Enshell-Seijffers D, Lindon C, Kashiwagi M et al. Beta-catenin activity in the dermal papilla regulates morphogenesis and regeneration of hair. Dev Cell, 2010, **18(4)**: 633-642.

25　Greco V, Chen T, Rendl M et al. A two-step mechanism for stem cell activation during hair regeneration. Cell Stem Cell, 2009, **4(2)**: 155-169.

26　Lien W-H & Fuchs E. Wnt some lose some: Transcriptional governance of stem cells by wnt/ β -catenin signaling. Genes & Development, 2014, **28(14)**: 1517-1532.

27　Nguyen H, Rendl M & Fuchs E. Tcf3 governs stem cell features and represses cell fate determination in skin. Cell, 2006, **127(1)**: 171-183.

28　Gat U, Dasgupta R, Degenstein L et al. De novo hair follicle morphogenesis and hair tumors in mice expressing a truncated beta-catenin in skin. Cell, 1998, **95(5)**: 605-614.

29　Dasgupta R & Fuchs E. Multiple roles for activated lef/tcf transcription complexes during hair follicle development and differentiation. Development, 1999, **126(20)**: 4557-4568.

30　Kobielak K, Pasolli HA, Alonso L et al. Defining bmp functions in the hair follicle by conditional ablation of bmp receptor ia. J Cell Biol, 2003, **163(3)**: 609-623.

31　Barrandon Y & Green H. Three clonal types of keratinocyte with different capacities for multiplication. Proc Natl Acad Sci U S A, 1987, **84(8)**: 2302-2306.

32　Jones PH & Watt FM. Separation of human epidermal stem cells from transit amplifying cells on the basis of differences in integrin function and expression. Cell, 1993, **73(4)**: 713-724.

33　Braun KM, Niemann C, Jensen UB et al. Manipulation of stem cell proliferation and lineage commitment: Visualisation of label-retaining cells in wholemounts of mouse epidermis. Development, 2003, **130(21)**: 5241-5255.

34　Mackenzie IC. Relationship between mitosis and the ordered structure of the stratum corneum in mouse epidermis. Nature, 1970, **226(5246)**: 653-655.

35　Clayton E, Doupe DP, Klein AM et al. A single type of progenitor cell maintains normal epidermis. Nature, 2007, **446(7132)**: 185-189.

36　Mascre G, Dekoninck S, Drogat B et al. Distinct contribution of stem and progenitor cells to epidermal maintenance. Nature, 2012, **489(7415)**: 257-262.

37　Hirsch T, Rothoeft T, Teig N et al. Regeneration of the entire human epidermis using transgenic stem cells. Nature, 2017, **551(7680)**: 327.

38　Ran FA, Hsu PD, Wright J et al. Genome engineering using the crispr-cas9 system. Nature protocols, 2013, **8(11)**: 2281.

39　Uitto J & Pulkkinen L. Molecular complexity of the cutaneous basement membrane zone. Molecular biology reports, 1996, **23(1)**: 35-46.

40　Bruckner-Tuderman L. Dystrophic epidermolysis bullosa: Pathogenesis and clinical features. Dermatol Clin, 2010, **28(1)**: 107-114.

41　Wu W, Lu Z, Li F et al. Efficient *in vivo* gene editing using ribonucleoproteins in skin stem cells of recessive dystrophic epidermolysis bullosa mouse model. Proceedings of the National Academy of Sciences, 2017, **114(7)**: 1660-1665.

陈　婷　宋丽芳　谢煜华　胡志超

第 12 章　干细胞与表观遗传

12.1　表观遗传与干细胞生物学概述

12.1.1　表观遗传简介

在发育过程中精确的、按照时间顺序的基因表达对于确保适当的谱系传承细胞命运决定，以至最终器官的形成是至关重要的。表观遗传调节染色质结构是在胚胎发育阶段活化或抑制基因的基础。近年来，与各种模式的表观遗传调控相关的研究数量激增，例如，DNA 甲基化、翻译后组蛋白尾巴修饰、非编码 RNA 控制的染色质结构和核小体重塑等。全基因组表观遗传分析和多能干细胞分化技术的进步，成为阐明表观遗传控制在发育和细胞核重编程过程中作用的重要驱动因素。表观遗传机制不仅是以细胞类型特异的方式调节转录状态，同时也会建立更高阶的基因组拓扑和细胞核架构。这里，我们总结了表观遗传对于多能性和与多能干细胞分化的相关变化的调控作用，主要集中在 DNA 甲基化、DNA 去甲基化、常见的组蛋白尾修饰方面。最后，简要讨论多能干细胞基因组中表观遗传异质性和表观遗传模式对基因组拓扑结构的影响。

伴随着人多能干细胞（hPSC）在生物医学研究中越来越广泛的应用，以及探测表观基因组和基因组技术的进步，DNA 元件和动态表观遗传过程的复杂相互作用被证实是人类发育过程中基因表达协调调控模式的基础。这里主要通过 DNA 甲基化和组蛋白修饰两种表观调控方式概述在人和小鼠的多能细胞及胚胎发育过程中表观遗传的调控作用。

人胚胎干细胞（hESC）具有自我更新能力和多能性，可以分化成任意体细胞类型。这些特性是非常有价值的，因为它们可以为药物筛选提供取之不尽的细胞来源，并可能应用于广泛的细胞替代疗法。最近的研究表明，hESC 分化可以模拟内源性发育过程，如新皮质发育[1-3]，甚至可以产生类似未成熟器官的结构[4-6]。因此，hESC 提供了前所未有的了解人类发育过程的可能性。随着体细胞可以被重新编程为与胚胎干细胞发育潜力无区别的诱导性多能干细胞（iPSC）的发现[7,8]，通过对病人的体细胞重编程获得疾病特异性 hiPSC 细胞系成为可能。此外，对于重编程和培养人多能干细胞（即 hESC 和 hiPSC；以下称为 hPSC）的方法的改进使得世界各地的实验室能够将这些细胞整合到他们的研究计划中。

随着 hPSC 技术的广泛应用，hPSC 成为人们关注的焦点。这些细胞早期研究的成功或失败将对于 hESC 的疾病建模和再生医学产生深远的影响。无论任何给定研究中特定疾病或感兴趣的发育过程如何，确保 hPSC 衍生细胞明确的类型及其生物学相关性是至关重要的。在这方面，确定研究中细胞群的表观遗传和转录谱可能是了解生物学相关性和鉴别细胞的最佳方式。

　　表观遗传学通常被定义为"不改变 DNA 序列，由染色体变化引起的稳定可遗传表型"[9]。Adrian Bird 已将此定义修改为"染色体区域的结构调整，以便记录、发出信号或使改变的活性状态永久化"[10]。表观遗传调控的不同调控模式包括：DNA 修饰，如 5-甲基胞嘧啶（5mC）和 5-羟甲基胞嘧啶（5hmC）修饰；翻译后组蛋白尾修饰；能量依赖性核小体重塑；通过长非编码 RNA 调节局部染色质结构和染色体的组织形式。三十多年来人们已经知道通过脱氧胞苷残基甲基化，DNA 的表观遗传修饰对基因表达具有强大的影响[11-13]。最近，随着对组蛋白介导的染色质重塑的日益了解（"组蛋白代码"[14]），不同表观遗传模式的复杂相互作用被揭开。参与 DNA 或组蛋白修饰的表观遗传方式包括：催化特定修饰的酶（"writer"），识别和结合修饰的蛋白质（"reader"），去除修饰的酶（"eraser"）。例如，组蛋白 3 赖氨酸 27 三甲基化（H3K27me3）会被 zeste 同源物 2（EZH2）的组蛋白甲基转移酶（HMTase）增强子催化，被 chromobox 同源物 7（CBX7）读取，并被赖氨酸特异性脱甲基酶 UTX 去除修饰。Reader 具有特征识别序列，如 5mC 的甲基-CpG 结合结构域和赖氨酸乙酰化的溴结构域。许多不同的结构域以残基/修饰特异性方式识别甲基化赖氨酸或精氨酸[15]，包括染色质域、tudor、WD40 重复和植物半域指域。有关此处所述的表观遗传标记的常见 writer、reader 和 eraser 请参见图 12-1 所示。

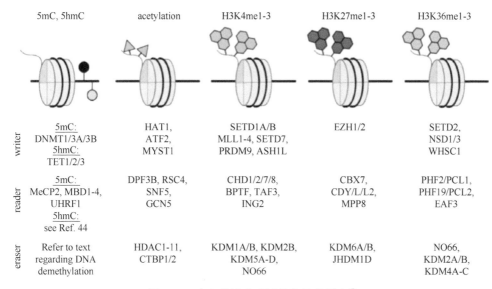

图 12-1　参与普遍表观遗传修饰的蛋白[7]

acetylation：乙酰化；参与 DNA 或组蛋白修饰的表观遗传方式包括催化特定修饰的酶（"writer"）、识别和结合修饰的蛋白（"reader"），以及去除修饰的酶（"eraser"）

　　本节概述了 DNA 甲基化和组蛋白修饰及它们对特定调控元件（即启动子和增强子）的作用及相互影响效果。此外，本章也概述了有关分化发育过程和 X 染色体失活过程中表观遗传动力学的现有知识，包括表观遗传学在核组织和基因组拓扑学中的作用。

12.1.2 体细胞重编程和细胞分化中的表观遗传调控

1. DNA 甲基化

DNA 甲基化是一种可遗传但可逆的表观遗传修饰，在转录抑制、逆转录转座抑制、基因组印记、X 染色体失活和高阶染色质组织中起着重要作用。在发育的受精卵中消除游离甲基化模式和基因组重甲基化是规范初始谱系定型所必需的。然而，DNA 甲基化不是多能性所必需的，因为 *Dnmt3a*、*Dnmt3b* 和 *Dnmt1* 三重敲除小鼠胚胎干细胞的基因组是低甲基化的，细胞虽保留了自我更新能力和多能性，但表现出众多分化缺陷[16]。这表明，合子甲基化模式的建立对于胚层特定分化和谱系建立至关重要。DNA 甲基化机制与其他表观遗传调控模式协同工作，通过局部染色质结构和高阶基因组拓扑调节基因表达。

DNA 甲基化的基因组位置影响其在转录和高级染色质结构中的作用。许多研究表明启动子 CpG 甲基化与基因表达呈负相关。通过甲基化调节的基因通常含有低密度的启动子 CpG 位点。多数低的 CpG 密度的启动子在胚胎干细胞中是被甲基化的，随后在分化中也就是谱系或细胞类型特异性表达过程中被去甲基化从而表达[17-19]。被称为"CpG 岛"的区域，即为在近端启动子或转录起始位点内或附近发现的高 CpG 密度区域，该区域通常缺乏 DNA 甲基化[20]。

最近的研究表明，基因内的甲基化和启动子的低甲基化与基因表达强烈相关[21,22]。通常在调节元件如增强子和启动子中发现的差异甲基化区域（DMR）显示谱系或细胞类型特异性的甲基化模式。基于它们调节的基因，DMR 可用来预测细胞是否属于某一谱系或组织[19]。作为一个普遍规则，基因组甲基化程度与发育潜力呈反比关系，例如，多能基因组是高度甲基化的，而从各种谱系分化来的细胞则显示出总体 DNA 甲基化水平降低[20-22]。

2. 非 CpG 甲基化

非 CpG 甲基化（CpH，其中 H＝A、T 或 C）在 PSC 中富集并且在除脑之外的所有细胞类型/组织中分化时丢失，其在出生后和青少年发育期间在神经元中累积，与突触发生和突触修剪周期一致[23,24]。在体细胞中，非 CpG 甲基化远少于 CpG 甲基化，在体细胞总 5mC 中仅占 0.02%；但在人类胚胎干细胞中，25%的 5mC 是 CpH[21,24]。最普遍的非 CpG 甲基化是在 CpA 二核苷酸与 mCpT 和 mCpC 中发现的[21,23,25,26]。非 CpG 甲基化似乎是由 DNMT3A[23,25,26] 和 DNMT3B 催化[21]。非 CpG 甲基化的功能尚不清楚，但高分辨率的全局分析技术表明它可能具有非常强大的功能。例如，非 CpG 和 CpG 甲基化可能分别与 RNA 在胚胎干细胞和神经元中剪切相关[21,27]，且在胚胎干细胞中的基因内模板链上 CpH 甲基化富集与基因高表达相关[24]。然而，在大脑中，CpH 甲基化与转录抑制有关[23,28]。有趣的是，CpH 甲基化，而不是 CpG 甲基化，在胚胎干细胞[24] 中的多能特异性增强子中是缺失的，而在分化过程中细胞类型特异的增强子会发生 CpG 甲基化缺失[19]。因此，似乎 PSC 使用 DNA 甲基化的基因调控机制与体细胞不同。

3. 5mC 的氧化和 DNA 去甲基化

最近发现 10-11 碱基易位（TET）家族的 20G-Fe（II）双加氧酶催化 5mC 的羟基化以产生 5-羟甲基胞嘧啶（5hmC）[29]。基因组 5hmC 首先被发现是在小脑 Purkinje 神经元中，它的数量大约是 5mC 的 40%[30]。PSC 基因组同样也含有大量的 5hmC[29,31,32]。

最初认为 5hmC 仅仅是去甲基化通路的中间体，但其在基因调控中的作用已经越来越明显，同时关于其功能细节的争议也在增加。最近的研究表明它可能是一个稳定的标记，有自己的"reader"[33]，其中一些似乎与 MBD（甲基-DNA 结合蛋白）重叠。

数十年来，DNA 去甲基化令科学家既着迷又沮丧。DNA 去甲基化在早期发育过程中最显著的示例是父本基因组在原核融合和第一次细胞分裂发生前被快速去甲基化[34,35]。去甲基化的其他示例更加局部化，如在胚层形成、谱系确定和终端分化，以及与活性依赖表观重塑相关的突触可塑性和记忆形成过程中对基因的抑制[19,27,36-38]。

目前，实验证据表明活性 DNA 去甲基化模型可归纳如下（图 12-2）：TET 介导的 5mC 羟基化产生会被 TDG 和 AID 复合物（可能还有 GADD45[39]）识别的 5hmC；然后，5hmC 被 AID 脱氨基生成 TDG 的底物 5hmU；TDG 与 5hmU 反应，启动 BER 级联反应，最终以 CpG 二核苷酸的恢复作为结束。另外两种 DNA 糖基化酶（Mpg 和 Neil3）最近被确定为 5hmC 的 reader，但它们在 DNA 去甲基化中的作用仍有待确定[33]。

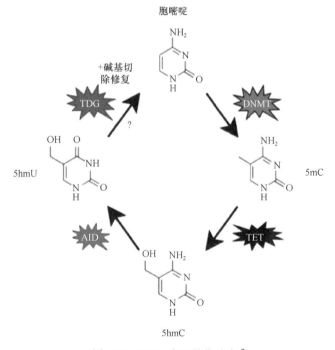

图 12-2　DNA 去甲基化动态[7]

4. 组蛋白编码

组蛋白尾部的翻译后修饰可通过调节局部染色质结构[14]影响基因表达。组蛋白尾部修饰，包括乙酰化、甲基化、瓜氨酸化（也称为去除）、磷酸化、泛素化、SUMO 化和生物素化等。组蛋白修饰的确切作用，如磷酸化、SUMO 化和生物素化，以及它们对染色质结构和转录状态的影响仍不清楚，值得进一步研究[40]。有趣的是，最近的研究发现瓜氨酸化，即精氨酸向瓜氨酸的酶促转化，可能与多能性的建立和维持有关[41]。五种最常研究的组蛋白 3（H3）修饰包括 H3 赖氨酸 4 甲基化（H3K4me）、H3 赖氨酸 9 甲基化（H3K9me）、H3 赖氨酸 27 乙酰化（H3K27ac）、H3 赖氨酸 27 甲基化（H3K27me）和 H3 赖氨酸 36 甲基化（H3K36me3），它们与许多不同细胞类型中调节元件的染色质/转录状态相关性已被准确预测。高分辨率的全基因组研究已经阐明了组蛋白修饰对于基因调控的共性作用。由于发育和环境刺激，基因组可调节区域（即增强子和启动子）会被组蛋白修饰，从而通过 TrxG（trithorax）蛋白和 Polycomb 蛋白介导分别调控染色质为被允许（常染色质）或抑制转录（异染色质）的状态。常见的常染色质修饰是 H3K4me3、H3K9ac、H3K27ac 和 H3K36me3，它们主要存在于活性增强子（H3K9ac、H3K27ac）、启动子（H3K4me3）和活跃转录基因体内（H3K36me3）[42]。H3K4me3 在 1~2 kb 的含有 CpG 岛[43]的活性启动子中显示点状定位模式。它通过募集核小体重塑复合物和组蛋白乙酰化酶来促进转录。在抑制染色质中发现的两个研究最多的修饰是 H3K9me3 和 H3K27me3，通常分别定位于组成型和兼性异染色质。

5. 分化过程中的表观遗传动力学

PSC 的表观基因组与体细胞显著不同。当比较分化细胞与胚胎干细胞之间的组蛋白修饰和 DNA 甲基化模式时，Hawkins 等估计大约 1/3 的基因组在染色质结构上有所不同[99]。这些差异许多可以归因为分化过程中结合的转录因子和染色质重塑状态的区别[96,99]。例如，与 ESC[99]相比，分化细胞具有由 H3K9me3 和 H3K27me3 标记的更大区域，研究证实 H3K27me3 结构域的扩增伴随细胞分化。

6. 表观遗传对核组织和基因组拓扑结构的影响

简单来说，染色质可以被视为"线串上的珠子"，其中 DNA（线）以 165 bp 为一圈绕着核小体（珠子）盘旋，形成 11 nm 纤维。随后其被压缩形成 30 nm 和 300 nm 的纤维、约 700 nm 的染色体结构域和约 1400 nm 的有丝分裂染色体[44]。在间期，每个染色体在细胞核内占据其自己的固定空间，称为"染色体区域"。这使得基因组区域之间可以以顺式或者反式发生非随机并置或物理相互作用（染色体间）。

Lamina 相关结构域（LAD）是在核周边发现的一类稳定的染色质结构域，通常具有低水平的基因表达[45]。哺乳动物细胞中约有 1300 个 LAD，大小为 0.1~10 Mb 不等。与它们的转录状态一致，LAD 富含异染色标记 H3K9me2/3 和 H3K27me3，它们的边界通常含有 CpG 岛和（或）染色质绝缘子的结合位点 CTCF（CCCTC 结合因子）[45]。在分化过程中，含有在分化后代中活化的基因特异性 LAD 易位从核周边向内部转移。相反，在另一个细胞类型中，待抑制的基因浓缩并且通常重新定位到它们与核层[46]相互作用的外围。有趣的是，基因组重组在分化期间是按顺序发生的。

除了 LAD 之外，哺乳动物基因组包含大约 2000 Mb 大小的局部相互作用结构域，被称为拓扑缔合结构域（TAD）的大结构域，它们可以抑制顺式异染色质的扩散。它们的边缘通常含有不变的 CTCF 结合位点、tRNA 或小的散布元件（SINE），中间包含聚集在一起的、协同调节的增强子和启动子[112]。

越来越清楚的是，与调节元件结合的转录因子和介体复合物之间的相互作用会通过与 CTCF 和（或）粘连蛋白的互作影响基因组拓扑。

7. 印记和 X 染色体失活

两种特殊的表观遗传调控模式是印记和 X 染色体失活（XCI）。两者都依赖于抑制性组蛋白修饰、CpG 甲基化和非编码 RNA 的复杂交互作用调节的表观遗传沉默。

X 染色体失活（XCI）是表观遗传模式通过染色质结构和染色体拓扑协同作用以控制基因表达的极好例子。XCI 是 XY 男性和 XX 女性之间剂量补偿的手段。在胚胎植入前不久，随机选择一条 X 染色体进行转录抑制。XCI 中最早的事件是 *XIST* 的表达，*XIST* 是由被标记为失活的 X 染色体中心表达的长的非编码 RNA。然后 *XIST* 沿 X 染色体展开，从与 *XIST* 基因座相互作用或接近 *XIST* 基因座的区域开始，然后扩散到更远的区域。*XIST* 的特定领域招募 PRC2 以建立转录抑制。PRC1 和 DNA 甲基化一起在体细胞中维持 XCI 稳定遗传。在未分化的 mESC 的 naive 状态中，两条 X 染色体都是活跃的（Xa/Xa）。然而，人的 PSC 在衍生时通常表现出 XCI（Xa/Xi）。最近，研究显示，在 hPSC 中失活的 X 染色体往往会随着培养过程被重新激活[19,47]。一旦重新激活，XCI 不会因为分化[47]而重新建立。培养中产生的 XCI 侵蚀可能对女性 hPSC 在细胞治疗、疾病建模和药物筛选工具中的应用产生深远影响[48]。使用 SNP 基因分型结合等位基因特异性 RT-qPCR 进行仔细分析，证明 XCI 的侵蚀或丢失在晚期传代雌性 hPSC 中很常见[19]。在未分化的 hPSC 中，XCI 的丧失与 *XIST* 抑制、H3K27me3 的丧失和 Xi 上沉默的基因去抑制相关。

8. PSC 间的表观遗传异质性

将体细胞命运重编程至多能状态主要是表观遗传的过程[49]。事实上，在重编程期间，通过化学抑制 DNA 甲基化或敲降 MBD 去除表观遗传障碍可以增加 iPSC 产生[50,51]。此外，添加组蛋白去乙酰化酶抑制剂可以增加外源转录因子基础上的重编程和体细胞核移植派生 PSC 的能力[52,53]。三种不同类型的多能干细胞——胚胎干细胞、iPSC 和 SCNT 胚胎干细胞（通过体细胞核移植衍生），显示出彼此非常相似且与体细胞非常不同的全局甲基化模式。

12.1.3 小结

在过去几年中，基因表达特征已经成为定义特定细胞类型的常规手段，而不像原本只能通过组织学或少数抗原的表达来鉴定这些细胞类型。表观遗传技术有望通过其表观遗传特性来分辨细胞，并对于了解细胞类型功能方面的特异性提供巨大的帮助。迄今为止，对于异质细胞群（如组织中发现的那些）的全局表观遗传分析已经用于了解表观遗传转录调节。然而，这些分析是有限的，毫无疑问，将遗漏对稀有细胞类型重要的表观遗传调控。对于细胞分化和表征特性的进一步了解，使得对于几乎同质的细胞群的研究成为可能。随着全基因组、单细胞分析方法和技术变得更加灵敏且廉价，科研工作者将会得到更多与人类发育和干细胞分化相关的详尽信息。

新发现（如 5hmC 及其氧化衍生物）已经开始阐明发育生物学中一些长期存在的问题，如在发育的早期阶段发生的表观基因组重塑事件。虽然表观遗传研究在过去二十年中取得了很大进展，但仍有许多尚待发现。例如，有证据表明存在一些表观遗传 reader 能够同时识别多个组蛋白标记[54]，但我们对同一组蛋白和组蛋白尾修饰的组合本质掌握有限，有待进一步研究。

强大的表观基因组过程涉及基因组拓扑结构的变化：由于发育或环境刺激而发生的染色体间和染色体内关联的精确重排。初步研究表明，生长因子通过诱导基因空间重定位介导基因表达网络[55]。检测分化过程中导致基因网络激活或者抑制的染色体互相作用上的表观遗传变化是令人兴奋且值得进一步研究的。

了解分化和细胞鉴定的表观遗传调控对于 hPSC 及其衍生物在临床应用中的使用至关重要。越来越多有关胚胎发生正常过程的知识使得体外分化方案不断地发展。由于方案经过精细调整以模拟发育的胚胎中的形态发生素梯度和细微信号，研究人员正在研究开发 hPSC 衍生的细胞类型以使得它们在生理上更接近其体内对应物。对细胞表观遗传状态的了解将使研究人员能够更好地开发准确代表人体细胞和组织的细胞类型或细胞类型组合。最终，这些知识将引起体外实验对于预测药物毒性和疗效的巨大改善，并将大大提高临床试验的有效性和安全性。由于细胞替代疗法形式的再生医学开始成为可行的医学治疗途径，表观遗传学分析将可以用于精细控制移植细胞的质量。

12.2 核心转录因子调控胚胎干细胞

转录因子是指能够结合在基因上游特异核苷酸序列上的蛋白质，这些蛋白质能够调控基因的转录[56]。转录因子作为决定细胞命运的主开关，执行了生命周期中的关键生物功能。而细胞状态的调控代表了基因调控中最严苛的模式，适用于某特定细胞群功能的基因表达很可能与其他类型的细胞不兼容。因此，生物进化出了一系列不同的机制以确保基因表达的稳定性。其中，Oct3/4、Sox2、Klf4 和 Myc 均已被证明在干细胞多能性的维持与转化中发挥着重要作用。

12.2.1 维系细胞干性核心转录因子的发现

1962 年，通过将分化末端细胞的细胞核移植入去核卵母细胞中，科学家发现了细胞的重编程能力[57]。由此说明，卵中表达的某些转录因子可以将体细胞核重编程至多能状态。基于此，研究者推测多能干细胞及胚胎早期特异性表达的转录因子可能具有触发细胞多能因子的内源性表达，并将分化末端细胞重编程为多能干细胞（诱导性多能干细胞）的能力。1998 年，Nichols 等在 *Cell* 杂志上发表文章，阐明 Oct4 对多能干细胞的形成具有重要作用[58]。随后，OCT3、Sox2 及 Nanog 等均被发现对早期胚胎和多能干细胞的分化潜能维系具有重要作用[59-61]。2006 年，Takahashi 等在 *Cell* 杂志上发表文章，系统研究、鉴定了上述转录因子及 Stat3、E-Ras、c-myc、Klf4 等与多能干细胞分化潜能长期维系及快速增殖能力相关的基因是否为诱导性多能干细胞关键基因[62]。最终，Oct3/4、Sox2、Klf4 和 c-Myc（O、S、K、和 M）被鉴定为核心转录因子。除了这 4 个核心转录因子外，还有其他初始转录因子参与决定了细胞命运（表 12-1）。

表 12-1　先驱转录因子及作用

先驱转录因子	细胞/生化背景（模式生物）	预测的/确认的先驱转录因子活动	参考文献
FoxA	从成纤维细胞分化转化为 iHep（小鼠）	诱导分化	63，64
	肝/前肠发育（小鼠/秀丽隐杆线虫）	提供肝发育的能力	65
		在内胚层祖细胞中占据被沉默的肝的增强子	66
		招募组蛋白变体 H2A.Z	67
		染色质解压缩	68
	有丝分裂的标志（人类）	与有丝分裂染色质结合	69
	激素依赖性地促进癌症（人）	招募激素受体	70，71
	体外重组核小体或核小体阵列	体外独立于其他因子与单核小体、核小体和核小体阵列结合	72，73
		体外独立于其他因子增加压缩的核小体阵列中的 DNA 的可及性	
Zelda	合子基因组激活（果蝇）	诱导合子基因组激活	74
		增加原始染色质中的 DNA 可及性	75，76，77
Class V Pou（如 Oct3/4、Pou5f3）	合子基因组激活（斑马鱼/小鼠）	诱导合子基因组激活	78，79
		在合子基因组激活之前先与靶位点结合	80
	从成纤维细胞重编程为 iPSC（小鼠/人）	诱导重编程	81
		在体内与对 DNA 酶不敏感且没有通过常见的组蛋白修饰预先标记的染色质相结合	82
Group B1 Sox（如 Sox2）	合子基因组激活（斑马鱼/小鼠）	诱导合子基因组激活	83，79
	从成纤维细胞重编程为 iPSC（小鼠/人）	诱导重编程	81
		体内与非超敏感且没有通过常见的组蛋白修饰预先标记的染色质相结合	82
	促进癌症（小鼠/人）	诱导肿瘤形成	84，85
Klf4	从成纤维细胞重编程为 iPSC（小鼠/人）	诱导重编程	81
		体内与非超敏感且没有通过常见的组蛋白修饰预先标记的染色质相结合	82
Ascl1	成纤维细胞/肝细胞分化为 iN 细胞（小鼠/人）	诱导分化	86
		在体内与非超敏感染色质结合	87，88，89
Pax7	垂体褪黑素发育	提供促黑色素生成细胞发育的能力	90，91
	垂体腺瘤（库欣氏病）	增加原始染色质中的 DNA 可及性	

续表

先驱转录因子	细胞/生化背景（模式生物）	预测的/确认的先驱转录因子活动	参考文献
PU.1	从成纤维细胞分化转化为巨噬细胞（小鼠）	诱导分化转化	92
	骨髓和淋巴发育（小鼠/人）	增加原始染色质中的 DNA 可及性	93，94，95
GATA4	从成纤维细胞分化转化为 iHep（小鼠）	诱导分化转化	63
	肝发育（小鼠）	在内胚层祖细胞中占据被沉默的肝的增强子	96
	激素依赖性地促进癌症（人）	招募激素受体	70，71
	体外重塑核小体阵列	体外独立于其他转录因子与核小体阵列结合（不如 FoxA 有效）	73
		体外独立于其他因素增加压缩核小体阵列中的 DNA 的可接触性（不如 FoxA 有效）	
GATA1	有丝分裂的标志（小鼠）	与有丝分裂染色质结合	97
CLOCK：BMAL1	生物钟（小鼠）	增加原始染色质中的 DNA 可及性	98
p53	通过调节细胞周期和凋亡抑制肿瘤（人类）	增加原始染色质中的 DNA 可及性	99
		与编码高内在核小体占据率的染色质结合	100
	体外重建单核小体或核小体阵列	在体外独立于其他因子与核小体结合	101
		招募组蛋白乙酰转移酶 p300	

12.2.2 核心转录因子调控与细胞干性

核心转录因子的表达量与细胞命运息息相关。以 Oct4 为例，其能够以剂量依赖性的方式调节细胞命运[102]。当 Oct4 表达量增加两倍时，ESC 转化为内胚层和中胚层，而 Oct4 表达被抑制后，ESC 分化为外胚层。Sox2 在参与上胚层和外胚层形成的同时，参与了 Oct4 等的调控。

2013 年，Kim 等系统阐述了核心转录因子的调控网络[103]（图 12-3）。其通过 Chip-Seq 等技术揭示了其中复杂的调控关系网，其中，Nanog、Oct4、Sox2、Dax1 和 Klf4 存在自身反馈调节。需要说明的是，虽然 Sox2 并非直接与 Oct4 蛋白相互作用，但是其能够在目标元件上与 Oct4 组装，从而完成调控功能[59]。

12.2.3 核心转录因子作用机制

核心转录因子能够将细胞重编程，因此，其必须能够调控发育过程中被沉默的基因及不适宜在原细胞类型中表达的基因。然而，发育过程中被沉默的基因通常在被核小体覆盖的"关闭的"染色质部分，从而对 DNase I 等探针不敏感。由此，核心转录因子需要有其特殊的机制以募集染色质修饰酶从而"开启"染色质，继续启动这些基因的表达（图 12-4）。

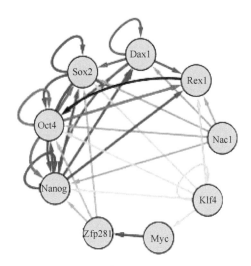

图 12-3　核心转录因子间的调控网络

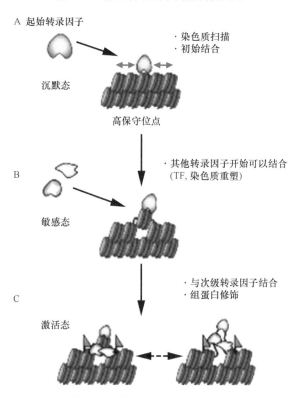

图 12-4　核心转录因子的起始、结合及其进一步的募集机制

1. 核小体介导的转录因子相互作用

多个转录因子相互作用以结合到染色质的机制，对真核生物基因调控，尤其是细胞分化而言是必需的。在 iPSC 重编程过程中，Oct3/4、Sox2 和 Klf4 发挥着起始转录因子的作用，而 c-Myc 则能够促进 Oct3/4、Sox2 和 Klf4 的结合[82]。由此可见，核心转录因子可以协调其他因子的结合。由此，科学家推测，核心转录因子固有的核小体识别特性

使得它们能够扫描沉默染色质中的潜在作用靶点，进而招募其他转录因子。而这又使得核心转录因子与染色质的结合更加稳固。

虽然，基于蛋白质相互作用的转录因子间结合是最为常见的共结合方式，然而核小体特殊的 DNA 结构使得转录因子的共结合可以不通过蛋白质间的相互作用即可达成。也就是说，核小体调控的转录因子间相互作用能够通过其与组蛋白对潜在 DNA 结合位点的竞争来实现[104]。该机制的经典情形出现于多个转录因子（如 4~5 个）共结合时，这一情景下，在 1~1.5 个核小体之间会出现转录因子间的交互作用。与之相对，初始转录因子自身即能够识别核小体靶标位点并招募其他转录因子。这会使得初始转录因子与非初始转录因子间的结合更加稳固，从而形成某一特定细胞类型所需的结合情况。通过这种稳定性的增加，初始转录因子结合核小体 DNA 的能力增强，从而促进了多重转录因子与染色质"关闭"区沉默基因的结合能力。

2. 组蛋白调控核心转录因子与染色质的结合

组蛋白作为染色质的主要蛋白组分，对转录因子与染色质之间的结合具有调控作用。然而，现今对初始转录因子与染色质修饰间的关系仍未得到清晰结论。近期研究表明，哺乳动物及果蝇的基因组中均有约 40%缺乏特有的组蛋白修饰[105]。因此，除了核小体外，大量染色质既没有激活标记，也没有抑制标记，呈现中性状态。与之相应，Oct3/4、Sox2 和 Klf4 在重编程起始时，并未特异性富集到组蛋白修饰位点区[82]。

另有针对 FoxA 的研究表明，H3K4me2、H3K4me1、H3K9ac 等活性组蛋白修饰在 FoxA 结合之后，而非先进行组蛋白修饰进而引导 FoxA 的结合[106]。由此说明，活性组蛋白修饰能够增强初始转录因子与染色质的结合，但并非其结合的必要条件。另外，就组蛋白变体而言，在 ES 分化为内胚层/肝祖细胞过程中，FoxA2 的结合位点与 H2A.Z 相关，但是这种位点仅占 FoxA2 总结合位点的 16%[107]。由此，核小体依然是预测初始转录因子结合染色质位点的重要依据。

尽管组蛋白修饰并非初始转录因子与染色质结合的必要条件，部分组蛋白修饰却能阻抑初始转录因子与非功能区或可替代性线性位点的结合。例如，H3K9me3 在成纤维细胞中跨越的兆碱基级异染色质结构域含有细胞重编程为多能干细胞所需的基因，然而在重编程过程中，这些位点很难被初始转录因子所结合[82]。但随着 H3K9me3 结合的减少，Oct3/4 和 Sox2 逐渐结合到这些位点上并启动重编程。尤为值得注意的是，在重编程后期发挥作用的多个基因能够结合到初始转录因子所不能结合的染色质异质区[108]。由此说明，结合 H3K9me3 的染色质异质区是初始转录因子重编程过程中的一个障碍，H3K9me2 与 H3K9me3 能够阻止初始转录因子与染色质的结合。这种染色质异质区对初始转录因子结合的阻碍可能对细胞保持其分化状态具有一定的帮助，从而对分化转移过程中初始遗传程序终止失败给出了一个可能的解释[109]。

12.2.4 细胞分化过程中的核心转录因子

1987 年，Davis 等首次通过在成纤维细胞中异位表达 MyoD 揭示了单个转录因子介导的细胞分化[110]。然而，内胚层和外胚层细胞中的外源性 MyoD 未能诱导完整的表型转换[111]。后来的研究表明，MyoD 通过与 Pbx 因子合作来诱导肌细胞生成素，Pbx 因子在 MyoD 表达之前先与成纤维细胞中的 MyoD 靶位点组成性结合[112]。在同一胚层的细胞之间还有许多其他细胞分化转化的例子：PU.1 和 C/EBPα 组合可以将成纤维细胞转变为巨噬细胞样细胞[92]；GATA4、MEF2C、TBX5、Hand2 和 NKX2.5 则将成纤维细胞转变为心肌细胞样细胞[113]。

而跨不同胚层的有效分化的第一个证据是通过三种转录因子 Ascl1、Brn2 和 Myt1 得到的。其可以调控成纤维细胞转化为功能性谷氨酸能神经元诱导型神经元（iN）[86]。在这些转录因子中，Ascl1 在分化的起始中起着重要作用，因为 Ascl1 单独就足以诱导未成熟的 iN 细胞，但 Brn2 和 Myt11 不能。之后，不同组的转录因子被发现都能从成纤维细胞产生多巴胺能和运动神经元，但两组都包括 Ascl1[87]。2013 年，Wernig 及其同事揭示了一个控制细胞分化为 iN 细胞早期阶段的分层机制[89]：Ascl1 作为先驱转录因子结合闭合的染色质，并将 Brn2 募集到 Ascl1 靶位点，而 Brn2 主要用于分化的后期阶段促进 iN 细胞的成熟。这些实验表明，即使这些转录因子同时过表达，它们也会以分层方式起作用，如上文对 Oct3/4、Sox2、Klf4 和 c-Myc 所述。Ascl1 首先发挥作用，赋予细胞神经元谱系的潜能，然后由其他转录因子来指定具体的神经元亚型。与非先驱性转录因子 c-Myc 一样，Ascl1 是一种碱性螺旋-环-螺旋（bHLH）家族转录因子，其核心结构被认为可以与 DNA 螺旋的两侧结合。然而，与 c-Myc 不同，Ascl1 似乎具有初始转录因子的特性。很重要的是，要确定 bHLH 家族中这些与 DNA 的结合表现出差异的不同成员，能否作为初始转录因子发挥作用。

此外，Ascl1 被定性为"靶向"先导因子，因为当其在成纤维细胞中异位表达时，其大多数的初始结合位点与当细胞最终分化成神经元时保持结合的位点相对应。这与结合成纤维细胞基因组的 Oct3/4、Sox2 和 Klf4 形成对比，它们其中许多初始的结合与完全转化为 iPSC 后无法对应[82]。这可能反映出了 Ascl1 与 Oct3/4、Sox2 和 Klf4 最初如何识别染色质中靶向位点的固有差异。

又或者，多能细胞的整体染色质结构之间可能存在固有差异，而重编程为 iPSC 则需要重现多能细胞的多个细胞阶段，分化细胞之间的直接转换可能不涉及整体染色质变化。例如，多能细胞染色质比体细胞染色质更"动态"，与分化细胞相比，多能细胞的染色质成分交换更快[114]。染色质结构的全局变化可能是重编程为 iPSC 所必需的，因此细胞可能必须经历各个阶段，每个阶段具有不同的转录因子结合模式。

跨胚层分化的另一个例子是肝细胞样细胞（iHep）是由成纤维细胞通过外源表达 FoxA1、FoxA2 或 FoxA3、HNF4a[64]，或外源表达 FoxA3、GATA4 和 HNF1a 以及同时失活肿瘤抑制基因 p19 Arf[63]。这些因子是从肝发育中涉及的许多转录因子库中发现的，其中最常见的组件是 FoxA。然而，与原代肝细胞相比，iHep 在基因表达方面显示出显著差异，并且在移植模型中无法完全挽救肝功能。当使用评估细胞转化保真度的生物信息学工具 CellNet 分析后，发现 FoxA 和 HNF4a 诱导的 iHep 比成熟肝细胞更能代表肠内胚层祖细胞[115]。他们的研究还表明，iHep 能够移植小鼠肝和结肠，也就是具有分化为肠道内胚层的潜能[116]。似乎先驱转录因子 FoxA 和其他转录因子确立了成纤维细胞分化为肠内胚层谱系的能力，并且，想得到成熟的肝细胞还需要额外的谱系决定因子。该模型与 FoxA 的原始描述非常吻合，即为它赋予胚胎内胚层的能力[66]。

CellNet 的分析进一步揭示，大多数的分化未能中止起始细胞类型的表达程序，从而降低细胞类型转换的保真度[109]。因此，重要的是要知道激活细胞类型所需的分级调节网络和消除原始基因调控程序的方法，而后者似乎是细胞类型转换领域的主要缺口。顺着这些方向，很重要的是要知道如何重置可以抵抗先驱因子结合，并且作为细胞重编程障碍的组织特异性的异源性嵌段[82]。

12.2.5 发育过程中的初始转录因子

已被确定对细胞重编程和分化具有强烈作用的转录因子在胚胎发育中也起着重要作用。举例来说，FoxA1 和 FoxA2 在前肠内胚层中表达，并且是建立肝发育能力所必需的[65,66]。GATA4 和 GATA6 在前肠内胚层中表达，是早期肝发育所必需的[117-119]。白蛋白（Alb1）基因的肝特异性增强子含有 6 个转录因子结合位点[120]。其中，只有 FoxA 和 GATA 的结合位点在肠内胚层发育开始时就已经被占据，而这时 *Alb1* 基因还尚未表达[66,96,121]。随着肝发育，所有转录因子结合位点都被占据，并且 *Alb1* 基因被激活。因此，FoxA 和 GATA 因子拥有在多能祖细胞中结合染色质并引导至肝分化方向的能力。此外，在 ESC 外分化为内胚层的过程中，一些 FoxA2 结合位点被 H2A.Z 占据，并且在内胚层诱导期间 FoxA2 与位点处的结合可以导致核小体消耗和基因活化[107]。

先驱转录因子先结合的这种转录因子结合方式并非是肝发育所独有的。在垂体促黑素激素细胞发育中，Pax7（一对配对的同源域转录因子）的初始表达略微优于其他促黑素激素细胞转录因子，如 Tpit[90]。在一个内源表达 Tpit 但 Pax7 不表达的垂体皮质激素细胞系中外源表达 Pax7 后，可以发现外源性的 Pax7 结合增加染色质可及性，并在 Pax7 结合位点诱导新的 Tpit 的募集。Pax7 可以与蛋白质的配对结构域及其同源结构域的任一或两个基序结合。并且，结合两个基序的 Pax7 比结合单个基序的那些提供了更多的染色质可及性。虽然内在机制尚不清楚，但 Pax7 通过与复合基序的结合打开了染色质结构，并提供了促黑素激素细胞的发育能力[91]（表 12-1）。

PU.1 在骨髓和淋巴发育中起关键作用，并且其表达先于其他决定谱系的转录因子[122]。PU.1 的结合诱导局部核小体重塑，然后募集活性组蛋白修饰 H3K4me1[94]。此外，PU.1 还招募其他决定分化方向的转录因子并促进整体核小体损耗[95]。另外，PU.1 结合有助于内毒素诱导的巨噬细胞激活[93]。在内毒素刺激之前，PU.1 与大部分内毒素诱导型增强子结合，以使增强子可以被进一步结合。PU.1 使用水合来识别目标 DNA 并形成一个相对于其他使用静电相互作用的 Ets 因子而言更加长寿的复合物[123]。根据推测，基于水合的识别赋予了 PU.1 结合核小体 DNA 所必需的适应性。尽管需要更多的机制研究来了解PU.1 如何发挥其功能，但 PU.1 已经是在骨髓和淋巴发育过程中赋予靶向增强子可及性的先驱因子。总的来说，这些研究表明先驱因子的结合发生在谱系定型之前，并且可以通过打开染色质来使基因激活。

在 ESC 体外分化为中内胚层、内胚层、胰周和肠内胚层的过程中，出现了大量有关基因组中 DNA 酶切割变化的计算机分析。Sherwood 等 [124] 开发了一种称为蛋白质相互作用定量（PIQ）的精妙方法，该方法基于 DNA 酶的印迹和内在结合基序预测转录因子的结合。之后 PIQ 分析转录因子的结合与局部染色质可及性程度之间的全基因组相关性，从而可以预测先驱转录因子。

基于此方法，Sherwood 等发现 PIQ 识别出的一系列先驱因子都可导致染色质优先打开其非回文 DNA 结合基序的一侧。这一系列表现出不对称性的转录因子暗示了关于先驱转录因子结合之后的下游事件中还有尚未发现的方向特异性的机制。

尽管核心转录因子与细胞干性、转录因子与细胞分化等之间的关系尚未完全解析，但核心转录因子介导的细胞重编程等依然是最具发展潜力的疗法之一。尽管这对干细胞及诱导性多能干细胞的稳定性、均一性、致瘤性、毒性和免疫原性等提出了更高的挑战，但细胞疗法相关产品的管理条例也在日益完善。例如，FDA 已发布 *Good Tissue Practices Final Rule* 用于规范细胞疗法。随着研究的日益深入与完善，干细胞也将为疾病治疗带来新的希望。

12.3　染色质重塑蛋白复合物与哺乳动物发育

在真核细胞中，长度超过 1m 的 DNA 中编码的遗传信息被包裹到染色质中并在细胞核中分隔。染色质的基本单位是核小体，由 146 个碱基对的双链 DNA，以及包裹在其周围的组蛋白 H2A、H2B、H3 和 H4 组成的八聚体所构成。第五种组蛋白 H1 通过促进邻近核小体从"串上的珠子"压实到 30 nm 纤维，从而形成更高级的染色质结构。H1 在异染色质中比在常染色质中更丰富，导致异染色质更强地压实，外观更浓缩 [125]。

尽管染色体包装得如此复杂，DNA 仍必须参与关键的细胞过程，如转录、复制、重组和修复。有两类酶帮助 DNA 完成这些过程：ATP 依赖性染色质重塑复合物和组蛋白修饰酶。组蛋白修饰酶在组蛋白翻译后修饰它的 N 端尾部以改变染色质的结构，并为调节蛋白提供结合位点。染色质重塑复合物（CRC）可以利用 ATP 的能量破坏核小体与 DNA 接触，并沿着 DNA 移动、去除或交换核小体。因此，它们可以使 DNA/染色质暴露给需要直接接触 DNA 或组蛋白从而发挥功能的蛋白质 [125]。

染色质重塑复合物主要由单个 ATP 酶和多个相关亚基组成。ATP 酶亚基结合并水解 ATP，而其他相关的亚基可以调节 ATP 酶亚基的催化活性，并为其与基因组结合提供特异性。因此，不同 ATP 酶和相关亚基的组合装配产生了具有细胞和组织特异性功能的多种染色质重塑复合物。通过质谱和高通量测序，哺乳动物中几种 ATP 依赖性染色质重塑复合物已经被鉴定出来。这些研究发现染色质重塑复合物可以促进一组基因的转录，同时抑制其他基因的不适当表达以建立特定的细胞身份，在哺乳动物的细胞分化和发育过程中发挥重要作用 [126]。

12.3.1　染色质重塑蛋白复合物的类型

所有 ATP 依赖性染色质重塑复合物都含有一个属于 DNA 解旋酶 SNF2 家族的 ATP

酶亚基和一个或多个相关亚基。SNF2 家族蛋白可根据其 ATP 酶结构域之间的序列相似性分为四个主要亚家族，每个亚家族通过不同结构域的存在来区分（图 12-5）。这四个主要亚家族是 SWI/SNF（switch/sucrose non-fermentable）、ISWI（类似 SWI）、CHD（染色质域解旋酶与 DNA 结合）和 INO80 [SWI2/ SNF2 相关（SWR）]。这些亚家族中的每一个都由几种蛋白质或蛋白质复合物组成，多达 16 种不同的亚基。虽然 ATP 酶亚基发挥复合物的基本催化活性，但相关的亚基在调节催化活性中具有重要作用。例如，INO80 复合物中的相关亚基 IES2 激活催化 INO80 亚基的 ATP 酶活性，而另外两个亚基（IES6 和 ARP5）促进 INO80 复合物与核小体的结合 [127]。SWI/SNF[128,129] 和 ISWI[130,131] 显示了其他结构域和相关亚基对 ATP 酶结构域活性的类似调节。此外，组成这些复合物的组织特异性亚基赋予了蛋白复合物匹配不同组织类型的特性，有助于将这些复合物募集到组织特异性调节基因的基因位点。实际上，在发育期间，在特定细胞和组织中也已经鉴定了具有不同亚基组成的各种复合物。例如，哺乳动物 SWI/SNF 复合物中的 BAF60 相关亚基的 BAF60C 型亚基在调节心脏和肌肉基因转录中具有重要作用，而含有 BAF60A 型亚基的 SWI/SNF 复合物在这些组织类型中几乎不起作用 [132,133]。随着越来越多的组织特异性染色质重塑亚基被鉴定出来，了解这些蛋白复合物的亚基组成及它们调节组织特异性基因表达的机制至关重要。

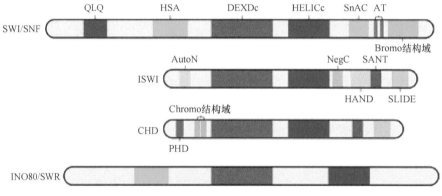

图 12-5　SNF2 家族蛋白的结构域 [126]

显示了染色质重塑的 SWI/SNF、ISWI、CHD 和 INO80/SWR 亚家族的催化亚基的结构域组织。所有这些亚基都是 SNF2 家族蛋白。它们都含有 ATP 酶结构域，其由 DEXDc 和 HELICc 结构域组成，每个亚家族具有额外的结构域。例如，SWI/SNF 蛋白通过 N 端解旋酶-SANT（HSA）结构域和 C 端 Bromo 结构域的存在来定义。这些蛋白质还含有 QLQ 和 SNF2 ATP 偶联（SnAC）结构域，以及两个 AT 钩子基序。相比之下，ISWI 蛋白具有 C 端 SANT 结构域，以及 SANT、ISWI（SLIDE）和 HAND 结构域。它们还包含 AutoN 和 NegC 调控结构域。CHD 蛋白由串联的 N 端染色质的存在来定义，其中一些成员包含 N 端 PHD 结构域。INO80R/SWR 蛋白含有独特的、分离的 ATP 酶结构域，在 DEXDc 和 HELICc 结构域之间具有间隔区

12.3.2　SWI/SNF 类复合物在发育中的作用

SWI/SNF 类复合物包含 SWI2 或 SNF2 ATP 酶亚基，最早在酿酒酵母（*Saccharomyces cerevisiae*）中发现，随后也在果蝇的 *Brahma* 基因和哺乳动物的 *Brg1* 基因（*Brahma* 相关基因，后来证实与 *Brahma* 基因同源）中被发现。随后，人们开始在哺乳动物细胞中寻找含有这些亚基的各种复合物。BRM/BRG1 相关因子（BAF）复合物是约 1.5 MDa

的大分子复合物（图 12-6A），并且由至少 15 种不同的亚基组成，其中包括 BRM 或 BRG1 作为 ATP 酶亚基。根据它们含有的 ATP 酶及其相关亚基，这些复合物可分为含 BAF250A 的 BAF-A 复合物或含 BAF250B 的 BAF-B 复合物。此外，BAF200-、BAF180（polybromo）和含 BRD7 的复合物可以与 BRG1 ATP 酶亚基结合，但不与 BRM 结合，形成 polybromo 相关的 BAF（PBAF）复合物 [134]。BAF 复合物与酵母 SWI/SNF 复合物相似，但其亚基组成更加多样化，并且在基因的激活和抑制中发挥作用，在发育过程中起到关键作用 [135,136]。

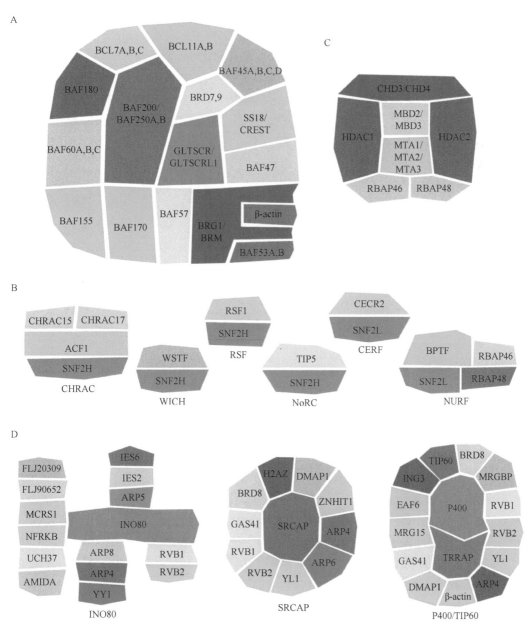

图 12-6　染色质重塑复合物的组成 [126]
A. BAF 复合物；B. ISWI 复合物；C. 含 CHD 的 NuRD 复合物；D. INO80/SWR 复合物

1. BAF 在早期胚胎发育和干细胞中的作用

BAF 复合物成员在哺乳动物的早期发育过程中具有不同的作用（图 12-7）。受精后，转录阻滞的合子基因组被激活以启动高转录活性，这一过程称为合子基因组激活（ZGA）。BRG1 在 ZGA 中具有重要作用，因为它调节全基因组 H3K4me2 水平以控制合子转录[137]。在 ZGA 之后，卵裂球快速分裂以形成 16~40 个细胞的紧凑囊胚。胚胎第 3 天（E3），囊胚细胞极化形成内细胞团（ICM）和外层的滋养外胚层（TE）。胚胎干细胞（ESC）来自胚泡的 ICM，其特征在于其自我更新和多能性的能力。核心转录因子网络（Oct4、Sox2 和 Nanog）调节基因表达以维持胚胎干细胞的多能性，Polycomb 组（PcG）蛋白质修饰染色质以防止分化[138,139]。BAF 染色质重塑复合物的几种成分与这种自我更新和多能性转录网络有关。例如，维持 ESC 自我更新和多能性[140-142]需要 BRG1 通过激活核心多能性转录因子的表达，同时抑制分化特异性基因。BRG1 与关键多能性基因、PcG 基因及其一些靶基因的启动子区域结合[142,143]，并且可能通过调节 LIF/STAT3 信号转导和 Polycomb 功能起作用[144]。

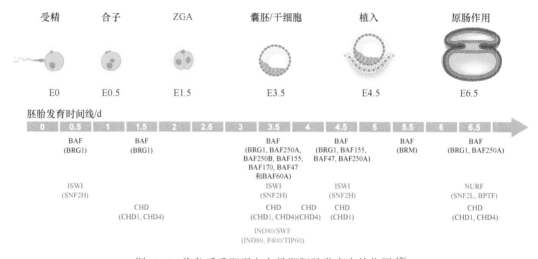

图 12-7 染色质重塑蛋白在早期胚胎发育中的作用[126]

上图展示了哺乳动物早期发育的阶段，每个图像阶段下方显示小鼠胚胎日（E）。特定染色质重塑因子的关键作用位于发育时间线以下。BAF 复合亚基的作用是黑色的，ISWI/NURF 亚基是红色的，CHD 蛋白呈蓝色，INO80/SWR 因子为绿色

在小鼠 ESC 中，BRG1 的这种特殊作用是通过形成称为 esBAF 的 ESC 特异性 BAF 复合物介导的，其包含 BRG1、BAF155 和 BAF60A，但缺少 BRM、BAF170 和 BAF60C[141]。然而，在人类胚胎干细胞中，esBAF 复合物的组成是不同的：人 esBAF 含有 BAF155 和 BAF170，而 BAF170 是维持人 ESC 多能性所必需的[145,146]。因此，BAF170 缺失会导致多能性丧失，并且其在人 ESC 中的过表达会导致向中胚层和内胚层谱系的分化受损。这与人类胚胎干细胞的始发态和小鼠胚胎干细胞的原发态无关，而是由于小鼠和人类之间的固有差异。也许 BAF 复合物的功能标志着啮齿动物与人类的分歧。除了在维持多能性中的作用外，BRG1 在滋养层发育过程中也是必不可少的，它通过 HDAC1 介导的 H3K9/14 去乙酰化[147]和 Oct4 通过 Cdx2 介导的机制抑制 Nanog[148]。因此，BRG1 可能通

过染色质重塑维持自我更新和多能性，并且调节基因组以进行适当的信号转导，同时抑制非 ESC 谱系中的核心多能性因子。

BAF 复合物的其他几个亚基在维持多能性方面具有重要作用，主要是通过重组染色质和重新分配组蛋白修饰。BAF250A 和 BAF250B 在发育的早期阶段调节胚胎干细胞多能性、分化和细胞谱系决定中具有不同的作用 [134,149]。*BAF250A* 突变的 ESC 会分化成外胚层谱系，但在向心肌细胞或肝细胞谱系分化方面存在缺陷。BAF250A 似乎通过调节 esBAF 和 PcG 活性，以及核小体占据染色体位置的平衡来调节谱系决定 [150]。亚基 BAF155 和 BAF60A 对 ESC 分化也至关重要，它们通过分化开始时的染色质重组、异染色质压缩和形成分别抑制多能性基因 *Nanog* 和 *Klf4* [151,152]。此外，BAF60A 通过与二价基因结合调节转录并重新分布 H3K4me3 和 H3K27me3 修饰以调节基因表达。

BAF 复合物亚基在维持多能性中的作用也通过其诱导终末分化细胞重编程的能力得以证实。下调主要在终末分化细胞中表达并且在 ESC 中不存在的 ATP 酶亚基 BRM 或核心亚基 BAF170 会产生更好的重编程结果 [153]。BRG1 和 BAF155 通过促进 Oct4 结合和增加细胞的常染色质含量来促进 Oct4-Sox2-KLF4-MYC 介导的重编程。因此，BAF 复合物是核心多能转录网络的重要调节剂，其功能是在 ESC 中建立和维持多能性，以及重组染色质以允许分化。

2. BAF 在从胚胎植入到原肠胚形成过程中的作用

许多 BAF 亚基会参与胚胎的植入和早期发育。BRG1 在围着床期发育过程中是必不可少的，并且 *Brg1* 纯合突变体会由于 ICM 和滋养外胚层的发育阻滞而致死 [154]。与 BRG1 不同，BRM 不是早期胚胎发育必不可少的，BRM 缺失小鼠是可以存活的 [155]，而最近的一项研究表明，BRM 敲除小鼠仍存在具有功能的转录本，这说明 BRM 没有完全敲除 [156]。在胚胎的某些发育过程中，BRM 与 BRG1 具有非冗余的作用 [157]。围着床期也需要相关亚基 BAF155、BAF47 和 BAF250A [149,158-162]，进一步确定了 BAF 亚基在早期胚胎发育过程中的关键作用。

当胚胎经历原肠胚形成并进入三胚层阶段时，几个 BAF 复合物亚基同样具有明显的活性作用。例如，BRG1 和 BAF250A 是中胚层形成所必需的。在胚胎干细胞体外定向分化为心肌细胞期间，Brg1 缺失 [163] 抑制中胚层诱导，导致中胚层衍生的心肌细胞损失。BRG1 与富含 H3K27ac 的远端增强子共定位并激活中胚层基因诱导，通过 PcG 介导的机制抑制非中胚层发育基因。BRG1 在胚胎发生过程中结合多个发育器官中的远端调节元件，并且 BRG1 的位置与激活性或抑制性组蛋白修饰和基因表达相关 [164]。BAF250A 的缺失还导致中胚层形成缺陷、中胚层衍生的心肌细胞和脂肪细胞减少 [149]。因此，BAF 亚基与不同的组蛋白修饰协作，从而在中胚层谱系决定期间驱动基因表达。

12.3.3 ISWI 复合物家族在发育中的作用

ISWI 蛋白形成含有催化亚基 SNF2H 或 SNF2L 之一的特异性复合物，并且它们可能分别在祖细胞增殖、细胞分化和成熟中具有非常特异的作用。含 SNF2H 的复合物主要与早期胚胎发育和祖细胞相关,而含 SNF2L 的复合物在分化和成熟过程中起作用。这些复合物可能以不同的方式调节染色质结构:SNF2H 有助于维持开放和允许的染色质结构,而 SNF2L 复合物似乎促进了与分化和成熟过程一致的闭合染色质结构。与 BAF 复合物相比,ISWI 复合物的作用有限。

12.3.4 CHD 复合物家族在发育中的作用

哺乳动物中有 9 种(CHD1~9)不同的染色质域解旋酶 DNA 结合蛋白,它们单独起作用或与其他蛋白质形成复合物(图 12-6C)。CHD 蛋白在早期胚胎发育(图 12-7)和终末分化细胞谱系中发挥不同的作用。CHD 蛋白用于调节特定基因组的转录并限制不同基因组的不适当表达,其共同目标是促进不同阶段的细胞增殖、多能性和分化。转录调节的机制是由 CHD 蛋白与不同谱系特异性转录因子和组蛋白修饰物的相互作用,以及它们自身识别特定组蛋白标记的能力介导的。CHD 蛋白和其他染色质重塑物(如 PBAF 复合物的成员)之间的合作在神经嵴细胞增殖和迁移中具有重要的影响。虽然 CHD 蛋白提供了基本的染色质识别和重塑功能,但将这些复合物招募到合适的基因组位点可能涉及它们所在复合物的其他亚基或细胞类型特异性转录因子。

12.3.5 INO80/SWR 复合物家族在发育中的作用

ATP 依赖性染色质重塑的第四个主要亚家族包括 INO80 和 SWR 复合物。这两种复合物的 ATP 酶亚基的特征在于其 ATP 酶/解旋酶结构域中存在保守插入(图 12-6),负责 RVB1/RVB2 解旋酶与这些复合物的结合[127]。在哺乳动物中,INO80 亚家族由 INO80 复合物组成[165,166],而 SWR 亚家族由 SRCAP[167]和 P400/TIP60 复合物[168]组成。它们彼此与 INO80 复合物共享亚基(图 12-6D)。INO80 复合物的染色质重塑涉及 ATP 依赖性核小体动员和组蛋白变体 H2A.Z 的交换[168],而 SWR 复合物主要参与 H2A.Z 沉积到含 H2A 的核小体中[169]。与其他染色质重塑剂一样,这些复合物在哺乳动物发育过程中发挥着不同的作用。

12.3.6 小结

ATP 依赖性染色质重塑复合物催化哺乳动物中不同组织类型发育过程中的关键功能。这些现象表明,多种因素的组合有助于染色质重塑功能的特异性。第一,很明显染色质重塑蛋白以 ATP 依赖性方式调节染色质,以促进或阻碍转录调节因子的结合。然而,它们还以非 ATP 依赖性方式,与不同的转录因子相互作用以调节转录。重要的是,染色质重塑复合物通过将组织特异性亚基结合到复合物中而赋予转录特异性。通常,这些亚基允许信号激活并募集转录因子以预先包裹染色质,然后组装成具有对靶基因的特定染色质重塑活性的特化重构酶。第二,多个亚基的组合装配产生具有特定功能的染色质重塑蛋白复合物。通常,亚基的特定组合在祖细胞中具有功能,而在分化细胞中染色质重塑需要另一种组合。尽管基于 miRNA 的转录后调控似乎是重要的,但目前尚不完全了解这种亚基如何转换、如何响应分化信号。第三，很明显，染色质重塑与组蛋白修饰复合物协作，在调节位点形成特定的组蛋白修饰从而调节转录。基于它们之间的协作（如激活或抑制组蛋白修饰），染色质重塑复合物可以在不同细胞类型或相同细胞类型但在不同转录程序上发挥其特异性。最后，许多研究表明染色质重塑特异性也由几种其他机制决定，包括非编码 RNA 的调节、染色质结构、转录记忆，以及组蛋白与 DNA 的共价修饰状态。

我们对 ATP 依赖性染色质重塑复合物的作用了解进展尽管缓慢，但却可以通过采用新技术和方法分析其在哺乳动物发育过程中的生物化学、细胞和发育功能来加快我们的研究进展。从不同组织类型中分离染色质重塑复合物，并比较它们在体外的重塑活性可以阐明它们各自催化的反应类型。了解组织特异性重塑复合物是否组装、散布或滑动核小体，或者组蛋白是否与变体交换可能有助于我们理解其组织特异性功能。了解不同重塑亚基的相对丰度及其在分化过程中的变化，对于理解组织特异性复合物的生物化学性质也很重要。随着灵敏质谱仪和肽定量方法的出现，这些如今更容易实现。此外，确定染色质重塑复合物如何与特定组织中的转录因子和其他染色质调节剂协作也是重要的，组织特异性染色质或 DNA 捕获与敏感质谱联用可以解决这些问题。最后，细胞类型特异性的全基因组 RNA 分析、蛋白质结合，以及组蛋白和 DNA 修饰模式的检测对于理解染色质重塑复合体在不同细胞类型中的功能至关重要。对染色质重塑复合物的活动及其在发育过程中作用的更深入理解将会为再生治疗和发育障碍治疗提供无限的机遇。

12.4 组蛋白与转录调控

12.4.1 组蛋白

1884 年 Alberchd Kossol 首次从细胞核中鉴定出一种携带正电荷、呈碱性的物质，将其命名为组蛋白[170]。组蛋白帮助 DNA 包裹到真核细胞的细胞核中，虽然从表面上看这似乎是一个相当微不足道的功能，但它实际上是一项复杂的工作。组蛋白可以在直径约 10 μm 的球形核范围内压缩约 2 m 的 DNA，产生大分子 DNA-蛋白质复合物，即染色质。染色质不仅可以包装 DNA，还可以对其进行调控。

1. 核心组蛋白和连接蛋白

组蛋白由 4 种核心组蛋白（H2A、H2B、H3 和 H4）组成，4 种核心组蛋白各两个单体形成一个核心八聚体。146 bp 碱基围绕着组蛋白八聚体而形成的相对紧凑的结构被称为核小体，核小体是染色体功能的基本单位。核小体通过"接头"DNA 和连接组蛋白 H1 连接在一起，通过改变 DNA 进出每个核小体的角度来诱导 DNA 进一步地压实。至少在体外研究中，这种作用可以将串联的核小体压缩成 30 nm 染色质纤维。最终，超螺旋和扭曲最大限度地将染色质压缩成复杂的结构，如有丝分裂染色体[171]。从广义上讲，染色质可以细分为两种结构形式：①高度浓缩的异染色质，主要含有无活性基因和基因贫乏的区域，相对较晚复制；②相对开放排列的常染色质，含有大部分活性基因，相对较早复制。

早期研究发现，染色质非常稳定，除了因 DNA 半保留复制而发生的自然稀释，组蛋白转换率很低 [172,173]。然而，现在已知组蛋白转换确实发生。核心组蛋白和连接组蛋白在细胞周期的 S 期开始时合成，并以 DNA 复制依赖性方式组装到染色质中。它们的基因不含内含子，各自的 mRNA 缺乏多聚腺苷酸化，但是具有专门的 3′端茎环结构。相反，一些组蛋白在整个细胞周期中合成，不依赖复制的方式组装到染色质中 [174]（表 12-2）。这些组蛋白被称为组蛋白变体，它们通过特定的组蛋白伴侣组装到染色质中。它们的基因含有内含子，在某些情况下进行可变剪接。它们在物种之间高度保守，表明它们具有常规组蛋白不能发挥的特殊功能 [175]。

表 12-2　哺乳动物主要组蛋白变体及其功能

组蛋白变体		功能
组蛋白 H2A	H2A.Z	染色质定位
	H2A.X	保护双链 DNA
	MacroH2A	X 染色体失活和基因激活
	H2A.Bdb	与核小体结合，激活基因和精子发生
组蛋白 H2B	H2B1A	睾丸特异性
	H2BWT	有丝分裂保护端粒
组蛋白 H3	H3.3	转录激活
	CENP-A	着丝粒 H3 和动粒组装

2. 组蛋白变体

组蛋白变体是一类与常规组蛋白序列高度相似，但具有特殊功能的组蛋白。除 H4 以外，组蛋白 H2A、H3、H2B 都有与之对应的组蛋白变体。组蛋白变体可以在细胞周期的多个阶段进行表达，并特异地分布于特定的染色质区域。组蛋白变体参与构成的染色质结构具有不同于常规染色质的结构与功能特点，表明组蛋白变体具有比较特殊的功能。在高等真核生物中，核心组蛋白 H3 应该被更具体地命名为 H3.1。H3.3 组蛋白变体仅与 H3.1 有 5 个氨基酸的差异，并且在整个细胞周期中优先取代活性基因的 H3.1。相反，H3.1 仅在 DNA 复制过程中组装在整个基因组中 [174]。虽然尚未完全了解常规组蛋白和变体组蛋白的功能如何不同，但特定核小体内一种或多种变体的存在通常会影响核小体整体稳定性 [176]。此外，特定变体通常与特定染色质状态相关联。例如，H3.3 与转录激活相关，而另一种 H3 变体 CENP-A 与着丝粒区域的抑制性染色质相关。部分变体组蛋白的差异活性可以通过它们的各种翻译后修饰（PTM）来解释。例如，在活性基因中，乙酰化的 H2A.Z 在启动子序列内并且紧邻启动子序列，而在受抑制的基因基因座中，例如，在异染色质中，H2A.Z 发生泛素化 [175]。

组蛋白及其变体与分化和发育密切相关，本章后面将对此进行更详细的探讨。所有组蛋白都可以通过一系列精心编排的 PTM 微调转录过程。除了 PTM 之外，组蛋白及其变体的转换变化也调节了发育。例如，与肝代谢相关的特定基因的 macroH2A1 增加导致它们在肝中的表达水平降低 [177]。

12.4.2　组蛋白翻译后修饰

PTM 主要类型包括乙酰化、甲基化、泛素化和磷酸化等，此外还有 ADP 核糖基化和 SUMO 化等。组蛋白受到许多不同的 PTM 的影响，这些 PTM 主要发生在氨基酸侧链上，至少 15 种组蛋白可以发生不同的修饰[178,179]。如同组蛋白一样，组蛋白修饰在物种之间是高度保守的。这不仅强调了每种组蛋白的线性氨基酸序列，而且突出了为各种信号转导通路而添加的 PTM 的重要性。组蛋白标记不仅可以通过提供空间位阻来调节染色质结构，还可以通过募集各种蛋白质复合物来调节染色质结构。

1. 组蛋白乙酰化

1964 年，Vincent Allfrey 首次发现组蛋白乙酰化主要发生在赖氨酸侧链上[180]。乙酰化的赖氨酸中和氨基酸的正电荷，减弱了组蛋白与 DNA 的静电相互作用，促进了 DNA 与组蛋白八聚体的解离。因此，基因组上高度乙酰化的区域往往相对不太紧凑。

组蛋白乙酰化是一种高度动态的修饰，受组蛋白乙酰转移酶（HAT）和组蛋白脱乙酰酶（HDAC）两个酶家族的反向作用调节[178]。所有 HAT 在酶促反应中都使用乙酰 CoA 作为辅因子，通过细胞定位可以将乙酰 CoA 分为两类：细胞质 HAT 或 B 型酶，无乙酰化组蛋白，特别是 H4K5 和 H3K12，以有机体特异性模式促进组蛋白沉积到染色质中，之后去除这些修饰[181]；核 HAT 或 A 型酶，乙酰化染色质的组蛋白主要在其暴露的 N 端尾部（图 12-8）[178]。基于氨基酸序列和结构相似性可以将核 HAT 分为三个家族：GNAT 家族、MYST 家族和 p300/CREB 结合蛋白（CBP）家族。通常，HAT 存在于大蛋白质复合物中，具有底物特异性和准确的基因组靶向性，一般与通过转录因子和特定 DNA 序列结合有关。

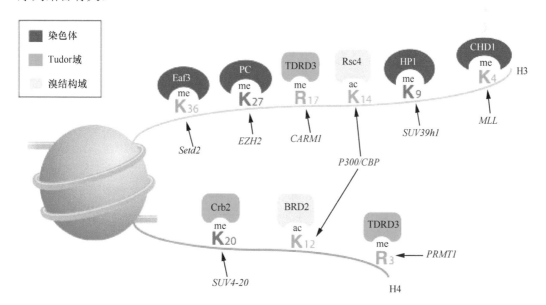

图 12-8　组蛋白甲基化和乙酰化修饰实例

图中显示了组蛋白 N 端尾部一些主要甲基化（me）和乙酰化（ac）位点，修饰酶和具有特异性结合修饰组蛋白的结构域的蛋白质实例[182]。与活性转录相关的修饰位点以绿色显示，与抑制染色质状态相关的位点以红色显示

通过 HDAC 的作用去除组蛋白乙酰化。根据氨基序列可以将 HDAC 分为四类。I 类 HDAC 与酵母 Rpd3 相似，而 II 类 HDAC 与酵母 Hda1 存在相似性。只有一个 IV 类成员 HDAC11。这三类中的脱乙酰酶具有共同的催化机制[183]。然而，类似于酵母 Sir2 的 III 类 HDAC 被称为 sirtuins，需要 NAD^+ 作为其活性的辅助因子[184]。与 HAT 类似，HDAC 存在于大型复合物中，通常含有多种 HDAC 酶。同时，HDAC 具有相对低的底物特异性。因此，难以在体内确定不同 HDAC 的特定功能。然而，它们确实发挥了特定的作用，因为胚胎干细胞（ES）分化是由 HDAC1 而不是 HDAC2 控制的[185]。神经元分化神经干细胞（NSC）是通过具体抑制 HDAC3 而被抑制，而少突状胶质细胞分化则被 HDAC2 抑制[186]。HDAC 的特定作用部分受其所在特定 HDAC 复合物的总体组成调节，这种调节作用对基因组定位很重要[178]。

与乙酰化在中和赖氨酸侧链正电荷中的作用一致，组蛋白乙酰化与转录能力密切相关，并且在活性基因的转录起始位点（TSS）上富集[187]。其作用方式直接影响 DNA 结构，可能通过防止组蛋白 N 端和相邻核小体之间发生静电相互作用影响 DNA 结构，或者当乙酰化组蛋白存在于核小体的核心中时，可通过直接作用使核小体结构不稳定[188]。此外，组蛋白乙酰化还为具有专门的乙酰基-赖氨酸结合结构域的蛋白质提供结合位点，称为溴结构域[189]。有趣的是，许多 HAT，如 p300 和 GCN5，都含有溴结构域。据推测，这使得乙酰转移酶在乙酰化基因组位点局部富集，从而以正反馈方式促进其进一步的乙酰化。组蛋白乙酰化也形成其他种类的表观遗传效应复合物的停靠位点。利用 ATP 水解产生的能量重新定位核小体的 SWI/SNF 染色质重塑复合物的催化亚基，使用其溴结构域结合损伤 DNA，诱导 H3 乙酰化促进 DNA 双链断裂修复[190]。

2. 组蛋白甲基化

组蛋白甲基化的主要位点是精氨酸和赖氨酸的侧链（图 12-8）。与乙酰化相反，这些碱性侧链的甲基化不会改变它们的电荷。然而，这种修饰的复杂性更高，因为赖氨酸残基可以单甲基化、二甲基化或三甲基化（me1、me2 或 me3），而精氨酸可以是对称的（me2）或不对称的（或 me2a）单甲基化或二甲基化[178]。

所有组蛋白赖氨酸甲基转移酶（PKMT）催化甲基从 S-腺苷甲硫氨酸（SAM）转移至赖氨酸 ε-氨基，并且它们中的大多数含有保守的 SET 结构域。这类酶对底物靶标及所产生的甲基化程度（即 me1、me2 或 me3）具有特异性。例如，SUV39H1 是第一个鉴定出的 PKMT，二甲基化和三甲基化 H3K9，形成高度富集抑制性异染色质的修饰[191]。酵母 Set1 酶特异性靶向 H3K4，并且能够催化所有三种甲基化状态；而在哺乳动物细胞中，Set7/9 靶向 H3K4，但仅催化单甲基状态的反应[192]。

组蛋白精氨酸甲基转移酶（PRMT）催化甲基从 SAM 转移到精氨酸的 ω-胍基。该家族由至少 11 种酶组成，可分为两组：1 型酶催化 Rme1 和 Rme2as 的形成；2 型酶催化 Rme1 和 Rme2s 的形成。与 PKMT 一样，组蛋白-精氨酸甲基化的生物学作用取决于精氨酸甲基化位点、甲基化程度和周围染色质结构等因素。

长期以来组蛋白甲基化修饰被认为是高度稳定的。早期研究表明组蛋白甲基化的改变确实存在。2002 年提出了两种潜在的酶促去甲基化反应[193]，最终研究证实两种反应均在体内发生。赖氨酸脱甲基酶 1（LSD1）是第一个真正的组蛋白去甲基化酶[194]。该酶利用 FAD 作为辅因子，并通过需要质子化氮的胺氧化途径起作用。因此，LSD1 仅使单甲基化和二甲基化赖氨酸去甲基化。此外，其底物特异性取决于相关的辅因子。当与雄激素受体结合时，使 H3K9me2/1 去甲基化，其活性与转录激活因子的活性一致。然而，当与 REST 复合物共同作用时，使 H3K4me2/1 去甲基化，其活性与转录抑制因子活性一致[195]。不同的 LSD1 复合物在分化和发育中具有重要作用。例如，LSD1/co-REST 复合物通过控制 H3K4 甲基化的稳定性来控制细胞分化[196]。赖氨酸去甲基化也可以通过 Fe（II）和 α-酮戊二酸的氧化机制和自由基攻击发生。尽管许多去甲基化酶具有偏好性，但是使用这种机制的酶可以使赖氨酸甲基化的所有状态去甲基化[197]，该类中的所有酶都含有 Jumonji 结构域，并且它们在许多发育过程中具有关键作用[198]。

12.4.3　组蛋白在发育过程中的调控作用

1. 组蛋白与表观遗传学

成年生物体内所有的细胞皆由同一个细胞——受精卵发育而来，拥有完全相同的基因组，细胞类型却可以迥然不同，因此必然存在着某种遗传学之外的调控机制，即表观遗传。"表观遗传学"一词在 20 世纪 40 年代由康拉德•哈尔•沃丁顿（Conrad Hal Waddington）提出[199]，他把发育过程中的细胞比作从山上滚下来的石头，随着细胞特异性基因的表达，沿山谷中"不可逆"的路径滚下，逐渐改变特征，形成细胞最终的分化状态。细胞走哪条路径取决于细胞所在生境（niche）和环境中的信号，这些信号导致 RNA 聚合酶对特异基因的接触产生差异，从而引起不同的转录程序。

组蛋白的修饰作用是表观遗传学研究的一个重要领域。能够影响染色质的细胞外刺激或环境刺激被称为表观遗传起始信号（epigenators），这将引发一连串的胞内信号[称为表观遗传引发剂（epigenetic initiators），如 TF 和非编码 RNA]，最终导致表观遗传效应器在基因组中的特定位点定位，从而局部调节染色质和转录。当考虑整个基因组时，表观遗传起始信号、表观遗传引发剂，以及在细胞特定时空中表观遗传效应器机制（epigenetic effector machinery）的协调作用将决定细胞的转录组及其表型。此外，即使在没有原始表观遗传信号的情况下，也可以保持细胞的表观遗传状态，这是通过表观遗传修饰分子（epigenetic maintainer）作用来实现的，必需成分包括组蛋白（和 DNA）修饰因子、某些组蛋白 PTM 和组蛋白变体[200]。

2. 组蛋白与细胞全能性

多能干细胞，如从囊胚内细胞团中分离的胚胎干细胞（ESC）和诱导性多能干细胞（iPSC），具有能够分化出成体体内所有类型细胞的独特潜能，并可以在体外进行自我更新。多能干细胞的多能性维持由复杂的转录机制调控，该机制最终由转录因子（transcription factor，TF）控制，如 Nanog、Oct4 和 Sox2 等[201]。多能干细胞在接触不同外界刺激（如表观遗传起始信号）后将迅速决定其细胞命运，为了保持这样高度的可塑性，多能干细胞具有独特的表观遗传特性。

与分化的细胞相比，多能干细胞的染色体具有更为开放的结构，方便 RNA 聚合酶接近与细胞发育和分化相关的基因[202]。这些基因处于一个被抑制但能够迅速被激活转录的状态[203]，并和组蛋白标记存在着二价关联，其中基因激活转录的组蛋白标记为H3K4ME3，基因被抑制的标记为 H3K27ME3，例如，在神经细胞的分化过程中，神经相关的基因脱去 H3K27ME3 标记，并保留 H3K4ME3 标记，而非神经相关的基因脱去H3K4ME3 标记，同时保留 H3K27me3 标记而不转录[204]。细胞分化过程中，在细胞周期的特定阶段（G_2/S 和 G_1），细胞周期调节因子（CyclinB 1、Cdk 2）和染色质修饰剂因子如 H3K4me3 甲基转移酶 Mll 2/KMT2B[205,206] 发挥作用。

与分化细胞相比，多能细胞具有高动态变化染色质。例如，组蛋白 H1 与 DNA 高动态结合[207]，抑制 H1 与染色质的高动态结合会影响 ESC 的自我更新能力，表明 H1 在维持多能性方面具有重要作用；与此观察结果一致，组蛋白 H1 促进分化过程中多能性基因的稳定抑制，因此是分化过程中所必需的[208]。

John Gurdon、Helen Blau 和 Shinya Yamanaka 研究表明，通过核转移、细胞融合或TF 转导等方式可以将已经最终分化的体细胞重编程为多能性的状态。值得注意的是，研究表明 4 种表观遗传引发因子（转录因子 Oct4、Sox2、KLF4 和 C-MYC）的异位足以将表观遗传状态重置为多能性。此后，许多其他转录因子的组合被证明可以引起重编程[209]，这一过程涉及几个表观遗传中间状态之间的转变：首先，有关细胞增殖、代谢和细胞骨架的基因表达上调，有关特异性和细胞发育调控的基因表达下调；其次，多能性基因上调[210]。这些变化包括初始时组蛋白 H3K27me3 标记的广泛去除，从而使染色质结构开放，发育调节基因逐步与 H3K4me3/H3K27me3 形成二价联合，重编程后期 DNA脱甲基[211,212]。

蛋白质组学研究表明，多能性 TF 存在于几种不同的组蛋白修饰物/染色质重塑复合物中[213-217]，其中许多修饰物已被证明对多能性细胞的表观遗传状态起着重要作用，例如，辅阻遏物 RCOR2 或 H3K36me2/3 的组蛋白去甲基酶 KDM2B/JHDM1A/1B 的转导或 H3K79 甲基转移酶 DOT1L 的敲除可取代重编程过程中特异性多能 TF[209]。其他一些染色质修饰物是分化细胞重编程过程中所必需的，如 WDR5 调节 H3K4me3 沉降、H3K27me3 去甲基化酶 UTX 活性及 Polycomb 复合物的组成[209,218]。此外，用组蛋白修饰剂的化学调节剂治疗，包括丙戊酸（HDAC 抑制剂）、BIX-01294（G9a H3K9me2 甲基转移酶抑制剂）和维生素 C（H3K36me2/3 组蛋白去甲基化酶 KDM2B/JHDM1A/1B的激活剂），能够更有效地重编程[219]。

组蛋白变体在调控多能性方面也发挥着重要而复杂的作用。例如，成纤维细胞中组蛋白 Macro H2A 亚型与多能性基因 H3k27me3 标记的调控区域相结合，防止重编程[220-222]。其他组蛋白变体在多能性方面也具有不同的功能，这可能取决于它们所呈现的特定翻译后修饰。组蛋白 H3.3 是多能性细胞重编程[223] 和内源性逆转录转座子沉默所必需的[224]，但它也对重编程过程中维持原细胞的表观遗传标记发挥作用[225]；H2A.Z 是 ESC 自我更新和分化所必需的[226]；H2A.X 负调控 ESC 增殖[227]，同时参与自我更新[228]。

许多组蛋白 PTM 和变体与 TF 引起的多能性建立密切相关，同时调控全部基因组和局部特定基因来调整表观遗传格局。有趣的是，虽然启动重编程似乎需要外源多能性 TF 的表达增加，但它们在初始阶段后持续表达可能是有害的[229,230] 或者导致另一种细胞状态[231]。考虑到组蛋白修饰本身可以作为酶的结合位点，它们可能不需要 TF 来维持表观遗传状态。因此，在 TF 初始成核发生后，染色质修饰剂能够自我维持局部表观遗传状态，这种状态在重编程过程中必须消除。同型核小体的四聚体分裂具有四聚体的半保守遗传，随后将作为新结合的组蛋白上的修饰物模板，最近也被假设为表观遗传的替代机制[218]。最后，先锋转录因子如 ASCL1，可能能够在增强子中识别三价染色质特征（由 H3K9me3、H3K4me1 和 H3K27ac 组成）[232]，由于基因组中三价染色质状态的定位是细胞类型特异性的，这种将 TF 募集到平稳染色质的假定替代机制可能参与表观遗传，并可以解释为什么像 ASCL1 这样的先驱 TF 比其他类型的细胞能更有效地重编程。

3. 组蛋白与细胞分化

细胞分化过程中基因表达模式显著变化，决定了细胞最终的形态和功能。这一过程由复杂的程序共同调控，包括与多能性和自我更新相关的基因沉默，并激活与细胞类型分化相关的特异性基因。独特的表观遗传程序包括 DNA 和组蛋白修饰、染色质中表观遗传启动子和表观遗传子的重新排列。

如前所述，组蛋白甲基化修饰与基因激活和沉默有关。来自同一酶家族的染色质修饰可能发挥截然不同的作用，对多能性的维持和分化过程都是必需的。例如，PKMT EZH2 三甲基化 H3K27，从而防止神经干细胞（NSC）过早分化[233]；缺乏 EZH2 的皮质祖细胞表达了与神经发生和神经元分化相关的基因，产生更多神经元；而神经干细胞中过表达 EZH2 时，能促进其向少突胶质细胞谱系分化[234,235]。其他组蛋白甲基化标记也可能抑制特异基因的表达，如 H3K9 甲基化使神经元基因沉默[236]。组蛋白甲基化修饰由 PKMT 和组蛋白去甲基化酶（HDM）相互调节。HDM 家族成员 JMJD3（jumonji domain-3）是一种组蛋白 H3K27 特异性去甲基化酶，是小鼠 EC 细胞[237] 神经谱系定型所必需的，可促进 NSC 的神经元分化[238]。从神经干细胞分化成神经元需要 MLL1，它是一种甲基化 H3K4 的 PKMT，可能是通过调节组蛋白 H3K27 特异性脱甲基[239]。在没有 MLL1 的情况下，Dlx2 被 H3K4me3 和 H3K27me3 双价标记，导致转录激活失败[239]。相反，神经干细胞增殖需要 LSD1，其使单甲基化或二甲基化的 H3K4 或 H3K9 去甲基化。

组蛋白乙酰化修饰在干细胞自我更新和细胞分化的过程中也发挥着重要作用，受组蛋白乙酰化酶（histone acetyltransferase，HAT）和组蛋白去乙酰化酶（histone deacetylase，HDAC）共同调控，参与细胞命运的决定。HAT 使染色质松弛，可诱导该部分基因表达，而 HDAC 可逆转该状态，导致基因沉默。例如，成体内神经干细胞中 HDAC 受抑制，引起神经元特异性基因上调，说明神经发生和分化的过程需要神经干细胞中组蛋白乙酰化修饰[240]。

组蛋白甲基化和乙酰化修饰与生物发育的过程密切相关。有趣的是，某些情况下相同的组蛋白修饰可能调节同一过程不同的方面，因此确定发育过程中特定的时空点，对研究表观遗传改性剂（epigenetic modifiers）在基因组上的定位，以及引起的发育过程至关重要。

12.4.4 小结

核小体组蛋白和组蛋白变体参与几个关键发育过程的调节，帮助调控细胞命运的决定及分化细胞最终的功能。研究表明，H3.3 是成人体内神经元组蛋白 H3 的主要亚型，其转换对于转录调节和神经元可塑性至关重要[241]。人们逐渐发现发育过程中组蛋白变体的重要性，为表观遗传学增添新的分支。在决定细胞发育方向和功能的过程中，稳定的组蛋白和多变的组蛋白变体之间的相互作用还有待进一步研究，并将成为引人关注的研究领域。目前，利用小分子改变组蛋白的翻译后修饰或调节效应蛋白与组蛋白的结合已应用于疾病动物模型的表观遗传学治疗[242,243]。因此，针对组蛋白 PTMS/变体的新小分子开发有可能成为许多疾病的新"表观遗传学"治疗策略。

12.5 DNA 甲基化及其衍生物的动态变化

12.5.1 DNA 甲基化的分布

DNA 甲基化是 DNA 序列的一种共价修饰，是表观遗传调控的重要方式，普遍存在于原核生物与真核生物中。细菌基因组中，甲基化主要发生在腺嘌呤的 N6 位和胞嘧啶的 C5 位、N4 位。真核生物中的 DNA 甲基化主要以胞嘧啶第五位碳原子甲基化（5mC）的形式存在于 CpG 双核苷酸位点，含量占全基因组的 1%左右。DNA 发生甲基化时，胞嘧啶从 DNA 双螺旋突出，进入能与酶结合的地方，在 DNA 甲基转移酶（DNMT）催化下，有活性的甲基化 S-腺苷甲硫氨酸（SAM）转移至胞嘧啶第五位碳原子上，形成5mC（图 12-9）。后来又有 6mA 的发现丰富了真核生物中 DNA 甲基化的形式[244]。

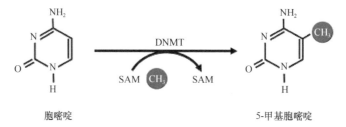

图 12-9 5-甲基胞嘧啶的生成

机体对基因组有两个矛盾的要求——既要求其保持稳定，能够将信息传递给后代；又同时需要"灵活性"，使多细胞生物能够产生多种细胞类型以应对不断变化的环境。这种"灵活性"需要的适应性调节基因表达的能力，可以通过转录因子与 DNA 结合、将 DNA 包装成染色质，或对组蛋白、DNA 本身的动态进行共价修饰来实现，特别是DNA 的共价修饰有助于在"保真"碱基信息的同时实现细胞功能变化。长期以来，人们一直认为发生在哺乳动物基因组 DNA 中胞嘧啶 5 位碳原子上的甲基化修饰是稳定存在的，并且随着 DNA 的复制而遗传，但是大量研究显示这种修饰并不是完全静态的。在哺乳动物的个体发育中，DNA 甲基化谱式主要经历了两次大规模的重编程过程，一次发生在从受精至着床的早期胚胎发育时期，另一次发生在配子发生过程中。这两次重编程都涉及基因组范围内的主动去甲基化。相对于基因组范围内的大规模主动去甲基化，在体细胞内发生了局部的、高度位点特异性的主动去甲基化。大多数 DNA 甲基化对于正常发育至关重要，并且它在许多关键过程中起着非常重要的作用，包括基因组印记、X 染色体失活、重复元件转录和转座的抑制，并且当 DNA 甲基化失调时，导致癌症等疾病的发生。DNA 的去甲基化与甲基化这两个过程相互平衡，维持了 DNA 甲基化谱式的稳定。任何一方的失调都会导致 DNA 甲基化谱式的紊乱，进而引起多种疾病的发生[245,246]。

12.5.2　DNA 甲基化的发生机制

5-甲基胞嘧啶（5mC）是研究得最清楚的 DNA 共价修饰之一，在哺乳动物基因组中，5mC 主要存在与CpG岛中，70%~80%的CpG岛是甲基化的[247]。DNMT3A 和 DNMT3B 可以引入甲基化标记（从头甲基化），其活性可以由催化失活的家族成员 DNMT3L 调节，DNMT1 通过其功能性搭档 UHRF1（ubiquitin-like plant homeodomain and RING finger domain 1）识别半甲基化的 CpG 岛，在基因组复制后维持它们（维持性甲基化）[248,249]（图 12-10）。5mC 与转录抑制的染色质状态相关，在特定的基因组位点 DNA 甲基化，可以帮助在发育过程中形成细胞程序。5mC 介导的长期基因沉默在基因组印记、X 染色体失活和抑制移动遗传元件中起重要作用[250,251]。

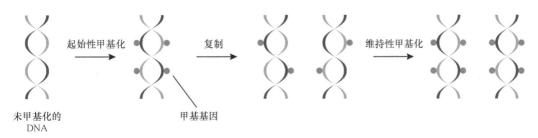

图 12-10　起始性甲基化和维持性甲基化

由于研究人员多年致力于理解表观遗传在胚胎发育过程中是如何被清除和重塑的，许多参与 DNA 甲基化的蛋白质和机制都已阐明。参与 DNA 甲基化的 DNMT 家族的三个成员都能直接催化在DNA上加上甲基的反应，包括DNMT1、DNMT3A 和 DNMT3B[252,253]。这些酶都有相似的结构，即一个大的 N 端调控结构域和一个 C 端催化结构域，但它们有各自独特的功能和表达模式[254,255]。

DNMT1 与 DNMT3A、DNMT3B 不同，倾向于使半甲基化的 DNA 发生甲基化[256,257]。在 DNA 复制过程中，DNMT1 处于复制叉的位置，与新合成的半甲基化 DNA 结合，精确地模拟复制前的甲基化模式进行甲基化[258]。此外，DNMT1 还能修复 DNA 甲基化[259]。因此，DNMT1 被称为维持性甲基转移酶，它能够在一个细胞谱系中维持原本的甲基化模式。在小鼠中敲除 Dnmt1 会导致小鼠胚胎在 E8.0~E10.5 天之间死亡，小鼠胚胎中有 2/3 出现了甲基化的丢失，不同的组织中包括大脑出现了大量的凋亡细胞[260]。DNMT3A

和 DNMT3B 都能够直接甲基化 DNA，且不倾向于使半甲基化的 DNA 甲基化 [253]，因此，DNMT3A 和 DNMT3B 被称为起始性甲基转移酶。DNMT3A 的表达相对广谱，而 DNMT3B 在大部分化组织中的表达量不高 [254]。与 DNMT1 相似，在小鼠中敲除 *Dnmt3b* 是胚胎致死性的，敲除 *Dnmt3a* 的小鼠尽管发育不全，但是可以活到出生后的第 4 周 [253]。从上述结果来看，DNMT3B 在胚胎早期发育中是必需的，而 DNMT3A 在正常的细胞分化中是必需的。

DNMT 家族的最后一个成员是 DNMT3L，没有其他 DNMT 的催化结构域，主要在胚胎早期发育时表达，成体时仅在生殖细胞和胸腺中表达 [261]。尽管 DNMT3L 自身没有催化活性，但它与 DNMT3A 和 DNMT3B 结合，能激活它们的甲基转移酶活性 [247,262,263]。

12.5.3　DNA 去甲基化的发生机制

DNA 甲基化对于基因组稳定、转录和发育有着深远的影响。DNA 甲基化过程中起作用的酶已经了解得很清楚了，直到发现 TET（ten-eleven translocation）家族酶可以氧化 5-甲基胞嘧啶之前，参与去甲基化过程的酶始终是一个谜团，TET 家族酶的发现，大大提高了我们对 DNA 去甲基化的理解。5-羟甲基胞嘧啶在 DNA 去甲基化当中是关键，可以通过 DNA 复制被动耗尽或通过迭代氧化和胸腺嘧啶 DNA 糖基化酶（TDG）介导的碱基切除修复主动恢复为胞嘧啶。甲基化、氧化、修复为胞嘧啶动态修饰的完整循环提供了一个模型，并且已经证明了其在已知的涉及主动去甲基化的生物过程中具有重要意义。

与大多数组蛋白修饰相比，DNA 甲基化相对稳定 [264,265]。然而，DNA 甲基化丢失和去甲基化已经在不同的生物学背景下观察到，这种改变可以主动或被动地进行。被动去甲基化是指在连续几轮复制过程中由于缺乏功能性 DNA 甲基化维持机制导致的 5mC 丢失。相应的，主动去甲基化是指去除或修饰 5mC 甲基的酶促过程。TET 蛋白可以介导 5mC 的迭代氧化成 5-羟甲基胞嘧啶（5hmC）、5-甲酰基胞嘧啶（5fC）和 5-羧基胞嘧啶（5caC）。复制依赖的这些 5mC 氧化物的稀释，或胸腺嘧啶 DNA 糖基化酶（TDG）介导的 5fC 和 5caC 的切除，即碱基切除修复（BER），也将导致去甲基化 [264,266,267]（图 12-11）。

在早期胚胎中全基因组去甲基化，即说明在发育过程中消除来源于父母的特定的印记对于建立多能状态很重要，在这两个主要的表观遗传重编程过程中，5mC 的快速消除不能完全通过依赖于复制 5mC 的被动稀释来解释，这表明存在能够主动去除或改变甲基化的酶 [264]。TET 蛋白的发现对于解释主动 DNA 去甲基化机制有了很大的推动，为了解哺乳动物活性 DNA 去甲基化的分子机制奠定了生化基础。

TET 蛋白质是铁（II）/α-酮戊二酸[（Fe（II）/α-KG）]依赖性双加氧酶。羧基上的核心催化结构域末端由双链 β 螺旋（DSβH）结构域和富含半胱氨酸的结构域组成 [268]。DSβH 结构域将 Fe（II）、α-KG 和 5mC 聚在一起发生氧化反应，而富含半胱氨酸的结构域围绕 DSBH 核心来稳定整体结构，稳定 TET-DNA 相互作用。TET 使用分子氧作为催化 α-KG 氧化脱羧的底物，产生反应性高价酶结合的 Fe（IV）-氧代中间体，其将 5mC 转化为 5hmC [269,270]（图 12-12）。此时，TET-DNA 间的接触不涉及甲基，使得 TET 可以形成不同形式的胞嘧啶衍生物。

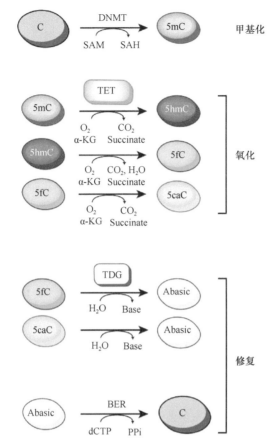

图 12-11　DNA 甲基化、氧化、修复胞嘧啶的生化过程

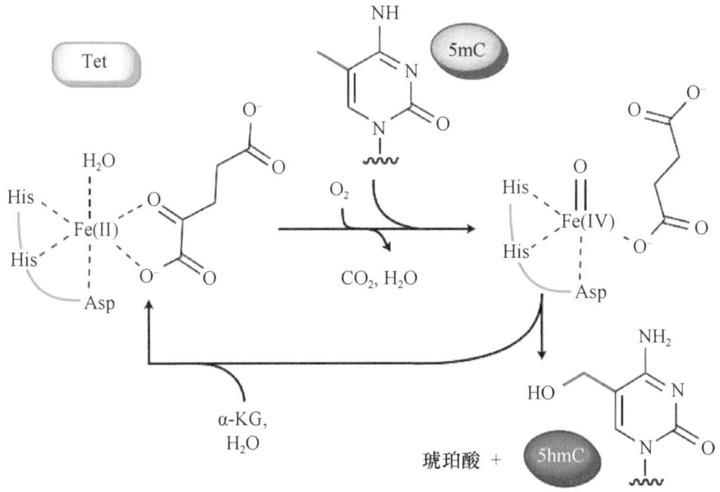

图 12-12　Tet 酶作用机制

　　其中含有双链 β 螺旋的 DSβH 结构域是 TET 酶家族中的关键金属结合残基。富含半胱氨酸的结构域位于核心之前，似乎是活性所需。值得注意的是，仅 C 端催化结构域就可定位于细胞核并氧化 5mC，表明非催化结构域有可能具有调节功能。全长的 TET1

和 TET3 在它们的 N 端具有 CXXC 结构域，能够结合 CpG 岛序列，而 TET2 没有 CXXC 结构域。猜测可能在进化过程中，由于基因组反转 CXXC 结构域与蛋白质分离，形成了独立的、含 CXXC 结构域、名为 *Idax* 的基因（也称为 *Cxxc4*），能够与 TET2 结合并且起到调节的作用（图 12-13）[271-273]。

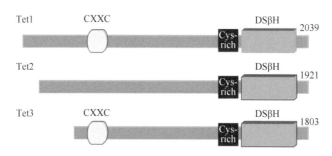

图 12-13　小鼠 Tet 蛋白家族结构示意图

除被动稀释的修饰胞嘧啶外，还有几种 TET 起始但不依赖复制的主动去甲基化机制被提出。这些主动的 DNA 去甲基化过程还涉及 5mC 的初始氧化修饰，但是通过非复制依赖性主动修复（AR）为未修饰的胞嘧啶来完成去甲基化[274,275]。第一种，通过 DNMT 的 5hmC 脱羟甲基化或假定的脱羧酶 5caC 脱羧来去除氧化的 5-位取代基，可直接将氧化的 5mC 还原为未修饰的胞嘧啶[264]。第二种，DNA 糖基化酶介导的氧化 5mC 碱基切除，包括去除 5hmU（5hmC 的脱氨产物）或 5fC/5caC，可能导致形成无碱基位点，随后通过 BER 进一步修复，恢复为未甲基化的胞嘧啶[276]。在 5mC 氧化至 5fC 或 5caC 后，TDG 介导的 5fC 或 5caC 切除和依赖于碱基切除修复（BER）的无碱基位点修复可以将衍生物恢复为未修饰的胞嘧啶。此过程定义为主动修正-主动移除（AM-AR），并且是不依赖 DNA 复制的。在这些提出的 TET 依赖性 AM-AR 去甲基化途径中，TDG 介导的 5fC/5caC 切除机制已经获得了最多的实验支持。

作为尿嘧啶 DNA 糖基化酶（UDG）超家族的成员，UDG 使用碱基翻转机制从 T、G 或 U、G 错配中去除嘧啶碱基，起始 BER 过程[277]。由于在植物中是由 DME/ROS1 介导的 5mC 切除修复，一直以来怀疑某种 DNA 糖基化酶在哺乳动物的活性 DNA 去甲基化中发挥作用。TDG 是一个特别有力的候选基因，因为它可以作为结构蛋白将转录共激活因子 CBP/p300 与众多转录因子连接起来，调控基因表达[278]。早期研究表明，TDG 可能通过直接切除 5mC 或 T（脱氨基产物）促进 DNA 去甲基化，但由于 TDG 5mC 剪切活性弱，以及 AID/APOBEC 脱氨酶的 5mC 切除活性对单链 DNA 的选择性，尽管在生物化学上是可行的，但这些机制在 DNA 去甲基化过程中可能只起到有限的作用。之后在基因组中发现了另外的氧化胞嘧啶类似物后，这一问题有了新的进展，虽然 TDG 不能有效去除 5mC 或 5hmC，它在体外显示出对双链 DNA 上的 5fC 或 5caC（5fC、G 或 5caC、G 对）表现出强大的切除活性[279]。修复单链 DNA 损伤有两种主要的 DNA 切除修复机制：碱基切除修复（BER）和核苷酸切除修复（NER）。BER 用于纠正受损的碱基或不匹配的碱基对（如 G：T 不匹配），而 NER 可以修复暴露于辐射或化学品形成的大范围的 DNA 损伤。TDG 导致脱碱基位点通过 BER 进一步修复为未甲基化的胞嘧啶。至此，甲基化迭代氧化和切除修复提供完整的胞嘧啶修饰级联，完成了不依赖于复制的 DNA 甲基化擦除。

TDG 切除 5fC/5caC 的分子基础源于 5fC 和 5caC 不稳定的碱基与糖基间的连接（N-糖苷键），胞嘧啶碱基具有减弱的 N-糖苷键，可以被 DNA 糖基化酶有效切除[280]。进一步的生物物理学分析表明，TDG 的活性位点可能具有特定的结构特征来识别和调节氧化的 5mC 碱基。在 HEK293 细胞中过表达 TET 和 TDG，细胞中 5fC 和 5caC 迅速耗尽。而不表达 Tdg 的小鼠 ESC 导致 5fC 和 5caC 水平增加 5~10 倍[281]。Tdg 缺乏的小鼠胚胎表现出广泛的发育缺陷，在大约 E12.5 死亡，而 DNA 糖基化酶 UDG 家族的其他成员（UNG、MBD4 和 SMUG1）对胚胎来说是可有可无的[279]。在所有 UDG DNA 糖基化酶中，只有 TDG 可以有效地切除 5fC/5caC，暗示了 TDG 切除 5fC/5caC 活性在胚胎发育过程中的独特作用[282]。

12.5.4　DNA 甲基化的生物学功能

1. 植入前发育中的 DNA 去甲基化动力学

在精子与卵母细胞受精并且在两个原核合并之前，父本基因组将会经历复杂的表观遗传重塑过程，其中就包括 DNA 的完全甲基化。精子在第一次 DNA 复制开始之前经历了 5mC 的快速丢失[283,284]，与此相反的是，母本基因组表现了较低的甲基化水平，但在随后的卵裂分裂期间逐渐变为去甲基化，因此两者在早期胚胎发育过程中表现出了典型的表观遗传不对称性。父本 DNA 甲基化的丧失与 5hmC（5mC 被 TET 酶氧化的产物）的快速增加同时发生[285,286]（图 12-14），表明 TET 介导的 5mC 氧化是去甲基化的一条重要途径。Tet3 特异性定位于雄原核上，如果缺失 TET3，则不能检测到 5hmC，且会导致父本染色体上一些与胚胎发育相关的障碍[286,287]。

Tet3 在不影响母本基因组的同时又作用于父本基因组，这一过程是通过 Stella 蛋白实现的。Stella（也称为 PGC7 或 Dppa3）是早期发育所必需的母体因子[288]，通过组蛋白 H3（H3K9me2）上 Lys9 的二甲基化被募集到卵母细胞的基因组中，而不是与雄原核结合[289]。TET3 存在于雌雄原核中，但是其与父本基因组的结合能力较弱，在没有 Stella 的情况下，会导致雌雄原核中 5mC 的共同丢失及母本基因组中 5hmC 的积累。亚硫酸氢盐 DNA 测序分析进一步证明，Stella 是保护父本基因组中的一些印记控制区（ICR）所必需的，其也与 H3K9me2 修饰有关[289,290]。

如果 DNA 甲基化的低效维持是早期胚胎中全基因组去除 5mC 的主要驱动因素，为什么父本基因组需要先被氧化？一个可能的原因是机体为了快速使两个亲本基因组的 5mC 水平达到平衡。由于成熟的精子基因组中约有 90%的 CpG 位点发生甲基化，而卵母细胞中却表现出较低的甲基化水平（约 40%）[291]，因此，父本基因组中氧化的 5mC 碱基可以加速父本基因组的去甲基化过程。由 5hmC 的进一步氧化产生的 5fC 和 5caC 为 TDG 介导的切除修复途径提供了底物[285]，且 BER 途径也在父本基因组中发挥了去甲基化的作用[292]。然而，父系基因组中的大量 5fC 和 5caC 信号仍可通过四细胞期的免疫染色检测到，并且还表现出复制依赖性稀释[285]，说明 5fC/5caC 未被快速切除。单细胞

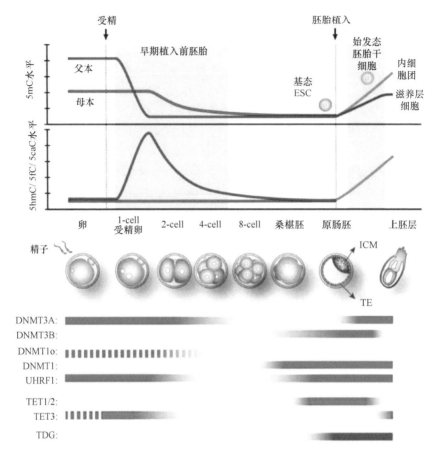

图 12-14　小鼠植入前发育过程中的 DNA 甲基化动力学

RNA-Seq 分析表明 *Tdg* 基因在卵母细胞和植入前发育过程中表达水平极低[293]，表明 TDG 可能只是在父本基因组去甲基化（如基因座特异性去甲基化）中发挥有限的作用。母本基因组在早期胚胎发育过程中主要通过被动 DNA 去甲基化过程逐渐丢失其卵子特异的 DNA 甲基化模式，这至少在整体基因组水平上是对 *Tet3* 介导的羟甲基化起拮抗作用的，从而确保更有效的父本去甲基化。

　　总体而言，早期胚胎中的 DNA 去甲基化是一个高度协调的过程，需要主动和被动去甲基化共同发挥作用。此外，特定因子，如 Stella 和 ZFP57/KAP1，可以保护选择性基因座（如 ICR）的 5mC 模式免受强效（TET3 介导的 5mC 氧化）或被动（低效甲基化维持）去甲基化。有趣的是，与小鼠中的模式相反，斑马鱼的甲基化组分析表明，在早期胚胎发生过程中保持了父系甲基化模式[294,295]，此外，在斑马鱼早期胚胎发育过程中未检测到 5mC 氧化[294]。因此，5mC 氧化介导的父本基因组去甲基化似乎是哺乳动物胚胎发生的独特调节机制。

2. 多能干细胞和重编程过程中的 DNA 甲基化

　　哺乳动物中的 CpG 甲基化是一种特异的表观遗传机制，可以促进基因表达的调节。除了 CpG 甲基化之外，还可以将甲基添加到不在鸟嘌呤上游的胞嘧啶中，这种形式的

DNA 甲基化被称为非 CpG 甲基化，并且在植物中广泛存在。在哺乳动物中，也有非 CpG 甲基化的存在，如胚胎干细胞。

随着受精卵发育成胚泡（E3.5），与复制后的精子（90%）或卵母细胞（40%）甲基化组相比，内细胞团（ICM）细胞的基因组变为低甲基化（约 21%CpG 甲基化），母体发生 5mC 的依赖性去甲基化[291]（图 12-14），父体为 5hmC/5fC/5caC。胚胎干细胞最初来自胚泡的 ICM，这些多能干细胞具有独特的自我更新特性，同时保持分化成任何体细胞谱系的潜力[296]。传统上，小鼠 ESC 在含有白血病抑制因子（LIF）的血清中培养，并且它们的甲基化组类似于体细胞（70%CpG 甲基化）。通过两种激酶抑制剂（MAPK 的 PD0325901 和 GSK3 的 CHIR99021，称为 2i 条件）抑制丝裂原活化蛋白（MAPK）途径和糖原合成酶激酶（GSK3）途径，足以维持 ICM 中的小鼠胚胎干细胞干性[297]。在 2i 条件下生长的小鼠 ESC 似乎是同质群体，与没有 2i 条件下的 mESC 具有不同的转录组和组蛋白修饰谱[298]。总体而言，在小鼠胚胎干细胞（2i 条件）中观察到的全球低甲基化基因组与植入前胚泡中的 ICM 细胞的甲基化组非常相似，而血清培养的小鼠胚胎干细胞具有与植入后胚胎和体细胞相似的高甲基化基因组。

5hmC 整体水平在 mESC 和人类 ESC（hESC）中很高。例如，在 mESC 中，5hmC 占所有核苷酸的 0.04% 或总 mC 的 5%~10%[299]。据报道，5hmC 参与了分化过程[300]，TET1 和 TET2 在 mESC 中大量表达[301]。*TET1* 和 *TET2* 在 mESC 中似乎有不同的特征，如 *TET1* 缺失会降低基因转录起始位点的 5hmC 水平，而 *TET2* 缺失主要与基因中 5hmC 的减少有关[302]。*TET1* 和 *TET2* 双敲除造成的 5hmC 减少会使细胞保持多能性，但是会导致发育缺陷。尽管在胚胎干细胞中存在相对高水平的 TET1/2 蛋白和氧化甲基胞嘧啶，但 TET 酶对于 ESC 维持而言在很大程度上是不必要的，但可能在指导胚胎干细胞适当分化成特定谱系中起作用或调节胚胎的后期发育。

DNA 甲基化的改变对于诱导性多能干细胞（induced pluripotent stem cell，iPSC）重编程是必不可少的，因为许多多能基因的启动子必须要有甲基化缺失，即去甲基化。DNA 甲基化仅发生在 iPSC 重编程的后期，如果多能基因 DNA 甲基化没有被去除，细胞只能部分重编程[303]。低传代数小鼠和人类的 iPSC 中存在具有表观遗传记忆性的 DNA 甲基化，这有利于其向供体细胞系分化，却限制了其向其他细胞类型的分化[304,305]。在重编程过程中使用的 DNMT 抑制剂 5-氮杂胞苷将重编程效率提高了约 10 倍[306]。这些发现表明，去甲基化通常在重编程中起重要作用，DNA 去甲基化是建立多能性的低效步骤。与 DNA 去甲基化相反，DNA 甲基化对 iPSC 重编程没有显著贡献[307]。*Dnmt3a* 和 *Dnmt3b* 在胚胎干细胞中高表达，在多能性建立后被强烈诱导。然而，起始性 DNA 甲基化并不重要，对于体细胞核重编程为多能状态是不必要的[308]。这表明体细胞基因的沉默可能主要通过不同的机制启动，如 H3K27 甲基化或 H3K9 甲基化，PRC2（polycomb repressive complex 2）和 H3K9 甲基转移酶在重编程中的重要作用就是很好的证据[309]。

虽然需要进一步的研究来阐明 TET 蛋白在小鼠胚胎干细胞和胚胎发育中的确切功能，但 TET 酶在转录因子（Oct4/Klf4/Sox2/c-Myc，称为 OKSM）介导的重编程过程中发挥了重要作用[296]。一项研究表明，TET2 被募集到 *Nanog* 和 *Esrrb* 基因座，以促进它们在重编程早期阶段的转录[310]。此外，TET1 和 TET2 可能与 Nanog 蛋白相互作用并以

TET 催化活性依赖性方式促进 iPSC 的产生[311]。更引人注目的是，TET1 过表达不仅促进了 *Oct4* 的转录再激活，而且还可以在重编程 OKSM 混合物中取代 *Oct4*[312]。

12.5.5 小结

DNA 甲基化作为表观遗传调控的重要方式，是研究得最为广泛也最为透彻的，在调控基因表达、X 染色体失活、基因印记及维持染色质结构的稳定性等诸多生理过程中发挥着重要的作用。本节着重以哺乳动物为例，介绍了 DNA 甲基化的机制及其衍生物的动态变化过程。DNA 的去甲基化与甲基化这两个过程相互平衡，维持了 DNA 甲基化谱式的稳定，任一过程的失调都会导致机体的紊乱和失调。

12.6 干细胞分化与 X 染色体失活

X 染色体失活（XCI）是多能细胞分化过程中表观遗传调控的典范。一旦建立，XCI 可以稳定遗传，但在体内仍可被逆转，或在体外可以通过多能细胞重编程被逆转。尽管重编程为小鼠失活 X 染色体（Xi）再激活提供了有益的模型，但人胚胎干细胞（ES）和诱导多能干细胞的相对不稳定性和异质性阻碍了在人类中相关研究的进展。

12.6.1 X 染色体失活的机制与作用

通过两个雌性 X 染色体其中之一的转录沉默，在哺乳动物中实现 XX 雌性和 XY 雄性之间的基因剂量补偿，此过程被称为 X 染色体失活（XCI）。XCI 是 Mary Lyon 于 1961 年首先提出的，她在 X 连锁基因突变的杂合雌性小鼠的皮毛中观察到一种杂色模式。通过研究这种特性在几代小鼠中的遗传，Mary 了解到在雌性杂合子中，突变的 X 染色体在一些细胞中表达，而正常的 X 染色体在另一些细胞中表达。由此她建立了两条 X 染色体之一会随机失活的假说[313]。后来的研究证实，XCI 是在早期发育过程中随机建立的，并且在后续的体细胞分裂中是被完全遗传的[314]。

现在我们对 XCI 及其分子机制的认知大部分来源于在小鼠中的研究，该过程在小鼠中可以很方便地进行研究，也可以通过小鼠 ESC 体外分化来重演。然而，最近的研究表明，相比于人或其他哺乳动物，XCI 在啮齿类动物中是显著不同的[315,316]。

小鼠和人之间的主要差异之一是 XCI 的发生时间和它在早期胚胎中的调节过程。在小鼠中，父本遗传的 X 染色体最初在四细胞阶段沉默[317]，随后在胚胎细胞系的囊胚期被重新激活（即多能胚层），在囊胚期着床时，X 染色体又会被随机失活[318,319]。胚外细胞在随后的发育阶段保持父本 X 染色体无活性。在人类中，不同的是，两个 X 染色体在整个植入前阶段都维持在激活状态，并且无论是胚胎或胚外谱系都没有检测到亲缘效应[320,321]。最近的一项单细胞 RNA-Seq 研究表明，在人类胚胎中，X-连锁基因的表达和染色体范围的下调发生在囊胚形成时，但没有单等位基因表达和 XCI 发生的证据。另一项研究表明，通过选择更宽松的阈值来定义等位基因表达，可以检测到双等位基因表达的轻微下降，但这是直到囊胚期晚期才发生并且仅在逐个基因的基础上检测到的[322]。这表明 XCI 是后期建立的，并且很有可能在人类植入前期胚胎发育过程中存在着不同的剂量补偿机制。

之前的研究表明，在小鼠中包裹 Xi 的 *Xist* 和人类中包裹两条染色体的 *XIST* 具有不同的定位，由此可以推断 XCI 调控可能具有物种特异性。在小鼠中，*Xist* 的作用会被其反义链，在激活的 X 染色体（Xa）中表达的 *Tsix* 所拮抗，并且顺式抑制 *Xist* 的上调[323,324]。另外，一些多能性因子（如 Pou5f1、Nanog 和 Rex1）可以抑制 *Xist* 或激活 *Tsix*，从而协调 XCI 的启动与分化的开始[325-328]。在人类中，*TSIX* 功能不保守，并且由于人的 ESC 两条 X 染色体表观遗传的不稳定性，多能性因子尚未被完全了解[329]。最近，据报道，另一种名为 *XACT* 的长非编码 RNA，即为在人类 ESC 中的激活的 X 染色体的物质，但在小鼠中尚未发现其同源物[330]。由于在人类 ESC 中 *XACT* 包裹 XCI，且 XCI 经历了表观遗传清除并失去与 Xi 相关的 *XIST*，由此提出了在 XCI 起始时期 *XACT* 调控 *XIST* 定位或功能的假说[331]。支持这一假说的是，*XACT* 转基因小鼠 ESC 中顺式阻滞了 *Xist* 的积累，从而导致非转基因 X 染色体的失活；反之，*XACT* 转基因下调挽救了随机 XCI[322]。

12.6.2　体细胞中 X 染色体失活的作用

XCI 的随机性及其通过有丝分裂遗传的稳定性会导致雌性体细胞组织中的嵌合现象，其中细胞表达交替的 X 染色体（即 Xa^1Xi^2 和 Xi^1Xa^2）以大约 1∶1 的比例共存。这对揭示 X 连锁的孟德尔疾病具有重要意义，包括其结构和数字上的异常。在雄性杂合子中，导致雄性死亡或疾病的 X 连锁基因的有害突变可以通过在约 50% 的细胞中表达野生型等位基因来补偿。重要的是，表达一种或另一种 X 染色体的细胞百分比在不同的雌性中不同，并且"倾斜"程度（对于携带野生型因子的细胞）可以导致种群内 X 染色体连锁疾病的外显率差异和表型区别[332,333]。XCI 的倾斜也可以比较极端，使得在大多数细胞中相同的 X 染色体被沉默，从而模拟纯合表型[334-338]。两条 X 染色体之一的结构异常提供了一个示范，显示作为自然选择的结果，相同的 X 染色体在几乎所有活细胞中失活。在平衡的 X 染色体中，常染色体易位，使得沉默扩散到常染色体片段中，通常在胚胎发生过程中 X 衍生物失活的细胞会被对抗选择并且消除，以避免常染色体基因表达的缺陷[339]。在不平衡的 X 染色体中，常染色体易位的情况下，其中细胞仅维持一个异常染色体，它可能会被失活以减少遗传不平衡[340,341]。类似地，携带缺失或重复的 X 染色体通常是无活性的，减轻了基因剂量不平衡的影响[341]。

XCI 的保护作用在人 X 染色体非整倍性中也是明显的，如 X0 单体性（即 Turner 综合征）和 XXY 三体性（即 Klinefelter 综合征）。具有这些染色体异常的病人，通常具有比常染色体异常病人轻缓得多的表型。常染色体单体在人体中多数是胚胎致死的，只有染色体 15、18 和 21 的三体可以存在，但也会导致畸形。相比之下，X 非整倍体相对较小的影响可能反映了这样的事实：在人类中，除了一条 X 染色体之外的所有染色体都不会被灭活，并且在这些个体中观察到的表型异常可能反映了逃避 X 染色体失活的 X 连锁基因的表达变化[342]。在人类中，12%~20%的基因从无活性的 X 染色体（Xi）中表达[343]。被认为"逃避"沉默的这些基因在组织之间及不同的雌性个体之间有区别，因此导致了 X 非整倍性的表型多样性。

12.6.3　X 染色体再活化与其应用意义

XCI 不像以前认为的那样稳定。在正常和病变组织中观察到一些 *Xi* 基因活化，如老化 [344-346]、自身免疫疾病 [347] 和癌症 [348-350]。

XCI 的逆转是在杂合小鼠体细胞和具有致瘤性的多能胚胎癌细胞融合过程中首次观察到的。由于在两个体细胞之间形成的杂交细胞中失活不能逆转，这表明多能重编程和 Xi 再活化之间的关联。进一步的研究则证实，在体内原始生殖细胞（PGC）的生长过程中，当雌性体细胞重新获得多能性时，小鼠失活的 X 会被重新激活，在体外，则是用 ESC 融合、核转移或诱导多能干细胞（iPSC）诱导的重编程方法。此外，几种多能性相关转录因子（如 Oct4、Nanog、Sox2、Rex1、c-Myc 和 Klf4）会调节小鼠 ESC 中 Xist 和 Tsix 的表达，从而协调 XCI 的发生及多能性和易感性分化的丢失。小鼠体细胞对这些所谓的 Yamanaka 因子的外源过表达足以诱导多能重编程，动力学研究显示 Xi 再激活的有序进展，揭示了 Xi 再激活的重要机制。

因为人类 ESC 和 iPSC 的不稳定性和异质性，用人细胞作为靶向重编程的研究相对较少。这些细胞中 X 染色体的状态显然对培养条件非常敏感，并且关于允许具有两个活性 X 染色体的人 ESC 可靠遗传的因素仍然具有挑战性。

但是，了解如何重新激活 Xi 基因可能有助于认知一些女性患病率较高的疾病机制，包括 Graves 病、Hashimoto 甲状腺炎和系统性红斑狼疮。此外，无活性 X 染色体上基因的靶向再活化可以代表一种受 X 连锁疾病影响的杂合子女性的治疗途径。Rett 综合征可能是最好的示例，在小鼠模型中，野生型表达的情况下 Mecp2 被证明可以有效治疗疾病和缓解神经症状 [351,352]。

12.6.4　小结

最近对小鼠 ESC 与人成纤维细胞融合诱导的人类 Xi 表达程度的研究表明，尽管大多数融合细胞丢失了 XIST 和 H3K27me3 信号，但多能转化导致约 30% 的细胞 Xi 染色体部分再活化。这表明虽然失去了 XIST，可能需要 H3K27me3 来重新激活人类 Xi 染色体上的基因，这些染色质变化不足以使 Xi 重新表达。通过比较逃避 XCI 对重新激活敏感或抵抗再激活 Xi 基因定位，我们注意到许多再激活敏感基因定位于与人类成纤维细胞中已知的逃避 XCI 的基因的空间关联域（TAD）内。这种共享的"可访问性"是否反映了基础 DNA 序列的特征，以及是否通过空间关联实现了重新激活，仍有待研究。无论结果如何，似乎从 XCI 及重编程介导的 Xi 再激活中逃避变量的研究将有助于理解 Xi 染色体表达的基础，以及在基因特异性水平上的沉默。所以可以通过重新表达先前沉默的等位基因来试图改善 X-连锁的人类疾病。

人多能干细胞中 X 染色体的表观遗传状态一直是许多研究和争论的焦点。人类雌性成纤维细胞和小鼠 ESC 之间重编程实验的一个意外结果是 RNA-Seq 揭示的人类转录物的诱导，具有引发 ESC 的特征。未来的单细胞分析可以让我们了解这种混合谱的基础，并将不同的多能状态与 Xi 沉默或再激活的不同状态分开。这些信息可能有助于破译个体人多能细胞的表观遗传状态并且帮助了解胚胎的外胚层内，以及胚胎植入前后剂量补偿机制。

参 考 文 献

1　Gaspard N, Bouschet T, Hourez R et al. An intrinsic mechanism of corticogenesis from embryonic stem cells. Nature, 2008, **455(7211)**: 351-357.

2　Shi Y, Kirwan P, Smith J et al. Human cerebral cortex development from pluripotent stem cells to functional excitatory synapses. Nat Neurosci, 2012, **15(3)**: 477-486, S471.

3　Espuny-Camacho I, Michelsen KA, Gall D et al. Pyramidal neurons derived from human pluripotent stem cells integrate efficiently into mouse brain circuits *in vivo*. Neuron, 2013, **77(3)**: 440-456.

4　Eiraku M, Takata N, Ishibashi H et al. Self-organizing optic-cup morphogenesis in three-dimensional culture. Nature, 2011, **472(7341)**: 51-56.

5　Lancaster MA, Renner M, Martin CA et al. Cerebral organoids model human brain development and microcephaly. Nature, 2013, **501(7467)**: 373-379.

6　Takebe T, Sekine K, Enomura M et al. Vascularized and functional human liver from an ipsc-derived organ bud transplant. Nature, 2013, **499(7459)**: 481-484.

7　Boland MJ, Hazen JL, Nazor KL et al. Adult mice generated from induced pluripotent stem cells. Nature, 2009, **461(7260)**: 91-94.

8　Zhao XY, Li W, Lv Z et al. Ips cells produce viable mice through tetraploid complementation. Nature, 2009, **461(7260)**: 86-90.

9　Berger SL, Kouzarides T, Shiekhattar R et al. An operational definition of epigenetics. Genes Dev, 2009, **23(7)**: 781-783.

10　Bird A. Perceptions of epigenetics. Nature, 2007, **447(7143)**: 396-398.

11　Christman JK, Price P, Pedrinan L et al. Correlation between hypomethylation of DNA and expression of globin genes in friend erythroleukemia cells. Eur J Biochem, 1977, **81(1)**: 53-61.

12　Mcghee JD & Ginder GD. Specific DNA methylation sites in the vicinity of the chicken beta-globin genes. Nature, 1979, **280(5721)**: 419-420.

13　Jones PA & Taylor SM. Cellular differentiation, cytidine analogs and DNA methylation. Cell, 1980, **20(1)**: 85-93.

14　Jenuwein T & Allis CD. Translating the histone code. Science, 2001, **293(5532)**: 1074-1080.

15　Taverna SD, Li H, Ruthenburg AJ et al. How chromatin-binding modules interpret histone modifications: Lessons from professional pocket pickers. Nat Struct Mol Biol, 2007, **14(11)**: 1025-1040.

16　Tsumura A, Hayakawa T, Kumaki Y et al. Maintenance of self-renewal ability of mouse embryonic stem cells in the absence of DNA methyltransferases dnmt1, dnmt3a and dnmt3b. Genes Cells, 2006, **11(7)**: 805-814.

17　Fouse SD, Shen Y, Pellegrini M et al. Promoter cpg methylation contributes to es cell gene regulation in parallel with oct4/nanog, pcg complex, and histone h3 k4/k27 trimethylation. Cell Stem Cell, 2008, **2(2)**: 160-169.

18　Mikkelsen TS, Ku M, Jaffe DB et al. Genome-wide maps of chromatin state in pluripotent and lineage-committed cells. Nature, 2007, **448(7153)**: 553-560.

19　Nazor KL, Altun G, Lynch C et al. Recurrent variations in DNA methylation in human pluripotent stem cells and their differentiated derivatives. Cell Stem Cell, 2012, **10(5)**: 620-634.

20　Bibikova M, Chudin E, Wu B et al. Human embryonic stem cells have a unique epigenetic signature. Genome Res, 2006, **16(9)**: 1075-1083.

21　Laurent L, Wong E, Li G et al. Dynamic changes in the human methylome during differentiation.

Genome Res, 2010, **20(3)**: 320-331.

22 Ball MP, Li JB, Gao Y et al. Targeted and genome-scale strategies reveal gene-body methylation signatures in human cells. Nat Biotechnol, 2009, **27(4)**: 361-368.

23 Lister R, Mukamel EA, Nery JR et al. Global epigenomic reconfiguration during mammalian brain development. Science, 2013, **341(6146)**: 1237905.

24 Lister R, Pelizzola M, Dowen RH et al. Human DNA methylomes at base resolution show widespread epigenomic differences. Nature, 2009, **462(7271)**: 315-322.

25 Gowher H & Jeltsch A. Enzymatic properties of recombinant dnmt3a DNA methyltransferase from mouse: The enzyme modifies DNA in a non-processive manner and also methylates non-cpg [correction of non-cpa] sites. J Mol Biol, 2001, **309(5)**: 1201-1208.

26 Ramsahoye BH, Biniszkiewicz D, Lyko F et al. Non-cpg methylation is prevalent in embryonic stem cells and may be mediated by DNA methyltransferase 3a. Proc Natl Acad Sci U S A, 2000, **97(10)**: 5237-5242.

27 Guo JU, Su Y, Zhong C et al. Hydroxylation of 5-methylcytosine by tet1 promotes active DNA demethylation in the adult brain. Cell, 2011, **145(3)**: 423-434.

28 Xie W, Barr CL, Kim A et al. Base-resolution analyses of sequence and parent-of-origin dependent DNA methylation in the mouse genome. Cell, 2012, **148(4)**: 816-831.

29 Tahiliani M, Koh KP, Shen Y et al. Conversion of 5-methylcytosine to 5-hydroxymethylcytosine in mammalian DNA by mll partner tet1. Science, 2009, **324(5929)**: 930-935.

30 Kriaucionis S & Heintz N. The nuclear DNA base 5-hydroxymethylcytosine is present in purkinje neurons and the brain. Science, 2009, **324(5929)**: 929-930.

31 Pastor WA, Pape UJ, Huang Y et al. Genome-wide mapping of 5-hydroxymethylcytosine in embryonic stem cells. Nature, 2011, **473(7347)**: 394-397.

32 Szulwach KE, Li X, Li Y et al. Integrating 5-hydroxymethylcytosine into the epigenomic landscape of human embryonic stem cells. PLoS Genet, 2011, **7(6)**: e1002154.

33 Spruijt CG, Gnerlich F, Smits AH et al. Dynamic readers for 5-(hydroxy)methylcytosine and its oxidized derivatives. Cell, 2013, **152(5)**: 1146-1159.

34 Mayer W, Niveleau A, Walter J et al. Demethylation of the zygotic paternal genome. Nature, 2000, **403(6769)**: 501-502.

35 Oswald J, Engemann S, Lane N et al. Active demethylation of the paternal genome in the mouse zygote. Curr Biol, 2000, **10(8)**: 475-478.

36 Kaas GA, Zhong C, Eason DE et al. Tet1 controls cns 5-methylcytosine hydroxylation, active DNA demethylation, gene transcription, and memory formation. Neuron, 2013, **79(6)**: 1086-1093.

37 Ma DK, Jang MH, Guo JU et al. Neuronal activity-induced gadd45b promotes epigenetic DNA demethylation and adult neurogenesis. Science, 2009, **323(5917)**: 1074-1077.

38 Rudenko A, Dawlaty MM, Seo J et al. Tet1 is critical for neuronal activity-regulated gene expression and memory extinction. Neuron, 2013, **79(6)**: 1109-1122.

39 Niehrs C & Schafer A. Active DNA demethylation by gadd45 and DNA repair. Trends Cell Biol, 2012, **22(4)**: 220-227.

40 Bannister AJ & Kouzarides T. Regulation of chromatin by histone modifications. Cell Res, 2011, **21(3)**: 381-395.

41 Christophorou MA, Castelo-Branco G, Halley-Stott RP et al. Citrullination regulates pluripotency and histone h1 binding to chromatin. Nature, 2014, **507(7490)**: 104-108.

42 Ernst J, Kheradpour P, Mikkelsen TS et al. Mapping and analysis of chromatin state dynamics in nine human cell types. Nature, 2011, **473(7345)**: 43-49.

43 Bernstein BE, Mikkelsen TS, Xie X et al. A bivalent chromatin structure marks key developmental genes in embryonic stem cells. Cell, 2006, **125(2)**: 315-326.

44 Felsenfeld G & Groudine M. Controlling the double helix. Nature, 2003, **421(6921)**: 448-453.

45 Guelen L, Pagie L, Brasset E et al. Domain organization of human chromosomes revealed by mapping of nuclear lamina interactions. Nature, 2008, **453(7197)**: 948-951.

46　Peric-Hupkes D, Meuleman W, Pagie L et al. Molecular maps of the reorganization of genome-nuclear lamina interactions during differentiation. Mol Cell, 2010, **38(4)**: 603-613.

47　Mekhoubad S, Bock C, De Boer AS et al. Erosion of dosage compensation impacts human ipsc disease modeling. Cell Stem Cell, 2012, **10(5)**: 595-609.

48　Shen Y, Matsuno Y, Fouse SD et al. X-inactivation in female human embryonic stem cells is in a nonrandom pattern and prone to epigenetic alterations. Proc Natl Acad Sci U S A, 2008, **105(12)**: 4709-4714.

49　Papp B & Plath K. Epigenetics of reprogramming to induced pluripotency. Cell, 2013, **152(6)**: 1324-1343.

50　Mikkelsen TS, Hanna J, Zhang X et al. Dissecting direct reprogramming through integrative genomic analysis. Nature, 2008, **454(7200)**: 49-55.

51　Rais Y, Zviran A, Geula S et al. Deterministic direct reprogramming of somatic cells to pluripotency. Nature, 2013, **502(7469)**: 65-70.

52　Huangfu D, Maehr R, Guo W et al. Induction of pluripotent stem cells by defined factors is greatly improved by small-molecule compounds. Nat Biotechnol, 2008, **26(7)**: 795-797.

53　Hai T, Hao J, Wang L et al. Pluripotency maintenance in mouse somatic cell nuclear transfer embryos and its improvement by treatment with the histone deacetylase inhibitor tsa. Cell Reprogram, 2011, **13(1)**: 47-56.

54　Ruthenburg AJ, Li H, Milne TA et al. Recognition of a mononucleosomal histone modification pattern by bptf via multivalent interactions. Cell, 2011, **145(5)**: 692-706.

55　Fanucchi S, Shibayama Y, Burd S et al. Chromosomal contact permits transcription between coregulated genes. Cell, 2013, **155(3)**: 606-620.

56　Latchman DS. Transcription factors: An overview. Int J Biochem Cell Biol, 1997, **29(12)**: 1305-1312.

57　Gurdon JB. The developmental capacity of nuclei taken from intestinal epithelium cells of feeding tadpoles. J Embryol Exp Morphol, 1962, **10**: 622-640.

58　Nichols J, Zevnik B, Anastassiadis K et al. Formation of pluripotent stem cells in the mammalian embryo depends on the pou transcription factor oct4. Cell, 1998, **95(3)**: 379-391.

59　Avilion AA, Nicolis SK, Pevny LH et al. Multipotent cell lineages in early mouse development depend on sox2 function. Genes Dev, 2003, **17(1)**: 126-140.

60　Chambers I, Colby D, Robertson M et al. Functional expression cloning of nanog, a pluripotency sustaining factor in embryonic stem cells. Cell, 2003, **113(5)**: 643-655.

61　Mitsui K, Tokuzawa Y, Itoh H et al. The homeoprotein nanog is required for maintenance of pluripotency in mouse epiblast and es cells. Cell, 2003, **113(5)**: 631-642.

62　Takahashi K & Yamanaka S. Induction of pluripotent stem cells from mouse embryonic and adult fibroblast cultures by defined factors. Cell, 2006, **126(4)**: 663-676.

63　Huang P, He Z, Ji S et al. Induction of functional hepatocyte-like cells from mouse fibroblasts by defined factors. Nature, 2011, **475(7356)**: 386-389.

64　Sekiya S & Suzuki A. Direct conversion of mouse fibroblasts to hepatocyte-like cells by defined factors. Nature, 2011, **475(7356)**: 390-393.

65　Lee CS, Friedman JR, Fulmer JT et al. The initiation of liver development is dependent on foxa transcription factors. Nature, 2005, **435(7044)**: 944-947.

66　Gualdi R, Bossard P, Zheng M et al. Hepatic specification of the gut endoderm *in vitro*: Cell signaling and transcriptional control. Genes Dev, 1996, **10(13)**: 1670-1682.

67　Updike DL & Mango SE. Temporal regulation of foregut development by htz-1/h2a.Z and pha-4/foxa. PLoS Genet, 2006, **2(9)**: e161.

68　Fakhouri TH, Stevenson J, Chisholm AD et al. Dynamic chromatin organization during foregut development mediated by the organ selector gene pha-4/foxa. PLoS Genet, 2010, **6(8)**.

69　Caravaca JM, Donahue G, Becker JS et al. Bookmarking by specific and nonspecific binding of foxa1 pioneer factor to mitotic chromosomes. Genes Dev, 2013, **27(3)**: 251-260.

70　Zaret KS & Carroll JS. Pioneer transcription factors: Establishing competence for gene expression.

Genes Dev, 2011, **25(21)**: 2227-2241.

71　Jozwik KM & Carroll JS. Pioneer factors in hormone-dependent cancers. Nat Rev Cancer, 2012, **12(6)**: 381-385.

72　Cirillo LA & Zaret KS. An early developmental transcription factor complex that is more stable on nucleosome core particles than on free DNA. Mol Cell, 1999, **4(6)**: 961-969.

73　Cirillo LA, Lin FR, Cuesta I et al. Opening of compacted chromatin by early developmental transcription factors hnf3 (foxa) and gata-4. Mol Cell, 2002, **9(2)**: 279-289.

74　Liang HL, Nien CY, Liu HY et al. The zinc-finger protein zelda is a key activator of the early zygotic genome in drosophila. Nature, 2008, **456(7220)**: 400-403.

75　Harrison MM, Li XY, Kaplan T et al. Zelda binding in the early drosophila melanogaster embryo marks regions subsequently activated at the maternal-to-zygotic transition. PLoS Genet, 2011, **7(10)**: e1002266.

76　Foo SM, Sun Y, Lim B et al. Zelda potentiates morphogen activity by increasing chromatin accessibility. Curr Biol, 2014, **24(12)**: 1341-1346.

77　Xu Z, Chen H, Ling J et al. Impacts of the ubiquitous factor zelda on bicoid-dependent DNA binding and transcription in drosophila. Genes Dev, 2014, **28(6)**: 608-621.

78　Foygel K, Choi B, Jun S et al. A novel and critical role for oct4 as a regulator of the maternal-embryonic transition. PLoS One, 2008, **3(12)**: e4109.

79　Lee MT, Bonneau AR, Takacs CM et al. Nanog, pou5f1 and soxb1 activate zygotic gene expression during the maternal-to-zygotic transition. Nature, 2013, **503(7476)**: 360-364.

80　Leichsenring M, Maes J, Mossner R et al. Pou5f1 transcription factor controls zygotic gene activation in vertebrates. Science, 2013, **341(6149)**: 1005-1009.

81　Takahashi K & Yamanaka S. Induction of pluripotent stem cells from mouse embryonic and adult fibroblast cultures by defined factors. Cell, 2006, **126(4)**: 663-676.

82　Soufi A, Donahue G & Zaret KS. Facilitators and impediments of the pluripotency reprogramming factors' initial engagement with the genome. Cell, 2012, **151(5)**: 994-1004.

83　Pan H & Schultz RM. Sox2 modulates reprogramming of gene expression in two-cell mouse embryos. Biol Reprod, 2011, **85(2)**: 409-416.

84　Bass AJ, Watanabe H, Mermel CH et al. Sox2 is an amplified lineage-survival oncogene in lung and esophageal squamous cell carcinomas. Nat Genet, 2009, **41(11)**: 1238-1242.

85　Boumahdi S, Driessens G, Lapouge G et al. Sox2 controls tumour initiation and cancer stem-cell functions in squamous-cell carcinoma. Nature, 2014, **511(7508)**: 246-250.

86　Vierbuchen T, Ostermeier A, Pang ZP et al. Direct conversion of fibroblasts to functional neurons by defined factors. Nature, 2010, **463(7284)**: 1035-1041.

87　Caiazzo M, Dell'anno MT, Dvoretskova E et al. Direct generation of functional dopaminergic neurons from mouse and human fibroblasts. Nature, 2011, **476(7359)**: 224-227.

88　Son EY, Ichida JK, Wainger BJ et al. Conversion of mouse and human fibroblasts into functional spinal motor neurons. Cell Stem Cell, 2011, **9(3)**: 205-218.

89　Wapinski OL, Vierbuchen T, Qu K et al. Hierarchical mechanisms for direct reprogramming of fibroblasts to neurons. Cell, 2013, **155(3)**: 621-635.

90　Budry L, Balsalobre A, Gauthier Y et al. The selector gene pax7 dictates alternate pituitary cell fates through its pioneer action on chromatin remodeling. Genes Dev, 2012, **26(20)**: 2299-2310.

91　Drouin J. Minireview: Pioneer transcription factors in cell fate specification. Mol Endocrinol, 2014, **28(7)**: 989-998.

92　Feng R, Desbordes SC, Xie H et al. Pu.1 and c/ebpalpha/beta convert fibroblasts into macrophage-like cells. Proc Natl Acad Sci U S A, 2008, **105(16)**: 6057-6062.

93　Ghisletti S, Barozzi I, Mietton F et al. Identification and characterization of enhancers controlling the inflammatory gene expression program in macrophages. Immunity, 2010, **32(3)**: 317-328.

94　Heinz S, Benner C, Spann N et al. Simple combinations of lineage-determining transcription factors prime cis-regulatory elements required for macrophage and b cell identities. Mol Cell, 2010, **38(4)**:

576-589.

95 Barozzi I, Simonatto M, Bonifacio S et al. Coregulation of transcription factor binding and nucleosome occupancy through DNA features of mammalian enhancers. Mol Cell, 2014, **54(5)**: 844-857.

96 Bossard P & Zaret KS. Gata transcription factors as potentiators of gut endoderm differentiation. Development, 1998, **125(24)**: 4909-4917.

97 Kadauke S, Udugama MI, Pawlicki JM et al. Tissue-specific mitotic bookmarking by hematopoietic transcription factor gata1. Cell, 2012, **150(4)**: 725-737.

98 Menet JS, Pescatore S & Rosbash M. Clock:Bmal1 is a pioneer-like transcription factor. Genes Dev, 2014, **28(1)**: 8-13.

99 Laptenko O, Beckerman R, Freulich E et al. P53 binding to nucleosomes within the p21 promoter *in vivo* leads to nucleosome loss and transcriptional activation. Proc Natl Acad Sci U S A, 2011, **108(26)**: 10385-10390.

100 Lidor Nili E, Field Y, Lubling Y et al. P53 binds preferentially to genomic regions with high DNA-encoded nucleosome occupancy. Genome Res, 2010, **20(10)**: 1361-1368.

101 Espinosa JM & Emerson BM. Transcriptional regulation by p53 through intrinsic DNA/chromatin binding and site-directed cofactor recruitment. Mol Cell, 2001, **8(1)**: 57-69.

102 Niwa H, Miyazaki J & Smith AG. Quantitative expression of oct-3/4 defines differentiation, dedifferentiation or self-renewal of es cells. Nat Genet, 2000, **24(4)**: 372-376.

103 Kim J, Chu J, Shen X et al. An extended transcriptional network for pluripotency of embryonic stem cells. Cell, 2008, **132(6)**: 1049-1061.

104 Moyle-Heyrman G, Tims HS & Widom J. Structural constraints in collaborative competition of transcription factors against the nucleosome. J Mol Biol, 2011, **412(4)**: 634-646.

105 Ho JW, Jung YL, Liu T et al. Comparative analysis of metazoan chromatin organization. Nature, 2014, **512(7515)**: 449-452.

106 Serandour AA, Avner S, Percevault F et al. Epigenetic switch involved in activation of pioneer factor foxa1-dependent enhancers. Genome Res, 2011, **21(4)**: 555-565.

107 Li Z, Gadue P, Chen K et al. Foxa2 and h2a.Z mediate nucleosome depletion during embryonic stem cell differentiation. Cell, 2012, **151(7)**: 1608-1616.

108 Buganim Y, Faddah DA, Cheng AW et al. Single-cell expression analyses during cellular reprogramming reveal an early stochastic and a late hierarchic phase. Cell, 2012, **150(6)**: 1209-1222.

109 Cahan P, Li H, Morris SA et al. Cellnet: Network biology applied to stem cell engineering. Cell, 2014, **158(4)**: 903-915.

110 Davis RL, Weintraub H & Lassar AB. Expression of a single transfected cdna converts fibroblasts to myoblasts. Cell, 1987, **51(6)**: 987-1000.

111 Schafer BW, Blakely BT, Darlington GJ et al. Effect of cell history on response to helix-loop-helix family of myogenic regulators. Nature, 1990, **344(6265)**: 454-458.

112 Berkes CA, Bergstrom DA, Penn BH et al. Pbx marks genes for activation by myod indicating a role for a homeodomain protein in establishing myogenic potential. Mol Cell, 2004, **14(4)**: 465-477.

113 Addis RC, Ifkovits JL, Pinto F et al. Optimization of direct fibroblast reprogramming to cardiomyocytes using calcium activity as a functional measure of success. J Mol Cell Cardiol, 2013, **60**: 97-106.

114 Meshorer E, Yellajoshula D, George E et al. Hyperdynamic plasticity of chromatin proteins in pluripotent embryonic stem cells. Dev Cell, 2006, **10(1)**: 105-116.

115 Morris SA, Cahan P, Li H et al. Dissecting engineered cell types and enhancing cell fate conversion via cellnet. Cell, 2014, **158(4)**: 889-902.

116 Bort R, Signore M, Tremblay K et al. Hex homeobox gene controls the transition of the endoderm to a pseudostratified, cell emergent epithelium for liver bud development. Dev Biol, 2006, **290(1)**: 44-56.

117 Holtzinger A & Evans T. Gata4 regulates the formation of multiple organs. Development, 2005, **132(17)**: 4005-4014.

118 Zhao R, Watt AJ, Li J et al. Gata6 is essential for embryonic development of the liver but dispensable for early heart formation. Mol Cell Biol, 2005, **25(7)**: 2622-2631.

119   Watt AJ, Zhao R, Li J et al. Development of the mammalian liver and ventral pancreas is dependent on gata4. BMC Dev Biol, 2007, 7: 37.

120   Mcpherson CE, Shim EY, Friedman DS et al. An active tissue-specific enhancer and bound transcription factors existing in a precisely positioned nucleosomal array. Cell, 1993, **75(2)**: 387-398.

121   Xu C, Lu X, Chen EZ et al. Genome-wide roles of foxa2 in directing liver specification. J Mol Cell Biol, 2012, **4(6)**: 420-422.

122   Carotta S, Wu L & Nutt SL. Surprising new roles for pu.1 in the adaptive immune response. Immunol Rev, 2010, **238(1)**: 63-75.

123   Wang S, Linde MH, Munde M et al. Mechanistic heterogeneity in site recognition by the structurally homologous DNA-binding domains of the ets family transcription factors ets-1 and pu.1. J Biol Chem, 2014, **289(31)**: 21605-21616.

124   Sherwood RI, Hashimoto T, O'donnell CW et al. Discovery of directional and nondirectional pioneer transcription factors by modeling dnase profile magnitude and shape. Nat Biotechnol, 2014, **32(2)**: 171-178.

125   Hargreaves DC & Crabtree GR. Atp-dependent chromatin remodeling: Genetics, genomics and mechanisms. Cell Res, 2011, **21(3)**: 396-420.

126   Hota SK & Bruneau BG. Atp-dependent chromatin remodeling during mammalian development. Development, 2016, **143(16)**: 2882-2897.

127   Chen L, Conaway RC & Conaway JW. Multiple modes of regulation of the human ino80 snf2 atpase by subunits of the ino80 chromatin-remodeling complex. Proc Natl Acad Sci U S A, 2013, **110(51)**: 20497-20502.

128   Cairns BR, Levinson RS, Yamamoto KR et al. Essential role of swp73p in the function of yeast swi/snf complex. Genes Dev, 1996, **10(17)**: 2131-2144.

129   Sen P, Vivas P, Dechassa ML et al. The snac domain of swi/snf is a histone anchor required for remodeling. Molecular and Cellular Biology, 2013, **33(2)**: 360-370.

130   Clapier CR & Cairns BR. Regulation of iswi involves inhibitory modules antagonized by nucleosomal epitopes. Nature, 2012, **492(7428)**: 280-284.

131   Hota SK, Bhardwaj SK, Deindl S et al. Nucleosome mobilization by isw2 requires the concerted action of the atpase and slide domains. Nature Structural & Molecular Biology, 2013, **20(2)**: 222-229.

132   Forcales SV, Albini S, Giordani L et al. Signal-dependent incorporation of myod-baf60c into brg1-based swi/snf chromatin-remodelling complex. Embo Journal, 2012, **31(2)**: 301-316.

133   Lickert H, Takeuchi JK, Von Both I et al. Baf60c is essential for function of baf chromatin remodelling complexes in heart development. Nature, 2004, **432(7013)**: 107-112.

134   Yan Z, Wang Z, Sharova L et al. Baf250b-associated swi/snf chromatin-remodeling complex is required to maintain undifferentiated mouse embryonic stem cells. Stem Cells, 2008, **26(5)**: 1155-1165.

135   Ho L & Crabtree GR. Chromatin remodelling during development. Nature, 2010, **463(7280)**: 474-484.

136   Wang WD, Xue YT, Zhou S et al. Diversity and specialization of mammalian swi/snf complexes. Genes Dev, 1996, **10(17)**: 2117-2130.

137   Bultman SJ, Gebuhr TC, Pan H et al. Maternal brg1 regulates zygotic genome activation in the mouse. Genes Dev, 2006, **20(13)**: 1744-1754.

138   Jaenisch R & Young R. Stem cells, the molecular circuitry of pluripotency and nuclear reprogramming. Cell, 2008, **132(4)**: 567-582.

139   Young RA. Control of the embryonic stem cell state. Cell, 2011, **144(6)**: 940-954.

140   Fazzio TG, Huff JT & Panning B. An RNAi screen of chromatin proteins identifies tip60-p400 as a regulator of embryonic stem cell identity. Cell, 2008, **134(1)**: 162-174.

141   Ho L, Ronan JL, Wu J et al. An embryonic stem cell chromatin remodeling complex, esbaf, is essential for embryonic stem cell self-renewal and pluripotency. Proc Natl Acad Sci U S A, 2009, **106(13)**: 5181-5186.

142   Kidder BL, Palmer S & Knott JG. Swi/snf-brg1 regulates self-renewal and occupies core pluripotency-

related genes in embryonic stem cells. Stem Cells, 2009, **27(2)**: 317-328.

143　Ho LN, Jothi R, Ronan JL et al. An embryonic stem cell chromatin remodeling complex, esbaf, is an essential component of the core pluripotency transcriptional network. Proc Natl Acad Sci U S A, 2009, **106(13)**: 5187-5191.

144　Ho L, Miller EL, Ronan JL et al. Esbaf facilitates pluripotency by conditioning the genome for lif/stat3 signalling and by regulating polycomb function. Nature Cell Biology, 2011, **13(8)**: 903-U334.

145　Wade SL, Langer LF, Ward JM et al. MiRNA-mediated regulation of the swi/snf chromatin remodeling complex controls pluripotency and endodermal differentiation in human escs. Stem Cells, 2015, **33(10)**: 2925-2935.

146　Zhang XL, Li B, Li WG et al. Transcriptional repression by the brg1-swi/snf complex affects the pluripotency of human embryonic stem cells. Stem Cell Reports, 2014, **3(3)**: 460-474.

147　Carey TS, Cao ZB, Choi I et al. Brg1 governs nanog transcription in early mouse embryos and embryonic stem cells via antagonism of histone h3 lysine 9/14 acetylation. Molecular and Cellular Biology, 2015, **35(24)**: 4158-4169.

148　Wang K, Sengupta S, Magnani L et al. Brg1 is required for cdx2-mediated repression of oct4 expression in mouse blastocysts. Plos One, 2010, **5(5)**.

149　Gao XL, Tate P, Hu P et al. Es cell pluripotency and germ-layer formation require the swi/snf chromatin remodeling component baf250a. Proc Natl Acad Sci U S A, 2008, **105(18)**: 6656-6661.

150　Lei LL, West J, Yan ZJ et al. Baf250a protein regulates nucleosome occupancy and histone modifications in priming embryonic stem cell differentiation. Journal of Biological Chemistry, 2015, **290(31)**: 19343-19352.

151　Alajem A, Biran A, Harikumar A et al. Differential association of chromatin proteins identifies baf60a/smarcd1 as a regulator of embryonic stem cell differentiation. Cell Reports, 2015, **10(12)**: 2019-2031.

152　Schaniel C, Ang YS, Ratnakumar K et al. Smarcc1/baf155 couples self-renewal gene repression with changes in chromatin structure in mouse embryonic stem cells. Stem Cells, 2009, **27(12)**: 2979-2991.

153　Jiang ZL, Tang Y, Zhao XM et al. Knockdown of brm and baf170, components of chromatin remodeling complex, facilitates reprogramming of somatic cells. Stem Cells and Development, 2015, **24(19)**: 2328-2336.

154　Bultman S, Gebuhr T, Yee D et al. A brg1 null mutation in the mouse reveals functional differences among mammalian swi/snf complexes. Molecular Cell, 2000, **6(6)**: 1287-1295.

155　Reyes JC, Barra J, Muchardt C et al. Altered control of cellular proliferation in the absence of mammalian brahma (snf2alpha). Embo Journal, 1998, **17(23)**: 6979-6991.

156　Thompson KW, Marquez SB, Lu L et al. Induction of functional brm protein from brm knockout mice. Oncoscience, 2015, **2(4)**: 349-361.

157　Smith-Roe SL & Bultman SJ. Combined gene dosage requirement for swi/snf catalytic subunits during early mammalian development. Mamm Genome, 2013, **24(1-2)**: 21-29.

158　Alexander JM, Hota SK, He D et al. Brg1 modulates enhancer activation in mesoderm lineage commitment. Development, 2015, **142(8)**: 1418-1430.

159　Guidi CJ, Sands AT, Zambrowicz BP et al. Disruption of ini1 leads to peri-implantation lethality and tumorigenesis in mice. Molecular and Cellular Biology, 2001, **21(10)**: 3598-3603.

160　Han D, Jeon S, Sohn DH et al. Srg3, a core component of mouse swi/snf complex, is essential for extra-embryonic vascular development. Developmental Biology, 2008, **315(1)**: 136-146.

161　Kim JK, Huh SO, Choi H et al. Srg3, a mouse homolog of yeast swi3, is essential for early embryogenesis and involved in brain development. Molecular and Cellular Biology, 2001, **21(22)**: 7787-7795.

162　Roberts CWM, Galusha SA, Mcmenamin ME et al. Haploinsufficiency of snf5 (integrase interactor 1) predisposes to malignant rhabdoid tumors in mice. Proc Natl Acad Sci U S A, 2000, **97(25)**: 13796-13800.

163　Attanasio C, Nord AS, Zhu YW et al. Tissue-specific smarca4 binding at active and repressed regulatory elements during embryogenesis. Genome Research, 2014, **24(6)**: 920-929.

164   Mizuguchi G, Shen XT, Landry J et al. Atp-driven exchange of histone h2az variant catalyzed by swr1 chromatin remodeling complex. Science, 2004, **303(5656)**: 343-348.

165   Jin JY, Cai Y, Yao T et al. A mammalian chromatin remodeling complex with similarities to the yeast ino80 complex. Journal of Biological Chemistry, 2005, **280(50)**: 41207-41212.

166   Ruhl DD, Jin JJ, Cai Y et al. Purification of a human srcap complex that remodels chromatin by incorporating the histone variant h2a.Z into nucleosomes. Biochemistry, 2006, **45(17)**: 5671-5677.

167   Cai Y, Jin JJ, Florens L et al. The mammalian yl1 protein is a shared subunit of the trrap/tip60 histone acetyltransferase and srcap complexes. Journal of Biological Chemistry, 2005, **280(14)**: 13665-13670.

168   Papamichos-Chronakis M, Watanabe S, Rando OJ et al. Global regulation of h2a.Z localization by the ino80 chromatin-remodeling enzyme is essential for genome integrity. Cell, 2011, **144(2)**: 200-213.

169   Krogan NJ, Keogh MC, Datta N et al. A snf2 family atpase complex required for recruitment of the histone h2a variant htz1. Molecular Cell, 2003, **12(6)**: 1565-1576.

170   Trüper E. *Über milchzucker vergärende hefen der rohmilch.* (Springer, 1928).

171   Kornberg RD. Chromatin structure: A repeating unit of histones and DNA. Science, 1974, **184(4139)**: 868-871.

172   Byvoet P, Shepherd G, Hardin J et al. The distribution and turnover of labeled methyl groups in histone fractions of cultured mammalian cells. Archives of biochemistry and biophysics, 1972, **148(2)**: 558-567.

173   Duerre J & Lee CT. *In vivo* methylation and turnover of rat brain histones. Journal of neurochemistry, 1974, **23(3)**: 541-547.

174   Talbert PB & Henikoff S. Histone variants—ancient wrap artists of the epigenome. Nature reviews Molecular cell biology, 2010, **11(4)**: 264.

175   Monteiro FL, Baptista T, Amado F et al. Expression and functionality of histone h2a variants in cancer. Oncotarget, 2014, **5(11)**: 3428.

176   Biterge B & Schneider R. Histone variants: Key players of chromatin. Cell and tissue research, 2014, **356(3)**: 457-466.

177   Changolkar LN, Costanzi C, Leu NA et al. Developmental changes in histone macroh2a1-mediated gene regulation. Molecular and cellular biology, 2007, **27(7)**: 2758-2764.

178   Bannister A, Falcão A & Castelo-Branco G. in *Chromatin regulation and dynamics* 35-64 (Elsevier, 2017).

179   Kouzarides T. Chromatin modifications and their function. Cell, 2007, **128(4)**: 693-705.

180   Allfrey V, Faulkner R & Mirsky A. Acetylation and methylation of histones and their possible role in the regulation of RNA synthesis. Proceedings of the National Academy of Sciences, 1964, **51(5)**: 786-794.

181   Parthun M. Hat1: The emerging cellular roles of a type b histone acetyltransferase. Oncogene, 2007, **26(37)**: 5319.

182   Bannister AJ & Kouzarides T. Regulation of chromatin by histone modifications. Cell research, 2011, **21(3)**: 381.

183   De Ruijter AJ, Van Gennip AH, Caron HN et al. Histone deacetylases (hdacs): Characterization of the classical hdac family. Biochemical Journal, 2003, **370(3)**: 737-749.

184   Saunders L & Verdin E. Sirtuins: Critical regulators at the crossroads between cancer and aging. Oncogene, 2007, **26(37)**: 5489.

185   Dovey OM, Foster CT & Cowley SM. Histone deacetylase 1 (hdac1), but not hdac2, controls embryonic stem cell differentiation. Proceedings of the National Academy of Sciences, 2010, **107(18)**: 8242-8247.

186   Castelo-Branco G, Lilja T, Wallenborg K et al. Neural stem cell differentiation is dictated by distinct actions of nuclear receptor corepressors and histone deacetylases. Stem cell reports, 2014, **3(3)**: 502-515.

187　Wang Z, Zang C, Rosenfeld JA et al. Combinatorial patterns of histone acetylations and methylations in the human genome. Nature genetics, 2008, **40(7)**: 897.

188　Tropberger P, Pott S, Keller C et al. Regulation of transcription through acetylation of h3k122 on the lateral surface of the histone octamer. Cell, 2013, **152(4)**: 859-872.

189　Mujtaba S, Zeng L & Zhou M. Structure and acetyl-lysine recognition of the bromodomain. Oncogene, 2007, **26(37)**: 5521.

190　Lee HS, Park JH, Kim SJ et al. A cooperative activation loop among swi/snf, γ‐h2ax and h3 acetylation for DNA double‐strand break repair. The EMBO journal, 2010, **29(8)**: 1434-1445.

191　Rea S, Eisenhaber F, O'carroll D et al. Regulation of chromatin structure by site-specific histone h3 methyltransferases. Nature, 2000, **406(6796)**: 593.

192　Xiao B, Jing C, Wilson JR et al. Structure and catalytic mechanism of the human histone methyltransferase set7/9. Nature, 2003, **421(6923)**: 652.

193　Bannister AJ, Schneider R & Kouzarides T. Histone methylation: Dynamic or static? Cell, 2002, **109(7)**: 801-806.

194　Shi Y, Lan F, Matson C et al. Histone demethylation mediated by the nuclear amine oxidase homolog lsd1. Cell, 2004, **119(7)**: 941-953.

195　Klose RJ & Zhang Y. Regulation of histone methylation by demethylimination and demethylation. Nature reviews Molecular cell biology, 2007, **8(4)**: 307.

196　Lee M-C & Spradling AC. The progenitor state is maintained by lysine-specific demethylase 1-mediated epigenetic plasticity during drosophila follicle cell development. Genes & development, 2014, **28(24)**: 2739-2749.

197　Mosammaparast N & Shi Y. Reversal of histone methylation: Biochemical and molecular mechanisms of histone demethylases. Annual review of biochemistry, 2010, **79**: 155-179.

198　Fueyo R, García MA & Martínez-Balbás MA. Jumonji family histone demethylases in neural development. Cell and tissue research, 2015, **359(1)**: 87-98.

199　Gilbert SF. Epigenetic landscaping: Waddington's use of cell fate bifurcation diagrams. Biology and Philosophy, 1991, **6(2)**: 135-154.

200　Berger SL, Kouzarides T, Shiekhattar R et al. An operational definition of epigenetics. Genes & development, 2009, **23(7)**: 781-783.

201　Marson A, Levine SS, Cole MF et al. Connecting microrna genes to the core transcriptional regulatory circuitry of embryonic stem cells. Cell, 2008, **134(3)**: 521-533.

202　Gaspar-Maia A, Alajem A, Meshorer E et al. Open chromatin in pluripotency and reprogramming. Nature reviews Molecular cell biology, 2011, **12(1)**: 36.

203　Bernstein BE, Mikkelsen TS, Xie X et al. A bivalent chromatin structure marks key developmental genes in embryonic stem cells. Cell, 2006, **125(2)**: 315-326.

204　Mohn F, Weber M, Rebhan M et al. Lineage-specific polycomb targets and de novo DNA methylation define restriction and potential of neuronal progenitors. Molecular cell, 2008, **30(6)**: 755-766.

205　Gonzales KaU, Liang H, Lim YS et al. Deterministic restriction on pluripotent state dissolution by cell-cycle pathways. Cell, 2015, **162(3)**: 564-579.

206　Singh AM, Sun Y, Li L et al. Cell-cycle control of bivalent epigenetic domains regulates the exit from pluripotency. Stem cell reports, 2015, **5(3)**: 323-336.

207　Meshorer E, Yellajoshula D, George E et al. Hyperdynamic plasticity of chromatin proteins in pluripotent embryonic stem cells. Developmental cell, 2006, **10(1)**: 105-116.

208　Zhang Y, Cooke M, Panjwani S et al. Histone h1 depletion impairs embryonic stem cell differentiation. PLoS genetics, 2012, **8(5)**: e1002691.

209　Theunissen TW & Jaenisch R. Molecular control of induced pluripotency. Cell stem cell, 2014, **14(6)**: 720-734.

210　Papp B & Plath K. Epigenetics of reprogramming to induced pluripotency. Cell, 2013, **152(6)**: 1324-1343.

211 Polo JM, Anderssen E, Walsh RM et al. A molecular roadmap of reprogramming somatic cells into ips cells. Cell, 2012, **151(7)**: 1617-1632.

212 Hussein SM, Puri MC, Tonge PD et al. Genome-wide characterization of the routes to pluripotency. Nature, 2014, **516(7530)**: 198.

213 Wang J, Rao S, Chu J et al. A protein interaction network for pluripotency of embryonic stem cells. Nature, 2006, **444(7117)**: 364.

214 Pardo M, Lang B, Yu L et al. An expanded oct4 interaction network: Implications for stem cell biology, development, and disease. Cell stem cell, 2010, **6(4)**: 382-395.

215 Van Den Berg DL, Snoek T, Mullin NP et al. An oct4-centered protein interaction network in embryonic stem cells. Cell stem cell, 2010, **6(4)**: 369-381.

216 Costa Y, Ding J, Theunissen TW et al. Nanog-dependent function of tet1 and tet2 in establishment of pluripotency. Nature, 2013, **495(7441)**: 370.

217 Ding J, Huang X, Shao N et al. Tex10 coordinates epigenetic control of super-enhancer activity in pluripotency and reprogramming. Cell stem cell, 2015, **16(6)**: 653-668.

218 Tee W-W & Reinberg D. Chromatin features and the epigenetic regulation of pluripotency states in escs. Development, 2014, **141(12)**: 2376-2390.

219 Pasque V, Jullien J, Miyamoto K et al. Epigenetic factors influencing resistance to nuclear reprogramming. Trends in Genetics, 2011, **27(12)**: 516-525.

220 Gaspar-Maia A, Qadeer ZA, Hasson D et al. Macroh2a histone variants act as a barrier upon reprogramming towards pluripotency. Nature communications, 2013, **4**: 1565.

221 Pasque V, Radzisheuskaya A, Gillich A et al. Histone variant macroh2a marks embryonic differentiation *in vivo* and acts as an epigenetic barrier to induced pluripotency. J Cell Sci, 2012, **125(24)**: 6094-6104.

222 Buschbeck M, Uribesalgo I, Wibowo I et al. The histone variant macroh2a is an epigenetic regulator of key developmental genes. Nature structural & molecular biology, 2009, **16(10)**: 1074.

223 Jullien J, Astrand C, Szenker E et al. Hira dependent h3. 3 deposition is required for transcriptional reprogramming following nuclear transfer to xenopus oocytes. Epigenetics & chromatin, 2012, **5(1)**: 17.

224 Elsässer SJ, Noh KM, Diaz N et al. Histone h3. 3 is required for endogenous retroviral element silencing in embryonic stem cells. Nature, 2015, **522(7555)**: 240.

225 Ng RK & Gurdon J. Epigenetic memory of an active gene state depends on histone h3. 3 incorporation into chromatin in the absence of transcription. Nature cell biology, 2008, **10(1)**: 102.

226 Hu G, Cui K, Northrup D et al. H2a. Z facilitates access of active and repressive complexes to chromatin in embryonic stem cell self-renewal and differentiation. Cell stem cell, 2013, **12(2)**: 180-192.

227 Andäng M, Hjerling-Leffler J, Moliner A et al. Histone h2ax-dependent gaba a receptor regulation of stem cell proliferation. Nature, 2008, **451(7177)**: 460.

228 Turinetto V & Giachino C. Histone variants as emerging regulators of embryonic stem cell identity. Epigenetics, 2015, **10(7)**: 563-573.

229 Silva J, Barrandon O, Nichols J et al. Promotion of reprogramming to ground state pluripotency by signal inhibition. PLoS biology, 2008, **6(10)**: e253.

230 Niwa H, Miyazaki J-I & Smith AG. Quantitative expression of oct-3/4 defines differentiation, dedifferentiation or self-renewal of es cells. Nature genetics, 2000, **24(4)**: 372.

231 Tonge PD, Corso AJ, Monetti C et al. Divergent reprogramming routes lead to alternative stem-cell states. Nature, 2014, **516(7530)**: 192.

232 Wapinski OL, Vierbuchen T, Qu K et al. Hierarchical mechanisms for direct reprogramming of fibroblasts to neurons. Cell, 2013, **155(3)**: 621-635.

233 Pereira JD, Sansom SN, Smith J et al. Ezh2, the histone methyltransferase of prc2, regulates the balance between self-renewal and differentiation in the cerebral cortex. Proceedings of the National Academy of Sciences, 2010, **107(36)**: 15957-15962.

234 Sher F, Rößler R, Brouwer N et al. Differentiation of neural stem cells into oligodendrocytes: Involvement of the polycomb group protein ezh2. Stem cells, 2008, **26(11)**: 2875-2883.

235 Sher F, Boddeke E, Olah M et al. Dynamic changes in ezh2 gene occupancy underlie its involvement in neural stem cell self-renewal and differentiation towards oligodendrocytes. PloS one, 2012, **7(7)**: e40399.

236 Roopra A, Qazi R, Schoenike B et al. Localized domains of g9a-mediated histone methylation are required for silencing of neuronal genes. Molecular cell, 2004, **14(6)**: 727-738.

237 Burgold T, Spreafico F, De Santa F et al. The histone h3 lysine 27-specific demethylase jmjd3 is required for neural commitment. PloS one, 2008, **3(8)**: e3034.

238 Jepsen K, Solum D, Zhou T et al. Smrt-mediated repression of an h3k27 demethylase in progression from neural stem cell to neuron. Nature, 2007, **450(7168)**: 415.

239 Lim DA, Huang Y-C, Swigut T et al. Chromatin remodelling factor mll1 is essential for neurogenesis from postnatal neural stem cells. Nature, 2009, **458(7237)**: 529.

240 Hsieh J, Nakashima K, Kuwabara T et al. Histone deacetylase inhibition-mediated neuronal differentiation of multipotent adult neural progenitor cells. Proceedings of the National Academy of Sciences, 2004, **101(47)**: 16659-16664.

241 Maze I, Wenderski W, Noh KM et al. Critical role of histone turnover in neuronal transcription and plasticity. Neuron, 2015, **87(1)**: 77-94.

242 Dawson MA, Prinjha RK, Dittmann A et al. Inhibition of bet recruitment to chromatin as an effective treatment for mll-fusion leukaemia. Nature, 2011, **478(7370)**: 529.

243 Castelo-Branco G, Stridh P, Guerreiro-Cacais AO et al. Acute treatment with valproic acid and l-thyroxine ameliorates clinical signs of experimental autoimmune encephalomyelitis and prevents brain pathology in da rats. Neurobiology of disease, 2014, **71**: 220-233.

244 Wu TP, Wang T, Seetin MG et al. DNA methylation on n(6)-adenine in mammalian embryonic stem cells. Nature, 2016, **532(7599)**: 329-333.

245 Robertson KD. DNA methylation and human disease. Nature Reviews Genetics, 2005, **6(8)**: 597-610.

246 Gopalakrishnan S, Van Emburgh BO & Robertson KD. DNA methylation in development and human disease. Mutat Res, 2008, **647(1)**: 30-38.

247 Goll MG & Bestor TH. Eukaryotic cytosine methyltransferases. Annu Rev Biochem, 2005, **74**: 481-514.

248 Bostick M, Kim JK, Esteve PO et al. Uhrf1 plays a role in maintaining DNA methylation in mammalian cells. Science, 2007, **317(5845)**: 1760-1764.

249 Hermann A, Goyal R & Jeltsch A. The dnmt1 DNA-(cytosine-c5)-methyltransferase methylates DNA processively with high preference for hemimethylated target sites. J Biol Chem, 2004, **279(46)**: 48350-48359.

250 Bestor TH & Bourc'his D. Transposon silencing and imprint establishment in mammalian germ cells. Cold Spring Harb Symp Quant Biol, 2004, **69**: 381-387.

251 Jaenisch R & Bird A. Epigenetic regulation of gene expression: How the genome integrates intrinsic and environmental signals. Nat Genet, 2003, **33 Suppl**: 245-254.

252 Okano M, Xie S & Li E. Cloning and characterization of a family of novel mammalian DNA (cytosine-5) methyltransferases. Nat Genet, 1998, **19(3)**: 219-220.

253 Okano M, Bell DW, Haber DA et al. DNA methyltransferases dnmt3a and dnmt3b are essential for de novo methylation and mammalian development. Cell, 1999, **99(3)**: 247-257.

254 Xie S, Wang Z, Okano M et al. Cloning, expression and chromosome locations of the human dnmt3 gene family. Gene, 1999, **236(1)**: 87-95.

255 Yen RW, Vertino PM, Nelkin BD et al. Isolation and characterization of the cdna encoding human DNA methyltransferase. Nucleic Acids Res, 1992, **20(9)**: 2287-2291.

256 Ramsahoye B, Biniszkiewicz D, Lyko F et al. Non-cpg methylation is prevalent in embryonic stem cells and may be mediated by DNA methyltransferase 3a. Proceedings of the National Academy of Sciences of the United States of America, 2000, **97(10)**: 5237-5242.

257 Pradhan S, Bacolla A, Wells RD et al. Recombinant human DNA (cytosine-5) methyltransferase. I. Expression, purification, and comparison of de novo and maintenance methylation. J Biol Chem, 1999, **274(46)**: 33002-33010.

258 Leonhardt H, Page AW, Weier HG et al. A targeting sequence directs DNA methyltransferase to sites of DNA replication in mammalian nuclei. Cell, 1992, **71(5)**: 865-873.

259 Mortusewicz O, Schermelleh L, Walter J et al. Recruitment of DNA methyltransferase i to DNA repair sites. Proceedings of the National Academy of Sciences of the United States of America, 2005, **102(25)**: 8905-8909.

260 Li E, Bestor TH & Jaenisch R. Targeted mutation of the DNA methyltransferase gene results in embryonic lethality. Cell, 1992, **69(6)**: 915-926.

261 Aapola U, Shibuya K, Scott HS et al. Isolation and initial characterization of a novel zinc finger gene, dnmt3l, on 21q22.3, related to the cytosine-5- methyltransferase 3 gene family. Genomics, 2000, **65(3)**: 293-298.

262 Hata K, Okano M, Lei H et al. Dnmt3l cooperates with the dnmt3 family of de novo DNA methyltransferases to establish maternal imprints in mice. Development, 2002, **129(8)**: 1983-1993.

263 Jia D, Jurkowska RZ, Zhang X et al. Structure of dnmt3a bound to dnmt3l suggests a model for de novo DNA methylation. Nature, 2007, **449(7159)**: 248-251.

264 Wu SC & Zhang Y. Active DNA demethylation : Many roads lead to rome. Nature Reviews Molecular Cell Biology, 2010, **11(9)**: 607-620.

265 Ooi SKT & Bestor TH. The colorful history of active DNA demethylation. Cell, 2008, **133(7)**: 1145-1148.

266 Bochtler M, Kolano A & Xu G. DNA demethylation pathways: Additional players and regulators. BioEssays, 2017, **39(1)**: 1-13.

267 Wu H & Zhang Y. Reversing DNA methylation: Mechanisms, genomics, and biological functions. Cell, 2014, **156(1)**: 45-68.

268 Loenarz C & Schofield CJ. Physiological and biochemical aspects of hydroxylations and demethylations catalyzed by human 2-oxoglutarate oxygenases. Trends in Biochemical Sciences, 2011, **36(1)**: 7-18.

269 Iyer LM, Tahiliani M, Rao A et al. Prediction of novel families of enzymes involved in oxidative and other complex modifications of bases in nucleic acids. Cell Cycle, 2009, **8(11)**: 1698-1710.

270 Ito S, Dalessio AC, Taranova O et al. Role of tet proteins in 5mc to 5hmc conversion, es-cell self-renewal and inner cell mass specification. Nature, 2010, **466(7310)**: 1129-1133.

271 Xu Y, Xu C, Kato A et al. Tet3 cxxc domain and dioxygenase activity cooperatively regulate key genes for xenopus eye and neural development. Cell, 2012, **151(6)**: 1200-1213.

272 Zhang H, Zhang X, Clark E et al. Tet1 is a DNA-binding protein that modulates DNA methylation and gene transcription via hydroxylation of 5-methylcytosine. Cell Research, 2010, **20(12)**: 1390-1393.

273 Ko M, An J, Bandukwala HS et al. Modulation of tet2 expression and 5-methylcytosine oxidation by the cxxc domain protein idax. Nature, 2013, **497(7447)**: 122-126.

274 Chen C, Wang K & Shen CJ. The mammalian de novo DNA methyltransferases dnmt3a and dnmt3b are also DNA 5-hydroxymethylcytosine dehydroxymethylases. Journal of Biological Chemistry, 2012, **287(40)**: 33116-33121.

275 Liutkeviciūtŭ Z, Lukinavicius G, Masevicius V et al. Cytosine-5-methyltransferases add aldehydes to DNA. Nature Chemical Biology, 2009, **5(6)**: 400-402.

276 Guo JU, Su Y, Zhong C et al. Hydroxylation of 5-methylcytosine by tet1 promotes active DNA demethylation in the adult brain. Cell, 2011, **145(3)**: 423-434.

277 Stivers JT & Jiang YL. A mechanistic perspective on the chemistry of DNA repair glycosylases. Chemical Reviews, 2003, **103(7)**: 2729-2759.

278 Kohli RM & Zhang Y. Tet enzymes, tdg and the dynamics of DNA demethylation. Nature, 2013, **502(7472)**: 472-479.

279 He Y, Li B, Li Z et al. Tet-mediated formation of 5-carboxylcytosine and its excision by tdg in

mammalian DNA. Science, 2011, **333(6047)**: 1303-1307.

280 Bennett MT, Rodgers MT, Hebert AS et al. Specificity of human thymine DNA glycosylase depends on n-glycosidic bond stability. Journal of the American Chemical Society, 2006, **128(38)**: 12510-12519.

281 Nabel CS, Jia H, Ye Y et al. Aid/apobec deaminases disfavor modified cytosines implicated in DNA demethylation. Nature Chemical Biology, 2012, **8(9)**: 751-758.

282 Maiti A & Drohat AC. Thymine DNA glycosylase can rapidly excise 5-formylcytosine and 5-carboxylcytosine potential implications for active demethylation of cpg sites. Journal of Biological Chemistry, 2011, **286(41)**: 35334-35338.

283 Mayer W, Niveleau A, Walter J, et al. Demethylation of the zygotic paternal genome. Nature, 2000, **403(6769)**: 501-502.

284 Oswald J, Engemann S, Lane N et al. Active demethylation of the paternal genome in the mouse zygote. Current Biology, 2000, **10(8)**: 475-478.

285 Azusa I, Li S, Qing D et al. Generation and replication-dependent dilution of 5fc and 5cac during mouse preimplantation development. Cell Research, 2011, **21(12)**: 1670.

286 Wossidlo M, Nakamura T, Lepikhov K et al. 5-hydroxymethylcytosine in the mammalian zygote is linked with epigenetic reprogramming. Nature Communications, 2011, **2(1)**: 241.

287 Gu TP, Guo F, Yang H et al. The role of tet3 DNA dioxygenase in epigenetic reprogramming by oocytes. Nature, 2011, **477(7366)**: 606-610.

288 Bernhard P, Mitinori S, Barton SC et al. Stella is a maternal effect gene required for normal early development in mice. Current Biology, 2003, **13(23)**: 2110-2117.

289 Nakamura T, Liu Y-J, Nakashima H et al. Pgc7 binds histone h3k9me2 to protect against conversion of 5mc to 5hmc in early embryos. Nature, 2012, **486(7403)**: 415.

290 Toshinobu N, Yoshikazu A, Hiroki U et al. Pgc7/stella protects against DNA demethylation in early embryogenesis. Nature Cell Biology, 2007, **9(1)**: 64-71.

291 Kobayashi H, Sakurai T, Imai M et al. Contribution of intragenic DNA methylation in mouse gametic DNA methylomes to establish oocyte-specific heritable marks. PLoS Genet, 2012, **8(1)**: e1002440.

292 Hajkova P, Jeffries SJ, Lee C et al. Genome-wide reprogramming in the mouse germ line entails the base excision repair pathway. Science, 2010, **329(5987)**: 78-82.

293 Tang F, Barbacioru C, Nordman E et al. Deterministic and stochastic allele specific gene expression in single mouse blastomeres. PLoS One, 2011, **6(6)**: e21208.

294 Jiang L, Zhang J, Wang JJ et al. Sperm, but not oocyte, DNA methylome is inherited by zebrafish early embryos. Cell, 2013, **153(4)**: 773-784.

295 Potok ME, Nix DA, Parnell TJ et al. Reprogramming the maternal zebrafish genome after fertilization to match the paternal methylation pattern. Cell, 2013, **153(4)**: 759-772.

296 Hanna JH, Saha K & Jaenisch R. Pluripotency and cellular reprogramming: Facts, hypotheses, unresolved issues. Cell, 2010, **143(4)**: 508-525.

297 Ying QL, Wray J, Nichols J et al. The ground state of embryonic stem cell self-renewal. Nature, 2008, **453(7194)**: 519-523.

298 Marks H, Kalkan T, Menafra R et al. The transcriptional and epigenomic foundations of ground state pluripotency. Cell, 2012, **149(3)**: 590-604.

299 Mamta T, Kian Peng K, Yinghua S et al. Conversion of 5-methylcytosine to 5-hydroxymethylcytosine in mammalian DNA by mll partner tet1. Science, 2009, **324(5929)**: 930-935.

300 Gabriella F, Branco MR, Stefanie S et al. Dynamic regulation of 5-hydroxymethylcytosine in mouse es cells and during differentiation. Nature, 2011, **473(7347)**: 398-402.

301 Koh KP, Yabuuchi A, Rao S et al. Tet1 and tet2 regulate 5-hydroxymethylcytosine production and cell lineage specification in mouse embryonic stem cells. Cell Stem Cell, 2011, **8(2)**: 200-213.

302 Yun H, Lukas C, Xing C et al. Distinct roles of the methylcytosine oxidases tet1 and tet2 in mouse embryonic stem cells. Proceedings of the National Academy of Sciences of the United States of America, 2014, **111(4)**: 1361.

303   Mikkelsen TS, Jacob H, Xiaolan Z et al. Dissecting direct reprogramming through integrative genomic analysis. Nature, 2008, **454(7200)**: 49.

304   Kitai K, Rui Z, Akiko D et al. Donor cell type can influence the epigenome and differentiation potential of human induced pluripotent stem cells. Nature Biotechnology, 2011, **29(12)**: 1117-1119.

305   Kim K, Doi A, Wen B et al. Epigenetic memory in induced pluripotent stem cells. Nature, 2010, **467(7313)**: 285-290.

306   Danwei H, René M, Wenjun G et al. Induction of pluripotent stem cells by defined factors is greatly improved by small-molecule compounds. Nature Biotechnology, 2008, **26(7)**: 795-797.

307   Onder TT, Nergis K, Anne C et al. Chromatin-modifying enzymes as modulators of reprogramming. Nature, 2012, **483(7391)**: 598-602.

308   Mathias P & Rudolf J. De novo DNA methylation by dnmt3a and dnmt3b is dispensable for nuclear reprogramming of somatic cells to a pluripotent state. Genes & Development, 2011, **25(10)**: 1035-1040.

309   Xiaolei D, Xiaoying W, Stephanie S et al. The polycomb protein ezh2 impacts on induced pluripotent stem cell generation. Stem Cells & Development, 2014, **23(9)**: 931.

310   Doege CA, Inoue K, Yamashita T et al. Early-stage epigenetic modification during somatic cell reprogramming by parp1 and tet2. Nature, 2012, **488(7413)**: 652-655.

311   Costa Y, Ding J, Theunissen TW et al. Nanog-dependent function of tet1 and tet2 in establishment of pluripotency. Nature, 2013, **495(7441)**: 370-374.

312   Gao Y, Chen J, Li K et al. Replacement of oct4 by tet1 during ipsc induction reveals an important role of DNA methylation and hydroxymethylation in reprogramming. Cell Stem Cell, 2013, **12(4)**: 453-469.

313   Lyon MF. Gene action in the x-chromosome of the mouse (mus musculus l.). Nature, 1961, **190**: 372-373.

314   Avner P & Heard E. X-chromosome inactivation: Counting, choice and initiation. Nat Rev Genet, 2001, **2(1)**: 59-67.

315   Escamilla-Del-Arenal M, Da Rocha ST & Heard E. Evolutionary diversity and developmental regulation of x-chromosome inactivation. Hum Genet, 2011, **130(2)**: 307-327.

316   Graves JA. Weird mammals provide insights into the evolution of mammalian sex chromosomes and dosage compensation. J Genet, 2015, **94(4)**: 567-574.

317   Patrat C, Okamoto I, Diabangouaya P et al. Dynamic changes in paternal x-chromosome activity during imprinted x-chromosome inactivation in mice. Proc Natl Acad Sci U S A, 2009, **106(13)**: 5198-5203.

318   Mak W, Nesterova TB, De Napoles M et al. Reactivation of the paternal x chromosome in early mouse embryos. Science, 2004, **303(5658)**: 666-669.

319   Okamoto I, Otte AP, Allis CD et al. Epigenetic dynamics of imprinted x inactivation during early mouse development. Science, 2004, **303(5658)**: 644-649.

320   Okamoto I, Patrat C, Thepot D et al. Eutherian mammals use diverse strategies to initiate x-chromosome inactivation during development. Nature, 2011, **472(7343)**: 370-374.

321   Petropoulos S, Edsgard D, Reinius B et al. Single-cell RNA-seq reveals lineage and x chromosome dynamics in human preimplantation embryos. Cell, 2016, **167(1)**: 285.

322   Vallot C, Patrat C, Collier AJ et al. Xact noncoding RNA competes with xist in the control of x chromosome activity during human early development. Cell Stem Cell, 2017, **20(1)**: 102-111.

323   Lee JT, Davidow LS & Warshawsky D. Tsix, a gene antisense to xist at the x-inactivation centre. Nat Genet, 1999, **21(4)**: 400-404.

324   Lee JT & Lu N. Targeted mutagenesis of tsix leads to nonrandom x inactivation. Cell, 1999, **99(1)**: 47-57.

325   Navarro P, Chambers I, Karwacki-Neisius V et al. Molecular coupling of xist regulation and pluripotency. Science, 2008, **321(5896)**: 1693-1695.

326   Donohoe ME, Silva SS, Pinter SF et al. The pluripotency factor oct4 interacts with ctcf and also

controls x-chromosome pairing and counting. Nature, 2009, **460(7251)**: 128-132.

327　Navarro P, Oldfield A, Legoupi J et al. Molecular coupling of tsix regulation and pluripotency. Nature, 2010, **468(7322)**: 457-460.

328　Gontan C, Achame EM, Demmers J et al. Rnf12 initiates x-chromosome inactivation by targeting rex1 for degradation. Nature, 2012, **485(7398)**: 386-390.

329　Wutz A. Epigenetic alterations in human pluripotent stem cells: A tale of two cultures. Cell Stem Cell, 2012, **11(1)**: 9-15.

330　Vallot C, Huret C, Lesecque Y et al. Xact, a long noncoding transcript coating the active x chromosome in human pluripotent cells. Nat Genet, 2013, **45(3)**: 239-241.

331　Vallot C, Ouimette JF, Makhlouf M et al. Erosion of x chromosome inactivation in human pluripotent cells initiates with xact coating and depends on a specific heterochromatin landscape. Cell Stem Cell, 2015, **16(5)**: 533-546.

332　Dobyns WB, Filauro A, Tomson BN et al. Inheritance of most x-linked traits is not dominant or recessive, just x-linked. Am J Med Genet A, 2004, **129A(2)**: 136-143.

333　Orstavik KH. X chromosome inactivation in clinical practice. Hum Genet, 2009, **126(3)**: 363-373.

334　Naumova AK, Plenge RM, Bird LM et al. Heritability of x chromosome—inactivation phenotype in a large family. Am J Hum Genet, 1996, **58(6)**: 1111-1119.

335　Badens C, Martini N, Courrier S et al. Atrx syndrome in a girl with a heterozygous mutation in the atrx zn finger domain and a totally skewed x-inactivation pattern. Am J Med Genet A, 2006, **140(20)**: 2212-2215.

336　Pegoraro E, Whitaker J, Mowery-Rushton P et al. Familial skewed x inactivation: A molecular trait associated with high spontaneous-abortion rate maps to xq28. Am J Hum Genet, 1997, **61(1)**: 160-170.

337　Winchester B, Young E, Geddes S et al. Female twin with hunter disease due to nonrandom inactivation of the x-chromosome: A consequence of twinning. Am J Med Genet, 1992, **44(6)**: 834-838.

338　Bicocchi MP, Migeon BR, Pasino M et al. Familial nonrandom inactivation linked to the x inactivation centre in heterozygotes manifesting haemophilia a. Eur J Hum Genet, 2005, **13(5)**: 635-640.

339　Schmidt M & Du Sart D. Functional disomies of the x chromosome influence the cell selection and hence the x inactivation pattern in females with balanced x-autosome translocations: A review of 122 cases. Am J Med Genet, 1992, **42(2)**: 161-169.

340　Gupta N, Goel H & Phadke SR. Unbalanced x; autosome translocation. Indian J Pediatr, 2006, **73(9)**: 840-842.

341　Schluth C, Cossee M, Girard-Lemaire F et al. Phenotype in x chromosome rearrangements: Pitfalls of x inactivation study. Pathol Biol (Paris), 2007, **55(1)**: 29-36.

342　Leppig KA & Disteche CM. Ring x and other structural x chromosome abnormalities: X inactivation and phenotype. Semin Reprod Med, 2001, **19(2)**: 147-157.

343　Balaton BP & Brown CJ. Escape artists of the x chromosome. Trends Genet, 2016, **32(6)**: 348-359.

344　Migeon BR, Axelman J & Beggs AH. Effect of ageing on reactivation of the human x-linked hprt locus. Nature, 1988, **335(6185)**: 93-96.

345　Sharp A, Robinson D & Jacobs P. Age- and tissue-specific variation of x chromosome inactivation ratios in normal women. Hum Genet, 2000, **107(4)**: 343-349.

346　Wareham KA, Lyon MF, Glenister PH et al. Age related reactivation of an x-linked gene. Nature, 1987, **327(6124)**: 725-727.

347　Wang J, Syrett CM, Kramer MC et al. Unusual maintenance of x chromosome inactivation predisposes female lymphocytes for increased expression from the inactive x. Proc Natl Acad Sci U S A, 2016, **113(14)**: E2029-2038.

348　Pageau GJ, Hall LL, Ganesan S et al. The disappearing barr body in breast and ovarian cancers. Nat Rev Cancer, 2007, **7(8)**: 628-633.

349　Chaligne R, Popova T, Mendoza-Parra MA et al. The inactive x chromosome is epigenetically unstable and transcriptionally labile in breast cancer. Genome Res, 2015, **25(4)**: 488-503.

350　Kang J, Lee HJ, Kim J et al. Dysregulation of x chromosome inactivation in high grade ovarian serous adenocarcinoma. PLoS One, 2015, **10(3)**: e0118927.

351　Guy J, Gan J, Selfridge J et al. Reversal of neurological defects in a mouse model of rett syndrome. Science, 2007, **315(5815)**: 1143-1147.

352　Robinson L, Guy J, Mckay L et al. Morphological and functional reversal of phenotypes in a mouse model of rett syndrome. Brain, 2012, **135(Pt 9)**: 2699-2710.

杨　鹏　胡　晨

第 13 章　干细胞与心脏

心脏疾病尤其是缺血性心脏疾病是目前全世界最主要的致死疾病之一。心肌梗死引起损伤区域心肌细胞的死亡和纤维性疤痕组织的形成。这个过程启动了一系列下游事件，包括更多心肌细胞死亡、纤维化的增加及病理学心肌肥大，最终导致心力衰竭[1]。心力衰竭可以通过药物或心室辅助设备控制症状，但是唯一的治疗手段是心脏移植。不幸的是，现在心力衰竭的病人也只有少数可以接受心脏移植，主要是因为捐献器官的不足，而这一现象在可预见的未来不会得到大幅度的改善。因此，心脏移植将不会解决仍在增长的心脏疾病问题，迫切需要开发治疗心力衰竭的新方法。另外，先天性心脏疾病是新生儿缺陷的主要类型。虽然自从 Robert Gross 在 1938 年施行了第一例儿科心脏外科手术以来，其致死率得到了显著的下降，但是，许多更复杂的先天性心脏疾病类型还是无法被生理性修复，病人虽然通过手术保证了生存，但是心脏还是受到了病理性的压力，长期也有心力衰竭的风险[2]。

限制先天性和获得性心脏病病人治疗的一个主要生物学因素就是成熟的心肌细胞增殖能力受限[1]。心脏自身微弱的再生能力将初始的治疗手段和延长生存的治疗方案都局限在相当狭小的范围内。开发制造新的心肌组织或者再生受损心肌的方法，将克服这种阻碍，为心脏疾病的治疗带来革命性的改变。

由于心脏的再生能力微弱，心脏再生在不久之前还被认为是科学幻想。但是过去二十几年来对于心脏形成和发育机制的研究，使得心脏生物学家在实现心脏再生的道路上取得了显著的成果。而干细胞生物学尤其是诱导性多能干细胞研究的兴起，更是为利用外源细胞实现心脏再生提供了可见的可能性。在全球，心脏再生研究的竞争非常激烈，基础和临床研究者们都想要率先发现再生心脏组织的新方法，并在临床病人中证实这些方法的有效性。细胞移植、细胞重编程、诱导内源性再生的方向都非常具有吸引力。但是在临床试验之前，证明这些方法的安全性和有效性还需要做大量的工作。

在本章中，我们将回顾过去 30 年研究中对心脏发育过程的理解，点评最近利用发育信号通路研究心脏再生的案例，介绍利用干细胞研究心脏疾病与实现心脏再生的尝试，以及讨论为实现心脏再生必须克服的挑战。

13.1　干细胞与心脏发育

心脏中绝大多数细胞是由中胚层发育而来，了解心脏尤其是心肌细胞的发育过程，对我们了解心脏和心肌细胞是如何工作的，以及它们如何失去再生能力、可能实现心脏再生的路径都是至关重要的。本节将详细介绍心脏发育过程的重要阶段，以及心肌细胞在发育过程中的变化及其调控。

13.1.1 心脏中胚层的发育

在原肠胚运动中，发育中的胚胎重新组织成三个胚层：外胚层、中胚层和内胚层。心肌细胞是由早期发育中形成的中胚层衍生而来的。除了心脏之外，中胚层也会发育成骨骼肌、骨骼、血液及其他组织。在不同胚层之间的分子信号和细胞相互作用，被认为在中胚层形成和心脏分化过程中起到了重要的作用[2]。由于在小鼠中积累的心脏发育学知识最为全面和系统，本节对心脏发育的介绍主要以小鼠为例。

在小鼠胚胎第 5 天（E5），一系列信号启动了整个长圆柱形胚胎中胚胎组织和胚外组织的区分。在胚外组织的内脏内胚层的远端，形态素 Nodal 的表达沿近端-远端轴形成了浓度梯度[3]。而通过正反馈的机制，Nodal 在整个上胚层中激活了自己的表达，并在远端胚外组织内脏内胚层（以后会形成前端内脏内胚层）诱导形成了一个组织中心——原结[4]。随着胚胎继续发育，前端内脏内胚层迁移到胚胎的前端，开始表达 Nodal 的拮抗蛋白，如 Cer1 和 Lefty1[5]。这些拮抗蛋白阻止了胚胎前端的 Nodal 信号，而 Nodal 信号在上胚层后端继续起作用。在胚胎后端，随着 Nodal 信号的持续作用[6]，Fgf[7]、Bmp[8] 和 Wnt3a[9] 等信号蛋白开始表达。Nodal、Fgf、Bmp 和 Wnt 共同诱导了表达原条和泛中胚层标志基因 *Brachyury* 的早期中胚层[10]（图 13-1）。

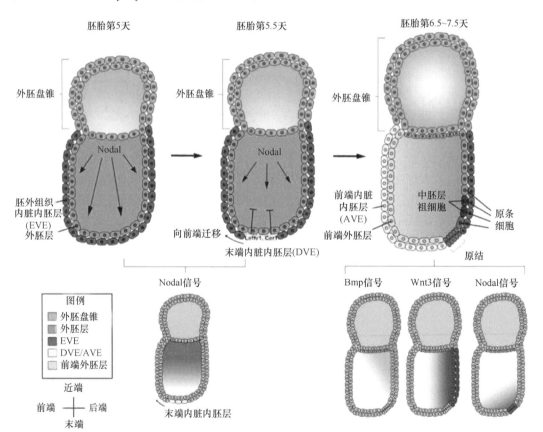

图 13-1　中胚层前体细胞的特化过程[2]

原条（primitive streak，PS）是上胚层细胞内迁进入胚胎内部并分化成三个胚层的位置。Nodal 信号浓度梯度使上胚层细胞沿着原条形成不同模式。在 PS 前端，高浓度的 Nodal 信号决定定型内胚层前体细胞在此处产生，而在中部和 PS 后端的较低 Nodal 信号、Bmp 信号及 Wnt 信号一起特化了中胚层前体细胞 [3,11]。这些形态素模式决定了心脏中胚层前体细胞在 PS 的前端和两侧产生 [4]。表达在 PS 前端的 T-box 转录因子 Eomesodermin 对定型内胚层和心脏中胚层的发育都很重要 [12]。Eomesodermin 阳性细胞激活转录因子 Mesp1（mesoderm posterior-1）[12]，后者调控多个心脏和中胚层基因的表达，也对中胚层前体细胞通过 PS 的迁移起到了关键的作用 [13]。虽然 Mesp1 在中胚层前体细胞中广泛表达 [14]，Mesp1 阳性细胞中在 PS 前端的一部分细胞将会随着从 PS 内迁的过程成为心脏特异性的谱系 [15]。

随着 Mesp1 的激活，中胚层细胞开始从 PS 内迁。一部分 Mesp1 阳性细胞向前端和两侧迁移，离开中胚层的中后部分，形成前端侧板中胚层 [15]。这些早期心脏前体细胞通过对形态素 Wnt 的化学排斥迁移离开 Wnt/β-Catenin 富集的 PS，这个迁移过程是早期中胚层细胞向心脏命运决定的重要步骤 [16]。在小鼠 E7.5 和人类发育第 3 周，这些迁移的细胞形成两类心脏前体细胞：第一心区（FHF）和第二心区（SHF）[17]。

通过 β-Catenin 介导的经典 Wnt 信号通路在这些心脏前体细胞的分化过程中起到了关键的作用。首先，如上段所述，胚胎后端的 Wnt3a 诱导了早期中胚层的形成。随后，外层外胚层的 Wnt 在生心区域后侧抑制了心脏发生，将心脏发生限制在了前端侧板中胚层 [18]。因此，经典的 Wnt 信号在心肌分化过程中分两阶段起不同的作用：①诱导中胚层形成；②在中胚层细胞中抑制心脏的命运决定 [19]。Wnt 的这种两阶段作用在进化上是保守的。在鸡的胚胎中，前端内胚层分泌的经典 Wnt 抑制蛋白 Dickkopf 对心脏分化是必需的，而异位表达经典 Wnt 配体（Wnt3a 和 Wnt8c）会在心脏前体区域诱导血细胞的形成 [18]。在心脏发育生物学中发现的 Wnt 信号对心脏发育的两阶段反向作用，对于指导干细胞生物学家在体外诱导多能干细胞分化成心肌细胞至关重要，具体将在 13.2.1 节 "多能干细胞的心肌细胞分化" 中介绍。

13.1.2　第一心区和第二心区的心脏发生

在中胚层细胞迁移的过程中，最早到达前端侧板的细胞形成 FHF，而后到的细胞形成 SHF[15]。在小鼠发育的 E7.5，FHF 细胞被组织成一个新月形的结构。SHF 细胞则在比 FHF 细胞更中间和背侧的区域。FHF 细胞随后向胚胎中线融合，形成最初的心管，而 SHF 的心脏前体细胞从心管的前端和后端迁移进入心管；之后，伴随着细胞的进一步分化和心管的环化，产生心房、心室及其左右的区隔，在这一过程中 FHF 会分化为左心室自由壁、部分室间隔、部分心房，而 SHF 会分化为右心室、部分室间隔、流出道和部分心房 [20]。

虽然诱导中胚层形成的早期信号已经被研究得比较透彻，但是诱导 Mesp1 阳性中胚层前体细胞向 FHF 和 SHF 心脏前体细胞分化的分子信号及遗传调控机制直到最近几年才被发现。鉴定调控早期中胚层前体细胞分化为这两类前体细胞的信号和分子标志物，对于理解心脏的体内发育和开发新的分化方法以实现特定心脏细胞类群的定向分化，都是非常重要的。在心管形成过程中，FHF 前体细胞接受来自其内侧的内胚层 Bmp2[21]、Fgf8[22] 和非经典 Wnt 信号[23]，进一步分化。而 Fgf[24]、Shh[25] 和经典 Wnt[26] 信号促进 SHF 前体细胞的增殖及多谱系分化（图 13-2）[2]。Bmp 和 Wnt 信号被证明对心脏前体细胞向心肌细胞分化是至关重要的。从内侧内胚层分泌的 Bmp2 和 Bmp4 诱导外层的侧板中胚层细胞的心肌分化，而外源的 Bmp2 和 Bmp4 可以在鸡胚中异位诱导心脏的分化[21]。SHF 前体细胞在迁移到流出道的过程中，升高 Bmp 的表达，而从增殖的状态转变为向心肌分化[27,28]。Bmp 信号对促进心肌分化的关键作用是由于它可以促进 Gata4、Mef2c、Srf 和 Nkx2-5 的表达[29,30]。在 SHF 中，BMP 对上调 Tbx2 和 Tbx3 也是必需的，而这两个基因对于维持慢传导速度，以及降低流出道、房室通道和流入道心肌细胞增殖速度，也都是必需的[31,32]。和 FHF 细胞相比，SHF 细胞确定向心肌分化的时间更晚一些。经典 Wnt 信号对维持 SHF 前体细胞处于增殖状态、抑制其分化是非常重要的[33,34]。在发育的小鼠心脏中，随着 SHF 前体细胞迁移到流出道中，经典 Wnt 信号显著降低，同时心肌特异性的基因表达升高[28]。

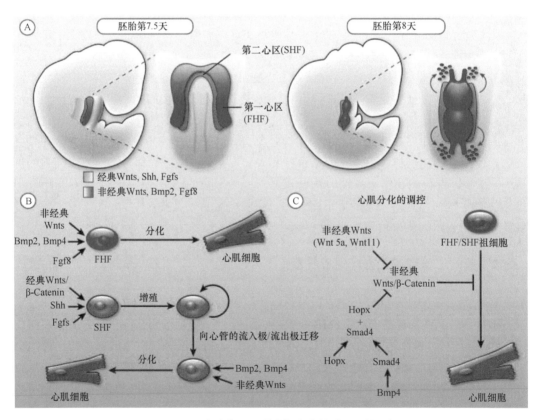

图 13-2　心脏前体细胞增殖与分化的过程及其调控

非经典 Wnt 信号对于心肌的特化很重要，它通过包括 PKC 和 CAMK 的依赖于钙的通路，或者通过包括 Rock2 和 JNK 的平面细胞极性（planal cell polarity）通路调控基因表达[35]。两个非经典 Wnt 配体（Wnt5a 和 Wnt11）在多种物种中对心脏发育都非常重要。

Wnt11 对心脏基因的表达是必需的，在鸡和蛙胚胎中可以诱导异位心脏形成 [23]。没有 Wnt5a 和 Wnt11 的小鼠胚胎中，SHF 前体细胞的数量大幅减少。Wnt5a 和 Wnt11 的作用被认为是部分通过非经典 Wnt 信号抑制经典 Wnt 信号而实现的 [36]。

最近的研究发现转录抑制因子 Hopx 在心脏发育过程中起到了连接经典 Wnt 信号通路和 Bmp 信号通路的作用 [28]。在 FHF 和 SHF 来源的细胞中，Hopx 的表达只在心肌谱系中被启动。而它在 FHF 的表达早于其在 SHF 中的表达，和 FHF 的分化早于 SHF 是吻合的。在类胚体分化系统，Hopx 被发现是通过抑制 Wnt 信号而促进心肌细胞分化的。这个抑制作用是通过 Hopx 和 Smad4 的直接相互作用完成的，而 Smad4 是 Bmp 信号通路中关键的转录因子。这些实验结果表明当 SHF 细胞迁移到流出道时，它们接受升高的 Bmp4 信号，后者和刚刚表达的 Hopx 共同抑制经典 Wnt 信号，从而促进心肌细胞的分化 [28]。

13.1.3 心脏发生的转录调控

以上描述的信号通路是通过与一个复杂的心脏转录因子网络共同作用来调控心肌细胞分化的。一般认为 Nkx2-5、Isl1、Tbx5、Mef2c 等心肌前体细胞特异性转录因子的表达是心肌细胞分化的确定性事件，而其中 Nkx2-5 是第一个被发现的心脏特异性的转录因子，其在果蝇中的同源基因 *tinman* 在 1993 年被发现对果蝇的心管生成是必需的 [37]。在这些转录因子表达之前，哺乳动物心脏特异性的转录在 Mesp1 阳性心脏前体中胚层中就已经开始了 [13]。当 Mesp1 阳性心脏前体细胞向前端侧板中胚层迁移的时候，Smarcd3——SWI/SNF 染色质重塑复合体中的一个亚基，在 Mesp1 开始下调后、心脏前体细胞标志基因 Nkx2-5 和 Isl1 开始上调之前，有一个短暂的表达时间窗口 [38]。Smarcd3 使得锌指转录因子 Gata4 结合到起始心肌细胞基因表达程序的几个转录因子增强子上 [39]，从而启动了整个心肌细胞特异性转录因子的表达。Gata4 和 Nkx2-5 在早期心脏发育中的关键作用也体现在 Gata4/6 双敲除小鼠完全没有心脏发生，而 Nkx2-5 是先天性心脏病病人中突变最频繁的基因 [40,41]。

FHF 前体细胞是最早表达 NKX2-5 的细胞，是最早的一批心脏前体细胞。早期 FHF 前体细胞迅速激活 Tbx5 表达，后者与 Gata4 及 Nkx2-5 相互作用，通过激活许多心脏基因，包括 *Nppa*、*Gja5* 等驱动心肌发育和左心室特化 [42,43]。Tbx5 的错误表达会导致心室间隔的不正确定位，甚至室间隔完全缺损 [43]。Gata4 和 Nkx2-5 通过抑制造血转录因子 Gata1 来抑制血液基因表达，而上调心脏特异性基因的表达，如 Hand1、Mef2c、Myl2 和其他心肌细胞结构与功能必需的基因 [44,45]。对 FHF 前体细胞的研究由于其存在时间短及缺乏特异性标志基因而非常复杂。为数不多的 FHF 标志基因包括 *Hcn4*，它开始表达在心脏新月区，之后它的表达被限制在心脏传导系统中 [46,47]。

SHF 前体细胞在 FHF 细胞形成心管后仍然存在 [48]。这些细胞在心管的前端（动脉极）和后端（静脉极）迁移进入心管并分化为心肌细胞、内皮细胞和平滑肌细胞，为心管的生长、流入道和流出道的发育提供细胞 [49,50]。SHF 前体细胞最重要的特征是转录因子 Isl1 的持续表达 [48]。Isl1 敲除小鼠在心脏发育过程中有多种缺陷，包括心脏的环化、右心室和流出道的发育都受到了影响[48]。Isl1 激活 *Fgf* 和 *Bmp* 基因，后者对心脏前体细胞的增殖和分化非常重要[48]。Isl1 和 Gata4 相互作用后激活 *Mef2c* 基因，而后者激活 *Hand2* 的表达[51]。*Hand2* 是右心室发育的关键基因，*Hand2* 敲除小鼠具有不同程度的右心室发育不全[52]。而且，Hand2 对 SHF 前体细胞的生存和增殖都是必需的[52]。当 SHF 前体细胞分化时，Nkx2-5 被激活，直接抑制 Isl1 的表达，从而限制前体细胞的增殖而促进分化[53]。Nkx2-5 对 *Isl1* 基因的直接抑制对于心室肌细胞的正常发育是必需的[54]。对这些转录因子在心脏前体细胞增殖和分化过程中的功能研究将继续是心脏发育研究的热点。理解心脏发生过程中转录因子的调控机制不仅对于理解心脏发育至关重要，而且对理解先天性心脏病的发生原因及心脏再生方面的转化应用也是非常重要的。

13.1.4 心肌细胞的增殖

1. 胚胎心脏发育过程中的心肌细胞增殖

随着心脏前体细胞分化为心肌细胞，新的心肌细胞开始由已有的心肌细胞增殖而来，而心肌细胞数量的增长是胚胎期心脏生长的主要原因。在发育过程中的心脏增殖研究主要通过谱系示踪及克隆分析。最早的心肌细胞克隆分析是在鸡胚胎里完成的，利用低剂量的逆转录病毒标记少量心肌细胞和心脏前体细胞，然后观察到这些细胞形成了聚集的细胞团，而每个细胞团里的细胞数随着胚胎发育而增加[55]。这个实验结果说明心肌细胞通过局部的增殖来实现整体心脏的扩张。在小鼠胚胎中更精准的标记和示踪实验显示，当 E8.5 天心管开始环化的时候，聚集的心肌细胞克隆团就已经出现了[56]。心肌细胞这种克隆性的扩增在斑马鱼里也被发现了。利用斑马鱼心脏发育过程可以被有效观察的特点，多种荧光标记蛋白的组合被用来进行随机的心肌细胞标记，使得更细致的心脏发育克隆研究成为可能[57]。这个研究发现，早期发育过程中大约 55 个心肌细胞可以通过增殖扩增形成心室中的所有心肌细胞[57]。

几个信号通路被发现通过精确控制心肌细胞的增殖来调控心脏生长与形态发生。研究得最多的信号通路包括 Hippo/Yap 信号通路，它在发育过程中控制多个器官的大小[58]。细胞密度的升高通过尚未被完全了解的上游信号通路激活了 Hippo 通路的激酶（Mst1/2 和 Lats1/2），后者磷酸化转录共激活因子 Yap 和 Taz，使其失活[59]。Yap 通过和转录因子 Tead1 相互作用行使功能，后者激活细胞增殖的信号通路，包括 PI3K-AKT 通路[60]。Yap 也可以和 β-Catenin 相互作用，直接调控 Wnt 信号通路而促进细胞增殖[61]。通过小鼠遗传模型改变 Hippo 信号通路的蛋白组件，Hippo/Yap 对心肌细胞增殖和心脏生长的调节作用已经被清晰阐明了。在心肌细胞中对 Hippo 激酶活性必需的结构蛋白 Sav1 的敲除，增加了心肌细胞的增殖，导致胚胎心室和肌小梁的过度生长[61]。而在心肌细胞中强制表达激活的 Yap 也会强烈促进心肌细胞的增殖[62]，但 Yap/Taz 的敲除则会减少增殖，引起致死的心脏和肌小梁发育不全[63]。因此，Hippo/Yap 信号通路是胚胎发育中心肌细胞增殖的关键调控通路。

对心肌细胞增殖的时空特异性调节对正常的心脏发育是必需的。在心脏腔室形成过程中，靠内的心肌细胞向腔内生长形成脊状突起，称为肌小梁，而靠外的心肌细胞则互相堆叠形成致密区[64]。虽然肌小梁形成的具体机制还不清楚，但在小鼠中，一部分心内膜下心肌细胞从与心室壁平行改变极性到与其垂直被认为是肌小梁化的起始事件[65]，这些心肌细胞随后增殖形成肌小梁。肌小梁化的过程和心肌细胞的增殖有紧密联系，在致密区的心肌细胞比在肌小梁区的增殖更快。降低 Hippo 的抑制作用或者增加 YAP 的活性会导致这一区别的消失，引起肌小梁过度增殖，说明 Hippo/Yap 信号强度的区别可能是这种区域性心肌细胞增殖差异的部分原因[60,61]。形态素因子的浓度梯度可能也是致密区心肌细胞增殖更加迅速的原因之一。心外膜——包裹在心脏外层的表皮细胞，对致密区的生长至关重要。破坏心外膜会影响下层心肌细胞的增殖[66]。最近的研究发现，心外膜分泌的 IGF2 可以激活心肌细胞中的 IGF1R 和下游的 ERK，从而刺激心肌细胞增殖[67]。FSTL1 是另一个心外膜分泌的可促进心肌细胞增殖的因子，在小鼠和猪心脏中都可以促进心肌细胞增殖[68]。环境刺激强度（包括氧气浓度和血流强度）的梯度也可以调节心肌细胞增殖。受氧气浓度调节的 Hif1a 的细胞核定位也在增殖更旺盛的致密层和心室间隔中更多[69]。另外一些小鼠中的研究显示，肌小梁化过程中的心肌细胞增殖是受到心肌细胞和心内膜之间复杂信号转导的紧密调控的，包括 Notch1、Bmp10、Ephrin B2、Efnb2、Hand2 和 Nrg1 在内的多种信号和蛋白质组成了这个复杂的细胞间相互作用[64,70,71]。而斑马鱼中的研究支持了 Notch 和 Nrg1 信号对肌小梁发育的重要性，但每个信号通路组分蛋白的表达谱和功能在小鼠模型中有很大的区别[57,72,73]。因此，对肌小梁化机制的更深入研究，可能对于理解心肌细胞增殖的调控至关重要。

2. 出生后心肌细胞退出细胞周期

虽然心肌细胞增殖是胚胎发育中心脏生长的主要原因，但是出生之后，哺乳动物的大部分心肌细胞迅速退出了细胞周期。在成年心脏中，心肌细胞的更新十分缓慢[74]。利用大气核试验造成的空气 ^{14}C 浓度急剧升高，Bergmann 和同事通过计算显示人类心肌细胞在 20 岁时大约一年更新 1%，而这一数字会随着年龄增加逐渐减小[75]。这个计算结果与在成年鼠中利用同位素标记、遗传示踪和质谱成像分析得到的一年更新 0.76%是接近的[76]。小鼠中心肌细胞的增殖可以延续到出生后一周[77]，而在人类中，心肌细胞在出生后增殖的时间窗口可能有几年[78]。多种因素被发现引起心肌细胞细胞周期的退出，其中最明显的是导致胚胎心肌细胞增殖的信号在出生后减弱了。例如，可促进心肌细胞增殖的 Nrg1 受体 Erbb2 在心肌细胞中的表达在出生后迅速消失，导致 Nrg1 的促增殖作用减弱[79]。而 Yap 促增殖的作用也类似地被多种机制限制，包括 Tead1 被 Vgll4 滞留而无法启动下游基因等[61,80]。除了促进增殖信号的消失，另外几种机制也主动抑制了成年心肌细胞中细胞周期蛋白的表达和功能。例如，P38 MAP 激酶信号[81]、甲状腺素信号[82]、Meis1[83] 和 Rb[84]，以及表观遗传修饰复合物 PRC2[85] 和 microRNA（如 miR-15 家族[86]）等，抑制了细胞周期的核心激活蛋白，激活了细胞周期的抑制蛋白。在出生后心肌细胞中升高的氧气应激反应被发现会导致 DNA 损伤反应介导的细胞周期停滞[87]，而端粒酶活性的下降被发现会以依赖于 p21 的方式阻止细胞增殖[88]。中心体是细胞增殖信号的核心细胞器，也是有丝分裂的组织中心[89]。在出生后心肌细胞中，中心体的解聚也对心肌细胞的增殖增加了另一个层次的负向调控[90]。

13.1.5 心肌细胞的成熟

心脏发育的动态过程包括心肌细胞在代谢、形态和功能上的巨大变化，尤其是在新生期这些变化尤其明显。胚胎心肌细胞有活跃的增殖，这些细胞适应低氧的子宫内环境，主要依赖糖酵解进行代谢。出生后，随着左心室泵血功能的需求及氧气浓度的迅速增加，心肌细胞发生了一系列剧烈变化。出生后的心肌细胞为高效收缩而变得高度特化：它们的代谢转变为氧化磷酸化，主要能量消耗从出生到成年上升了 30~40 倍，同时发展出与之适应的细胞内各种亚细胞结构的特化，以及为实现高效而协调的肌肉收缩而改变的基因表达。可能也是因为需要适应为高效收缩进行的特化，出生后的心肌细胞基本退出了细胞周期，大多数形成了多倍体（在人类中为一个多倍体细胞核，在啮齿类中为两个双倍体细胞核）[82,83]（图 13-3）。这一剧烈的变化过程被统称为心肌细胞的成熟。

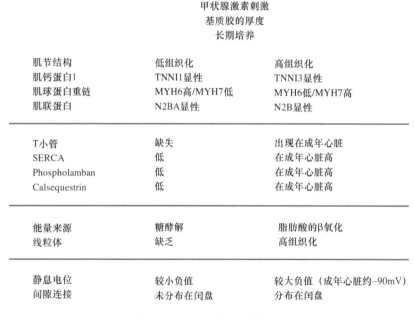

图 13-3　心肌细胞的成熟标志

虽然胚胎期心肌细胞的分化已经研究得比较全面，但是心肌细胞的成熟是如何被协调控制的还非常不清楚。理解心肌细胞的成熟对于心脏再生领域的发展是至关重要的，因为任何来源的新的心肌细胞必须足够成熟，才可能被有效整合到心肌组织里，为心脏功能做出正向贡献。最近的一个标志性工作显示，虽然大量的人多能干细胞来源的心肌细胞（hPSC-CM）可以被移植到心梗后的灵长类心脏中，但所有接受移植的心脏都由于供体细胞的成熟度不够而出现了心室性心律不齐[91]。干细胞来源的心肌细胞的不成熟也阻碍了它们被用来模拟人类心脏疾病[92]。因此，发现促进心肌细胞成熟的方法是当前领域内的主要目标。对正常发育过程中心肌细胞成熟过程的深入细致理解是在这个方向上取得进展的必要条件。

出生后心肌细胞的生理成熟包括细胞结构的重塑，它改变了心肌细胞中几乎所有的结构。三个主要的标志是：①心肌细胞的大小增加以形成很大的、具有高长宽比的棒状细胞；②高肌纤维密度和高比例的肌节结构；③T 小管的形成。调控这些形态和结构变化的分子机制还未被完全了解。心肌细胞的长度和周长可能是被特定的机械载荷所调控，在舒张拉力下新增的肌节单位在心肌细胞两端增加以延长心肌细胞的长度，而在收缩压力下肌纤维的平行增加则导致了心肌细胞周长的增长[93]。这些机制受到底物硬度的影响。细胞外基质（ECM）是心肌细胞形态变化的重要决定因素，它通过硬度和其他因素决定心肌细胞形状[94]。

肌纤维密度和组织形式直接与心肌细胞的成熟程度相关，完全成熟的心肌细胞具有高度组织化的肌节。肌节的组织和细胞形状紧密相关，利用微接触打印改变心肌细胞的形态可以直接改变肌节的排列，长方形的形状和更高的长宽比可以促进肌节组织的增加[95]。这种肌节数量和组织的增加与许多肌节蛋白亚型的表达比例变化是一致的。在小鼠中，这种转变包括基因表达从胚胎到成年亚型的转变（Tnni1 到 Tnni3、Myh7 到 Myh6）和基因剪切的变化（TTN-N2BA 到 TTN-N2B，EH-MYOM1 到成熟亚型，TNNT2 的 5 号外显子从被包括到被排除，等等）[96]。

使细胞膜去极化可以快速传导到心肌细胞内部的细胞质膜的内陷——T 小管，也是心肌细胞成熟的重要指标。小鼠 T 小管网络的发育在出生后第 2 周左右开始，和肌节发育类似，在成年的过程中逐渐形成更清晰和有组织的结构[97]。现在，除了 Junctophilin 2 和 Bin 1，还没有几个参与 T 小管形成的蛋白质被发现，因此我们对这个过程的理解并不深入[98,99]。

除了成熟过程中结构的改变，新生心肌细胞在代谢上也有很大的变化，从主要以非氧化代谢转变为主要以氧化方式进行代谢[100]。这个代谢的转变和线粒体密度增加、线粒体形态从小而圆变为大而椭圆是同时发生的[101]。线粒体的位置也发生改变，在成熟心肌细胞中主要在肌纤维和肌质网附近[102]，而线粒体的自噬对这个转变过程是必需的[103]。

心肌细胞成熟的许多结构和代谢变化已经被发现一段时间了。但是，控制这些变化的调控网络还未被完全阐明。影响成熟的外源信号包括分泌因子、机械力和 ECM 等。这些外源信号激活了细胞内的信号通路，然后激活了转录因子改变整体基因的表达。在体内进行心肌细胞成熟的功能性检验是一个困难的任务，因为干扰心肌细胞的成熟会不可避免地导致心脏应激反应甚至衰竭，而这些情况会影响对成熟效果的判断。因此现在许多对心肌细胞成熟的研究还被局限在人工培养的环境中研究新生大鼠心肌细胞或者干细胞体外分化而来的心肌细胞。虽然这些研究对该领域起到了推动作用，如鉴定出了 Let-7 miRNA 家族是成熟的正向调控因子[104]，但对成熟调控的体内研究不足还是阻碍了整个领域的发展。一个最近分析了数百个表达谱数据的研究发现了阶段特异性的基因调控网络[105]，同时发现脂肪酸氧化的激活因子 Ppar 信号通路是心肌细胞成熟的关键，这个通路在心肌细胞成熟过程中激活程度逐渐增加[106]。

综上，我们探讨了从中胚层向心脏分化过程中的细胞和分子事件，以及心肌细胞在发育过程中增殖和成熟的变化过程。这些过去 30 年来积累的发育学知识，对于我们理解心脏再生能力微弱的分子机制、寻找促进心脏再生的靶点和方向，以及利用干细胞实现心脏再生、治疗心脏疾病都奠定了相对坚实的基础。虽然还有更多心脏发育学的问题需要解答，但是我们已经获得的发育学知识和当前高速发展的干细胞技术相结合，已经使得心脏再生的研究得到了长足的进步。

13.2 干细胞与心脏疾病和再生

哺乳动物的心肌细胞在出生后逐渐退出细胞周期，导致成年心脏再生能力十分微弱，使得心肌梗死和其他心肌疾病难以治愈。如何使成年心脏再生是心脏疾病治疗及再生领域最重要也是现在认为最困难的问题。胚胎干细胞和诱导多能干细胞的体外培养维持及分化系统的建立，使得在体外获得多能干细胞来源的心肌细胞成为可能，这些细胞是否可以进行移植以替代受损的心肌？血液干细胞的发现及其用于治疗的移植手术的开展，使得研究者们被鼓励去发现包括心脏在内的其他组织器官的成体干细胞。心脏中是否存在内源的干细胞或者前体细胞，可以分化为功能性的心肌细胞？这些关键问题促使干细胞领域与心脏再生领域在近十年进行了深度的交叉，取得了一系列令人瞩目的成果。上一节介绍的心脏发育学的知识为这些进展提供了理论基础，而心脏发育学尚未解决的问题也逐渐成为心脏再生领域进一步发展的瓶颈。本节将介绍干细胞在心脏再生领域的应用，以及心脏再生领域取得的一些最新进展。

13.2.1 多能干细胞的心肌细胞分化

自从人胚胎干细胞（hESC）在 1998 年被分离[107]，它可以产生不限量的心肌细胞的可能性推动了人 ESC 向心肌细胞分化的研究。而诱导性多能干细胞（iPSC）的发现更是推动了人多能干细胞（hPSC）在心脏再生医学研究中的应用[108]。胚胎和成熟的小鼠成纤维细胞可以通过转染四个转录因子（Oct3/4、Sox2、c-MYC 和 KLF4）被诱导成多能干细胞[108]。而从人类成纤维细胞中得到 iPSC 更是展现了它临床应用的可能[109]。和 ESC 一样，iPSC 具有自我更新能力和多种分化潜能，但 iPSC 绕过了围绕 ESC 的许多伦理问题。ESC 的获得往往意味着对发育中胚胎的破坏，而自体 iPSC 可以从皮肤、毛囊和血液中诱导得到，使得其作为疾病模型和产生大量自体心肌细胞成为可能。但是，开发一种高效、低成本的方法，可以在临床可行的时间内产生足够的自体心肌细胞用于移植，仍然是充满挑战的。

发育生物学家试图利用体内心脏发育需要的信号诱导 hPSC 分化为心肌细胞（hPSC-CM）。在上节"干细胞与心脏发育"的介绍中我们知道，Nodal 和 Bmp 对心肌细胞的分化十分重要，当科学家尝试用 Activin A（产生类似 Nodal 信号）和 BMP4 处理 hESC 后，可以使其分化为心肌细胞，但这个分化体系效率较低，可重复性较差[110]。随着对中胚层和心脏发育的主要诱导信号更深入的理解（见"干细胞与心脏发育"部分），使得开发从 PSC 高效向心肌细胞分化的方法成为可能。新的方法基于激活经典 Wnt 信号通路以诱导中胚层形成，然后抑制 Wnt 信号以诱导心肌细胞的分化[111]。这种方法非常高效，可以从一个多能干细胞产生 100 个心肌细胞，而心肌细胞的纯度高于 90%[111]。更进一步，对分化的细胞进行基于葡萄糖和乳酸代谢的筛选，从 hPSC 分化的细胞中可以得到纯度达 99% 的 hPSC-CM[112]。高效的多能干细胞向心肌细胞的分化，对利用多能干细胞的分化系统研究心脏发育、对人类心脏疾病建立体外模型、为治疗心脏疾病提供心肌细胞作为替代细胞，都是至关重要的。

PSC 分化而来的心肌细胞就如同心脏中的心肌细胞，包括心室肌样细胞、心房肌样细胞和窦房结样细胞[113]，而每种心肌细胞都有其特定的电生理特性。现在通过调控 Wnt 信号通路的主流分化方式倾向于产生心室肌样细胞，而只有少数心房肌样细胞和窦房结样细胞[114]。调控 Bmp 和维甲酸信号通路可以提高窦房结样细胞的比例[115]，而维甲酸单独使用可以促进心房肌样细胞的分化[116]。

在理想状态下，PSC-CM 在用于再生医学和药物开发时应当与成年心肌细胞一样成熟，具有类似的收缩能力、电生理特性和对药物的反应。但是现实中，PSC-CM 是不成熟的，与胚胎心肌细胞更加类似[117]。不成熟的心肌细胞的肌节结构缺乏组织，钙调控也不完善，代谢方式也与成熟心肌细胞不同。促进 PSC-CM 的成熟是干细胞在心脏研究中面对的主要难题。虽然我们还缺乏对心肌细胞成熟机制的理解，许多促进 PSC-CM 成熟的研究利用了我们已知的发育生物学知识。三维培养、机械力负载、改变基质硬度及电刺激等方法都是通过模拟体内的环境实现了或多或少的成熟[118,119]。机械力感应信号通路对成熟相关的心肌细胞重构也是很重要的[120]。另外，内分泌因子也被发现可以调控心肌细胞的成熟，其中甲状腺素是胚胎心肌细胞成熟的主要激活因子[121]。最后，对 PSC-CM 的长期培养也被发现可以引起更全面的成熟[122]。表达谱分析显示培养少于一个月的 PSC-CM 的成熟程度与胚胎心肌细胞相当，但培养一年以上的心肌细胞的表达谱则与成年心肌细胞更接近[105]。可是，操作不便和价格高昂使得长期培养无法被用于体外模型或者再生细胞来源。不过，以上多种方法的组合正在被检验是否可以促进心肌细胞成熟，而对成熟机制更多的了解会推动更多的研究进展。

有趣的是，体外分化而来的心肌细胞似乎在跳动的心脏环境中会成熟。当人类 PSC-CM 被注射到非人灵长类心梗模型中时，这些 PSC-CM 存活超过 3 个月，增强了肌纤维的排列和肌节的形成，它们的大小也和成年猴心肌细胞更接近[91]。但是，心室性心律不齐在移植早期十分常见。导致心律不齐的原因可能是 PSC-CM 的不成熟，以及与受体心脏电偶联的异质性。心律不齐可能会是许多利用不成熟心肌细胞进行再生治疗的主要副作用，因此心脏再生的实验必须严格检验这些副作用。而心肌细胞在体内可以实现体外培养无法达到的更高成熟度，这种现象反映了当前体外培养系统的局限性，以及细胞环境对心肌细胞分化与成熟的重要性。

综上，结合心脏发育学的知识和干细胞技术，我们已经可以将 hPSC 高效地分化为心肌细胞。这些细胞可以用于疾病模型、药物研发或者细胞移植，但是其较低的成熟程度制约了 hPSC-CM 的应用前景。因此，我们需要更多促进心肌细胞成熟的研究来获得与体内成熟心肌细胞相关性更强的 hPSC-CM。

13.2.2 多能干细胞与心脏疾病

人类和小鼠心肌细胞的电生理特性是不同的。小鼠心肌细胞动作电位更短而心率更快（大约每分钟 600 次）。这些区别是很多小鼠模型无法复制人类心脏疾病的主要原因。而人类原代心肌细胞的获取和体外培养都非常困难。因此，从病人细胞中得到的 iPSC 和其分化得来的 iPSC-CM 作为人类疾病模型具有很大的优势[123]。另一个基于 iPSC 疾病模型的优势在于，体内的疾病表型往往是导致疾病的缺陷本身和其导致的代偿变化所共同组成的，而 iPSC-CM 没有体内疾病模型常有的代偿机制，可以更准确地对疾病发病机制进行研究。另外，如 CRISPR/Cas9 等新的基因编辑技术与 iPSC 的结合使得在相同遗传背景下研究突变和 SNP 成为可能，研究者可以在和病人相同的遗传背景下研究精确的疾病表型和药物反应。iPSC-CM 不仅可以复制单基因疾病的细胞表型，也可能模拟多基因和复杂的疾病。iPSC 还可以发现药物的心脏毒性的个体差异[124]，帮助预测个体病人对新药的反应，从而通过发现药物最佳反应者协助新药开发。因此，利用人的 iPSC-CM 作为心脏疾病的体外模型及药物筛选平台在近年得到了快速的发展。

1. 心脏疾病模型

最早的基于 iPSC 的疾病模型之一就是长 QT 综合征（LQTS）。LQTS 病人心肌细胞去极化时间的延长与提高的致死室颤概率相关。研究者基于 iPSC-CM，对于 LQTS1、LQTS2 和 LQTS3 都开展了研究。由 *KCNQ1* 基因突变引起的 LQTS1 是第一个被研究的[125]。在从 *KCNQ1* 突变病人得到的 iPSC 诱导分化的心室肌细胞中重现了病人心肌细胞中延长的动作电位时间。而由 *KCNH2* 突变引起的 LQTS2 和 *SCN5A* 突变引起的 LQTS3 都在病人特异性的 iPSC-CM 中得到模拟[126,127]。其他离子通道引起的疾病也在 iPSC-CM 中得到模拟。其中包括 Timothy 综合征，它由 *CACNA1C* 的突变引起，具有包括 QT 延长、并指、自闭和免疫缺陷等复杂症状[128]。由 Timothy 综合征病人得到的 iPSC-CM 具有延长的动作电位时间和延迟的后去极化，以及 L 型钙离子通道的去活化不足，导致其超功能化。

结合 CRISPR/Cas9 基因编辑技术和 iPSC 可以推进对心律不齐疾病的研究。*CALMODULIN* 基因的突变导致早发严重 LQTS（LQTS14、15）[129]，而这些病人 iPSC-CM 中的疾病表型被等位基因特异性敲降或者基于 CRISPR 的干扰所纠正[130]。这个例子说明病人的 iPSC 不仅可以用来建立 LQTS 疾病模型，还可以为新的疗法提供检验平台。

由 *RYR2* 或者 *CASQ2* 突变引起的儿茶酚胺能性多形性室性心动过速也在病人特异性的 iPSC 中被研究[131,132]。*RYR2* 突变的 iPSC-CM 在异丙肾上腺素和儿茶酚胺刺激后细胞内钙浓度升高，而包括毒胡萝卜素在内的多种小分子被发现可以缓解疾病表型[131]。这些发现表明病人特异性的 iPSC 可以用来筛选针对疾病表型的药物。

和心律不齐一样，病人特异性的 iPSC 也被用来建立心肌病的体外疾病模型。最早利用 iPSC-CM 被研究的心肌病是 LEOPARD 综合征[133]。LEOPARD 综合征是由 *PTPN11*

突变引起的。*PTPN11* 编码在 RAS/MAPK 信号通路中非常重要的酪氨酸磷酸酶 SHP2。它的临床症状很多，包括肥厚性心肌病、皮肤斑点、肺动脉瓣狭窄、发育迟缓、耳聋等。从病人 iPSC 获得的心肌细胞体积更大，具有 NFATC4 核定位，以及升高的 ERK 和 MEK 的磷酸化水平，与肥厚性心肌病类似 [133]。

iPSC 也被用来研究其他肥厚性心肌病 [134] 和扩张性心肌病 [135]。肥厚性心肌病病人 iPSC 分化出的心肌细胞有更大的体积和更多的肌节结构缺陷 [134]。而扩张性心肌病的 iPSC-CM 模型则除了肌节结构缺陷，还具有降低的收缩功能和钙调控的异常 [135]。为了更好地模拟心脏的异常，对 iPSC-CM 的三维组织工程培养也被更多的研究所运用。例如，对由 *TTN* 突变引起的扩张性心肌病，研究者将其病人特异性的 iPSC-CM 培养成心肌微组织，然后将其收缩功能和对照 iPSC-CM 进行比较 [136]。

致心律失常性右室心肌病是另一种用病人 iPSC 作为模型研究的心肌病 [137]。携带 *PKP2* 基因突变的 iPSC-CM 在正常条件下没有病理表型，但是当脂类合成通路被激活时，这些心肌细胞的脂类合成更加旺盛而凋亡也随之增加 [137]。这个例子说明成年的疾病可以通过模拟成年的代谢条件，帮助疾病表型在体外呈现。

用 iPSC 作为线粒体疾病 Barth 综合征的疾病模型也被报道 [138]。Barth 综合征是由 *TAZ* 基因的突变引起的，而 *TAZ* 对线粒体结构很重要，其突变导致线粒体结构和功能的异常。来源于 Barth 综合征病人的 iPSC-CM 具有线粒体功能不全、收缩能力异常及活性氧水平升高等表型。而加入心磷脂的前体亚油酸，或者靶向线粒体的抗氧化物 mitoTEMPO，都可以纠正 Barth 综合征 iPSC-CM 的疾病表型 [138]。

2. 心脏安全性测试

在药物研发过程中一个巨大的问题就是药物引起的心脏毒性，尤其是其导致的心率失常。在心血管领域，避免药物对心率的影响尤其关键 [139]，而大家都希望在药物进入临床前就找到能够延长心室再极化的药物以避免其进入昂贵的临床试验 [140]。阻滞 I_{kr} 电流和延长心室再极化具有相关性，而编码 I_{kr} 通道的 *KCNH2* 基因，也被称为 hERG，被广泛用于检验阻滞 I_{kr} 电流的小分子，从而评价其心脏安全性 [140]。但是，在现实中，药物导致的心脏毒性是由多个心肌细胞离子通道决定的，只针对 hERG 的心脏毒性检测往往不足以评价实际的风险。iPSC-CM 在药物研发中的应用有望帮助解决当前心脏毒性检验的局限性。成年心室肌细胞中存在的许多电流在 iPSC-CM 中都存在 [113]。对 iPSC-CM 进行包括膜片钳、微电极阵列、钙染料和膜电位染料在内的电生理综合评价，被用于在体外检验药物的心脏毒性，尤其是包括延长动作电位长度在内的心率不齐问题 [141]。但是，如前所述，iPSC-CM 的电生理特性与胚胎心肌细胞更类似，而药物毒性检测则需要心肌细胞与成年心脏组织中的药物反应相同。因此，获得更成熟的心肌细胞将提高 iPSC-CM 对药物的心脏毒性预测的准确性。

一些抗癌药物同样具有心脏毒性，而其工作机制并不集中在离子通道上。病人来源的 iPSC-CM 可以预测每个病人个体的心肌细胞对抗癌药物阿霉素引起的心脏毒性的敏感性 [142]，从而可以实现对癌症的个性化治疗。而通过在病人 iPSC-CM 中对酪氨酸激酶抑制剂的筛选，可以找到维持其抗癌能力但减弱其心脏毒性的方法 [143]。

综上，病人特异性的 hiPSC-CM 已被用来构建多种心脏疾病的体外模型。这些模型对于研发治疗心脏疾病的药物、排除临床药物的心脏毒性、预测病人个体心脏对药物的反应、实现精准医疗，都是现阶段不可替代的工具。

13.2.3 多能干细胞与心脏再生

将 hPSC 向心肌高效分化方法的开发使得移植 hPSC-CM 代替受损心肌细胞，实现心肌梗死或心衰后的心脏再生成为可能。移植的 PSC-CM 可能通过直接提供收缩能力和分泌有利的因子来提高心脏功能。对前者而言，移植细胞和受体心脏的电生理整合至关重要。而对后者而言，同时移植非心肌细胞可能会提高有利因子的分泌[144]。

最早的 PSC-CM 体内移植在小鼠内完成[145]，这些细胞可以存活并形成心肌组织。但是这些细胞的存活效率非常低，不足以引起受损心脏的有效再生[145]。为了克服移植细胞存活率低的问题，组织工程学被用来将 PSC-CM 形成细胞膜片或组织，而将 PSC-CM 细胞膜片通过心外膜移植可以提高心脏功能[146,147]。

在小鼠实验的基础上，最近科学家们开展了 PSC-CM 的大动物移植实验。hPSC-CM 可以在接受免疫抑制的猴心脏损伤模型中存活[91]，而 hiPSC-CM 的细胞膜片可在猪的心梗模型中被成功移植[148]。与平滑肌细胞及血管内皮细胞一起移植的 hPSC-CM 也在另一个猪的心梗模型中被移植并被发现可以提高心脏功能[149]。

在人体的细胞和组织移植需要进行受体和供体的匹配。在利用猴 iPSC-CM 对另一只猴受损心肌进行异体移植的实验中，主要组织相容性复合体（MHC）纯合子的供体细胞在匹配的杂合体猴心脏中存活并可以提高心脏功能[150]。而和受体匹配的纯合子供体 iPSC-CM 的确比杂合子供体引起的免疫反应更加有利[151]。这些实验结果支持了在临床应用中 MHC 纯合子 hiPSC-CM 的使用。

虽然针对 hPSC-CM 移植的许多技术问题在最近都得到了解决，但几乎所有接受移植的大动物心脏都出现了心室性心律不齐[91,150]。如前所述，hiPSC-CM 在体外还无法达到成年心肌细胞的成熟程度，这会导致与受体细胞的电生理整合不足、细胞极化的速度不一致，引起动作电位再入和异位的电活动。如何得到相对成熟的 hiPSC-CM，以及如何实现长期稳定的与受体心脏组织的整合仍是 hiPSC-CM 的临床应用面临的重要问题。

综上所述，人类 iPSC 已经可以被高效地诱导分化为心肌细胞（iPSC-CM），但是这些心肌细胞还不够成熟，与成年人的心肌细胞还有很大差异。iPSC-CM 现在不仅被用来作为体外的心脏疾病模型，为心脏疾病新的药物治疗方法提供实验依据，也被用于细胞移植以再生受损的心肌组织。然而，由于其不成熟引起的心率不齐等问题还有待解决。

13.2.4 心脏的内源性再生

21 世纪以来，产生了两种解释成年哺乳动物中新生心肌细胞来源的理论：①前体细胞或干细胞产生了新的心肌细胞；②成熟心肌细胞重新进入细胞周期，分裂产生新的心肌细胞。两种假说都有数据支持：多种标志物被用于描述可能的成年心脏前体细胞，包括 c-kit[152]、SCA1[153] 和所谓的旁群类细胞[154]。而其他数据则支持心脏中主要的心肌细胞再生不是来源于前体细胞或干细胞，而是从现存的心肌细胞中产生的[76]。虽然这两种假说并不互相排斥，但是越来越多的证据表明心脏中的心肌再生主要来自于心肌细胞的增殖[155]。

一些器官再生领域被最近爆发式发展的干细胞科学所影响，提出成年干细胞是再生的来源，而之后的谱系示踪并不支持这些理论。例如，胰岛 β 细胞之前被认为是由前体细胞产生的，但是严格的谱系示踪研究揭示了 β 细胞本身就是新的 β 细胞的来源[156]。心脏再生的理论可能受到了同样的影响。多个实验室进行了对心脏前体细胞标记基因进行谱系示踪的实验，排除了成年心脏前体细胞在哺乳动物心脏再生中的作用[155]。例如，对 c-kit 阳性细胞进行的遗传示踪没有发现其对心肌细胞的分化[157-159]。在更严格和意义更广泛的研究中，双重遗传标记被用来对所有非心肌细胞向心肌的转化进行示踪，结果显示虽然在发育过程中存在非心肌细胞向心肌细胞的分化，但在成年小鼠体内没有发现任何非心肌细胞可以转变为心肌细胞[160]。因此，当前心脏再生领域的共识是，并不存在具有心肌分化潜能的成年干细胞，心肌细胞的内源性再生主要来自于心肌细胞的增殖[155]。在本小节中，我们将回顾最近主要基于心肌细胞增殖的心脏再生研究。

1. 细胞周期、倍性和心脏再生

在新生小鼠中，心肌细胞有一个短暂的再生窗口，在出生后一周就消失了[77]。但是，控制这个转换的信号通路仍没有得到很好的阐明。哺乳动物出生后的高氧环境和恒温动物的高甲状腺素可能是控制这个心肌细胞增殖能力迅速下降的关键因素。

在出生后的高氧环境中，心肌细胞从糖酵解转化为氧化磷酸化代谢，导致大量产生线粒体活性氧 ROS。随之而来的是 DNA 损伤反应被激活，导致心肌细胞的细胞周期停滞[87]。暴露在长期低氧环境中的小鼠，其 ROS 生成被降低，在心肌梗死后可以产生再生的反应[161]。因此，从胚胎期的低氧到出生后的高氧环境被认为是调控心肌细胞增殖的重要原因。

可再生和不可再生的物种之间一个巨大的区别就是细胞倍性。具有更强再生能力的物种有更多的单核双倍体细胞[82]。新生小鼠的心肌细胞大部分都是双倍体，但是成年的心肌细胞大部分是多倍体[162]。具有更高双倍体心肌细胞比例的小鼠品系有更好的心脏受损后的再生反应[162]。Tnni3k 基因是一个在小鼠中控制细胞倍性的基因，它的敲除可以提高单核双倍体的增殖心肌细胞数量[162]。有趣的是，心肌细胞倍性的增加及失去再生能力与从冷血动物到恒温动物的转变有很强的相关性[82]。主要负责调控产热的甲状腺素在出生后迅速提升超过 50 倍。利用甲状腺素特异性抑制剂 NH3 和 PTU 抑制甲状腺素功能，可以促进心肌细胞的增殖[82]，而在心肌细胞中过表达显性负向的甲状腺受体 a（DN-Thra），则会增加双倍体心肌细胞的数量和心肌细胞的总数，且在心脏缺血再灌注损伤后使功能得到更好的恢复[82]。因此，恒温动物特有的高甲状腺素信号也是抑制心肌细胞增殖的重要原因。

除了氧气和甲状腺素，在前面章节提到的调控心肌细胞增殖的 Hippo 信号通路在心脏的发育、稳态、病理和再生中都有重要的功能[59]。在成年心脏损伤再生的模型中，心肌细胞特异性的 Salv1（Hippo 信号通路的核心部分）敲除，在心肌梗死后可以引起心肌细胞重新进入细胞周期，逆转心衰[163]。而在心脏受损后立刻或几周之后利用 AAV9 病毒递送 Salv1 的 shRNA 到心肌细胞，可以分别保护或者增强心脏的功能，促进心肌细胞重新进入细胞周期[163]。目前，针对 Hippo 信号通路在心脏再生中的研究集中在其下游效应转录因子 Yap 调控心肌细胞增殖的机制、Hippo 信号通路心肌特异性的上游调控机制，以及通过调控 Hippo 信号通路实现心脏再生的技术研究。

在心肌细胞中过表达激活的 Hippo 信号通路下游效应转录因子 YAP（Yap-5SA）帮助我们理解了 YAP 引起的心肌细胞重新进入细胞周期的机制[164]。Yap-5SA 不受上游 Hippo 信号控制，直接定位在细胞核中。它可以将成年心肌细胞中的染色质开放性状态逆转至类似胚胎心肌细胞的状态。而这个激活的 Yap 的细胞核定位可以激活包括细胞周期、损伤反应、线粒体质量控制、应激反应及抗氧化基因的表达。这个结果表明靶向染色质的开放性可以被用来刺激心脏再生[164]。

Hippo-Yap 信号通路已知被机械力传导、细胞骨架应力和胞外基质硬度所调控[59]，而其在心肌细胞中的特异性上游信号直到最近几年才被发现。细胞外基质（ECM）的信号被发现可以通过 dystrophin 和糖蛋白复合物（DGC，一种连接 ECM 和 actin 细胞骨架的多亚基复合物）负向调控 Yap 的活性[59]。最近，Morikawa 和同事发现磷酸化的 Yap 和 dystroglycan 1（DAG1，DGC 的核心部分）相互作用，使得 Yap 被滞留在细胞膜上，从而抑制了心肌细胞的增殖[165]。另一个研究发现，细胞外蛋白 Agrin 可以和 DGC 相互作用，引起 Yap-DGC 复合物的解聚并抑制其形成，促使 Yap 进入细胞核，从而促进心肌细胞增殖[166]。对心梗后的小鼠注射 Agrin 可以减少疤痕体积和促进心脏功能的恢复[166]。FAT 非典型 cadherin4（FAT4）和 angiomotin-like protein 1（Amotl1）也可以与 Yap 形成复合体，导致 Yap 不依赖于 Hippo 信号通路而在心肌细胞连接处驻留[167]。*Fat4* 基因的敲除导致依赖于 Yap 的心肌细胞增殖和心脏体积的增加[167]。对 Hippo/Yap 通路的上游信号的鉴定，将为利用 Yap 促进心脏再生找到更多的可利用靶点。

对细胞周期的直接操纵也被用来研究和促进心肌细胞增殖。在病毒介导的体内筛选中，四个细胞周期调控基因的组合（CDK1/CCNB/CDK4/CCND，4F）被发现可以促进心肌细胞增殖[168]。将 CDK1 和 CCNB 替换为 Wee1 抑制剂和 TGF-b 抑制剂（2F2i）也可以促进心肌细胞增殖[168]。在心脏损伤后，通过病毒递送 4F 或 2F2i 都可以增强心肌细胞增殖、减小疤痕组织，从而促进心脏功能的恢复[168]。

2. microRNA 和心脏再生

microRNA（miR）是调控基因转录后表达的小非编码 RNA。miR 在心脏发育、疾病和再生中都有重要的作用[169]。miR-199a、miR-590、miR-17-92、miR-302-367、miR214 和 miR-222 都被报道可以促进心肌细胞增殖和心脏再生，而 miR-15 家族 miR 抑制心肌细胞增殖和心脏再生[169]。

在对所有的 miRNA 针对新生大鼠和小鼠心肌细胞增殖的筛选中，发现多种 miRNA 显著促进大鼠和小鼠心肌细胞增殖，其中以 miR-199a 和 miR-590 作用效果最为显著[170]。当合成的 miR 类似物 miR-199a-3p 和 miR-590-3p 被递送到心肌细胞中，可以显著提高心肌细胞的增殖，以及短期内的心脏疤痕组织减少和心脏功能提升[171]。而在大动物猪的心梗模型中，miR-199a-3p 也可以促进心肌细胞增殖，改善心脏功能，但是最终会导致心律失常引起的猝死 [172]，表明 microRNA 作为治疗手段仍需大量安全性测试。在 miR-199a-3p 促进心肌细胞增殖的机制研究中，发现其可以通过调控 Hippo/Yap 信号通路促进心肌细胞的增殖 [173]。有趣的是，在 miRNA 对人类 iPSC 来源的心肌细胞增殖的筛选中，找到了 96 种可以促进人类心肌细胞增殖的 miRNA（不包含 miR-199a）。虽然这个筛选结果与基于啮齿动物心肌细胞增殖的 miRNA 筛选结果重叠极少，但是其中筛选出大多数 miRNA（67 种）都与 Hippo 通路相关 [174]。在不同物种中，不同的 miRNA 靶向同一个信号通路对心肌细胞的增殖进行调控，说明 Hippo-YAP 信号通路对心肌细胞增殖的重要性，也表明信号通路、转录因子等的保守性要高于 miRNA。

此外，miR-128 的表达在心肌细胞从增殖能力更强的状态向更加分化的状态发育的过程中逐渐升高，而 miR-128 的敲除促进心肌细胞增殖和心脏再生，很可能是因为 miR-128 通过染色质修饰蛋白 SUZ12 下调 p27（一个 CDK 抑制蛋白），从而抑制细胞周期调控蛋白 cyclin E 和 CDK [175]。在小鼠心脏从胚胎到成年的发育生长过程中，miR-294 的表达逐渐减少，受控的瞬时表达 miR-294 可以在心梗后引起再生的反应。miR-294 抑制 Wee1 的表达，从而激活 CDK1（一个心肌细胞再进入细胞周期的有效激活因子）[176]。此外，miR-302 水凝胶复合体可以通过直接抑制 Hippo 信号通路元件 Mst1、Lats2 和 Mob1，导致 Yap 调控的转录程序被激活，从而在心梗后促进心肌细胞增殖和心脏功能恢复 [177]。miR-17-92 簇也被报道可以促进心肌细胞增殖 [178]。一系列小鼠中的研究，包括向心脏中注射 miR-17-92 簇中的 miR-19a/9b 类似物、腺相关病毒递送和全身递送 miR-19a/9b，表明 miR-19a/9b 可以促进心肌细胞增殖，减少心梗引起的心脏损伤，以及在损伤后恢复心脏功能 [179]。

3. 免疫系统和心脏再生

免疫系统通过天然免疫和适应性免疫在心脏损伤及修复中扮演了双重角色 [180]。炎症反应对损伤初始阶段是必需而且有利的，但长期的炎症反应有许多不良的后果 [180]。巨噬细胞在心脏修复过程中起到了重要作用 [180]，它们是心脏中最多的免疫细胞，在非心肌细胞中占 5%~10%。斑马鱼的心脏可以再生，而鳉鱼的心脏无法再生，对其心脏损伤修复过程的比较发现，鳉鱼中巨噬细胞被招募到心梗区域需要的时间更长、数量更少，导致中性粒细胞清除、疤痕消融、心肌细胞增殖和血管生成过程受影响 [181]。利用氯磷酸二钠盐延缓巨噬细胞的招募也导致了心脏再生不全 [181]。巨噬细胞的异质性是更深入理解巨噬细胞在心脏再生中作用的巨大挑战之一。在一个最近的研究中，单细胞转录组学和细胞命运示踪技术相结合，详细描述了心脏巨噬细胞在稳态和损伤后（如心梗和心肌病）的异质性 [182]。虽然心脏本地的巨噬细胞只占心梗区域巨噬细胞总数的 2%~5%，将它们清除导致心脏损伤修复受限及心梗后死亡率增加，说明心脏本地巨噬细胞在心脏修复中的重要性 [182]。

心脏损伤后，适应性免疫应答通过 T 细胞和 B 细胞介导 [180]。效应 T 细胞在淋巴结远端被激活，可以通过它们分泌的趋化因子不同分为 Th1、Th2、Th17 和 Treg 细胞 [180]。在斑马鱼中，类似 Treg 的细胞被招募到损伤位点并促进心脏再生 [183]。最近，在哺乳动物中 Treg 细胞也被发现可以促进心肌细胞增殖[184]。Treg 细胞的去除导致心梗预后变差，而注射 Treg 细胞到受损位点可以促进心肌细胞增殖、减少疤痕体积，以及恢复心脏功能[184]。

4. 血管新生和心脏再生

在心梗区域，血管生成是修复过程的一部分，对病人的预后有帮助作用[185]。在斑马鱼中，心脏再生是伴随着心梗区域的快速再血管化的，而阻断血管生成的反应会导致心肌细胞增殖的减少和疤痕无法消融[186]。在最近的研究中，全器官成像被用来鉴定新生小鼠心脏再生区域的旁系动脉网络形成，这个网络在不可再生的小鼠心脏中并不存在[187]。这些旁系动脉是由动脉内皮细胞随着现存的毛细血管迁移而形成的，这个过程被称为"动脉重组装"。*Cxcl12* 基因的表达被发现在心梗后的缺氧区域上调。Cxcl12 是一个由缺氧条件诱导表达的趋化因子，对小鼠心脏发育过程中冠状动脉内皮细胞的迁移十分重要[187]。

Cxcl12 基因或者其受体 *Cxcr4* 基因的敲除削弱了新生小鼠心梗后血管内皮细胞的迁移和旁系动脉的形成，而在出生后 7 天加入外源 Cxcl12 可以促进原来已经消失的旁系动脉的形成[187]。因此，Cxcl12 介导的动脉重组装对心脏的再生是必需的，而如何在成年心梗后重新启动这一过程，是心脏再生需要解决的问题。

淋巴管的新生也被发现在心脏修复过程中起到重要的作用[188]。心梗后，小鼠心脏出现显著的淋巴管新生增加，其可以被外源 VEGF-C 蛋白促进，而被促进淋巴管新生的小鼠心脏的功能也得到了恢复[188]。心梗后的淋巴管新生导致了免疫细胞的减少，表明新形成的淋巴管帮助消除了心梗后的炎症[189]。淋巴管内皮细胞特异性受体 LYVE-1 帮助从受损伤的区域清除白细胞，其敲除导致免疫细胞清除障碍和更差的预后[189]。

另外，心脏中的间质组织，包括成纤维细胞、内皮细胞、基质细胞和其他细胞都在心脏稳态、损伤反应及再生过程中有重要的作用，但是其具体组成和细胞间的相互作用还未被详细阐明。对稳态和受损后心脏中非心肌细胞的单细胞测序发现，成肌纤维细胞、组织特异性巨噬细胞、浸润巨噬细胞、内皮细胞和其他细胞在心脏受损后具有不同的类型，表明这些间质细胞在心梗后的损伤和再生过程中的重要性[190]。

5. 心肌细胞重编程

诱导多能干细胞的出现使得科学家们开始尝试直接利用心肌细胞特异性的转录因子将非心肌细胞重编程为心肌细胞。如果能将心梗或其他心脏疾病中产生的多余成纤维细胞转分化为心肌细胞（iCM），则可以直接在体内实现诱导的心肌细胞再生。多个研究组已经实现了从成纤维细胞向心肌细胞的重编程，包括使用转录因子 GATA4、MEF2C 和 TBX5[191]，而增加 HAND2 可以提高重编程的效率[192]。MESP1 和 ETS2 可以将人类成纤维细胞重编程为心脏前体细胞，后者可以分化为心肌细胞[193]。四个 microRNA 的组合也被发现可以实现向心肌细胞的重编程[194]。为了使重编程具有临床意义，科学家们试图使用小分子代替转录因子进行重编程。四个小分子加上一个转录因子 Oct4 被发现可以实现心肌重编程[195]，而全小分子组合的重编程也在随后得以实现[196]。iCM 的表型和正常心肌细胞存在一定的区别，而转分化的效率现在还比较低，这些方面能否得到改善是心肌细胞重编程能否用于临床心脏再生的关键决定因素。

　　本章回顾了过去 30 年来积累的心脏发育学知识，我们现在对从心肌细胞发育过程的细胞谱系及其分子调控机制都有了相当深入的理解。而这些知识在多能干细胞尤其是诱导多能性干细胞出现之后被迅速用于心肌细胞的体外分化，使得在体外获得心肌细胞成为简便、标准的流程。这些体外的心肌细胞不仅可以作为心脏发育和疾病的模型进行研究，更重要的是将它们向受损的心脏移植具有实现心脏再生的潜力。心脏再生的研究在排除了内源干细胞的贡献之后，近年来主要聚焦于心肌细胞的增殖。而心肌细胞在发育过程中增殖能力改变的分子机制也被严格地检视，以发现促进心脏内源性再生的关键调控因素。目前，体外获得的心肌细胞的成熟度不足，以及各种促进再生的方法效率偏低，是心脏再生领域面临的主要问题，而对心肌细胞发育生长过程更深入的研究将帮助我们找到克服这些挑战的钥匙。

参 考 文 献

1　Deshmukh V, Wang J & Martin JF. Leading progress in heart regeneration and repair. Curr Opin Cell Biol, 2019, **61**: 79-85.

2　Galdos FX, Guo Y, Paige SL et al. Cardiac regeneration: Lessons from development. Circ Res, 2017, **120(6)**: 941-959.

3　Arnold SJ & Robertson EJ. Making a commitment: Cell lineage allocation and axis patterning in the early mouse embryo. Nat Rev Mol Cell Biol, 2009, **10(2)**: 91-103.

4　Waldrip WR, Bikoff EK, Hoodless PA et al. Smad2 signaling in extraembryonic tissues determines anterior-posterior polarity of the early mouse embryo. Cell, 1998, **92(6)**: 797-808.

5　Perea-Gomez A, Vella FD, Shawlot W et al. Nodal antagonists in the anterior visceral endoderm prevent the formation of multiple primitive streaks. Dev Cell, 2002, **3(5)**: 745-756.

6　Conlon FL, Lyons KM, Takaesu N et al. A primary requirement for nodal in the formation and maintenance of the primitive streak in the mouse. Development, 1994, **120(7)**: 1919-1928.

7　Ciruna B & Rossant J. Fgf signaling regulates mesoderm cell fate specification and morphogenetic movement at the primitive streak. Dev Cell, 2001, **1(1)**: 37-49.

8　Ben-Haim N, Lu C, Guzman-Ayala M et al. The nodal precursor acting via activin receptors induces mesoderm by maintaining a source of its convertases and bmp4. Dev Cell, 2006, **11(3)**: 313-323.

9　Liu P, Wakamiya M, Shea MJ et al. Requirement for wnt3 in vertebrate axis formation. Nat Genet, 1999, **22(4)**: 361-365.

10　Rivera-Perez JA & Magnuson T. Primitive streak formation in mice is preceded by localized activation of brachyury and wnt3. Dev Biol, 2005, **288(2)**: 363-371.

11　Robertson EJ. Dose-dependent nodal/smad signals pattern the early mouse embryo. Semin Cell Dev Biol, 2014, **32**: 73-79.

12　Costello I, Pimeisl IM, Drager S et al. The t-box transcription factor eomesodermin acts upstream of mesp1 to specify cardiac mesoderm during mouse gastrulation. Nat Cell Biol, 2011, **13(9)**: 1084-1091.

13　Bondue A, Lapouge G, Paulissen C et al. Mesp1 acts as a master regulator of multipotent cardiovascular progenitor specification. Cell Stem Cell, 2008, **3(1)**: 69-84.

14　Chan SS, Shi X, Toyama A et al. Mesp1 patterns mesoderm into cardiac, hematopoietic, or skeletal myogenic progenitors in a context-dependent manner. Cell Stem Cell, 2013, **12(5)**: 587-601.

15　Lescroart F, Chabab S, Lin X et al. Early lineage restriction in temporally distinct populations of mesp1 progenitors during mammalian heart development. Nat Cell Biol, 2014, **16(9)**: 829-840.

16 Yue Q, Wagstaff L, Yang X et al. Wnt3a-mediated chemorepulsion controls movement patterns of cardiac progenitors and requires rhoa function. Development, 2008, **135(6)**: 1029-1037.

17 Spater D, Hansson EM, Zangi L et al. How to make a cardiomyocyte. Development, 2014, **141(23)**: 4418-4431.

18 Marvin MJ, Di Rocco G, Gardiner A et al. Inhibition of wnt activity induces heart formation from posterior mesoderm. Genes Dev, 2001, **15(3)**: 316-327.

19 Ueno S, Weidinger G, Osugi T et al. Biphasic role for wnt/beta-catenin signaling in cardiac specification in zebrafish and embryonic stem cells. Proc Natl Acad Sci U S A, 2007, **104(23)**: 9685-9690.

20 Vincent SD & Buckingham ME. How to make a heart: The origin and regulation of cardiac progenitor cells. Curr Top Dev Biol, 2010, **90**: 1-41.

21 Schultheiss TM, Burch JB & Lassar AB. A role for bone morphogenetic proteins in the induction of cardiac myogenesis. Genes Dev, 1997, **11(4)**: 451-462.

22 Reifers F, Walsh EC, Leger S et al. Induction and differentiation of the zebrafish heart requires fibroblast growth factor 8 (fgf8/acerebellar). Development, 2000, **127(2)**: 225-235.

23 Pandur P, Lasche M, Eisenberg LM et al. Wnt-11 activation of a non-canonical wnt signalling pathway is required for cardiogenesis. Nature, 2002, **418(6898)**: 636-641.

24 Ilagan R, Abu-Issa R, Brown D et al. Fgf8 is required for anterior heart field development. Development, 2006, **133(12)**: 2435-2445.

25 Dyer LA & Kirby ML. Sonic hedgehog maintains proliferation in secondary heart field progenitors and is required for normal arterial pole formation. Dev Biol, 2009, **330(2)**: 305-317.

26 Cohen ED, Wang Z, Lepore JJ et al. Wnt/beta-catenin signaling promotes expansion of isl-1-positive cardiac progenitor cells through regulation of fgf signaling. J Clin Invest, 2007, **117(7)**: 1794-1804.

27 Hutson MR, Zeng XL, Kim AJ et al. Arterial pole progenitors interpret opposing fgf/bmp signals to proliferate or differentiate. Development, 2010, **137(18)**: 3001-3011.

28 Jain R, Li D, Gupta M et al. Heart development. Integration of bmp and wnt signaling by hopx specifies commitment of cardiomyoblasts. Science, 2015, **348(6242)**: aaa6071.

29 Klaus A, Muller M, Schulz H et al. Wnt/beta-catenin and bmp signals control distinct sets of transcription factors in cardiac progenitor cells. Proc Natl Acad Sci U S A, 2012, **109(27)**: 10921-10926.

30 Lien CL, Mcanally J, Richardson JA et al. Cardiac-specific activity of an nkx2-5 enhancer requires an evolutionarily conserved smad binding site. Dev Biol, 2002, **244(2)**: 257-266.

31 Paige SL, Plonowska K, Xu A et al. Molecular regulation of cardiomyocyte differentiation. Circ Res, 2015, **116(2)**: 341-353.

32 Yang L, Cai CL, Lin L et al. Isl1cre reveals a common bmp pathway in heart and limb development. Development, 2006, **133(8)**: 1575-1585.

33 Kwon C, Arnold J, Hsiao EC et al. Canonical wnt signaling is a positive regulator of mammalian cardiac progenitors. Proc Natl Acad Sci U S A, 2007, **104(26)**: 10894-10899.

34 Kwon C, Qian L, Cheng P et al. A regulatory pathway involving notch1/beta-catenin/isl1 determines cardiac progenitor cell fate. Nat Cell Biol, 2009, **11(8)**: 951-957.

35 Ruiz-Villalba A, Hoppler S & Van Den Hoff MJ. Wnt signaling in the heart fields: Variations on a common theme. Dev Dyn, 2016, **245(3)**: 294-306.

36 Cohen ED, Miller MF, Wang Z et al. Wnt5a and wnt11 are essential for second heart field progenitor development. Development, 2012, **139(11)**: 1931-1940.

37 Bodmer R. The gene tinman is required for specification of the heart and visceral muscles in drosophila. Development, 1993, **118(3)**: 719-729.

38 Devine WP, Wythe JD, George M et al. Early patterning and specification of cardiac progenitors in gastrulating mesoderm. Elife, 2014, **3**: e03848.

39 Takeuchi JK & Bruneau BG. Directed transdifferentiation of mouse mesoderm to heart tissue by defined factors. Nature, 2009, **459(7247)**: 708-711.

40　Zhao R, Watt AJ, Battle MA et al. Loss of both gata4 and gata6 blocks cardiac myocyte differentiation and results in acardia in mice. Dev Biol, 2008, **317(2)**: 614-619.

41　Mcelhinney DB, Geiger E, Blinder J et al. Nkx2.5 mutations in patients with congenital heart disease. J Am Coll Cardiol, 2003, **42(9)**: 1650-1655.

42　Bruneau BG, Nemer G, Schmitt JP et al. A murine model of holt-oram syndrome defines roles of the t-box transcription factor tbx5 in cardiogenesis and disease. Cell, 2001, **106(6)**: 709-721.

43　Takeuchi JK, Ohgi M, Koshiba-Takeuchi K et al. Tbx5 specifies the left/right ventricles and ventricular septum position during cardiogenesis. Development, 2003, **130(24)**: 5953-5964.

44　Olson EN. Gene regulatory networks in the evolution and development of the heart. Science, 2006, **313(5795)**: 1922-1927.

45　Caprioli A, Koyano-Nakagawa N, Iacovino M et al. Nkx2-5 represses gata1 gene expression and modulates the cellular fate of cardiac progenitors during embryogenesis. Circulation, 2011, **123(15)**: 1633-1641.

46　Spater D, Abramczuk MK, Buac K et al. A hcn4+ cardiomyogenic progenitor derived from the first heart field and human pluripotent stem cells. Nat Cell Biol, 2013, **15(9)**: 1098-1106.

47　Liang X, Wang G, Lin L et al. Hcn4 dynamically marks the first heart field and conduction system precursors. Circ Res, 2013, **113(4)**: 399-407.

48　Cai CL, Liang X, Shi Y et al. Isl1 identifies a cardiac progenitor population that proliferates prior to differentiation and contributes a majority of cells to the heart. Dev Cell, 2003, **5(6)**: 877-889.

49　Moretti A, Caron L, Nakano A et al. Multipotent embryonic isl1+ progenitor cells lead to cardiac, smooth muscle, and endothelial cell diversification. Cell, 2006, **127(6)**: 1151-1165.

50　Bu L, Jiang X, Martin-Puig S et al. Human isl1 heart progenitors generate diverse multipotent cardiovascular cell lineages. Nature, 2009, **460(7251)**: 113-117.

51　Dodou E, Verzi MP, Anderson JP et al. Mef2c is a direct transcriptional target of isl1 and gata factors in the anterior heart field during mouse embryonic development. Development, 2004, **131(16)**: 3931-3942.

52　Tsuchihashi T, Maeda J, Shin CH et al. Hand2 function in second heart field progenitors is essential for cardiogenesis. Dev Biol, 2011, **351(1)**: 62-69.

53　Prall OW, Menon MK, Solloway MJ et al. An nkx2-5/bmp2/smad1 negative feedback loop controls heart progenitor specification and proliferation. Cell, 2007, **128(5)**: 947-959.

54　Dorn T, Goedel A, Lam JT et al. Direct nkx2-5 transcriptional repression of isl1 controls cardiomyocyte subtype identity. Stem Cells, 2015, **33(4)**: 1113-1129.

55　Mikawa T, Borisov A, Brown AM et al. Clonal analysis of cardiac morphogenesis in the chicken embryo using a replication-defective retrovirus: I. Formation of the ventricular myocardium. Dev Dyn, 1992, **193(1)**: 11-23.

56　Meilhac SM, Kelly RG, Rocancourt D et al. A retrospective clonal analysis of the myocardium reveals two phases of clonal growth in the developing mouse heart. Development, 2003, **130(16)**: 3877-3889.

57　Gupta V & Poss KD. Clonally dominant cardiomyocytes direct heart morphogenesis. Nature, 2012, **484(7395)**: 479-484.

58　Yu FX, Zhao B & Guan KL. Hippo pathway in organ size control, tissue homeostasis, and cancer. Cell, 2015, **163(4)**: 811-828.

59　Xiao Y, Leach J, Wang J et al. Hippo/yap signaling in cardiac development and regeneration. Curr Treat Options Cardiovasc Med, 2016, **18(6)**: 38.

60　Von Gise A, Lin Z, Schlegelmilch K et al. Yap1, the nuclear target of hippo signaling, stimulates heart growth through cardiomyocyte proliferation but not hypertrophy. Proc Natl Acad Sci U S A, 2012, **109(7)**: 2394-2399.

61　Heallen T, Zhang M, Wang J et al. Hippo pathway inhibits wnt signaling to restrain cardiomyocyte proliferation and heart size. Science, 2011, **332(6028)**: 458-461.

62　Lin Z, Von Gise A, Zhou P et al. Cardiac-specific yap activation improves cardiac function and survival in an experimental murine mi model. Circ Res, 2014, **115(3)**: 354-363.

63   Xin M, Kim Y, Sutherland LB et al. Hippo pathway effector yap promotes cardiac regeneration. Proc Natl Acad Sci U S A, 2013, **110(34)**: 13839-13844.

64   Grego-Bessa J, Luna-Zurita L, Del Monte G et al. Notch signaling is essential for ventricular chamber development. Dev Cell, 2007, **12(3)**: 415-429.

65   Passer D, Van De Vrugt A, Atmanli A et al. Atypical protein kinase c-dependent polarized cell division is required for myocardial trabeculation. Cell Rep, 2016, **14(7)**: 1662-1672.

66   Pennisi DJ, Ballard VL & Mikawa T. Epicardium is required for the full rate of myocyte proliferation and levels of expression of myocyte mitogenic factors fgf2 and its receptor, fgfr-1, but not for transmural myocardial patterning in the embryonic chick heart. Dev Dyn, 2003, **228(2)**: 161-172.

67   Li P, Cavallero S, Gu Y et al. Igf signaling directs ventricular cardiomyocyte proliferation during embryonic heart development. Development, 2011, **138(9)**: 1795-1805.

68   Wei K, Serpooshan V, Hurtado C et al. Epicardial fstl1 reconstitution regenerates the adult mammalian heart. Nature, 2015, **525(7570)**: 479-485.

69   Guimaraes-Camboa N, Stowe J, Aneas I et al. Hif1alpha represses cell stress pathways to allow proliferation of hypoxic fetal cardiomyocytes. Dev Cell, 2015, **33(5)**: 507-521.

70   Chen H, Shi S, Acosta L et al. Bmp10 is essential for maintaining cardiac growth during murine cardiogenesis. Development, 2004, **131(9)**: 2219-2231.

71   Chen H, Zhang W, Sun X et al. Fkbp1a controls ventricular myocardium trabeculation and compaction by regulating endocardial notch1 activity. Development, 2013, **140(9)**: 1946-1957.

72   Staudt DW, Liu J, Thorn KS et al. High-resolution imaging of cardiomyocyte behavior reveals two distinct steps in ventricular trabeculation. Development, 2014, **141(3)**: 585-593.

73   Han P, Bloomekatz J, Ren J et al. Coordinating cardiomyocyte interactions to direct ventricular chamber morphogenesis. Nature, 2016, **534(7609)**: 700-704.

74   Bergmann O, Zdunek S, Felker A et al. Dynamics of cell generation and turnover in the human heart. Cell, 2015, **161(7)**: 1566-1575.

75   Bergmann O, Bhardwaj RD, Bernard S et al. Evidence for cardiomyocyte renewal in humans. Science, 2009, **324(5923)**: 98-102.

76   Senyo SE, Steinhauser ML, Pizzimenti CL et al. Mammalian heart renewal by pre-existing cardiomyocytes. Nature, 2013, **493(7432)**: 433-436.

77   Porrello ER, Mahmoud AI, Simpson E et al. Transient regenerative potential of the neonatal mouse heart. Science, 2011, **331(6020)**: 1078-1080.

78   Mollova M, Bersell K, Walsh S et al. Cardiomyocyte proliferation contributes to heart growth in young humans. Proc Natl Acad Sci U S A, 2013, **110(4)**: 1446-1451.

79   D'uva G, Aharonov A, Lauriola M et al. Erbb2 triggers mammalian heart regeneration by promoting cardiomyocyte dedifferentiation and proliferation. Nat Cell Biol, 2015, **17(5)**: 627-638.

80   Lin Z, Guo H, Cao Y et al. Acetylation of vgll4 regulates hippo-yap signaling and postnatal cardiac growth. Dev Cell, 2016, **39(4)**: 466-479.

81   Engel FB, Schebesta M, Duong MT et al. P38 map kinase inhibition enables proliferation of adult mammalian cardiomyocytes. Genes Dev, 2005, **19(10)**: 1175-1187.

82   Hirose K, Payumo AY, Cutie S et al. Evidence for hormonal control of heart regenerative capacity during endothermy acquisition. Science, 2019, **364(6436)**: 184-188.

83   Yoshida Y & Yamanaka S. Induced pluripotent stem cells 10 years later: For cardiac applications. Circ Res, 2017, **120(12)**: 1958-1968.

84   Mahmoud AI, Kocabas F, Muralidhar SA et al. Meis1 regulates postnatal cardiomyocyte cell cycle arrest. Nature, 2013, **497(7448)**: 249-253.

85   Sdek P, Zhao P, Wang Y et al. Rb and p130 control cell cycle gene silencing to maintain the postmitotic phenotype in cardiac myocytes. J Cell Biol, 2011, **194(3)**: 407-423.

86   He A, Ma Q, Cao J et al. Polycomb repressive complex 2 regulates normal development of the mouse heart. Circ Res, 2012, **110(3)**: 406-415.

87   Porrello ER, Mahmoud AI, Simpson E et al. Regulation of neonatal and adult mammalian heart

regeneration by the mir-15 family. Proc Natl Acad Sci U S A, 2013, **110(1)**: 187-192.

88　Puente BN, Kimura W, Muralidhar SA et al. The oxygen-rich postnatal environment induces cardiomyocyte cell-cycle arrest through DNA damage response. Cell, 2014, **157(3)**: 565-579.

89　Aix E, Gutierrez-Gutierrez O, Sanchez-Ferrer C et al. Postnatal telomere dysfunction induces cardiomyocyte cell-cycle arrest through p21 activation. J Cell Biol, 2016, **213(5)**: 571-583.

90　Doxsey S, Zimmerman W & Mikule K. Centrosome control of the cell cycle. Trends Cell Biol, 2005, **15(6)**: 303-311.

91　Zebrowski DC, Vergarajauregui S, Wu CC et al. Developmental alterations in centrosome integrity contribute to the post-mitotic state of mammalian cardiomyocytes. Elife, 2015, **4**: e05563.

92　Chong JJ, Yang X, Don CW et al. Human embryonic-stem-cell-derived cardiomyocytes regenerate non-human primate hearts. Nature, 2014, **510(7504)**: 273-277.

93　Dambrot C, Passier R, Atsma D et al. Cardiomyocyte differentiation of pluripotent stem cells and their use as cardiac disease models. Biochem J, 2011, **434(1)**: 25-35.

94　Russell B, Curtis MW, Koshman YE et al. Mechanical stress-induced sarcomere assembly for cardiac muscle growth in length and width. J Mol Cell Cardiol, 2010, **48(5)**: 817-823.

95　Ribeiro AJ, Ang YS, Fu JD et al. Contractility of single cardiomyocytes differentiated from pluripotent stem cells depends on physiological shape and substrate stiffness. Proc Natl Acad Sci U S A, 2015, **112(41)**: 12705-12710.

96　Bray MA, Sheehy SP & Parker KK. Sarcomere alignment is regulated by myocyte shape. Cell Motil Cytoskeleton, 2008, **65(8)**: 641-651.

97　Weeland CJ, Van Den Hoogenhof MM, Beqqali A et al. Insights into alternative splicing of sarcomeric genes in the heart. J Mol Cell Cardiol, 2015, **81**: 107-113.

98　Ibrahim M, Gorelik J, Yacoub MH et al. The structure and function of cardiac t-tubules in health and disease. Proc Biol Sci, 2011, **278(1719)**: 2714-2723.

99　Reynolds JO, Chiang DY, Wang W et al. Junctophilin-2 is necessary for t-tubule maturation during mouse heart development. Cardiovasc Res, 2013, **100(1)**: 44-53.

100　Hong T, Yang H, Zhang SS et al. Cardiac bin1 folds t-tubule membrane, controlling ion flux and limiting arrhythmia. Nat Med, 2014, **20(6)**: 624-632.

101　Ellen Kreipke R, Wang Y, Miklas JW et al. Metabolic remodeling in early development and cardiomyocyte maturation. Semin Cell Dev Biol, 2016, **52**: 84-92.

102　Papanicolaou KN, Kikuchi R, Ngoh GA et al. Mitofusins 1 and 2 are essential for postnatal metabolic remodeling in heart. Circ Res, 2012, **111(8)**: 1012-1026.

103　Piquereau J, Novotova M, Fortin D et al. Postnatal development of mouse heart: Formation of energetic microdomains. J Physiol, 2010, **588(Pt 13)**: 2443-2454.

104　Gong G, Song M, Csordas G et al. Parkin-mediated mitophagy directs perinatal cardiac metabolic maturation in mice. Science, 2015, **350(6265)**: aad2459.

105　Kuppusamy KT, Jones DC, Sperber H et al. Let-7 family of microrna is required for maturation and adult-like metabolism in stem cell-derived cardiomyocytes. Proc Natl Acad Sci U S A, 2015, **112(21)**: E2785-2794.

106　Uosaki H, Cahan P, Lee DI et al. Transcriptional landscape of cardiomyocyte maturation. Cell Rep, 2015, **13(8)**: 1705-1716.

107　Lopaschuk GD & Jaswal JS. Energy metabolic phenotype of the cardiomyocyte during development, differentiation, and postnatal maturation. J Cardiovasc Pharmacol, 2010, **56(2)**: 130-140.

108　Thomson JA, Itskovitz-Eldor J, Shapiro SS et al. Embryonic stem cell lines derived from human blastocysts. Science, 1998, **282(5391)**: 1145-1147.

109　Takahashi K & Yamanaka S. Induction of pluripotent stem cells from mouse embryonic and adult fibroblast cultures by defined factors. Cell, 2006, **126(4)**: 663-676.

110　Takahashi K, Tanabe K, Ohnuki M et al. Induction of pluripotent stem cells from adult human fibroblasts by defined factors. Cell, 2007, **131(5)**: 861-872.

111　Yang L, Soonpaa MH, Adler ED et al. Human cardiovascular progenitor cells develop from a kdr+

embryonic-stem-cell-derived population. Nature, 2008, **453(7194)**: 524-528.

112　Burridge PW, Matsa E, Shukla P et al. Chemically defined generation of human cardiomyocytes. Nat Methods, 2014, **11(8)**: 855-860.

113　Tohyama S, Hattori F, Sano M et al. Distinct metabolic flow enables large-scale purification of mouse and human pluripotent stem cell-derived cardiomyocytes. Cell Stem Cell, 2013, **12(1)**: 127-137.

114　Ma J, Guo L, Fiene SJ et al. High purity human-induced pluripotent stem cell-derived cardiomyocytes: Electrophysiological properties of action potentials and ionic currents. American Journal of Physiology - Heart and Circulatory Physiology, 2011, **301(5)**: H2006-H2017.

115　Blazeski A, Zhu R, Hunter DW et al. Electrophysiological and contractile function of cardiomyocytes derived from human embryonic stem cells. Progress in Biophysics and Molecular Biology, 2012, **110(2-3)**: 178-195.

116　Protze SI, Liu J, Nussinovitch U et al. Sinoatrial node cardiomyocytes derived from human pluripotent cells function as a biological pacemaker. Nat Biotechnol, 2017, **35(1)**: 56-68.

117　Devalla HD, Schwach V, Ford JW et al. Atrial-like cardiomyocytes from human pluripotent stem cells are a robust preclinical model for assessing atrial-selective pharmacology. EMBO Molecular Medicine, 2015, **7(4)**: 394-410.

118　Yang X, Pabon L & Murry CE. Engineering adolescence: Maturation of human pluripotent stem cell-derived cardiomyocytes. Circ Res, 2014, **114(3)**: 511-523.

119　Zhang D, Shadrin IY, Lam J et al. Tissue-engineered cardiac patch for advanced functional maturation of human esc-derived cardiomyocytes. Biomaterials, 2013, **34(23)**: 5813-5820.

120　Nunes SS, Miklas JW, Liu J et al. Biowire: A platform for maturation of human pluripotent stem cell-derived cardiomyocytes. Nat Methods, 2013, **10(8)**: 781-787.

121　Young JL, Kretchmer K, Ondeck MG et al. Mechanosensitive kinases regulate stiffness-induced cardiomyocyte maturation. Sci Rep, 2014, **4**: 6425.

122　Chattergoon NN, Giraud GD, Louey S et al. Thyroid hormone drives fetal cardiomyocyte maturation. Faseb j, 2012, **26(1)**: 397-408.

123　Lundy SD, Zhu WZ, Regnier M et al. Structural and functional maturation of cardiomyocytes derived from human pluripotent stem cells. Stem Cells Dev, 2013, **22(14)**: 1991-2002.

124　Stillitano F, Hansen J, Kong CW et al. Modeling susceptibility to drug-induced long qt with a panel of subject-specific induced pluripotent stem cells. Elife, 2017, **6**: e19406.

125　Moretti A, Bellin M, Welling A et al. Patient-specific induced pluripotent stem-cell models for long-qt syndrome. New England Journal of Medicine, 2010, **363(15)**: 1397-1409.

126　Itzhaki I, Maizels L, Huber I et al. Modelling the long qt syndrome with induced pluripotent stem cells. Nature, 2011, **471(7337)**: 225-230.

127　Terrenoire C, Wang K, Chan Tung KW et al. Induced pluripotent stem cells used to reveal drug actions in a long qt syndrome family with complex genetics. Journal of General Physiology, 2013, **141(1)**: 61-72.

128　Yazawa M, Hsueh B, Jia X et al. Using induced pluripotent stem cells to investigate cardiac phenotypes in timothy syndrome. Nature, 2011, **471(7337)**: 230-236.

129　Crotti L, Johnson CN, Graf E et al. Calmodulin mutations associated with recurrent cardiac arrest in infants. Circulation, 2013, **127(9)**: 1009-1017.

130　Limpitikul WB, Dick IE, Tester DJ et al. A precision medicine approach to the rescue of function on malignant calmodulinopathic long-qt syndrome. Circ Res, 2017, **120(1)**: 39-48.

131　Jung CB, Moretti A, Mederos Y Schnitzler M et al. Dantrolene rescues arrhythmogenic ryr2 defect in a patient-specific stem cell model of catecholaminergic polymorphic ventricular tachycardia. EMBO Molecular Medicine, 2012, **4(3)**: 180-191.

132　Itzhaki I, Maizels L, Huber I et al. Modeling of catecholaminergic polymorphic ventricular tachycardia with patient-specific human-induced pluripotent stem cells. J Am Coll Cardiol, 2012, **60(11)**: 990-1000.

133　Carvajal-Vergara X, Sevilla A, Dsouza SL et al. Patient-specific induced pluripotent stem-cell-derived models of leopard syndrome. Nature, 2010, **465(7299)**: 808-812.

134　Lan F, Lee AS, Liang P et al. Abnormal calcium handling properties underlie familial hypertrophic cardiomyopathy pathology in patient-specific induced pluripotent stem cells. Cell Stem Cell, 2013, **12(1)**: 101-113.

135　Sun N, Yazawa M, Liu J et al. Patient-specific induced pluripotent stem cells as a model for familial dilated cardiomyopathy. Sci Transl Med, 2012, **4(130)**.

136　Hinson JT, Chopra A, Nafissi N et al. Titin mutations in ips cells define sarcomere insufficiency as a cause of dilated cardiomyopathy. Science, 2015, **349(6251)**: 982-986.

137　Kim C, Wong J, Wen J et al. Studying arrhythmogenic right ventricular dysplasia with patient-specific ipscs. Nature, 2013, **494(7435)**: 105-110.

138　Wang G, Mccain ML, Yang L et al. Modeling the mitochondrial cardiomyopathy of barth syndrome with induced pluripotent stem cell and heart-on-chip technologies. Nat Med, 2014, **20(6)**: 616-623.

139　Roden DM. Cellular basis of drug-induced torsades de pointes. British Journal of Pharmacology, 2008, **154(7)**: 1502-1507.

140　Rampe D & Brown AM. A history of the role of the herg channel in cardiac risk assessment. Journal of Pharmacological and Toxicological Methods, 2013, **68(1)**: 13-22.

141　Nalos L, Varkevisser R, Jonsson MKB et al. Comparison of the i <inf>kr</inf> blockers moxifloxacin, dofetilide and e-4031 in five screening models of pro-arrhythmia reveals lack of specificity of isolated cardiomyocytes. British Journal of Pharmacology, 2012, **165(2)**: 467-478.

142　Burridge PW, Li YF, Matsa E et al. Human induced pluripotent stem cell-derived cardiomyocytes recapitulate the predilection of breast cancer patients to doxorubicin-induced cardiotoxicity. Nat Med, 2016, **22(5)**: 547-556.

143　Sharma A, Burridge PW, Mckeithan WL et al. High-throughput screening of tyrosine kinase inhibitor cardiotoxicity with human induced pluripotent stem cells. Sci Transl Med, 2017, **9(377)**.

144　Masumoto H, Matsuo T, Yamamizu K et al. Pluripotent stem cell-engineered cell sheets reassembled with defined cardiovascular populations ameliorate reduction in infarct heart function through cardiomyocyte-mediated neovascularization. Stem Cells, 2012, **30(6)**: 1196-1205.

145　Laflamme MA, Chen KY, Naumova AV et al. Cardiomyocytes derived from human embryonic stem cells in pro-survival factors enhance function of infarcted rat hearts. Nat Biotechnol, 2007, **25(9)**: 1015-1024.

146　Matsuo T, Masumoto H, Tajima S et al. Efficient long-term survival of cell grafts after myocardial infarction with thick viable cardiac tissue entirely from pluripotent stem cells. Sci Rep, 2015, **5**.

147　Riegler J, Tiburcy M, Ebert A et al. Human engineered heart muscles engraft and survive long term in a rodent myocardial infarction model. Circ Res, 2015, **117(8)**: 720-730.

148　Kawamura M, Miyagawa S, Fukushima S et al. Enhanced survival of transplanted human induced pluripotent stem cell-derived cardiomyocytes by the combination of cell sheets with the pedicled omental flap technique in a porcine heart. Circulation, 2013, **128(SUPPL.1)**: S87-S94.

149　Ye L, Chang YH, Xiong Q et al. Cardiac repair in a porcine model of acute myocardial infarction with human induced pluripotent stem cell-derived cardiovascular cells. Cell Stem Cell, 2014, **15(6)**: 750-761.

150　Shiba Y, Gomibuchi T, Seto T et al. Allogeneic transplantation of ips cell-derived cardiomyocytes regenerates primate hearts. Nature, 2016, **538(7625)**: 388-391.

151　Kawamura T, Miyagawa S, Fukushima S et al. Cardiomyocytes derived from mhc-homozygous induced pluripotent stem cells exhibit reduced allogeneic immunogenicity in mhc-matched non-human primates. Stem Cell Reports, 2016, **6(3)**: 312-320.

152　Beltrami AP, Barlucchi L, Torella D et al. Adult cardiac stem cells are multipotent and support myocardial regeneration. Cell, 2003, **114(6)**: 763-776.

153　Oh H, Bradfute SB, Gallardo TD et al. Cardiac progenitor cells from adult myocardium: Homing, differentiation, and fusion after infarction. Proc Natl Acad Sci U S A, 2003, **100(21)**: 12313-12318.

154　Pfister O, Mouquet F, Jain M et al. Cd31- but not cd31+ cardiac side population cells exhibit functional cardiomyogenic differentiation. Circ Res, 2005, **97(1)**: 52-61.

155 Maliken BD & Molkentin JD. Undeniable evidence that the adult mammalian heart lacks an endogenous regenerative stem cell. Circulation, 2018, **138(8)**: 806-808.

156 Dor Y, Brown J, Martinez OI et al. Adult pancreatic beta-cells are formed by self-duplication rather than stem-cell differentiation. Nature, 2004, **429(6987)**: 41-46.

157 Van Berlo JH, Kanisicak O, Maillet M et al. C-kit+ cells minimally contribute cardiomyocytes to the heart. Nature, 2014, **509(7500)**: 337-341.

158 Sultana N, Zhang L, Yan J et al. Resident c-kit(+) cells in the heart are not cardiac stem cells. Nat Commun, 2015, **6**: 8701.

159 Liu Q, Yang R, Huang X et al. Genetic lineage tracing identifies in situ kit-expressing cardiomyo-cytes. Cell Res, 2016, **26(1)**: 119-130.

160 Li Y, He L, Huang X et al. Genetic lineage tracing of nonmyocyte population by dual recombinases. Circulation, 2018, **138(8)**: 793-805.

161 Nakada Y, Canseco DC, Thet S et al. Hypoxia induces heart regeneration in adult mice. Nature, 2017, **541(7636)**: 222-227.

162 Patterson M, Barske L, Van Handel B et al. Frequency of mononuclear diploid cardiomyocytes underlies natural variation in heart regeneration. Nat Genet, 2017, **49(9)**: 1346-1353.

163 Leach JP, Heallen T, Zhang M et al. Hippo pathway deficiency reverses systolic heart failure after infarction. Nature, 2017, **550(7675)**: 260-264.

164 Monroe TO, Hill MC, Morikawa Y et al. Yap partially reprograms chromatin accessibility to directly induce adult cardiogenesis *in vivo*. Dev Cell, 2019, **48(6)**: 765-779.e767.

165 Morikawa Y, Heallen T, Leach J et al. Dystrophin-glycoprotein complex sequesters yap to inhibit cardiomyocyte proliferation. Nature, 2017, **547(7662)**: 227-231.

166 Bassat E, Mutlak YE, Genzelinakh A et al. The extracellular matrix protein agrin promotes heart regeneration in mice. Nature, 2017, **547(7662)**: 179-184.

167 Ragni CV, Diguet N, Le Garrec JF et al. Amotl1 mediates sequestration of the hippo effector yap1 downstream of fat4 to restrict heart growth. Nat Commun, 2017, **8**.

168 Mohamed TMA, Ang YS, Radzinsky E et al. Regulation of cell cycle to stimulate adult cardiomyocyte proliferation and cardiac regeneration. Cell, 2018, **173(1)**: 104-116.e112.

169 Hashimoto H, Olson EN & Bassel-Duby R. Therapeutic approaches for cardiac regeneration and repair. Nature Reviews Cardiology, 2018, **15(10)**: 585-600.

170 Eulalio A, Mano M, Dal Ferro M et al. Functional screening identifies miRNAs inducing cardiac regeneration. Nature, 2012, **492(7429)**: 376-381.

171 Lesizza P, Prosdocimo G, Martinelli V et al. Single-dose intracardiac injection of pro-regenerative microRNAs improves cardiac function after myocardial infarction. Circ Res, 2017, **120(8)**: 1298-1304.

172 Gabisonia K, Prosdocimo G, Aquaro GD et al. Microrna therapy stimulates uncontrolled cardiac repair after myocardial infarction in pigs. Nature, 2019, **569(7756)**: 418-422.

173 Torrini C, Cubero RJ, Dirkx E et al. Common regulatory pathways mediate activity of micrornas inducing cardiomyocyte proliferation. Cell Rep, 2019, **27(9)**: 2759-2771. e2755.

174 Diez-Cunado M, Wei K, Bushway PJ et al. MiRNAs that induce human cardiomyocyte proliferation converge on the hippo pathway. Cell Rep, 2018, **23(7)**: 2168-2174.

175 Huang W, Feng Y, Liang J et al. Loss of microRNA-128 promotes cardiomyocyte proliferation and heart regeneration. Nat Commun, 2018, **9(1)**.

176 Borden A, Kurian J, Nickoloff E et al. Transient introduction of mir-294 in the heart promotes cardiomyocyte cell cycle reentry after injury. Circ Res, 2019, **125(1)**: 14-25.

177 Wang LL, Liu Y, Chung JJ et al. Sustained miRNA delivery from an injectable hydrogel promotes cardiomyocyte proliferation and functional regeneration after ischaemic injury. Nature Biomedical Engineering, 2017, **1(12)**: 983-992.

178 Chen J, Huang ZP, Seok HY et al. Mir-17-92 cluster is required for and sufficient to induce cardiomyocyte proliferation in postnatal and adult hearts. Circ Res, 2013, **112(12)**: 1557-1566.

179　Gao F, Kataoka M, Liu N et al. Therapeutic role of mir-19a/19b in cardiac regeneration and protection from myocardial infarction. Nat Commun, 2019, **10(1)**.

180　Lai SL, Marín-Juez R & Stainier DYR. Immune responses in cardiac repair and regeneration: A comparative point of view. Cellular and Molecular Life Sciences, 2019, **76(7)**: 1365-1380.

181　Lai SL, Marín-Juez R, Moura PL et al. Reciprocal analyses in zebrafish and medaka reveal that harnessing the immune response promotes cardiac regeneration. Elife, 2017, **6**: e25605.

182　Dick SA, Macklin JA, Nejat S et al. Self-renewing resident cardiac macrophages limit adverse remodeling following myocardial infarction. Nature Immunology, 2019, **20(1)**: 29-39.

183　Hui SP, Sheng DZ, Sugimoto K et al. Zebrafish regulatory T cells mediate organ-specific regenerative programs. Dev Cell, 2017, **43(6)**: 659-672.e655.

184　Zacchigna S, Martinelli V, Moimas S et al. Paracrine effect of regulatory T cells promotes cardiomyocyte proliferation during pregnancy and after myocardial infarction. Nat Commun, 2018, **9(1)**.

185　Meoli DF, Sadeghi MM, Krassilnikova S et al. Noninvasive imaging of myocardial angiogenesis following experimental myocardial infarction. Journal of Clinical Investigation, 2004, **113(12)**: 1684-1691.

186　Marín-Juez R, Marass M, Gauvrit S et al. Fast revascularization of the injured area is essential to support zebrafish heart regeneration. Proc Natl Acad Sci U S A, 2016, **113(40)**: 11237-11242.

187　Das S, Goldstone AB, Wang H et al. A unique collateral artery development program promotes neonatal heart regeneration. Cell, 2019, **176(5)**: 1128-1142.e1118.

188　Klotz L, Norman S, Vieira JM et al. Cardiac lymphatics are heterogeneous in origin and respond to injury. Nature, 2015, **522(7554)**: 62-67.

189　Vieira JM, Norman S, Del Campo CV et al. The cardiac lymphatic system stimulates resolution of inflammation following myocardial infarction. Journal of Clinical Investigation, 2018, **128(8)**: 3402-3412.

190　Farbehi N, Patrick RO, Dorison A et al. Single-cell expression profiling reveals dynamic flux of cardiac stromal, vascular and immune cells in health and injury. Elife, 2019, **8**: e43882.

191　Qian L, Huang Y, Spencer CI et al. *In vivo* reprogramming of murine cardiac fibroblasts into induced cardiomyocytes. Nature, 2012, **485(7400)**: 593-598.

192　Song K, Nam YJ, Luo X et al. Heart repair by reprogramming non-myocytes with cardiac transcription factors. Nature, 2012, **485(7400)**: 599-604.

193　Islas JF, Liu Y, Weng KC et al. Transcription factors ets2 and mesp1 transdifferentiate human dermal fibroblasts into cardiac progenitors. Proc Natl Acad Sci U S A, 2012, **109(32)**: 13016-13021.

194　Jayawardena TM, Egemnazarov B, Finch EA et al. MicroRNA-mediated *in vitro* and *in vivo* direct reprogramming of cardiac fibroblasts to cardiomyocytes. Circ Res, 2012, **110(11)**: 1465-1473.

195　Wang H, Cao N, Spencer CI et al. Small molecules enable cardiac reprogramming of mouse fibroblasts with a single factor, oct4. Cell Rep, 2014, **6(5)**: 951-960.

196　Cao N, Huang Y, Zheng J et al. Conversion of human fibroblasts into functional cardiomyocytes by small molecules. Science, 2016, **352(6290)**: 1216-1220.

魏　珂　赵晓东　袁　旻

第 14 章　干细胞的临床转化

14.1　多能干细胞的临床转化

14.1.1　糖尿病的干细胞治疗

1. 糖尿病的危害、类型、发病机制

　　糖尿病是一种慢性且复杂的代谢紊乱性疾病，对人类健康的危害巨大。据悉，全世界目前已有接近 5 亿人遭受糖尿病的病痛折磨。糖尿病的患病率逐年增加，这与目前的社会发展有着巨大的关系，快速的城市化、不健康的饮食，以及久坐不动的生活方式导致了前所未闻的肥胖病和糖尿病的高患病率。与此同时，由于糖尿病慢性和复杂的病因，也给病人及家庭带来了巨大的经济负担[1]。2014 年数据显示，我国糖尿病病人数量已经超过 1.3 亿，超过 50% 的中国成人有前期糖尿病，2/3 的病人未被诊断，只有 1/4 的病人接受治疗，只有不到 40% 的受治病人的血糖得到控制[2]。此外，糖尿病的发病也存在着明显的遗传倾向。糖尿病存在家族发病倾向，1/4 以上的病人有糖尿病家族史。临床上至少有 60 种以上的遗传综合征可伴随糖尿病的发生而发生。

　　糖尿病的主要症状是"三多一少"，即多饮、多食、多尿和体重减少，并且伴随着疲乏无力等。糖尿病病人本身长期存在着血液中葡萄糖的持续升高。糖尿病的具体诊断方式如下：

　　　　空腹血糖≥126 mg/dl（BG=7 mmol/L）

　　口服 75g 葡萄糖 2h 后≥200 mg/dl（BG=11.1 mmol/L）

随机血糖≥200 mg/dl（BG= 11.1 mmol/L）并且血红蛋白检测≥6.5%

　　糖尿病主要分为 1 型糖尿病和 2 型糖尿病，其他还有妊娠期糖尿病和 MODY 型糖尿病。这里我们主要介绍生活中比较常见的 1 型糖尿病和 2 型糖尿病。其中，1 型糖尿病又被称为青少年型糖尿病，其发病机制主要是由于病人自身的免疫细胞攻击自身的胰岛 β 细胞，造成胰岛素分泌的不足，从而引起病人血糖的升高。2 型糖尿病的发病机制主要是由于胰岛素的靶器官及靶组织对胰岛素本身产生了抵抗，导致胰岛素分泌的相对不足。为了降低机体的血糖，胰岛 β 细胞就会负荷工作产生更多的胰岛素来降低血液中的葡萄糖浓度，久而久之，胰岛 β 细胞由于超负荷的工作而受到损伤，即 β 细胞功能随着时间的推移呈进行性下降[3]，超过 1/3 的 2 型糖尿病病人至中晚期亦会发展成 1 型。

2. 糖尿病现有的治疗方式

1）降糖药

　　目前，糖尿病的治疗主要是通过降糖药的服用、外源胰岛素的注射，然后再配合合

理的饮食控制和适当的体育锻炼以达到保持体内血糖稳定的目的。目前市面上的降糖药主要分为三类。①胰岛素增敏剂（双胍类：二甲双胍，但其会引起肝肾功能不良、胃肠道副作用；噻唑烷二酮类：罗格列酮、吡格列酮、曲格列酮等，会引起心血管疾病）。②胰岛素增泌剂（硫酰基尿素类：格列吡嗪、格列硅酮等，但死亡率较高；非硫酰基尿素类：苯丙氨酸衍生物，但其会引起低血糖和病人的体重增加）。③α-葡萄糖苷酶抑制剂（此药物的作用原理主要是通过抑制小肠黏膜刷状缘的 α-葡萄糖苷酶以延缓碳水化合物的吸收，降低餐后高血糖，这类药物主要包括阿卡波糖和伏格列波糖，其副作用是会引起服用者的胃肠气胀。而且，长期服用降糖药会使病人产生抗药性，引起药物继发性的失效）[4,5]。外源性胰岛素的注射是缓解糖尿病病人病情的另一有效方式，但长期的胰岛素注射会给病人带来极大的困扰，影响病人的生活质量。并且长期的胰岛素注射会引起病人皮下脂肪营养不良、皮下脂肪萎缩。外胰源岛素的注射需要严格控制注射剂量，否则容易引起病人低血糖，导致昏迷。因此，我们如果要维持长期血糖达标，就需要有效的胰岛素治疗方案贯穿临床治疗的全过程。

2）手术治疗

随着 β 细胞功能的不断下降，需要不断优化和调整方案以达到控制血糖稳定的目的。除了药物治疗方案外，代谢手术治疗方案也可以控制肥胖型糖尿病病人的血糖水平。这些手术方案主要包括胃束带术、袖状胃成形术、胃旁路术、胆胰分流术等。尽管此类手术技术成熟、操作简便，但仍有一定的病死率和不同程度的术后并发症。

由于上述治疗方案各有局限，那么是否有其他更有效的手术治疗方案呢？目前，器官移植手术在临床上应用较为广泛，那么糖尿病的治疗是否也可以应用此种手术方式呢？

胰腺器官的组成主要是由胰腺外分泌细胞和散落在其中的胰岛组成。其中，散落其中的胰岛是降血糖的主要细胞。所以糖尿病的移植手术主要也可以分为两种主要的手术方式：胰腺移植和胰岛移植。因为胰岛移植具有简单、安全、有效的显著特点，目前临床常用的是胰岛移植。

表 14-1 是两种手术方式的简单比较。

表 14-1　胰腺移植与胰岛移植比较

胰腺移植	胰岛移植
① 手术要求较高	① 安全方便，重复性强
② 并发症多，严重胰漏时，需立即摘除移植物	② 并发症少
③ 创伤性大，死亡率高	③ 创伤性小
④ 住院时间久，免疫抑制剂量大，费用高	④ 住院时间短，免疫抑制剂量小，费用低

自从 1975 年第一例临床同种异体胰岛移植试验以来，胰岛移植手段不断地发展、成熟，直至 2008 年北美多中心联合临床胰岛移植试验提出了最新的胰岛分离技术和全新的免疫抑制方案[6]。2013 年国际胰岛移植协会（CIT）年报报道：5 年胰岛素脱离率达 60%；几项长期监测指标（胰岛素用量、低血糖发生、低血糖自觉意识恢复、Hb1c、空

腹血糖 FBG、C 肽)等均得到明显改善；近 3 年胰岛移植数量显著增加，FDA 商讨纳入医保；2015 年较 2014 年移植受体增加 38%、供体增加 12%、移植数量增加 29%；截止到 2016 年年底，全球超过 800 位病人接受了异体胰岛移植治疗[7]。另外，应用全新的免疫诱导治疗及免疫抑制维持治疗方案，5 年胰岛移植成功率可接近 60%。并且，最新的临床数据显示，接受最新胰岛移植方案（2007—2010）治疗的病人在移植后 5 年，90% 左右胰岛移植物仍存活良好，并能发挥正常的生理学功能[8]。尽管运用胰岛移植治疗糖尿病的前景十分乐观，但目前的胰岛移植也面临着诸多挑战。

（1）适用性问题：多适用于 1 型糖尿病病人。

（2）异体排斥问题：受体需要终生使用免疫抑制剂。

（3）胰岛来源问题：胰岛来源仅小部分为活体，来源十分有限。

（4）分离技术问题：复杂冗长的分离环节对移植物的存活率有很大影响。

3. 糖尿病的干细胞治疗

基于胰岛移植的局限性，干细胞技术的发展给糖尿病的治疗带来了新的曙光。运用干细胞技术可以通过体外诱导分化得到大量的功能性胰岛 β 细胞，从而解决了临床应用上供体不足的问题。

人体多能干细胞能够分化成各种重要的组织细胞，如神经组织、脑组织、心脏、肾脏、肝、胰腺等重要组织器官。其中，糖尿病的治疗就需要胰腺的分化与发育。

从 1981 年小鼠胚胎干细胞体外成功培养到 2006 年小鼠和人可诱导多能干细胞的发展，针对糖尿病的多能干细胞诱导胰岛技术的发展也在逐渐完善[8]。图 14-1 列出了人胚胎干细胞诱导分化为成熟 β 细胞的一些主要过程。

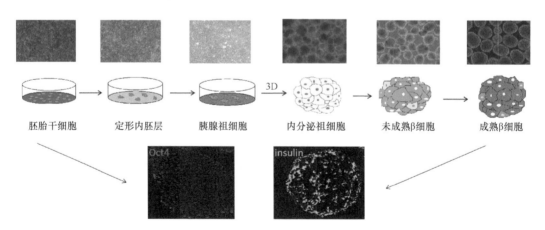

图 14-1　人胚胎干细胞（hESC）诱导分化为胰岛 β 细胞

内胚层是位于胚胎最内的胚层，会分化形成消化道、肝、胰脏等器官的上皮；胰腺祖细胞是源自发育中的前肠内胚层的多能干细胞，其具有分化成负责发育中的胰腺的谱系特异性祖细胞的能力，可分化为内分泌细胞和外分泌细胞；胰岛 β 细胞属于内分泌细胞，约占胰岛细胞总数的 70%，能分泌胰岛素，起到调节血糖的作用，未成熟 β 细胞无法响应葡萄糖刺激分泌胰岛素

目前人体多能干细胞主要分为两大类，即胚胎干细胞和可诱导多能干细胞，而可诱导多能干细胞有着得天独厚的优势。它可以从病人自体取样进行 Yamanaka 四因子重编

程，使所获得的样品细胞获得多能性，并且拥有可持续分裂的能力，即诱导多能干细胞（iPSC），然后通过体外定向诱导分化获得所需要的适合病人本身的可供移植的组织器官。用这种干细胞诱导分化技术不仅可以解决供体不足的问题，还可以避免免疫排斥的局限性。

当然，使用多能干细胞诱导分化也有其不足之处。首先，多能干细胞所需要的生存微环境纷繁复杂，培养过程也很复杂，诱导分化的时间较长。其次，多能干细胞在培养过程中容易形成畸胎瘤。基于成瘤性这一治疗中的大问题，利用人类内胚层干细胞制造胰岛组织就可以有效地避免畸胎瘤的发生。人类内胚层干细胞是体外制造胰岛组织的最佳种子细胞，其具有优于其他干细胞的突出特点。主要特点如下：①其在体内不形成畸胎瘤，使用的安全性较高；②其在体外可无限增殖，进行规模化生产；③其在体外高效分化为足量、高纯度的功能性胰岛细胞，其中体外分化为 β 细胞的纯度达 70%，并且其功能与成体胰岛一致；④其可由任何 iPSC 获得，可以进行病人的个性化精准医疗。

随着科学技术的发展，多能干细胞治疗糖尿病正在一步步走向成熟，也在更多地向临床靠近。2016 年 6 月，由哈佛干细胞研究所研究员 Dr. Douglas Melton 创立的再生医学公司 Semma Therapeutics 与哈佛干细胞研究所和三家来自哈佛大学的临床机构达成了协议，将协力探索糖尿病病人体内胰岛 β 细胞功能的生物学机制，加速糖尿病治疗的研究进展。Viacyte Inc.公司利用多能干细胞来源的胰腺前体细胞治疗胰岛素缺乏性糖尿病，已进入 II 期临床试验阶段；随着生物技术的发展，有可能让患有糖尿病的病人免于痛苦和频繁的胰岛素注射、严格的饮食方案、持续的血糖监测，使糖尿病病人过上正常的生活。

干细胞衍生的 β 细胞技术仍然有未满足的需求和未来发展的方向：

（1）干细胞衍生的 β 细胞不具有强大的生理功能；

（2）干细胞衍生的胰岛样簇不含有完整的内分泌细胞；

（3）需要更有效的低成本细胞分化方法；

（4）尚未确定能够支持生理功能和预防免疫攻击的有效传递装置；

（5）尚未确立最佳植入部位；

（6）需要更好的 T1D 自身免疫实验模型来检测人体细胞移植效果；

（7）了解哪些遗传修饰和治疗可以让细胞逃避免疫破坏、抑制、增强功能或更好地维持移植后细胞的活力，这对于该技术的未来发展至关重要。

4. 转分化 β 细胞替代疗法

除了多能干细胞体外分化为成熟的、有功能的 β 细胞以达到治疗糖尿病的目的以外，目前转分化重编程技术的发展也为糖尿病的治疗提供了新的思路[9]。所谓转分化重编程，是指一种类型的分化细胞转变成另一种类型的分化细胞的现象，即在某种类型的细胞中加入另一种细胞发育过程中所需要的生长因子，从而使其命运决定被改变的过程，在胰腺发育过程中起主要作用的转录因子主要包括 Pdx1、ND1、Ngn3、Mafa等。在转分化思路中，与胰腺具有相同谱系的发育组织是最好的转分化来源。其中，最主要的来源包括肠细胞[10]，在小鼠中，Pdx1、Mafa、Ngn3 三个胰岛发育相关转录因子，可以使小肠中的肠腺细胞快速转化为内分泌细胞，形成"新胰岛"。胰岛素分泌细胞在小肠中可以存活 1 周，但在胃中可以存活 3 周[11]。并且与胰腺中的 β 细胞不同，胃肠中的胰岛素分泌细胞可以在 STZ（链脲佐菌素）处理后再生。此外，胃窦中的内分泌祖细胞可以被重编程为胰岛素分泌细胞，并可以通过生物工程的方法形成类器官[12]（mini-organ），将重编程后得到的类器官移植到糖尿病老鼠中，可以有效缓解高血糖症状。在小鼠的肝细胞中，进行胰腺相关转录因子 Ngn3、Pdx1、Mafa 等的异位表达，可以使小鼠肝中出现胰岛素分泌细胞，进一步使 STZ（链脲佐菌素）诱导的高血糖情况有所缓解。但是这种转分化重编程的方法也存在一些局限性，它所需要的相关体细胞并不容易得到。那么，是否有更容易获得的体细胞呢？通过胰腺中的内分泌细胞以外的其他细胞类型来寻找潜在的糖尿病替代疗法[15]，通过高效、稳定的多基因表达系统，科学家们导入了 Ngn3、Pdx1、Mafa 三种胰腺发育过程中主要转录因子，诱导出了能够分泌胰岛素的 β 细胞[16]。并且，诱导出的 β 细胞具有成熟 β 细胞的功能，它不仅可以分泌胰岛素、调控血糖水平，而且能够及时分泌胰岛素、响应葡萄糖刺激，及时停止分泌胰岛素、对低血糖水平敏感，所诱导的胰岛 β 细胞能够形成胰岛样结构，产生的胰岛素和人体所固有的胰岛素具有一样的效用。图 14-2 列出了目前体细胞重编程为胰岛 β 细胞的常见细胞类型。

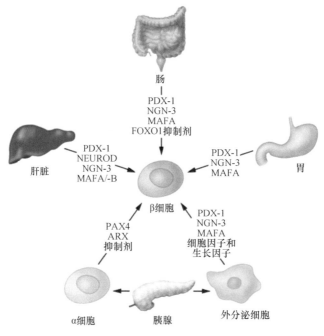

图 14-2　体细胞重编程为胰岛 β 细胞[9]

14.1.2　神经系统疾病的干细胞治疗

1. 帕金森病的多能干细胞疗法

　　帕金森病（Parkinson's disease，PD）是一种常见的神经退行性疾病，其主要临床特征表现为进行性加重的静止性震颤、肌强直、运动迟缓等运动症状，以及抑郁、睡眠障碍和心血管功能异常等非运动症状。帕金森病的主要病理特征是中脑黑质致密区中大量的多巴胺能神经元（dopaminergic neuron，DAN）变性、数量减少，以及 α-突触核蛋白异常聚集形成路易小体。而多巴胺的主要作用之一就是调节控制身体运动的神经结构。多巴胺能神经元的大量变性进而导致多巴胺合成减少，纹状体中多巴胺含量降低，最终运动控制出现障碍。目前，在 60 岁以上人群中患帕金森病的人口已超过 1%，随着人口老龄化进程，其发病率呈现逐年增长的趋势。据估计，到 2040 年全世界 PD 患病人口数将会超过 1400 万。

帕金森病的确切病因至今尚未明了，当前的治疗策略主要是解决多巴胺能神经元丢失引起的多巴胺减少及其功能丧失的问题。目前，国内外应用较多的治疗药物包括左旋多巴（L-DOPA）、多巴胺能受体激动剂、抗胆碱能激动剂等，通过补充外源多巴胺或增强多巴胺能神经元活性以达到治疗目的。其中，左旋多巴是应用最为广泛且有效的、能够改善帕金森病运动症状的药物，但也有约 1/5 的病人使用该药物后根本无效。同时，随着治疗时间加长，药效会逐渐减弱，并出现副作用。

除药物治疗以外，当前帕金森病的治疗手段还有外科手术治疗、免疫治疗、基因治疗及细胞治疗。其中，丘脑底核脑深部电刺激（deep brain stimulation，DBS）被认为是治疗帕金森病最有前途的外科治疗方法。到目前为止，全球已经有超过 10 万例帕金森病病人接受了 DBS 手术，并且手术后病症得到了有效缓解。有研究表明，DBS 手术可以改善帕金森病病人的运动评分及减少治疗药物的剂量，也可以改善帕金森病的非运动症状，如改善胃肠功能障碍等。当前的治疗主要以药物治疗和外科手术治疗为主，达到缓解临床症状的目的。然而尽管这些治疗手段可在一定程度上改善症状、提高病人的生活质量，但仍无法治愈疾病，也无法从根本上阻止病情的发展。

目前帕金森病的免疫疗法主要是针对 α-突触核蛋白（α-syn）的免疫治疗。普遍认为 α-突触核蛋白的聚集是帕金森病发病机制的核心所在，α-突触核蛋白的聚集不仅具有神经毒性作用，也会对突触功能和信号的传递产生影响，在帕金森病的发生和发展过程中起到重要作用。利用动物自身的免疫系统产生针对 α-突触核蛋白的抗体或者直接给予针对 α-突触核蛋白不同区域的单克隆抗体，当抗体与 α-突触核蛋白特异性结合后，小胶质细胞则可通过自噬溶酶体途径对抗原抗体复合物加以清除，降低神经元轴突和突触中 α-突触核蛋白寡聚体水平，进而减少多巴胺能神经元的死亡。

基因治疗是一种通过基因修饰神经细胞来缓解相关症状，甚至逆转疾病进展来治疗疾病的一种方法，主要是通过载体携带目的基因进入相关脑区影响特异性蛋白质表达，有可能延缓多巴胺能神经元的丢失或纠正神经递质失衡。基因治疗包括对症治疗和疾病修饰治疗。对症治疗是指通过转导与多巴胺合成相关的基因来增加多巴胺的产生，以改善病人临床症状。而疾病修饰治疗则是将对多巴胺能神经元起保护作用的基因进行转导，尝试修复多巴胺能神经元的功能。目前帕金森病的基因治疗仍处于实验阶段，尚未应用于临床，但随着帕金森病动物模型的不断进步和治疗性基因被陆续发现，基因治疗将有望成为治疗帕金森病的又一重要方法。

细胞治疗帕金森病，即向脑内植入细胞以取代失活的多巴胺能神经元。然而，将完全分化的多巴胺能神经元植入脑内后并不能存活，移植细胞也不能与脑组织建立联系。帕金森病的细胞治疗可以追溯到 20 世纪 70 年代，有研究人员将大鼠胚胎黑质多巴胺能神经元注入成年大鼠眼前房内，观察到最后发育成为成熟的多巴胺能神经元。之后，有研究人员将肾上腺髓质移植到 PD 模型小鼠中，结果显示肾上腺髓质可产生儿茶酚胺，包括少量的多巴胺，可以在一定程度上增加脑内的多巴胺水平。相比肾上腺髓质细胞的临床试验，胎儿腹侧中脑（fetal ventral mesencephalic，fVM）多巴胺能神经元的移植在部分帕金森病病人中是有效的，但由于 fVM 组织来源的年龄和数量不同，会导致个体反应差异大。但是该结果证明了基于细胞移植治疗帕金森病的可行性。20 世纪 90 年代后，人们开始尝试其他来源的细胞移植治疗帕金森病，如猪腹侧中脑组织细胞、自体移植的颈动脉体细胞等，但均宣告失败。直到 1998 年，人类胚胎干细胞（embryonic stem cell，ESC）的建立使得帕金森病的细胞治疗有了新突破。2006 年，诱导多能干细胞（induced pluripotent stem cell，iPSC）的成功构建为多种疾病提供了希望。干细胞可保持未定向分化状态和具有增殖能力，在合适的条件下或给予适合的信号，可以使干细胞分化成多巴胺能神经元，以代替 PD 病人那些丧失的神经元，改善临床症状。

自 1998 年人类胚胎干细胞建立后，通过细胞移植治疗帕金森病的临床试验陆续开展。利用胚胎干细胞移植进行帕金森病治疗时一般先要进行体外分化，分化为多巴胺前体细胞或者多巴胺能神经元后再移植到 PD 动物模型中。由小鼠胚胎干细胞分化获得的多巴胺神经元表现出典型的中脑神经元的电生理和行为特性[17]。由人类胚胎干细胞通过中间阶段神经祖细胞（neural progenitor cell，NPC）分化为多巴胺能神经元后，也可以检测到中脑神经元的多种标志物，表明 hESC 衍生的多巴胺能神经元具有中脑的特性[18]。2009 年，有研究人员将食蟹猴的胚胎干细胞诱导分化为神经干细胞后移植到食蟹猴 PD 模型中，观察到多巴胺的释放，3 个月后食蟹猴表现出运动症状的改善[19]。2014 年，将人类胚胎干细胞来源的多巴胺能神经元移植到帕金森病大鼠模型中，发现其可显著缓解运动症状，疗效和效率与胎儿多巴胺能神经元相似[20]。

尽管胚胎干细胞移植在 PD 动物模型中已成功应用，但由于胚胎干细胞需从受精胚胎中获得，此过程伴随着胚胎的毁损，使得该应用受到极大的伦理学争议。此外，胚胎干细胞仍然具有很强的增殖能力，移植后具有成瘤风险。因此，胚胎干细胞技术近年来已出现逐渐被其他干细胞所取代的趋势。

诱导多能干细胞（iPSC）的出现为帕金森病病人细胞治疗提供了一个有前景的细胞替代资源。iPSC 是通过诱导重编程的方法，将已分化成熟的体细胞（如皮肤成纤维细胞、毛囊角化细胞等）诱导成为具有胚胎干细胞特性的细胞。iPSC 的来源使得其可以克服异体移植所导致的免疫排斥反应，并避免了胚胎干细胞来源的伦理问题。

帕金森病病人来源的 iPSC 诱导产生的多巴胺能神经元可产生正常神经元双倍的 α-突触核蛋白，并且在神经元成熟的相关基因表达上也存在显著差异。2008 年，有研究人员第一次通过将成纤维细胞重编程诱导分化的多巴胺神经元移植到 PD 大鼠模型中。移植细胞存活情况较好，大鼠运动症状得到改善，结果显示了 iPSC 衍生的多巴胺神经元在 PD 大鼠模型中具有治疗潜力。但在进行形态学检查时，观察到非神经组织的组织学结构，表明可能存在畸胎瘤的发生。有研究人员将 PD 食蟹猴来源的 iPSC 进行了自体移植，并且不使用免疫抑制剂，发现食蟹猴的运动障碍得到了明显改善[21]。日本的一项临床前研究也证实了人类 iPSC 衍生的多巴胺能祖细胞移植到 PD 食蟹猴模型后，猴子的自发运动有所增加，并且两年内没有在脑中形成任何肿瘤[22]。2016 年，澳大利亚国际干细胞公司启动了第一个使用 iPSC 治疗 PD 病人的临床试验，日本于 2018 年也启动了 iPSC 治疗 PD 的临床试验。

　　除了人类胚胎干细胞（hESC）和诱导多能细胞（iPSC）外，不需精子受精的活化卵母细胞也能够产生人类多能干细胞，这被称为人类孤雌生殖胚胎干细胞（human parthenogenetic embryonic stem cell，hPESC）。hPESC 的获取不会破坏存活的胚胎，使得 hPESC 比 hESC 更适合产生细胞系用于临床治疗。尽管缺少父本基因组，但 hPESC 仍能够分化为神经干细胞和功能神经元细胞。早在 2005 年，这些 hPESC 来源的神经干细胞就在啮齿类动物和灵长类动物的帕金森病模型中移植、存活并促进了运动症状的改善。但由于单性生殖的特性，较少的 hPESC 细胞系可以满足帕金森病细胞治疗中所需的人类白细胞抗原（HLA）类型。并且，实验中大多数的 hPESC 细胞系都是非临床级的。为了生成临床级细胞，必须拥有良好的生产规范，包括操作程序及产品质量控制。2017 年，中国科学院的研究人员成功构建了可用于临床的人类孤雌生殖胚胎干细胞[23]。将 hPESC 衍生的多巴胺能神经元移植到灵长类动物脑内，结果显示大多数猴子的移植物在 24 个月的时间里没有形成肿瘤，并且运动症状得到了显著缓解。此外，纹状体内的多巴胺含量轻微增加，可能与功能的显著改善有关[24]。这些结果表明，临床级 hPESC 可作为帕金森病治疗的可靠细胞来源。同年 5 月，郑州大学第一附属医院也正式开展了由 hPESC 衍生的神经前体细胞治疗帕金森病的临床试验。通过立体定位向帕金森病病人纹状体内注射给予单剂量的 hPESC 衍生的神经前体细胞，并根据病人的病情同时使用左旋多巴治疗，以评估 hPESC 衍生神经前体细胞纹状体移植的安全性和有效性。图 14-3 展示了由人类胚胎干细胞（hESC）、人诱导多能干细胞（iPSC）和人孤雌胚胎干细胞（hPESC）分别诱导分化为多巴胺能神经元进行细胞治疗的过程。

2. 阿尔茨海默病的多能干细胞疗法

　　阿尔茨海默病（Alzheimer's disease，AD）由 Alois Alzheimer 于 1907 年首次报道，又名老年痴呆，是全世界最流行的神经退行性疾病，占据了世界范围内老年痴呆案例的 60%~80%。根据 2015 年世界阿尔茨海默病汇报，2015 年全球有 4680 万人患有痴呆症，这个数字每 20 年几乎翻一番，到 2050 年这个数字预计将达到 1.315 亿[25]。2016 年最新调查显示，到 2050 年每 33s 就会有一例新的阿尔兹海默病病人，每年有将近 100 万个新病人[26]。毫无疑问，痴呆症，包括阿尔茨海默病和其他病症，是我们面临的全球最大的公共卫生和护理挑战之一。阿尔茨海默病的特征是淀粉样蛋白 β（Aβ）斑块的积累、tau 蛋白过度磷酸化的细胞内神经原纤维缠结和突触连接的丧失，这些一起导致神经细胞死亡。病人表现为认知和行为的改变，如记忆障碍、语言障碍和幻觉。

　　通常 AD 的分类包括家族性和散发性。家族性 AD 病人在数量上不超过总体的 5%，主要表现为三种基因的突变：淀粉样前体蛋白（APP）、早老素-1（PSEN1）和早老素-2（PSEN2）的基因，并且由这些基因引起的 AD 通常是早发型，发生在 65 岁之前。大多

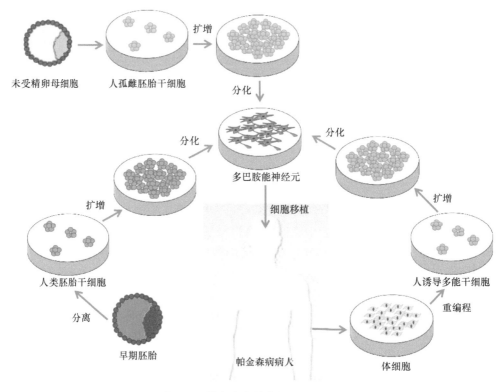

图 14-3　帕金森病的多能干细胞治疗

数的 AD 是晚发性和散发性的，没有确定的病因，由多种因素引起。已确定的风险因素
包括年龄、心血管疾病、低学历、抑郁症、载脂蛋白 E4（ApoE4）基因的作用机制等。

　　AD 的病理学是多种多样的，但有四个核心的病理学特征[27]。第一，tau 是一种神经
元细胞内的微管相关蛋白，对结构支持和轴突运输非常重要，tau 蛋白过度磷酸化会导
致微管塌陷并聚集成神经原纤维缠结。第二，β 和 γ 分泌酶对 APP 蛋白的连续切割导致
β 淀粉样蛋白（Aβ）片段的细胞外积累和聚集，在 AD 脑中作为淀粉样斑块可见。许多
药理学方法已尝试通过疫苗接种促进淀粉样蛋白清除，以及通过抑制分泌酶的产生减少
淀粉样蛋白的积累。然而，人体临床试验的结果表明，淀粉样蛋白病理学与临床症状无
关，因此可能不是治疗相关的目标。AD 的第三个核心特征是存在活化的小胶质细胞，
即中枢神经系统（CNS）的常驻巨噬细胞，并且发现与淀粉样蛋白斑块密切相关。它们
在疾病的早期阶段出现，而数量在晚期 AD 脑中下降。活化的小胶质细胞产生细胞因子，
如肿瘤坏死因子（TNF-α）、白细胞介素（IL-1β）和一氧化氮（NO），可能加剧或减弱
神经炎症。大量神经元和突触损失代表 AD 的第四个核心特征，并且是 AD 早期认知衰
退的最接近关联。颞叶中 AD 相关的神经变性遵循不同的模式。内嗅皮质首先受到影响，
然后进入下颌、CA1 海马亚区、基底前脑网络。这些大脑区域和海马的萎缩总体上与
AD 病人的言语情节记忆缺陷共同变化。在疾病的后期阶段，神经变性在整个颞叶中扩
散，最终影响大多数皮质层。这种复杂的散发性 AD 病理学特征出现的精确时间顺序是
激烈辩论的主题。

现有的阿尔茨海默病治疗方式主要通过药物来缓解相关症状，但不能从根本上治疗该疾病，而干细胞治疗是一种非常有前景的治疗方式。干细胞治疗 AD 的一个关键性步骤是找到合适的细胞类群。现如今最常见的干细胞治疗手段是胚胎干细胞（ESC）、脑源性神经干细胞（NSC）和诱导多能干细胞（iPSC）。干细胞衍生的神经元具有整合到宿主脑的现有神经网络的潜力，并且干细胞移植似乎增加了乙酰胆碱水平，改善了动物模型中的认知水平，此外，干细胞分泌的营养因子可以调节神经的可塑性及神经发生。

虽然一些 ESC 移植研究结果显示在脑损伤的啮齿动物中可恢复动物的认知能力，但是因为胚胎干细胞具有多能性，未分化的胚胎干细胞在移植后具有不受控制的生长和致瘤的风险，阻碍了它的临床应用。胚胎干细胞向 NSC 的体外预分化可以避免直接进行体内移植带来的风险，主要产生胆碱能神经元，在移植到 AD 啮齿动物模型后诱导空间记忆性能的改善[28]。最近，一项研究报道了人类胚胎干细胞稳定产生的胆碱能神经元群体，这些细胞在移植后能够在功能上整合到海马神经元回路中[29]。2013 年，另一项研究报道了将胚胎干细胞转变为内侧神经节隆起样祖细胞，这是一种存在于发育的大脑中的瞬时干细胞类型，移植入小鼠脑损伤模型后，这些细胞能和胆碱能神经元亚型结合，并与宿主神经元回路突触整合，从而改善受损的空间记忆和学习能力[30]。尽管正在进行临床前研究，但使用同种异体供体细胞存在固有的伦理和免疫原性限制，这严重阻碍了胚胎干细胞的临床转化。

已证明 NSC 的旁分泌作用具有显著的治疗潜力，分泌生长因子的 NSC 移植到啮虫动物 AD 模型和老年灵长类动物脑中，表现出神经发生和认知功能的增强，而过表达胆碱乙酰转移酶的人类 NSC 移植到胆碱能神经毒性啮齿动物模型中导致空间记忆和学习缺陷的逆转[31]。最近的 AD 啮齿动物模型研究报道，NSC 移植减少了神经炎症、tau 和 Aβ 神经病理学，促进神经发生和突触发生，以及认知缺陷的逆转。这些变化机制尚未完全明了，它们可能是由神经保护或免疫调节因子的旁分泌释放和直接神经元的接触所共同介导的。来自移植的 NSC 的非神经胶质细胞类型的广泛产生仍然是神经替代策略的主要限制因素[32]。

iPSC 衍生的神经元在结构和功能上成熟，并且能够形成电生理活跃的突触网络。在诱导过程中使用另外的转录因子，还可以将细胞分化指导成特定的神经元亚型，如多巴胺能神经元。由于 iPSC 是一种相对较新的技术，临床前动物模型移植研究很少。在缺血性中风啮齿动物模型中的一项研究证明了人类 iPSC 衍生的神经干细胞通过与标准效应相关的神经营养因子反应，能够改善神经功能并减少促炎因子[33]。另一项研究表明，在海马内移植到转基因 AD 小鼠模型后，人类 iPSC 衍生的胆碱能神经元前体存活，分化为表型成熟的胆碱能神经元，逆转空间记忆障碍。iPSC 技术允许生产自体多能干细胞，从而避免非特异性病人的伦理限制和免疫排斥问题。自体 iPSC 衍生的多巴胺能神经元移植的长期存活和功效已经在猿猴帕金森病模型中得到证实，其具有改善的运动活性和功能，并且在术后 2 年植入细胞广泛存活。由于 AD 病人产生的神经元表现出典型的神经病理学，包括异常的 Aβ 水平、tau 蛋白磷酸化水平升高、神经突触长度减少和电阻能力改变，自体 iPSC 可能对神经移位的作用有限。目前，使用 iPSC 衍生的神经元在体外重现 AD 病理学在发病机制研究和筛选潜在治疗药物方面有重要应用。

3. 肌萎缩性侧索硬化症的多能干细胞疗法

肌萎缩性侧索硬化（ALS）即我们俗称的"渐冻症"，是一种快速进行性神经退行性疾病，由神经生物学家 Jean-Martin Charcot 于 19 世纪 70 年代首次描述，最初被称为 Charcot 硬化症。在美国，这种疾病也被称为 Lou Gehrig 病，以纪念 20 世纪 30 年代患上这种疾病的棒球运动员。ALS 以初级运动皮层、脑干和脊髓中的运动神经元（MNS）为目标，在 2~5 年内导致肌肉萎缩、瘫痪和呼吸衰竭死亡。全球 ALS 的估计发病率为 2/100 000，患病率高达 7.4/100 000[34]。一般来说，第一个症状出现在平均年龄为 50 岁的家庭性 FALS 和 60 岁的散发性 SALS，发病可能发生在非常年轻的人或老年人身上。5%~10%的 ALS 是家族性的，具有孟德尔遗传模式。ALS 会以常染色体显性、常染色体隐性或 X 连锁的方式遗传。对于大多数 ALS 来说，发病都是散发性的、多因素疾病，许多致病机制影响疾病的发生和进展，包括轴突运输失败、氧化应激、线粒体功能障碍和谷氨酸介导的兴奋性毒性。

虽然在过去几年中对 ALS 的分子机制有了较多的了解，但是这些研究发现并未转化成新的药物，利鲁唑是目前唯一一种在提高病人生存率方面仅有适度疗效的药物，通过阻断谷氨酸释放的兴奋性毒性对运动神经元变性具有保护作用。随着干细胞技术的进步，干细胞疗法被认为是治疗 ALS 的新方法。干细胞可以通过替换那些已经死亡的细胞在神经退行性疾病中起作用，也可以通过其他机制恢复功能。在细胞置换的情况下，ALS 的实质性改善需要具有运动神经元特性的细胞。运动神经元可以在体外由各种来源的干细胞产生，包括胚胎干细胞（ESC）、诱导多能干细胞（iPSC）和神经干细胞（NSC）。

胚胎干细胞（ESC）是哺乳动物胚胎胚泡期内细胞团衍生的多能干细胞。ESC 的两个特征是：具有无限自我更新的能力；分化为三个胚层的能力，即内胚层、中胚层和外胚层。使用各种细胞信号分子，ESC 可以分化为神经细胞，多巴胺能神经元、星形胶质细胞、少突胶质细胞和小胶质细胞。使用 ESC 治疗 ALS 的一个潜在方法可能是用新的 MNS 替代退化的 MNS。以前的研究已经证明，从 ESC 中提取的 MNS，在移植到成年啮齿动物脊髓后，可能会保留运动神经元损伤的分子和功能特性。一项研究表明：在受 ALS 影响的 SOD1 大鼠模型的脊髓内移植小鼠 ESC 诱导产生的 MNS，使大鼠 ALS 得到改善。然而，移植周围没有可见的轴突投射，对神经肌肉连接的形成没有影响，对动物的寿命没有长期影响，移植物存活率很低[35]。考虑到上述事实，直接替换丢失的 MNS 是否会影响 ALS 的进程是值得怀疑的。ESC 的快速增殖及其对不同环境的适应性有利于动物模型移植后肿瘤的形成。ESC 的致瘤性是阻碍这些细胞临床应用的原因之一，目前仍在研究中。此外，人 ESC 的严格监管要求及其有限的供应阻碍了对 ESC 在 ALS 治疗中应用的研究。

诱导多能干细胞是一种用于自体移植的新型干细胞。它们具有与 ESC 相似的特征，但没有伦理问题，降低了免疫排斥的风险。有证据表明，人的 iPSC 可以诱导产生神经祖细胞，神经祖细胞具有诱导星形胶质细胞分化和移植后在脊髓中存活的能力。此外，有研究结果表明，ALS 病人和小鼠 iPSC 可有效生成 MNS 和 NPC。然而，需要进行研究以确定其迁移能力及其对疾病症状的有效影响。在该研究中，未确定递送细胞的轴突生长或突触形成，并且移植对功能性结果（如运动缺陷或疾病进展）的影响也未发现。另一方面，具有高醛脱氢酶（ADH）活性和整联蛋白 VLA4 阳性的人 iPSC 衍生的神经祖细胞的静脉内和脑内给药改善了 ALS 转基因小鼠的神经肌肉功能、疾病表型和存活。由于 iPSC 重编程技术处于早期阶段，使用这些细胞治疗 ALS 的临床试验信息有限。这可能与 iPSC 具有肿瘤形成的风险有关。然而，有证据表明，最大限度地标准化 iPSC 培养和分化条件，可能导致未分化细胞数量减少，这将阻止畸胎瘤的形成。神经干细胞（NSC）是指位于发育成熟的中枢神经系统中的祖细胞群，特别是位于大脑的神经元区域，如室下区和亚颗粒区。神经元生态位提供了一个特殊的微环境，决定了神经干细胞的寿命和命运。这与这些细胞的旁分泌效应有关，包括细胞与细胞的接触，以及细胞与细胞外基质特定成分的相互作用。此外，这些未分化的细胞可能在炎症性中枢神经系统疾病的细胞替代方面发挥"旁观者"作用。

　　NSC 具有很高的自我更新潜力、多潜能特性，即产生所有主要神经元、星形细胞和少突胶质细胞的能力，以及体外再生能力。由于这些特点，它们是 ALS 治疗应用的一个很有前景的工具。对动物模型的研究表明，运动神经元变性激活了中枢神经系统的内源性 NSC 池，使脊髓内的神经发生增殖、迁移和刺激，这是一种自然的防御机制，然而这些细胞的数量似乎不足以对抗这种疾病与 ALS 相关的晚期退行性病变。在 SOD1 大鼠中，人神经干细胞脊髓内应用延长了 10 天以上的寿命，对运动神经元的数量和功能有保护性影响。移植的神经干细胞表现出参与脊髓整合、宿主神经干细胞分化和功能性突触的形成等特性。在另一项研究中，将人神经干细胞注射到 ALS 大鼠的腰椎中，发现移植细胞附近的运动神经元数量和功能暂时改善。然而，距离移植腰椎区域较远的运动神经元没有得到保护。最近，一个由 11 名独立的 ALS 研究人员组成的联盟已经证明，将 NSC 导入转基因小鼠模型可以延缓临床症状的发生和进展，改善运动功能。在这些实验中，还发现 25%的 NSC 处理的 ALS 小鼠的寿命延长了近 12 个月（比未处理的小鼠长 3 倍）。应当强调的是，在神经干细胞的功能特性中，它们通过神经营养（体液）和抗炎活性来支持已有的受损神经干细胞。NSC 和其他干细胞产生及代谢各种免疫调节分子，这些分子调节细胞迁移、生长和分化，并导致神经发生和血管生成过程。

4. 小头症的多能干细胞疗法

　　小头症即头小畸形，是一种大脑皮质神经祖细胞增殖障碍和死亡所致的神经系统发育异常性疾病，定义为头围小于特定年龄和性别平均值的 2 个标准差。大部分病人会表现出不同程度的智力障碍、运动功能差、言语不良、面部特征异常等，情况严重时还可能会危及生命。小头症的诊断包括妊娠期间和出生后的诊断。妊娠期间，可以通过超声检查对胎儿进行诊断，但时间需在妊娠中期或晚期。出生后，小头畸形可以通过直接测量头围来确定，若怀疑婴儿患有小头畸形，还可以通过其他测试帮助确认诊断。磁共振成像可以提供关于婴儿大脑结构的重要信息，帮助确定新生儿在怀孕期间是否有感染，基因检测和染色体微阵列可以确定根本原因。目前，小头症还没有治愈方法，治疗的重点是管理病情和缓解相关的健康问题。患有轻度小头畸形的婴儿通常只需要常规检查，病情较严重的婴儿需要早期干预来加强他们的身体和智力水平。

　　小头症的病因包括遗传因素、环境因素和母体因素。妊娠期感染、染色体异常、环境毒素暴露和代谢性疾病等均可能导致小头症的发生。例如，在妊娠期间感染了风疹、弓形虫病、巨细胞病毒、寨卡病毒均可能导致小头症。其中，寨卡病毒（Zika virus，ZIKV）是一种主要由蚊媒传播并可引发急性传染病的黄病毒，近年开始在全球快速蔓延。2016年巴西流行高峰期间，小头症的报告发病率比往年平均值增加了 26 倍。流行病学研究显示二者在时间和地域上有相关性，已有陆续的实验证据证实怀孕期间感染寨卡病毒是导致小头畸形和其他严重胎儿脑缺陷的原因。2016 年，有研究人员用寨卡病毒感染人皮层神经前体细胞（human cortical neural progenitor，hNPC），发现其可有效感染 hNPC，产生传染性病毒颗粒，导致 hNPC 细胞发育周期和转录失调，甚至造成神经前体细胞的死亡，进而可能影响胎儿的大脑发育 [36]。

　　相比一般体外实验，类器官 3D 模型能模仿人类器官形成过程，在研究寨卡病毒与小头症关系中受到各国研究者的青睐。发育中大脑皮层的各种组织，包括不同的神经祖细胞层和神经元层，不能在单层或神经球培养物中充分建模。相反，来自 iPSC 的大脑类器官可以在很大程度上模拟内源性人脑发育，具有相似的结构组织、特性和分子特征。大脑类器官 3D 模型系统的建立，可以直接研究 ZIKV 感染对皮层厚度的影响，并可以更准确地模拟胎儿大脑的发育轨迹。2016 年，有研究人员利用诱导多能干细胞（induced pluripotent stem cell，iPSC）培养成为神经干细胞（neural stem cell，NSC）、神经球和大脑类器官。神经球呈现神经发生的早期特点，大脑类器官模拟孕期前三个月胎儿大脑新皮质，以探索感染 ZIKV 在神经发生和三维培养模型生长过程中的后果。结果证实感染寨卡病毒会诱导 iPSC 来源的神经干细胞死亡，进而导致神经球形态异常、生长受阻，大脑类器官的生长速度减慢 [37]。此外，也有研究者通过大脑类器官模拟了不同妊娠阶段胎儿大脑感染 ZIKV 的影响。将 ZIKV 分别作用于 14 天、28 天和 80 天的大脑类器官以模拟 ZIKV 对不同胎龄大脑的作用，观察到神经元层厚度的显著减少，类似于小头症。同时发现即使在大脑发育早期阶段低剂量、瞬时接触 ZIKV，也会随着时间的推移而产生日益严重的影响 [38]。

　　基于干细胞的研究在短时间内取得了显著进展。尽管这些研究仍处于初步阶段，但是为小头症发病机制的探索奠定了基础，并为其未来干预和治疗策略提供了方向。

14.2　基于成体干细胞的再生医学转化

14.2.1　成体干细胞移植

1. 概述

　　与胚胎干细胞或多能性干细胞所对应的是成体干细胞（adult stem cell）。成体干细胞或者组织特异性干细胞是存在于机体各种组织器官内部的干细胞类型，在组织器官发育、稳态维持和损伤修复过程中起到了重要的作用。最早被人们认识的成体干细胞是骨髓造血干细胞，造血干细胞通过不断的自我更新和分化，产生机体的造血系统和免疫系统的各种细胞类型。其后，多种组织的成体干细胞被鉴定出来，如皮肤干细胞、神经干细胞、胃肠道上皮干细胞、角膜缘干细胞、肺干细胞和肝干细胞等。这些干细胞具有干细胞最基本的特性，即具有自我更新能力与分化产生特定组织器官中各种细胞的能力。

相对于多能性干细胞，虽然成体或组织干细胞具有相对有限的分化能力，仅能产生特定组织的细胞类型。但在临床转化的应用中，成体干细胞也具有独特的优点。第一，由于成体干细胞存在于机体内部，可以从病人自身的体内获得，从而保障其来源；第二，正因为成体干细胞较为限定的分化能力，相对于胚胎干细胞较长和复杂的分化路径，成体干细胞具有相对可控和简单的分化过程及较低的致瘤风险，其分化得到的功能性细胞也具有较好的成熟度；第三，成体干细胞可以从病人自身获取，应用自体干细胞可以避免组织相容和免疫排斥的问题。但是，成体干细胞的一些缺点也限制了其临床应用。长期以来，除了少数细胞类型（如造血干细胞），成体干细胞在体内的存在的位置，以及它的鉴定和分离都是相对困难的；另外，成体干细胞在体内往往需要复杂的体内微环境来维持其自我更新，其分化也受到多种因素的调控，这往往决定了成体干细胞的体外培养和扩增的难度。但随着科学研究的深入和多种研究技术如单细胞测序、谱系追踪和类器官技术的发展，这些问题被逐渐攻克，成体干细胞的临床应用也越来越广泛。实际上，基于成体干细胞治疗遗传性疾病、退行性疾病或组织损伤的尝试从未中断。新的方法和策略也在不断的探索中[39]。

从原理上来说，用成体干细胞来治疗疾病，主要利用的是干细胞的自我更新和分化的能力。自我更新能力保证了我们可以扩增成体干细胞，获得大量的具有干细胞特性和能力的细胞。而利用分化能力，我们可以从这些干细胞获得特定组织和器官所需的功能性细胞，从而弥补和替换在损伤或疾病中缺失的或者丧失功能的细胞。根据具体的应用方式，我们一方面可以在体外扩增干细胞，并将其移植到病人体内来治疗疾病；另一方面，我们也可以通过各种手段直接在病人体内操纵病人体内存在的干细胞或其他细胞的行为，达到促进损伤修复和治疗疾病的目的。同时，我们也应该注意，虽然干细胞的再生医学应用常常也包含各种涉及干细胞或其他类型细胞的临床应用，如利用细胞的营养作用、抗炎作用、免疫调节作用或其他未知或不明确的作用来进行疾病的治疗，但将干细胞应用于再生医学，其根本原因在于干细胞的自我更新和分化产生功能性细胞的能力。在此，我们将重点讨论真正的利用干细胞的再生能力来产生新的、健康的组织的临床应用。

2. 造血干细胞移植

干细胞移植是最显而易见的一种再生医学治疗策略。实际上，干细胞移植应用于临床疾病的治疗已经有超过半个世纪的历史。1957 年，第一例来源于健康人的骨髓细胞被移植入经过放疗和化疗的病人体内，其中起主要作用的细胞就是造血干细胞[40]。其后，骨髓造血干细胞移植被成功地用来治疗急性白血病，接受了化疗和全身放射性疗法的病人被移植入来源于白细胞抗原配型相同的健康的家族成员的造血干细胞[41]。移植的骨髓中的造血干细胞可以重建病人的造血系统和免疫系统，从而缓解或治愈疾病。另外，造血干细胞移植也可以用来治疗一些血液系统或免疫系统的遗传性疾病。通过清除病人自身带有缺陷的血液或免疫系统，并移植入来自健康人的造血干细胞来重建一套健康的血液或免疫系统，从而根治疾病。例如，1968 年，这一策略被第一次成功地用于治疗一名 5 个月大的患有 X-连锁重症联合免疫缺陷的婴儿[42]。

经过 60 多年的发展和完善，造血干细胞移植在降低放化疗毒性、感染风险、移植物抗宿主病（GVHD）等方面不断进步，但异体干细胞移植仍不可避免地面临多种挑战，如供体来源、免疫配型、免疫排斥等。另外，除了从健康的他人获取造血干细胞之外（即异体造血干细胞移植），病人自身的造血干细胞也可以用来治疗相关疾病（即自体造血干细胞移植）。自体干细胞移植从根本上可以避免由免疫配型所带来的免疫排斥或 GVHD，因此也具有独特的优势。自体造血干细胞移植可以用来在癌症治疗的放疗过程中保留病人的造血干细胞，在放疗之后通过回输自体造血干细胞从而重建病人的造血系统和免疫系统。

通过结合基因治疗，自体干细胞移植可以被有效地用来治疗包括原发性免疫缺陷、再生障碍性贫血、代谢相关疾病等。例如，GSK 公司的 Strimvelis 是第一个获批在临床上应用的自体干细胞疗法。Strimvelis 用于治疗由腺苷脱氢酶缺失所引起的严重联合免疫缺陷（ADA-SCID）。通过获取病人自身的造血干细胞，在体外进行培养并感染表达人腺苷脱氢酶（adenosin deaminase）的丙型逆转录病毒（gamma-retrovirus），使这些细胞重新获得表达腺苷脱氢酶的能力。之后将这些细胞回输入病人体内，从而使疾病得到缓解或治愈[43]。

自体和异体造血干细胞移植涉及干细胞的获取、干细胞的储存、可能的基因改造，以及重新递送入病人体内这一系列操作，需要遵循严格的要求。目前，造血干细胞的来源包括自体或异体骨髓、外周血和脐带血，其中，造血干细胞的数量问题是限制造血干细胞临床应用的一个重要因素，而造血干细胞的体外扩增是解决这一问题的一个重要手段，也是目前这一领域研究的重要方向之一。对于造血干细胞自身特性及造血干细胞微环境的深入研究，将为实现造血干细胞的体外扩增提供重要的理论基础。

3. 上皮干细胞移植

另外一种被广泛用于临床的干细胞类型为上皮干细胞。实际上，在 1981 年，经过体外培养的自体皮肤上皮细胞就被用来移植到烧伤部位，从而治疗皮肤损伤[44]。虽然在当时，这些细胞还没有被称为干细胞，但这些细胞符合干细胞的基本定义，即具有自我更新能力和分化能力。其后，人们了解到，培养体系中存在能够长期自我更新的表皮干细胞是这些细胞成功进行移植的必要条件[45]。

类似的，角膜上皮干细胞或角膜缘干细胞也被长期用来进行角膜损伤的治疗。角膜的透明对于视觉非常重要，而维持角膜透明一方面需要角膜的无血管化，另一方面也需要健康完整的角膜上皮。角膜上皮的维持和损伤修复需要角膜缘干细胞的存在。在某些情况下，如化学烧伤，会造成严重的角膜损伤，引起角膜缘干细胞的缺失。在这种情况下，角膜上皮细胞无法得到补充，而结膜上皮和新生血管会入侵角膜组织，造成角膜混浊和视力丢失。虽然异体角膜移植可以恢复视力，但长期的维持取决于移植后的角膜是否保有正常的角膜缘干细胞，否则最终仍会造成结膜上皮的入侵。解决这一问题的一种方法是通过体外培养扩增病人的自体角膜缘干细胞，并进行自体移植[46]。从自体角膜的健康部位取出 1~2 mm² 的组织，经过体外培养扩增，就可以得到足够两只眼睛移植所需的角膜缘干细胞（图 14-4）。在这其中，临床上的移植成功率在很大程度上取决于培养得到的上皮细胞中表达 ΔNp63 的干细胞数量和比例[46]。2015 年，欧盟批准上市的用于治疗因物理或化学因素所致眼部灼伤导致的中度至重度角膜缘干细胞缺乏症的自体干细胞药物 Holoclar 就是基于这一原理。

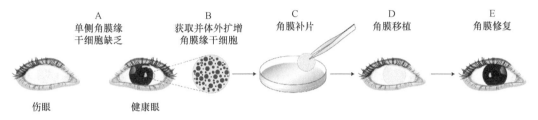

图 14-4　角膜缘干细胞移植[39]

A. 对于单侧角膜损伤的病人，从健康眼角膜部位取出 1~2 mm² 的角膜组织。B. 在体外培养扩增角膜缘干细胞。C. 将角膜缘干细胞培养在纤维蛋白基质上，形成可供移植的组织工程角膜上皮。D. 将形成的角膜上皮移植到伤侧的角膜部位。E. 移植后的角膜具有正常功能，且可以长时间稳定维持正常的自我更新，从而恢复伤侧眼睛的视力

4. 细胞移植面临的困难与挑战

虽然成体干细胞的移植在临床上已经被用来解决很多传统药物无法解决的难题，但通过干细胞移植来促进组织修复和再生也面临着很多问题和挑战。从原理上来说，干细胞移植的过程需要涉及干细胞的鉴定与分离、干细胞的储存与体外扩增、干细胞的移植与整合，以及整合后干细胞的长期定植和功能的发挥。这其中的每一个过程都面临着诸多挑战。例如，虽然造血干细胞的鉴定与分离已经有相对完善的方法，人体很多其他组织的干细胞仍然缺乏有效的鉴定与分离方法；成体干细胞的体外培养和扩增对于多种组织的干细胞（包括造血干细胞、上皮干细胞、神经干细胞等）来说仍然是一个需要解决的问题；对于多种组织和器官，移植的干细胞的存活及有效整合效率仍然很低，移植后细胞往往面临着缺血、缺氧，以及炎症反应的环境，大部分的移植细胞在移植后的几天内会死亡；更进一步，移植的细胞是否能够正确分化并形成正确的结构，特别是在组织和器官仍然处于疾病、炎症、衰老的状态下；对于异体干细胞移植、长期免疫抑制也是一个不利因素。这些问题都有待解决。

14.2.2　调控内源性干细胞促进组织再生

1. 概述

除了移植外源成体干细胞来促进损伤修复和再生，成体干细胞用于临床治疗的另外一个重要策略是直接调控机体内源的干细胞。人体的很多组织和器官中存在着大量组织特异的干细胞。在组织损伤的情况下，这些干细胞本身就可以被调动起来，通过复制和分化修复受损的组织和器官。但在很多疾病中，特别是在衰老的情况下，体内的成体干细胞不足以提供完全的损伤修复功能。此时，除了通过体外扩增干细胞进行移植，我们也可以利用各种生物学、药物化学、生物工程学等手段，直接在原位调控体内的成体干

细胞，激活或增强其在损伤部位的增殖和分化能力，从而促进组织的损伤修复。这也是近年来发展的一种新的治疗策略。实际上，相对于干细胞移植，这一策略具有很多独特的优势。例如，无需外源干细胞的植入，从而避免了免疫排斥的问题；同时，内源干细胞可以利用机体已经存在的组织结构，具有较低的整合障碍。这一策略的发展，得益于对于组织干细胞自身调控机制，以及干细胞与微环境（niche）之间关系的深入研究。

成体干细胞的自我更新和分化能力由其自身特性，如基因表达和表观状态所决定，但其行为却是外源信号与干细胞内部调控网络所共同作用的结果。成体干细胞在体内的各种行为，包括静息、激活、增殖、自我更新、分化、迁移、凋亡等，都受到外源信号的影响和调控，这些外源信号共同组成了干细胞的微环境。组织的损伤往往会释放一些信号，如 Wnt、Hedgehog、炎症信号等，激活组织中的成体干细胞，使其激活并发挥损伤修复的功能。但很多情况下这些信号不足以完全激活干细胞。通过外源提供能够调控干细胞各种行为的生物学或化学信号，我们就可以利用体内存在的成体干细胞，再生损伤的组织或功能。若要靶向组织中存在的成体干细胞，我们首先需要回答一系列基础的问题。例如，在特定的组织中，哪种细胞是组织干细胞？这些干细胞有什么特性及功能？它们的各种行为，包括自我更新和分化过程是如何调控的？通过什么样的方法可以控制这些干细胞产生特定的行为等。长期以来，只有少数种类的成体干细胞类型被鉴定出来。但近年来，随着新的方法，如谱系追踪和类器官培养体系的应用，一系列成体干细胞被明确鉴定出来，这些干细胞的特性及调控方式也被逐渐认识。这为直接靶向机体内源成体干细胞打下了基础。

2. 干细胞微环境

干细胞微环境的假设最早在 1978 年由英国科学家 Ray Schofield 提出[47]。这一假设描述了造血干细胞和它所处物理环境之间的关系，即干细胞自我更新或维持其自身特性的能力并不是与生俱来的，而是由其所处环境调控的。干细胞的子代细胞如果不能占据类似的微环境，就会走向分化的命运。干细胞微环境的概念在当时只是一种没有任何直接证据的理论，但随着人们对成体干细胞的调控及其所处体内环境的深入研究，人们已经可以精确地鉴定多种成体干细胞及维持这些干细胞所需要的微环境，包括生殖干细胞、毛囊干细胞、神经干细胞、肌肉干细胞、骨髓造血干细胞、胃肠道干细胞等。这些干细胞在体内存在于一些特殊的位置，这些位置具有特定的结构、细胞组成、细胞外基质成分、可溶性因子成分等要素。这些要素则共同组成了维系这一环境中干细胞自我更新所需的微环境。

总的来说，干细胞的微环境由多种组成成分构成（图 14-5）。其中包括干细胞与微环境细胞之间直接的相互作用、分泌的可溶性因子、细胞外基质、其他因子（包括炎症信号、免疫信号、代谢信号，以及剪切力、组织硬度等生物物理信号）[48]。广义的干细胞微环境可以包含干细胞所处环境中所有直接或间接作用在干细胞上，并对干细胞特性的维持起到调控作用的各种因素。在这其中，不同干细胞的维持需要不同的微环境信号，并对某些特定的关键信号的变化做出响应，从而维持或改变其状态[49]。

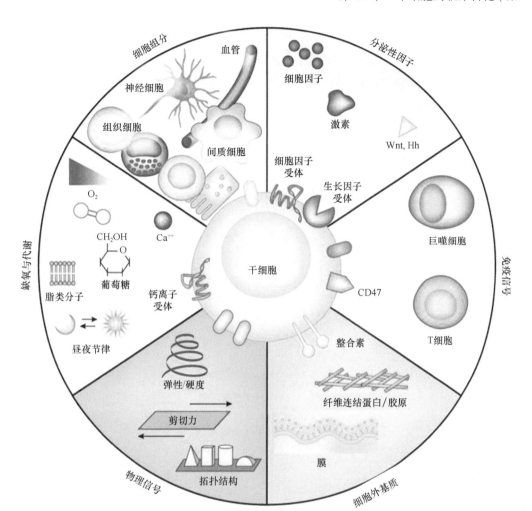

图 14-5　干细胞微环境[49]

1）细胞组分

微环境中的细胞组分是干细胞微环境的重要组成部分。这些细胞通过分泌可溶性因子（如 Wnt 蛋白），或者通过直接的细胞与细胞之间的物理接触来提供关键的微环境信号（如 Notch 信号）。例如，在小鼠小肠干细胞的微环境中，关键的信号分子，包括 EGF、Wnt、Notch 和 BMP 信号之间的相互作用，决定了小肠干细胞是否能够维持干细胞的状态，并进一步影响了小肠干细胞脱离干细胞微环境之后的分化方向[50]。而与小肠干细胞直接接触的潘氏细胞，则为小肠干细胞提供了重要的信号分子，包括 EGF、Wnt 和 Notch 配体，从而维持了干细胞自我更新的状态[51]（图 14-6）。在骨髓造血干细胞的微环境中，多种细胞类型，包括成骨细胞、血管内皮细胞、脂肪细胞、免疫细胞等通过分泌多种因子，包括 CXCL12（SDF-1）和 SCF 等，来维持骨髓造血干细胞的状态[52]。这些微环境中的细胞一方面维持其中干细胞的状态，另一方面也通过限制体系中干细胞的数量来维持组织的稳态。例如，在小肠中，Lgr5 小肠干细胞通过竞争与潘氏细胞的直接接触来决定子代细胞是否能够维持干细胞状态，只有能够与潘氏细胞直接接触的子代细胞才能够继续维持在自我更新的状态，而远离潘氏细胞的子代细胞则走向分化的命运[53]。这样，小肠干细胞就被限制在隐窝底部存在潘氏细胞的位置，且每个隐窝底部的干细胞也被限定在一定的数量，从而使小肠上皮能够维持正常的更新换代。

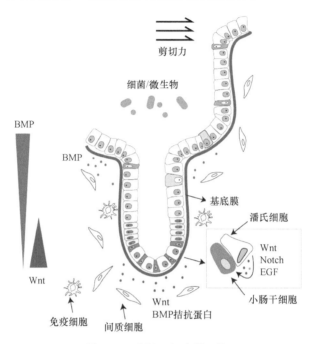

图 14-6　小肠干细胞微环境

小肠干细胞的微环境中包含多种成分，如细胞组分（免疫细胞、间质细胞、潘氏细胞）、可溶性因子（Wnt、BMP 拮抗蛋白、EGF）、细胞外基质（基底膜）等[65]

2）可溶性分泌因子

除了微环境细胞与干细胞之间直接的相互作用，可溶性分泌因子在调控干细胞命运方面也起到了重要的作用。可溶性分泌因子包括由微环境细胞分泌的重要信号分子，如Wnt 蛋白、BMP、Hedgehog 等。这些信号可能通过短距离作用，调控微环境中干细胞的行为。可溶性因子也包括很多远距离作用的信号分子，例如，由血液循环带来的内分泌激素，如胰岛素样生长因子（IGF）和代谢信号等。这些信号可能反映了机体的整体生理状态对于局部干细胞的调控。实际上，通过调控干细胞微环境来进行疾病的治疗在临床上已有广泛的应用。例如，通过注射粒细胞集落刺激因子（G-CSF），可以促进造血干细胞的增殖和活化，在治疗肿瘤的放疗或化疗过程中可以起到保护造血干细胞的作用[54]；也可以用于外周血干细胞移植时造血干细胞的动员，或促进造血干细胞移植之后的造血重建。基于这一原理，通过调控干细胞所处的微环境，从而调控干细胞的行为来促进组织损伤修复或其他疾病相关的临床应用，是一个活跃的研究领域。而这其中的关键问题，是我们如何鉴别在特定疾病中能够调控体内组织干细胞的微环境组分或微环境信号，并将这些信号递送入体内用于疾病的治疗。多数的微环境因子是一些微环境细胞在组织发育、组织稳态维持，以及组织损伤修复过程中所表达的蛋白质分子，如 Wnt、Tgf-β、SCF 等，而一种可能更为有效的策略是通过筛选鉴定能够调控组织干细胞的小分子化合物。这些能够调控干细胞体外和体内行为的小分子化合物有潜力作为先导化合物，经过进一步的开发和优化，成为治疗特定疾病的药物。例如，由耳蜗毛细胞损伤造成的感音神经性耳聋目前还没有任何有效的治疗方法，其原因在于哺乳动物（包括人）的耳蜗毛细胞在损伤后无法再生。但在毛细胞损伤的情况下，耳蜗支持细胞则具有再生毛细胞的潜力。利用小分子化合物靶向残存的耳蜗支持细胞，有可能诱导支持细胞的复制和进一步分化产生新的毛细胞，从而使听力损伤得到逆转[55]。

3）细胞外基质

细胞外基质是另外一种重要的微环境组分。不同的干细胞可能处于不同的细胞外基质环境中，这些细胞外基质由不同成分的胶原蛋白（collagen）、层粘连蛋白（laminin）、纤连蛋白（fibronectin）等构成，并通过与细胞表面的整合素蛋白受体相互作用，从而为干细胞提供锚定信号、存活信号及命运决定的信号。细胞外基质在临床上的广泛应用已经有较长的历史。脱细胞成分的细胞外基质，如猪小肠的黏膜下层细胞外基质（SIS）和人的脱细胞真皮基质，在多种疾病的治疗上都有广泛的应用，包括腹壁疝（ventral hernia repair）、骨骼肌重建（musculoskeletal reconstruction）、食道重建、面部重建、心脏修复等[56]。这一细胞外基质成分可以作为外科手术中的生物材料，植入创口表面或内部，从而作为组织修复过程中的支架，为干细胞的募集与定植、其他细胞成分的黏附与存活，以及后续的神经和血管生成，提供必要的结构支持和生物化学信号。细胞外基质对于干细胞的调控不仅依赖于其组成成分，它的物理性质，包括硬度、弹性、表面结构等都可以影响其中干细胞的行为。这些特性已经被用在体外扩增一些成体干细胞，如肌肉干细胞[57]和造血干细胞[58]。体外培养的细胞通常培养在坚硬的塑料培养皿里（10^6 kPa），但肌肉干细胞的扩增中，只有将其培养在与体内肌肉类似硬度（12 kPa）的水凝胶上时，这些干细胞才能在体外维持其自我更新的能力，且能够在移植到小鼠的骨骼肌上时定植并产生新的肌肉组织[57]。类似的，造血干细胞的体外扩增中，将人或者小鼠的造血干细胞培养在弹性蛋白基质上，相对于在失去弹性的基质上培养，扩增效率能够提高 2~3 倍[58]。

3. 直接靶向干细胞

除了通过靶向机体干细胞及其微环境组分来调节干细胞的功能，另外一种调节干细胞行为的策略是直接靶向机体内细胞或者干细胞的内源调控机制，即通过改变细胞的基因表达来操控细胞的命运，从而达到治疗疾病的目的。这一策略可以结合基因治疗，利用载体将特定基因导入体内的细胞，改变细胞的命运，再生损伤中缺失的细胞。例如，在低等动物（如鱼类和鸟类）中，内耳支持细胞和视网膜中的米勒胶质细胞都具有再生内耳毛细胞或视网膜感光细胞的能力，在内耳毛细胞或视网膜感光细胞损伤的情况下，这些细胞会被激活，通过增殖与分化产生新的功能细胞，修复组织损伤。但在哺乳动物中，这些细胞丧失了这种损伤修复的能力。通过靶向这些具有一定再生潜力的细胞，使其激活并获得再生能力，就有希望达到疾病治疗的目的。在感音神经性耳聋中，毛细胞的再生可以通过将 *Atoh1* 基因导入耳蜗中存在的支持细胞中，使支持细胞发生转分化，产生新的毛细胞，从而再生听力[59]。在视网膜中，感光细胞的再生可以通过在米勒胶质

细胞中过表达 β-catenin 以促进其重新进入细胞周期。同时，通过腺相关病毒将 *Otx2*、*Crx* 和 *Nrl* 三个基因导入增殖的米勒胶质细胞中，使其分化产生新的感光细胞[60]。

14.2.3 治疗性重编程

1. 概述

近年来关于诱导多能性干细胞及细胞重编程的深入研究，为体细胞或者成体干细胞在再生医学中的应用带来了新的启示。人们发现，细胞的命运并非一成不变，而是具有很强的可塑性。各种终末分化的体细胞可以通过导入 Oct4、Sox2、c-Myc、Klf4 等转录因子，或者表达这些转录因子的 mRNA，或者通过特定的小分子化合物处理，重新获得分化产生各种细胞类型的能力。这提示了人们通过类似的方法和机制使体细胞获得更强的可塑性或更强的功能，使其能够获得原本不具有的分化能力或者新的功能，包括更强的增殖能力、存活能力、靶向损伤部位的能力、定植能力等，从而达到疾病治疗的效果。

2. 体外调控细胞

治疗性重编程的临床应用可以通过获取病人的体细胞，在体外对细胞进行处理，使其获得新的特性或增强的功能，并将其重新移植入体内；也可以利用生物学或化学因子、基因等直接靶向体内的体细胞或者干细胞，通过调控其干性、存活能力、静息与增殖、分化能力、与其他细胞之间的相互作用等特性，从而改变或影响体内细胞的命运、状态、功能，使其获得新的特性和功能，最终改变疾病进程。例如，骨髓或外周血造血干细胞移植已经被广泛应用于造血系统和免疫系统相关的疾病治疗。但移植后干细胞的存活率，以及干细胞归巢、增殖及分化的效率都有待提高。通过体外对造血干细胞进行处理，有希望在这些方面增强移植细胞的功能，从而达到更好的治疗效果[61]。另一个在临床上已广泛应用的例子是癌症的 T 细胞疗法（嵌合抗原受体 T 细胞疗法，CAR-T），通过在体外改造病人的 T 细胞，使其能够特异地识别并攻击病人体内的癌细胞[62]。在 HIV 的治疗过程中，"柏林病人"和"伦敦病人"通过移植经过改造的造血干细胞，使其 *CCR5* 基因携带能够抵抗 HIV 病毒感染的突变——*CCR5 Δ32* 突变，从而在病人体内彻底清除 HIV 病毒，达到治愈 HIV 病毒的目的[63]。

3. 体内直接重编程

治疗性重编程的另一个例子是体内直接重编程，通过诱导体内细胞转分化，促进组织损伤再生或疾病的恢复。在很多退行性疾病中，如在皮肤、肺、肝、肾脏、心脏等损伤的情况下，正常的上皮组织细胞结构会被成纤维细胞所占据，造成组织纤维化。通过诱导损伤部位的成纤维细胞转分化成为正常的组织细胞类型，如神经、心肌、肝实质细胞等，一方面可以降低组织纤维化，另一方面也可以促进组织功能的恢复和损伤的修复。这一策略在多种组织中已得到了原理性的验证。例如，通过在小鼠或人的成纤维细胞中导入组织特异的转录因子，可以将成纤维细胞重编程为功能性的神经元、心肌细胞、肝实质细胞、胰腺 β 细胞等。用基因治疗的方法将这些转录因子导入损伤部位的成纤维细胞中，有可能促进组织的原位修复。更进一步，通过筛选鉴定能够诱导特定组织重编程的小分子化合物，也可以开发基于小分子药物的体内治疗性重编程的治疗方法[64]。

14.2.4　类器官用于临床

1. 概述

类器官技术是近年来建立起来的一种新的干细胞体外培养技术。类器官可以从成体干细胞、胚胎干细胞、诱导多能性干细胞及肿瘤组织产生[65]。第一个基于成体干细胞的类器官体系是小鼠的小肠类器官体系。体外分离的小肠隐窝组织或者单个小肠 Lgr5 干细胞可以在体外培养于富含层粘连蛋白（laminin）的三维基质胶中，在多种蛋白因子，包括 EGF、Noggin 和 R-Spondin1 的存在下，自发地形成三维的结构[66]。这一结构与体内的小肠上皮结构类似，都包含隐窝和绒毛的区域，同时还包含多种小肠上皮的细胞类型。其后，多种类器官培养体系被迅速建立起来，包括肝、胰腺、胃、输卵管、前列腺等。类器官体系的建立得益于干细胞微环境的深入研究。类器官体系的建立，实际上是在体外模拟了干细胞的体内微环境，通过外源提供各种干细胞，维持自我更新所需要的微环境因子（如细胞外基质、生长因子、细胞与细胞之间的相互作用等），使其能够在体外维持自我更新的基础上，通过自发分化及自组织形成与体内类似的细胞类型和结构。

2. 类器官系统的临床应用

类器官系统作为一种新的组织和器官的体外模型，具有多种传统模型所不具备的优势。传统的生物学和医学研究模型，多采用肿瘤细胞的二维体外培养体系，或者单一细胞类型的三维培养体系。这些体系仅能模拟或包含体内细胞、组织和器官的部分参数及信息。相对于这些体系，类器官系统则包含了很多新的体内细胞、组织和器官的信息。例如，类器官系统包含了与体内类似的细胞类型、细胞功能、细胞之间的组织结构、干细胞自我更新与分化的过程、干细胞与微环境细胞之间的相互作用、细胞与细胞外基质之间的相互作用等。因此，类器官系统可以看成是连接传统二维细胞培养体系与体内模型的一个桥梁，为研究机体发育、稳态维持、疾病发生发展等生理学过程提供了一个新的模型。因此，类器官系统可以用来进行多种临床转化相关的研究[67]。

首先，成体干细胞的移植需要大量的干细胞，而多种成体干细胞的体外扩增一直是一个难以解决的问题。类器官中的干细胞可以维持与体内组织类似的特性及分化能力，因此类器官系统可以作为一种体外扩增组织干细胞的方法，为通过干细胞移植来进行疾病治疗提供源源不断的细胞来源。例如，小鼠的肠道上皮干细胞可以用类器官的形式进行体外扩增，之后移植到受损伤的肠道部位并整合形成正常的肠道上皮结构[68]。小鼠的肝细胞也可以以类器官的形式进行扩增，并移植到受损伤的小鼠肝中。

其次，类器官系统由于包含了体内干细胞与微环境的各种信息，因此可以用来研究组织干细胞的调控机制，为寻找调控组织干细胞的方法提供了一种工具。利用特定组织的类器官建立体外筛选体系，鉴定能够调控干细胞的小分子药物，以鉴定能够在组织损伤的情况下促进组织损伤修复的药物。另外，利用带有疾病突变的组织干细胞来建立类器官，可以得到特定疾病的体外模型。利用这样的体外模型进行生物学机制研究或体外药物筛选，可以用来研究特定疾病的发病机制及治疗方法。囊肿性纤维化（cystic fibrosis）是由 CTFR 基因突变造成的。在囊肿性纤维化的研究中，带有 CTFR 基因突变的小肠干细胞可以被用来建立小肠类器官模型。在这种模型中，药物 Forskolin 可以激活正常的 CTFR 基因，从而使带有正常 CTFR 基因的小肠类器官发生膨胀，而 Forskolin 对带有突变的小肠类器官不起作用。因此，这种类器官模型可以用来预测特定药物对带有特定 CTFR 基因突变的细胞的作用[69]。

更进一步，利用特定病人的细胞建立类器官模型，特别是在癌症治疗的过程中，利用特定病人的肿瘤细胞建立肿瘤类器官模型，可以用来筛选或检测对于这一病人起作用的药物，从而在个体化精准治疗的过程中发挥重要的作用。

14.2.5 面临的挑战

1. 概述

直接调控机体内源细胞进行疾病治疗具有很多细胞移植所不具备的优点。例如，这一策略利用病人的自体细胞，不会引起免疫排斥的问题；诱导原位修复也降低了细胞移植所面临的细胞存活及整合困难；通过递送蛋白因子、小分子化合物或者转录因子调控内源性细胞，也可以较好地利用机体已有的组织结构。同样的，这一策略也面临着很多挑战。无论是靶向组织干细胞、干细胞微环境，还是组织内的其他细胞类型，都面临着药物有效性、特异性和安全性的问题。在特定细胞上有效的药物也许在机体其他细胞上是有害的，例如，Wnt 信号通路的激活通常被用来促进组织再生和损伤修复，但同时，过度的 Wnt 通路的激活也会增加机体正常组织的致瘤风险。如何控制特定的药物特异地作用在特定细胞上，并达到有效的作用浓度和作用时间，但不影响机体其他的组织和细胞是一个需要解决的问题。多种策略也被利用来降低这种影响。例如，针对特定的组织，如内耳、眼睛、皮肤、膝关节，可以通过局部给药的方法来避免系统性的药物暴露。药学和生物工程学的一些方法也可以用来增加药物的靶向性，使其特异地作用在特定组织和特定细胞上，从而增加其有效性和安全性。

2. 新方法与新方向

利用成体干细胞来进行疾病治疗，无论是通过自体或异体干细胞移植，还是直接调控机体内源的干细胞或体细胞，都需要对于干细胞的调控机制有更为清晰的认识。一系列基础的生物学问题的解答将有助于将这一策略更好地推向临床疾病的治疗。例如，在各个组织或器官的发育和稳态维持过程中，何种细胞起到了干细胞的作用？这些干细胞有什么特性，表达什么基因，如何将其分离出来？这些细胞是如何维持其自我更新，又是如何调控其分化方向的？调控这些干细胞的微环境信号有哪些，干细胞与微环境的互作机制是怎样的？在疾病损伤、衰老等情况下，干细胞与微环境发生了怎样的改变？对于这些问题的解答，将为鉴定、分离、体外扩增，以及体内和体外调控干细胞的行为提供支持。近年来不断发展的新技术，例如，谱系追踪技术、单细胞测序技术、类器官培养及体外模型的建立等，也为解答这些问题提供了新的方法。特别的，谱系追踪技术和单细胞测序技术为在单细胞水平上寻找和鉴定机体干细胞，以及干细胞在组织和器官发育过程与稳态维持过程中的命运维持和转变过程提供了可能。而类器官技术则为体外扩增组织干细胞，以及体外模拟组织器官发育、稳态维持及疾病模拟提供了一个全新的平台，从而为研究组织干细胞的调控机制提供了一个新的工具，也为通过高通量筛选鉴定干细胞的调控方法提供了可能。这些新的知识和技术的不断积累，将为基于干细胞的再生医学从实验室走向临床应用打下坚实的基础。而将之真正应用于临床疾病的治疗，则需要基础研究和临床研究的紧密结合。

参 考 文 献

1　Ogurtsova K, Da Rocha Fernandes JD, Huang Y et al. Idf diabetes atlas: Global estimates for the prevalence of diabetes for 2015 and 2040. Diabetes Res Clin Pract, 2017, **128**: 40-50.

2　Chan JC, Zhang Y & Ning G. Diabetes in china: A societal solution for a personal challenge. Lancet Diabetes Endocrinol, 2014, **2(12)**: 969-979.

3　Lebovitz HE. Insulin secretagogues: Old and new. Diabetes Reviews, 1999, **7(3)**: 139-153.

4　Kahn SE, Haffner SM, Heise MA et al. Glycemic durability of rosiglitazone, metformin, or glyburide monotherapy. N Engl J Med, 2006, **355(23)**: 2427-2443.

5　Defronzo RA. Banting lecture. From the triumvirate to the ominous octet: A new paradigm for the treatment of type 2 diabetes mellitus. Diabetes, 2009, **58(4)**: 773-795.

6　Balamurugan AN, Naziruddin B, Lockridge A et al. Islet product characteristics and factors related to successful human islet transplantation from the collaborative islet transplant registry (citr) 1999-2010. Am J Transplant, 2014, **14(11)**: 2595-2606.

7　Rickels MR, Berney T, Stock P et al. Long term outcomes of allogeneic islet transplantation: The collaborative islet transplant registry (citr) 1999-2010. Transplantation, 2012, **94(10)**: 159.

8　Chetty S, Pagliuca FW, Honore C et al. A simple tool to improve pluripotent stem cell differentiation. Nature Methods, 2013, **10(6)**: 553-556.

9　Benthuysen JR, Carrano AC & Sander M. Advances in beta cell replacement and regeneration strategies for treating diabetes. J Clin Invest, 2016, **126(10)**: 3651-3660.

10　Radtke F & Clevers H. Self-renewal and cancer of the gut: Two sides of a coin. Science, 2005, **307(5717)**: 1904-1909.

11　Mccauley HA & Wells JM. Sweet relief: Reprogramming gastric endocrine cells to make insulin. Cell Stem Cell, 2016, **18(3)**: 295-297.

12　Gupta VG & Bakhshi S. Pediatric hematopoietic stem cell transplantation in india: Status, challenges and the way forward. Indian Journal of Pediatrics, 2017, **84(1)**: 36-41.

13　Ferber S, Halkin A, Cohen H et al. Pancreatic and duodenal homeobox gene 1 induces expression of insulin genes in liver and ameliorates streptozotocin-induced hyperglycemia. Nature Medicine, 2000, **6(5)**: 568-572.

14　Tang DQ, Shun L, Koya V et al. Genetically reprogrammed, liver-derived insulin-producing cells are glucose-responsive, but susceptible to autoimmune destruction in settings of murine model of type 1 diabetes. American Journal of Translational Research, 2013, **5(2)**: 184-199.

15　Zhou Q, Brown J, Kanarek A et al. *In vivo* reprogramming of adult pancreatic exocrine cells to beta-cells. Nature, 2008, **455(7213)**: 627-632.

16　Li W, Cavelti-Weder C, Zhang Y et al. Long-term persistence and development of induced pancreatic beta cells generated by lineage conversion of acinar cells. Nat Biotechnol, 2014, **32(12)**: 1223-1230.

17　Kim JH, Auerbach JM, Rodriguez-Gomez JA et al. Dopamine neurons derived from embryonic stem cells function in an animal model of parkinson's disease. Nature, 2002, **418(6893)**: 50-56.

18 Noisa P, Raivio T & Cui W. Neural progenitor cells derived from human embryonic stem cells as an origin of dopaminergic neurons. Stem Cells Int, 2015, **2015**: 647437.

19 Muramatsu S, Okuno T, Suzuki Y et al. Multitracer assessment of dopamine function after transplantation of embryonic stem cell-derived neural stem cells in a primate model of parkinson's disease. Synapse, 2009, **63(7)**: 541-548.

20 Grealish S, Diguet E, Kirkeby A et al. Human esc-derived dopamine neurons show similar preclinical efficacy and potency to fetal neurons when grafted in a rat model of parkinson's disease. Cell Stem Cell, 2014, **15(5)**: 653-665.

21 Hallett PJ, Deleidi M, Astradsson A et al. Successful function of autologous ipsc-derived dopamine neurons following transplantation in a non-human primate model of parkinson's disease. Cell Stem Cell, 2015, **16(3)**: 269-274.

22 Kikuchi T, Morizane A, Doi D et al. Human ips cell-derived dopaminergic neurons function in a primate parkinson's disease model. Nature, 2017, **548(7669)**: 592-596.

23 Gu Q, Wang J, Wang L et al. Accreditation of biosafe clinical-grade human embryonic stem cells according to chinese regulations. Stem Cell Reports, 2017, **9(1)**: 366-380.

24 Wang YK, Zhu WW, Wu MH et al. Human clinical-grade parthenogenetic esc-derived dopaminergic neurons recover locomotive defects of nonhuman primate models of parkinson's disease. Stem Cell Reports, 2018, **11(1)**: 171-182.

25 Jindal H, Bhatt B, Sk S et al. Alzheimer disease immunotherapeutics then and now. Human Vaccines & Immunotherapeutics, 2014, **10(9)**: 2741-2743.

26 Alzheimer's A. 2016 alzheimer's disease facts and figures. Alzheimers Dement, 2016, **12(4)**: 459-509.

27 Salloway S, Sperling R, Fox NC et al. Two phase 3 trials of bapineuzumab in mild-to-moderate alzheimer's disease. New England Journal of Medicine, 2014, **370(4)**: 322-333.

28 Wuttke TV, Markopoulos F, Padmanabhan H et al. Developmentally primed cortical neurons maintain fidelity of differentiation and establish appropriate functional connectivity after transplantation. Nature Neuroscience, 2018, **21(4)**: 517-529.

29 Bissonnette CJ, Lyass L, Bhattacharyya BJ et al. The controlled generation of functional basal forebrain cholinergic neurons from human embryonic stem cells. Stem Cells, 2011, **29(5)**: 802-811.

30 Liu Y, Weick JP, Liu HS et al. Medial ganglionic eminence-like cells derived from human embryonic stem cells correct learning and memory deficits. Nat Biotechnol, 2013, **31(5)**: 440-447.

31 Blurton-Jones M & Laferla FM. Neural stem cells improve cognition via bdnf in a transgenic model of alzheimer's disease. Cell Transplantation, 2011, **20(4)**: 548.

32 Xuan AG, Luo M, Ji WD et al. Effects of engrafted neural stem cells in alzheimer's disease rats. Neuroscience Letters, 2009, **450(2)**: 167-171.

33 Fujiwara N, Shimizu J, Takai K et al. Restoration of spatial memory dysfunction of human app transgenic mice by transplantation of neuronal precursors derived from human ips cells. Neuroscience Letters, 2013, **557**: 129-134.

34 Andersen PM & Al-Chalabi A. Clinical genetics of amyotrophic lateral sclerosis: What do we really know? Nature Reviews Neurology, 2011, **7(11)**: 603-615.

35 Yang M, Li H, Zhang Q et al. Highly diverse cembranoids from the south china sea soft coral sinularia scabra as a new class of potential immunosuppressive agents. Bioorganic & Medicinal Chemistry, 2019, **27(15)**: 3469-3476.

36 Tang H, Hammack C, Ogden SC et al. Zika virus infects human cortical neural progenitors and attenuates their growth. Cell Stem Cell, 2016, **18(5)**: 587-590.

37 Garcez PP, Loiola EC, Madeiro Da Costa R et al. Zika virus impairs growth in human neurospheres and brain organoids. Science, 2016, **352(6287)**: 816-818.

38 Qian X, Nguyen HN, Song MM et al. Brain-region-specific organoids using mini-bioreactors for modeling zikv exposure. Cell, 2016, **165(5)**: 1238-1254.

39 De Luca M, Aiuti A, Cossu G et al. Advances in stem cell research and therapeutic development. Nat Cell Biol, 2019, **21(7)**: 801-811.

40　Thomas ED, Lochte HL, Jr., Lu WC et al. Intravenous infusion of bone marrow in patients receiving radiation and chemotherapy. N Engl J Med, 1957, **257(11)**: 491-496.

41　Thomas ED, Buckner CD, Banaji M et al. One hundred patients with acute leukemia treated by chemotherapy, total body irradiation, and allogeneic marrow transplantation. Blood, 1977, **49(4)**: 511-533.

42　Gatti RA, Meuwissen HJ, Allen HD et al. Immunological reconstitution of sex-linked lymphopenic immunological deficiency. Lancet, 1968, **2(7583)**: 1366-1369.

43　Aiuti A, Cattaneo F, Galimberti S et al. Gene therapy for immunodeficiency due to adenosine deaminase deficiency. N Engl J Med, 2009, **360(5)**: 447-458.

44　Grafting of burns with cultured epithelium prepared from autologous epidermal cells. Lancet, 1981, **1(8211)**: 75-78.

45　Barrandon Y & Green H. Three clonal types of keratinocyte with different capacities for multiplication. Proc Natl Acad Sci U S A, 1987, **84(8)**: 2302-2306.

46　Rama P, Matuska S, Paganoni G et al. Limbal stem-cell therapy and long-term corneal regeneration. N Engl J Med, 2010, **363(2)**: 147-155.

47　Schofield R. The relationship between the spleen colony-forming cell and the haemopoietic stem cell. Blood Cells, 1978, **4(1-2)**: 7-25.

48　Morrison SJ & Spradling AC. Stem cells and niches: Mechanisms that promote stem cell maintenance throughout life. Cell, 2008, **132(4)**: 598-611.

49　Lane SW, Williams DA & Watt FM. Modulating the stem cell niche for tissue regeneration. Nat Biotechnol, 2014, **32(8)**: 795-803.

50　Sato T & Clevers H. Growing self-organizing mini-guts from a single intestinal stem cell: Mechanism and applications. Science, 2013, **340(6137)**: 1190-1194.

51　Sato T, Van Es JH, Snippert HJ et al. Paneth cells constitute the niche for lgr5 stem cells in intestinal crypts. Nature, 2011, **469(7330)**: 415-418.

52　Adams GB & Scadden DT. The hematopoietic stem cell in its place. Nat Immunol, 2006, **7(4)**: 333-337.

53　Snippert HJ, Van Der Flier LG, Sato T et al. Intestinal crypt homeostasis results from neutral competition between symmetrically dividing lgr5 stem cells. Cell, 2010, **143(1)**: 134-144.

54　To LB, Levesque JP & Herbert KE. How i treat patients who mobilize hematopoietic stem cells poorly. Blood, 2011, **118(17)**: 4530-4540.

55　Lyon J. Hearing restoration: A step closer? JAMA, 2017, **318(4)**: 319-320.

56　Hussey GS, Dziki JL & Badylak SF. Extracellular matrix-based materials for regenerative medicine. Nature Reviews Materials, 2018, **3(7)**: 159-173.

57　Gilbert PM, Havenstrite KL, Magnusson KE et al. Substrate elasticity regulates skeletal muscle stem cell self-renewal in culture. Science, 2010, **329(5995)**: 1078-1081.

58　Holst J, Watson S, Lord MS et al. Substrate elasticity provides mechanical signals for the expansion of hemopoietic stem and progenitor cells. Nat Biotechnol, 2010, **28(10)**: 1123-1128.

59　Izumikawa M, Minoda R, Kawamoto K et al. Auditory hair cell replacement and hearing improvement by atoh1 gene therapy in deaf mammals. Nat Med, 2005, **11(3)**: 271-276.

60　Yao K, Qiu S, Wang YV et al. Restoration of vision after de novo genesis of rod photoreceptors in mammalian retinas. Nature, 2018, **560(7719)**: 484-488.

61　Cutler C, Multani P, Robbins D et al. Prostaglandin-modulated umbilical cord blood hematopoietic stem cell transplantation. Blood, 2013, **122(17)**: 3074-3081.

62　Maus MV, Fraietta JA, Levine BL et al. Adoptive immunotherapy for cancer or viruses. Annu Rev Immunol, 2014, **32**: 189-225.

63　Allers K, Hutter G, Hofmann J et al. Evidence for the cure of hiv infection by ccr5delta32/delta32 stem cell transplantation. Blood, 2011, **117(10)**: 2791-2799.

64　Li W, Li K, Wei W et al. Chemical approaches to stem cell biology and therapeutics. Cell Stem Cell, 2013, **13(3)**: 270-283.

65　Yin X, Mead BE, Safaee H et al. Engineering stem cell organoids. Cell Stem Cell, 2016, **18(1)**: 25-38.

66 Sato T, Vries RG, Snippert HJ et al. Single lgr5 stem cells build crypt-villus structures *in vitro* without a mesenchymal niche. Nature, 2009, **459(7244)**: 262-265.

67 Drost J & Clevers H. Translational applications of adult stem cell-derived organoids. Development, 2017, **144(6)**: 968-975.

68 Yui S, Nakamura T, Sato T et al. Functional engraftment of colon epithelium expanded *in vitro* from a single adult lgr5(+) stem cell. Nat Med, 2012, **18(4)**: 618-623.

69 Dekkers JF, Wiegerinck CL, De Jonge HR et al. A functional cftr assay using primary cystic fibrosis intestinal organoids. Nat Med, 2013, **19(7)**: 939-945.

尹晓磊　李维达　刘姝昕　何　晴　肖婷辉

第 15 章　干细胞与基因编辑

15.1　基因编辑概述

15.1.1　基因编辑技术的发展

自从发现 DNA 双螺旋起，科学家就一直试图在体内外环境中，对生物体细胞或器官进行定点的基因改造。许多早期的基因操作，或现在称为基因编辑（gene editing）的方法实际上是基于对特定位点 DNA 序列的识别。过去对细菌和酵母中天然的 DNA 修复途径及 DNA 同源重组机制的研究揭示，细胞具有非常重要的修复双链 DNA 断裂（double-strand DNA break，DSB）的内源性机制[1-4]，否则该未被修复的双链 DNA 断裂将是致命性的，可以引起细胞死亡[5,6]。因此，在拟计划引入突变的 DNA 位点附近精确地切割 DNA，从而造成 DNA 双链断裂的方法，被认为是靶向型基因编辑的有效策略。

20 世纪 70 年代重组 DNA 技术（recombinant DNA technology）的发展标志着生物学新时代的开始。分子生物学家首次获得了操纵 DNA 序列的能力，从而有可能更快地研究基因功能，并利用它们开发新的医学和生物技术。基因组工程（genome engineering）技术的最新进展引发了近代生物学研究的一次新的革命。现在，研究人员不仅像过去那样可以从物种体内提取 DNA 来研究基因功能，更可以在几乎任何生物体中，在体内环境下对基因进行编辑或调节转录与翻译。由此，研究人员能够在更为系统的水平上阐明基因组的功能（请读者注意，这里不仅仅包括 DNA 序列，还包括转录、翻译及各种表观遗传修饰水平），并验证其与遗传变异的相关性。

早期靶向 DNA 切割的方法是利用寡核苷酸或小分子对 DNA 碱基对的互补识别。基于对双螺旋结构最基本的理解[7,8]，多位科学家利用化学裂解或交联试剂，如博来霉素（bleomycin）或补骨脂素（psoralen）偶联的寡核苷酸，成功完成了对酵母和哺乳动物细胞中染色体上特定位点的基因操作[9-12]。其他化学识别 DNA 序列的方法，如肽核酸（peptide nucleic acid，PNA）和聚酰胺（polyamide），被证实可以针对性地结合染色体特定位点，并且如果其与博来霉素等偶联后，可以进一步对该位点进行编辑[13-15]。另外一种 DNA 识别及切割策略是依赖于核酸碱基配对的基本原理，利用自剪接内含子（self-splicing intron）来改变 DNA 或 RNA 序列[16-18]。值得注意的一点是，真核细胞的基因组包含至少数十亿个 DNA 碱基，其庞大的数量及更为复杂的三维结构使得真核生物相对原核生物更难操作。因此，基因编辑领域的另一个重要突破，就是利用细胞内在同源重组（homologous recombination，HR）原理。具体而言，就是进行靶向基因编辑的时候，在设计拟整合或替换的额外序列的同时，在其两侧加入与靶位点完全相同的序列，组合成一个具有序列同源性的外源修复模板[1,19]。早在 1979 年，研究者就已经利用同源重组方式成功在酿酒酵母中引入缺失突变[1]。此外，通过增加同源臂的长度，可实现更为精确的基因编辑[20]。随后，在人类细胞和其他哺乳动物细胞基因组中也实现了基于同源重组方式的基因编辑[3,21]。在小鼠胚胎干细胞被成功建立后，利用同源重组介导的靶基因编辑，结合具有生殖传递能力的干细胞或胚胎干细胞（germline competent embryonic stem cell），促进了多种基因编辑模式动物的产生，在多个方面极大地推动了生物学研究的发展。

此外，Haber 和 Jasin 等研究小组进行的一系列相关研究使得人们逐渐认识到，如果可以首先造成靶标 DNA 的双链断裂，那么细胞就能通过同源重组机制介导的重组事件，利用外源修复模板，极大地提高目标基因的基因编辑效率[5,6,22,23]。那么，如果在双链断裂后，没有同源重组模板，基因组会如何变化呢？研究表明，在缺乏外源同源修复模板的情况下，局部的双链 DNA 断裂可以通过易错的非同源末端连接修复途径（non-homologous end joining, NHEJ），诱导插入或缺失突变，从而使得断裂的 DNA 双链重新接上，这也是现在制作基因敲除的基本原理[24]。这些早期的基因编辑研究，使得我们明确了 DNA 双链断裂诱导的易错的 NHEJ 和精确的 HR 是对真核生物进行基因编辑的重要途径。然而，值得注意的是，尽管同源重组可以介导靶基因利用外源修复模板产生高度精确的改变，但这种重组事件依赖细胞分裂，且发生的频次较低，物种间与同一物种不同细胞间的差异巨大，据统计一般 10^6~10^9 个细胞中仅有 1 个细胞会发生同源重组，这对靶基因的特定序列编辑提出了巨大挑战。总而言之，尽管上述基因编辑方法的特异性有限，效率很低，且有些受到细胞周期的限制，应用场景受限，但它们均证明了基于碱基配对的原理，可以对基因组特异性位点进行靶向修饰。

使用可自剪接的内含子进行基因编辑，提示使用内含子编码的核酸酶——归巢内切核酸酶（homing endo nucleas, HE）的可能性，因为该酶能够进行位点特异性的 DNA 切割并整合内含子序列。将所需的序列插入内含子之后，研究人员可以在归巢核酸内切酶识别的位点，将事先选定的特定遗传信息整合到基因组的靶向位点[25,26]。研究表明，利用归巢内切酶可引发一种或几种 DNA 双链断裂，激活细胞同源与非同源修复机制，完成对特定的基因序列进行修饰[27]。但其只能作用于相对简单的短片段序列，复杂的基因编辑还需要更为强大、灵活与高效的基因编辑工具。随后，基因编辑工具从自然发现，逐渐进化为应用生物学原理，对基因编辑工具进行人工合成、优化与改造。

大约在归巢内切核酸酶被发现与应用的同一时间段，有关锌指（zinc finger）介导的 DNA 结合的研究工作被报道[28,29]。由此开始，模块化、特异性的 DNA 识别蛋白能够被合成，尤其当它与不依赖序列的核酸限制酶 *Fok*I 偶联时，锌指核酸酶（zinc finger nuclease, ZFN）成为了第一个真正意义上位点特异性的靶向基因工具，可完成对高等真核生物中一个特定基因组位点的识别，且对目标序列识别的大小从 9 碱基增加到 18 碱基，位点识别的特异性也显著提高（图 15-1）[30]。简而言之，锌指核酸酶具有可分离的 DNA 结合结构域和非特异性的切割结构域，通过人为设计更改 DNA 结合结构域，可实现对不同位点的基因编辑。在具体实验中，此类锌指核酸酶已经被证明，可有效诱导果蝇和多种哺乳动物细胞中的多个靶向基因组序列变化[24,31,32]。尽管 ZFN 在许多实验中已被证实是有效的基因组编辑工具，但由于其在实际应用中存在针对特定靶标序列设计、蛋白合成和验证靶向编辑效率方面的困难与相对复杂性，因此该系统未被广泛采用。

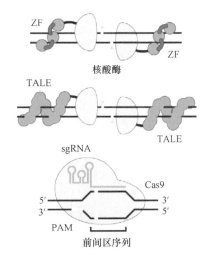

图 15-1　ZFN、TALEN 及 CRISPR/Cas9 模式图 [44]

ZF：锌指核酸酶；TALE：转录激活因子样效应物；PAM：前间区序列邻近基序；sgRNA：单一向导 RNA；Cas9：Cas9 蛋白

此后，转录激活因子样（transcription activator-like，TAL）效应子的报道与应用为基因编辑领域又添一利器。TAL 天然存在于感染植物的细菌中，当其与序列非依赖的核酸限制酶 FokI 偶联时，可与 ZFN 相似地用于特定位点的靶向基因编辑 [33-35]。这种结合了 FokI 的 TAL 系统，被称为 TALEN（TAL effector nucleases）（图 15-1）。该基因编辑方法比 ZFN 更容易设计、合成并进行验证，很快就引起了人们的广泛兴趣与应用，因为其能更快速和低成本地进行基因编辑。但是，TALEN 依然存在一定的技术要求，需要研究者和应用者具有较高的专业水平。虽然相对于过去的系统，TALEN 已经进行了很大程度地简化，同时又提高了靶序列识别的特异性与靶序列切割的效率，但是 TALEN 系统相对于 2013 年后开始广泛使用的 CRSIPR 基因编辑系统，仍然存在一定的蛋白质设计、合成和验证的难度。

总结而言，ZF 和 TALEN 系统已经是真正的靶向基因编辑工具，它们都通过蛋白质-DNA 相互作用来识别特定的 DNA 序列，单个 ZF 或 TALE 模块可分别靶向 3 个或 1 个核苷酸（nt）DNA 序列，当这些模块按需求进行组装后，就形成了有一定长度的、可以识别特定序列串的 DNA 结合模块。此时，将其与 FokI 核酸酶结构域偶联，DNA 结合模块就可以将 FokI 导向特定的基因组位点，并完成对 DNA 的切割，造成双链断裂。但是，当 ZF 组装成一个大的串联阵列的时候，其容易受到相邻模块的干扰，从而呈现出对靶基因结合的序列偏好性 [36]。尽管之后的多个研究小组已发展了多种策略来解决 ZF 系统的这些局限性 [37,38]，但是构建既具有高 DNA 结合特异性又具有功能的 ZF 蛋白，仍然是该系统的主要挑战，并且这种构建需要研究者进行一定的筛选。TALE 构建也面临相似的问题 [39]，并且模块上的重复序列使得构建新型 TALE 阵列的工作量较大、成本较高。这些技术要求及合成的成本（时间和费用），很大程度上限制了两者更广泛的推广与更灵活的应用，简单地表现为能应用的人有限、能使用的场景有限。

鉴于构建模块化 DNA 结合蛋白中的挑战，如果有更为简单的识别靶向 DNA 的模式及对应的模块，则将极大程度上简化基因编辑系统的开发流程，加强其应用潜能。那么，什么才是简单又高效地识别 DNA 的方案呢？其实，我们早已有了答案，前文已经提过，并且相信本文读者也肯定都学过，那就是近代生物学最重要的发现之一——DNA 双螺旋结构中通过 Watson-Crick 碱基配对识别目标 DNA。新一代的基因编辑系统——CRISPR/Cas9，就是利用短的单一向导 RNA（single guide RNA，sgRNA）通过碱基配对原理来识别靶标 DNA，并将具有 DNA 双链切割活性的 Cas9 带到目的位点，完成对 DNA 的双链断裂（图 15-1）。由此，研究者与应用者只需要设计、构建并向细胞引入一条短序列的向导 RNA，而不是大型串联、笨重的蛋白阵列，就可以实现对靶基因的编辑。此外，CRSIPR/Cas9 基因编辑系统还使得应用者可以进一步实现前所未有的、规模化的、多重、多位点的基因编辑。从 2012 年 CRISPR/Cas9 被证实在体外条件下具有双链 DNA 切割活性[40,41]，到 2013 年研究者成功利用 CRISPR/Cas9 技术在哺乳动物细胞中实现了基因编辑之后[42,43]，CRISPR/Cas9 的研究、发展与应用如火如荼地展开，由于该基因编辑系统的应用门槛大大降低，很快取代了其他基因编辑系统，成为目前最广泛应用的基因编辑工具。

总之，基因编辑领域在几十年的技术变革中历久弥新，得到了长足发展，在生物和医学研究中发挥了重要的作用。

15.1.2 基因编辑的主要分类

对于生命科学领域的研究而言，研究者可以通过删除、插入等多种方式来修改细胞或生物体内的 DNA 序列，从而得以解析特定基因或相关调控元件的功能。利用更为复杂的多重编辑（例如，对于一个细胞的多个基因组位点的编辑或不同细胞内的不同编辑等），研究者能够进一步在更大范围内研究基因或蛋白质网络，以及细胞之间的互作等。此外，同时干扰多个基因不仅使得研究者可以构建人多基因连锁的疾病模型，而且能够研究多基因异常导致的累加效应，从而筛选出新型药物。而理论上与实际应用中，在可控的范围内，基因编辑可以直接纠正个人基因组的有害突变或增加特定基因的功能[45]，然而后者可能引起新一轮的伦理担忧，即产生"超级人类"。同样，表观遗传组的基因编辑通过操纵特定基因座上的转录调控元件或染色质状态，来揭示基因的整个转录过程如何在细胞内有序协调进行，能够阐明基因组结构（表观遗传）与其功能（转录及翻译）之间的关系。在生物技术应用中，对基因转录的精确调控，可以促进逆向生物工程及特定生物系统的重建，例如，可以增强与工业相关的生物中的生物燃料生产的特定途径，或生产抗感染相关产物。

广义上讲，基因编辑不仅包括对基因组序列的改变，也包括对基因表观遗传组（如 DNA 甲基化及组蛋白修饰等），以及转录（如 RNA 甲基化修饰）和翻译（如蛋白磷酸化修饰）的编辑。

现在对于基因组的 DNA 序列进行编辑的第一步，是要对靶位点的双链 DNA 进行识别与断裂。DNA 双链断裂对细胞来说是非常严重与致命的损伤，它会造成 DNA 的末端直接裸露，在未被有效修复的情况下，会进一步激活 DNA 损伤反应（DNA damage response），造成细胞生长与分裂的停滞，或者它也会激活细胞凋亡（apoptosis）通路，最终发生细胞死亡。但是，如上文所述，真核生物有两套主要机制来修复 DNA 双链断裂造成的损伤，分别是非同源性末端接合（non-homologous end joining，NHEJ）和同源重组（homologous recombination，HR）机制。

非同源性末端接合（NHEJ）：NHEJ 对双链 DNA 断裂后的修复不依赖于任何 DNA 模板的帮助，相关修复蛋白可以直接将双链断裂的游离末端彼此拉近，再借由 DNA 黏合酶的帮助，将断裂处重新接合（图 15-2）。NHEJ 的修复方式简单、快速，不依赖于模板，是细胞内修复双链断裂的主要模式。在大多数细胞类型中，其活跃程度远高于 HR。但是，NHEJ 对 DNA 的修复是随机的、不精确的和易错的。因此，修复后的结果可能（很大程度上）会破坏原本的序列，造成基因组序列的改变。我们对基因组序列进行敲除时，主要利用的就是细胞 NHEJ 的修复机制（请读者注意，修复的结果不一定表现为 DNA 序列的减少，也可能是增加）。

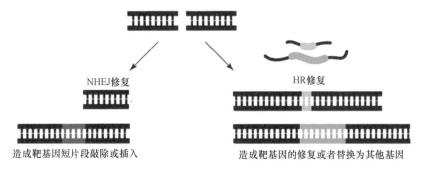

图 15-2 NHEJ（非同源性末端接合）和 HR（同源重组）DNA 修复模式图[46]

同源重组（HR）：同源重组修复是利用细胞内的染色体两两对应的特性，若其中一条染色体上的 DNA 发生双链断裂，则另一条染色体上对应的 DNA 序列即可当作修复的模板，使得断裂的 DNA 恢复正确的序列（图 15-2）。然而，HR 修复途径是细胞周期高度依赖的，其主要在细胞周期中的 S/G_2 期比较活跃，且发生频率远低于 NHEJ。此外，在不分裂的细胞（如神经细胞）中，HR 修复途径不能发挥有效作用。基于 HR 依赖 DNA 模板对基因组序列精确修复的特性，我们可以在基因编辑中，提供外源性的 DNA 模板，使得细胞利用此模板对断裂后的 DNA 序列进行精确的序列改变。

接下来，我们对基因编辑的主要分类进行介绍。在过几十年中，基因编辑主要是指（也主要局限于）对基因组 DNA 序列的改变。但是目前，基于对表观遗传的深入理解，以及 CRISPR/Cas9 基因编辑系统的应用，基因编辑已经拓展为了对基因组序列的编辑及表观遗传组的编辑。

表观遗传编辑（epigenome modification）：在 CRISPR/Cas9 基因编辑系统被应用与优化后，基因的表观遗传编辑成为可能。表观遗传编辑是指在基因组 DNA 序列没有发生改变的情况下，对基因表观遗传信息的编辑，包括 DNA 甲基化修饰的编辑、组蛋白修饰的编辑、增加或削弱基因转录的编辑、转录后 RNA 修饰的编辑等。

基因组编辑的主要分类如下。

1）基因敲除（knock out，KO）

当特定的基因产生双链 DNA 断裂后，在非同源末端连接（NHEJ）修复的过程中，会产生 DNA 的插入或删除，造成序列的改变，完成基因组特定片段的敲除。对于编码序列而言，可以造成移码突变，从而实现基因敲除。但需要注意的是，由于过去没有靶向性 DNA 双链断裂工具，因此过去基因敲除实际是利用 HR 途径，利用外源已突变的基因，通过同源重组的方法替换掉内源的正常同源基因，从而使内源基因失活。小鼠基因敲除技术首先由 Mario R. Capecchi、Oliver Smithies 于 1987 年构建成功，他们因为这一成就与小鼠干细胞建立者 Martin J. Evans 分享了 2007 年的诺贝尔生理学或医学奖。

2）条件性敲除（condition knock out，CKO）

指在受控的条件下，完成对基因的敲除。目前最常用的条件性敲除方法是利用 Cre-loxP 系统，但也有 Flpe-Frt、Dre-Rox 和 Nigri-Nox 等系统。对于致死性基因的研究，传统的基因敲除策略可能会导致死亡，从而拿不到对应的基因敲除模型。而条件性敲除使得研究者可以先获得基因表达正常的模式动物或细胞系，在特定条件下，可完成对该模式动物或细胞系的靶基因敲除。此外，更重要的是，利用条件性表达的 Cre 系统，条件性敲除可以使基因在特定的时期或特定的组织中被敲除，有利于研究者进行基因的特异性表达探索，丰富了基因敲除的研究。

3）基因敲入（knock in，KI）

利用 DNA 同源重组方法，在基因组中的某一特定部位进行定点的基因置换，用特定序列替换原基因组序列。举例而言，在敲除基因 A 时，将 B 序列放在 A 基因的位置，对于 A 是 KO，B 则是 KI。基于这一原则，其实条件性敲除也是 KI 的一种。此外，基因敲入按其结果不同，可以细分为基因的点突变（对于基因的碱基序列进行靶向替换，而不是片段敲除）、基因替换（将 B 基因替换 A 基因）、基因融合（将 B 基因与 A 基因融合表达）、基因标签（在 A 基因表达框内加入基因标签，如 Flag、His 或 HA）等。

15.2 CRISPR/Cas9 基因编辑系统

15.2.1 CRISPR/Cas9 系统的发现与发展

在平行但完全独立的研究领域中，一些微生物学和生物信息学实验室，在几十年前已经开始研究 CRSIPR 系统，而目前 CRISPR/Cas（clustered regularly interspaced short palindromic repeats/CRISPR-associated proteins）系统已经成为了应用最为广泛的基因编辑工具。1987 年，日本大阪大学 Nakata 研究组在 E.coli K12 的碱性磷酸酶基因附近发现了 5 段长为 29 nt 的成簇的规律间隔短回文重复序列，它们由 32 nt 的非重复序列隔开，且这 5 段重复序列不与任何已知的原核生物序列同源[47]。2000 年，西班牙阿利坎特大学 Mojica 研究组在多种原核生物中均发现了该类重复序列[48]。2002 年，荷兰乌得勒支大学 Jansen 研究组将这种成簇的规律间断短重复序列命名为 CRISPR，并鉴定了 4 个 CRISPR

位点附近的基因 Cas1~4（CRISPR associated system），发现其具有与解旋酶和内切酶相似的结构[49]。一个关键的转折点出现在 2005 年，三个独立课题组均发现 CRISPR 重复序列间的间隔序列与噬菌体同源，因此有理由推测，CRISPR 可能是细菌用来抵抗噬菌体的一种免疫防御机制[50-52]。

伴随着 CRISPR 基因座区域转录的发现[53]，以及 Cas 编码蛋白具有解旋酶和 DNA 切割结构域的研究[47,49,50,52]，CRISPR/Cas 逐渐被认识到是一种适应性免疫应答系统，并通过利用反义 RNA 作为过去入侵的记忆特征[54]。2007 年，美国丹尼斯克（Danisco）公司 Horvath 研究组首次发现 II 型 CRISPR 系统（注：CRISPR 系统主要分化 I、II 和 III 三种类型，目前广泛使用的 CRISPR/Cas9 来源于 II 型）作为适应性免疫应答的重要证据，他们证明 Cas9 能够抵御嗜热链球菌的噬菌体感染，并发现细菌整合来自噬菌体基因组序列的新间隔区。基于这种核酸免疫系统，CRISPR 中的间隔区域为靶标的识别提供了特异性，而 Cas 能够捕获被识别的靶标，并完成对噬菌体的防御，抵御下一次感染[55]。随后，许多研究逐渐剖析了 CRISPR 对噬菌体的防御机制，阐明并建立了三类 CRISPR 系统（I、II 和 III）在适应性免疫中的作用原理与功能。通过研究大肠杆菌的 I 型 CRISPR 系统，在 2008 年，Van der Oost 及其同事证明了 CRISPR 阵列被转录并转化为包含单个间隔子的小 crRNA，以指导 Cas 核酸酶活性[56]。同年，美国西北大学 Marraffini 课题组证明来自于表皮葡萄球菌的 CRISPR 系统（III-A 型）可阻止质粒偶联，从而明确了 CRISPR/Cas 系统靶向 DNA 产生作用，而不是靶向 RNA[57]。由此，该研究也预示了 CRISPR 系统将有可能成为强大的基因编辑工具。但是，请读者注意，其实有部分 CRSIPR 系统是可以靶向 RNA 的。例如，Terns 研究组就发现来自极端嗜热菌（*Pyrococcus furiosus*）的 CRISPR 系统（III-B 型）的 crRNA 可以指导 RNA 的切割[58,59]。目前，也有多个成熟的靶向 RNA 的 CRSIPR 工具被应用于基础与临床研究中。

随着研究的逐渐深入，CRISPR 系统的基本功能和机制变得越来越清晰，多个研究小组也开始利用自然的 CRISPR 系统来进行各种生物技术的应用，然而关于基因编辑的应用大门在那时候还未被真正打开。此后，有两个课题组分别阐明了自然界中 II 型 CRSIPR 系统的作用机制，这些研究工作作为如今进行基于 RNA 指导的 DNA 核酸内切酶的基因编辑提供了重要依据。2010 年，Moineau 研究组通过对嗜热链球菌的详细研究发现，Cas9 蛋白（以前也被称为 Cas5、Csn1 或 Csx12）是 Cas 基因簇中唯一介导靶 DNA 切割的酶[60]。2011 年，Emmanuelle Charpentier 课题组发现了非编码的 tracrRNA（*trans*-activating crRNA），它与 crRNA 形成双链，指导 crRNA 的成熟，并介导 Cas9 靶向 DNA[61]。这两项重要的研究表明，至少有三个组分（Cas9、成熟的 crRNA 和 tracrRNA）对于 II 型 CRISPR 系统是必不可少的。鉴于过去对于 ZF 和 TALEN 技术在基因编辑领域内的应用，Cas9 被认识到可以利于其 RNA 指导 DNA 识别与切割的机制，被开发应用到基因编辑领域。由于其识别机制非常简单又高效，从那时起，利用 Cas9 进行基因组编辑的"科研竞赛"就真正拉开序幕了。

2012 年，Emmanuelle Charpentier 课题组和 Jennifer Doudna 课题组合作[40]，与 Virginijus Siksnysketi 课题组[41]几乎同时发现，在体外条件下，从化脓性链球菌中纯化出来的 Cas9，能基于 crRNA 与 tracrRNA 形成的指导 RNA，完成对靶向 DNA 的切割。这

一结果与过去几年间在细菌中观察到的结果完全一致。此外，Charpentier 和 Doudna 课题组还创造性地简化了向导 RNA（guide RNA）的构建，他们通过 RNA loop 将 crRNA 与 tracrRNA 融合为向导 RNA（single guide RNA），也就是现在大家熟悉并使用的 sgRNA，这一小小的改进，极大程度上简化了向导 RNA 的体外构建流程 [40]。2013 年，张锋与 George Church 于 *Science* 杂志同期报道了使用 CRISPR/Cas9 系统在包括人类及动物细胞等真核细胞中成功进行了基因编辑 [42,43]，而 Cas9 造成的 DNA 双链断链会进一步激活体内的 NHEJ 或 HR 介导的 DNA 修复途径，完成对基因组的改造。

至此，针对 CRISPR/Cas9 的研究在世界范围内如火如荼地展开，CRISPR/Cas9 也一跃成为最有效的基因编辑工具，被成千上万个实验室应用于产生各种实验模型，或者进行临床研究和检测试剂的开发等。

15.2.2 CRISPR/Cas9 系统的主要分类

CRISPR/Cas 系统主要包括 I~III 型，每种都包含 Cas 基因及其相应的 CRISPR 阵列，不同 Cas 基因具有良好的保守性，并且通常与重复元件相邻（图 15-3）[47,62,63]。I 型和 III 型 CRISPR 系统工作原理相对复杂，包含多个 Cas 蛋白，这些蛋白质与 crRNA 形成复合物（I 型为 CASCADE 复合物；III 型为 Cmr 或 Csm RAMP 复合物），以完成对靶位点

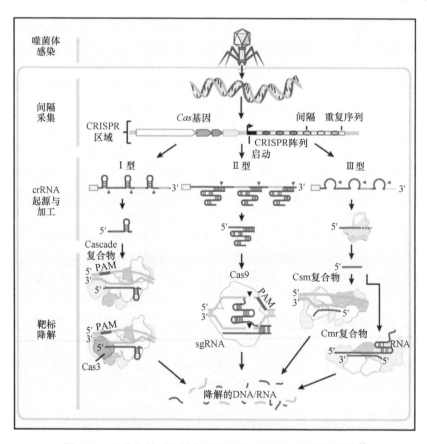

图 15-3　细菌行使适应性免疫的三类 CRISPR 系统模式图 [44]

的识别和核酸切割[56,58]。与之不同的是，II 型 CRISPR 系统只需要 Cas9 蛋白，即可行使功能（图 15-3）。此外，Moineau 研究组发现，PAM（protospacer adjacent motif）——与入侵 DNA 上 crRNA 靶向序列相邻的短序列模块，可能会指导 II 型 Cas9 核酸酶切割 DNA。他们证明噬菌体基因组中的 PAM 信息的突变，干扰了 CRISPR 对噬菌体的靶向切割，由此强调了 PAM 序列的重要性[50,64]。需要注意的是，Cas9 仅与 II 型 CRISPR 系统有关，是该分型中的明星蛋白。然而基于相关 Cas 蛋白的不同特征，II 型 CRISPR 系统又可进一步细分为三个亚型（IIA~IIC）。II 型 CRISPR 系统主要由 *Cas9*、*Cas1* 和 *Cas2* 基因，以及 CRISPR 阵列和 tracrRNA 组成。IIC CRISPR 型系统仅包含这套最小的基本组分，而 IIA 和 IIB 型分别需要额外的 *Csn2* 或 *Cas4* 基因。此外，细菌基因组中 CRISPR 阵列中的重复序列缺少 PAM，这也防止了 CRISPR 系统的自我靶向。

　　以上简单介绍了 CRISPR 的分型，目前几种天然 CRISPR 核酸酶已用于哺乳动物的基因编辑。这些 CRISPR 核酸酶的大小、PAM 要求，以及引入的双链 DNA 断链的位置都可能不同（图 15-4）。这些天然的 Cas9 核酸酶，通过与 crRNA（CRISPR-RNA）和反式激活 tracrRNA 形成的功能性 RNA 结合，组合成为 RNA：Cas9 复合物来行使功能。目前，向导 RNA（即 sgRNA）替代了 crRNA 和 tracrRNA，进一步简化了 CRISPR/Cas 系统的使用。目前，最常用的 Cas 蛋白是来源于化脓性链球菌的、含有 1368 个氨基酸的 Cas9 蛋白（SpCas9），其对 PAM 的要求是 NGG，相对较为简单，因此也成为了 SpCas9 蛋白应用如此普及的原因之一。来源于金黄色葡萄球菌（*Staphylococcus aureus*）的 SaCas9，具有较小的蛋白质大小，仅含有 1053 个氨基酸，因此能够被应用于基于腺相关病毒——AAV 病毒提呈系统，从而完成在体的基因编辑（图 15-4）。

　　具有不同 PAM 要求的其他 Cas 蛋白也已被成功应用于哺乳动物基因编辑。例如，来源于脑膜炎奈瑟氏菌（*Neisseria meningitides*）的 NmCas9 蛋白有 1082 个氨基酸，需要 NNNNGATT 作为 PAM；来源于嗜热链球菌（*Streptococcus thermophilus*，St）的 StCas9 蛋白，其中 St1Cas9 和 St3Cas9 分别含有 1121 个和 1388 个氨基酸，分别识别基于 NNAGAAW 和 NGGNG 的 PAM（图 15-4）[41,43,65,66]；比较特殊的还有具有 1307 个氨基酸的 AsCpf1 和具有 1228 个氨基酸的 LbCpf1，因为与已知的 Cas9 同源物相比，这两种酶天然仅需要 crRNA，且 PAM 序列 TTTN 在 5′端而不是 3′端，它们均已成功应用于哺乳动物细胞基因组编辑（图 15-4）[67,68]。此外，研究人员还对 Cas9 蛋白进行了改造，放宽了其对 PAM 特异性的严格要求。例如，在一项筛选研究中，研究者成功将 SaCas9 蛋白对 PAM 的要求（NNGRRT）放宽为 NNNRRT（图 15-4）。该突变后的 SaCas9 含有三个突变，在对人类细胞进行基因编辑时，这种突变蛋白没有因为放宽 PAM 而造成严重的脱靶现象，其呈现出了与野生型 SaCas9 相当的脱靶编辑率[69]。在另一项研究中，FnCas9 晶体结构的阐明，为识别宽松 PAM 的变体 Cas 蛋白的设计提供了有效指导。尽管野生型 FnCas9 蛋白识别 NGG 的 PAM，但是突变型的 FnCas9 仅仅需要简化为 YG 的 PAM。此外，这个突变型 FnCas9 是有功能的，当其与 sgRNA 预混合并直接注入受精卵时，可用于编辑哺乳动物基因组[70]。这些重要的人为改造，进一步扩展了基于 CRISPR/Cas 基因编辑工具的数量与适用范围。

核酸酶名称	氨基酸数	PAM要求及DNA双链断裂模式
SpCas9/FnCas9	1368/1629	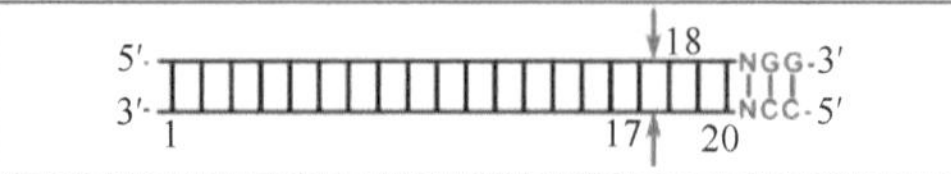 5'↓18 NGG-3' / 3' 1 17↑20 NCC-5'
St1Cas9	1121	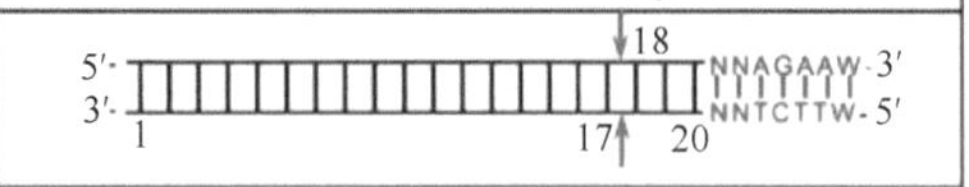 5'↓18 NNAGAAW-3' / 3' 1 17↑20 NNTCTTW-5'
St3Cas9	1409	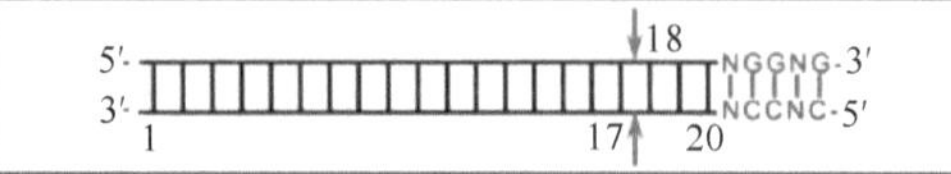 5'↓18 NGGNG-3' / 3' 1 17↑20 NCCNC-5'
NmCas9	1082	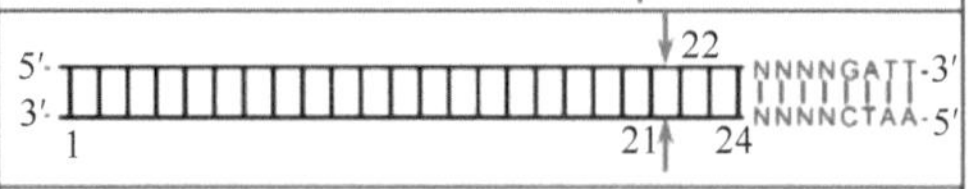 5'↓22 NNNNGATT-3' / 3' 1 21↑24 NNNNCTAA-5'
SaCas9	1053	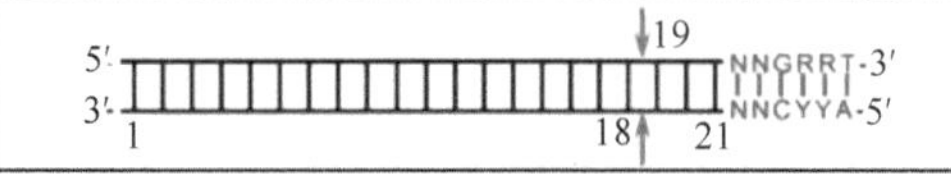 5'↓19 NNGRRT-3' / 3' 1 18↑21 NNCYYA-5'
AsCpf1/LbCpf1	1307/1228	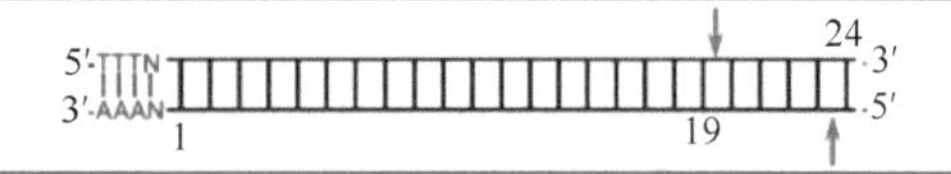 5'-TTTN 24-3' / 3'-AAAN 1 19↑5'
VQR SpCas9	1368	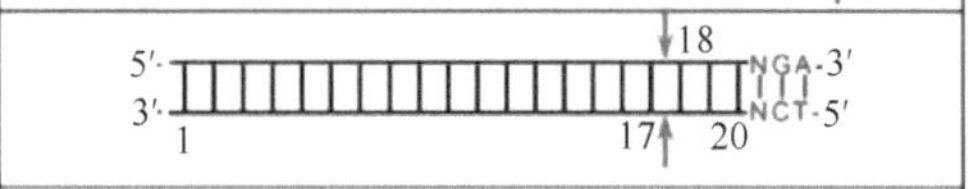 5'↓18 NGA-3' / 3' 1 17↑20 NCT-5'
EQR SpCas9	1368	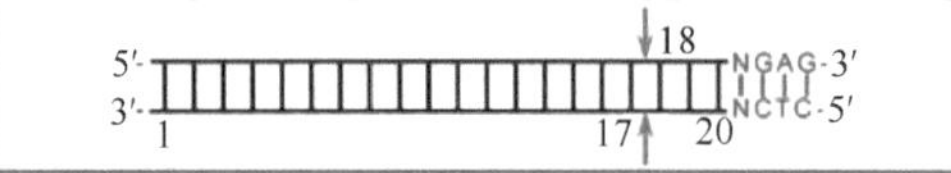 5'↓18 NGAG-3' / 3' 1 17↑20 NCTC-5'
VRER SpCas9	1368	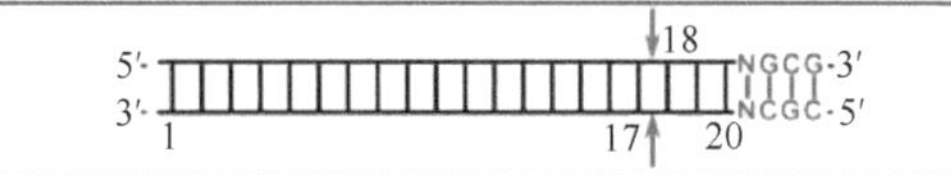 5'↓18 NGCG-3' / 3' 1 17↑20 NCGC-5'
RHA FnCas9	1629	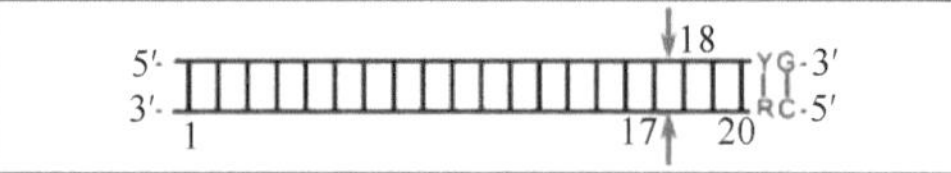 5'↓18 YG-3' / 3' 1 17↑20 RC-5'
KKH SaCas9	1053	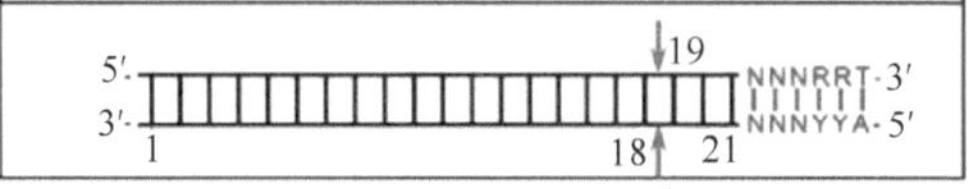 5'↓19 NNNRRT-3' / 3' 1 18↑21 NNNYYA-5'

图 15-4 几种野生型或改造后的 CRISPR 基因编辑系统对靶 DNA 的识别和 DNA 双链断裂的模式图 [44]

虽然有那么多类型的 Cas9 蛋白或其他 Cas 相关蛋白组成的 CRISPR/Cas 系统，SpCas9 仍然是被最为广泛使用的，因为其在 PAM 复杂性和 Cas 蛋白的构建大小之间提供了合理的平衡，并且已在全世界多个研究组和多种类型的实验中呈现了出色的稳定性和高效率。

15.2.3 CRISPR/Cas9 系统的作用机制

前文关于 CRISPR 系统的发现及发展，已经向读者介绍了 CRISPR 系统实质上是细菌和古细菌的一种适应性免疫防御机制，对应的阵列序列与 Cas 蛋白协同作用，以抵抗再次入侵的病毒 DNA 及其他遗传元件（见图 15-3）。在此系统中，CRISPR 被转录并加工成短的 CRISPR RNA（crRNA），crRNA 与 tracrRNA（*trans*-activating RNA）结合形成 tracrRNA/crRNA 复合物，引导 Cas 蛋白在与 crRNA 配对的序列靶位点进行核酸切割 [71]。

Ⅰ型和Ⅲ型 CRISPR/Cas 系统需要多种 Cas 蛋白共同发挥作用，而Ⅱ型系统由于只需要一种 Cas 蛋白即可完成功能，因此在实际应用中使用更方便，应用也更广泛。

具体而言，细菌利用 CRISPR/Cas9 系统抵御外来病毒入侵的作用机制可分为三个主要步骤：①当病毒首次入侵时，CRISPR/Cas9 系统将病毒的 DNA 序列切成短片段，并插入 CRISPR 阵列（array）重复序列之间，作为入侵记忆的储存，因此 CRISPR 阵列中其实包含很多这样的记忆；②此后，当同种病毒再次入侵该细菌时，CRISPR 阵列及 Cas9 基因转录，其中转录出的 tracrRNA 与 pre-crRNA 通过互补形成配对，经过内源核糖核酸酶加工成熟，转录出的 Cas9 进一步翻译为蛋白质，最后形成 Cas9/crRNA-tracr-RNA 复合物；③在 crRNA 与再次侵入的靶病毒 DNA 按碱基互补性进行配对前，Cas9 需要识别特定的 PAM 序列以区别病毒和自身基因组（细菌本身的 CRISPR 阵列上有相同的靶序列，但没有 PAM 序列），当 Cas9 识别并结合 PAM 序列后，会将该细菌 DNA 的双链解螺旋，使得 crRNA 能真正完成与目标序列的互补配对。在 PAM 和靶序列均完全匹配后，则形成了 Cas9/RNA-DNA 复合结构，如果这种结构足够牢固，那么 Cas9 构象就会发生改变，其 HNH 和 RuvC 结构域的内切酶活性被激活，并在特定位置将病毒的双链 DNA 进行断裂。

因此，在实际应用中，不像过去的 ZFN 和 TALEN 依赖蛋白质与 DNA 识别互作，CRISPR/Cas9 依赖于 RNA-DNA 的识别，是一套基于 RNA 引导的核酸酶系统。在该系统中，由于 Charpentier 课题组已经将 crRNA/tracrRNA 优化为 sgRNA，因此应用者只需要设计包含 20 个碱基的靶向序列，但不包含 PAM 序列的 sgRNA，然后将 Cas9 首先与 sgRNA 结合成复合物，或者让其在体内条件下自然形成复合物。这一 Cas9/sgRNA 复合物，会识别并结合 PAM 序列，Cas9 发挥解旋酶作用将需要基因敲除的靶 DNA 位点的双链打开，sgRNA 与目标链互补配对，随后 Cas9 变构发挥内切酶作用对靶位点进行切割，引发 DNA 双链断裂。这种特定位点的 DNA 双链断裂，可以通过体内非同源末端连接（nonhomologous end-joining，NHEJ）或同源重组（homologous recombination，HR）修复，从而实现对基因的编辑[72]。

前文已述，在哺乳动物细胞中，DNA 双链断裂主要通过体内非同源末端连接（NHEJ）途径来进行修复。NHEJ 途径通过多种修复蛋白共同作用，识别、剪切、聚合和连接 DNA 末端[73]。NHEJ 可针对多种 DNA 末端发挥作用，使断裂的双链直接连接，效率较高，但由此产生的新 DNA 常常导致不同长度的插入和缺失突变。因此，通过 NHEJ 可以完成对基因的敲除。HR 途径以现有的同源 DNA 序列为模板，通过链交换过程进行精确修复，极大程度地还原了基因信息。HR 途径既可依赖于与未受损染色单体中同源序列的重组，亦可使用人为提供的特定序列变换后的同源 DNA 模板[74]。因此，通过合理设计 sgRNA 和同源重组模板，即可人为代替内源基因片段，向基因组中精确引入突变。虽然 HR 修复可以更为精确地进行基因编辑，但许多研究表明，基于 HR 修复机制的基因编辑效率远低于 NHEJ，且 HR 一般仅在细胞分裂期间发生，在动物胚胎和组织中实现基因编辑亦是低效的[30]。因此，提高基因编辑效率是 2013 年后 CRISPR/Cas9 研究的重点之一，此后也有许多方法被逐一报道。

15.2.4 CRISPR/Cas9 系统的优化

随着 CRISPR/Cas9 系统的研究不断深入，已有多项针对 CRISPR/Ca9 系统的优化成果。研究发现，sgRNA 的特异性、PAM 序列及邻近区域的错配、Cas 蛋白的活性、Donor的递送方式等均会在不同程度上影响基因编辑的效率。目前对 CRISPR/Cas9 系统的优化主要从增加 CRISPR 系统的应用范围、提高切割效率和减少脱靶效应等方面入手。

随着研究者对 CRISPR 基因编辑技术的使用要求变得更加精细和多样化，不同 PAM的需求也在增加。虽然 SpCas9 的相对简单的 NGG PAM 序列在人类基因组中平均每 8~12bp 出现一次[43]，能满足研究者进行 sgRNA 设计，并利用 NHEJ 或 HR 来进行基因编辑。然而，并不是每个 sgRNA 的特异性都足够高，因为其靶向序列只有 20bp+NGG，因此基因组上可能存在其他位点的基因信息与其十分相似，从而造成脱靶。此外，对于富含AT 序列的基因组位置，可能找不到合适的 NGG 作为 PAM。因此，研究者又发现了能够识别 TTTN 作为 PAM 的 AsCpf1 和 LbCpf1。如图 15-4 所示，其他天然存在的 RNA引导的核酸酶的发现，为应用者提供了额外的靶向灵活性。由此，进一步增加了 Cas9对不同基因位点 PAM 的选择性，极大程度上增加了 CRISPR/Cas9 的应用潜能。此外，如前文所述，研究者还对 Cas9 进行了多种突变，进一步增加了其对 PAM 选择的灵活性。

除了扩大 CRISPR/Cas9 的靶向范围外，如何进一步提高其 DNA 识别的特异性，实际上才是 CRISPR/Cas9 基因编辑的首要任务。因为如果研究者想要对 A 基因打靶，但是由于含有 20 bp 靶向序列的 sgRNA 的特异性不佳，那么这个 sgRNA 可能还会在一定比例上靶向 B 基因、C 基因甚至更多的基因，那么这样得到的结果显然是不可靠的。CRISPR 在 2013 年开始被广泛应用后，实际上研究人员已经注意到了这一严峻的问题，并且使用了多种方法揭示 CRISPR 系统的 DNA 靶向特异性。这些方法包括 ChIP-Seq 方式[75,76]、通过计算预测的方式[77]、高通量筛选方法[78]、全基因组测序方法[79]等多种多样的策略，来对基因组位点进行靶向分析与设计。这些研究共同揭示了 CRISPR/Cas9 应用中确实存在脱靶活性，并且没有简单的算法或检查方法，可以准确而全面地预测其脱靶活性。实际上，在少数案例中，脱靶造成的基因突变的效率甚至超过了靶向基因编辑效率。

研究人员已经开发了多种策略，可以在不对 Cas9 蛋白序列进行任何更改的情况下，大幅提高 SpCas9 的特异性。其中一个主要的方式就是通过降低 Cas9 蛋白活性，或者调控其表达时间来防止 Cas9 在完成靶向切割后，再在脱靶位点对 DNA 进行双链断裂。例如，将重组 Cas9 蛋白和 sgRNA 预先形成核糖核蛋白（RNP）复合物进行递送，而不是通过质粒或病毒表达的方式来实现基因编辑[80]。研究人员还设计了经由外源小分子激活或光激活的 Cas9 变体。这些变体，包括一个蛋白灭活（intein-inactivated）的 Cas9 系统和一个通过小分子二聚化的 Cas9 系统等，已被证明可以极大程度上改善哺乳动物细胞中的基因组编辑特异性。它们均是通过精细控制活性 Cas9 起作用的时间窗口，而当基因被成功编辑后，Cas9 的活性将被降低或被丧失功能。此外，亦有研究通过改造 Cas蛋白的结构以获得不同的 Cas 变体，提高基因编辑效率或靶向性。其中，可以通过改变

Cas9 结构或者电荷特性，从而降低其与 sgRNA：DNA 的亲和力。此时，只有在 sgRNA 与靶 DNA 完全匹配的条件下，Cas9 才能完成对 DNA 双链的切割。

在 CRISPR 变体中，比较常用的有两个，分别是 CRISPR/Cas9-nickase 与 dCas9（dead Cas9）。前文已述，由于 CRISPR/Cas9 依赖 sgRNA 的序列特异性，在基因编辑过程中可能会发生一定程度的错配，sgRNA 可能会识别并结合基因组上的非目标序列并引导 Cas9 对其切割，导致脱靶[81]。CRISPR/Cas9-nickase 系统通过设计靶向同一位点的一对 sgRNA，结合 Cas9 变体蛋白分别切割 DNA 的一条链，从而引入一种特殊的、非统一位点的 DNA 双链断裂，增加了靶位点中特异性识别的碱基数，即提高了 sgRNA 识别与结合的序列特异性，在不影响切割效率的同时极大地降低了脱靶效率（图 15-5）。这种方式，保证了只有当两个 CRISPR/Cas9-nickase 同时在靶向位置时，才能完成 DNA 双链断裂。而如果单独一个 Cas9-nickase 在脱靶位置切割，只会造成单链断裂，这种断裂会很快以另外一条完成链为模板，被体内的 DNA 修复系统所修复。另有研究者利用 dCas9（dead Cas9）来调控基因表达[82]。dCas9 是 Cas9 的催化失活变体，即 HNH 和 RuvC 结构域完全丧失了对 DNA 的切割活性，但 Cas9 仍可以和 sgRNA 特异性结合。针对基因调控区域设计多个靶向 sgRNA，共表达 dCas9 和 sgRNA 后，该复合物占据了基因调控的关键区域，使得原本的激活元件不能结合到 DNA 上，或者不能形成远端调控环路，从而阻断了转录，引起目的基因沉默。这种方式不会造成 DNA 的双链断裂，因此一般不产生脱靶效应。利用 dCas9：sgRNA 的高精度导向作用，同时在 dCas9 蛋白上加上招募组件或结合其他蛋白质，可实现更为精确的表观遗传基因编辑，调控基因表达（激活和抑制）。

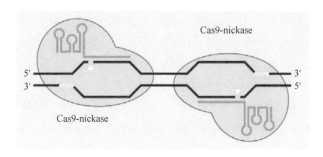

图 15-5　CRISPR/Cas9-nickase 系统模式图[44]

CRISPR 系统的优化还包括针对 sgRNA 的改造，可通过合理设计与改进 sgRNA 的结构[83]，提高 sgRNA 的特异性；也可以通过增加或减弱 Cas9-sgRNA 的结合能力、优化合成 sgRNA 的载体、筛选 Cas9-sgRNA 的最适浓度等。此外，非常方便的方法是只需将 sgRNA 截短使其与靶 DNA 的互补性少于 20 个核苷酸，就可以将 SpCas9 的脱靶位点的编辑效率降低多达几个数量级[84,85]。但值得注意的是，缩短 sgRNA 长度后，也会增加脱靶位点的数量。

此外，研究者还通过开发不同的靶向整合途径，或者调整不同的 CRISPR/Cas9 应用时间，来提高同源重组的效率。例如，①在小鼠胚胎二细胞阶段进行注射，此时由于细胞分裂周期中的 S 和 G_2 期较长，HR 更容易发生[86]；②设计 HMEJ（homology-mediated end joining）打靶载体系统[74]；③设计特定的单链 DNA 模板系统，或者模板带有特定修饰用以结合 sgRNA 或 Cas9 蛋白 [86,87]；④Tild-CRISPR 技术 [88]，将体外线性化转基因供体、同源臂、Cas9 mRNA 和 sgRNA 注入小鼠受精卵，以实现更高的编辑效率等。也有研究发现，外源的同源重组片段的结构与位置不同、是否与靶标链互补等因素也可能影响基于 HR 的基因编辑效率 [83,89]。

15.3 CRISPR/Cas9 系统的应用

15.3.1 干细胞系的构建及模型制作

利用 CRISPR/Cas9 基因编辑技术构建细胞或动物模型，可以更好地了解基因的功能，有助于我们更深入地探索发育的奥秘。通过疾病模型的构建，有助于我们进一步解析疾病的发生机制，对临床治疗和药物的研发有重大意义 [90]。传统的单基因突变小鼠制作，通常需要利用小鼠胚胎干细胞，然后再对该细胞采用特定方法进行基因编辑后，通过嵌合体实验注射入囊胚产生嵌合体小鼠，再通过生殖系的传递最终得到基因编辑的动物。这种方法成本高，既费时又费力，研究者还需要将小鼠回交至少 6 代，用以排除因嵌合体制作而产生的杂交遗传背景 [90]。另外，传统多基因突变小鼠模型的构建，通常通过携带不同单基因突变的小鼠交配产生，因此更加耗时。更重要的是，对于一些没有胚胎干细胞系的动物模型，就没有办法利用该种嵌合体的方法制作模式动物。而 TALEN 及 CRISPR/Cas9 技术的产生，使得研究者只需要在受精卵水平，就可以对胚胎进行基因改造，此后只需要移植回体内，就可以产生模式动物。

2013 年，哈佛大学 Rudolf Jaenisch 研究组就利用 CRISPR/Cas9 技术在小鼠胚胎干细胞中实现了 Tet1、Tet2 等 5 个基因的同时打靶，并且通过在小鼠受精卵中注射 Cas9 mRNA 和分别靶向 Tet1 及 Tet2 基因的 sgRNA，产生了携带双基因突变的小鼠，且该敲除效率非常高 [91]。同年，中国科学院动物研究所周琪院士研究组利用 CRISPR/Cas9 基因编辑系统，实现了大鼠多基因同时敲除 [92]。此后，中国科学院神经研究所杨辉研究员，开发了一系列 CRISPR/Cas9 基因编辑的新方法，不仅可以高效地产生基因完全敲除的动物，甚至可以产生染色体完全消除的细胞系或者 XO（Y 染色体敲除）小鼠（注：XO 小鼠呈现雌性表型，并且可与 XY 公鼠交配产生后代）。此外，杨辉研究员还开发了多种提高基因 KI 的方法，可以在体内外，在分裂或不分裂的细胞中获得特定基因编辑的模式动物或细胞系。中国科学院神经研究所孙强研究员还进一步将体细胞核移植技术与 CRISPR/Cas9 基因编辑系统相结合，不仅敲除了在昼夜节律调节中起重要作用的基因 BMAL1，产生了生物节律紊乱的猕猴模型，而且他们还进一步利用该基因敲除猴的体细胞，制作了 5 只完全相同的克隆猴 [93]，鉴于这些克隆猴不会产生混淆的遗传差异（因为它们的基因型完全一致），因此，这些基因编辑的克隆猴为临床前药物试验提供了更为可靠的模型，且这种方法进一步减少了动物使用数量和实验周期。

在植物基因编辑方面，中国科学院上海植物逆境生物学研究中心主任、美国国家科学院院士朱健康研究员，以及中国科学院遗传与发育生物学研究所高彩霞研究员、华南农业大学刘耀光教授等多个研究组，利用 CRISPR/Cas9 基因编辑系统在包括拟南芥、水稻、玉米和小麦等多种植物中实现了高效的基因编辑，为植物领域内相关基因的研究及农作物遗传优化提供了非常重要的基础平台[94-97]。

除此之外，CRISPR/Cas9 与癌症模型的构建结合，也为生物学研究和临床医学提供了巨大的帮助。目前，已有多项基于 CRISPR/Cas9 的肿瘤动物模型成功构建，用以研究肿瘤发生机制和治愈人类疾病，例如，利用水流动力学注射 CRISPR/Cas9 组分，靶向敲除肝细胞内的抑癌基因 *PTEN* 和 *p53*，得到小鼠肝癌模型[71]。另外一类非常有意思的研究是将 CRISPR/Cas9 基因编辑系统，应用于与人类基因同源性更高的猪上。2017 年，Salk 研究所利用 CRISPR/Cas9 系统不仅产生了大鼠-小鼠的嵌合体胚胎，更是利用人类诱导多能干细胞（hiPSC）首次成功培育出了人-猪嵌合体胚胎[98]。通过 CRISPR/Cas9 基因编辑系统，首先敲除特定基因用以破坏猪胚胎中胰岛的发育，然后将人类诱导多能干细胞注入猪胚胎，用以形成嵌合体胚胎，并植入代孕母猪体内。在胚胎发育过程中，成功观察到了人类诱导多能干细胞分化成为了胰腺祖细胞和其他器官相关细胞。当然，基于伦理的要求，这样的嵌合体猪是不能出生的，在胚胎发育的特定时期内就必须停止妊娠。但是，这样的基础前沿研究，也为产生替代器官或组织提供了一种可行的方案。在另一项研究中，中国科学院广州生物医药与健康研究院赖良学研究组，也成功利用 CRISPR/Cas9 基因编辑系统构建了亨廷顿病疾病猪模型[99]。此外，还有一项非常创新的研究是用 CRISPR/Cas9 系统来解决异种免疫排斥的问题[100]。前期的研究已经证明在体外培养中，猪内源性逆转录病毒（PERV）可感染人类细胞，并整合入人体细胞内，导致免疫缺陷和肿瘤发生。为了阻止 PERV 的跨物种传播，研究者利用 CRISPR/Cas9 基因编辑技术和小分子化合物[含 p53 抑制剂的混合物（pifithra alpha，pft）及基本的成纤维细胞生长因子（bFGF）]在原代猪胎儿成纤维细胞中实现了 25 个基因位点的同时打靶，即在猪基因组中敲除内源性逆转录病毒基因，并通过体细胞核移植生产出 PERV 完全失活型的猪种。这种 PERV 失活的猪可以作为一种非常有潜力的新猪株和动物模型，用于疾病和再生医学的研究。由于其免疫相容性问题得到了很大程度上的解决，它有望被用来为异种移植提供安全有效的器官和组织资源。此外，在其他哺乳动物如食蟹猴[101]、兔、狗、山羊中均实现了基因编辑。

15.3.2　基因表达调控及表观遗传编辑

前文已经向读者介绍了 CRISPR/Cas9 系统可以在细胞及动物水平，进行全基因组范围内的基因功能研究。2013 年以来，已有多项研究表明 CRISPR/Cas9 基因编辑系统能够在动物及人类细胞中进行基因打靶，从而产生基因敲除、敲入及定点修饰等多种表型，用于基因筛选及功能研究。但是，CRISPR/Cas9 系统的特点，使得其可以结合其他蛋白质或复合物，从而使得 CRISPR/Cas9 不仅仅可以用于 DNA 序列的改变，还可以进行表观遗传修饰的编辑。有研究者开发出基于 CRISPR/Cas9 的基因表达调控的方法，包括 CRISPRi（CRISPR interference）和 CRISPRa（CRISPR activation）等系统[82]。在该系统中，应用者首先需针对基因调控区域（如启动子区域）设计一个或多个 sgRNA，然后再将改造后的 dCas9 引导至该区域，从而影响基因转录。这种改造可以将转录抑制元件（如

KRAB）或者转录激活元件（如 VP64、P65、HSF1 等）与 dCas9 直接融合，或者可以利用 SunTag 系统或 MS2-SAM 系统将转录调控元件与 CRISPR 系统进行靶向识别。

在 CRISPRi 中，研究者可以特异性地干扰转录延伸、RNA 聚合酶结合或转录因子结合，从而实现基因表达的沉默。由于该技术可以在全基因组范围内选择性地干扰基因表达，且对基因的抑制效果甚至好于 RNAi 技术 [102]，因此该方法有助于进一步深化对哺乳动物基因表达调控的研究。此外，在 CRISPRa 系统中，研究者可选择性地激活细胞中的内源基因，当使用多个 sgRNA 靶向多个基因时，亦可特异性引发多重内源基因的激活 [103]。通过该方法，可以实现诱导多能干细胞的重编程 [104]，也可以在动物体内实现细胞命运的改变，诱导疾病的发生，或者修复特定的疾病 [105]。

此外，研究者还可以将表观遗传调控元件，如 Dnmt（DNA 甲基化酶）的甲基化功能域或 Tet（DNA 羟甲基化酶）羟基化功能域与 Cas9 融合，从而调控特定区域的甲基化水平 [106]。研究者还可以通过将荧光报告蛋白（如 GFP）与 Cas9 融合，从而观察一些特殊的生物学过程，如端粒的动态变化及长度改变，甚至可以定位靶基因在细胞质中的位置 [107]。CRISPR/Cas9 极大程度上拓展了基因功能的研究方式，而以上介绍的这些手段却很难通过过去的 ZFN 和 TALEN 来实现。

15.3.3 高通量筛选

传统遗传分析的重要目的之一，就是鉴别能够引起生物特定表型的基因，由此诞生了两种主要的基因筛选方法：正向遗传筛选和反向遗传筛选。正向遗传筛选是通过由表型再到基因的研究方法，先大范围地影响基因的表达（如敲降、敲除或过表达），从而筛选出产生特定表型的细胞或模式生物，进而再找到造成表型的基因突变，分析其基因功能。反向遗传筛选是利用已知的基因来检测特定基因的突变或表达的改变会造成什么样的表型。

CRISPR/Cas9 系统简单的设计原理，使得研究者可在全基因组范围内进行高通量地筛选，从而研究关键基因在特定条件下对目标表型的应答。如今，应用者可利用各种工程化的 CRISPR 系统，通过购买或构建全基因组或小规模感兴趣的 sgRNA 文库，筛选出特定基因，并研究基因功能。这种高通量筛选还可以变得更为复杂，例如，有研究者使用来自金黄色葡萄球菌和化脓性链球菌的正交 Cas9 酶（SaCas9 和 SpCas9）进行双重打靶，不仅提高了高通量筛选的效率，又能够进行组合表型的研究，从而筛选重要通路中的致死基因，并研究基因互作 [108]。

15.3.4 基因诊断与核酸检测

基因诊断手段可直接在分子水平上观察基因的有无、表达是否异常，甚至是否存在突变，利用 CRISPR 技术可靶向特定的 DNA 序列，以检测分子水平的异常。其中两项非常重要的、基于 CRISPR 技术的基因诊断成果，先后发表于 *Science* 杂志。第一项是张锋实验室开发了基于 Cas13a 的 SHERLOCK 系统（Specific High sensitivity Enzymatic Reporter unLOCKing），可用于检测寨卡病毒和登革热病毒，也可用于检测肺癌病人血液样本中的游离肿瘤 DNA[109]。另一个是由 Doudna 课题组开发的基于 Cas12a（Cpf1）的 DETECTR 系统（DNA Endonuclease Targeted CRISPR TransReporter），该系统可以快速、特异地检测 DNA 病毒，并成功实现了人乳头瘤病毒（HPV）的检测[110]。这些新型检测手段，相对于传统检测方法更加灵敏、高效、便利及廉价，因此具有非常大的商业应用价值，并且可以帮助到许多贫困地区的病人。

15.3.5 基因治疗

传统基因治疗是指通过特定的技术手段，在 DNA 水平上修复特定的基因突变，从而恢复基因的功能，达到治疗的目的。然而，随着 CRISPR/Cas9 系统拓宽基因编辑的边界至表观遗传编辑领域，目前基因治疗也不仅仅局限于 DNA 水平上的序列改变。由此，以 CRISPR/Cas9 系统为代表的基因编辑技术在临床治疗上具有了更为广阔的应用前景。从治疗角度而言，CRISPR/Cas9 技术可通过引入正常基因或修复缺陷基因等手段对基因进行精准编辑，修复致病突变以治疗疾病。利用基因编辑技术，可通过基因完全敲除的策略，敲除代谢过程中的负调控蛋白或阻断上流代谢通路，从而治疗代谢类疾病；通过基因部分功能区域的敲除策略，治疗血液疾病或肌营养不良症等疾病；通过引入点突变修复遗传病的致病基因等[111]。此外，CRISPR/Cas9 在肿瘤治疗中也具有很大的潜力。利用 CRISPR/Cas9 系统，研究者可靶向敲除致癌基因或修复突变的癌基因，从而达到肿瘤基因治疗的目的。同时，CRISPR/Cas9 可用于构建肿瘤动物模型，加速基础研究向临床应用转化的步伐。在免疫疗法中，CRISPR/Cas9 技术与 CAR（chimeric antigen receptor）-T 技术的结合，可以减弱病人的免疫排斥反应或增强 CAR-T 细胞的效能。例如，研究者可以敲除编码 T 细胞抑制受体或信号分子（如 PD1）的基因（programmed cell death protein 1），从而产生增强型 CAR-T 细胞，提高 T 细胞对肿瘤抗原的识别能力。CRISPR 与 CAR-T 的结合极大地推动了抗肿瘤研究与免疫治疗的进步，在白血病、淋巴瘤和部分实体瘤中有巨大的发展前景。

此外，2016 年哈佛大学 David Liu 实验室将 CRISPR/Cas9 与胞嘧啶脱氨酶、尿嘧啶糖基化酶抑制子融合，构建出可将胞嘧啶转换为胸腺嘧啶的单碱基编辑系统（base editor，BE），该系统不造成 DNA 双链断裂，也无需同源重组模板，即可进行单碱基转换，可将胞嘧啶（cytosine，C）脱氨基变成尿嘧啶（uracil，U），随着 DNA 复制，U 被胸腺嘧啶（thymine，T）取代，而互补链上完成了 G 到 A 的替换[112]。2017 年，David Liu 课题组进一步建立了腺嘌呤单碱基转换系统（adenine base editor，ABE），在基因组上成功地将腺嘌呤（A）精确转化为鸟嘌呤（G），再次拓展了 CRISPR/Cas9 单碱基编辑系统[113]。单碱基编辑系统的开发与应用，使得许多单基因疾病的治疗成为了可能。然而，2019 年，中国科学院神经科学研究所杨辉研究团队，以及中科院遗传发育所高彩霞研究团队在 *Science* 杂志分别报道了 BE3 系统可在小鼠胚胎及水稻中导致大量的脱靶性单核苷酸突变，而设计良好的 CRISPR/Cas9 及单碱基基因编辑系统 ABE 没有明显的脱靶效应。单碱基编辑系统在疾病治疗中的应用还有待考验，需要进一步优化。

15.4 基因编辑的挑战

15.4.1 核酸酶的传递及安全性

虽然 CRISPR/Cas9 技术在生物学研究和临床治疗上均展现了巨大的潜力，但在研究与应用中仍然面临着诸多问题与挑战，其中一个就是 Cas9 的传递方式和安全性问题。简而言之，就是如何应用 CRISPR/Cas9 来治疗疾病，尤其是如何实现在体治疗。

目前，递送 Cas9 的方式仍然以病毒载体为主，包括逆转录病毒（RV）、慢病毒（LV）、腺病毒（AV）和腺相关病毒（AAV）等。它们皆可有效感染宿主细胞，表达 CRISPR 系统，并在特定的位置敲除致病突变或插入修复基因等以达到治疗的效果。采用病毒为载体的原因，是其转染和感染效率较高，因此在基础科学和临床应用中非常方便和高效。然而，病毒载体当然存在显著的安全隐患，其病毒衣壳本身就会引起免疫排斥反应，无法大规模地用于基因治疗中。而且，对于一些病毒载体而言，其 DNA 会整合到病人基因组体内，造成额外的突变。虽然，目前已有较多关于非病毒载体的研究，如通过脂质体、纳米颗粒、阳离子等方式来递送 CRISPR/Cas9 组分，极大程度上提高了安全性，但是其转染效率却远不如病毒载体。因此，改进 CRISPR/Cas9 系统的递送方式、增加其安全性仍是亟待解决的问题。此外，在 2018 年有报道称 CRISPR/Cas9 编辑的同时，伴随着 *p53* 基因的功能抑制，这会增加癌细胞的逃逸机会，或者让基因编辑过的细胞成为潜在癌细胞。

15.4.2 基因编辑的脱靶效应

基因编辑的脱靶效应是指在非目标序列处也发生了识别并进行了基因编辑，这是目前基因编辑技术发展的最大阻力。对脱靶效应的检测一般主要关注目标位点的相邻区域和远端脱靶序列。2018 年，有研究者利用更精细的测序系统和 PCR 鉴定技术在小鼠胚胎干细胞和人分化细胞系中，检测到靶位点附近大片段序列的丢失和基因组重排的现象，且该损伤可能引发致病[114]。2019 年，杨辉课题组与高彩霞课题组均发现 BE 碱基编辑系统在小鼠和水稻基因组中会产生大量的脱靶突变[115]，其应用受到巨大限制。当然，前文也已介绍过，应用者可以进行更严格的 sgRNA 设计，采用突变型的 Cas9 或者进行表观遗传编辑等方式来实现疾病的治疗。

15.4.3 基因编辑的嵌合体效应

嵌合体效应是指在胚胎基因编辑中，会产生嵌合体胚胎及嵌合体动物。这种嵌合体效应表现为同一个体内，存在两种以上的基因型，且这种基因型在不同细胞类型中的比例可能不同。因此，嵌合体效应成为了 CRISPR/Cas9 系统在进行胚胎相关实验中亟待解决的又一重要问题。造成嵌合体效应的原因，是因为在早期胚胎发育阶段，各个卵裂球间的细胞周期可能不一致，同时 Cas9 切割与基因组修复的时间在不同细胞间不同步，因此基因编辑的效果可能在胚胎发育的不同时期体现[101]。此外，由于 CRISPR/Cas9 的效率问题可能导致部分细胞基因组未被识别，未发生基因编辑从而产生嵌合体。具体举例而言，对于一个受精卵，其携带父源的 *A* 基因，以及母源等位基因 *a*，如果在受精卵时期进行基因敲除，理论上，会获得以下几种结局：野生型（敲除失败）、A-KO（只有父源敲除）、a-KO（只有母源敲除）或者 A-KO & a-KO（父母源同时敲除，但是其基因型可能不完全相同）。然而，实际操作中，由于受精卵中的父母源基因组在发生第一次有丝分裂前会先各自进行复制，所以这时候的基因敲除可能不是针对一个二倍体胚胎的 Aa 基因型，而是复制后、分裂前的四倍体基因组 AAaa，由此可能产生大于 2 种的基因型。若分裂后的二细胞时期胚胎内 CRISPR/Cas9 还具有功能，且 sgRNA 还可以识别此时略有改变的 Aa 基因，则可能产生 4 种以上的基因型。实际上这一现象已经在包括猴和小鼠在内的多种模式动物中被观察到。

因此，嵌合体现象无论在模式动物构建，还是人胚胎基因编辑上均是巨大的挑战。只有有效解决嵌合体和脱靶效应，才有希望真正将基因编辑广泛应用于临床医疗中。

15.4.4　基因编辑的伦理问题

基因编辑技术的发展不仅在解决人类遗传病、肿瘤等疾病，以及基础科研方面做出了重要贡献，同时也赋予了科学家操纵人类基因的能力。此外，CRISPR/Cas9 系统的简单操作性，使其应用门槛大大降低，因此即使未受过长时间严格训练的应用者，也可以使用商品化的 CRISPR 系统来实现基因编辑。然而，如果不当地使用基因编辑工具，则会引起科学与伦理的相悖。

早在 2015 年，中山大学的黄军就课题组利用 CRISPR/Cas9 技术在人类单细胞胚胎中实现了同源重组介导的 HBB 和 G6PD 的点突变，修改了人类胚胎细胞中引发地中海贫血相关的致病基因[116]。该研究采用的是医院废弃的、无法正常发育的三原核人类胚胎，并于 48 h 后终止实验，且获得了中山大学附属第一医院伦理委员会的批准。然而，由于这是首次对人类胚胎进行基因编辑，引起了学术界的轰动和广泛讨论，更引发了人们对伦理和安全性的探讨。此后，很快就在香港召开了第一届国际人类基因组编辑峰会，达成了相应的研究准则和共识。

然而，2018 年 11 月 26 日，南方科技大学副教授贺建奎在第二届国际人类基因组编辑峰会召开的前一天，宣布一对经过基因编辑的双胞胎婴儿已于 11 月降生，通过靶向 *CCR5* 基因使婴儿"可能"天生免疫艾滋病（HIV）。消息一出，举世震惊，中外研究者皆表示抗议，在 CRISPR/Cas9 技术未完善的情况下，竟然对人类健康受精卵进行基因编辑，公然进行人体试验，并且这种编辑可以遗传给下一代。此外，贺建奎的研究更是漏洞百出：①从招募志愿者到伦理审查再到合作医院皆不过关，伦理审查公然造假；②对于 HIV 的预防，已经有成熟的母婴阻断技术确保胎儿不患 HIV，却仍然多此一举选择高风险的基因编辑手段；③靶基因的选择，HIV 存在不同的亚型，在欧洲人群中主要识别 *CCR5* 而在亚洲人群中却主要识别 *CCR4*，因此，此次针对 *CCR5* 的编辑可能是无意义的，且已有研究表明 *CCR5* 的敲除会引发其他疾病；④前期动物实验（小鼠、猴子）的评估十分粗略，且未确定基因编辑之后能有效抵御 HIV 感染；⑤在对人类受精卵的基因编辑未达到预期效果，未获得纯合 CCR5 基因突变的情况下，却仍让基因编辑的婴儿出生（其中一个婴儿是杂合子）；⑥嵌合率的问题尚未解决，尽管已从血液中检测了胎儿的基因型，但其他组织中却可能呈现不同的基因型；⑦新生婴儿已检测出潜在脱靶风险。

读者在阅读这一事件的时候，亦应进行更深层次的思考。

站在科研安全的角度看，CRISPR/Cas9 技术的脱靶效应、基因敲除的连锁反应、细胞毒效应、嵌合体效应等尚未得到完全解决。在技术尚未能保障自身风险的情况下，贸然对人类健康胚胎的基因组进行编辑，进行人体试验，其安全性无法保证。该种被人为改变的基因，在之后通过代代相传会流入人类基因库，结果是不可控的，亦是可悲的，可能会造成极大的影响。例如，CCR5 蛋白不仅作为 HIV 病毒入侵 T 细胞的辅助受体，同时还参与机体免疫应答[117]。基因编辑婴儿虽然可能先天免疫 HIV，但正常的生理功能可能受到影响，身体其他方面的安全风险也未可知。

站在伦理的角度看，人不仅拥有生物学上的身份，同时承担着社会学上的角色。任何人都是有自由意志的，这对双胞胎婴儿自胚胎起便被基因编辑，她们的命运因此被改变，但作出选择的却并非她们自己，强烈违背了人的自由意志。因此，尽管基因编辑技术的前景是光明的，但是以当前的技术手段，贸然对人类胚胎进行编辑并使胎儿出生，不仅给胎儿带来遗传学上的风险，同时违背了社会的伦理道德，显然是不可取的。此外，这两位小孩在她们的一生中，可能始终会被随访检测。

站在基因编辑领域研究者的角度看，该项实验既无技术上的任何突破，反而引起了群众对基因编辑技术的恐慌，也抹黑了中国科学家、中国的基因编辑研究在国际科研界的形象。此外，普通百姓担心的可能不是这个基因能不能抵抗艾滋病，可能也并不关心两位受试者的未来，也不对新的基因流入人类基因库有所担忧，而是基因操作肯定会引起的产生"超级"人类、"优秀"人类的担忧。随着我们对基因功能及其调控网络更加深入的理解，不受控的人类基因编辑，可能会产生一批批的新人类，其造成的影响将极其深远，后果将难以承担。

CRISPR/Cas9 基因编辑技术自问世以来，由于其广泛的应用潜能与重要价值，各种利益参杂（如 Doudna 和张锋的 CRISPR 专利之争），多方资本介入，早已卷入了利益与名誉的战争，而不仅仅是单纯的实验室用工具及治疗疾病的方法。

结　语

CRISPR/Cas9 技术是一项新兴的高效的基因编辑技术，在如今的生物学研究中占有重要地位。CRISPR/Cas9 的基础研究已经远超社会的步伐和伦理的认知范围。但是在注重科学研究的同时，亦应受到伦理道德、法规及法律的约束。当然，这需要科研工作者们的身体力行与严格遵守，使人类基因研究与治疗在可控、有限制的情况下进行。随着科学的发展，配合法律与道德的约束，我们有信心和能力解决基因编辑技术的安全风险，利用基因编辑技术真正地造福人类。

参 考 文 献

1　Scherer S & Davis RW. Replacement of chromosome segments with altered DNA sequences constructed *in vitro*. Proc Natl Acad Sci U S A, 1979, **76(10)**: 4951-4955.

2　Rong YS & Golic KG. Gene targeting by homologous recombination in drosophila. Science, 2000, **288(5473)**: 2013-2018.

3　Smithies O, Gregg RG, Boggs SS et al. Insertion of DNA sequences into the human chromosomal beta-globin locus by homologous recombination. Nature, 1985, **317(6034)**: 230-234.

4　Thomas KR, Folger KR & Capecchi MR. High frequency targeting of genes to specific sites in the mammalian genome. Cell, 1986, **44(3)**: 419-428.

5　Rudin N, Sugarman E & Haber JE. Genetic and physical analysis of double-strand break repair and recombination in saccharomyces cerevisiae. Genetics, 1989, **122(3)**: 519-534.

6　Rouet P, Smih F & Jasin M. Introduction of double-strand breaks into the genome of mouse cells by expression of a rare-cutting endonuclease. Mol Cell Biol, 1994, **14(12)**: 8096-8106.

7　Felsenfeld G & Rich A. Studies on the formation of two- and three-stranded polyribonucleotides. Biochim Biophys Acta, 1957, **26(3)**: 457-468.

8　Varshavsky A. Discovering the RNA double helix and hybridization. Cell, 2006, **127(7)**: 1295-1297.

9　Strobel SA, Doucette-Stamm LA, Riba L et al. Site-specific cleavage of human chromosome 4 mediated by triple-helix formation. Science, 1991, **254(5038)**: 1639-1642.

10　Strobel SA & Dervan PB. Single-site enzymatic cleavage of yeast genomic DNA mediated by triple helix formation. Nature, 1991, **350(6314)**: 172-174.

11　Wang G, Levy DD, Seidman MM et al. Targeted mutagenesis in mammalian cells mediated by intracellular triple helix formation. Mol Cell Biol, 1995, **15(3)**: 1759-1768.

12　Faruqi AF, Seidman MM, Segal DJ et al. Recombination induced by triple-helix-targeted DNA damage in mammalian cells. Mol Cell Biol, 1996, **16(12)**: 6820-6828.

13　Cho J, Parks ME & Dervan PB. Cyclic polyamides for recognition in the minor groove of DNA. Proc Natl Acad Sci U S A, 1995, **92(22)**: 10389-10392.

14　Faruqi AF, Egholm M & Glazer PM. Peptide nucleic acid-targeted mutagenesis of a chromosomal gene in mouse cells. Proc Natl Acad Sci U S A, 1998, **95(4)**: 1398-1403.

15　Gottesfeld JM, Neely L, Trauger JW et al. Regulation of gene expression by small molecules. Nature, 1997, **387(6629)**: 202-205.

16　Yang J, Zimmerly S, Perlman PS et al. Efficient integration of an intron RNA into double-stranded DNA by reverse splicing. Nature, 1996, **381(6580)**: 332-335.

17　Zimmerly S, Guo H, Eskes R et al. A group ii intron RNA is a catalytic component of a DNA endonuclease involved in intron mobility. Cell, 1995, **83(4)**: 529-538.

18　Sullenger BA & Cech TR. Ribozyme-mediated repair of defective mRNA by targeted, trans-splicing. Nature, 1994, **371(6498)**: 619-622.

19　Capecchi MR. Altering the genome by homologous recombination. Science, 1989, **244(4910)**: 1288-1292.

20　Rudin N & Haber JE. Efficient repair of ho-induced chromosomal breaks in saccharomyces cerevisiae by recombination between flanking homologous sequences. Mol Cell Biol, 1988, **8(9)**: 3918-3928.

21　Lin FL, Sperle K & Sternberg N. Recombination in mouse l cells between DNA introduced into cells and homologous chromosomal sequences. Proc Natl Acad Sci U S A, 1985, **82(5)**: 1391-1395.

22　Plessis A, Perrin A, Haber JE et al. Site-specific recombination determined by i-scei, a mitochondrial group i intron-encoded endonuclease expressed in the yeast nucleus. Genetics, 1992, **130(3)**: 451-460.

23　Choulika A, Perrin A, Dujon B et al. Induction of homologous recombination in mammalian chromosomes by using the i-scei system of saccharomyces cerevisiae. Mol Cell Biol, 1995, **15(4)**: 1968-1973.

24 Bibikova M, Golic M, Golic KG et al. Targeted chromosomal cleavage and mutagenesis in drosophila using zinc-finger nucleases. Genetics, 2002, **161(3)**: 1169-1175.

25 Jacquier A & Dujon B. An intron-encoded protein is active in a gene conversion process that spreads an intron into a mitochondrial gene. Cell, 1985, **41(2)**: 383-394.

26 Chevalier BS, Kortemme T, Chadsey MS et al. Design, activity, and structure of a highly specific artificial endonuclease. Mol Cell, 2002, **10(4)**: 895-905.

27 Jasin M. Genetic manipulation of genomes with rare-cutting endonucleases. Trends Genet, 1996, **12(6)**: 224-228.

28 Miller J, Mclachlan AD & Klug A. Repetitive zinc-binding domains in the protein transcription factor iiia from xenopus oocytes. EMBO J, 1985, **4(6)**: 1609-1614.

29 Pavletich NP & Pabo CO. Zinc finger-DNA recognition: Crystal structure of a zif268-DNA complex at 2.1 a. Science, 1991, **252(5007)**: 809-817.

30 Chandrasegaran S & Carroll D. Origins of programmable nucleases for genome engineering. J Mol Biol, 2016, **428(5 Pt B)**: 963-989.

31 Kim YG, Cha J & Chandrasegaran S. Hybrid restriction enzymes: Zinc finger fusions to fok i cleavage domain. Proc Natl Acad Sci U S A, 1996, **93(3)**: 1156-1160.

32 Bibikova M, Beumer K, Trautman JK et al. Enhancing gene targeting with designed zinc finger nucleases. Science, 2003, **300(5620)**: 764.

33 Boch J, Scholze H, Schornack S et al. Breaking the code of DNA binding specificity of tal-type iii effectors. Science, 2009, **326(5959)**: 1509-1512.

34 Moscou MJ & Bogdanove AJ. A simple cipher governs DNA recognition by tal effectors. Science, 2009, **326(5959)**: 1501.

35 Christian M, Cermak T, Doyle EL et al. Targeting DNA double-strand breaks with tal effector nucleases. Genetics, 2010, **186(2)**: 757-761.

36 Maeder ML, Thibodeau-Beganny S, Osiak A et al. Rapid "open-source" engineering of customized zinc-finger nucleases for highly efficient gene modification. Mol Cell, 2008, **31(2)**: 294-301.

37 Gonzalez B, Schwimmer LJ, Fuller RP et al. Modular system for the construction of zinc-finger libraries and proteins. Nat Protoc, 2010, **5(4)**: 791-810.

38 Sander JD, Dahlborg EJ, Goodwin MJ et al. Selection-free zinc-finger-nuclease engineering by context-dependent assembly (coda). Nat Methods, 2011, **8(1)**: 67-69.

39 Juillerat A, Dubois G, Valton J et al. Comprehensive analysis of the specificity of transcription activator-like effector nucleases. Nucleic Acids Res, 2014, **42(8)**: 5390-5402.

40 Jinek M, Chylinski K, Fonfara I et al. A programmable dual-RNA-guided DNA endonuclease in adaptive bacterial immunity. Science, 2012, **337(6096)**: 816-821.

41 Gasiunas G, Barrangou R, Horvath P et al. Cas9-crRNA ribonucleoprotein complex mediates specific DNA cleavage for adaptive immunity in bacteria. Proc Natl Acad Sci U S A, 2012, **109(39)**: E2579-2586.

42 Mali P, Yang L, Esvelt KM et al. RNA-guided human genome engineering via cas9. Science, 2013, **339(6121)**: 823-826.

43 Cong L, Ran FA, Cox D et al. Multiplex genome engineering using CRISPR/Cas systems. Science, 2013, **339(6121)**: 819-823.

44 Hsu PD, Lander ES & Zhang F. Development and applications of CRISPR-Cas9 for genome engineering. Cell, 2014, **157(6)**: 1262-1278.

45 Tebas P, Stein D, Tang WW et al. Gene editing of CCR5 in autologous CD4 T cells of persons infected with hiv. N Engl J Med, 2014, **370(10)**: 901-910.

46 Doudna JA & Charpentier E. Genome editing. The new frontier of genome engineering with CRISPR-Cas9. Science, 2014, **346(6213)**: 1258096.

47 Jansen R, Embden JD, Gaastra W et al. Identification of genes that are associated with DNA repeats in prokaryotes. Mol Microbiol, 2002, **43(6)**: 1565-1575.

48 Mojica FJ, Diez-Villasenor C, Soria E et al. Biological significance of a family of regularly spaced

repeats in the genomes of archaea, bacteria and mitochondria. Mol Microbiol, 2000, **36(1)**: 244-246.

49　Haft DH, Selengut J, Mongodin EF et al. A guild of 45 CRISPR-associated (Cas) protein families and multiple crispr/cas subtypes exist in prokaryotic genomes. PLoS Comput Biol, 2005, **1(6)**: e60.

50　Bolotin A, Quinquis B, Sorokin A et al. Clustered regularly interspaced short palindrome repeats (crisprs) have spacers of extrachromosomal origin. Microbiology, 2005, **151(Pt 8)**: 2551-2561.

51　Mojica FJ, Diez-Villasenor C, Garcia-Martinez J et al. Intervening sequences of regularly spaced prokaryotic repeats derive from foreign genetic elements. J Mol Evol, 2005, **60(2)**: 174-182.

52　Pourcel C, Salvignol G & Vergnaud G. Crispr elements in *Yersinia pestis* acquire new repeats by preferential uptake of bacteriophage DNA, and provide additional tools for evolutionary studies. Microbiology, 2005, **151(Pt 3)**: 653-663.

53　Tang TH, Bachellerie JP, Rozhdestvensky T et al. Identification of 86 candidates for small non-messenger RNAs from the archaeon *Archaeoglobus fulgidus*. Proc Natl Acad Sci U S A, 2002, **99(11)**: 7536-7541.

54　Makarova KS, Grishin NV, Shabalina SA et al. A putative RNA-interference-based immune system in prokaryotes: Computational analysis of the predicted enzymatic machinery, functional analogies with eukaryotic RNAi, and hypothetical mechanisms of action. Biol Direct, 2006, **1**: 7.

55　Hackett JA & Surani MA. Regulatory principles of pluripotency: From the ground state up. Cell Stem Cell, 2014, **15(4)**: 416-430.

56　Brouns SJ, Jore MM, Lundgren M et al. Small crispr RNAs guide antiviral defense in prokaryotes. Science, 2008, **321(5891)**: 960-964.

57　Marraffini LA & Sontheimer EJ. Crispr interference limits horizontal gene transfer in staphylococci by targeting DNA. Science, 2008, **322(5909)**: 1843-1845.

58　Hale CR, Zhao P, Olson S et al. Rna-guided RNA cleavage by a crispr RNA-cas protein complex. Cell, 2009, **139(5)**: 945-956.

59　Hale CR, Majumdar S, Elmore J et al. Essential features and rational design of crispr RNAs that function with the cas ramp module complex to cleave RNAs. Mol Cell, 2012, **45(3)**: 292-302.

60　Garneau JE, Dupuis ME, Villion M et al. The crispr/cas bacterial immune system cleaves bacteriophage and plasmid DNA. Nature, 2010, **468(7320)**: 67-71.

61　Deltcheva E, Chylinski K, Sharma CM et al. Crispr RNA maturation by trans-encoded small RNA and host factor RNAs iii. Nature, 2011, **471(7340)**: 602-607.

62　Makarova KS, Haft DH, Barrangou R et al. Evolution and classification of the crispr-cas systems. Nat Rev Microbiol, 2011, **9(6)**: 467-477.

63　Nishimasu H, Ran FA, Hsu PD et al. Crystal structure of cas9 in complex with guide RNA and target DNA. Cell, 2014, **156(5)**: 935-949.

64　Deveau H, Barrangou R, Garneau JE et al. Phage response to crispr-encoded resistance in streptococcus thermophilus. J Bacteriol, 2008, **190(4)**: 1390-1400.

65　Esvelt KM, Mali P, Braff JL et al. Orthogonal cas9 proteins for RNA-guided gene regulation and editing. Nat Methods, 2013, **10(11)**: 1116-1121.

66　Ran FA, Hsu PD, Wright J et al. Genome engineering using the crispr-cas9 system. Nat Protoc, 2013, **8(11)**: 2281-2308.

67　Fagerlund RD, Staals RH & Fineran PC. The cpf1 crispr-cas protein expands genome-editing tools. Genome Biol, 2015, **16**: 251.

68　Zetsche B, Gootenberg JS, Abudayyeh OO et al. Cpf1 is a single RNA-guided endonuclease of a class 2 crispr-cas system. Cell, 2015, **163(3)**: 759-771.

69　Kleinstiver BP, Prew MS, Tsai SQ et al. Broadening the targeting range of staphylococcus aureus crispr-cas9 by modifying pam recognition. Nat Biotechnol, 2015, **33(12)**: 1293-1298.

70　Hirano H, Gootenberg JS, Horii T et al. Structure and engineering of francisella novicida cas9. Cell, 2016, **164(5)**: 950-961.

71　Xue W, Chen S, Yin H et al. Crispr-mediated direct mutation of cancer genes in the mouse liver. Nature, 2014, **514(7522)**: 380-384.

72   He X, Tan C, Wang F et al. Knock-in of large reporter genes in human cells via crispr/cas9-induced homology-dependent and independent DNA repair. Nucleic Acids Res, 2016, **44(9)**: e85.

73   Chang HHY, Pannunzio NR, Adachi N et al. Non-homologous DNA end joining and alternative pathways to double-strand break repair. Nat Rev Mol Cell Biol, 2017, **18(8)**: 495-506.

74   Yao X, Wang X, Hu X et al. Homology-mediated end joining-based targeted integration using crispr/cas9. Cell Res, 2017, **27(6)**: 801-814.

75   Cencic R, Miura H, Malina A et al. Protospacer adjacent motif (pam)-distal sequences engage crispr cas9 DNA target cleavage. PLoS One, 2014, **9(10)**: e109213.

76   Kuscu C, Arslan S, Singh R et al. Genome-wide analysis reveals characteristics of off-target sites bound by the cas9 endonuclease. Nat Biotechnol, 2014, **32(7)**: 677-683.

77   Fu Y, Foden JA, Khayter C et al. High-frequency off-target mutagenesis induced by crispr-cas nucleases in human cells. Nat Biotechnol, 2013, **31(9)**: 822-826.

78   Pattanayak V, Lin S, Guilinger JP et al. High-throughput profiling of off-target DNA cleavage reveals RNA-programmed cas9 nuclease specificity. Nat Biotechnol, 2013, **31(9)**: 839-843.

79   Smith C, Gore A, Yan W et al. Whole-genome sequencing analysis reveals high specificity of crispr/cas9 and talen-based genome editing in human ipscs. Cell Stem Cell, 2014, **15(1)**: 12-13.

80   Dewitt MA, Corn JE & Carroll D. Genome editing via delivery of cas9 ribonucleoprotein. Methods, 2017, **121-122**: 9-15.

81   Ran FA, Hsu PD, Lin CY et al. Double nicking by RNA-guided crispr cas9 for enhanced genome editing specificity. Cell, 2013, **154(6)**: 1380-1389.

82   Qi LS, Larson MH, Gilbert LA et al. Repurposing crispr as an RNA-guided platform for sequence-specific control of gene expression. Cell, 2013, **152(5)**: 1173-1183.

83   Song F & Stieger K. Optimizing the DNA donor template for homology-directed repair of double-strand breaks. Mol Ther Nucleic Acids, 2017, **7**: 53-60.

84   Fu Y, Sander JD, Reyon D et al. Improving crispr-cas nuclease specificity using truncated guide RNAs. Nat Biotechnol, 2014, **32(3)**: 279-284.

85   Tsai SQ, Zheng Z, Nguyen NT et al. Guide-seq enables genome-wide profiling of off-target cleavage by crispr-cas nucleases. Nat Biotechnol, 2015, **33(2)**: 187-197.

86   Gu B, Posfai E & Rossant J. Efficient generation of targeted large insertions by microinjection into two-cell-stage mouse embryos. Nat Biotechnol, 2018, **36(7)**: 632-637.

87   Jacobi AM, Rettig GR, Turk R et al. Simplified crispr tools for efficient genome editing and streamlined protocols for their delivery into mammalian cells and mouse zygotes. Methods, 2017, **121-122**: 16-28.

88   Yao X, Zhang M, Wang X et al. Tild-crispr allows for efficient and precise gene knockin in mouse and human cells. Dev Cell, 2018, **45(4)**: 526-536 e525.

89   Richardson CD, Ray GJ, Dewitt MA et al. Enhancing homology-directed genome editing by catalytically active and inactive crispr-cas9 using asymmetric donor DNA. Nat Biotechnol, 2016, **34(3)**: 339-344.

90   He W, Chen J & Gao S. Mammalian haploid stem cells: Establishment, engineering and applications. Cell Mol Life Sci, 2019, **76(12)**: 2349-2367.

91   Wang H, Yang H, Shivalila CS et al. One-step generation of mice carrying mutations in multiple genes by crispr/cas-mediated genome engineering. Cell, 2013, **153(4)**: 910-918.

92   Li W, Teng F, Li T et al. Simultaneous generation and germline transmission of multiple gene mutations in rat using crispr-cas systems. Nat Biotechnol, 2013, **31(8)**: 684-686.

93   Liu Z, Cai YJ, Liao ZD et al. Cloning of a gene-edited macaque monkey by somatic cell nuclear transfer. National Science Review, 2019, **6(1)**: 101-108.

94   Feng Z, Zhang B, Ding W et al. Efficient genome editing in plants using a crispr/cas system. Cell Res, 2013, **23(10)**: 1229-1232.

95   Zong Y, Wang Y, Li C et al. Precise base editing in rice, wheat and maize with a cas9-cytidine deaminase fusion. Nat Biotechnol, 2017, **35(5)**: 438-440.

96 Wang Y, Cheng X, Shan Q et al. Simultaneous editing of three homoeoalleles in hexaploid bread wheat confers heritable resistance to powdery mildew. Nat Biotechnol, 2014, **32(9)**: 947-951.

97 Shan Q, Wang Y, Li J et al. Targeted genome modification of crop plants using a crispr-cas system. Nat Biotechnol, 2013, **31(8)**: 686-688.

98 Wu J, Platero-Luengo A, Sakurai M et al. Interspecies chimerism with mammalian pluripotent stem cells. Cell, 2017, **168(3)**: 473-486 e415.

99 Yan S, Tu Z, Liu Z et al. A huntingtin knockin pig model recapitulates features of selective neurodegeneration in huntington's disease. Cell, 2018, **173(4)**: 989-1002 e1013.

100 Niu D, Wei HJ, Lin L et al. Inactivation of porcine endogenous retrovirus in pigs using crispr-cas9. Science, 2017, **357(6357)**: 1303-1307.

101 Niu Y, Shen B, Cui Y et al. Generation of gene-modified cynomolgus monkey via cas9/RNA-mediated gene targeting in one-cell embryos. Cell, 2014, **156(4)**.

102 Zheng Y, Shen W, Zhang J et al. Crispr interference-based specific and efficient gene inactivation in the brain. Nat Neurosci, 2018, **21(3)**: 447-454.

103 Cheng AW, Wang H, Yang H et al. Multiplexed activation of endogenous genes by crispr-on, an RNA-guided transcriptional activator system. Cell Res, 2013, **23(10)**: 1163-1171.

104 Liu P, Chen M, Liu Y et al. Crispr-based chromatin remodeling of the endogenous oct4 or sox2 locus enables reprogramming to pluripotency. Cell Stem Cell, 2018, **22(2)**: 252-261 e254.

105 Liao HK, Hatanaka F, Araoka T et al. In vivo target gene activation via crispr/cas9-mediated trans-epigenetic modulation. Cell, 2017, **171(7)**: 1495-1507 e1415.

106 Liu XS, Wu H, Ji X et al. Editing DNA methylation in the mammalian genome. Cell, 2016, **167(1)**: 233-247 e217.

107 Chen B, Gilbert LA, Cimini BA et al. Dynamic imaging of genomic loci in living human cells by an optimized crispr/cas system. Cell, 2013, **155(7)**: 1479-1491.

108 Najm FJ, Strand C, Donovan KF et al. Orthologous crispr-cas9 enzymes for combinatorial genetic screens. Nat Biotechnol, 2018, **36(2)**: 179-189.

109 Gootenberg JS, Abudayyeh OO, Lee JW et al. Nucleic acid detection with crispr-cas13a/c2c2. Science, 2017, **356(6336)**: 438-442.

110 Chen JS, Ma E, Harrington LB et al. Crispr-cas12a target binding unleashes indiscriminate single-stranded dnase activity. Science, 2018, **360(6387)**: 436-439.

111 牛煦然, 尹树明, 陈曦, 等. 基因编辑技术及其在疾病治疗中的研究进展. 遗传, 2019, **41(07)**: 582-598.

112 Komor AC, Kim YB, Packer MS et al. Programmable editing of a target base in genomic DNA without double-stranded DNA cleavage. Nature, 2016, **533(7603)**: 420-424.

113 Gaudelli NM, Komor AC, Rees HA et al. Programmable base editing of a*t to g*c in genomic DNA without DNA cleavage. Nature, 2017, **551(7681)**: 464-471.

114 Kosicki M, Tomberg K & Bradley A. Repair of double-strand breaks induced by crispr-cas9 leads to large deletions and complex rearrangements. Nat Biotechnol, 2018, **36(8)**: 765-771.

115 Jin S, Zong Y, Gao Q et al. Cytosine, but not adenine, base editors induce genome-wide off-target mutations in rice. Science, 2019, **364(6437)**: 292-295.

116 Liang P, Xu Y, Zhang X et al. Crispr/cas9-mediated gene editing in human tripronuclear zygotes. Protein Cell, 2015, **6(5)**: 363-372.

117 He W, Zhang X, Zhang Y et al. Reduced self-diploidization and improved survival of semi-cloned mice produced from androgenetic haploid embryonic stem cells through overexpression of dnmt3b. Stem Cell Reports, 2018, **10(2)**: 477-493.

陈嘉瑜　刘威彤

第16章　干细胞与类器官

长期以来，人们对自身机体发育和疾病的认知大都是通过动物模型或二维（2D）培养的细胞系模型获得的。然而，这些模型在不同方面有不同程度的局限性，使其不能完美地体现人体发育和疾病特征。因此，对人体发育和疾病的研究急需新的研究手段和模型。此外，在人类疾病损伤的治疗与修复过程中，需要对器官组织整体进行再生，这就需要对再生的细胞类型、再生的三维（3D）结构有更高的要求。随着干细胞技术的迅速发展，类器官培养技术的创建填补了这一方面的空白。

16.1　类器官简介

类器官（organoid），也被称为微器官（mini-organ），是近十年干细胞领域发展最快的研究热点之一。类器官是由英文 organoid 翻译而来。Organoid 历史上曾被用作 organelle（细胞器）的代名词[1]，也曾经被肿瘤领域用于描述具有复杂组织样结构的肿瘤[2,3]。而进入到 21 世纪以来，随着干细胞领域的迅猛发展，organoid 的定义逐渐被确定下来。Organoid，顾名思义，是指类似于器官的培养物。根据人脑类器官创建者、来自于奥地利科学院分子生物技术研究所的 Madeline Lancaster 博士和 Jürgen Knoblich 博士的定义，类器官是指应用多能干细胞或者成体干细胞进行体外三维培养，干细胞通过自我组织进而得到的一类与体内器官结构高度相似并能重现对应器官部分功能的细胞培养物[4]。

虽然类器官的概念在近些年才被提出，但是科学家尝试在体外培养成类似体内组织的历史已经超过百年。早在 1907 年 Wilson 就证明了海绵细胞可以在体外自我组织再生为一个完整的个体[5]；1960 年，Weiss 和 Taylor 将鸡胚胎肾细胞在体外培养模拟了肾的发育[6]；通过将不同组织的上皮细胞包埋入细胞外基质凝胶中，研究者发现上皮细胞可以自我组织形成三维的小管（tubule）或导管（duct）[7-9]。而随着干细胞相关研究的发展，包括小鼠胚胎干细胞（embryonic stem cell，ESC）系[10]和人胚胎干细胞系[11]的建立、各器官成体干细胞（adult stem cell，ASC）的发现[12,13]、诱导多能干细胞（induced pluripotent stem cell，iPSC）方法的建立[14]等干细胞领域的重大突破的出现，类器官相关研究成为了干细胞研究的最热点之一。2008 年，日本科学家 Sasai 教授研究团队通过将小鼠胚胎干细胞进行体外三维培养，细胞在分化过程中自我组织形成了类似小鼠大脑皮层结构和细胞组成的细胞培养物[15]。自此，世界各国的研究组应用多能干细胞或成体干细胞进行体外三维培养，获得的小鼠或人多种器官组织类器官包括脑[16-19]、视神经[20,21]、内耳[22,23]、肾脏[24]、血管[25]、子宫[26]、睾丸[27,28]、乳腺[29]、前列腺[30]、肠道[31,32]、胃[33-35]、肝[36-42]、胰腺[43]、肺[44-48]、胎盘[49,50]等。另外，研究人员应用胚胎干细胞（embryonic stem cell）、滋养层干细胞（trophoblast stem cell）及胚外外胚层干细胞（extra-embryonic endoderm stem cell）在体外进行共培养，经过细胞的自我组织（self-organize），形成了三维的类胚胎结构[51]。这些模型的建立，不仅为研究人体从细胞到功能器官的发育提供了有力的工具，更为模拟人体疾病和药物筛选提供了新的平台。应用这些人源类器官模型，研究人员建立了多种器官的疾病模型，并探索了细胞替代治疗方案（表 16-1）。尽快开展和推进类器官研究，将有助于我们了解胚胎及人体器官发育的调控机制，推进对疾病发生机制和治疗手段的研究，推进个体化精准医疗的发展。

表 16-1　类器官模型及应用

靶器官	种属	细胞来源	类器官应用
脑	人 [16-19,52] 或小鼠 [15]	多能干细胞 [16-19]	人脑发育和进化 [53,54]；小头畸形模型 [16,55-57]；大头畸形模型 [58]；自闭症模型 [59]；Miller-Dieker 综合征模型 [60,61]；精神分裂症模型 [62]；寨卡病毒感染模型 [63-65]；脑肿瘤模型 [66-68]；神经元异位症 [25]；阿尔茨海默病 [69]；移植 [70]
视神经	人 [20] 或小鼠 [21]	多能干细胞 [20,21]	视网膜色素变性 [71]；移植 [72,73]
内耳	人 [22] 或小鼠 [23]	多能干细胞 [22] 或成体干细胞 [23]	内耳发育 [22]；疾病模拟 [74]；药物筛选 [23]
肾脏	人 [24,75,76] 或小鼠 [75]	成体干细胞 [75] 或多能干细胞 [24,76]	肾脏发育 [24]；肾脏疾病 [77-79]
血管	人 [25]	多能干细胞 [25]	糖尿病 [25]
子宫	人 [26]	成体干细胞 [26]	肿瘤模型 [26]
睾丸	人 [27] 或大鼠 [28]	成体干细胞 [27,28]	药物测试 [28]
乳腺	人 [29] 或小鼠 [29]	成体干细胞 [29]	乳腺发育 [29]；生物样本库 [80]
前列腺	人 [30,81]	成体干细胞 [30]	前列腺发育 [30]；肿瘤模型 [81]
肠道	人 [32] 或小鼠 [31]	多能干细胞 [32] 或成体干细胞 [31]	囊性纤维化 [82,83]；微绒毛包涵体疾病 [84]；肿瘤模型 [85]；生物样本库 [85-87]；药物筛选 [88,89]
胃	人 [33] 或小鼠 [34,35]	多能干细胞 [33] 或成体干细胞 [34,35]	胃的发育 [33]；细菌感染模型 [90,91]；肿瘤模型 [92,93]；生物样本库 [94]
肝	人 [37,38,40-42] 或小鼠 [36,38,39]	成体细胞 [38-40]、转分化肝细胞 [36,37] 或多能干细胞 [41,42,95]	肝发育 [96,97]；遗传疾病 [98]；病毒感染 [99]；肿瘤模型 [100-102]
胰腺	人 [43] 或小鼠 [43,103]	成体干细胞 [103]	肿瘤模型 [43]
肺	人 [44-46,48,104-107] 或小鼠 [47,108]	多能干细胞 [44-46,104,105] 或成体干细胞 [47,106-109]	肺发育 [104]；疾病模拟 [105]
胚胎	人 [110] 或小鼠 [51,110,111]	多能干细胞 [110,111]；滋养层干细胞 [51]	胚胎发育 [51,110,111]
胎盘	人 [49,50]	成体干细胞 [49,50]	胎盘发育 [49,50]

与传统的动物模型和二维细胞培养相比，类器官在研究人体发育和疾病领域具有众多优势：类器官可通过人源的多能干细胞或成体干细胞培养获得，从而克服了动物模型与人类器官在结构、细胞类型、分子水平、遗传背景等多个方面不同的缺点；与二维细胞培养相比，类器官具有类似于体内器官的空间结构和细胞组成，并具有多种相应器官功能的特征。基于其众多优点，类器官培养体系一经创立，便得到了广泛的关注和极大的发展。我们将在本章中对不同组织类器官，从外胚层分化的器官（如脑、视神经、内耳等）、中胚层分化的器官（如肾、血管、子宫等），到内胚层分化的器官（小肠、胃、肝、胰腺、肺等），分别对其培养方法及其基础研究和转化应用等方面进行全面的介绍。

16.2 外胚层类器官

在胚胎发育过程中，原肠胚背部的外胚层逐渐加厚形成神经板。随着脊索延长，神经板扩增、延伸的同时，中央开始凹陷为神经沟，两侧隆起成为神经嵴。紧接着，神经沟完成闭合形成神经管，同时有些神经板外侧细胞成为神经嵴。神经管和神经嵴进一步分化为中枢神经系统和周围神经系统，其余外胚层分化为表皮及其衍生组织。本部分将介绍由外胚层发育的器官的类器官培养方法，包括脑类器官、视网膜类器官和内耳类器官。

16.2.1 脑类器官

脑是人体中功能最强大、结构最复杂的器官。与其他哺乳动物相比，人脑的结构相似，但是体积及包含的神经元数量要大得多。人类大脑包含大约 860 亿个神经元，形成了约 100 万亿个神经突触。人脑不仅是人体中最复杂的器官，也被描述为宇宙中最复杂的物体。超过一个世纪以来，人们努力模拟人脑并探索其惊人复杂的生理学和病理学，并且通过模式生物获得了大量的知识，然而种间差异使这些知识有时并不能完全体现人脑的特殊性。人脑类器官培养方法的建立彻底改变了我们探索人脑秘密的研究方式，也为人脑相关的疾病模拟和转化应用提供了潜力巨大的研究平台。

1. 脑类器官的培养方法

目前基于是否进行定向分化，脑类器官的培养方法可以分为两种：一种是干细胞在分化过程中完全自我组织形成的，不依靠加入外源性的形态发生因子（morphogen）而得到包含多个脑区类器官的培养方法；另一种则是根据人脑发育过程的调控机制，在特定时间加入外源性的形态发生因子和神经营养因子（neurotrophic factor），从而培养出特定脑区的类器官（图 16-1）。

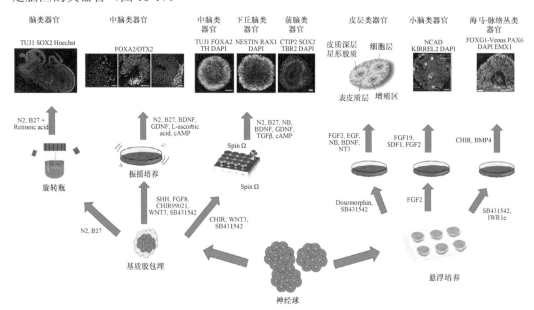

图 16-1　脑类器官的培养方法[116]

1）非定向分化脑类器官培养方法

非定向分化脑类器官培养方法是由奥地利科学院分子生物技术研究所的 Knoblich 研究团队创立的。2013 年，Lancaster 和 Knoblich 首次建立了包含多个脑区的脑类器官的培养方法[16,112]。这个方法并不依赖任何外源性的形态发生因子，而是完全借助干细胞向神经分化过程中的自我组织。简单来说，首先将人胚胎干细胞/可诱导多能干细胞培养成胚状体（embryoid body），将其在神经诱导培养基中培养分化、扩增神经外胚层（neuroectoderm），然后将其包埋入基质胶中，通过在神经分化培养基中振摇培养，扩增神经上皮芽（neuroepithelial bud）。随着类器官的增长，神经上皮细胞萌芽中开始产生类似于侧脑室中脑脊液的物质，而神经上皮细胞也开始进一步分化、向外层迁移，最后形成了包含多个脑区的脑类器官细胞培养物，包括类似前脑（forebrain，包含背侧前脑和腹侧前脑）、脉络丛（choroid plexus）、海马区（hippocampus）、前额叶（prefrontal lobe）、视网膜（retina）等脑区或视神经结构（图 16-2A）。其中，有些区域非常类似于发育早期的大脑皮层结构，包含由 Cajal-Retzius 细胞和皮层神经元组成的皮质层（cortical plate）、中间前体细胞（intermediate precursor，IP）组成的侧脑室下区（subventricular zone，SVZ）和放射性神经胶质细胞（radial glia）/神经干细胞组成的侧脑室（ventricular zone，VZ）。这些人脑类器官中的前体细胞和神经元不仅在形态、转录组及神经活性等方面与哺乳动物同种细胞类似，还包含一些人脑特异性的前体细胞，如外层放射性胶质细胞（outer radial glia，oRG）等。进一步的研究发现，人脑类器官不同脑区之间存在组织中心（organizing center），在类器官的自我组织中起到了关键性作用[17]。另外，在脑类器官中的皮层发育，也体现了类似于体内神经发生和胶质生成的时空调控顺序[17]。同时，单细胞测序技术也证明脑类器官与人胎脑的细胞类型相似[113-115]。

之后，Lancaster 在原有培养方法上进行了改进，通过加入可被吸收材料做成的微纤维，增加类器官的表面积，并在培养过程中短期加入 Wnt 信号通路激活剂 CHIR99021 诱发大脑皮层的形成，并且在培养后期向培养基中加入基质胶用于给类器官提供额外的基底膜，从而培养出更类似于体内的大脑皮层类器官（图 16-2B）[18]。随着类器官尺寸的增长，类器官内部由于缺乏营养而逐渐坏死。为了解决这个问题，Lancaster 研究团队将类器官切片进行气液界面培养（air-liquid interface culture），从而得到了更加健康的类器官模型[117]。

2）定向分化脑类器官的培养方法

定向分化人脑类器官的方法是由类器官领域的先驱者之一、已故日本科学家 Sasai 研究团队创立。早在 2008 年 Sasai 课题组就开创性地通过将小鼠胚胎干细胞在无血清培养基中自我组织形成皮层结构[15]。基于这个无血清、成分明确的基础培养基，Sasai 课题组通过在不同的时间点加入不同的形态发生因子，分别将人源或鼠源的胚胎干细胞分化得到了大脑皮层[15,52]、小脑[118,119]、海马[120]等不同脑区的器官模型。这些模型不将胚状体包埋入基质胶中，但在培养过程中加入定向分化因子。例如，他们在培养小脑类器官的过程中，依次加入：①FGF2 和胰岛素；②FGF19；③SDF1。而在培养海马类器官过程中，则依次加入：①IWR1e（Wnt 信号通路抑制剂）和 SB431542（TGFβ

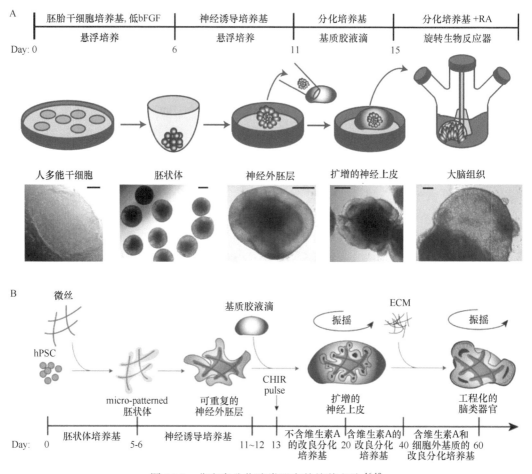

图 16-2　非定向分化脑类器官的培养方法 [16,18]

抑制剂）；②CHIR99021（Wnt 信号通路激活剂）和 BMP4。基于 Sasai 团队的培养方法，Pasca 研究团队在培养人脑皮层类器官的过程中依次加入：①Dosomorphin（BMP 信号通路抑制剂）和 SB431542；②FGF2、EGF、NB、BDNF、NT3 等因子，得到了异质性更低的皮层类器官模型 [19]。而另外几个研究团队则通过基于 Knoblich 课题组的方法进行定向分化。Guo 和 Song 研究团队依次加入：①CHIR99021、WNT3a 和 SB431542；②NB、BDNF、GDNF、cAMP 和 TGFβ，定向分化培养下丘脑类器官和中脑类器官 [63]。Ng 研究团队依次加入：①SHH、FGF8、CHIR99021、WNT3a 和 SB431542；②BDNF、GDNF、cAMP 和 L-ascorbioc acid，定向培养中脑类器官 [121]。

3）脑类器官融合培养方法

脑的许多功能是通过多脑区协同作用完成的。非定向分化脑类器官虽然包含多个脑区，但这些脑区的分布是比较随机的。因此，应用非定向分化脑类器官研究多脑区协同的生物学问题比较困难，而定向分化脑类器官则为研究此类问题提供了工具。通过将定向分化为不同脑区的类器官进行融合培养，研究人员构建了多种脑发育和疾病模型。例如，2017 年有三个不同的研究团队构建了中间神经元迁移的类器官模型 [122-125]。在大脑皮层发育过程中，中间神经元从腹侧前脑迁移至背侧皮层，与背侧皮层的兴奋性神经元形成神经回路。为了模拟这个过程，这三个研究团队分别将类器官定向分化为背侧前脑和腹侧前脑，然后将两种脑区的类器官进行融合培养，从而建立了中间神经元从腹侧前脑向背侧前脑迁移的类器官模型（图 16-3）。Park 研究团队通过将丘脑类器官和大脑皮层类器官融合培养，构建了神经元投射模型[126]。另外，Studer 研究团队通过将诱导表达 SHH 的胚胎干细胞与野生型干细胞形成的胚状体融合在一起，在类器官的培养过程中诱导 SHH 的表达，建立 SHH 在类器官中的表达梯度，从而构建了具有背侧-腹侧轴的脑类器官[127]。

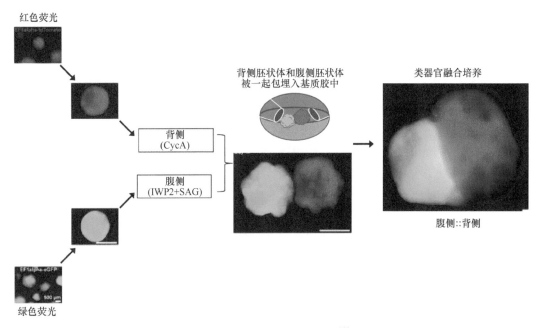

图 16-3 脑类器官融合培养[123]

由于脑的复杂性，脑类器官的培养方法还在被不断改进中，不断有新的培养方法涌现或者新的脑区类器官被模拟出来。例如，将小胶质细胞（microglia）与脑类器官进行共培养，向脑类器官中加入中枢神经系统中的免疫细胞[128]。又如，将表达促使血管内皮细胞转录因子 ETV2 的胚胎干细胞与野生型胚胎干细胞混合培养脑类器官，从而在培养过程中形成具有类似于血管结构的脑类器官模型[129]。相信随着脑类器官培养方法的不断更新，研究人员将培养出更接近人脑结构和功能的类器官模型。

2. 脑类器官的转化应用

1) 脑进化研究

不同种属的哺乳动物的大脑在结构、细胞组成等方面有各自特点。由于脑类器官可以模拟早期脑发育的特征。因此，不同的研究团队应用不同哺乳动物的 iPSC 培养脑类器官，研究不同种属动物脑发育的特征。Livesey 团队通过培养不同灵长类动物的脑类器官，研究了神经前体细胞在皮层发育过程中不同的行为导致脑容积不同的机制[130]。

Kriegstein 研究团队通过比较猴子、猩猩和人的脑类器官，发现人神经前体细胞表达较高水平的 PI3K-AKT-mTOR 信号通路，验证了人脑发育特异性的分子特征[53]。另外，Camp 和 Treutlein 团队通过对人和猩猩的脑类器官进行单细胞测序，发现了人脑发育特异的细胞类型特性[54]。

2）小头畸形

小头畸形（microcephaly），又称为小头症，是一类神经系统发育障碍疾病。临床上以头围小于同年龄、同性别平均值 3~4 个标准差为诊断标准。小头畸形病人通常还具有多种神经缺陷和智力发展障碍。该疾病严重影响着病人的健康和生活。目前认为，小头畸形的发病与胚胎期大脑皮层发育异常相关[131]。

Lancaster 应用携带 CDK5RAP2 基因突变的小头畸形病人 iPSC 构建了小头畸形类器官模型[16]。相对于对照组正常 iPSC 培养的脑类器官，CDK5RAP2 突变病人 iPSC 培养的类器官体积显著变小。另外，随着培养时间增长，CDK5RAP2 突变的器官中神经上皮细胞区神经的祖细胞数量明显减少，而神经元数量则显著多于对照组类器官，显现出神经祖细胞提前分化的病征；病人组神经祖细胞分裂时纺锤体定向呈现斜向和垂直向（30°~90°）改变，倾向于不对称分裂，而对照组纺锤体定向为 100%横向（0°）。这些结果从细胞水平展示了 CDK5RAP2 基因突变致畸的机制，这也与 CDK5RAP2 基因已被证实的分子功能相符。麻省理工大学 Jaenisch 研究团队也应用脑类器官技术成功地研究了染色体着丝点突变诱发小头畸形的分子机制[55]。另外，Wang 研究团队[56] 和 Chen 研究团队[57] 分别应用脑类器官研究小头畸形致病基因 ASPM 和 WDR62 导致小头畸形的分子机制。

除了应用小头畸形病人来源的 iPSC 建立的小头畸形脑类器官模型以外，多个研究团队应用脑类器官探索了寨卡病毒致小头畸形的分子机制[63-65]。他们发现寨卡病毒可以特异性地感染神经前体细胞，并可激活 TLR3（Toll-like receptor 3），诱发前体细胞的凋亡，进而导致胎儿的脑部发育异常[132]。

3）大头畸形

Jaenisch 研究团队通过 CRISPR-Cas9 技术在胚胎干细胞中引入肿瘤抑制因子 PTEN 的缺失突变[58]。此细胞系培养的脑类器官显示出显著的体积增大，器官表面甚至出现类似于大脑沟回一样的褶皱。进一步的研究发现，PTEN 突变在神经前体细胞中激活了 AKT 信号通路，从而促进了神经前体细胞的增殖而延后了神经元发生。

4）自闭症

Vaccarino 研究团队使用源自特发性自闭症病人的 iPSC 培养脑类器官，他们发现病人类器官显示了与自闭症病人类似的病理特征，包括神经突触过度生长、GABA 能中间神经元数量增加，以及前脑分子标志物 FOXG1 基因表达上调[59]。Sur 团队通过培养携带 MECP2 基因突变的 Rett 综合征病人的脑类器官，发现由于 PKB/AKT 和 ERG/MAPK 信号通路激活而导致神经前体细胞增多，从而影响神经元发生[133]。

5）Miller-Dieker 综合征

Miller-Dieker 综合征是一种无脑回畸形疾病。Kriegstein 研究团队应用 Miller-Dieker 综合征病人 iPSC 培养脑类器官，发现外层放射性胶质细胞分裂放缓，表明神经前体细胞细胞周期功能异常有可能是 Miller-Dieker 综合征中皮层畸形的原因[60]。另一个研究发现 Wnt 信号通路中非细胞自主性缺陷与 Miller-Dieker 综合征有关[61]。

6）唐氏综合征

唐氏综合征，也被称为 21-三体综合征，是由于 21 号染色体异常而导致的智力发育迟缓的发育疾病。Jiang 研究团队通过培养唐氏综合征病人的脑类器官，发现 21 号染色体上 *OLIG* 的过表达导致中间神经元的过度产生，表明唐氏综合征导致的神经发育异常有可能是过量的中间神经元导致[134]。

7）神经元异位症

Cappello 研究团队应用神经元异位症病人 iPSC 培养脑类器官，发现神经元迁移缺陷是导致此类疾病的致病因素[135]。

8）精神分裂症

在验证 DISC1 与神经分裂症相关性的研究中，Zhang 研究团队发现 DISC1 与 NDE1 相互作用，调控神经前体细胞的细胞分裂，而 *DISC1* 突变则导致细胞分裂的延迟[62]。

9）脑肿瘤

脑肿瘤是一种非常恶性的肿瘤，是儿童肿瘤中导致病人死亡的首要类型。由于其细胞和遗传高度异质性，脑肿瘤的临床治疗手段非常有限。目前的研究模型（包括肿瘤细胞系、转基因动物模型、脑肿瘤异种移植模型）均有其局限性，而脑类器官的出现为脑肿瘤研究提供了新的平台。Knoblich 实验室在脑类器官培养过程中将脑肿瘤基因组测序发现的临床相关的突变和原癌基因引入，建立了人脑类器官胶质母细胞瘤模型和中枢神经系统原始神经外胚层肿瘤模型[66]。此模型不仅在组织形态学、转录组、肿瘤侵染性等多个方面与病人肿瘤样本类似，并且可作为靶向药物测试的新平台。Verma 研究团队将 *p53* 突变和 *Ras* 原癌基因导入类器官中，也获得了胶质母细胞瘤的类器官模型[67]。此外，Fine 团队将病人来源的胶质母细胞瘤细胞移植入脑类器官中，建立了另一种脑肿瘤类器官模型[68]。

10）阿尔茨海默病

由于脑类器官只能模拟早期脑发育，因此目前并不适合模拟神经退行性疾病。然而，也有研究人员应用阿尔茨海默病病人来源的 iPSC 培养脑类器官，发现这些脑类器官中有一些阿尔茨海默病相关的病征，如 Aβ 的聚集、高度磷酸化的 Tau 蛋白。他们还发现加入 β 和 γ 分泌酶抑制剂后可以显著缓解病人来源类器官中的病征[69]。

11）细胞替代治疗

细胞替代疗法治疗神经系统疾病大都是将干细胞定向分化为某种特定的神经元或

前体细胞,将其移植到病人的病灶部位,以取代损伤的神经元来修复病灶部分的神经损伤。然而,这种方法移植的细胞存活率低。脑类器官可以在体外模拟类似体内的微环境,具有类似体内的结构和细胞类型的多样性,因此有研究者认为将脑类器官进行移植用于细胞治疗可能会有更好的效果。Gage 研究团队将脑类器官整体移植入小鼠的头部,发现类器官可以整合入小鼠的大脑,不仅可以在器官部分发现小鼠来源的血管提供养分,而且发现类器官中的神经元可以整合入小鼠的神经网络中[70]。这项研究为类器官细胞替代治疗奠定了试验基础。

16.2.2 视网膜类器官

视网膜是眼睛的"感光胶片",负责将外界的光信号转换成电信号并传达给大脑。胚胎时期,眼睛发育处于较早阶段(图 16-4A),间脑侧面外翻形成视小泡(optic vesicle)。视小泡表达 Rax,不表达 Sox,称为视网膜原基(图 16-4B)。接着表皮外胚叶(surface ectoderm)增厚,与视小泡的神经上皮一起内陷。双层视杯的外层形成视网膜色素上皮(retinal pigment epithelium,RPE),双层视杯的内层形成神经视网膜(neural retina,NR)。成熟的神经视网膜由三层细胞组成(图 16-4C):光感受器、中间神经元(水平细胞、无长突细胞和双极细胞)和视网膜神经节细胞。自 2011 年 Sasai 实验室首次创建视杯类器官起[21],视神经的发育及疾病研究有了新的研究模型。

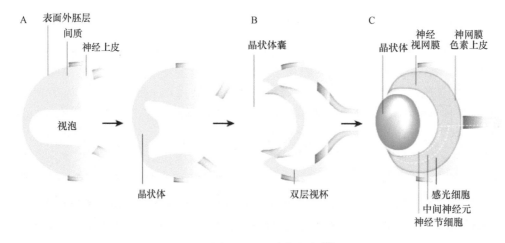

图 16-4 眼睛的发育[136]

1. 视网膜类器官的培养方法

Sasai 研究团队于 2011 年报道了利用小鼠胚胎干细胞在体外成功构建 3D 培养的视杯类器官的方法。在此方法中,他们将携带前体细胞标志物 Rax(Rx)报告基因的小鼠胚胎干细胞系在低吸附 96 孔板中培养细胞聚集体;1 天后,向细胞聚集体中加入溶有基质胶的无血清培养基中,细胞团会向神经外胚层方向分化,并逐渐自发形成前体细胞标志物 Rx 阳性的区域;第 7 天把类器官转移到视网膜成熟培养基;在 9~10 天可以观察到类器官出现上皮细胞外翻并产生胚胎视杯的形状,此时视网膜上皮已经有效生成(图 16-5);

此后，可用显微镊切下类器官表面的远端 RPE 组织，把切下的组织转入另一种视网膜成熟培养基（包含牛磺酸和全反式视黄酸）中；自第 14 天起，每 3 天更换新的视网膜成熟培养基（包含牛磺酸）直至第 24 天，可以对组织进行分析。

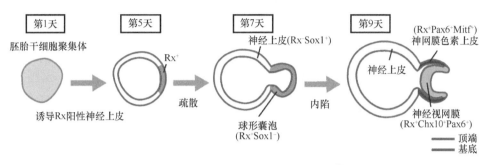

图 16-5　小鼠视杯类器官的培养方法 [21]

之后，Sasai 团队也应用人胚胎干细胞培养了人视杯类器官 [20]。相比小鼠视网膜类器官，人类视网膜类器官体积更大，并且出现了杆状和锥状细胞的多层组织，而在小鼠胚胎干细胞培养中，锥状细胞分化很少见。为了产生既有神经视网膜（neural retina，NR）又有视网膜色素上皮（retinal pigment epithelium，RPE）的类器官，他们优化了培养条件，从第 1 天到第 12 天加入 Wnt 信号通路抑制剂 IWR1e；第 12 天起类器官开始用含 10%胎牛血清的分化培养基进行培养；培养到第 15 天开始加入 Shh 信号通路激动剂 SAG 和 Wnt 激动剂 CHIR99021。另外，Yau 团队也建立了另一种视网膜类器官的培养方法 [137]。

2. 视网膜类器官的转化应用

1）视网膜色素变性

视网膜色素变性（RP）是一组以光感受器变性为主要特征的遗传性疾病。有 40 多个基因与 RP 和遗传模式有关，不同的基因突变产生不同的发病机制 [138]。Lako 研究团队应用携带 PRPF31 基因突变的病人 iPSC，体外构建了视网膜色素变性的类器官模型 [71]。

2）细胞替代治疗

目前临床上仍没有有效的治疗视网膜色素变性的方法。目前人们正在尝试基因治疗 [139] 和构建人工视网膜 [140]。在过去的十年里，治疗性细胞移植已经重新成为一种有前途的 RP 治疗方法 [141,142]。3D 培养技术制造的视网膜类器官，使人们能够在任何发育阶段制备视网膜组织，并在体外获得足够的质量、数量和纯度的可用于视网膜移植的组织。Jin 团队通过构建小鼠 iPSC 来源的视网膜类器官并将其移植到缺少外核层的晚期视网膜变性模型鼠中。研究人员观察到宿主和移植入的类器官之间产生了突触连接。也有研究小组通过基因编辑技术，修复了 RP 病人可诱导多能干细胞生长出的视网膜类器官的病理表型 [72]。另外，Yin 团队也探索了应用视网膜类器官移植进行细胞替代治疗的有效性 [73]。这些研究显示了类器官在晚期视网膜退行性疾病治疗中的价值。

16.2.3 内耳类器官

耳包括外耳、中耳和内耳。内耳在颞骨（temporal bone）内侧，包含耳蜗、前庭和半规管等结构。耳蜗内有 75 000 个感觉毛细胞，通过机械敏感的立体纤毛束[143]，检测声音和运动，将声波由耳蜗的听神经传给大脑，进而产生听觉。在胚胎发育中，端脑的后脑（hindbrain）泡两端的非神经外胚层将增厚，形成听板（otic placode），听板随后形成听窝（otic pit），听窝闭合内陷形成听泡（otic vesicle）。听泡逐渐发育成膜迷路，听泡周围的间充质细胞逐渐骨化为骨迷路，膜迷路被骨迷路和淋巴间隙所包围。如果胚胎阶段遭遇突变（如 *GJB3*、*SLC264* 基因）、病毒感染、缺氧、链霉素作用等影响，会导致内耳发育畸形，或导致感觉失调和耳聋。因此，为了研究内耳发育畸形的分子机制，或寻找促进内耳细胞再生的方式，人们应用多能干细胞或成体干细胞在体外构建了内耳类器官[22,23]。

1. 内耳类器官的培养方法

内耳类器官可通过多能干细胞或者成体干细胞培养获得。

1）应用人多能干细胞培养内耳类器官

Hashino 团队创立了应用多能干细胞培养内耳类器官的方法（图 16-6）[22]。简单来说，将多能干细胞在 V 型低吸附板上形成细胞聚集物；然后，向细胞聚集物培养基中加入 FGF2、SB431542、BMP4 和 2%基质胶，以降低细胞向神经方向的分化；4 天后，在原有培养基上加入 FGF2 和 LDN 的新分化培养基；再过 4 天后补加少量的含有 CHIR99021 的新鲜培养基；12 天后，将类器官包埋入基质胶中，在包含 CHIR99021 的类器官成熟培养基中培养，得到逐步成熟的内耳类器官。如果在可搅拌的生物反应器中培养，内耳类器官可培养到 180 天以上。在这些类器官中，可以观察到前庭毛细胞（vestibular hair cell），以及单极、双极神经节细胞和施万细胞。并且，这些前庭毛细胞能够与感觉神经元形成具有电生理功能的突触。

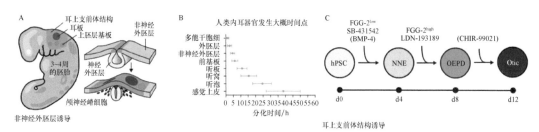

图 16-6　内耳胚胎发育和内耳类器官培养[22]
A. 内耳的胚胎发育简图；B. 人类胎儿内耳发育时间轴；C. 内耳类器官建模时间轴

2）应用成体干细胞培养内耳类器官

Edge 研究团队应用小鼠 Lgr5 阳性的内耳成体干细胞，建立了内耳类器官模型[23]。

简单来讲，将 Lgr5 阳性的细胞分离出来，在加有 CHIR99021、VPA、bFGF、EGF 和 IGF-1 的培养基中扩增成体干细胞，在基质胶中形成 Lgr5 阳性的类器官；将类器官在含有 CHIR99021 和 LY411575（γ 分泌酶抑制剂）的分化培养基中培养，可以培养含有毛细胞的内耳类器官（图 16-7）。Senn 团队建立了应用人胚胎内耳前体细胞培养内耳类器官的方法 [144]。

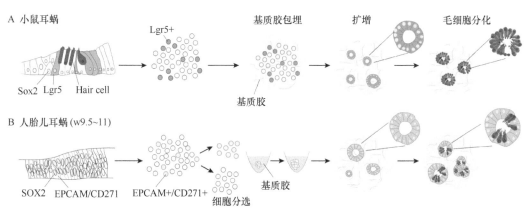

图 16-7　小鼠（A）和人（B）成体干细胞培养内耳类器官 [145]

2. 内耳类器官的培养应用

内耳类器官可以应用于内耳发育研究 [22]。应用内耳类器官，我们可以研究因基因突变导致的内耳相关疾病。例如，Nelson 团队通过培养 *TMPRSS3* 基因突变的内耳类器官，研究了此基因突变引发毛细胞退化，从而导致人听力损伤的机制 [74]。另外，从多能干细胞培养产生的人内耳类器官可以在体外筛选治疗听力和平衡功能障碍的候选药物，也可以为内耳细胞移植治疗提供细胞来源。目前，基于内耳器官筛选的可用于修复听力损伤的药物已经进入临床研究 [23]。

16.3　中胚层类器官

在胚胎发育过程中，中胚层最初是脊索周围的一层细胞。随着胚体的形成，中胚层逐渐扩增，形成上段中胚层、中段中胚层和下段中胚层。随着胚体的继续生长，大部分中胚层细胞分散形成网状的间充质细胞，由它分化为各器官的结缔组织、心血管系统、肌肉组织、软骨和骨组织，而体腔中段中胚层分化为泌尿和生殖器官。本部分内容将介绍由中胚层发育的器官的类器官，包括肾脏类器官、血管类器官、子宫类器官等。

16.3.1　肾脏类器官

胚胎发育中，肾可以分为后肾间质（metanephric mesenchyme）和输尿管芽（ureteric bud）。肾间质中的肾元祖细胞（nephron progenitor cell，NPC）产生肾小球足细胞、鲍曼囊和肾小管 [146-148]，而输尿管芽则会产生凝集管和输尿管。肾间质会分泌胶质细胞源性神经营养因子（GDNF），GDNF 将作用于输尿管芽上皮细胞受体 RET，促使输尿管芽侵入肾间质。同时，输尿管芽会分泌 Wnt9b，刺激肾间质的一部分 NPC 分化为肾单位成分[149]，而肾间质的另一部分 NPC 仍保持未分化状态。未分化的 NPC 能够表达一系列转录因子，如 Six2[150]、Pax2[151] 和 Sall1[152]。肾间质还包含另一种前体细胞，称为基质祖细胞。基质祖细胞能够产生间质细胞，填补肾小管上皮细胞和肾小球系膜细胞之间的空隙，并且基质祖细胞还能对 NPC 和输尿管芽的发育过程进行调节（图 16-8）。

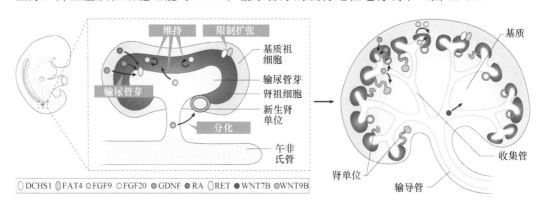

图 16-8　肾脏发育过程中肾元祖细胞、输尿管芽和间质谱系之间的相互作用[153]

1. 肾脏类器官的培养方法

1）应用人或小鼠多能干细胞培养肾脏类器官

2014 年 Nishinakamura 研究团队根据肾的发育调控机制，创建了应用小鼠胚胎干细胞和人 iPSC 培养肾脏类器官的方法[77]。简单来说，用高浓度 Wnt 信号通路激动剂 CHIR99021 对 iPSC/hESC 形成的胚状体进行长时间处理，以促进后新生中胚层（posterior nascent mesoderm）的发育。然后，将视黄酸、Activin、BMP4 和中等浓度的 CHIR99021 联合应用，诱导后新生中胚层形成后部中间内胚层（posterior intermediate mesoderm，IM）；随后用 FGF9 和低浓度的 CHIR99021 处理细胞，产生 NPC。这种 NPC 可以产生足细胞、鲍曼囊细胞和肾小管上皮细胞[77]。另外，Little 研究团队通过将多能干细胞先进行 2D 分化，再进行三维培养 NPC，也获得了肾脏类器官[76]。随后，Little 课题组发表了另一个培养方法：用不同处理时间的 CHIR99021 来诱导人多能干细胞，以形成 IM 的前后体轴。这种培养体系下肾脏类器官里包括有肾祖细胞来源的足细胞、鲍曼囊细胞和肾小管上皮细胞，以及输尿管芽样细胞、基质细胞和内皮细胞[24]。

2）应用人或小鼠肾源性祖细胞培养肾脏类器官

Belmonte 研究团队通过分离小鼠胚胎肾源性祖细胞，并将其进行 3D 培养，通过加入 BMP7、FGF2、Heparin、Y27632、LIF 和 CHIR99021 将小鼠肾源祖细胞培养成为肾脏类器官[75]。他们还通过类似的培养方法，成功地将人胚胎肾源祖细胞培养成为肾脏类器官（图 16-9）。

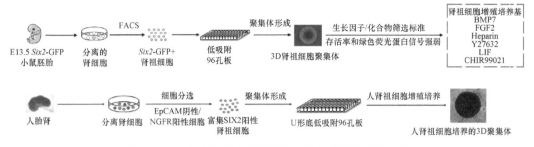

图 16-9 应用小鼠或人肾源性祖细胞培养肾脏类器官[75]

2. 肾脏类器官的转化应用

1) 肾脏发育

肾脏类器官的培养方法是依赖于肾脏发育过程的调控机制探索出来的[24,77]。因此，应用肾脏类器官可以模拟肾脏发育过程，探索更多调控肾脏发育过程的关键基因和分子调控机制。而不断改进的培养方法也可以借鉴这些新的调控机制，培养出更接近体内肾脏器官的类器官模型。

2) 肾脏疾病

通过引入特定疾病突变或者应用病人来源的 iPSC，肾脏类器官可以用于肾脏的疾病模拟。例如，Nishinakamura 研究团队在先天性肾病综合征病人的 iPSC 培养的肾脏类器官中发现了肾小球足细胞的异常[77]。这种疾病是由于病人携带编码 NEPHRIN 的基因 NPHS1 发生突变导致的。而通过基因编辑将肾脏类器官中的 NPHS1 突变修复可以挽救突变导致的病征[77]。另外，Little 团队也应用她们的类器官模型模拟了肾炎。她们发现应用携带 IFT140（intraflagellar transport protein 140）基因突变肾炎病人的 iPSC 培养的肾脏类器官展现了类似于病人的病征：缩短的原发性纤毛，肾小管上皮细胞的极性受损，而通过基因编辑修复突变可以挽救相应病征[78]。应用基因编辑技术在肾脏类器官中引入肾病病人携带基因突变也被应用于模拟肾脏疾病，如由 PKD1 和 PKD2 突变导致的常染色体显性遗传性多囊肾病[79]。

16.3.2 血管类器官

血管可分为动脉（artery）、静脉（vein）与毛细血管（capillary），是体内氧气与营养交换的重要器官。应用人胚胎干细胞，Penninger 研究团队建立了体外三维血管类器官模型[25]。这个体外构建的人血管类器官包含内皮细胞和周细胞，它们自我组装成被基底膜包裹的毛细血管网络。把人血管类器官移植到小鼠体内可以形成一个稳定的、有血液灌注的血管，包括动脉、小动脉和小静脉。

1. 血管类器官的培养方法

血管类器官的培养方法如图 16-10 所示：将人多能干细胞单细胞混悬液放在低吸附

的培养皿中应用分化培养基培养形成胚状体；培养第 3 天，在培养基中加入 CHIR99021 促使细胞向内胚层方向分化；在培养第 5 天，向培养基中加入 BMP、VEGFA 和 FGF2，以促进血管网络的形成；在培养第 11 天，向培养基中加入 VEGFA、FGF2 和 SB43152，进一步促进血管内皮细胞的产生，同时抑制周细胞（pericyte）的产生；培养第 13 天，把类器官包埋入基质胶中，在含有 15%FBS、VEGFA 和 FGF-2 的分化培养基里饲养，每 2~3 天换液；在培养第 18 天可以观察到血管网络的产生。

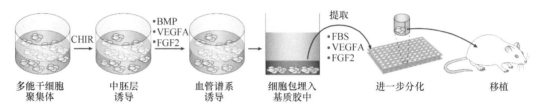

图 16-10　血管类器官的造模过程 [154]

在悬浮培养中用 CHIR99021 处理细胞聚集体，以诱导中胚层分化。然后通过添加 BMP、VEGFA 和 FGF2 促进血管诱导，将细胞聚集体包埋在基质胶-胶原 I 凝胶中以促进形成血管网络。最后从凝胶中提取单个细胞聚集体，并在悬浮培养中进一步用胎牛血清（FBS）、VEGFA 和 FGF2 进行分化，然后将所得的类器官移植到糖尿病小鼠中进行功能验证

2. 血管类器官的转化应用

血管类器官可以用于多种涉及血管病变的研究。糖尿病是导致失明、肾衰竭、心脏病发作、中风和下肢截肢的主要原因。这些通常是由血管的变化引起的，如基底膜的扩张和血管细胞的丢失。Penninger 研究团队利用血管类器官模型模拟了糖尿病病人的血管病变的表型 [25]。把类器官暴露于高血糖和炎性细胞因子中可导致血管类器官出现基底膜增厚的表型。把人血管类器官移植到小鼠体内后给予小鼠高糖饮食，也可以在血管类器官上观察到类似糖尿病病人体内发生的变化。

16.3.3　子宫类器官

在整个成年生殖期，人类子宫内膜在下丘脑-垂体-卵巢轴的控制下经历一个月的再生、分化和脱落的周期。分泌性柱状上皮细胞线性排列组成内膜。月经后，在雌激素控制下子宫内膜再生，然后在孕激素控制下分化。受精卵着床后，刺激子宫通过"真蜕膜"（true decidua）转化为妊娠期子宫内膜，为胎盘形成提供了必要的微环境 [155,156]。在妊娠 10 周前，子宫腺为胚胎提供组织营养，直到最终的绒毛膜胎盘形成。抑制腺体功能的小鼠和反刍动物模型无法支持着床和怀孕 [157]。

通过成体干细胞，可以制作子宫类器官 [26]。这些类器官能够长期培养，遗传稳定，并在加入性激素后发生分化。来自子宫内膜或蜕膜组织的单个细胞都能在体外产生一个功能完整的器官。在给予妊娠信号的情况下，子宫内膜类器官会呈现为早孕特征。

1. 子宫内膜类器官的培养方法

子宫内膜类器官是应用成体干细胞进行培养的 [26]。将子宫内膜/流产后子宫蜕膜组织/子宫癌组织，打成单细胞，分离出腺体细胞（gland），把细胞包埋在基质胶液滴里，在

包含 EGF、Noggin 和 R-spondin-1 的基本培养基中培养，另外加入 FGF10、HGF、烟酰胺和 Alk3/4/5 抑制剂 A83-01；在培养第 4 天可加入雌激素，第 6 天可加入孕酮和 cAMP 对类器官进行刺激，刺激之后可以在类器官中检测到雌激素受体（ER）和孕酮受体（PR）的表达，为了模拟怀孕状态的子宫，可以在培养第 4 天加入雌激素、孕酮、cAMP，同时加入分泌性催乳素（PRL）、绒毛膜促性腺激素（hCG）和人胎盘催乳素（hPL），可以观察到类器官进一步分化，产生蜕膜腺体（decidual gland）。

2. 子宫内膜类器官的转化应用

由于不易获得，在人类胎盘形成过程中，子宫内膜腺体与胚胎之间的信号转导研究得并不清楚。子宫内膜腺类器官为研究子宫早期妊娠的生理过程，以及子宫内膜异位症和子宫内膜癌等常见疾病提供了平台。Burton 研究团队应用恶性子宫内膜肿瘤培养子宫内膜类器官，建立了子宫内膜肿瘤类器官模型[26]。

16.3.4　其他中胚层类器官

1. 睾丸类器官

睾丸类器官的构建是通过睾丸组织中的成体干细胞培养获得的。Stukenborg 团队分离出原代睾丸细胞，在含有人绒毛膜促性腺激素的培养基中进行气液界面培养，细胞可以自我组织生长出包含多种睾丸细胞的类器官[27]。但是这种类器官缺乏类似体内的结构。Stukenborg 团队还创立了一种三层梯度培养体系，可以生产具有功能性血液-睾丸屏障的大鼠睾丸类器官模型[28]。此模型可以模拟体内生殖细胞-体细胞间的相互关联。他们还应用此模型验证了视黄酸、IL-1a、TNF-α 和 RA 抑制剂对生殖细胞维持的作用。

2. 乳腺类器官

2011 年，Lannigan 研究团队应用正常的乳腺组织培养出了乳腺类器官[29]。他们将乳腺组织消化分离成单细胞后包埋入基质胶中，在包含 EGF、FGF7、AREG、NRG1-β1、TGF-α 和 FGF2 的培养基中培养类器官。他们应用此模型研究了 HER1 配体对乳腺发育的影响。

乳腺癌是全世界女性中最常见的癌症，且死亡率较高。通过遗传异质性、形态异质性和临床表现，乳腺癌可分为 20 多个不同的亚型。有报道显示，人们在 93 个乳腺癌原癌基因上，发现了 1600 个突变[158]。Clevers 团队从 150 个乳腺癌病人体内取样，成功在体外建立了 100 例以上乳腺癌原发瘤和转移瘤的类器官生物样本库[80]。乳腺癌类器官可以在形态上很好地模拟病人组织的浸润性导管癌解剖结构和非浸润性导管癌、小叶癌等结构，显示了此样本库在个体化医疗等方面的应用潜力。

3. 前列腺类器官

前列腺由假复层上皮排列的基底细胞和管腔细胞组成。在组织重组模型中，只有基底细胞可以构成完整的前列腺，但是鼠科动物谱系追踪实验表明，腔细胞可以产生基底细胞。由于缺乏能概括前列腺结构的培养条件，解决这些转变的分子细节以及它们是否适用于人类仍然具有挑战性。Clevers 团队建立一种 3D 培养系统，该系统可支持由完全分化的原代小鼠、人类 CK5 阳性基底细胞和 CK8 阳性腔细胞培养出前列腺类器官[30]。培养此类器官需要加入 EGF、Noggin、R-spondin1、Alk3/4/5 抑制剂 A83-01。此类器官可长期培养，并且保持遗传稳定，显示了此类器官模型在研究前列腺组织发育调控机制方面的巨大潜力。另外，Chen 团队通过建立不同前列腺肿瘤类器官模型，验证了前列腺肿瘤类器官在个体化医疗和药物筛选方面的潜力[81]。

16.4 内胚层类器官

最初的内胚层是包围原肠内侧的一层细胞。随着原肠逐渐形成前肠、中肠和后肠，内胚层分化为消化系统中从咽喉到直肠的上皮组织，呼吸系统中的喉、气管、肺的上皮组织，以及甲状腺、胸腺等的上皮组织。本节将介绍内胚层器官的类器官培养方法及其转化应用，包括肠道、胃、肝、胰脏、肺等。

16.4.1 肠道类器官

肠道系统是人消化食物、吸收营养的主要器官，也是成年哺乳动物体内增殖和更新速度最快的器官。这种持续的更新能力是由其成体干细胞-小肠干细胞（intestinal stem cell）完成的。虽然小肠干细胞的不同假说由来已久[159-164]，直到 2007 年第一个小肠干细胞特异标志物 Lgr5（leu-rich-repeat-containing G-protein-coupled receptor 5）才被鉴定出来[165]。表达 Lgr5 的小肠干细胞在其位于隐窝底部的特定生态位中不断自我更新，以保持上皮细胞的快速更新（图 16-11）。通过转基因小鼠模型和人类肿瘤研究，我们了解到 EGF、Wnt、BMP/TGF-β 和 Notch 信号通路通过影响微环境，对小肠干细胞自我更新这一过程具有调控作用。Clevers 研究团队利用这一知识进行的体外微环境重建使单个肠干细胞能够生长为包括 Lgr5 阳性干细胞和所有类型分化谱系的小肠上皮类器官[31]。微型肠道器官培养平台适用于多种消化组织上皮细胞。通过研究类器官中干细胞的自我更新机制，可以帮助我们从新的角度了解消化系统的器官发育、再生医学和肿瘤发生。

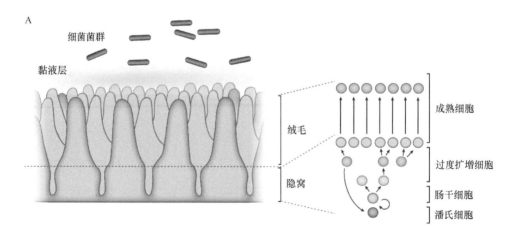

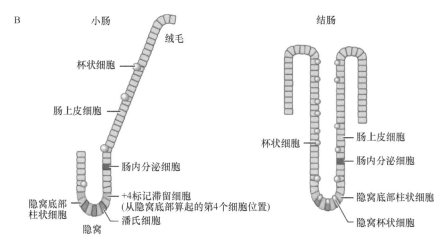

图 16-11　小肠干细胞[166]

A. 小肠腔覆盖有单层上皮，包括引窝和绒毛（crypt-villus）。小肠干细胞在引窝中产生过度扩增细胞（transit-amplifying cell, TA cell），TA 细胞会快速分裂并享受迁移，迁移过程中开始分化为成熟体细胞；B. 小肠上皮（左）和结肠上皮（右）中的干细胞

1. 肠道类器官的培养方法

1）应用肠道成体干细胞构建小肠类器官

2009 年，Clevers 研究团队应用小鼠的肠道干细胞建立了肠道类器官的培养方法（图 16-12）[31]。简单来描述，用 EDTA 螯合法分离小肠隐窝，然后用胰蛋白酶法分离成单个细胞；通过细胞分选将绿色荧光蛋白标记小肠干细胞纯化后包埋在基质凝胶中，在含有 EGF、Noggin 和 R-spondin 的无血清培养基中培养。小肠类器官可以自我更新超过一年[167]，并在体外重现体内肠道上皮结构：单个干细胞最初形成具有单个中央腔的绒毛状囊肿结构，随后囊肿开始形成芽，并最终形成一个有多芽的、包含小肠干细胞及各种成体细胞的类器官。进一步的研究发现小肠类器官还体现了类似体内肠轴远端与近端不同吸收、消化能力的特征[168]。

2）应用人诱导性多能干细胞构建肠道类器官

除了利用成体干细胞制作小肠类器官，人们也可以通过人类 iPSC 构建肠道类器官，这种类器官被称为（human iPSC-derived intestinal organoid, HIO）[32]。在这个培养方法中，人们首先用 Activin 把 iPSC 定向分化为内胚层细胞，然后用 Wnt3a 和 FGF4 使之成熟为后肠内胚层。后肠内胚层从单层上皮细胞上发"芽"形成球形。在内胚层分化的同时，一些 iPSC 在培养条件下分化为肠间质，并与"芽"紧密结合。当"芽"被转移到小肠类器官培养基时，它们分化为由肠上皮和间充质组成的胎儿肠样结构。HIO 能够表现出上皮-间质的相互依赖作用。邻近的间质细胞分泌的 R-Spondin 和 Wnt 促进上皮细胞增殖。值得注意的是，HIO 重现的是胎儿肠上皮，而不是成人的肠上皮，与其他 iPSC 形成的类器官一样，HIO 模拟的也是胚胎发育过程。把 HIO 移植到小鼠肾包膜下，HIO 能够分化为类似成人肠道样的组织，这些结果表明体内条件有助于 HIO 的成熟[169]。

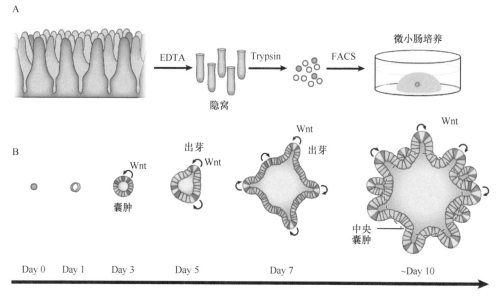

图 16-12　应用小鼠成体小肠干细胞培养小肠类器官[166]

A. 小肠干细胞的分离和小肠类器官的培养步骤；B. 从单个小肠干细胞形成小肠类器官的过程

2. 肠道类器官的转化应用

1）肠道发育

肠道类器官技术使肠道上皮细胞的培养简单且可重复，并具有基因组稳定性。同时，类器官具有克隆性，细胞扩张迅速，便于我们构建异质性极低的人肠道上皮细胞群。通过转染、慢病毒和电穿孔技术对肠道类器官进行基因操作，有助于我们增加对肠上皮生物学的理解[170-172]。

2）遗传疾病模拟

通过提取病人肠道组织细胞，在体外制作类器官并分析，可以了解病人体内的具体病理现象。例如，小肠类器官被应用于模拟和研究微绒毛包涵体疾病[84]、囊性纤维化[82,83]等疾病。

3）肿瘤模型

应用肿瘤病人的肿瘤样本培养小肠类器官，可以在体外构建肠道肿瘤模型[85]。应用这些模型，研究人员可以研究肿瘤的发生[173]，构建生物样本库[85-87]，以及进行肿瘤对药物或其他治疗反应和个体化治疗的探索[88,89]。

16.4.2　胃类器官

胃在解剖学上分为幽门和胃体两部分，其上皮干细胞分别用 Lgr5 和 Troy 作为标志物。Lgr5 阳性的幽门干细胞和 Troy 阳性的胃体干细胞均可以培养成为胃类器官。

1. 胃类器官的培养方法

1) 应用胃成体干细胞的培养方法

当胃泌素（gastrin）和 FGF-10 被添加到小鼠小肠类器官培养条件中时，Lgr5 阳性的幽门干细胞[34] 和 Troy 阳性成体干细胞[35] 都能形成胃类器官。而去除培养基里的生长因子 FGF-10、Noggin 和 Wnt-3a 后，胃类器官可以发生分化，但向胃壁和胃肠内分泌谱系的分化并不高效。此外，依赖于小鼠胃类器官的培养方法，人胃类器官模型也已经被建立起来[90]。

2) 应用人多能干细胞的培养方法

除了应用成体干细胞培养胃类器官以外，Wells 团队于 2014 年成功应用人多能干细胞体外培养成胃类器官[33]。简单来说，首先在 2D 培养条件下将多能干细胞置于内胚层培养基中（包含 Activin-A、FBS 和 BMP4）使其向内胚层分化；然后将细胞在含有WNT3A、CHIR99021、FGF4、NOG 的分化培养基中培养，细胞在三天内会形成悬浮培养的前肠球体（foregut spheroid），并在最后一天加入视黄素（retinoic acid，RA）使前肠球体向后轴分化；接着将球体包埋入基质胶中，在包含 RA、NOG 和 EGF 的分化培养基中培养；最后，胃类器官在包含 EGF 的分化培养基中慢慢形成（图 16-13）。

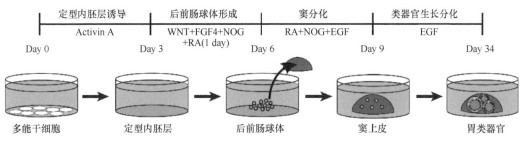

图 16-13　应用人多能干细胞培养胃类器官[33]

2. 胃类器官的转化应用

1) 胃的发育

应用人多能干细胞，Wells 课题组借助胃发育过程中相关的信号通路，成功地在体外构建了三维的胃类器官。而应用此模型，我们可以研究胃发育的细胞行为和分子机制，这为我们了解胃的发育及相关疾病提供了新的平台[33]。

2) 细菌感染模型

Wells 研究团队还应用他们的人胃类器官研究了幽门螺杆菌的感染模型[33]。他们发现幽门螺杆菌的感染使得胃类器官的细胞迅速激活了毒力因子 CagA 和 c-Met 受体的结合，从而导致上皮细胞的增殖。另外，Clevers 团队和 Meyer 团队分别应用人成体干细胞培养的胃类器官，也在体外模拟了胃对幽门螺杆菌感染后的炎症反应[90,91]。这些转化应用展示了胃类器官用于研究细菌感染的潜力。

3）胃癌模型

不同的研究团队利用人或小鼠的胃肿瘤细胞体外构建了胃肿瘤类器官模型。Kuo 课题组应用小鼠成体干细胞培养的胃类器官研究了胃癌的发生过程[92]。Stange 团队应用 20 个病人的胃肿瘤细胞建立了胃肿瘤类器官，并进行了靶向药物治疗的尝试[94]。Leung 团队建立了病人来源的胃肿瘤类器官的生物样本库，为进行胃癌的个体化医疗研究奠定了基础[174]。

16.4.3 肝类器官

肝是人体中主管代谢的器官，具有极强的再生能力。早期研究发现了不同类型的肝干细胞，如 AXIN2 阳性细胞[39] 或 Lgr5 阳性细胞[39,175]。然而最新的研发证明肝再生不依赖于特定群体的"肝干细胞"，而是依赖于遍布肝的肝细胞的适度增殖[176,178]。虽然肝中是否存在干细胞尚存在争议，但是人们已经可以用不同类型的肝细胞培养出能够一直传代的肝类器官。

1. 肝类器官的培养方法

1）应用 Lgr5 阳性细胞培养肝类器官

Clevers 研究团队从小鼠胆管分离出 Lgr5 阳性细胞，将其包埋入基质胶中，在培养胃类器官的培养基中加入 HGF 和烟酰胺可以使 Lgr5 阳性细胞扩增并以此培养肝类器官（图 16-14A）[40]。在肝类器官的培养体系下，肝器官能够表现出 CK19 阳性的导管表型。在分化培养条件下，用 TGF-β 抑制剂和 Notch 抑制剂替代 R-spondin、HGF 和烟酰胺，肝类器官可以分化产生肝细胞。在小鼠肝类器官的培养条件下，Clevers 团队优化了培养条件，加入了额外的 TGF-β 和 cAMP 促使人干细胞保持增殖能力[36]。优化过的分化培养条件促进了人肝类器官的分化，并保持了基因组稳定性。

2）应用小鼠和人的原代肝细胞培养肝类器官

Clevers 研究团队最新的研究成果是将人和小鼠的原代肝细胞包埋入基质胶中，然后在包含 EGF、N-acetylcysteine、Gastrin、CHIR99021、HGF、FGF7、FGF10、A83-01（TGFβ 抑制剂）、烟酰胺和 Rho Inhibitor γ-27632 的培养基中培养；14 天后，类器官被分离出来重新包埋入新的基质胶中（图 16-14B）[38]。如此培养，肝类器官可以培养几个月，同时保持了类似体内肝的关键形态、功能和基因表达特征。

3）应用转分化的干细胞培养的肝类器官

Hui 研究团队在 2011 年和 2014 年通过高表达 Gata4、Hnf1a 和 Foxa3，分别成功地将小鼠成纤维细胞[36] 和人成纤维细胞[37] 转分化为有功能的肝细胞。他们最近将转分化的干细胞进行 3D 培养，获得了肝类器官（图 16-14C）[100]。

4）应用多能干细胞培养肝类器官

2015 年，两个研究团队分别报道了应用人多能干细胞分化培养成三维胆管类器官的

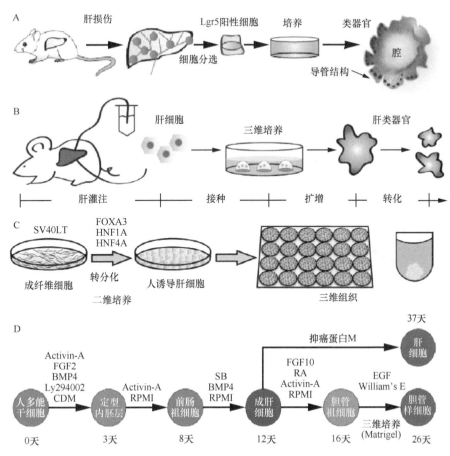

图 16-14　应用不同细胞培养肝类器官的方法

A. Lgr5 阳性成体细胞[39]；B. 肝细胞[38]；C. 转分化肝细胞[100]；D. 多能干细胞[41,95]

研究[41,42]。通过一系列的分化培养（培养方法详见图 16-14D），可以在体外模拟胆管的分化形成过程，3D 培养可以促进胆管细胞的成熟。

2. 肝类器官的转化应用

1）肝发育

一些研究团队已经应用肝类器官研究了肝发育。研究发现，在肝类器官的培养过程中，肝类器官的基因表达变化与体内肝发育过程相似[96]。在另一项研究中，人们发现应用 Notch 信号通路抑制剂 DAPT 可以抑制肝类器官的发育，证明了 Notch 信号通路在肝类器官尤其是胆管形态发生过程中的重要作用[97]。

2）疾病模拟

鉴于 Notch 信号通路在肝发育过程中的重要作用，Lendahl 课题组研究 Notch 信号通路基因突变对肝类器官的影响。他们发现 Notch 信号通路的配体 *Jag1* 突变会影响胆管发育，从而导致 Alagille 综合征[98]。

3）病毒感染

乙肝病毒是严重威胁全世界公共卫生的重要问题，目前仍有 3.65 亿人患有慢性乙肝病毒感染。对肝类器官进行乙肝病毒感染，发现类器官相比 2D 细胞培养更易被病毒感染。此外，病毒感染通过下调肝基因表达，可以引起肝类器官中出现早期急性肝衰竭和改变肝的超微结构[99]。这显示了肝类器官作为乙肝病毒相关研究的巨大潜力。

4）肝肿瘤

Hui 研究团队应用转分化的肝类器官作为模型，通过高表达原癌基因 *c-Myc*，模拟了肝癌的发生[100]。Huch 课题组应用肝癌病人的肿瘤细胞培养肝类器官，体外模拟了肝细胞癌、胆管癌和肝细胞癌/胆管癌结合肿瘤[101]。肝肿瘤类器官在体外培养条件下保持了组织学特征和转移特性，并且保持了不同亚型肿瘤的特征。她们还在体外验证了 ERK 抑制剂对原发性肝癌的治疗作用。另外，Clevers 团队应用肝类器官研究了抑癌基因 *BAP1* 诱发胆管肿瘤的分子机制[102]。

5）细胞替代治疗

在目前的培养体系中肝类器官还不能进行完全分化，但如果将分化后的肝类器官移植到 FAH 缺乏的小鼠肝中，可以改善小鼠的肝功能，这体现了肝类器官用于再生治疗的潜力[103]。

16.4.4 胰腺类器官

1. 胰腺类器官的培养方法

应用成体细胞培养胰腺类器官的方法与胃类器官的培养方法比较接近，也是通过将 Lgr5 阳性的成体干细胞进行 3D 培养获得的（图 16-15）[103]。去除 FGF10 和烟酰胺可以诱导内分泌的分化，而将胰管类器官移植入糖尿病小鼠中可以改善小鼠血糖调节。

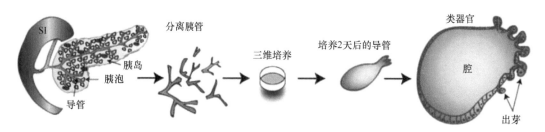

图 16-15　胰腺类器官的培养方法[103]

2. 胰腺类器官的转化应用

胰腺癌由于其临床诊断困难，对治疗的反应有限，是最致命的恶性肿瘤之一。Clevers 研究团队应用小鼠和人的成体干细胞以及肿瘤组织培养胰腺类器官[43]。胰腺肿瘤类器官可以在体外体现疾病相关特征，并且在移植到小鼠体内后展现了从早期肿瘤发展到后期侵染和转移的肿瘤发生过程，为研究胰腺癌的发生、发展和临床治疗提供了新的平台。

16.4.5 肺类器官

肺作为一个复杂的多功能器官，对人类生存至关重要。肺脏自近端到远端包括有气管、支气管、小支气管和肺泡等结构，对人体其他交换和抵御病原体入侵等方面意义重大。肺脏根据部位不同、结构不同，其上皮细胞的类型也不同（图 16-16）。在小鼠的气管和大支气管中，肺上皮细胞包括纤毛细胞（ciliated cell）、棒状细胞（club cell）、杯状细胞（goblet cell）和未分化的基底细胞（basal cell）。小支气管上皮细胞类型包括纤毛细胞、棒状细胞和神经内分泌细胞（neuroendocrine cell）。肺泡上皮细胞主要包括 I 型肺泡上皮细胞（alveolar epithelial type 1 cell，AEC1）和 II 型肺泡上皮细胞（alveolar epithelial type 2 cell，AEC2）[179]。这些类型的细胞对维持肺稳态、功能和促进肺损伤修复非常重要。

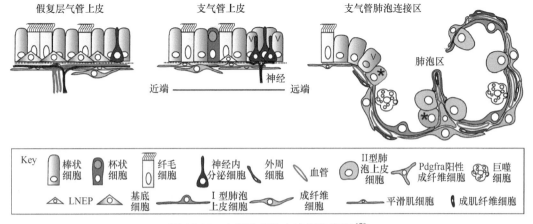

图 16-16　小鼠肺部的上皮细胞类型[179]

肺上皮细胞包括纤毛细胞（ciliated cell）、棒状细胞（club cell）、杯状细胞（goblet cell）和未分化的基底细胞（basal cell）。小支气管上皮细胞类型包括纤毛细胞、棒状细胞和神经内分泌细胞（neuroendocrine cell）。肺泡上皮细胞主要包括 I 型肺泡上皮细胞（alveolar epithelial type 1 cell，AEC1）和 II 型肺泡上皮细胞（alveolar epithelial type 2 cell，AEC2）

1. 肺类器官的培养方法

肺类器官是指三维培养的，由肺上皮祖细胞产生的自组装的结构，可以有也可以没有间充质细胞作为支持。现有的所有种类的肺类器官都还不能完全重现肺部不同区域的所有复杂结构和细胞之间的相互作用，特别是肺类器官没有血管，也没有特别精细的肺泡结构。目前，科学家已经成功运用小鼠或人的基底细胞、气道分泌细胞、肺泡 II 型细胞和胚胎干细胞构建了肺类器官模型[180]。

1）应用基底细胞培养肺类器官

基底细胞占肺假复层黏液纤毛上皮的 30%，位于人体肺、气管和主要干支气管的大部分传导气道中。基底细胞紧密地黏附在基底层上，不延伸到管腔。第一个从小鼠气管分离出基底细胞并制作的肺类器官被叫做气管球[181]。在气管球的造模过程中，首先，解剖下的小鼠肺组织通过蛋白酶解分离得到细胞，再通过流式细胞仪分选 NGFR 和 ITGA6 阳性的细胞或用磁珠分选 GSIβ4 阳性的细胞[182]。接着将细胞接种到添加了低含量生长因子基质胶的培养基中，在不黏附于基质的条件下，进行 transwell 培养或多孔培养。跨孔插入式培养需要使用高浓度的基质胶（50%）处理培养皿。多孔培养则是在培养皿底部垫一层高浓度（25%~40%）的基质胶，再在上面铺一层低浓度（2%~5%）的基质胶。在多孔培养法中，细胞将从上层基质胶中沉入下层基质胶（图16-17）。与小鼠基底细胞一样，人类基底细胞的培养肺类器官的方法尚在优化过程中，但 EGF 已被确定是培养肺类器官最重要的生长因子[106]。

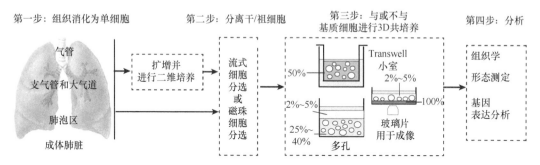

图 16-17　基底细胞培养肺类器官的方法[179]

2）应用气道分泌细胞培养肺类器官

"分泌细胞"是指肺气道上皮中的柱状、非纤毛、非神经内分泌细胞。其中两个主要的细胞类型是柱状细胞和杯状细胞。成熟的柱状细胞合成分泌型珠蛋白（SCGB1A1、SCGB3A2）和 SPLUNC1 等蛋白质，这些蛋白质储存在纤毛顶端的致密颗粒中。杯状细胞合成黏蛋白，如 MUC5AC 和 MUC5B，这些黏蛋白被储存在透明囊泡中。棒状、杯状细胞和纤毛细胞的比例沿小鼠肺叶内气道近远轴有一定的变化，近端的纤毛和杯状细胞多于远端。小鼠的谱系追踪研究表明，在稳定状态下，表达 SCGB1A1 的细支气管中的细胞可以长期自我更新并产生纤毛细胞，从而确立其作为干细胞[183]。为了进行类器官培养，首先要用流式细胞仪分离得到分泌性杆状细胞。Bertoncello 团队根据如下分子特征对肺上皮细胞进行筛选：CD45 阴性，CD31 阴性，EpCAM 高表达，CD49f 阳性，CD104 阳性，CD24 低表达，分离出的细胞有一部分表达 Scgb1a[47]；将这些细胞置于 50%的基质凝胶中，加入基本培养基，同时与原代 EpCAM 阴性、Sca1（Ly6a）阳性的肺基质细胞共同培养，这些细胞将产生球状结构。另外，用 Scgb1a1-CreER 转基因小鼠与其他荧光报告基因小鼠杂交，获得荧光标记的 Scgb1a1 细胞，并与小鼠肺基质细胞系混合在一起进行培养。初始阶段，培养基中需要添加 TGF-β 抑制剂 SB431542。这种培养方法可以得到和分子标记筛选法大致相似的结果[109]。

3）应用肺泡 II 型细胞培养肺类器官

肺泡上皮由两种不同的上皮细胞组成。肺泡 II 型细胞（AEC2）呈立方形，互相之间形成板层样结构。AEC2 能够产生肺表面活性物质蛋白，如 SFTPC、SFTPB。肺泡 I 型细胞（AEC1）是一种大的鳞状细胞，覆盖了肺泡的大部分表面，并与精密的毛细血管网紧密相连。AEC1 通常表达晚期糖基化终产物特异性受体（AGER）、Pdpn 和转录因子 Hopx。应用 AEC2 构建肺类器官，首先要将其分离出来。具体方法有两种，第一种是用荧光报告系统进行遗传谱系追踪；第二种则是使用抗体结合表面标记。第一个被报道的 AEC2 培养的肺类器官就是通过遗传谱系追踪获得的 [108]。他们将 Rosa26-lox-stop-lox-tdTomato 小鼠和 Sftpc-CreER 小鼠杂交，再通过荧光报告谱系追踪分离 AEC2 细胞。第二种细胞分离法只需要发挥"抗原-抗体结合"的作用，就可以成功分离得到 AEC2。这种方法的好处是不受制于转基因小鼠品系，只要有好用的抗体，从任何小鼠品系中都可以提取细胞，并且不需要给予小鼠他莫昔芬。不过抗体结合法的缺点是不能用免疫组织化学方法确定分离细胞在肺中的确切初始位置。纯化人类 AEC2 细胞需要用到人类 AEC2 的单克隆抗体 HTII280[107]。在从人肺脏组织中分离 AEC2 细胞的过程中，需要通过 FACS 或磁珠分选分离收取碘化丙啶染色（PI）阴性、CD31 阴性、CD45 阴性、EPCAM 阳性、HTII280 阳性的细胞。目前，越来越多的研究者认为用磁珠分选分离细胞的效果会更好，因为磁珠分选比 FACS 对细胞更温和，这样提取的细胞存活率会更高，类器官也会长得更好。

4）应用多能干细胞培养肺类器官

除了利用成体干细胞，人们也可以利用人胚胎干细胞和人诱导性多能干细胞，在体外分化获得肺部组织细胞。利用多能干细胞进行分化的技术将有助于我们增加对肺部疾病的认识，并且有助于我们开发新的疗法。目前，通过这项技术，人们正在努力培养可大量扩增，同时也可以冷冻储存的、大量的未成熟肺上皮和间充质祖细胞，然后引导未成熟细胞在体外有效地分化为成熟的气道和（或）肺泡组织。目前，人们正在努力优化培养技术，希望能够让祖细胞更有效率地生成成熟的气道细胞和肺泡细胞。

2012 年，Rossant 研究团队成功应用人多能干细胞建立了肺类器官培养方法（图 16-18）[104]。他们通过在培养基中加入 Activin A 和其他因子使干细胞分化为内胚层细胞；随后培养基中加入 BMP、TGF-β、Wnt 抑制剂使得细胞具有前肠内皮的特性；接着加入 Wnt、BMP、FGF、RA 激活剂使得细胞成为腹侧肺气道祖细胞，再将细胞培养在铺有基质胶的培养皿中。接下来可选择的路径有两条：①进行"气-液界面培养"使器官产生成熟的、极化的、假复层的近端气道上皮细胞。这种"气-液界面培养"2D 跨孔培养方法将类器官的顶端暴露于大气中，由此可以模拟体内气道的微环境，但这种培养方法产生的细胞

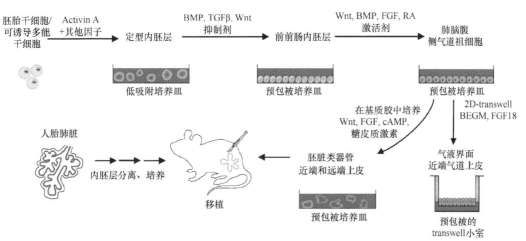

图 16-18　应用人多能干细胞培养肺类器官 [179]

不能用来做小鼠活体移植；②把类器官在含有基质胶的培养皿中做 3D 培养，这样产生的类器官可以用作小鼠移植。另外，不同的研究团队应用多能干细胞建立了肺类器官的培养方法[45,48]。

2. 肺类器官的转化应用

人类的肺部直接暴露在多种的有害物质中。其中包括烟草和生物燃料烟雾等污染物，以及细菌、分枝杆菌和病毒等病原体。药物的使用，如抗癌药物博莱霉素和 X 射线，都会对肺部造成相当大的损害。幸运的是，肺部先天存在着一套生物机制，可以用来修复上皮细胞出现的损伤。类器官的出现，将在肺部自我修复和新药研发方面展现出巨大的前景。基底细胞来源的类器官可以被用来筛选调节基底细胞增殖和分化，以及影响纤毛细胞和分泌细胞比例的药物，因此可以应用于诸如哮喘、慢性阻塞性肺疾病和囊性纤维化疾病的研究。

1）气道分泌细胞来源的类器官的转化应用

在病理条件下，气道分泌细胞会产生大量炎性细胞因子并出现缺氧，此时，不同的信号通路对细胞行为改变的影响非常复杂、很难理清。类器官使我们能够检测单个细胞因子和生长因子对分泌细胞增殖与分化的影响。我们还能通过考察类器官造模时的克隆形成率，去识别具有强再生潜能的杆状细胞亚群，即类器官培养中，克隆形成率越高的细胞就具有更高的可塑性。通过类器官培养筛选出的这些干细胞可被用于临床治疗。

2）肺泡 II 型细胞来源的类器官的转化应用

肺气肿和特发性肺纤维化等呼吸系统疾病都在气体交换区出现细胞结构和功能异常，为了了解和治愈此类疾病，我们需要更深入地了解肺泡干细胞的基本生物学原理及其与微环境的作用。例如，我们尚不清楚 AEC2 细胞是否存在异质性？它的某些特定亚群是否比内部亚群具有更高的增殖和再生能力？我们也还不清楚肺泡上皮与肺泡区内不同类型的间充质细胞、内皮细胞和免疫细胞之间是否存在着信号转导？还有，在衰老和疾病状态下，营养信号是如何被破坏的？在给予了小分子或者药物之后能减轻或逆转病变吗？这些问题正在通过类器官培养得到解决。

3）来源于多能干细胞的肺类器官的转化应用

利用多能干细胞培养的肺类器官可以帮助我们研究许多科学问题。例如，我们可以应用此类类器官研究肺的发育过程[104]。另外，我们可以用来自慢性哮喘或慢性纤维支气管哮喘病人的 iPSC 产生气道上皮细胞，并研究祖细胞表观遗传变化是否能影响祖细胞自我更新和分化能力[105]。

16.5 类胚胎和胎盘类器官

16.5.1 类胚胎

胚胎发育是通过非常复杂而强大的调控机制完成的。由于胚胎的体积小而且难以获得，胚胎发育的体内研究极具挑战性。而通过胚胎干细胞体外模拟胚胎发育为研究胚胎发育提供了新的工具。Brivanlou 团队应用 micropattern 的培养板，通过在培养基中加入 BMP4 诱导形态发生，在 2D 培养中模拟了三胚层的形成：细胞自我组成一个由外胚层、中胚层、内胚层形成的同心圆[184]。而进一步的研究发现胚胎干细胞和胚胎外干细胞可以在 3D 培养条件下自我组织，在体外形成类似于早期胚胎的结构[51,110,111]。这些模型为我们将来对胚胎发育有更深刻的了解提供了研究平台（图 16-19）。

胚胎状结构	起始细胞	物种	胚胎发育时期	优点	缺点
胚泡 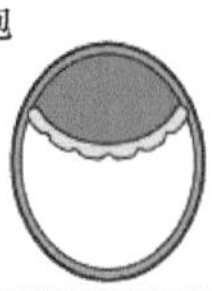	胚胎干细胞 + 滋养层干细胞	小鼠	胚泡	两种细胞自组装自组织 形态发生和细胞命运	细胞间相互作用效率低 有限的发育潜力
极化的胚胎状结构 	胚胎干细胞 + 滋养层干细胞	小鼠	植入早期	两种细胞自组装自组织 在没有前内脏内胚层情况下对称破裂	细胞间相互作用效率低 缺少上皮间充质转化和原肠胚形成
原肠胚期胚胎状结构 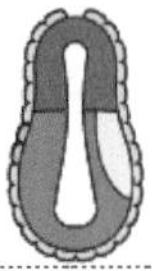	胚胎干细胞 + 滋养层干细胞 + 胚外内胚层干细胞	小鼠	原肠胚形成	三种细胞自组装自组织 形态发生和细胞命运	细胞间相互作用效率低 有限的外胚层分化
胚状体 	胚胎干细胞	小鼠	原肠胚形成后	胚胎干细胞自组织 在没有外部诱导情况下对称破裂	有限的分化能力 缺乏正确的组织结构
类原肠胚 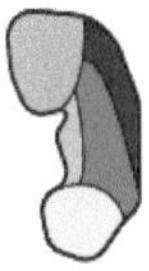	胚胎干细胞	小鼠	原肠胚形成后	胚胎干细胞自组织 细胞命运和组织分化	缺乏形态发生 缺乏正确的组织结构
微分化克隆 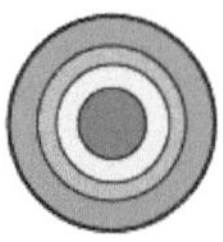	胚胎干细胞	人	原肠胚形成后	胚胎干细胞自组织 定量的细胞命运决定和组织分化	缺乏形态发生 二维模型
植入后羊膜囊胚 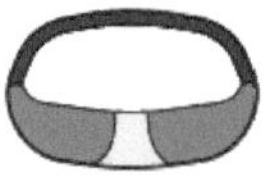	胚胎干细胞	人	原肠胚形成	胚胎干细胞自组织 自发性羊膜-外胚层命运决定	缺乏精确的控制 有限的外胚层分化
不对称人类外胚层 	胚胎干细胞	人	植入早期	胚胎干细胞自组织 自发生对称破裂	缺乏形态发生 缺乏与体内相当的形态

图 16-19　干细胞模拟小鼠和人胚胎发育模型[185]

16.5.2　胎盘类器官

胎盘是哺乳动物妊娠期由胚胎胚膜和母体子宫膜联合长成的母子间组织结合器官，位于子宫内侧表面。胎盘由两部分组成：一部分是母体的一部分，而另一部分则与胚胎相连。胎盘不仅是胎儿与母体间物质交换的重要器官，还对细菌和病原体有屏障作用，并可以合成多种激素、细胞因子和生长因子，有代谢调节功能，因此对胎儿的正常发育起到至关重要的作用。然而长期以来，胎盘对妊娠并发症、胎儿出生缺陷的潜在影响一直被人们所忽视。最近的一项研究通过在小鼠模型中分析 103 个胚胎致死基因的发病机制，发现胚胎死亡多与胎盘缺陷有直接关联，68%的胚胎致死基因突变会在妊娠中后期导致胎盘畸形。因此，研究人员推测导致胎儿死亡的大量遗传缺陷可能是由于胎盘出现异常，而非胚胎本身[186]。因此，研究胎盘发育缺陷对我们更全面地认识胎儿发育异常有着非常重要的作用。

最新的研究成果将妊娠早期人体胎盘中获取的滋养层细胞，通过体外三维培养，建立了长期、遗传稳定的胎盘"类器官"模型[49,50]。这些类器官模型与生理发育正常的妊娠早期胎盘在细胞组成和三维结构等方面均很相似，并可以分泌胎盘特异性激素[50]。体外胎盘类器官的建立为研究胎盘发育及其相关疾病提供了新的平台。另外，单细胞组学的飞速发展也为研究胎盘发育及其相关疾病提供了有力的工具。英国剑桥 Sanger 研究所通过对妊娠早期胎盘约 7 万个细胞进行了单细胞转录组分析，绘制了早期胎盘细胞图谱，为理解人类妊娠早期胎盘发育和细胞组成提供了重要信息，对优化妊娠相关疾病的诊断具有重要意义[187]。

结　　语

作为干细胞领域最热点的研究方向之一，类器官相关研究发展迅速，其发展热点有以下几个方面：①虽然人体多个组织的类器官培养方法均已建立，然而目前的许多方法还有很多改进的空间[188,189]，通过小分子化合物或分化因子对培养方法进行改良，更有效地构建类器官或构建更类似体内器官的类器官是下一步研究热点之一；②类器官是研究人体如何从细胞发育成复杂人体器官结构并行使功能的绝佳工具，应用类器官研究器官发育过程，以及在此过程中干细胞的命运决定、细胞间相互作用是研究热点之一；③目前，科研人员已构建了多种不同器官相关疾病的类器官模型[190]，并进行了药物筛选方面的研究，然而还有众多疾病还未得到模拟，因此应用类器官模拟各种器官相关疾病，并研究其发病机制和探索相关治疗手段是另一个研究热点；④应用病人成体干细胞，研究人员已经建立了多种肿瘤（如结直肠癌，乳腺癌，膀胱癌）的类器官生物样本库（Biobank）[80,86]，通过对这些样本库进行药物筛选可极大推动个体化精准医疗的进行，因此构建不同器官遗传疾病和肿瘤的类器官生物样本库也是类器官研究热点；⑤应用类器官进行细胞替代治疗也是研究热点之一，2018 年研究人员将人脑类器官移植入小鼠大脑内[70]，类器官成功整合入小鼠大脑为应用类器官进行体内细胞替代治疗和功能修复奠定了坚实的试验基础；⑥另外，应用类器官，结合器官芯片等技术，构建 human-on-chip 模型 [191]，研究各器官间相互作用，以及药物对多器官等方面的研究，是类器官领域研究的另一个热点。而最新的研究成果，通过多类器官联合培养，成功建立了肝胆胰类器官模型，为体外研究多器官相互作用指明了新的研究方向 [192]。

参 考 文 献

1　Duryee W R, Doherty J K. Nuclear and cytoplasmic organoids in the living cell. Ann N Y Acad Sci, 1954, **58**: 1210-1231.

2　Nesland J M, Sobrinho-simöes M A, Holm R et al. Organoid tumor in the thyroid gland. Ultrastruct Pathol, 1985, **9**: 65-70.

3　Heller D S, Frydman C P, Gordon R E et al. An unusual organoid tumor. Alveolar soft part sarcoma or paraganglioma? Cancer, 1991, **67**: 1894-1899.

4　Lancaster M A, Knoblich J A. Organogenesis in a dish: Modeling development and disease using organoid technologies. Science, 2014, **345**: 1247125.

5　Wilson H V. A new method by which sponges may be artificially reared. Science, 1907, **25**: 912-915.

6　Weiss P, Taylor A C. Reconstitution of complete organs from single-cell suspensions of chick embryos in advanced stages of differentiation. Proc Natl Acad Sci, 1960, **46**: 1177-1185.

7　Montesano R, Schaller G, Orci L. Induction of epithelial tubular morphogenesis *in vitro* by fibroblast-derived soluble factors. Trends Cell Biol, 1992, **2**: 7.

8　Li M L, Aggeler J, Farson D A et al. Influence of a reconstituted basement membrane and its components on casein gene expression and secretion in mouse mammary epithelial cells. Proc Natl Acad Sci, 1987, **84**: 136-140.

9　Shannon J M, Mason R J, Jennings S D. Functional differentiation of alveolar type II epithelial cells *in vitro*: Effects of cell shape, cell-matrix interactions and cell-cell interactions. Biochim Biophys Acta - Mol Cell Res, 1987, **931**: 143-156.

10　Martin G R. Isolation of a pluripotent cell line from early mouse embryos cultured in medium conditioned by teratocarcinoma stem cells. Proc Natl Acad Sci, 1981, **78**: 7634-7638.

11　Thomson J A. Embryonic stem cell lines derived from human blastocysts. Science, 1998, **282**: 1145-1147.

12　Lewis P D. Mitotic activity in the primate subependymal layer and the genesis of gliomas. Nature, 1968, **217**: 974-975.

13　Barker N, Ridgway R A, Van Es J H et al. Crypt stem cells as the cells-of-origin of intestinal cancer. Nature, 2009, **457**: 608-611.

14　Takahashi K, Yamanaka S. Induction of pluripotent stem cells from mouse embryonic and adult fibroblast cultures by defined factors. Cell, 2006, **126**: 663-676.

15　Eiraku M, Watanabe K, Matsuo-Takasaki M et al. Self-organized formation of polarized cortical tissues from ESCs and its active manipulation by extrinsic signals. Cell Stem Cell, 2008, **3**: 519-532.

16　Lancaster M A, Renner M, Martin C-A et al. Cerebral organoids model human brain development and microcephaly. Nature, 2013, **501**: 373-379.

17　Renner M, Lancaster M A, Bian S et al. Self-organized developmental patterning and differentiation in cerebral organoids. EMBO J, 2017, **36**: 1316-1329.

18　Lancaster M A, Corsini N S, Wolfinger S et al. Guided self-organization and cortical plate formation in human brain organoids. Nat Biotechnol, 2017, **35**: 659-666.

19　Paşca A M, Sloan S A, Clarke L E et al. Functional cortical neurons and astrocytes from human pluripotent stem cells in 3D culture. Nat Methods, 2015, **12**: 671-678.

20　Nakano T, Ando S, Takata N et al. Self-formation of optic cups and storable stratified neural retina from human ESCs. Cell Stem Cell, 2012, **10**: 771-785.

21　Eiraku M, Takata N, Ishibashi H et al. Self-organizing optic-cup morphogenesis in three-dimensional culture. Nature, 2011, **472**: 51-56.

22　Koehler K R, Nie J, Longworth-Mills E et al. Generation of inner ear organoids containing functional hair cells from human pluripotent stem cells. Nat Biotechnol, 2017, **35**: 583-589.

23　McLean W J, Yin X, Lu L et al. Clonal expansion of Lgr5-positive cells from mammalian cochlea and high-purity generation of sensory hair cells. Cell Rep, 2017, **18**: 1917-1929.

24　Takasato M, Er P X, Chiu H S et al. Kidney organoids from human iPS cells contain multiple lineages and model human nephrogenesis. Nature, 2015, **526**: 564-568.

25　Wimmer R A, Leopoldi A, Aichinger M et al. Human blood vessel organoids as a model of diabetic vasculopathy. Nature, 2019, **565**: 505-510.

26　Turco M Y, Gardner L, Hughes J et al. Long-term, hormone-responsive organoid cultures of human endometrium in a chemically defined medium. Nat Cell Biol, 2017, **19**: 568-577.

27　Baert Y, De Kock J, Alves-Lopes J P et al. Primary human testicular cells self-organize into organoids with testicular properties. Stem Cell Reports, 2017, **8**: 30-38.

28　Alves-Lopes J P, Söder O, Stukenborg J-B. Testicular organoid generation by a novel *in vitro* three-layer gradient system. Biomaterials, 2017, **130**: 76-89.

29　Pasic L, Eisinger-Mathason T S K, Velayudhan B T et al. Sustained activation of the HER1-ERK1/2-RSK signaling pathway controls myoepithelial cell fate in human mammary tissue. Genes Dev, 2011, **25**: 1641-1653.

30　Karthaus W R, Iaquinta P J, Drost J et al. Identification of multipotent luminal progenitor cells in human prostate organoid cultures. Cell, 2014, **159**: 163-175.

31　Sato T, Vries R G, Snippert H J et al. Single Lgr5 stem cells build crypt-villus structures *in vitro* without a mesenchymal niche. Nature, 2009, **459**: 262-265.

32　Spence J R, Mayhew C N, Rankin S A et al. Directed differentiation of human pluripotent stem cells into intestinal tissue *in vitro*. Nature, 2011, **470**: 105-109.

33　McCracken K W, Catá E M, Crawford C M et al. Modelling human development and disease in pluripotent stem-cell-derived gastric organoids. Nature, 2014, **516**: 400-404.

34　Barker N, Huch M, Kujala P et al. Lgr5(+ve) stem cells drive self-renewal in the stomach and build long-lived gastric units *in vitro*. Cell Stem Cell, 2010, **6**: 25-36.

35　Stange D E, Koo BK, Huch M et al. Differentiated Troy+ chief cells act as reserve stem cells to generate all lineages of the stomach epithelium. Cell, 2013, **155**: 357-368.

36　Huang P, He Z, Ji S et al. Induction of functional hepatocyte-like cells from mouse fibroblasts by defined factors. Nature, 2011, **475**: 386-389.

37　Huang P, Zhang L, Gao Y et al. Direct reprogramming of human fibroblasts to functional and expandable hepatocytes. Cell Stem Cell, 2014, **14**: 370-384.

38　Hu H, Gehart H, Artegiani B et al. Long-term expansion of functional mouse and human hepatocytes as 3D organoids. Cell, 2018, **175**: 1591-1606.

39　Huch M, Dorrell C, Boj S F et al. *In vitro* expansion of single Lgr5+ liver stem cells induced by Wnt-driven regeneration. Nature, 2013, **494**: 247-250.

40　Huch M, Gehart H, van Boxtel R et al. Long-term culture of genome-stable bipotent stem cells from adult human liver. Cell, 2015, **160**: 299-312.

41　Sampaziotis F, Cardoso de Brito M, Madrigal P et al. Cholangiocytes derived from human induced pluripotent stem cells for disease modeling and drug validation. Nat Biotechnol, 2015, **33**: 845-852.

42　Ogawa M, Ogawa S, Bear C E et al. Directed differentiation of cholangiocytes from human pluripotent stem cells. Nat Biotechnol, 2015, **33**: 853-861.

43　Boj S F, Hwang C-I, Baker L A et al. Organoid models of human and mouse ductal pancreatic cancer. Cell, 2015, **160**: 324-338.

44　Dye B R, Hill D R, Ferguson M A et al. *In vitro* generation of human pluripotent stem cell derived lung organoids. Elife, 2015, **4**.

45　Yamamoto Y, Gotoh S, Korogi Y et al. Long-term expansion of alveolar stem cells derived from human iPS cells in organoids. Nat Methods, 2017, **14**: 1097-1106.

46　Miller A J, Dye B R, Ferrer-Torres D et al. Generation of lung organoids from human pluripotent stem cells *in vitro*. Nat Protoc, 2019, **14**: 518-540.

47　McQualter J L, Yuen K, Williams B et al. Evidence of an epithelial stem/progenitor cell hierarchy in the adult mouse lung. Proc Natl Acad Sci, 2010, **107**: 1414-1419.

48　Green M D, Chen A, Nostro M-C et al. Generation of anterior foregut endoderm from human embryonic and induced pluripotent stem cells. Nat Biotechnol, 2011, **29**: 267-272.

49　Haider S, Meinhardt G, Saleh L et al. Self-renewing trophoblast organoids recapitulate the developmental program of the early human placenta. Stem Cell Reports, 2018, **11**: 537-551.

50　Turco M Y, Gardner L, Kay R G et al. Trophoblast organoids as a model for maternal-fetal interactions during human placentation. Nature, 2018, **564**: 263-267.

51　Sozen B, Amadei G, Cox A et al. Self-assembly of embryonic and two extra-embryonic stem cell types into gastrulating embryo-like structures. Nat Cell Biol, 2018, **20**: 979-989.

52　Kadoshima T, Sakaguchi H, Nakano T et al. Self-organization of axial polarity, inside-out layer pattern, and species-specific progenitor dynamics in human ES cell-derived neocortex. Proc Natl Acad Sci, 2013, **110**: 20284-20289.

53　Pollen A A, Bhaduri A, Andrews M G et al. Establishing cerebral organoids as models of human-specific brain evolution. Cell, 2019, **176**: 743-756.

54　Kanton S, Boyle M J, He Z et al. Organoid single-cell genomic atlas uncovers human-specific features of brain development. Nature, 2019, **574**: 418-422.

55　Omer Javed A, Li Y, Muffat J et al. Microcephaly modeling of kinetochore mutation reveals a brain-specific phenotype. Cell Rep, 2018, **25**: 368-382.

56　Li R, Sun L, Fang A et al. Recapitulating cortical development with organoid culture *in vitro* and modeling abnormal spindle-like (ASPM related primary) microcephaly disease. Protein Cell, 2017, **8**: 823-833.

57　Zhang W, Yang S-L, Yang M et al. Modeling microcephaly with cerebral organoids reveals a WDR62-CEP170-KIF2A pathway promoting cilium disassembly in neural progenitors. Nat Commun, 2019, **10**: 2612.

58　Li Y, Muffat J, Omer A et al. Induction of expansion and folding in human cerebral organoids. Cell Stem Cell, 2017, **20**: 385-396.

59　Mariani J, Coppola G, Zhang P et al. FOXG1-dependent dysregulation of GABA/ Glutamate neuron differentiation in autism spectrum disorders. Cell, 2015, **162**: 375-390.

60　Bershteyn M, Nowakowski T J, Pollen A A et al. Human iPSC-derived cerebral organoids model cellular features of lissencephaly and reveal prolonged mitosis of outer radial glia. Cell Stem Cell, 2017, **20**: 435-449.

61　Iefremova V, Manikakis G, Krefft O et al. An organoid-based model of cortical development identifies non-cell-autonomous defects in wnt signaling contributing to miller-dieker syndrome. Cell Rep, 2017, **19**: 50-59.

62　Ye F, Kang E, Yu C et al. DISC1 regulates neurogenesis via modulating kinetochore attachment of NDEL1/NDE1 during mitosis. Neuron, 2017, **96**: 1041-1054.

63　Qian X, Nguyen H N, Song M M et al. Brain-region-specific organoids using mini-bioreactors for modeling zikv exposure. Cell, 2016, **165**: 1238-1254.

64　Garcez P P, Loiola E C, Madeiro da Costa R et al. Zika virus impairs growth in human neurospheres and brain organoids. Science, 2016, **352**: 816-818.

65　Cugola F R, Fernandes I R, Russo F B et al. The Brazilian Zika virus strain causes birth defects in experimental models. Nature, 2016, **534**: 267-271.

66　Bian S, Repic M, Guo Z et al. Genetically engineered cerebral organoids model brain tumor formation. Nat Methods, 2018, **15**: 631-639.

67　Ogawa J, Pao G M, Shokhirev M N et al. Glioblastoma model using human cerebral organoids. Cell Rep, 2018, **23**: 1220-1229.

68   Linkous A, Balamatsias D, Snuderl M et al. Modeling patient-derived glioblastoma with cerebral organoids. Cell Rep, 2019, **26**: 3203-3211.

69   Raja W K, Mungenast A E, Lin Y T et al. Self-organizing 3D human neural tissue derived from induced pluripotent stem cells recapitulate Alzheimer's disease phenotypes. PLoS One, 2016, **11**: e0161969.

70   Mansour A A, Gonçalves J T, Bloyd C W et al. An in vivo model of functional and vascularized human brain organoids. Nat Biotechnol, 2018, **36**: 432-441.

71   Buskin A, Zhu L, Chichagova V et al. Disrupted alternative splicing for genes implicated in splicing and ciliogenesis causes PRPF31 retinitis pigmentosa. Nat Commun, 2018, **9**: 4234.

72   Deng W L, Gao M L, Lei X L et al. Gene correction reverses ciliopathy and photoreceptor loss in iPSC-derived retinal organoids from retinitis pigmentosa patients. Stem Cell Reports, 2018, **10**: 1267-1281.

73   Zou T, Gao L, Zeng Y et al. Organoid-derived C-Kit+/SSEA4− human retinal progenitor cells promote a protective retinal microenvironment during transplantation in rodents. Nat Commun, 2019, **10**: 1205.

74   Tang P C, Alex A L, Nie J et al. Defective Tmprss3-associated hair cell degeneration in inner ear organoids. Stem Cell Reports, 2019, **13**: 147-162.

75   Li Z, Araoka T, Wu J et al. 3D culture supports long-term expansion of mouse and human nephrogenic progenitors. Cell Stem Cell, 2016, **19**: 516-529.

76   Takasato M, Er P X, Becroft M et al. Directing human embryonic stem cell differentiation towards a renal lineage generates a self-organizing kidney. Nat Cell Biol, 2014, **16**: 118-126.

77   Taguchi A, Kaku Y, Ohmori T et al. Redefining the in vivo origin of metanephric nephron progenitors enables generation of complex kidney structures from pluripotent stem cells. Cell Stem Cell, 2014, **14**: 53-67.

78   Forbes T A, Howden S E, Lawlor K et al. Patient-iPSC-derived kidney organoids show functional validation of a ciliopathic renal phenotype and reveal underlying pathogenetic mechanisms. Am J Hum Genet, 2018, **102**: 816-831.

79   Cruz N M, Song X, Czerniecki S M et al. Organoid cystogenesis reveals a critical role of microenvironment in human polycystic kidney disease. Nat Mater, 2017, **16**: 1112-1119.

80   Sachs N, de Ligt J, Kopper O et al. A living biobank of breast cancer organoids captures disease heterogeneity. Cell, 2018, **172**: 373-386.

81   Gao D, Vela I, Sboner A et al. Organoid cultures derived from patients with advanced prostate cancer. Cell, 2014, **159**: 176-187.

82   Dekkers J F, Wiegerinck C L, de Jonge H R et al. A functional CFTR assay using primary cystic fibrosis intestinal organoids. Nat Med, 2013, **19**: 939-945.

83   Schwank G, Koo BK, Sasselli V et al. Functional repair of CFTR by CRISPR/Cas9 in intestinal stem cell organoids of cystic fibrosis patients. Cell Stem Cell, 2013, **13**: 653-658.

84   Wiegerinck C L, Janecke A R, Schneeberger K et al. Loss of Syntaxin 3 Causes Variant Microvillus Inclusion Disease. Gastroenterology, 2014, **147**: 65-68.

85   Matano M, Date S, Shimokawa M et al. Modeling colorectal cancer using CRISPR-Cas9-mediated engineering of human intestinal organoids. Nat Med, 2015, **21**: 256-262.

86   van de Wetering M, Francies H E, Francis J M et al. Prospective derivation of a living organoid biobank of colorectal cancer patients. Cell, 2015, **161**: 933-945.

87   Fujii M, Shimokawa M, Date S et al. A colorectal tumor organoid library demonstrates progressive loss of niche factor requirements during tumorigenesis. Cell Stem Cell, 2016, **18**: 827-838.

88   Yao Y, Xu X, Yang L et al. Patient-derived organoids predict chemoradiation responses of locally advanced rectal cancer. Cell Stem Cell, 2020, **26**: 17-26.

89   Vlachogiannis G, Hedayat S, Vatsiou A et al. Patient-derived organoids model treatment response of metastatic gastrointestinal cancers. Science, 2018, **359**: 920-926.

90   Bartfeld S, Bayram T, van de Wetering M et al. *In vitro* expansion of human gastric epithelial stem cells and their responses to bacterial infection. Gastroenterology, 2015, **148**: 126-136.

91   Schlaermann P, Toelle B, Berger H et al. A novel human gastric primary cell culture system for

modelling Helicobacter pylori infection *in vitro*. Gut, 2016, **65**: 202-213.

92　Li X, Nadauld L, Ootani A et al. Oncogenic transformation of diverse gastrointestinal tissues in primary organoid culture. Nat Med, 2014, **20**: 769-777.

93　Seidlitz T, Merker S R, Rothe A et al. Human gastric cancer modelling using organoids. Gut, 2019, **68**: 207-217.

94　Yan H H N, Siu H C, Law S et al. A comprehensive human gastric cancer organoid biobank captures tumor subtype heterogeneity and enables therapeutic screening. Cell Stem Cell, 2018, **23**: 882-897.

95　Sampaziotis F, de Brito M C, Geti I et al. Directed differentiation of human induced pluripotent stem cells into functional cholangiocyte-like cells. Nat Protoc, 2017, **12**: 814-827.

96　Ng S S, Saeb-Parsy K, Blackford S J I et al. Human iPS derived progenitors bioengineered into liver organoids using an inverted colloidal crystal poly (ethylene glycol) scaffold. Biomaterials, 2018, **182**: 299-311.

97　Vyas D, Baptista P M, Brovold M et al. Self‐assembled liver organoids recapitulate hepatobiliary organogenesis *in vitro*. Hepatology, 2018, **67**: 750-761.

98　Andersson E R, Chivukula I V, Hankeova S et al. Mouse model of alagille syndrome and mechanisms of jagged1 missense mutations. Gastroenterology, 2018, **154**: 1080-1095.

99　Kruitwagen H S, Oosterhoff L A, Vernooij I G W H et al. Long-term adult feline liver organoid cultures for disease modeling of hepatic steatosis. Stem Cell Reports, 2017, **8**: 822-830.

100　Sun L, Wang Y, Cen J et al. Modelling liver cancer initiation with organoids derived from directly reprogrammed human hepatocytes. Nat Cell Biol, 2019, **21**: 1015-1026.

101　Broutier L, Mastrogiovanni G, Verstegen M M A et al. Human primary liver cancer-derived organoid cultures for disease modeling and drug screening. Nat Med, 2017, **23**: 1424-1435.

102　Artegiani B, van Voorthuijsen L, Lindeboom R G H et al. Probing the tumor suppressor function of bap1 in crispr-engineered human liver organoids. Cell Stem Cell, 2019, **24**: 927-943.

103　Huch M, Bonfanti P, Boj S F et al. Unlimited *in vitro* expansion of adult bi-potent pancreas progenitors through the Lgr5/R-spondin axis. EMBO J, 2013, **32**: 2708-2721.

104　Wong A P, Bear C E, Chin S et al. Directed differentiation of human pluripotent stem cells into mature airway epithelia expressing functional CFTR protein. Nat Biotechnol, 2012, **30**: 876-882.

105　Mou H, Zhao R, Sherwood R et al. Generation of Multipotent Lung and Airway Progenitors from Mouse ESCs and Patient-Specific Cystic Fibrosis iPSCs. Cell Stem Cell, 2012, **10**: 385-397.

106　Butler C R, Hynds R E, Gowers K H C et al. Rapid expansion of human epithelial stem cells suitable for airway tissue engineering. Am J Respir Crit Care Med, 2016, **194**: 156-168.

107　Gonzalez R F, Allen L, Gonzales L et al. HTII-280, a biomarker specific to the apical plasma membrane of human lung alveolar type II cells. J Histochem Cytochem, 2010, **58**: 891-901.

108　Barkauskas C E, Cronce M J, Rackley C R et al. Type 2 alveolar cells are stem cells in adult lung. J Clin Invest, 2013, **123**: 3025-3036.

109　Chen H, Matsumoto K, Brockway B L et al. Airway Epithelial Progenitors Are Region Specific and Show Differential Responses to Bleomycin-Induced Lung Injury. Stem Cells, 2012, **30**: 1948-1960.

110　Shahbazi M N, Scialdone A, Skorupska N et al. Pluripotent state transitions coordinate morphogenesis in mouse and human embryos. Nature, 2017, **552**: 239-243.

111　Harrison S E, Sozen B, Christodoulou N et al. Assembly of embryonic and extraembryonic stem cells to mimic embryogenesis *in vitro*. Science, 2017, **356**: eaal1810.

112　Lancaster M A, Knoblich J A. Generation of cerebral organoids from human pluripotent stem cells. Nat Protoc, 2014, **9**: 2329-2340.

113　Camp J G, Badsha F, Florio M et al. Human cerebral organoids recapitulate gene expression programs of fetal neocortex development. Proc Natl Acad Sci, 2015, **112**: 15672-15677.

114　Quadrato G, Nguyen T, Macosko E Z et al. Cell diversity and network dynamics in photosensitive human brain organoids. Nature, 2017, **545**: 48-53.

115　Velasco S, Kedaigle A J, Simmons S K et al. Individual brain organoids reproducibly form cell diversity of the human cerebral cortex. Nature, 2019, **570**: 523-527.

116 Pacitti D, Privolizzi R, Bax B E. Organs to Cells and Cells to Organoids: The Evolution of *in vitro* Central Nervous System Modelling. Front Cell Neurosci, 2019, **13**: 129.

117 Giandomenico S L, Mierau S B, Gibbons G M et al. Cerebral organoids at the air-liquid interface generate diverse nerve tracts with functional output. Nat Neurosci, 2019, **22**: 669-679.

118 Muguruma K, Nishiyama A, Ono Y et al. Ontogeny-recapitulating generation and tissue integration of ES cell-derived Purkinje cells. Nat Neurosci, 2010, **13**: 1171-1180.

119 Muguruma K, Nishiyama A, Kawakami H et al. Self-organization of polarized cerebellar tissue in 3D culture of human pluripotent stem cells. Cell Rep, 2015, **10**: 537-550.

120 Sakaguchi H, Kadoshima T, Soen M et al. Generation of functional hippocampal neurons from self-organizing human embryonic stem cell-derived dorsomedial telencephalic tissue. Nat Commun, 2015, **6**: 8896.

121 Jo J, Xiao Y, Sun A X et al. Midbrain-like organoids from human pluripotent stem cells contain functional dopaminergic and neuromelanin-producing neurons. Cell Stem Cell, 2016, **19**: 248-257.

122 Birey F, Andersen J, Makinson C D et al. Assembly of functionally integrated human forebrain spheroids. Nature, 2017, **545**: 54-59.

123 Bagley J A, Reumann D, Bian S et al. Fused cerebral organoids model interactions between brain regions. Nat Methods, 2017, **14**: 743-751.

124 Xiang Y, Tanaka Y, Patterson B et al. Fusion of regionally specified hpsc-derived organoids models human brain development and interneuron migration. Cell Stem Cell, 2017, **21**: 383-398.

125 Mich J K, Close J L, Levi B P. Putting two heads together to build a better brain. Cell Stem Cell, 2017, **21**: 289-290.

126 Xiang Y, Tanaka Y, Cakir B et al. hESC-derived thalamic organoids form reciprocal projections when fused with cortical organoids. Cell Stem Cell, 2019, **24**: 487-497.

127 Cederquist G Y, Asciolla J J, Tchieu J et al. Specification of positional identity in forebrain organoids. Nat Biotechnol, 2019, **37**: 436-444.

128 Abreu C M, Gama L, Krasemann S et al. Microglia increase inflammatory responses in ipsc-derived human brainspheres. Front Microbiol, 2018, **9**: 2766.

129 Cakir B, Xiang Y, Tanaka Y et al. Engineering of human brain organoids with a functional vascular-like system. Nat Methods, 2019, **16**: 1169-1175.

130 Otani T, Marchetto M C, Gage F H et al. 2D and 3D stem cell models of primate cortical development identify species-specific differences in progenitor behavior contributing to brain size. Cell Stem Cell, 2016, **18**: 467-480.

131 Kriegstein A, Noctor S, Martínez-Cerdeño V. Patterns of neural stem and progenitor cell division may underlie evolutionary cortical expansion. Nat Rev Neurosci, 2006, **7**: 883-890.

132 Dang J, Tiwari S K, Lichinchi G et al. Zika virus depletes neural progenitors in human cerebral organoids through activation of the innate immune receptor TLR3. Cell Stem Cell, 2016, **19**: 258-265.

133 Mellios N, Feldman D A, Sheridan S D et al. MeCP2-regulated miRNAs control early human neurogenesis through differential effects on ERK and AKT signaling. Mol Psychiatry, 2018, **23**: 1051-1065.

134 Xu R, Brawner A T, Li S et al. OLIG2 drives abnormal neurodevelopmental phenotypes in human ipsc-based organoid and chimeric mouse models of down syndrome. Cell Stem Cell, 2019, **24**: 908-926.

135 Klaus J, Kanton S, Kyrousi C et al. Altered neuronal migratory trajectories in human cerebral organoids derived from individuals with neuronal heterotopia. Nat Med, 2019, **25**: 561-568.

136 Ali R R, Sowden J C. DIY eye. Nature, 2011, **472**: 42-43.

137 Zhong X, Gutierrez C, Xue T et al. Generation of three-dimensional retinal tissue with functional photoreceptors from human iPSCs. Nat Commun, 2014, **5**: 4047.

138 Parmeggiani F, S. Sorrentino F, Ponzin D et al. Retinitis Pigmentosa: Genes and Disease Mechanisms. Curr Genomics, 2011, **12**: 238-249.

139 Jacobson S G. Gene therapy for leber congenital amaurosis caused by RPE65 mutations: safety and

efficacy in 15 children and adults followed up to 3 years. Arch Ophthalmol, 2012, **130**: 9.

140　Humayun M S, Dorn J D, da Cruz L et al. Interim Results from the International Trial of Second Sight's Visual Prosthesis. Ophthalmology, 2012, **119**: 779-788.

141　MacLaren R E, Pearson R A, MacNeil A et al. Retinal repair by transplantation of photoreceptor precursors. Nature, 2006, **444**: 203-207.

142　Pearson R A, Barber A C, Rizzi M et al. Restoration of vision after transplantation of photoreceptors. Nature, 2012, **485**: 99-103.

143　Geleoc G S G, Holt J R. Sound Strategies for Hearing Restoration. Science, 2014, **344**: 1241062.

144　Roccio M, Perny M, Ealy M et al. Molecular characterization and prospective isolation of human fetal cochlear hair cell progenitors. Nat Commun, 2018, **9**: 4027.

145　Roccio M, Edge A S B. Inner ear organoids: new tools to understand neurosensory cell development, degeneration and regeneration. Development, 2019, **146**: dev177188.

146　Grobstein C. Inductive interaction in the development of the mouse metanephros. J Exp Zool, 1955, **130**: 319-339.

147　Kobayashi A, Valerius M T, Mugford J W et al. Six2 defines and regulates a multipotent self-renewing nephron progenitor population throughout mammalian kidney development. Cell Stem Cell, 2008, **3**: 169-181.

148　Osafune K. Identification of multipotent progenitors in the embryonic mouse kidney by a novel colony-forming assay. Development, 2006, **133**: 151-161.

149　Carroll T J, Park J-S, Hayashi S et al. Wnt9b plays a central role in the regulation of mesenchymal to epithelial transitions underlying organogenesis of the mammalian urogenital system. Dev Cell, 2005, **9**: 283-292.

150　Self M, Lagutin O V, Bowling B et al. Six2 is required for suppression of nephrogenesis and progenitor renewal in the developing kidney. EMBO J, 2006, **25**: 5214-5228.

151　Torres M, Gómez-Pardo E, Dressler G R et al. Pax-2 controls multiple steps of urogenital development. Development, 1995, **121**: 4057-4065.

152　Nishinakamura R, Matsumoto Y, Nakao K et al. Murine homolog of SALL1 is essential for ureteric bud invasion in kidney development. Development, 2001, **128**: 3105-3115.

153　Nishinakamura R. Human kidney organoids: progress and remaining challenges. Nat Rev Nephrol, 2019, **15**: 613-624.

154　Morizane R. Modelling diabetic vasculopathy with human vessel organoids. Nat Rev Nephrol, 2019, **15**: 258-260.

155　Burton G J, Watson A L, Hempstock J et al. Uterine Glands Provide Histiotrophic Nutrition for the Human Fetus during the First Trimester of Pregnancy. J Clin Endocrinol Metab, 2002, **87**: 2954-2959.

156　Hempstock J, Cindrova-Davies T, Jauniaux E et al. Endometrial glands as a source of nutrients, growth factors and cytokines during the first trimester of human pregnancy: a morphological and immunohistochemical study. Reprod Biol Endocrinol, 2004, **2**: 58.

157　Filant J, Spencer T E. Endometrial glands are essential for blastocyst implantation and decidualization in the mouse uterus. Biol Reprod, 2013, **88**: 93.

158　Nik-Zainal S, Davies H, Staaf J et al. Landscape of somatic mutations in 560 breast cancer whole-genome sequences. Nature, 2016, **534**: 47-54.

159　Cheng H, Leblond C P. Origin, differentiation and renewal of the four main epithelial cell types in the mouse small intestine I. Columnar cell. Am J Anat, 1974, **141**: 461-479.

160　Cheng H. Origin, differentiation and renewal of the four main epithelial cell types in the mouse small intestine II. Mucous cells. Am J Anat, 1974, **141**: 481-501.

161　Cheng H, Leblond C P. Origin, differentiation and renewal of the four main epithelial cell types in the mouse small intestine III. Entero-endocrine cells. Am J Anat, 1974, **141**: 503-519.

162　Cheng H. Origin, differentiation and renewal of the four main epithelial cell types in the mouse small intestine IV. Paneth cells. Am J Anat, 1974, **141**: 521-535.

163　Cheng H, Leblond C P. Origin, differentiation and renewal of the four main epithelial cell types in the mouse small intestine V. Unitarian theory of the origin of the four epithelial cell types. Am J Anat, 1974, **141**: 537-561.

164   Potten C S, Hume W J, Reid P et al. The segregation of DNA in epithelial stem cells. Cell, 1978, **15**: 899-906.

165   Barker N, van Es J H, Kuipers J et al. Identification of stem cells in small intestine and colon by marker gene Lgr5. Nature, 2007, **449**: 1003-1007.

166   Date S, Sato T. Mini-gut organoids: Reconstitution of the stem cell niche. Annu Rev Cell Dev Biol, 2015, **31**: 269-289.

167   Sato T, Stange D E, Ferrante M et al. Long-term expansion of epithelial organoids from human colon, adenoma, adenocarcinoma, and barrett's epithelium. Gastroenterology, 2011, **141**: 1762-1772.

168   Middendorp S, Schneeberger K, Wiegerinck C L et al. Adult stem cells in the small intestine are intrinsically programmed with their location-specific function. Stem Cells, 2014, **32**: 1083-1091.

169   Watson C L, Mahe M M, Múnera J et al. An in vivo model of human small intestine using pluripotent stem cells. Nat Med, 2014, **20**: 1310-1314.

170   Koo B-K, Stange D E, Sato T et al. Controlled gene expression in primary Lgr5 organoid cultures. Nat Methods, 2012, **9**: 81-83.

171   Yin X, Farin H F, van Es J H et al. Niche-independent high-purity cultures of Lgr5+ intestinal stem cells and their progeny. Nat Methods, 2014, **11**: 106-112.

172   Yilmaz Ö H, Katajisto P, Lamming D W et al. mTORC1 in the Paneth cell niche couples intestinal stem-cell function to calorie intake. Nature, 2012, **486**: 490-495.

173   Drost J, van Jaarsveld R H, Ponsioen B et al. Sequential cancer mutations in cultured human intestinal stem cells. Nature, 2015, **521**: 43-47.

174   Wang B, Zhao L, Fish M et al. Self-renewing diploid Axin2(+) cells fuel homeostatic renewal of the liver. Nature, 2015, **524**: 180-185.

175   Huch M, Boj S F, Clevers H. Lgr5(+) liver stem cells, hepatic organoids and regenerative medicine. Regen Med, 2013, **8**: 385-387.

176   Sun T, Pikiolek M, Orsini V et al. AXIN2+ pericentral hepatocytes have limited contributions to liver homeostasis and regeneration. Cell Stem Cell, 2020, **26**: 97-107.

177   Chen F, Jimenez R J, Sharma K et al. Broad distribution of hepatocyte proliferation in liver homeostasis and regeneration. Cell Stem Cell, 2020, **26**: 27-33.

178   Matsumoto T, Wakefield L, Tarlow B D et al. In vivo lineage tracing of polyploid hepatocytes reveals extensive proliferation during liver regeneration. Cell Stem Cell, 2020, **26**: 34-47.

179   Barkauskas C E, Chung M-I, Fioret B et al. Lung organoids: current uses and future promise. Development, 2017, **144**: 986-997.

180   Hogan B L M, Barkauskas C E, Chapman H A et al. Repair and regeneration of the respiratory system: complexity, plasticity, and mechanisms of lung stem cell function. Cell Stem Cell, 2014, **15**: 123-138.

181   Rock J R, Onaitis M W, Rawlins E L et al. Basal cells as stem cells of the mouse trachea and human airway epithelium. Proc Natl Acad Sci, 2009, **106**: 12771-12775.

182   Tata P R, Mou H, Pardo-Saganta A et al. Dedifferentiation of committed epithelial cells into stem cells in vivo. Nature, 2013, **503**: 218-223.

183   Rawlins E L, Okubo T, Xue Y et al. The role of Scgb1a1+ clara cells in the long-term maintenance and repair of lung airway, but not alveolar, epithelium. Cell Stem Cell, 2009, **4**: 525-534.

184   Warmflash A, Sorre B, Etoc F et al. A method to recapitulate early embryonic spatial patterning in human embryonic stem cells. Nat Methods, 2014, **11**: 847-854.

185   Shahbazi M N, Siggia E D, Zernicka-Goetz M. Self-organization of stem cells into embryos: A window on early mammalian development. Science, 2019, **364**: 948-951.

186   Perez-Garcia V, Fineberg E, Wilson R et al. Placentation defects are highly prevalent in embryonic lethal mouse mutants. Nature, 2018, **555**: 463-468.

187   Vento-Tormo R, Efremova M, Botting R A et al. Single-cell reconstruction of the early maternal-fetal interface in humans. Nature, 2018, **563**: 347-353.

188　Xia Y, Izpisua Belmonte J C. Design approaches for generating organ constructs. Cell Stem Cell, 2019, **24**: 877-894.

189　Brassard J A, Lutolf M P. Engineering stem cell self-organization to build better organoids. Cell Stem Cell, 2019, **24**: 860-876.

190　Li M, Izpisua Belmonte J C. Organoids - Preclinical models of human disease. N Engl J Med, 2019, **380**: 569-579.

191　Park S E, Georgescu A, Huh D. Organoids-on-a-chip. Science, 2019, **364**: 960-965.

192　Koike H, Iwasawa K, Ouchi R et al. Modelling human hepato-biliary-pancreatic organogenesis from the foregut-midgut boundary. Nature, 2019, **574**: 112-116.

边　杉　郭贞明